Inhaltsverzeichnis

Teil B: Kinetik 133

Vorwort

In diesem dritten Band der Technischen Mechanik werden die Gebiete Kinematik und Kinetik dargestellt. Die Kinematik ist die Lehre von der Bewegung, die Kinetik die Lehre von den bei der Bewegung wirkenden Kräften. Der Umfang dieses Gebiets bringt es mit sich, daß man es in vielfältiger Weise gliedern kann. Eine zu starke Aufsplitterung des Stoffs erschwert die Übersicht und das Erkennen von Zusammenhängen. Deshalb ist es sinnvoll, die Kinematik und die Kinetik jeweils geschlossen darzustellen (Teil A und B des Buches). In der Kinematik werden, ohne nach den verursachenden Kräften zu fragen, die geradlinige und krummlinige Bewegung des Punktes sowie die Schiebung (Translation), Drehung (Rotation) und allgemeine Bewegung des starren Körpers in der Ebene behandelt. Das Ziel dabei ist, Bewegungszustände (Lage, Geschwindigkeit, Beschleunigung) in Gleichungen zu erfassen und, wo es sinnvoll ist, graphisch darzustellen. Besonders wichtig für das Verständnis der später behandelten Kraftwirkung ist die Erkenntnis, daß die allgemeine Bewegung aus den Elementen „Schiebung" und „Drehung" zusammengesetzt werden kann.

Die Berechnung der an einer bewegten Masse wirkenden Kräfte erfordert die Kenntnis einer Gleichung, die die physikalische Größe „Kraft" mit einer physikalischen Größe der Kinematik verbindet. Diese Verbindung ist das Dynamische Grundgesetz von NEWTON, das vereinfacht „Kraft gleich Masse mal Beschleunigung" lautet. Deshalb ist es an den Anfang des Teils B gestellt. Die drei Umwandlungen des Dynamischen Grundgesetzes sind der Impulssatz, das D'ALEMBERTsche Prinzip und der Energiesatz, die hier jeweils auf Massenpunkt, kontinuierlichen Massenstrom und den starren Körper angewendet werden. In der Mechanik gibt es drei Erhaltungssätze, den Impulserhaltungssatz, den Drallerhaltungssatz und den Energieerhaltungssatz. Die beiden ersten folgen aus dem Impulssatz, der deshalb ein besonderes Gewicht hat. Einige Probleme (z.B. der Stoß) sind nur mit Hilfe des Impulserhaltungssatzes lösbar. Eine besondere Rolle spielt der Impulssatz in der Mechanik des kontinuierlichen Massenstromes (Strömungslehre). Aus den genannten Gründen wurde er an die erste Stelle gesetzt. Die oben diskutierte Gliederung des umfangreichen und durchaus unübersichtlichen Stoffes soll verdeutlichen, daß es für die Lösung einer Aufgabe aus der Kinetik nicht „die richtige Formel" gibt, sondern daß grundsätzlich die Lösung mit dem Impulssatz, dem D'ALEMBERTschen Prinzip und dem Energiesatz möglich ist. Das wird an Beispielen demonstriert, die nach den drei Verfahren durchgearbeitet werden.

Das letzte Kapitel des Buches befaßt sich mit den mechanischen Schwingungen. Um die nicht ganz einfache Problematik möglichst leicht verständlich und überschaubar darzustellen, ist die Beschränkung auf das Einmassenmodell geboten. Dies ist auch deshalb sinnvoll, weil sich das prinzipielle Vorgehen bei der Bearbeitung auch komplizierter Systeme, die sich nur noch mit Hilfe von Großrechnern lösen lassen, sehr gut an solchen einfachen Modellen beschreiben und trainieren läßt. Es werden die Grundlagen für ungedämpfte, gedämpfte und erregte Schwingungen erläutert. Ergänzt werden diese Grundlagen durch die für den Ingenieur wichtigen Fragen zur Erfassung von Schwingungsparametern, der Schwingungsisolierung und des Einflusses von freien Massenkräften. Im Zusammenhang mit der Beschreibung der kritischen Drehzahl wird über das Einmassenmodell hinausgegangen und die Grundschwingung einer mit mehreren Massen bestückten Welle behandelt. So ist es möglich, die Wellenmasse bei der Berechnung der biegekritischen Drehzahl näherungsweise zu berücksichtigen.

Das Buch ist als Lehrbuch vornehmlich für die Fachhochschulen konzipiert. Die ausführlich vorgerechneten Beispiele sollen an Modellen Prinzipien und Zusammenhänge erklären, Fragen aufwerfen und sie beantworten. Die Beispielauswahl soll aber auch schon den Praxisbezug herstellen und Anwendungen vor allem im Maschinenwesen zeigen. Insofern soll sich diese Darstellung von einer in einem Physikbuch unterscheiden. Erst das selbständige Lösen von Aufgaben ermöglicht eine Kontrolle, inwieweit der Stoff verstanden wurde. Deshalb haben wir eine auf dieses Buch zugeschnittene Aufgabensammlung zusammengestellt.

Die vorige Auflage wurde einer umfangreichen Überarbeitung unterzogen. Deshalb wurden in dieser Auflage bis auf einige Ergänzungen und Änderungen im Kapitel 9, mechanische Schwingungen, nur die leider nie zu vermeidenden Fehler – soweit aufgefallen – korrigiert.

Dem Verlag, insbesondere der Lektorin Frau Kathrin Mönch danken wir für die stets sehr gute Zusammenarbeit.

Frankfurt am Main/Berlin

Bruno Assmann
Peter Selke

Verwendete Bezeichnungen

A	Amplitude
A	Fläche
a	Beschleunigung
b	Dämpfungskoeffizient
c	Federkonstante
D	Drall
d	Durchmesser
E	Elastizitätsmodul
E	Energie
e	Exzentrizität
F	Kraft
f	Frequenz
G	Gleitmodul
g	Fallbeschleunigung
H, h	Höhen, allgemein
I	Flächenmoment 2. Ordnung
i	Trägheitsradius
i	Übersetzungsverhältnis
J	Massenträgheitsmoment
k	Stoßzahl
L, l	Längen, allgemein
M	Moment
m	Masse
n	Drehzahl
P	Leistung
p	Druck
R, r	Radien, allgemein
S	Schwerpunkt
S	Seilkraft, Stabkraft
s	Ortskoordinate
s	reduzierte Exzentrität
s	Weg
T	Schwingungsdauer
t	Zeit
U	Unwucht
V	Vergrößerungsfunktion/-faktor
v	Geschwindigkeit
W	Arbeit
Z	Zentrifugalkraft, Fliehkraft
α	Winkelbeschleunigung
$\alpha, \beta, \gamma ...$	Winkel, allgemein
δ	Abklingkonstante
η	Abstimmungsverhältnis
η	Wirkungsgrad
ϑ	Dämpfungsgrad
Λ	Logarithmisches Dekrement
λ	Schubstangenverhältnis
μ	Reibungszahl
ϱ	Dichte
φ	Phasenverschiebungswinkel
φ	Winkel bei Verdrehung
ω	Winkelgeschwindigkeit, Kreisfrequenz

Indizes

0	Ruhezustand
A	Ausgleichsmasse
A, B, D ...	verschiedene Massen, Punkte usw.
Cor	CORIOLIS
D	Dämpfer
d	gedämpft
e	erregt
ers	Ersatz
ext	extrem
F	Feder
F	Krafteinleitungsstelle
f	Führung
G	Gewicht
K	kritisch
k	kinetisch
m	Mittelwert
max	maximal
min	minimal
n	Normalrichtung
pot	potentiell
R	Reibung
R	Resonanz
r	radial
r	Rückstellkraft/moment
red	reduziert
rel	relativ
S	Schwerpunkt
S	Seil
St	Stoß
stat	statisch
T	Torsion
T	Trägheit
t	Tangentialrichtung
v	vertikal
x, y, z	bezogen auf die so bezeichneten Achsen
Z	zentrifugal
ξ, η	bezogen auf die so bezeichneten Achsen
φ	Umfangsrichtung

1 Einführung

1.1 Begriffsbestimmung

Im ersten Band der vorliegenden Technischen Mechanik wird die Statik behandelt. Das ist die Lehre von der Wirkung von Kräften auf starre Körper im Gleichgewicht. Mit Hilfe der Gleichgewichtsbedingungen der Statik werden z.B. Auflager- und Gelenkkräfte statisch bestimmt gelagerter Systeme ermittelt. In der Festigkeitslehre (Band 2) ist es notwendig, den idealisierten Begriff „starrer Körper" zu verlassen. Die Festigkeitslehre befaßt sich mit den auftretenden Deformationen an Bauteilen und den so verursachten Spannungen.

Diese beiden Gebiete behandeln im wesentlichen Systeme, die in Ruhe sind. Die Zeit, als eine der Grundgrößen der Mechanik, kommt deshalb in der Statik und Festigkeitslehre nicht vor. Jedoch wird bereits im Band 1 darauf hingewiesen, daß alle für die Statik abgeleiteten Beziehungen auch für geradlinige Bewegung mit konstanter Geschwindigkeit gelten. Der Ruhezustand ist der Sonderfall der Bewegung mit $v = 0$.

Im vorliegenen Band 3 werden bewegte Massen untersucht. Aussagen über die die Bewegung verursachenden Kräfte sind erst möglich, wenn die Geometrie der Bewegung selbst erfaßt ist. Deshalb ist es notwendig, zunächst ohne nach den Ursachen zu fragen, sich mit den verschiedenen Bewegungsarten eines Punktes bzw. eines starren Körpers zu befassen. Dieses Teilgebiet nennt man Kinematik (Kapitel 2 bis 4 dieses Bandes). Nach diesen Ausführungen arbeitet die *Kinematik* als *Lehre von den Bewegungen* mit den Grundgrößen Länge und Zeit.

Erst die Vereinigung von Statik und Kinematik gestattet es, Beziehungen zwischen der Bewegung eines Systems mit den die Bewegung verursachenden Kräften aufzustellen. *Die Lehre von den Kräften und Bewegungen nennt man Kinetik* (Kapitel 5 bis 9 dieses Bandes). Sie arbeitet mit allen Grundgrößen der Mechanik, mit der Länge, der Kraft und der Zeit. Die Vereinigung von Statik und Kinematik ist nur möglich, wenn eine Beziehung bekannt ist, die eine Größe der Statik in Abhängigkeit zu einer Größe der Kinematik bringt. Diese Beziehung ist das von NEWTON aufgestellte *Dynamische Grundgesetz.* Für den starren Körper heißt es in der einfachsten Form „Kraft gleich Masse mal Beschleunigung". Dieses Gesetz stellt demnach eine Verknüpfung der Größe Kraft (Statik) mit der Größe Beschleunigung (Kinematik) dar.

Der Begriff *Dynamik* wird in der Fachliteratur verschieden definiert. Es sollen ohne Stellungnahme die verschiedenen Auffassungen dargestellt werden.

Zunächst wird die Dynamik in dem Sinne festgelegt, wie es hier mit dem Begriff Kinetik geschehen ist. Eine zweite Auffassung bezieht in die Dynamik auch die Lehre von der Bewegung ein. Das entspricht einem Oberbegriff für Kinetik und Kinematik. Wenn man nur vom Wortstamm ausgeht (griechisch – Kraft), dann ist die Dynamik die Lehre von den Kräften. So gesehen ist sie ein Oberbegriff für Statik und Kinetik. Die Kinematik steht dann als selbständiger Zweig der Mechanik daneben.

1.2 Abriß der Geschichte der Mechanik

In diesem Abschnitt soll versucht werden, die Gedankengänge nachzuzeichnen, die zu unserem heutigen Bild der Mechanik geführt haben. Natürlich kann das nur soweit geschehen, wie es dem Umfang dieser Technischen Mechanik entspricht. Die Frage nach dem Grund für einen solchen Rückblick liegt nahe.

Entscheidende Durchbrüche zu neuen allgemeingültigen Erkenntnissen sind durch exakte Beobachtungen einfacher Naturvorgänge und die daraus gezogenen Schlußfolgerungen gelungen. In diesem Zusammenhang müssen der frei fallende Körper, das mathematische Pendel und die schiefe Ebene genannt werden. Das kann geradezu als ein Beweis dafür gelten, daß man als Lernender neue Erkenntnisse nur gewinnen kann, wenn man sich physikalische Prinzipien an einfachen Modellen klar macht. Für die Technische Mechanik sind das z.B. die bewegte Punktmasse, der Balken, die Rolle, das Seil usw. Aus diesen Überlegungen und nicht nur aus Interesse für die Geschichte wurde dieser Abschnitt geschrieben.

Schon sehr frühzeitig hat man versucht, Naturvorgänge, die nach der heutigen Gliederung in das Gebiet der Mechanik fallen, zu erklären und in Gesetze zu fassen. Mechanische Vorgänge boten sich besonders an, da sie einen großen Teil der unmittelbaren Erfahrung des Menschen ausmachen. Jedes Werkzeug war zunächst ein mechanisches Werkzeug, das in irgendeiner Form Gesetze der Mechanik anwendet. Das gilt z.B. für den Hebel, den Keil, die Rolle und das Seil. Die unmittelbare Berührung mit elementaren mechanischen Vorgängen hat im Laufe der Zeit das gesamte Denken so durchdrungen, daß man noch verhältnismäßig spät alle Vorgänge in der Natur an mechanischen Prinzipien zu erklären versucht hat. Als Beispiel sei hier die von NEWTON vertretene Korpuskulartheorie des Lichts genannt.

Die Ägypter müssen schon in der Zeit 3000 bis 2000 vor unserer Zeitrechnung viele Einzelkenntnisse der Mechanik gehabt haben. Das beweisen zahlreiche Darstellungen mechanischer Geräte und Bauwerke wie die Pyramiden. Die Griechen der Antike versuchten neben exakten Einzeluntersuchungen zu einer Erklärung der Weltentstehung und einem einheitlichen Denksystem zu gelangen (Naturphilosophie). Es konnten jedoch nur Einzelprobleme gelöst werden, da die allgemeine Entwicklung noch nicht genügend weit fortgeschritten war.

ARISTOTELES (384 bis 322 v.Chr.) prägte den Namen Physik. Er erkannte unter anderem, daß alle Körper beschleunigt fallen, war jedoch der Meinung, daß ein schwerer Körper schneller falle als ein leichter. Da die Schriften des ARISTOTELES bis in das 15. Jahrhundert als unumstößliches Gesetz galten, war dieser Fehler für die Weiterentwicklung der Mechanik sehr folgenschwer.

ARCHIMEDES von Syrakus (287 bis 212 v.Chr.) entwickelte nicht nur viele mathematische Gesetze, sondern konstruierte unter anderem den Flaschenzug, die Schraube zur Wasserförderung und formulierte das nach ihm benannte Prinzip des hydrostatischen Auftriebs. Er kannte das Hebelgesetz und berechnete Flächenschwerpunkte. Auch befaßte er sich mit der schiefen Ebene.

HERON von Alexandria (1. Jahrhundert v.Chr.?) verfaßte einige physikalische Werke. Er baute unter Verwendung von Mikrometerschraube, Zahnrad und Zahnstange Meßgeräte.

Die ersten eineinhalb Jahrtausende unserer Zeitrechnung waren für die Entwicklung der Wissenschaften sehr steril. Man ist ganz allgemein über den Stand dessen, was die Griechen und Römer geschaffen haben, nicht hinausgekommen.

LEONARDO DA VINCI (1452–1519) hat eine Vielzahl von mechanischen Einzelproblemen gelöst, die sich vor allem aus technischen Anwendungen ergaben. Dabei waren seine Arbeitsgebiete hauptsächlich das Bauwesen einschließlich des Wasserbaus und der Kriegsmaschinen. Er hat viele Aufzeichnungen hinterlassen, aus denen u.a. hervorgeht, daß er sich über die Reaktionswirkung einer Kraft im klaren war. Er schreibt darüber im Zusammenhang mit der Rückstoßkraft an einer Kanone. Auch spricht er bereits von der Kraft als der Ursache der Bewegung. Der Kraftbegriff, so geläufig er jetzt ist, hat erst einen sehr langwierigen Entwicklungsprozeß durchmachen müssen. Zunächst wurden ohne scharfe Trennung Begriffe wie Kraft, Stoß, Schlag, Druck, Zug verwendet. LEONARDO DA VINCI nennt die Kraft ein „geistiges, unkörperliches und unsichtbares Wirkungsvermögen“.

Da der Begriff „Masse“ noch nicht definiert war, fehlte auch die Klarheit über einen für uns so alltäglichen Begriff wie „Gewicht“, bzw. Gewichtskraft. LEONARDO DA VINCI war der Meinung, diese würde kleiner wenn der betreffende Gegenstand horizontal bewegt wird. Er führte als Beweis an, daß ein galoppierendes Pferd sich mit dem Reiter kurzfristig auf einem Bein nur halten könne, weil Pferd und Reiter leichter geworden seien. Das wirft ein Schlaglicht auf die Art der damaligen Argumentation. Vor allem war es damals nicht möglich, den Einfluß der Reibung zu eliminieren. Das gilt sowohl für das Experiment als auch für die Überlegungen. Aus diesem Grunde herrschte damals ganz allgemein die Vorstellung, die Bewegung wäre ein Vorgang, der sich selbst aufzehre. Eine Weiterentwicklung war in diesem Stadium nicht möglich, da man von der falschen Aussage über den freien Fall ausging (ARISTOTELES) und noch keine Klarheit über die Rolle der Reibung für die Bewegung und über den Begriff „Kraft" hatte.

Es bedurfte der Genialität eines GALILEO GALILEI (1564–1642), um diesen Kreis zu sprengen. Er verlangte das Experiment als Beweisgrundlage und kann wohl deshalb als der Schöpfer der modernen Physik gelten. Zunächst entwickelte er die kinematischen Grundlagen. Für eine Bewegung mit konstanter Geschwindigkeit fand er den Zusammenhang $s = v \cdot t$ und deutete den Weg s graphisch als die Fläche im v-t-Diagramm. Er spricht von der Summe der Höhen. Die Zunahme der Geschwindigkeit beim freien Fall versuchte er zunächst durch den Ansatz

$$v \sim s, \qquad \text{(Geschwindigkeit proportional zum}$$
$$v = k \cdot s \qquad \text{zurückgelegten Weg)}$$

zu lösen. Da diese Beziehung experimentell nicht bestätigt wurde, versuchte er den uns bekannten Ansatz

$$v \sim t, \qquad v = g \cdot t.$$

Die Geschwindigkeit nimmt proportional mit der Zeit zu. In der Schlußfolgerung aus der vorher gewonnenen Erkenntnis, daß die Fläche im v-t-Diagramm (Dreieck) dem zurückgelegten Weg entspricht, erhält er das Gesetz

$$s = \frac{1}{2}(g \cdot t) \cdot t = \frac{g}{2} t^2.$$

GALILEI war hier schon auf dem Wege zur Differential- und Integralrechnung. Mit der Erkenntnis, daß alle Körper gleich schnell fallen, war es GALILEI endlich gelungen, die Physik von den falschen Vorstellungen des Altertums zu lösen. Für die Weiterentwicklung war die Definition des Beschleunigungsbegriffes besonders wichtig.

Die Experimente GALILEIs an schiefer Ebene und am Pendel zum Beweis der Fallgesetze können hier nicht ausführlich behandelt werden. Nur auf einen kleinen Versuch sei kurz eingegangen. Um die quadratische Abhängigkeit des Weges von der Zeit zu demonstrieren, schnitzte er in eine schiefe Ebene Kerben in Abständen ein, die sich im Verhältnis 1; 4; 9; 16; 25 verhalten. Läßt man eine Kugel herunterrollen, dann hört man die Kugeln in gleichen Zeitabständen die Kerben passieren. Man vergleiche diese Arbeitsmethode mit der „Beweis"-führung des LEONARDO DA VINCI zur horizontal bewegten Masse. Das kann ohne Schmälerung der Verdienste dieses genialen Mannes gesagt werden. Die von GALILEI stammende Arbeitsmethode der Wechselwirkung von Idee und Experiment wirkte bahnbrechend für die Weiterentwicklung der Physik.

Die Frage nach der Ursache der Bewegung der Himmelskörper war damals absolut zentral. GALILEI war der Meinung, daß es eine natürliche Bewegung gibt, die ein Körper beschreibt, wenn keine Kräfte angreifen. Damit ist grundsätzlich der Begriff „Trägheit" in die Physik eingeführt. GALILEI war jedoch der Auffassung, die natürliche Bewegung eines Körpers – er meinte damit einen Himmelskörper – sei die Kreisbahn.

CHRISTIAN HUYGENS (1629–1695) hat schon auf die Bestimmbarkeit der Kraft durch die Beschleunigung hingewiesen, jedoch blieb es ihm versagt, den Begriff Masse zu definieren. Er hat u.a. die Kinematik der Kreisbewegung und in diesem Zusammenhang den Begriff der Normalbeschleunigung abgeleitet. Das war eine besonders wichtige Voraussetzung für die Arbeiten NEWTONS.

In diesem Zusammenhang muß auch der Astronom JOHANNES KEPLER (1571–1630) genannt werden, der auf Grund langjähriger Beobachtungen, die größtenteils auf TYCHO DE BRAHE (1546–1601) zurückgehen, die nach ihm benannten Planetengesetze aufgestellt hat.

ISAAC NEWTON (1642–1727) hat als erster versucht, die Physik systematisch aufzubauen. Er geht in seinem Hauptwerk von vier Definitionen aus. In der ersten legt er den Begriff Masse fest. Dabei nennt er die Masse die „multiplikative Vereinigung von Volumen und Dichte", stellt also die uns geläufige Beziehung $m = \varrho \cdot V$ auf. Nach der Definition der Begriffe stellt NEWTON drei Gesetze auf (ausführlicher im Kapitel 5). An erster Stelle steht das Trägheitsprinzip, nach dem ein Körper in Ruhe oder geradliniger Bewegung mit konstanter Geschwindigkeit verharrt, wenn keine äußeren Kräfte auf ihn einwirken. Das zweite Gesetz wird Dynamisches Grundgesetz genannt. In der einfachsten Form lautet es: Kraft gleich Masse mal Beschleunigung. Da eine Definition der Masse vorliegt, kann man mit seiner Hilfe die Kraft definieren. Das führt zu der Krafteinheit NEWTON. Das dritte Gesetz sagt aus, daß Kräfte paarweise auftreten (actio = reactio). Aus diesen drei Gesetzen läßt sich die gesamte Mechanik entwickeln[1]. NEWTON selbst stellt im gleichen Werk, von den Planetengesetzen

[1] Die klassische oder NEWTONsche Mechanik gilt nicht mehr für Massen, die sich mit Geschwindigkeiten nahe der Lichtgeschwindigkeit bewegen (Relativitätstheorie – EINSTEIN (1879–1955)).

KEPLERS ausgehend, das Gravitationsgesetz auf und begründet damit die Himmelsmechanik. An dieser Stelle lohnt es sich, einige Gedanken NEWTONs nachzuzeichnen. Die grundlegenden Überlegungen wurden dem einfachen Vorgang der Wurfbewegung entnommen. NEWTON schreibt: „Daß durch die Zentralkräfte die Planeten in ihren Bahnen gehalten werden können, ersieht man aus der Bewegung der Wurfgeschosse.“ Er vergleicht dann die durch die Gewichtskraft erzwungene Wurfparabel mit der gekrümmten Bahn eines Planeten und fährt fort: „So würden die von einer Bergspitze mit steigender (horizontaler) Geschwindigkeit fortgeworfenen Steine immer weitere Parabelbögen beschreiben und zum Schluß – bei einer bestimmten Geschwindigkeit – zur Bergspitze zurückkehren und auf diese Weise sich um die Erde bewegen.“ Diese Geschwindigkeit gibt NEWTON selbst aus der Bedingung Fliehkraft = Gewichtskraft mit $v = \sqrt{R \cdot g}$ an. Das ist die Geschwindigkeit eines erdnahen Satelliten von ca. 7900 m/s.

NEWTON hat mit seinen Definitionen und Gesetzen der Mechanik ein einheitliches System gegeben. Damit ist die Mechanik nicht mehr eine Sammlung von Einzelgesetzen und -erfahrungen, sondern eine exakte Wissenschaft.

Eine Weiterentwicklung der Mechanik und mit den neuen Erkenntnissen möglich gewordene Behandlung vieler Einzelprobleme bedingte einen weiteren Ausbau der Mathematik. Auch auf diesem Gebiet hat NEWTON entscheidende Impulse gegeben. Auf ihn und GOTTFRIED VON LEIBNITZ (1646–1716) geht die Infinitisimalrechnung (Differential- und Integralrechnung) zurück.

Im Rahmen der Stoffauswahl der Technischen Mechanik müssen noch folgende Gelehrte genannt werden. ROBERT HOOKE (1635–1703) entwickelte die Elastizitätstheorie auf der im wesentlichen die Festigkeitslehre basiert. Von JAKOB BERNOULLI (1654–1705) stammt u.a. die Biegetheorie des Balkens (Grundgleichung der Biegung). DANIEL BERNOULLI (1700–1782) begründete die Hydromechanik. LEONHARD EULER (1707–1783) nimmt hier einen besonders breiten Raum ein. Er untersuchte erschöpfend die allgemeine Bewegung des starren Körpers und leitete die nach ihm benannten Gleichungen für den Kreisel ab. Aus der Anwendung des Dynamischen Grundgesetzes auf einen Massenstrom entwickelte er die nach ihm benannte Turbinengleichung. EULER löste das Problem der Knickung eines elastischen Stabes und damit als erster ein Eigenwertproblem aus der Elastizitätstheorie. Die Arbeiten auf dem Gebiet der Differentialgleichung und komplexen Zahlen ermöglichen die Lösung von Schwingungsproblemen.

Mit Hilfe des von D'ALEMBERT (1717–1783) formulierten Prinzips (Kapitel 7 dieses Bandes) werden Probleme der Kinetik auf die Statik zurückgeführt. Das geschieht durch Einführung von Trägheitskräften und Trägheitskräftepaaren.

Ab etwa 1800 entwickelt sich als eigener Zweig eine auf die Bedürfnisse der

Technik zugeschnittene Mechanik, die Gegenstand dieser Bücher ist. Die hier zu nennenden Namen werden bzw. wurden bei der Behandlung der einzelnen Stoffgebiete angeführt.

1.3 Einiges zur Lösung von Aufgaben

Der angehende Ingenieur sollte sich möglichst früh das exakte und systematische Arbeiten beim Lösen einer technischen Aufgabe aneignen. Dadurch werden Fehler vermieden und Kontrollen werden viel leichter, auch von anderen Personen durchführbar. Nachfolgend sollen dafür einige Hinweise gegeben werden, die, sinngemäß angewendet, für alle technischen Aufgaben gelten.

Es ist zunächst zweckmäßig, die gegebenen und gesuchten Werte zusammenzustellen. Danach richtet sich die Wahl des günstigsten Lösungsweges (z.B. Impulssatz oder Energiesatz usw.). Nach diesen Überlegungen soll eine dem Lösungsverfahren angepaßte Skizze angefertigt werden. Diese sollte in den Proportionen möglichst genau und genügend groß sein. Kräfte, Momente, Geschwindigkeiten und Beschleunigungen werden möglichst im richtigen Wirkungssinn eingetragen. Die Verwendung mehrerer Farben wird empfohlen. Auf die Bedeutung einer guten Skizze für die Lösung einer Aufgabe wird besonders dringend hingewiesen.

Die verwendeten Gleichungen sollen auf jeden Fall zunächst in allgemeiner Form hingeschrieben werden. Zur besseren Kontrolle wird, ohne Zusammenfassung, jeder einzelne Wert eingesetzt, z.B.

$$\begin{aligned} v &= \sqrt{2g \cdot H + v_0^2} \\ &= \sqrt{2 \cdot 9{,}81\,\frac{\mathrm{m}}{\mathrm{s}^2} \cdot 2\,\mathrm{m} + 5{,}0^2\,\frac{\mathrm{m}^2}{\mathrm{s}^2}} \\ v &= 8{,}01\,\frac{\mathrm{m}}{\mathrm{s}}. \end{aligned}$$

Es sollte, so weit wie möglich, mit allgemeinen Größen gearbeitet werden. Zahlenwerte sollen erst eingesetzt werden, wenn die Ausgangsgleichung nach der gesuchten Größe aufgelöst ist.

Beispiel

anstatt

$$v = \sqrt{2g \cdot H}$$
$$20{,}0 = \sqrt{19{,}62 \cdot H}$$
$$400 = 19{,}62 \cdot H$$
$$H = \frac{400}{19{,}62}$$
$$H = 20{,}4\,\mathrm{m}$$

besser

$$v = \sqrt{2g \cdot H},$$
$$H = \frac{v^2}{2g},$$
$$H = \frac{20^2}{2 \cdot 9{,}81} \frac{\mathrm{m}^2\ \mathrm{s}^2}{\mathrm{s}^2 \cdot \mathrm{m}},$$
$$H = 20{,}4\,\mathrm{m}.$$

Bei dem links gezeigten Weg ist bereits in der zweiten Zeile eine Dimensionskontrolle nicht mehr möglich. Diese soll unbedingt vor Einsetzen der Zahlenwerte durchgeführt werden. Es sollte bei der Ausarbeitung der Lösung kein Schritt übersprungen werden, einzelne Schritte sind u.U. durch kurze Bemerkungen zu erläutern.

Werden z.B. komplizierte Bewegungsabläufe durch Gleichungen dargestellt, dann ist es weder zweckmäßig noch üblich, alle Einheiten mitzuschreiben. Die Einheiten müssen aber am besten in Form einer Tabelle sowohl im Ansatz als auch bei Ergebnissen in allgemeiner Form aufgeführt sein. Man nennt solche Gleichungen *Zahlenwertgleichungen*. Sie entsprechen der Norm DIN 1313. Gerade im Zusammenhang mit der EDV kann man auf ihre Anwendung nicht verzichten, da der Computer nicht mit Einheiten arbeitet, sondern die Gleichungen für verschiedene Variablen zahlenmäßig auswertet.

Beispiel

$$s = 2{,}5t^3 - 11{,}0 \cdot t^2 + 5 \cdot t,$$

s	t
m	s

daraus z.B.

$$v = \frac{\mathrm{d}s}{\mathrm{d}t} = 7{,}5 \cdot t^2 - 22{,}0 \cdot t + 5$$

v	t
m/s	s

Zur eindeutigen Angabe von Ergebnissen, sollte bei Geschwindigkeiten, Beschleunigungen und Kräften neben dem Betrag auch die Richtung angegeben werden,

$$v_\mathrm{x} = -12{,}5\,\frac{\mathrm{m}}{\mathrm{s}}(\leftarrow).$$

Für Vektoren senkrecht zur Zeichenebene benutzt man

$\odot$ aus der Ebene herausragend,
$\oplus$ in die Ebene hineinragend,

Oft führen einfache Umrechnungen der Einheiten zu Dezimalstellenfehlern. Deshalb soll dazu etwas ausgeführt werden.

Beispiel

$$\omega^2 = \frac{G \cdot I}{l \cdot J}$$

G Gleitmodul, nach Normen empfohlene Einheiten $\mathrm{MN/m^2} = \mathrm{N/mm^2}$

I Flächenträgheitsmoment, lt. Normen in cm^4 gegeben

J Massenträgheitsmoment in $\mathrm{kg\,m^2}$

l Länge je nach Arbeitsgebiet m, cm, mm

$$G = 8 \cdot 10^4\,\mathrm{N/mm^2} \qquad J = 10\,\mathrm{kg\,m^2}$$

$$I = 100\,\mathrm{cm^4} \qquad l = 1\,\mathrm{m}$$

$$\omega^2 = \frac{8 \cdot 10^4\,\mathrm{N}}{\mathrm{mm^2}} \cdot \frac{10^2\,\mathrm{cm^4}}{1\,\mathrm{m} \cdot 10\,\mathrm{kg\,m^2}}$$

Für unübersichtliche Ausdrücke empfiehlt es sich, die Einheiten zusammenzufassen, wobei N auf die Grundeinheiten $\mathrm{kg \cdot m/s^2}$ zurückgeführt wird.

$$\omega^2 = 8 \cdot 10^5 \frac{\mathrm{kg\,m\,cm^4}}{\mathrm{s^2\,mm^2 \cdot m \cdot kg\,m^2}}$$

Für die weitere Zahlenrechnung muß auf eine gemeinsame Längeneinheit umgerechnet werden. Vorher können kg m gekürzt werden. Es soll hier alles auf cm umgerechnet werden. Im Nenner stehen $\mathrm{mm^2}$. Um diese zu „löschen“ wird mit $\mathrm{mm^2}$ multipliziert. Damit wäre der Term dimensionsmäßig geändert. Deshalb wird im Nenner die gewünschte Einheitcm – hier $\mathrm{cm^2}$ – eingeführt. Insgesamt wird mit dem Quotienten $\mathrm{mm^2/cm^2}$ multipliziert. Dieser ist jedoch nicht 1, sondern es sind $(10\,\mathrm{mm})^2 = 1\,\mathrm{cm^2}$ oder $1 = 100\,\mathrm{mm^2/cm^2}$ ($100\,\mathrm{mm^2}$ pro $1\,\mathrm{cm^2}$). Analog verfährt man mit anderen Einheiten. Man erhält so

$$\omega^2 = 8 \cdot 10^5 \frac{\mathrm{cm^4}}{\mathrm{s^2 \cdot mm^2 \cdot m^2}} \cdot \frac{100\,\mathrm{mm^2}}{1\,\mathrm{cm^2}} \cdot \frac{1\,\mathrm{m^2}}{100^2\,\mathrm{cm^2}}$$

$$\omega = 89{,}4\,\mathrm{s^{-1}}$$

Bei einer graphischen Lösung soll die Zeichnung wegen der notwendigen Genauigkeit nicht zu klein ausgeführt werden. Die Maßstäbe müssen eindeutig angegeben sein. Die Ergebnisse sollen getrennt herausgeschrieben werden.

Ein Ergebnis muß immer kritisch und mit gesundem Menschenverstand daraufhin untersucht werden, ob es überhaupt technisch möglich ist. Zur Kontrolle sollten nach Möglichkeit die errechneten Werte in noch nicht benutzte Gleichungen eingesetzt werden. Auch ist manchmal eine Kontrolle durch eine andere Lösungsmethode möglich.

Die *Genauigkeit einer technischen Berechnung* hängt von zwei Faktoren ab, erstens von der Genauigkeit der Ausgangsdaten, zweitens von der Genauigkeit der Rechnung. Bei Verwendung eines Rechners darf man den zweiten Faktor vernachlässigen. Das Ergebnis einer technischen Berechnung wird demnach nur von den Toleranzen beeinflußt, mit denen die Ausgangswerte gegeben sind. Ausgangswerte für eine technische Berechnung haben selten Toleranzen von 1 % oder sogar weniger. Man denke z.B. an die Schwierigkeiten, Belastungen genau festzustellen oder an die Streuungen, denen die Festigkeitswerte eines Werkstoffs unterliegen.

Welche Konsequenzen ergeben sich für eine Berechnung? Der in der Materie Mitdenkende sollte nicht sinnlos die Ergebnisse des Rechners übernehmen, sondern sie kritisch auf ihre mögliche Genauigkeit untersuchen und sinnvoll runden. Dies sollte schon bei eventuellen Zwischenergebnissen erfolgen.

Teil A: Kinematik

2 Die geradlinige Bewegung des Punktes

2.1 Einführung

In diesem Kapitel werden Methoden entwickelt, die das Ziel haben, den *Bewegungszustand* eines Punktes auf einer Geraden zu beschreiben. Unter Bewegungszustand versteht man z.B. folgende Aussage: Der Punkt P befindet sich zur Zeit t an der Koordinate $\pm s$ und bewegt sich mit der Geschwindigkeit v in Richtung zum (vom) definierten Null-Punkt beschleunigt (verzögert) mit a. Die Größen Ortskoordinate s, Geschwindigkeit v und Beschleunigung a werden definiert. Sie stehen zueinander in Beziehungen, die abgeleitet werden. Das geschieht sowohl in Form von mathematischen Abhängigkeiten als auch in graphischen Darstellungen.

Ein Abschnitt behandelt die ungleichförmig beschleunigte Bewegung. Eine geschlossene Lösung ist nur möglich, wenn die vorliegenden Abhängigkeiten in Form von differenzierbaren/integrierbaren Funktionen vorliegen. Gerade in der Ingenieurpraxis ist das eher nicht der Fall. Deshalb werden Ansätze entwickelt, die über eine graphische Darstellung, die mit einem Computer ausführbar ist, zu einer Lösung führen.

Dieses Kapitel befaßt sich mit einem Punkt, der eine mathematische Abstraktion ist. Wenn sich ein starrer Körper geradlinig bewegt (Wagen auf Schiene) sind alle Punkte des Körpers zur gleichen Zeit im gleichen Bewegungszustand. Diese einfache Überlegung führt vom Punkt zum Körper, der eigentlich in der ingenieurmäßigen Anwendung interessiert. Darüber hinaus soll schon an dieser Stelle darauf hingewiesen werden, daß der Schwerpunkt eines Körpers eine besondere Bedeutung in der Kinetik hat. Bei der allgemeinen Bewegung ist es oft notwendig, den Bewegungszustand des Schwerpunktes zu kennen.

2.2 Ortskoordinate, Geschwindigkeit und Beschleunigung

Einleitend soll festgestellt werden, daß die nachfolgend definierten Begriffe Ortskoordinate s, Geschwindigkeit v und Beschleunigung a Vektoreigenschaft haben. Da bei einer geradlinigen Bewegung die Richtung vorgegeben ist, wird auf die Vektorschreibweise verzichtet.

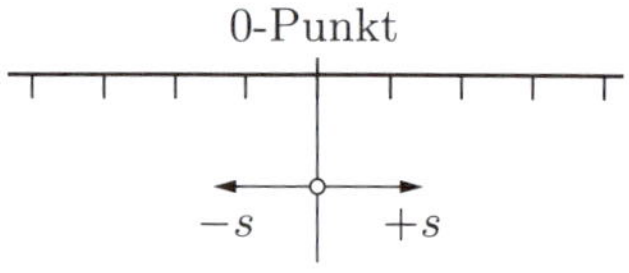

Abb. 2-1: Definition der Ortskoordinate

Ein Punkt bewegt sich entlang einer Linie nach Abb. 2-1. Um diesen Vorgang zu beschreiben, ist es notwendig, einen Nullpunkt zu definieren, von wo aus seine Position s gemessen wird. Diese wird *Ortskoordinate* genannt. Der Beginn der Zeitmessung ist frei wählbar, z.B. $t = 0$ für einsetzende Bewegung. Den Bewegungsvorgang kann man jetzt mit Hilfe einer Tabelle beschreiben, in der zugeordnete Werte von s und t aufgeführt sind. Diese Tabelle ist die Grundlage für eine graphische Darstellung in einem Koordinatensystem mit t als Abszisse und s als Ordinate. Ein solcher Graph wie ihn z.B. die Abb. 2-2 zeigt stellt sehr anschaulich einen Bewegungsvorgang dar. Hier können in der Tabelle nicht enthaltene Zwischenwerte abgelesen werden. Bewegungsabläufe werden auch durch Gleichungen $s = \mathrm{f}(t)$ wiedergegeben. Solche Gleichungen können das Ergebnis theoretischer Betrachtungen sein. Liegen Tabellen $s = \mathrm{f}(t)$ vor, die Versuchsergebnisse enthalten, kann man vom Graph ausgehend zu einer Gleichung kommen. Zu diesem Problemkomplex gibt es vielfältige Computerprogramme.

Für das Verständnis ist es wichtig, sich hier klar zu machen, daß s eine Lagebezeichnung (Ortskoordinate) ist und nicht ein zurückgelegter Weg. Nur wenn im Zeitintervall Δt keine Richtungsumkehr erfolgt, ist bei geradliniger Bewegung die Differenz der Ortskoordinate Δs der während Δt zurückgelegte Weg.

Die Definition des Begriffs *Geschwindigkeit* soll von der Abb. 2-2a ausgehen. Im Zeitabschnitt $t_2 - t_1 = \Delta t$ hat der Punkt seine Lage von s_1 nach s_2 verändert und dabei einen Weg $\Delta s = s_2 - s_1$ zurückgelegt. Dabei war seine mittlere Geschwindigkeit

$$v_\mathrm{m} = \frac{\Delta s}{\Delta t}.$$

Die Dimension der Geschwindigkeit ist Länge/Zeit, die Einheiten z.B. m/s, m/min, km/h.

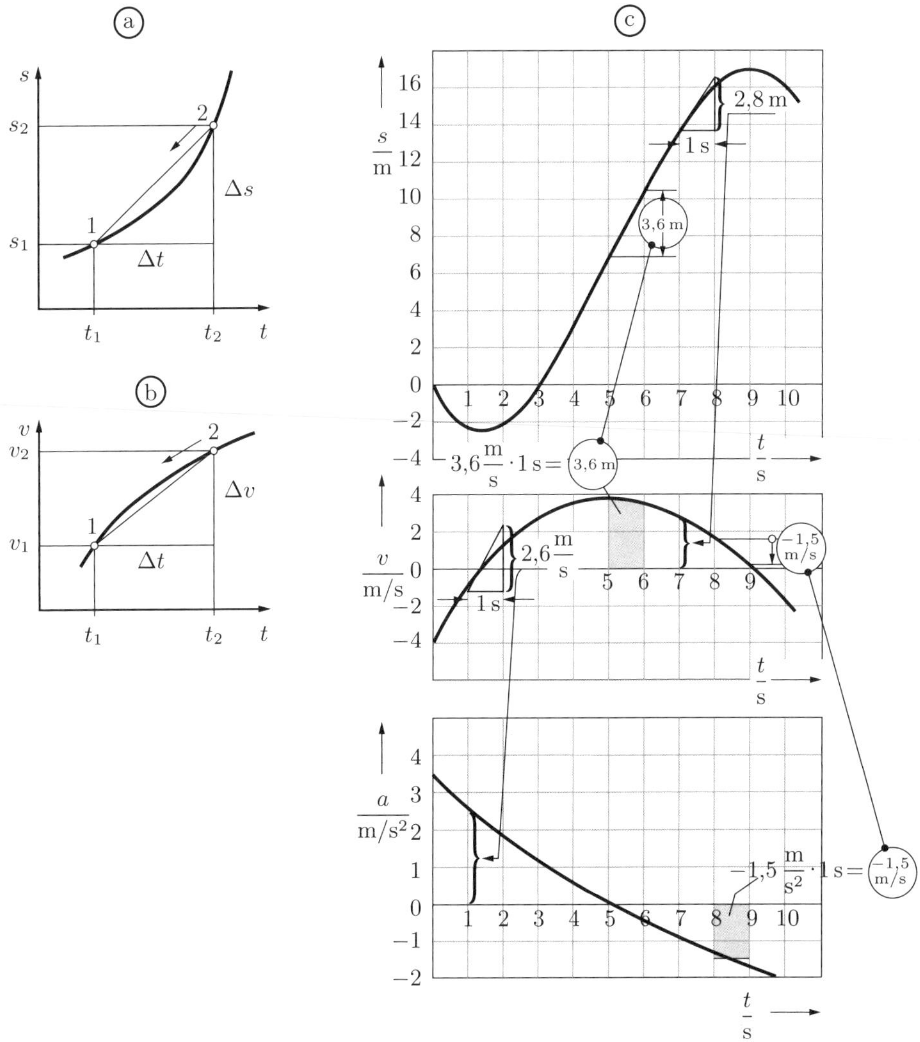

Abb. 2-2: $s(t)$; $v(t)$; $a(t)$-Diagramme einer ungleichförmigen Bewegung

Geometrisch kann die mittlere Geschwindigkeit als der Tangens des Steigungswinkels der Sekante gedeutet werden, die die Kurve in den Punkten 1 und 2 schneidet.

Je ungleichmäßiger die Bewegung des Punktes war, um so weniger wird die über ein Zeitintervall Δt gemessene mittlere Geschwindigkeit mit der momentanen, tatsächlichen Geschwindigkeit übereinstimmen. Diese *momentane Geschwindigkeit*, deren Größe sich von Punkt zu Punkt ändern kann, beschreibt demnach einen Bewegungszustand während eines beliebig kleinen Zeitintervalls Δt, für den naturgemäß Δs auch beliebig klein wird. Das betrachtete Zeitintervall Δt wird deshalb stetig kleiner, bis beim Grenzübergang $\Delta t \to 0$ geht. Geometrisch kann man diesen Vorgang als Annäherung des Punktes 2 an den Punkt 1 deuten. Im Grenzübergang wird aus der Sekante die Tangente im Punkt 1. Es gilt

$$v = \lim_{\Delta t \to 0} \frac{\Delta s}{\Delta t}, \qquad v = \frac{\mathrm{d}s}{\mathrm{d}t} = \dot{s}. \tag{2-1}$$

Die Geschwindigkeit ist die Änderung der Ortskoordinate bezogen auf die Zeit.

Geometrisch wird sie durch die Steigung der Tangente im s-t-Diagramm dargestellt. Die Geschwindigkeit-Zeit (v-t)-Funktion ist demnach gleich der ersten Ableitung der s-t-Funktion (Abb. 2-2).

Für die Definition der *Beschleunigung* wird von der Abb. 2-2b ausgegangen. Im Zeitintervall Δt hat sich die Geschwindigkeit v_1 nach v_2 um $\Delta v = v_2 - v_1$ geändert. Die mittlere Beschleunigung war dabei

$$a_{\mathrm{m}} = \frac{\Delta v}{\Delta t}.$$

Die Dimension ist die Länge/Zeit^2, die Einheit z.B. m/s^2; m/min^2. Die *Momentanbeschleunigung*, die für die Beschreibung des augenblicklichen Bewegungszustandes notwendig ist, erhält man bei der Betrachtung eines beliebig kleinen Zeitintervalls $\Delta t \to 0$, d.h.

$$a = \lim_{\Delta t \to 0} \frac{\Delta v}{\Delta t}, \qquad a = \frac{\mathrm{d}v}{\mathrm{d}t} = \dot{v} = \ddot{s}. \tag{2-2}$$

Die Beschleunigung ist die Änderung der Geschwindigkeit bezogen auf die Zeit.

Geometrisch wird sie durch die Steigung der Tangente im v-t-Diagramm dargestellt. Die Beschleunigungs-Zeit (a-t)-Funktion stellt demnach die erste Ableitung der v-t-Funktion und die zweite Ableitung der s-t-Funktion dar. Die Umkehrung der Gleichungen (2-1)/(2-2) ergibt

$$s = \int v \cdot \mathrm{d}t, \tag{2-3}$$

$$v = \int a \cdot \mathrm{d}t. \tag{2-4}$$

Die Gleichungen (2-1) bis (2-4) sollen zusammenfassend gedeutet werden. Zur Veranschaulichung wird die Abb. 2-2c herangezogen.

1. Die Steigung der Tangente an der s-t-Kurve ergibt die Geschwindigkeit. Als Beispiel ist für $t = 7{,}0\,\mathrm{s}$ eine Tangente an den Graph $s(t)$ gezeichnet. Das Steigungsdreieck kann beliebig groß ausgeführt werden, hier wurde $\Delta t = 1{,}0\,\mathrm{s}$ gewählt. Die Abmessung $\Delta s = 2{,}8\,\mathrm{m}$ kann man durch Abgreifen der Strecke Δs und Ansetzen an der Ordinate bei $s = 0$ ermitteln. Zur Zeit $t = 7{,}0\,\mathrm{s}$ bewegt sich der Punkt mit $v = 2{,}8\,\mathrm{m}/1{,}0\,\mathrm{s} = 2{,}8\,\mathrm{m/s}$.

2. Die Steigung der Tangente an der v-t-Kurve ergibt die Beschleunigung. Als Beispiel ist die Beschleunigung zur Zeit $t = 1{,}0\,\mathrm{s}$ ermittelt ($a = 2{,}6\,\mathrm{m/s^2}$).

3. Ein „Flächen"-element im v-t-Diagramm von der „Breite" Δt entspricht der Änderung der Ortskoordinate Δs während des Zeitintervalls Δt. Das folgt aus dem Begriff des Integrals als auch aus der Definition der mittleren Geschwindigkeit

$$v_\mathrm{m} = \frac{\Delta s}{\Delta t} \Longrightarrow \Delta s = v_\mathrm{m} \cdot \Delta t$$

   Als Beispiel dafür ist die Lageänderung zwischen der 5. und 6. Sekunde eingetragen.

4. Ein „Flächen"-element im a-t-Diagramm von der „Breite" Δt entspricht der Geschwindigkeitsänderung während des Zeitintervalls Δt. Das folgt analog zu Punkt 3 aus

$$a_\mathrm{m} = \frac{\Delta v}{\Delta t} \Longrightarrow \Delta v = a_\mathrm{m} \cdot \Delta t$$

   In der Abb. 2-2 ist als Beispiel die Änderung der Geschwindigkeit zwischen der 8. und 9. Sekunde eingetragen. Die „Fläche" ist negativ, die Geschwindigkeit verringert sich um $1{,}5\,\mathrm{m/s}$.

Für die Punkte 3 und 4 ist besonders zu beachten, daß es sich um *Änderungen* der Lage und Geschwindigkeit handelt und nicht um die Werte s und v.

Die der einzelnen Größen sagen etwas über den Bewegungszustand aus:
s: Das Vorzeichen gibt die Lage in bezug auf den Nullpunkt an.
v: Das Vorzeichen gibt die Bewegungsrichtung an.
a: Das Vorzeichen gibt die Art der Änderung der Geschwindigkeit an.

Wenn für $s; v; a$ die gleiche Richtung als positiv festgelegt wird, kann man folgende Schlußfolgerung ziehen:

1. Haben s und v gleiches Vorzeichen, bewegt sich der Punkt vom Nullpunkt weg. Als Beispiel sei in der Abb. 2-2 der Zustand für $t = 1{,}0\,\mathrm{s}$ (s und v negativ) und für $t = 5{,}0\,\mathrm{s}$ (s und v positiv) betrachtet.

2. Haben s und v verschiedene Vorzeichen, bewegt sich der Punkt auf den Nullpunkt zu. Beispiel: $t = 2{,}0\,\mathrm{s}$ und $t = 10{,}0\,\mathrm{s}$.

3. Haben v und a gleiches Vorzeichen, erfolgt die Bewegung beschleunigt in die Richtung, die das Vorzeichen von v angibt. Das ist einleuchtend für positive Vorzeichen, z.B. $t = 3{,}0\,\mathrm{s}$, gilt aber auch für negative Vorzeichen. Im Bereich $t = 10{,}0\,\mathrm{s}$ wird die Geschwindigkeit größer. Es handelt sich um eine beschleunigte Bewegung nach unten. Deshalb ist auch die Beschleunigung negativ.

4. Haben v und a verschiedene Vorzeichen, erfolgt die Bewegung verzögert in die Richtung, die das Vorzeichen von v angibt. Als Beispiel sei der Bereich um $t = 7{,}0$ s genannt. Die Bewegung nach oben wird langsamer: v positiv, a negativ. Für $t = 0$ bewegt sich der Punkt nach unten (v negativ) und wird langsamer (a positiv).

Besonders wichtig ist die Erkenntnis, daß das *Vorzeichen von a alleine keine Aussage über den Zustand „beschleunigt“ oder „verzögert“ ermöglicht. Die Vorzeichen von a und v müssen gemeinsam betrachtet werden.* Eine Tabelle zu der Vorzeichendeutung ist im Abschnitt „Zusammenfassung“ dieses Kapitels gegeben.

Ergänzend soll hier kurz auf die dritte Ableitung der $s(t)$-Funktion eingegangen werden. Diese wird *Ruck* r genannt.

$$r = \dot{a} = \ddot{v} = \dddot{s}$$

Der Ruck sagt etwas über die Änderung der Beschleunigung aus. Die Beschleunigung ist über $F = m \cdot a$ unmittelbar mit der Kraft gekoppelt. Damit ist der Ruck ein Maß für die Änderung der Beschleunigungskräfte. Diese empfindet z.B. ein Fahrgast in der Straßenbahn als Ruck. Mit diesem Begriff arbeitet man vorwiegend in der Fahrdynamik und der Getriebelehre.

2.3 Die Bewegung mit konstanter Geschwindigkeit

In die Gleichungen des vorigen Abschnittes wird die Bedingung

$$v = \text{konst.} \qquad dv = 0$$

eingesetzt. Man erhält

$$\text{aus Gl. (2-2)} \qquad a = 0;$$

$$\text{aus Gl. (2-3)} \qquad s = v \cdot t + s_0. \tag{2-5}$$

Wie vorausgesetzt, erfolgt die Bewegung ohne Beschleunigung und Verzögerung. In gleichen Zeitabschnitten werden gleiche Strecken zurückgelegt. Wie in Abb. 2-3 dargestellt, erhält man im v-t-Diagramm eine Parallele zur Abszisse, im

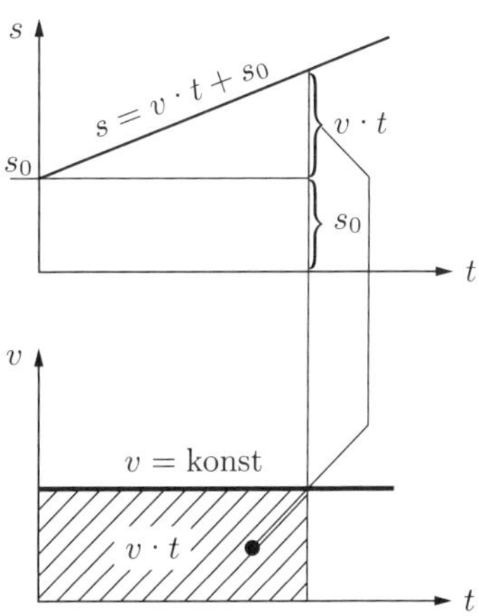

Abb. 2-3: $s(t)$; $v(t)$-Diagramme einer Bewegung mit konstanter Geschwindigkeit

s-t-Diagramm eine Gerade. An diesen Diagrammen kann man sich die Zusammenhänge nach den Gleichungen (2-1) bis (2-4) klarmachen. Die Steigung der s-t-Geraden ist $v = \Delta s / \Delta t = \text{konst}$. Die Zunahme des Abstandes s des bewegten Objektes während der Zeit t ist gleich der „Fläche“ $v \cdot t$ im v-t-Diagramm. Hinzu kommt der Anfangsabstand s_0.

Beispiel 1 (Abb. 2-4)

Ein Zug A fährt mit konstanter Geschwindigkeit v_A durch die Position I in Richtung II. Mit einer Zeitdifferenz Δt ist vorher durch die Position II ein Zug B mit konstanter Geschwindigkeit v_B in Richtung I durchgefahren. Allgemein und für die unten gegebenen Daten sind zu bestimmen:

a) die Größe der Geschwindigkeit v_B so, daß beide Züge sich an der Stelle III begegnen,

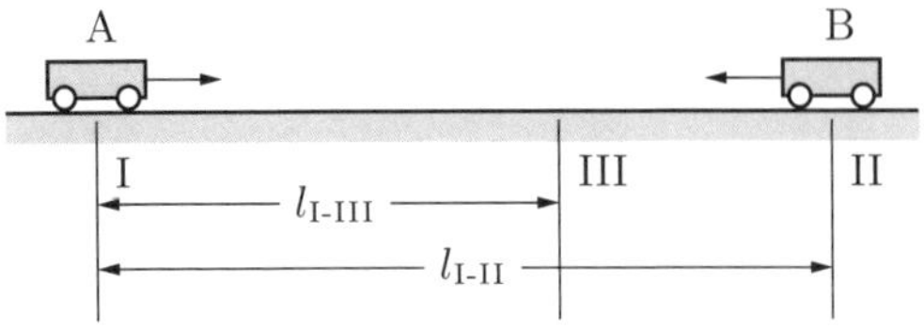

Abb. 2-4: Zwei in entgegengesetzte Richtung fahrende Züge (Beispiel 1)

b) der Zeitpunkt t_t der Begegnung,

c) die Zahlenwertgleichung $s_A = f(t)$ und $s_B = f(t)$,

d) die Position beider Züge und deren Entfernung voneinander z.Z. $t = 2000\,\text{s}$.

e) Der Vorgang ist im s-t-Diagramm darzustellen.

$$l_{\text{I–II}} = 50{,}0\,\text{km}; \quad l_{\text{II-III}} = 30{,}0\,\text{km}; \quad \Delta t = 200\,\text{s}; \quad v_A = 25{,}0\,\text{m/s}.$$

Lösung

Zunächst ist es notwendig, die Null-Punkte des Koordinatensystems und die positiven Richtungen festzulegen. Folgendes soll gelten: $s = 0$ an der Stelle III, $t = 0$ wenn A den Punkt I passiert, s und v in Richtung I-II positiv. Dem Leser sei empfohlen mit einer anderen Festlegung die Aufgabe zu lösen. Das Aufstellen der Gleichung ist einfacher, wenn man vorher qualitativ ein s-t-Diagramm skizziert (s. Abb. 2-5).

$$s_A = v_A \cdot t - l_{\text{I-III}} \tag{1}$$

Kontrolle: für $t = 0$ ist $s_A = -l_{\text{I–III}}$.

$$s_B = v_B(t + \Delta t) + l_{\text{II–III}} \tag{2}$$

Kontrolle: für $t = -\Delta t$ ist $s_B = l_{\text{II-III}}$.

Die Geschwindigkeit v_B ist in Gleichung (2) positiv eingeführt. Nach der Aufgabenstellung ist ein negatives Ergebnis für v_B zu erwarten. Man könnte bereits im Ansatz v_B negativ einführen. In diesem Falle ergibt sich als Bestätigung ein positives Ergebnis. Für den Treffpunkt in III gilt die Bedingung

$$s_A = s_B = 0 \quad \text{und} \quad t = t_t.$$

Die Gleichung (1) führt auf

$$\underline{t_t = l_{\text{I-III}}/v_A} \tag{3}$$

und die Gleichung (2) auf

$$0 = v_B(t_t + \Delta t) + l_{\text{II–III}}$$

Die Einführung von Gl. (3) ergibt nach einfachen Umwandlungen

$$\underline{v_\mathrm{B} = -\frac{l_\text{II–III} \cdot v_\mathrm{A}}{l_\text{I–III} + \Delta t \cdot v_\mathrm{A}}}. \tag{4}$$

Die Gl. (3) und (4) sind die allgemeinen Lösungen. Die Auswertung führt auf

$$\underline{t_\mathrm{t} = 800\,\mathrm{s}} \quad \text{und} \quad \underline{v_\mathrm{B} = -30{,}0\,\mathrm{m/s}} \quad \leftarrow .$$

Wenn der Zug B mit einer konstanten Geschwindigkeit von 30,0 m/s fährt, begegnen sich die Züge 800 s nach Beginn der Zeitzählung an der Stelle III.

Die Zahlenwertgleichungen werden für die Einheiten

t	s
s	m

aufgestellt:

$$s_\mathrm{A} = 25{,}0 \cdot t - 20{,}0 \cdot 10^3,$$
$$s_\mathrm{B} = -30{,}0(t + 200) + 30{,}0 \cdot 10^3.$$

Die Ortskoordinaten z.Z. $t = 2000\,\mathrm{s}$ sind $s_{\mathrm{A}2} = 30{,}0\,\mathrm{km}$; $s_{\mathrm{B}2} = -36{,}0\,\mathrm{km}$. Beide Züge sind zu diesem Zeitpunkt $\Delta s = 66{,}0\,\mathrm{km}$ voneinander entfernt.

Das maßstäbliche s-t-Diagramm, das innerhalb der Zeichengenauigkeit eine Kontrolle ermöglicht, zeigt die Abb. 2-5.

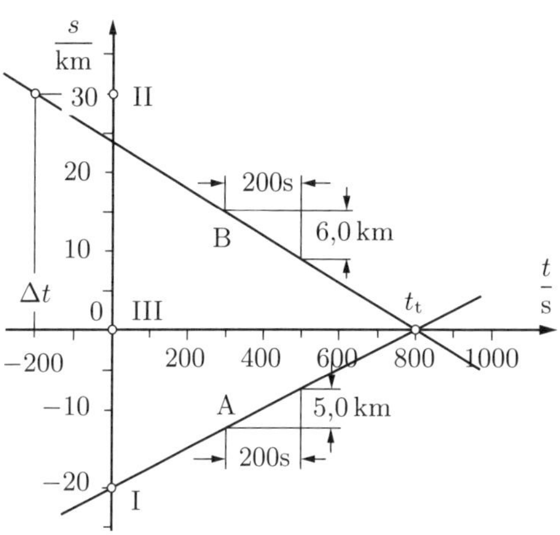

Abb. 2-5: Das $s(t)$-Diagramm für die Bewegung der Züge von Beispiel 1

Beispiel 2

Eine lineare Bewegung besteht aus folgenden Phasen

1.	0 s	bis	5,0 s	$v = 0{,}060\,\mathrm{m/s}$
2.	5,0s	bis	15,0 s	$v = 0{,}090\,\mathrm{m/s}$
3.	15,0s	bis	25,0 s	$v = -0{,}120\,\mathrm{m/s}$

Das könnte die Bewegung eines Werkzeuges sein, das von der Maschine wieder auf den Ausgangspunkt zurückgeführt wird. Die Übergänge von einer Phase zur anderen erfolgen so schnell, daß diese Effekte vernachlässigbar seien.

Für einen einheitlichen Zeitmaßstab sind Ort- und Zeitabhängigkeit analytisch und graphisch darzustellen und der Bewegungszustand z.Z. $t = 20{,}0\,\mathrm{s}$ zu bestimmen.

Lösung

In diesem Beispiel geht es schwerpunktmäßig um die Erfassung eines kinematischen Vorgangs, der sich aus mehreren Abschnitten zusammensetzt. Vorgänge dieser Art (z.B. Steuerung eines Werkzeuges) werden von Rechenprogrammen erfaßt. Deshalb soll hier mit Zahlenwertgleichungen gearbeitet werden. Dazu werden folgende Einheiten festgelegt.

t	s	v
s	m	m/s

Methode 1

Für jeden Abschnitt muß eine Gleichung aufgestellt werden.

1. Abschnitt $\quad 0 < t \leq 5{,}0$

$$v = 0{,}06$$
$$s = \int v \cdot \mathrm{d}t = 0{,}060 \cdot t \tag{1}$$

wegen $t = 0$; $s = 0$ ist $s_0 = 0$.

Am Ende dieser Phase befindet sich der Punkt bei $s_{1\mathrm{E}} = 0{,}06 \cdot 5{,}0 = 0{,}30\,\mathrm{m}$

2. Abschnitt $\quad 5{,}0 < t \leq 15{,}0$.

Dieser Abschnitt beginnt bei $t = 5{,}0\,\mathrm{s}$, deshalb muß die Zeitkoordinate t um diesen Betrag verschoben werden. Da die Bewegung von $s = 0{,}30\,\mathrm{m}$ ausgeht (s.o.), ist dieser Wert gleichzeitig die Integrationskonstante s_0 (Position zu Beginn dieses Zeitabschnitts).

$$\begin{aligned} v &= 0{,}090 \\ s &= 0{,}090 \cdot (t - 5{,}0) + 0{,}30 \end{aligned} \tag{2}$$

Kontrolle: $t = 5{,}0\,\text{s}$; $s = 0{,}30\,\text{m}$. Am Ende dieser Phase befindet sich der Punkt bei

$$s_{2E} = 0{,}090(15{,}0 - 5{,}0) + 0{,}30 = 1{,}20\,\text{m}.$$

3. Abschnitt $\quad 15{,}0 < t \leq 25{,}0$

Zeitverschiebung $\Delta t = 15{,}0\,\text{s}$; Integrationskonstante $s_0 = 1{,}20\,\text{m}$.

$$\begin{aligned} v &= -0{,}12 \\ s &= -0{,}12 \cdot (t - 15{,}0) + 1{,}20, \\ s_{3E} &= -0{,}12 \cdot (25{,}0 - 15{,}0) + 1{,}20 = 0. \end{aligned} \tag{3}$$

Am Ende ist das Objekt wieder am Ausgangspunkt.

Die Gleichungen (1) bis (4) stellen analytisch die Abhängigkeit Ort-Zeit dar. In einem Rechenprogramm muß durch Verzweigungsstellen sichergestellt sein, daß eine vorgegebene Zeit in die richtige Gleichung eingesetzt wird.

Der Bewegungszustand z.Z. $t = 20{,}0\,\text{s}$ wird aus den Gleichungen des dritten Abschnitts berechnet.

$$\begin{aligned} v_{20} &= -0{,}120\,\text{m/s}, \\ s_{20} &= -0{,}120(20{,}0 - 15{,}0) + 1{,}20 = +0{,}60\,\text{m}. \end{aligned}$$

Zur Zeit $t = 20{,}0\,\text{s}$ befindet sich der Punkt auf der positiven Achse in $0{,}60\,\text{m}$ Entfernung vom Nullpunkt und bewegt sich mit $0{,}12\,\text{m/s}$ auf diesen zu (s und v haben unterschiedliche Vorzeichen). Die graphische Darstellung zeigt die Abb. 2-6, die die Aussage bestätigt.

Methode 2

Mit Hilfe der im Anhang erläuterten FÖPPL-Symbolik kann das unstetige v-t-Diagramm in einer einzigen Gleichung dargestellt werden

$$v = \langle t \rangle^0 \cdot 0{,}06 + \langle t - 5 \rangle^0 \cdot (0{,}09 - 0{,}06) + \langle t - 15 \rangle^0 \cdot (-0{,}12 - 0{,}09).$$

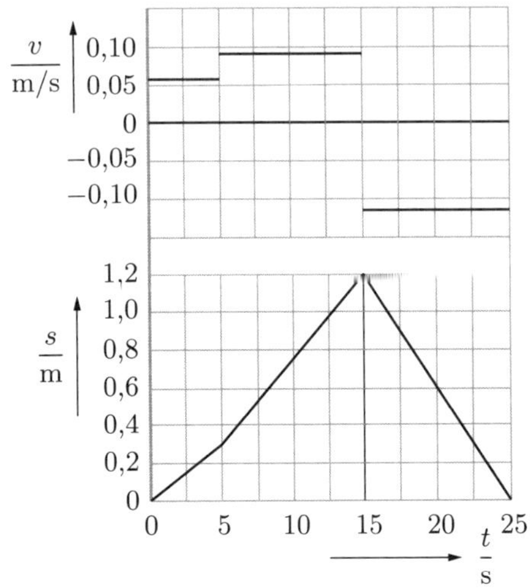

Abb. 2-6: $s(t)$; $v(t)$-Diagramm für Bewegung mit unterschiedlichen Phasen

Wegen $\langle t-25\rangle = 0$ für den betrachteten Zeitabschnitt braucht der letzte Sprung nicht eingeführt zu werden.

$$v = \langle t\rangle^0 \cdot 0{,}06 + \langle t-5\rangle^0 \cdot 0{,}03 - \langle t-15\rangle^0 \cdot 0{,}21. \tag{4}$$

Die Integration liefert mit $s_0 = 0$

$$s = t \cdot 0{,}06 + \langle t-5\rangle \cdot 0{,}03 - \langle t-15\rangle \cdot 0{,}21. \tag{5}$$

Diese Gleichung stellt die Ort-Zeit-Abhängigkeit für den ganzen Vorgang dar. Die Programmierung ist einfach, die FÖPPL-Klammern werden durch Verzweigungen erfaßt.

Den Bewegungszustand z.Z. $t = 20{,}0\,\mathrm{s}$ erhält man aus den Gl. (4) und (5).

$$v_{20} = 20^0 \cdot 0{,}06 + (20-5)^0 \cdot 0{,}03 - (20-15)^0 \cdot 0{,}21,$$
$$v_{20} = 1 \cdot 0{,}06 + 1 \cdot 0{,}03 - 1 \cdot 0{,}21 = -0{,}120\,\mathrm{m/s},$$
$$s_{20} = 20 \cdot 0{,}06 + 15 \cdot 0{,}03 - 5 \cdot 0{,}21 = +0{,}60\,\mathrm{m}.$$

Die Deutung ist oben gegeben.

Besonders zu beachten ist, daß die obige Gleichung in einem Zug aufgestellt wurde. Es war nicht notwendig, für die Unstetigkeiten (Abschnittsgrenzen) die Lage des Punktes bzw. die Integrationskonstanten zu bestimmen. Das ist gerade für komplizierte Vorgänge eine wesentliche Erleichterung.

2.4 Die Bewegung mit konstanter Beschleunigung

Für die gleichförmig beschleunigte Bewegung gilt a = konst. und damit nach Gleichung (2-4)

$$v = \int a \cdot \mathrm{d}t,$$
$$v = a \cdot t + v_0. \tag{2-6}$$

und nach Gleichung (2-3)

$$s = \int v \cdot \mathrm{d}t = \int (a \cdot t + v_0)\mathrm{d}t,$$
$$s = \frac{a}{2} \cdot t^2 + v_0 \cdot t + s_0. \tag{2-7}$$

Die Ortskoordinate ändert sich quadratisch mit der Zeit, die Geschwindigkeit linear. Das ist in den Diagrammen Abb. 2-7 dargestellt. Die Integrationskonstanten v_0 und s_0 entsprechen der bei Beginn der Zeitzählung ($t = 0$) schon vorhandenen Geschwindigkeit und dem Abstand vom 0-Punkt.

Auch hier ist es zweckmäßig, sich die geometrischen Zusammenhänge klar zu machen. Die Geschwindigkeit setzt sich aus der Anfangsgeschwindigkeit v_0 und der durch die Beschleunigung verursachten Geschwindigkeitszunahme $a \cdot t$ (Rechteck im a-t-Diagramm) zusammen. Die vom v-t-Diagramm eingeschlossene Fläche besteht aus dem Dreieck $1/2 \cdot a \cdot t \cdot t$ und dem Rechteck $v_0 \cdot t$. Das entspricht der Verlagerung während der Zeit t. Der Abstand der Ausgangslage s_0 muß hinzugezählt werden. Umgekehrt erhält man von dem s-t-Diagramm ausgehend das v-t-Diagramm als erste und das a-t-Diagramm als zweite Ableitung.

Die Gleichungen (2-6)/(2-7) sind für die Berechnung aller Geschwindigkeiten, Orte und Zeiten ausreichend. In vielen Fällen ist es zweckmäßig, mit einer Beziehung zwischen Geschwindigkeit, Beschleunigung und der Ortskoordinate zu arbeiten, d.h. die Zeit t zu eliminieren.

$$v = \frac{\mathrm{d}s}{\mathrm{d}t}, \qquad a = \frac{\mathrm{d}v}{\mathrm{d}t},$$
$$\mathrm{d}t = \frac{\mathrm{d}s}{v}, \qquad \mathrm{d}t = \frac{\mathrm{d}v}{a}.$$

Nach Gleichsetzung und Trennung der Variablen

$$v \cdot \mathrm{d}v = a \cdot \mathrm{d}s, \tag{2-8}$$

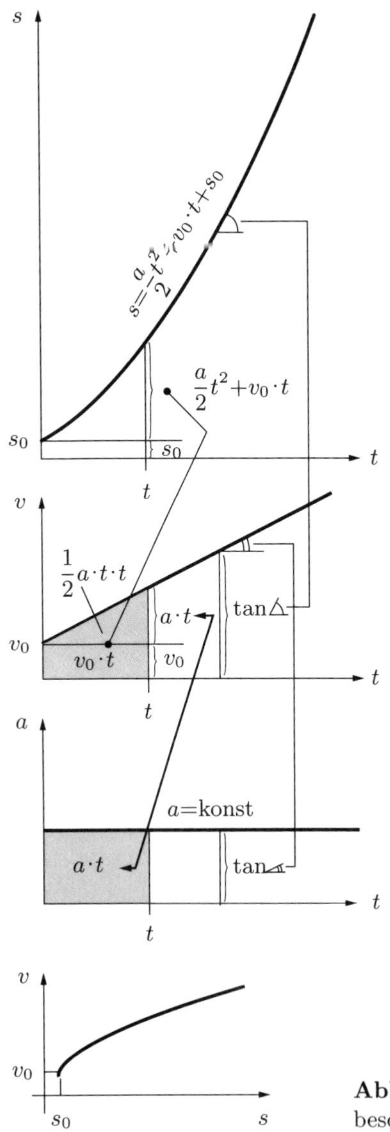

Abb. 2-7: $s(t)$; $v(t)$; $a(t)$; $v(s)$-Diagramme für gleichförmig beschleunigte Bewegung

$$\int_{v_0}^{v} v \cdot \mathrm{d}v = a \cdot \int_{s_0}^{s} \mathrm{d}s, \Longrightarrow \frac{1}{2} \cdot (v^2 - v_0^2) = a \cdot (s - s_0),$$

$$v^2 = 2 \cdot a \cdot (s - s_0) + v_0^2. \tag{2-9}$$

Diese Gleichung stellt den Zusammenhang zwischen Geschwindigkeit und Lage dar. Man verwendet sie vorteilhaft, wenn der Zeitpunkt eines Zustandes nicht gegeben oder nicht gesucht ist. Für $a = g$ (Erdbeschleunigung), $v_0 = 0$ und $s_0 = 0$ liefert die Gleichung (2-9) die bekannte Beziehung für die Fallgeschwindigkeit $v = \sqrt{2gH}$. Im v-s-Diagramm erhält man einen Parabelast nach Abb. 2-7. Man kann diesen durch Auftragen von v und s für den gleichen Zeitpunkt t konstruieren.

Beispiel 1

Ein Schienenfahrzeug fährt nach folgendem Programm

1. $\Delta s = 130{,}0\,\mathrm{m}$ von Ruhe aus gleichmäßige Beschleunigung auf $20{,}0\,\mathrm{m/s}$,
2. $\Delta t = 20{,}0\,\mathrm{s}$ Fahrt mit konstanter Geschwindigkeit
3. $\Delta s = 70{,}0\,\mathrm{m}$ gleichmäßige Verzögerung bis zum Stillstand

Dieser Bewegungsablauf ist analytisch und graphisch im einheitlichen Zeitmaßstab darzustellen und der Bewegungszustand für $t = 35{,}0\,\mathrm{s}$ zu bestimmen.

Lösung (Abb. 2-8)

In diesem Beispiel soll vor allem die einheitliche Darstellung eines Bewegungsablaufs behandelt werden, der sich aus mehreren Abschnitten zusammensetzt. Folgende Einheiten werden für die Zahlenwertgleichungen festgelegt

t	s	v	a
s	m	m/s	m/s^2

Methode 1

Für alle Abschnitte werden Gleichungen aufgestellt, wobei Zeitverschiebung und Übergangsbedingungen (Integrationskonstanten) zu beachten sind.

1. Abschnitt (Beschleunigung)

Zunächst müssen Beschleunigung und Zeitdauer ermittelt werden. Da nach Aufgabenstellung die Geschwindigkeit in Abhängigkeit vom Ort gegeben ist, empfiehlt sich die Anwendung der Gleichung (2-9)

$$v^2 = 2a(s - s_0) + v_0 \quad \text{mit} \quad v_0 = 0; \quad s_0 = 0$$

$$a = \frac{v^2}{2\,\mathrm{s}} = \frac{20^2 (\mathrm{m/s})^2}{2 \cdot 130\,\mathrm{m}} = 1{,}54\,\mathrm{m/s}^2$$

Mit diesem Ergebnis kann aus der Gl. (2-6) die Zeitdauer für diesen Abschnitt berechnet werden

$$v = a \cdot t + v_0 \quad \text{mit} \quad v_0 = 0; \;\; t = t_1; \;\; v = v_1 = 20\,\mathrm{m/s}$$

$$t_1 = \frac{v_1}{a} = \frac{20\,\mathrm{m/s}}{1{,}54\,\mathrm{m/s^2}} = 13{,}0\,\mathrm{s}$$

Unter Beachtung der Einheiten erhält man

$$a = 1{,}54 \Longrightarrow v = \int a \cdot \mathrm{d}t = 1{,}54 \cdot t + v_0$$

Mit $v_0 = 0$ ist $\qquad v = 1{,}54 \cdot t$

$$s = \int v \cdot \mathrm{d}t = \frac{1{,}54}{2} t^2 + s_0$$

Mit $s_0 = 0$ ist $\qquad s = 0{,}77 \cdot t^2$

Zusammenfassend wird geschrieben

$$\left.\begin{aligned} a &= 1{,}54 \qquad &(1)\\ v &= 1{,}54 \cdot t \qquad &(2)\\ s &= 0{,}77 \cdot t^2 \qquad &(3) \end{aligned}\right\} \quad 0 \le t \le 13{,}0\,\mathrm{s}$$

2. Abschnitt (Fahrt mit konstanter Geschwindigkeit)

Dieser Abschnitt beginnt bei $s = 130\,\mathrm{m}$; $t = 13{,}0\,\mathrm{s}$, wobei eine Geschwindigkeit von $20\,\mathrm{m/s}$ erreicht ist. Er endet nach $t_2 = 13{,}0\,\mathrm{s} + 20{,}0\,\mathrm{s} = 33{,}0\,\mathrm{s}$.

$$\left.\begin{aligned} a &= 0\\ v &= 20 \qquad &(4)\\ s &= 20(t - 13{,}0) + 130 \qquad &(5) \end{aligned}\right\} \quad 13{,}0\,\mathrm{s} \le t \le 33{,}0\,\mathrm{s}$$

Kontrolle: $\quad t = 13\,\mathrm{s}; \quad s = 130\,\mathrm{m}$.

Am Ende des zweiten Abschnitts befindet sich der Wagen bei

$$s_2 = 20(33 - 13) + 130 = 530\,\mathrm{m}$$

3. Abschnitt (Bremsen)

Dieser Abschnitt beginnt bei $s = 530\,\mathrm{m}$; $t = 33{,}0\,\mathrm{s}$, wobei die Geschwindigkeit $20\,\mathrm{m/s}$ beträgt. Zunächst werden Verzögerung und Dauer analog zu Punkt 1 berechnet

$$v^2 = 2a \cdot s + v_0^2 \quad \text{mit} \quad v = 0; v_0 = 20\,\mathrm{m/s}$$

$$a = -\frac{v^2}{2s} = -\frac{20^2\,(\mathrm{m/s})^2}{2 \cdot 70\,\mathrm{m}} = -2{,}86\,\mathrm{m/s^2}$$

$$v = a \cdot t + v_0 \quad \text{mit} \quad v = 0; v_0 = 20\,\text{m/s}$$
$$\Delta t = \frac{-20\,\text{m/s}}{-2{,}86\,\text{m/s}^2} = 7{,}0\,\text{s}$$

Der Abschnitt endet bei $t_3 = 33{,}0\,\text{s} + 7{,}0\,\text{s} = 40{,}0\,\text{s}$. Insgesamt erhält man

$$\left.\begin{aligned} a &= -2{,}86 \\ v &= -2{,}86(t-33{,}0)+20 \\ s &= -1{,}43(t-33{,}0)^2+20(t-33{,}0)+530 \end{aligned}\right\} 33\,\text{s} < t < 40\,\text{s} \qquad \begin{aligned}(6)\\(7)\\(8)\end{aligned}$$

Kontrollen: $t = 33{,}0\,\text{s}; \quad v = 20{,}0\,\text{m/s}; \quad s = 530\,\text{m}$
$t = 40{,}0\,\text{s}; \quad v = 0$

Die gesamte Fahrstrecke errechnet sich aus Gleichung (8) mit $t = 40{,}0\,\text{s}$

$$l = -1{,}43 \cdot 7{,}0^2 + 20 \cdot 7 + 530 = 600\,\text{m}$$

Die graphische Darstellung der Gleichungen (1) bis (8) zeigt die Abb. 2-8. Das Diagramm $v(s)$ und $a(s)$ erhält man durch Auftragen der Werte v und a über s für jeweils die gleiche Zeit t.

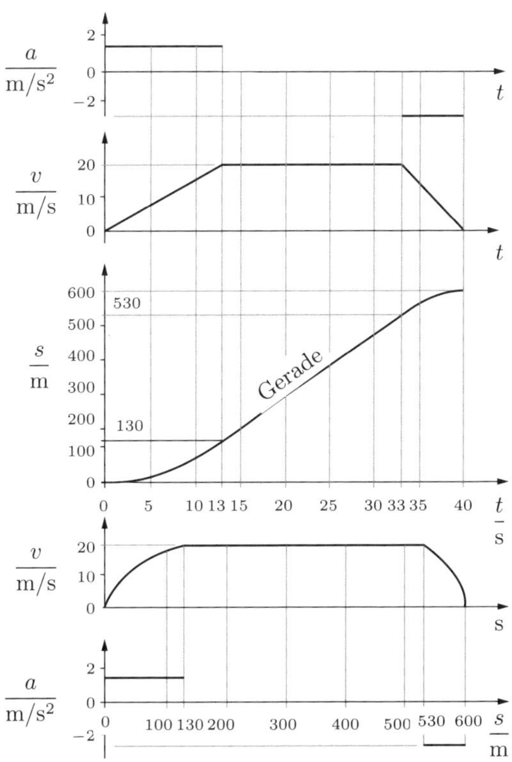

Abb. 2-8: Fahrdiagramme für Bewegung mit $a =$ konst. in mehreren Phasen

Der Bewegungszustand z.Z. $t = 35{,}0\,\mathrm{s}$ wird aus den Gl. (6), (7), (8) berechnet.

$$a_{35} = -2{,}86\,\mathrm{m/s^2},$$
$$v_{35} = -2{,}86(35 - 33) + 20 = +14{,}3\,\mathrm{m/s},$$
$$s_{35} = -1{,}43(35 - 33)^2 + 20 \cdot 2 + 530 = +564\,\mathrm{m}.$$

Im Zeitpunkt $t = 35{,}0\,\mathrm{s}$ befindet sich das Fahrzeug 564 m vom Nullpunkt entfernt und bewegt sich mit 14,3 m/s von diesem weg (s und v haben gleiches Vorzeichen). Dabei wird es mit $2{,}86\,\mathrm{m/s^2}$ verzögert (v und a haben unterschiedliche Vorzeichen).

Methode 2 (Föppl)

Dieser Rechenformalismus ist im Anhang erklärt. Auch hier ist es notwendig, die Dauer der einzelnen Abschnitte zu berechnen, wenn diese nicht vorgegeben sind. Das ist oben bereits geschehen. Das Ergebnis ist das a-t-Diagramm nach Abb. 2-8, von dem ausgegangen wird. Die Integrationskonstanten sind nach Aufgabenstellung $v_0 = 0$ und $s_0 = 0$.

$$a = \langle t\rangle^0 1{,}54 + \langle t - 13\rangle^0 (0 - 1{,}54) + \langle t - 33\rangle^0 (-2{,}86 - 0)$$
$$a = \langle t\rangle^0 1{,}54 - \langle t - 13\rangle^0 1{,}54 - \langle t - 33\rangle^0 2{,}86 \tag{9}$$
$$v = \int a \cdot \mathrm{d}t = t \cdot 1{,}54 - \langle t - 13\rangle 1{,}54 - \langle t - 33\rangle 2{,}86 \tag{10}$$
$$s = \int v \cdot \mathrm{d}t = t^2 \cdot 0{,}77 - \langle t - 13\rangle^2 0{,}77 - \langle t - 33\rangle^2 1{,}43 \tag{11}$$

Diese drei Gleichungen erfassen den gesamten Bewegungsablauf.

Kontrollen:	$t = 0;$	$v = 0;$	$s = 0$
	$t = 13{,}0\,\mathrm{s};$	$v = 20{,}0\,\mathrm{m/s};$	$s = 130\,\mathrm{m}$
	$t = 33{,}0\,\mathrm{s};$	$v = 20{,}0\,\mathrm{m/s};$	$s = 530\,\mathrm{m}$
	$t = 40{,}0\,\mathrm{s};$	$v = 0;$	$s = 600\,\mathrm{m}$

Werden die Gleichungen (1) bis (8) mit einem Rechenprogramm ausgewertet, muß durch eine Verzweigungsstelle sichergestellt werden, daß eine vorgegebene Zeit t in die richtige Gleichung eingesetzt wird. Analoges gilt für die Föppl-Klammer. Wenn deren Inhalt negativ wird, muß $<>= 0$ gesetzt werden.

Die Gleichungen (9), (10), (11) werden für $t = 35{,}0\,\mathrm{s}$ ausgewertet.

$$a_{35} = 35^0 \cdot 1{,}54 - (35 - 13)^0 \cdot 1{,}54 - (35 - 32)^0 \cdot 2{,}86,$$
$$a_{35} = 1 \cdot 1{,}54 - 1 \cdot 1{,}54 - 1 \cdot 2{,}86 = -2{,}86\,\mathrm{m/s^2},$$

$$v_{35} = 35 \cdot 1{,}54 - 22 \cdot 1{,}54 - 2 \cdot 2{,}86 = +14{,}3\,\mathrm{m/s},$$
$$s_{35} = 35^2 \cdot 0{,}77 - 22^2 \cdot 0{,}77 - 2^2 \cdot 1{,}43 = +564\,\mathrm{m}.$$

Die Beschreibung des Bewegungszustandes ist oben gegeben.

Beispiel 2 (Abb. 2-9)

Zwei Pkw fahren in entgegengesetzte Richtung in ein einspuriges Teilstück einer Straße ein. Wenn die Wagen einen Abstand l_{AB} haben, bremsen beide gleichzeitig. Dieser Vorgang ist unter Annahme gleichmäßiger Verzögerung analytisch und graphisch darzustellen und zu diskutieren. Die Bewegungsgleichungen sind für folgende Daten auszuwerten.

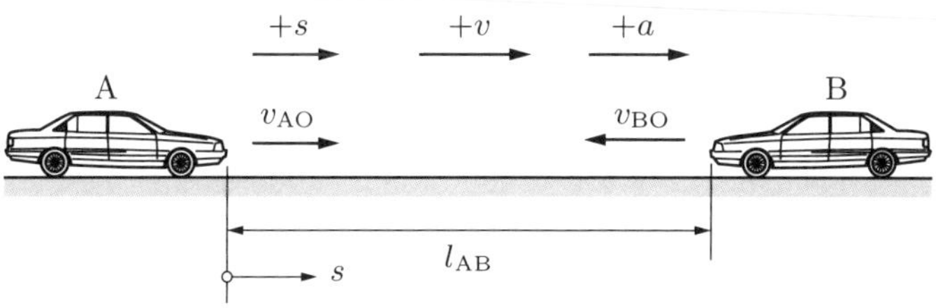

Abb. 2-9: Zwei Pkw auf Kollisionskurs

Anfangsgeschwindigkeit	$v_{\mathrm{A0}} = 20{,}0\,\mathrm{m/s}$;	$v_{\mathrm{B0}} = 18{,}0\,\mathrm{m/s}$
Verzögerung	$\lvert a_{\mathrm{A}}\rvert = 5{,}0\,\mathrm{m/s^2}$;	$\lvert a_{\mathrm{B}}\rvert = 6{,}0\,\mathrm{m/s^2}$
Abstand	$l_{\mathrm{AB}} = 60\,\mathrm{m}$.	

Lösung (Abb. 2-10)

Zunächst müssen die Nullpunkte für die Koordinaten festgelegt werden. Die Zeitzählung soll bei einsetzender Bremsung beginnen, die Ortskoordinate wird von A z.Z. $t = 0$ (Ausgangslage von Pkw A) gemessen.

Dieses Beispiel soll vornehmlich die Vorzeichenfragen in Zusammenhang mit Geschwindigkeiten und Beschleunigungen klären helfen. Da s von A nach rechts gemessen wird, ist es sinnvoll, auch v und a in diese Richtung positiv festzulegen. Damit ergeben sich folgende Vorzeichen:

Pkw A fährt verzögert nach rechts:	v positiv, a negativ.
Pkw B fährt verzögert nach links:	v negativ, a entgegengesetzt gerichtet, demnach positiv!

Hier zeigt sich, daß das Vorzeichen von a alleine keine Aussage über den Zustand „verzögert“ oder „beschleunigt“ ermöglicht. Darauf wurde ausführlich bereits im Abschnitt 2.1 eingegangen. Aus diesen Überlegungen folgt

$$v_{\mathrm{A}} = -a_{\mathrm{A}} \cdot t + v_{\mathrm{A0}} \qquad (1)$$

$$s_{\mathrm{A}} = -\frac{a_{\mathrm{A}}}{2}t^2 + v_{\mathrm{A0}} \cdot t \tag{2}$$

$$v_{\mathrm{B}} = +a_{\mathrm{B}} \cdot t - v_{\mathrm{B0}} \tag{3}$$

$$s_{\mathrm{B}} = \frac{a_{\mathrm{B}}}{2}t^2 - v_{\mathrm{B0}} \cdot t + l_{\mathrm{AB}} \tag{4}$$

In diesem Ansatz sind die Vorzeichenüberlegungen bereits eingearbeitet. Bei der Zahlenauswertung werden alle Größen positiv eingesetzt, z.B. $v_{\mathrm{B0}} = 18\,\mathrm{m/s}$. Grundsätzlich kann man die Gleichungen als Formeln (Gl. (2-6)/(2-7)/(2-9)) schreiben. In diesem Falle müssen die Vorzeichen beim Einsetzen der Zahlenwerte festgelegt werden: $v_{\mathrm{B0}} = -18\,\mathrm{m/s}$; $a_{\mathrm{B}} = +6{,}0\,\mathrm{m/s}^2$. Der erste Weg soll hier weiter verfolgt werden, denn man würde z.B. sagen, der Wagen B fährt mit 18 m/s und nicht, er fährt mit minus 18 m/s.

Die Gleichungen (1) bis (4) gelten bis zum Stillstand der Wagen. Die Zeit t_{S} bis dahin berechnet sich aus (1) und (3)

$$\text{A:} \quad \text{aus} \quad v_{\mathrm{A}} = 0 \Longrightarrow t_{\mathrm{AS}} = \frac{v_{\mathrm{A0}}}{a_{\mathrm{A}}} \tag{5}$$

$$\text{B:} \quad \text{aus} \quad v_{\mathrm{B}} = 0 \Longrightarrow t_{\mathrm{BS}} = \frac{v_{\mathrm{B0}}}{a_{\mathrm{B}}} \tag{6}$$

Setzt man diese Zeiten in (2) und (4) ein, erhält man die Positionen der Wagen nach der Bremsung, vorausgesetzt, es ist kein Zusammenstoß erfolgt. Nach einer einfachen Umwandlung ergibt sich (Index S = Stillstand ohne Stoß)

$$s_{\mathrm{AS}} = \frac{v_{\mathrm{A0}}^2}{2a_{\mathrm{A}}}; \qquad s_{\mathrm{BS}} = -\frac{v_{\mathrm{B0}}^2}{2a_{\mathrm{B}}} + l_{\mathrm{AB}}$$

Das sind Positionen und nicht Bremswege. Wenn beide Wagen unmittelbar – aber nicht gleichzeitig! – voreinander zum Stehen kommen, gilt $s_{\mathrm{AS}} = s_{\mathrm{BS}}$. Aus dieser Bedingung kann man den mindestens erforderlichen Abstand $l_{\mathrm{AB\,min}}$ berechnen

$$l_{\mathrm{AB\,min}} = \frac{v_{\mathrm{A0}}^2}{2a_{\mathrm{A}}} + \frac{v_{\mathrm{B0}}^2}{2a_{\mathrm{B}}}$$

Im vorliegenden Fall

$$l_{\mathrm{AB\,min}} = \frac{20^2\,(\mathrm{m/s})^2}{2 \cdot 5{,}0\,\mathrm{m/s}^2} + \frac{18^2\,(\mathrm{m/s})^2}{2 \cdot 6{,}0\,\mathrm{m/s}^2} = 67{,}0\,\mathrm{m}$$

Insgesamt fehlen 7,0 m, es erfolgt ein Zusammenstoß. Am einfachsten ist es anzunehmen, daß dabei beide Wagen fahren und die Gleichungen (1) bis (4) gelten. Der Zusammenstoß ist dann gekennzeichnet durch $s_A = s_B$ für $t = t_Z$

$$-\frac{a_A}{2}t_Z^2 + v_{A0}t_Z = \frac{a_B}{2}t_Z^2 - v_{B0}t_Z + l_{AB}$$

Das führt auf die quadratische Gleichung für t_Z

$$t_Z^2 - \frac{2(v_{A0} + v_{B0})}{a_A + a_B}t_Z + \frac{2l_{AB}}{a_A + a_B} = 0$$

mit der Lösung

$$t_Z = \frac{v_{A0} + v_{B0}}{a_A + a_B} \pm \sqrt{\left(\frac{v_{A0} + v_{B0}}{a_A + a_B}\right)^2 - \frac{2l_{AB}}{a_A + a_B}}$$

Dieser Wert muß kleiner sein, als die unter (5) und (6) berechneten Zeiten. Trifft das nicht zu, fährt ein Fahrzeug auf ein bereits stehendes auf. In allgemeiner Form ist die Untersuchung sehr aufwendig, deshalb sollen Zahlenwerte berechnet werden

$$t_{AS} = \frac{v_{A0}}{a_A} = \frac{20\,\mathrm{m/s}}{5{,}0\,\mathrm{m/s^2}} = 4{,}0\,\mathrm{s}$$

$$t_{BS} = \frac{v_{B0}}{a_B} = \frac{18\,\mathrm{m/s}}{6{,}0\,\mathrm{m/s^2}} = 3{,}0\,\mathrm{s}$$

$$t_Z = \frac{(20 + 18)\,\mathrm{m/s}}{(5 + 6)\,\mathrm{m/s^2}} \pm \sqrt{\left(\frac{38\,\mathrm{m/s}}{11\,\mathrm{m/s^2}}\right)^2 - \frac{2 \cdot 60\,\mathrm{m}}{11\,\mathrm{m/s^2}}}$$

$$t_{Z1} = 4{,}47\,\mathrm{s} \quad \underline{t_{Z2} = 2{,}44\,\mathrm{s}}$$

Die erste Lösung hat keine physikalische Bedeutung, die zweite zeigt, daß beide Wagen unmittelbar vor dem Zustammenstoß in Bewegung sind. Dieser erfolgt an der Stelle (Gl. (2))

$$\underline{s_{AZ}} = -\frac{5{,}0\,\mathrm{m/s^2}}{2} \cdot 2{,}44^2\,\mathrm{s}^2 + 20(\mathrm{m/s}) \cdot 2{,}44\,\mathrm{s} \underline{= 33{,}9\,\mathrm{m}}$$

Kontrolle (Gl. (4))

$$s_{BZ} = +\frac{6{,}0\,\mathrm{m/s^2}}{2} \cdot 2{,}44^2\,\mathrm{s}^2 - 18(\mathrm{m/s}) \cdot 2{,}44\,\mathrm{s} + 60\,\mathrm{m} = 33{,}9\,\mathrm{m}$$

Dabei betragen die Geschwindigkeiten (1) und (3)

$$\underline{v_{\mathrm{AZ}}} = -5{,}0(\mathrm{m/s^2}) \cdot 2{,}44\,\mathrm{s} + 20\,\mathrm{m/s} = \underline{+7{,}8\,\mathrm{m/s}(\rightarrow)}$$
$$\underline{v_{\mathrm{BZ}}} = 6{,}0(\mathrm{m/s^2}) \cdot 2{,}44\,\mathrm{s} - 18\,\mathrm{m/s} = \underline{-3{,}36\,\mathrm{m/s}(\leftarrow)}$$

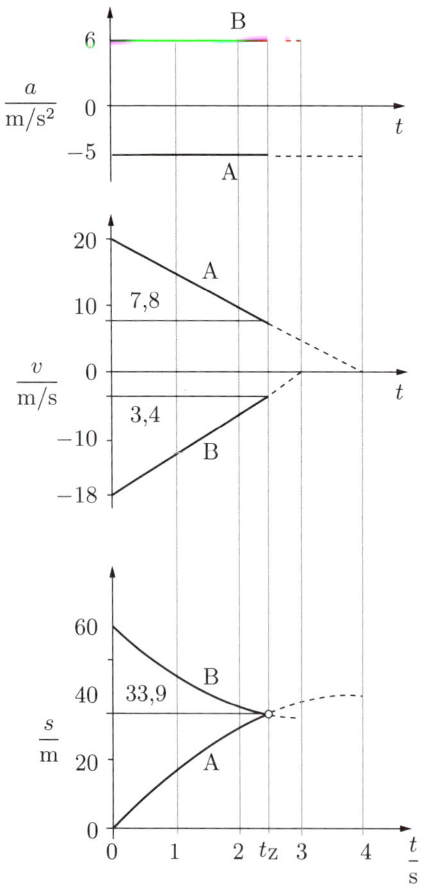

Abb. 2-10: $s(t)$; $v(t)$; $a(t)$-Diagramme für Pkws auf Kollisionskurs

Die graphische Darstellung des Vorgangs zeigt die Abb. 2-10. Die Gleichungen (1) bis (4) sind für die gegebenen Daten ausgewertet. Den Diagrammen kann man folgendes entnehmen: Bei größerem Abstand l_{AB} fährt A auf den bereits stehenden Wagen B auf ($3{,}0\,\mathrm{s} < t < 4{,}0\,\mathrm{s}$). Bei noch größerem Anfangsabstand ($l_{\mathrm{AB}} > 67\,\mathrm{m}$) schneiden sich die Linien $s(t)$ nicht, es erfolgt kein Unfall.

Es wird dringend empfohlen, schon vor der bzw. parallel zur Lösung, qualitative Diagramme nach Abb. 2-10 anzufertigen. Die Zusammenhänge kann man in den Diagrammen besonders gut erkennen.

Beispiel 3 (Abb. 2-11)

Zwei Pkw fahren auf der Autobahn mit $v_0 = \text{konst.} = 144\,\text{km/h}$ im Abstand ca. „halber Tacho" $\Delta s = 70\,\text{m}$ in eine Nebelbank mit einer Sichtweite von $l = 120\,\text{m}$. Der Fahrer A erkennt ein Stauende C und bremst nach einer Reaktionszeit $\Delta t = 1{,}0\,\text{s}$ mit einer mittleren Verzögerung von $|a| = 6{,}0\,\text{m/s}^2$. Der nachfolgende Fahrer B bremst seinerseits mit gleicher Reaktionszeit und Verzögerung. Für diesen Vorgang sind die Bewegungsgleichungen im einheitlichem Zeitmaßstab aufzustellen und graphisch darzustellen.

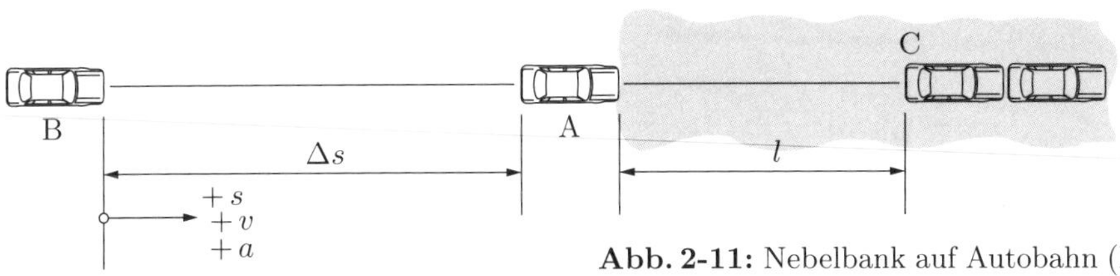

Abb. 2-11: Nebelbank auf Autobahn (Beispiel 3)

Lösung (Abb. 2-12)

Die Nullpunkte werden definiert. Die Zeitmessung beginnt ($t = 0$), wenn der Fahrer A das Stauende erblickt. Die Ortskoordinate wird vom Wagen B z.Z. $t = 0$ gemessen. Der Vorgang besteht für jedes Fahrzeug aus zwei Abschnitten, zunächst erfolgt die Bewegung während der Reaktionszeit mit $v = \text{konst.}$, anschließend mit $a = \text{konst.}$ Das Verfahren nach FÖPPL eignet sich besonders gut und soll deshalb angewendet werden. Dem Leser sei die konventionelle Methode als Übung empfohlen (s. Beispiel 1). Für die Zahlenwertgleichungen werden folgende Einheiten festgelegt.

t	s	v	a
s	m	m/s	m/s^2

Ausgegangen wird vom a-t-Diagramm nach Abb. 2-12 mit $v_0 = 40\,\text{m/s}$

$$a_A = -\langle t-1\rangle^0 \cdot 6{,}0 \tag{1}$$

$$v_A = \int a_A \cdot dt = -\langle t-1\rangle \cdot 6{,}0 + v_{A0}$$

$$v_A = -\langle t-1\rangle \cdot 6{,}0 + 40{,}0 \tag{2}$$

$$s_A = \int v_A \cdot dt = -\langle t-1\rangle^2 \cdot 3{,}0 + 40t + s_{A0}$$

$$s_A = -\langle t-1\rangle^2 \cdot 3{,}0 + 40t + 70 \tag{3}$$

$$a_B = -\langle t-2\rangle^0 \cdot 6{,}0 \tag{4}$$

$$v_{\mathrm{B}} = -\langle t-2\rangle \cdot 6{,}0 + 40 \tag{5}$$

$$s_{\mathrm{B}} = -\langle t-2\rangle^2 \cdot 3{,}0 + 40t \tag{6}$$

Diese Gleichungen stellen die Bewegungszustände der beiden Wagen dar. Bis zu welcher Zeit sie gelten, ist zunächst unbekannt. Entweder bis zum Zeitpunkt des freien Ausbremsens oder des Aufpralls. Für die weitere Berechnung wird ein Aufprall angenommen. Der Wagen A ist an der Stelle C z.Z. t_{AC}. Dabei hat er bei Vernachlässigung der Wagenlänge die Position $s_{\mathrm{AC}} = \Delta s + l = 190\,\mathrm{m}$. Den Zeitpunkt des Aufpralls erhält man aus der Gleichung (3) mit $\langle t_{\mathrm{AC}} - 1\rangle = (t_{\mathrm{AC}} - 1)$ wegen $t_{\mathrm{AC}} > 1$

$$190 = -(t_{\mathrm{AC}} - 1)^2 \cdot 3 + 40 \cdot t_{\mathrm{AC}} + 70$$

Das ist eine quadratische Gleichung für t_{AC}. Einfache Umwandlungen führen auf

$$t_{\mathrm{AC}}^2 - \frac{46}{3} t_{\mathrm{AC}} + \frac{123}{3} = 0$$

mit der Lösung $t_{\mathrm{AC}} = 3{,}45\,\mathrm{s}$. Die Annahme eines Aufpralls ist richtig. Käme der Wagen vor dem Stauende zum Stillstand ergäbe sich für t_{AC} kein reeller Wert. Unter der Wurzel der Lösung stände ein negativer Wert. Die Aufprallgeschwindigkeit beträgt nach Gleichung (2)

$$\underline{v_{\mathrm{AC}}} = -(3{,}45 - 1) \cdot 6{,}0 + 40 = 25{,}3\,\mathrm{m/s} \,\underline{\hat{=}\ 91\,\mathrm{km/h}!}$$

Analog berechnet man für B mit (6) und (5)

$$190 = -(t_{\mathrm{BC}} - 2)^2 \cdot 3 + 40 \cdot t_{\mathrm{BC}}$$

$$t_{\mathrm{BC}}^2 - \frac{52}{3} t_{\mathrm{BC}} + \frac{202}{3} = 0 \quad \Rightarrow \quad \underline{t_{\mathrm{BC}} = 5{,}88\,\mathrm{s}}$$

$$\underline{v_{\mathrm{BC}}} = -(5{,}88 - 2) \cdot 6 + 40 = 16{,}7\,\mathrm{m/s} \,\underline{\hat{=}\ 60\,\mathrm{km/h}}$$

Die Rechnung zeigt, daß der als sicher geltende Abstand „halber Tacho“ eine genügend lange freie Bahn des Vordermannes voraussetzt. Zum Schluß soll berechnet werden, an welcher Stelle die Wagen auf freier Strecke zum Stillstand gekommen wären. Dieser Zeitpunkt t_{S} wird aus der Bedingung $v = 0$ ermittelt. Dabei gilt $\langle\rangle = ()$ wegen des positiven Klammerinhalts

A: Gl. (2) $0 = -(t_{\mathrm{AS}} - 1) \cdot 6 + 40 \Rightarrow t_{\mathrm{AS}} = 7{,}67\,\mathrm{s}$

B: Gl. (5) $0 = -(t_{\mathrm{BS}} - 2) \cdot 6 + 40 \Rightarrow t_{\mathrm{BS}} = 8{,}67\,\mathrm{s}$

Diese Werte werden in die Gleichungen (3) und (6) eingesetzt

$$s_{\mathrm{A\,max}} = -6{,}67^2 \cdot 3 + 40 \cdot 7{,}67 + 70 = 243\,\mathrm{m}$$
$$s_{\mathrm{B\,max}} = -6{,}67^2 \cdot 3 + 40 \cdot 8{,}67 = 213\,\mathrm{m}$$

Dem Fahrer A fehlen 243 m − 190 m = 53 m Bremsweg, dem Fahrer B 23 m.

Der Vorgang ist graphisch in der Abb. 2-12 dargestellt. Zwischenwerte der Parabeläste $s(t)$ können mit (3) und (6) berechnet werden. Die Lösung wird erleichtert, wenn man parallel zur Rechnung qualitativ die Diagramme $v(t)$ und $s(t)$ zeichnet.

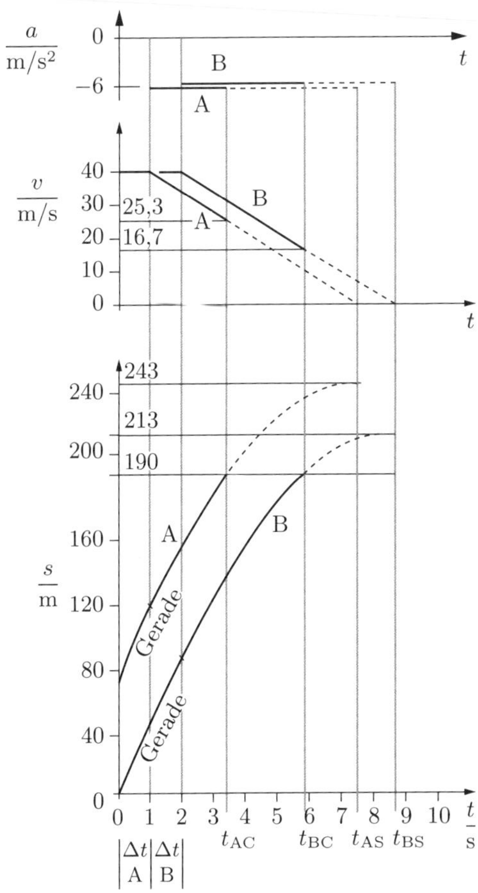

Abb. 2-12: $s(t)$; $v(t)$; $a(t)$-Diagramme für Auffahrunfall nach Beispiel 3

2.5 Die ungleichförmig beschleunigte Bewegung

2.5.1 Analytische Verfahren

Die Anwendung des analytischen Verfahrens bedingt, daß die Abhängigkeiten von Beschleunigung, Geschwindigkeit, Ortskoordinate und Zeit sich durch differenzierbare bzw. integrierbare Funktionen darstellen lassen. Es werden für die wichtigsten Fälle die Lösungswege bzw. Ansätze angegeben.

1. Die Beschleunigung ist in Abhängigkeit von der Zeit gegeben.

   $$a = f(t).$$

   Die Geschwindigkeiten erhält man aus Gleichung (2-4),

   $$v = \int a \cdot \mathrm{d}t = \int f(t) \cdot \mathrm{d}t,$$

   die Ortskoordinate aus Gleichung (2-3),

   $$s = \int v \cdot \mathrm{d}t.$$

2. Die Geschwindigkeit ist in Abhängigkeit von der Zeit gegeben,

   $$v = f(t).$$

   Die Lage des Punktes kann man aus Gleichung (2-3) berechnen,

   $$s = \int v \cdot \mathrm{d}t = \int f(t) \cdot \mathrm{d}t.$$

   Die Beschleunigung ergibt sich aus Gleichung (2-2),

   $$a = \frac{\mathrm{d}v}{\mathrm{d}t} = \dot{v}.$$

3. Die Ortskoordinate ist in Abhängigkeit von der Zeit gegeben,

   $$s = f(t).$$

   Mit den Gleichungen (2-1)/(2-2) erhält man

   $$v = \frac{\mathrm{d}s}{\mathrm{d}t} = \dot{s}, \quad a = \frac{\mathrm{d}v}{\mathrm{d}t} = \dot{v} = \ddot{s}.$$

4. Die Geschwindigkeit ist in Abhängigkeit von der Ortskoordinate gegeben,

   $$v = f(s).$$

   Mit $v = \frac{\mathrm{d}s}{\mathrm{d}t}$ erhält man

   $$t = \int \frac{\mathrm{d}s}{v} = \int \frac{\mathrm{d}s}{f(s)}.$$

   Nach Durchführung der Integration und Umstellung erhält man eine Ort-Zeit-Gleichung (Fall 3).

5. Die Beschleunigung ist in Abhängigkeit von der Lage des Punktes gegeben;

   $$a = f(s).$$

   Nach Gleichung (2-8) ist

   $$v \cdot \mathrm{d}v = a \cdot \mathrm{d}s = f(s) \cdot \mathrm{d}s.$$

   Es wird beidseitig integriert,

   $$\frac{1}{2}(v^2 - v_0^2) = \int f(s) \cdot \mathrm{d}s.$$

   Nach Durchführung der Integration erhält man $v = f(s)$ und damit den Fall 4.

6. Die Beschleunigung ist in Abhängigkeit von der Geschwindigkeit gegeben;

   $$a = f(v).$$

   Für die Lösung bieten sich zwei Wege an. Mit

   $$a = \frac{\mathrm{d}v}{\mathrm{d}t}$$

   erhält man $\mathrm{d}t = \frac{\mathrm{d}v}{a} = \frac{\mathrm{d}v}{f(v)} \qquad t = \int \frac{\mathrm{d}v}{f(v)}.$

Das entspricht grundsätzlich dem Fall 2.

Der auf Gleichung (2-8) basierende Ansatz

$$a = v \cdot \frac{\mathrm{d}v}{\mathrm{d}s} = f(v)$$

führt auf $\dfrac{v \cdot \mathrm{d}v}{f(v)} = \mathrm{d}s$ bzw. $s = \displaystyle\int \frac{v \cdot \mathrm{d}v}{f(v)}$
und damit auf den Fall 4.

Nachfolgend werden verschiedene Fälle in vier Beispielen behandelt. Weitere Anwendungen der oben abgeleiteten Ansätze sind in folgenden Abschnitten eingebaut: 4.3 (Abschaltung eines Gebläses), 7.3.3 (Schlagpendel).

Beispiel 1

Der v-t-Zusammenhang einer harmonischen Schwingung (s. Kapitel 9) ist durch folgende Gleichung gegeben

$$v = A \cdot \omega \cdot \cos(\omega t).$$

Man kann sich den Vorgang dabei folgendermaßen vorstellen: ein Zeiger der Länge A rotiert mit der Winkelgeschwindigkeit ω. Die Spitze des Zeigers beschreibt in der Projektion den Bewegungsablauf. Für $A = 0{,}12\,\mathrm{m}$ und $\omega = 9{,}0\,\mathrm{s}^{-1}$ sind Lage und Bewegungszustand für $t = 0{,}15\,\mathrm{s}$; $0{,}30\,\mathrm{s}$; $0{,}45\,\mathrm{s}$; $0{,}60\,\mathrm{s}$ zu bestimmen, wobei $s = 0$ für $t = 0$ gelten soll.

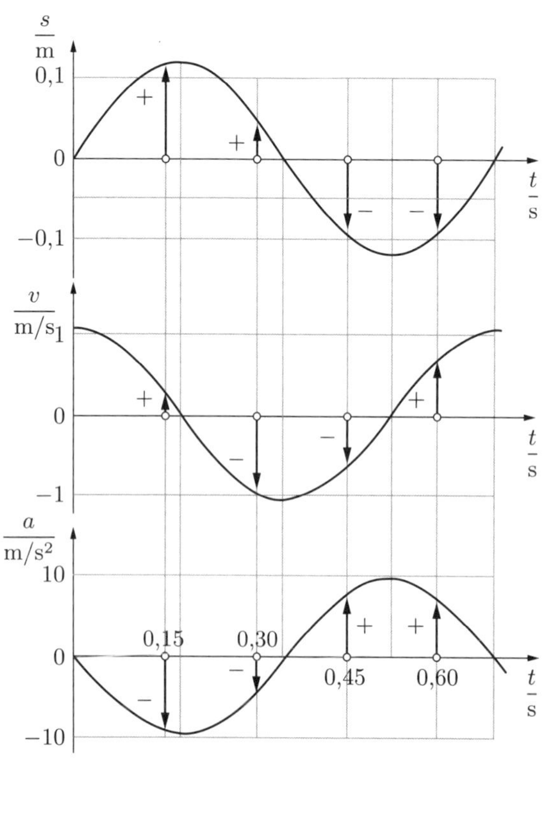

Abb. 2-13: $s(t)$; $v(t)$; $a(t)$-Diagramme für eine harmonische Schwingung

Lösung

Die Ableitung der v-t-Funktion liefert die Beschleunigung

$$a = \frac{\mathrm{d}v}{\mathrm{d}t} = -A \cdot \omega^2 \cdot \sin(\omega t).$$

Aus der Integration erhält man

$$s = \int v \cdot \mathrm{d}t = A \cdot \sin(\omega t).$$

Mit den vorgegebenen Zahlenwerten gibt das

$$s = 0{,}12\,\mathrm{m} \cdot \sin(\omega t)$$
$$v = 1{,}08\,\mathrm{m/s} \cdot \cos(\omega t)$$
$$a = -9{,}72\,\mathrm{m/s^2} \cdot \sin(\omega t).$$

Diese Gleichungen werden tabellarisch ausgewertet.

$\frac{t}{\mathrm{s}}$	0,15	0,30	0,45	0,60
$\frac{\omega \cdot t}{\mathrm{rad}}$	1,35	2,70	4,05	5,40
$\frac{s}{\mathrm{m}}$	+0,117	+0,051	−0,095	−0,093
$\frac{v}{\mathrm{m/s}}$	+0,237	−0,976	−0,664	+0,685
$\frac{a}{\mathrm{m/s^2}}$	−9,48	−4,15	+7,66	+7,51

Für die Beschreibung des Bewegungszustandes ist es notwendig, die Vorzeichen zu deuten. Darauf wurde ausführlich im Abschnitt 2.2 eingegangen. Besonders wichtig ist, nicht die Einzelgrößen zu betrachten, sondern diese im Zusammenhang zu sehen. *Wo die Vorzeichen von v und a gleich sind, handelt es sich um beschleunigte, wo sie ungleich sind um verzögerte Bewegung. Aus dem Vorzeichen von a alleine ist eine Aussage über Beschleunigung bzw. Verzögerung nicht möglich. Wo die Vorzeichen von s und v gleich sind, erfolgt die Bewegung vom 0-Punkt weg, wo sie ungleich sind, zum 0-Punkt hin. Das Vorzeichen von s*

gibt dabei die Lage des Punktes an. Die obigen Aussagen kann man sich an der graphischen Darstellung Abb. 2-13 klar machen. Das ergibt

$t = 0{,}15\,\mathrm{s}$	P befindet sich über dem 0-Punkt und enfernt sich verzögert von diesem.
$t = 0{,}30\,\mathrm{s}$	P befindet sich über dem 0-Punkt und bewegt sich beschleunigt auf diesen zu.
$t = 0{,}45\,\mathrm{s}$	P befindet sich unter dem 0-Punkt und entfernt sich verzögert von diesem.
$t = 0{,}60\,\mathrm{s}$	P befindet sich unter dem 0-Punkt und bewegt sich beschleunigt auf diesen zu.

Dabei gelten die errechneten Werte. Aus den Diagrammen und Gleichungen kann man erkennen: $A = 0{,}12\,\mathrm{m}$ ist die maximale Entfernung vom 0-Punkt (Amplitude), $A \cdot \omega = 1{,}08\,\mathrm{m/s}$ die maximale Geschwindigkeit des Schwingers im 0-Durchgang und $A \cdot \omega^2 = 9{,}72\,\mathrm{m/s^2}$ die maximale Beschleunigung in den Totlagen, die stets zum Nullpunkt gerichtet ist.

Beispiel 2

Eine Bewegung soll von Ruhe aus ruckfrei einsetzen. Die Bedingung dafür ist $\mathrm{d}a/\mathrm{d}t = 0$. Nach dieser Vorgabe wird als $a(t)$-Abhängigkeit eine cos-Funktion nach Abb. 2-14 festgelegt. Nach der Zeit t_e soll eine Endgeschwindigkeit v_e erreicht sein. Zu bestimmen sind

a) die Gleichungen $a(t)$, $v(t)$, $s(t)$,

b) die dazugehörigen Zahlenwertgleichungen für $t_\mathrm{e} = 10{,}0\,\mathrm{s}$; $v_\mathrm{e} = 30{,}0\,\mathrm{m/s}$; $s_0 = 0$.

c) Die Diagramme $a(t)$, $v(t)$, $s(t)$ sind zu zeichnen.

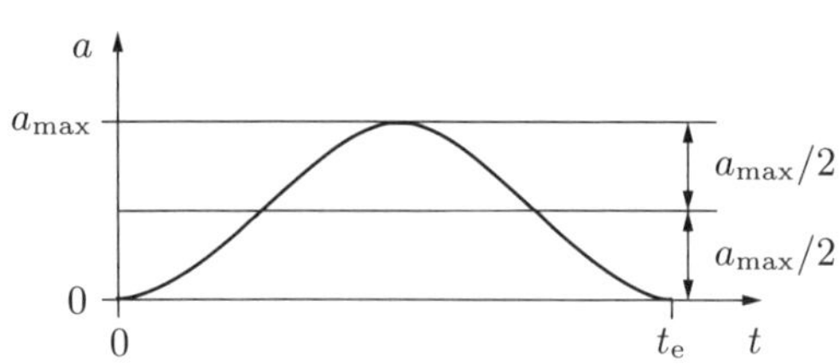

Abb. 2-14: $a(t)$-Diagramm für ruckfrei einsetzende Bewegung (Beispiel 2)

Lösung

Der Ansatz für eine cos-Funktion nach Abb. 2-14 lautet (negative cos-Funktion mit Koordinatenverschiebung):

$$a = -\frac{a_{\max}}{2} \cdot \cos(k \cdot t) + \frac{a_{\max}}{2}$$

Dabei gilt $k \cdot t_{\mathrm{e}} = 2\pi \Longrightarrow k = 2\pi / t_{\mathrm{e}}$

$$a = -\frac{a_{\max}}{2} \cdot \cos(2\pi\frac{t}{t_{\mathrm{e}}}) + \frac{a_{\max}}{2}, \tag{1}$$

$$v = \int a \cdot \mathrm{d}t = -\frac{a_{\max} \cdot t_{\mathrm{e}}}{2 \cdot 2\pi} \cdot \sin(2\pi\frac{t}{t_{\mathrm{e}}}) + \frac{a_{\max}}{2}t + C_1. \tag{2}$$

Randbedingung $t = 0\colon v = 0 \quad \Rightarrow C_1 = 0$

$t = t_{\mathrm{e}}\colon v = v_{\mathrm{e}}$

$$v_{\mathrm{e}} = -\frac{a_{\max} \cdot t_{\mathrm{e}}}{2 \cdot 2\pi} \cdot \sin(2\pi) + \frac{a_{\max} \cdot t_{\mathrm{e}}}{2} = \frac{a_{\max} \cdot t_{\mathrm{e}}}{2}$$

$$a_{\max} = 2v_{\mathrm{e}}/t_{\mathrm{e}}. \tag{3}$$

Einsetzen von (3) in Gl. (1)

$$\underline{a = -\frac{v_{\mathrm{e}}}{t_{\mathrm{e}}} \cdot \cos(2\pi\frac{t}{t_{\mathrm{e}}}) + \frac{v_{\mathrm{e}}}{t_{\mathrm{e}}}.} \tag{4}$$

Die Beziehung $v(t)$ erhält man durch Integrieren von Gl. (4) oder durch Einsetzen von (3) in die Gl. (2).

$$\underline{v = -\frac{v_{\mathrm{e}}}{2\pi} \cdot \sin(2\pi\frac{t}{t_{\mathrm{e}}}) + v_{\mathrm{e}}\frac{t}{t_{\mathrm{e}}},} \tag{5}$$

$$s = \int v \cdot \mathrm{d}t = \frac{v_{\mathrm{e}} \cdot t_{\mathrm{e}}}{4\pi^2} \cos(2\pi\frac{t}{t_{\mathrm{e}}}) + v_{\mathrm{e}}\frac{t^2}{2t_{\mathrm{e}}} + C_2.$$

Randbedingung $t = 0\colon \; s = 0$

$$0 = \frac{v_{\mathrm{e}} \cdot t_{\mathrm{e}}}{4\pi^2} \cdot 1 + 0 + C_2 \Longrightarrow C_2 = -\frac{v_{\mathrm{e}} \cdot t_{\mathrm{e}}}{4\pi^2}$$

$$\underline{s = -\frac{v_{\mathrm{e}} \cdot t_{\mathrm{e}}}{4\pi^2}\left[\cos(2\pi\frac{t}{t_{\mathrm{e}}}) - 1\right] + \frac{v_{\mathrm{e}} \cdot t_{\mathrm{e}}}{2}\left(\frac{t}{t_{\mathrm{e}}}\right)^2.} \tag{6}$$

Die Gleichungen (4), (5), (6) stellen in allgemeiner Form die Abhängigkeiten $a(t)$, $v(t)$, $s(t)$ dar.

Die Zahlenwertgleichungen werden mit $v_\mathrm{e}/t_\mathrm{e} = 3{,}0\,\mathrm{m/s^2}$ und $v_\mathrm{e} \cdot t_\mathrm{e} = 300\,\mathrm{m}$ für folgende Einheiten aufgestellt:

s	v	a
m	m/s	m/s^2

$$a = -3{,}0 \cos(2\pi \frac{t}{t_\mathrm{e}}) + 3{,}0,$$

$$v = -4{,}775 \sin(2\pi \frac{t}{t_\mathrm{e}}) + 30{,}0 \frac{t}{t_\mathrm{e}},$$

$$s = 7{,}599 \left[\cos(2\pi \frac{t}{t_\mathrm{e}}) - 1\right] + 150 \left(\frac{t}{t_\mathrm{e}}\right)^2 .$$

Die dazugehörigen Diagramme zeigt die Abb. 2-15.

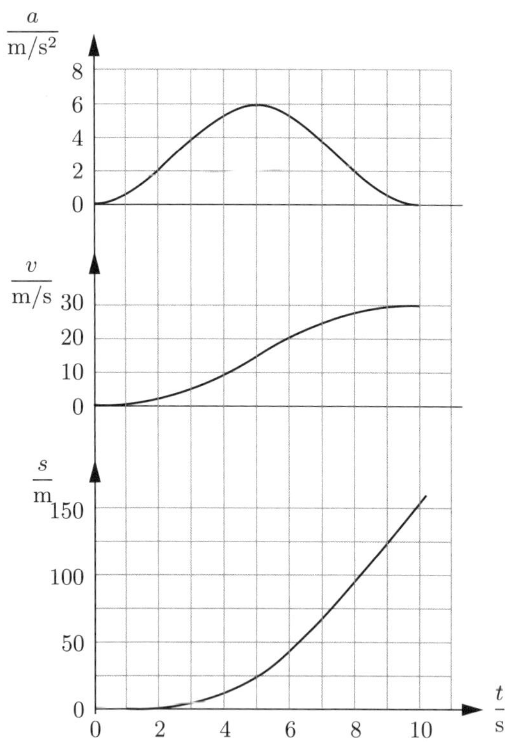

Abb. 2-15: $s(t)$- und $v(t)$-Diagramm für $a(t)$-Abhängigkeit nach Abb. 2-14.

Beispiel 3

Dieses Beispiel soll dazu dienen, die bei einem Stoß auftretende Verzögerung zu ermitteln und die Stoßzeit abzuschätzen. Dazu soll von folgendem Fall ausgegangen werden. Ein Gegenstand fällt aus der Höhe h auf eine Unterlage. Das Ausmessen der Deformationen, z.B. der Abplattung des fallenden Körpers und der „Delle“ an der Aufprallstelle lassen unter Beachtung eines elastischen Anteils auf dem Bremsweg e schließen. Die Kraft und damit die Verzögerung muß mit der Eindringtiefe größer werden. Es soll eine proportionale Zunahme der Verzögerung mit dem Weg angenommen werden. Für die Zeit des Eindringens sind für diese Voraussetzung die Bewegungsgleichungen aufzustellen. Für $h = 2{,}0\,\text{m}$ und $e = 2{,}0\,\text{mm}$ sollen die Gleichungen ausgewertet und graphisch dargestellt werden. Die maximale Verzögerung und die Dauer des Vorgangs sind zu berechnen.

Lösung (Abb. 2-16)

Die Zeitmessung soll bei der ersten Berührung beginnen ($t = 0$). Von diesem Punkt aus wird die Ortskoordinate s positiv nach unten festgelegt. In gleicher Richtung werden v und a positiv definiert. Der Ansatz ist nach Aufgabenstellung

$$-a \sim s \Longrightarrow a = -k \cdot s$$

Das ist der Fall 5. Den Lösungsansatz liefert die Gleichung (2-8)

$$v \cdot \mathrm{d}v = a \cdot \mathrm{d}s \Longrightarrow v \cdot \mathrm{d}v = -k \cdot s \cdot \mathrm{d}s$$

$$\int v \cdot \mathrm{d}v = -k \int s \cdot \mathrm{d}s$$

$$\frac{v^2}{2} = -k\frac{s^2}{2} + C_1 \tag{1}$$

Die Randbedingungen sind $s = 0$ für $v = v_0$ und $s = e$ für $v = 0$. Die erste Bedingung liefert $C_1 = v_0^2/2$, die zweite

$$0 = -k\frac{e^2}{2} + \frac{v_0^2}{2} \Longrightarrow k = \frac{v_0^2}{e^2}$$

Damit erhält man aus (1)

$$v^2 = v_0^2\left[1 - \left(\frac{s}{e}\right)^2\right]$$

$$v = v_0\sqrt{1 - \left(\frac{s}{e}\right)^2} = \frac{\mathrm{d}s}{\mathrm{d}t}$$

$$t = \frac{1}{v_0} \int \frac{\mathrm{d}s}{\sqrt{1 - \left(\frac{s}{e}\right)^2}}$$

Die Integration führt auf

$$t = \frac{e}{v_0} \arcsin \frac{s}{e} + C_2$$

Die Integrationskonstante C_2 ist wegen $s = 0$ für $t = 0$ null.

$$s = e \cdot \sin\left(\frac{v_0}{e} t\right) \tag{2}$$

$$v = \frac{\mathrm{d}s}{\mathrm{d}t} = e \cdot \frac{v_0}{e} \cdot \cos\left(\frac{v_0}{e} t\right)$$

$$v = v_0 \cdot \cos\left(\frac{v_0}{e} t\right) \tag{3}$$

$$a = \frac{\mathrm{d}v}{\mathrm{d}t} = -v_0 \cdot \frac{v_0}{e} \cdot \sin\left(\frac{v_0}{e} t\right)$$

$$a = -\frac{v_0^2}{e} \cdot \sin\left(\frac{v_0}{e} t\right) \tag{4}$$

Der Gleichung (4) entnimmt man die maximale Verzögerung

$$a_{\max} = -\frac{v_0^2}{e} \tag{5}$$

Die Zeit für das Eindringen t_e erhält man aus (3) für $v = 0$

$$\cos\left(\frac{v_0}{e} t_e\right) = 0 \Longrightarrow \frac{v_0}{e} t_e = \frac{\pi}{2}$$

$$t_e = \frac{\pi \cdot e}{2 v_0} \tag{6}$$

Die Gleichungen (2) bis (6) beschreiben in allgemeiner Form den Vorgang. Für $v_0 = \sqrt{2g \cdot H} = 6{,}26\,\mathrm{m/s}$ und $e = 2\,\mathrm{mm}$ beträgt die maximale Verzögerung

$$\underline{|a_{\max}|} = \frac{6{,}26^2 (\mathrm{m/s})^2}{2 \cdot 10^{-3}\,\mathrm{m}} = \underline{1{,}96 \cdot 10^4\,\mathrm{m/s^2}}$$

Dieser sehr hohe Wert ergibt sich für die relativ große Eindringtiefe von 2 mm. Bei einer Werkstoffkombination „Stahl auf Stahl“ wäre diese ganz wesentlich kleiner, was zu viel höheren Werten $a_{\max}$ führen würde. Über das NEWTONsche

Gesetz $F = m \cdot a$ hängen Beschleunigungen und Kräfte unmittelbar zusammen. Bei Stößen treten deshalb sehr große Kräfte auf. Darauf wird im Abschnitt 6.2.3 näher eingegangen.

Die Stoßdauer beträgt nach (6)

$$\underline{t_e} = \frac{\pi \cdot 2 \cdot 10^{-3}\mathrm{m}}{2 \cdot 6{,}26\,\mathrm{m/s}} = 5{,}02 \cdot 10^{-4}\mathrm{s} = \underline{0{,}5\,\mathrm{ms}}$$

Hohe Verzögerungen sind naturgemäß mit sehr kurzen Stoßzeiten gekoppelt.

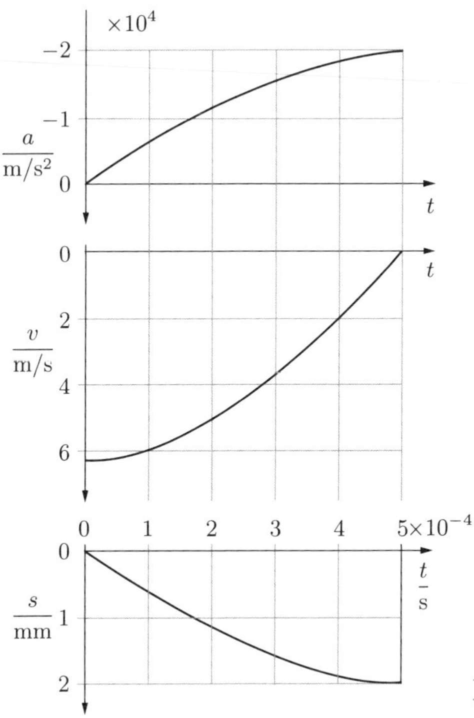

Abb. 2-16: $s(t)$; $v(t)$; $a(t)$-Diagramme für Stoßvorgang

Für die zahlenmäßige Auswertung der Gleichungen (2) bis (4) muß der Rechner auf den rad-Modus eingestellt werden. Das Ergebnis zeigt die Abb. 2-16. Der Ansatz $-a \sim t$ führt zu ähnlichen Werten. Das ist ein Hinweis darauf, daß die Ergebnisse realistisch sind. Beide Ansätze bringen auf unterschiedliche Weise zum Ausdruck: Mit zunehmender Eindringtiefe steigt der Widerstand. Der zweite Ansatz sei dem Leser als Übung empfohlen.

Beispiel 4 (Abb. 2-17)

Eine auf reibungslos angenommenen Rollen bewegte Masse wird von einem Ölstoßdämpfer aufgefangen und bis zum Stillstand abgebremst. Für einen solchen Stoßdämpfer ist die Kraft etwa proportional zur Geschwindigkeit. Daraus folgt eine gleiche Abhängigkeit zwischen Beschleunigung (Verzögerung) und Geschwindigkeit. Für diesen Vorgang sind die Bewegungsgleichungen aufzustellen. Diese sollen für eine Aufprallgeschwindigkeit von 0,50 m/s und einen Bremsweg von 400 mm ausgewertet und in Diagrammen dargestellt werden.

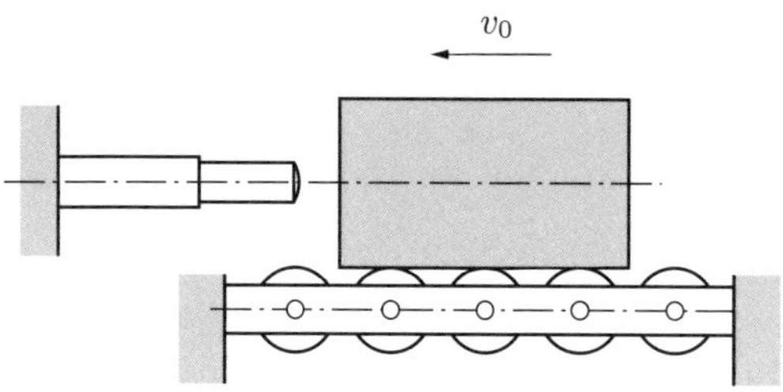

Abb. 2-17: Aufprall einer Masse auf einen Stoßdämpfer

Lösung

Definition der Koordinaten: Einsetzende Bremsung $t = 0$; $s = 0$, positive Richtung von a, v, und s nach links. Nach Aufgabenstellung ist der Ansatz

$$-a \sim v \Longrightarrow a = -k \cdot v \tag{1}$$

Es handelt sich um den Fall 6, der mit

$$a = \frac{\mathrm{d}v}{\mathrm{d}t} = -k \cdot v$$

gelöst wird. Das führt zu

$$\mathrm{d}t = -\frac{1}{k} \cdot \frac{\mathrm{d}v}{v} \Longrightarrow t = -\frac{1}{k} \int \frac{\mathrm{d}v}{v} = -\frac{1}{k} \cdot \ln v + C.$$

Die Anfangsbedingungen sind $v = v_0$ für $t = 0$

$$0 = -\frac{1}{k} \cdot \ln v_0 + C \Longrightarrow C = \frac{1}{k} \cdot \ln v_0.$$

Damit ist

$$t = -\frac{1}{k} \cdot \ln v + \frac{1}{k} \cdot \ln v_0 \quad \text{was auf} \quad t = -\frac{1}{k} \cdot \ln \frac{v_0}{v}$$

führt. Aus dieser Gleichung erkennt man, daß $v = 0$ auf $t = \infty$ führt. Nach diesem Gesetz kann ein Abbremsen bis zum Stillstand nicht erfolgen. Die überlagerte COULOMBsche Reibung überwiegt bei kleinen Geschwindigkeiten und setzt das System zur Ruhe. Die obige Gleichung wird nach v aufgelöst.

$$v = v_0 \cdot e^{-k \cdot t}. \qquad (2)$$

Die Integration führt auf

$$s = \int v \cdot \mathrm{d}t = v_0 \cdot \int e^{-k \cdot t} \cdot \mathrm{d}t$$

$$s = -\frac{v_0}{k} \cdot e^{-k \cdot t} + C.$$

Aus den Anfangsbedingungen wird C bestimmt

$$s = 0 \text{ für } t = 0: \quad 0 = -\frac{v_0}{k} \cdot 1 + C \Longrightarrow C = \frac{v_0}{k}.$$

Damit ist

$$s = \frac{v_0}{k} \cdot (1 - e^{-k \cdot t}). \qquad (3)$$

Für $t = \infty$ ist $s = s_{\max} = v_0/k$. Aus der Ableitung der Gleichung (2) erhält man

$$a = \frac{\mathrm{d}v}{\mathrm{d}t} = -k \cdot v_0 \cdot e^{-k \cdot t}. \qquad (4)$$

Zur Bestimmung der Funktionen $a = f(s)$ und $v = f(s)$ muß aus den obigen Gleichungen die Zeit t eliminiert werden. Am einfachsten ist es, von (2) auszugehen und

$$e^{-k \cdot t} = \frac{v}{v_0}$$

in (3) einzusetzen

$$s = \frac{v_0}{k}\left(1 - \frac{v}{v_0}\right).$$

Die Auflösung nach v liefert

$$v = v_0 - k \cdot s. \qquad (5)$$

Die Geschwindigkeit ändert sich linear mit der Eindringtiefe. Der Ansatz (1) ergibt mit dieser Gleichung

$$a = -k \cdot v_0 + k^2 \cdot s = k \cdot (k \cdot s - v_0). \tag{6}$$

Auch diese Beziehung stellt einen linearen Zusammenhang zwischen Beschleunigung und Weg dar. Für $s = 0$ ist $a = a_{max} = a_0 = -k \cdot v_0$, was auch aus (4) folgt.

Grundsätzlich könnte man diese Aufgabe mit dem Ansatz

$$a \cdot \mathrm{d}s = v \cdot \mathrm{d}v$$

lösen, der unmittelbar auf die Gleichung (5) führt. Von

$$v = \frac{\mathrm{d}s}{\mathrm{d}t}$$

ausgehend erhält man dann die anderen Beziehungen. Dieser Lösungsweg sei dem Leser als Übungsaufgabe empfohlen.

Für dic Auswertung der Gleichungen mit den angegebenen Werten muß zunächst die Konstante k bestimmt werden. Das kann mit der Gleichung (5) geschehen.

Für $v = 0$ ist $s = s_{\max} = 0{,}40\,\mathrm{m}$

$$k = \frac{v_0 - v}{s} = \frac{0{,}50\,\mathrm{m/s} - 0}{0{,}40\,\mathrm{m}}$$

$$k = 1{,}25\,\mathrm{s}^{-1}.$$

Die einzelnen Abhängigkeiten lauten jetzt

aus (3) $s = 0{,}40\,\mathrm{m} \cdot (1 - e^{-1{,}25\,\mathrm{s}^{-1} \cdot t})$

aus (2) $v = 0{,}50\,\mathrm{m/s} \cdot e^{-1{,}25\,\mathrm{s}^{-1} \cdot t}$

aus (4) $a = -0{,}625\,\mathrm{m/s}^2 \cdot e^{-1{,}25\,\mathrm{s}^{-1} \cdot t}$

aus (5) $v = 0{,}50\,\mathrm{m/s} - 1{,}25\,\mathrm{s}^{-1} \cdot s$

aus (6) $a = 1{,}25^2\,\mathrm{s}^{-2} \cdot s - 0{,}625\,\mathrm{m/s}^2$

Der Vorgang setzt mit der maximalen Verzögerung von $0{,}625\,\mathrm{m/s}^2$ ein ($s = 0$ bzw. $t = 0$). Die zu Beginn wirkende Kraft kann man aus dem NEWTONschen Gesetz berechnen.

Die einzelnen Funktionen sind in der Abb. 2-18 dargestellt. Man erkennt, daß der Vorgang ca. 3 bis 4 Sekunden dauert.

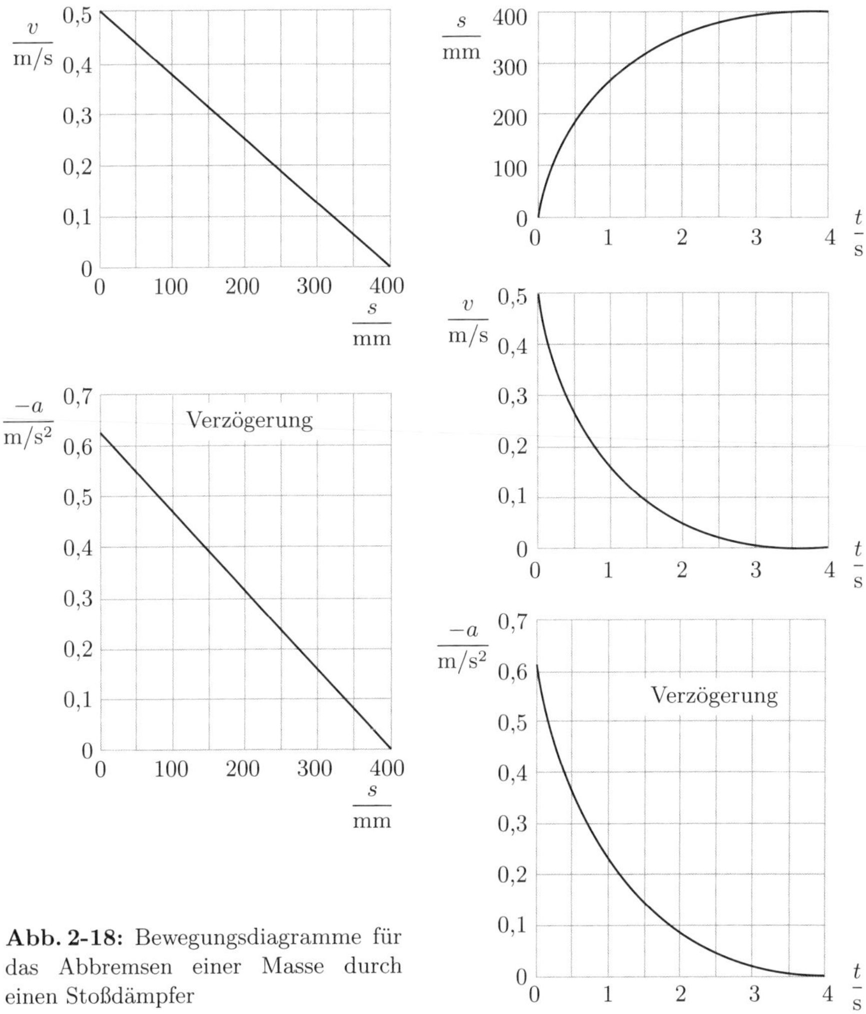

Abb. 2-18: Bewegungsdiagramme für das Abbremsen einer Masse durch einen Stoßdämpfer

2.5.2 Graphische Verfahren

Für die Auswertung von Messungen, oder wenn analytische Methoden nicht durchführbar sind, ist es notwendig, auf graphische Verfahren überzugehen, für deren Durchführung Rechenprogramme verfügbar sind. Es werden für die wichtigsten Fälle die Lösungswege bzw. Ansätze gegeben. Sie entsprechen den analytischen Methoden (voriger Abschnitt).

1. Die Beschleunigung ist in Abhängigkeit von der Zeit gegeben,

$$a = f(t).$$

Die Kurve $a(t)$ wird graphisch integriert. Das Ergebnis ist die Abhängigkeit $v(t)$. Eine nochmalige Integration liefert $s(t)$.

2. Die Geschwindigkeit ist in Abhängigkeit von der Zeit gegeben,

$$v = f(t).$$

Die graphische Integration der Kurve $v(t)$ führt auf das $s(t)$-Diagramm. Die graphische Ableitung von $v(t)$ ergibt $a(t)$.

3. Die Lage des Punktes ist in Abhängigkeit von der Zeit gegeben,

$$s = f(t).$$

Die Kurve $v(t)$ erhält man durch die graphische Differentiation von $s(t)$. Eine weitere Differentiation liefert $a(t)$.

4. Die Geschwindigkeit ist in Abhängigkeit von der Ortskoordinate gegeben,

$$v = f(s).$$

Das v-s-Diagramm wird in Streifen Δs eingeteilt. Für kleine Teilstrecken Δs kann eine mittlere Geschwindigkeit v_m eingeführt werden. Aus

$$v_\mathrm{m} = \frac{\Delta s}{\Delta t}, \text{ erhält man } \quad \Delta t = \frac{\Delta s}{v_\mathrm{m}},$$

die Zeit für jeweils einen Abschnitt Δs. Die Addition der einzelnen Zeitdifferenzen ergibt die Gesamtzeit und damit die s-t-Kurve (Fall 3).

5. Die Beschleunigung ist in Abhängigkeit von der Ortskoordinate gegeben,

$$a = f(s).$$

Hier geht man von der Gleichung (2-8) aus,

$$\int_{v_0}^{v} v \cdot \mathrm{d}v = \int a \cdot \mathrm{d}s, \quad \frac{1}{2}(v^2 - v_0^2) = \int a \cdot \mathrm{d}s, \quad v^2 = 2\int a \cdot \mathrm{d}s + v_0^2.$$

Das Integral kann als Fläche unter dem a-s-Diagramm gedeutet werden. Dieses wird deshalb in Streifen Δs eingeteilt, für die mit genügend großer Genauigkeit eine mittlere Beschleunigung a_m eingeführt werden kann. Es gilt dann

$$v = \sqrt{2 \cdot \sum (a_\mathrm{m} \cdot \Delta s) + v_0^2}.$$

Wertet man diese Gleichung für die verschiedenen Streckenabschnitte aus, dann erhält man die v-s-Kurve. Das entspricht dann dem Fall 4.

6. Die Beschleunigung ist in Abhängigkeit von der Geschwindigkeit gegeben

$$a = f(v).$$

Genau wie bei den analytischen Verfahren bieten sich zwei Lösungswege an.

Aus $a = \dfrac{\mathrm{d}v}{\mathrm{d}t}$ wird $a_\mathrm{m} = \dfrac{\Delta v}{\Delta t}$

und damit

$$\Delta t = \frac{\Delta v}{a_\mathrm{m}}.$$

Für die Auswertung wird das Ausgangsdiagramm $a = f(v)$ in Abschnitte Δv eingeteilt. Mit der obigen Gleichung werden die Zeitintervalle für diese ermittelt. Die Aufsummierung ergibt die Zeit und damit die $v(t)$ bzw. $a(t)$-Abhängigkeit. Ein Beispiel dafür ist im Abschnitt 7.3.2 gegeben.

Der zweite Weg geht von Gleichung (2-8) aus.

$$a \cdot \mathrm{d}s = v \cdot \mathrm{d}v,$$
$$s = \int \frac{v}{a} \cdot \mathrm{d}v.$$

Für die Auswertung ist es zweckmäßig, das Ausgangsdiagramm $a = f(v)$ in ein Diagramm $\dfrac{v}{a} = f(v)$ umzuzeichnen. Dazu werden zugeordnete Werte v und a dividiert und über v aufgetragen. Es werden Streifen Δv eingezeichnet und die Flächen ermittelt. Man erhält aus

$$s = \sum \frac{v}{a} \cdot \Delta v,$$

die Ort-Geschwindigkeitskurve und damit den Fall 4.

Als Beispiel für die ersten drei Fälle kann die Abb. 2-2 gelten. Nachfolgend werden der Fall 5 und 4 angewendet. Der Fall 6 ist im Abschnitt 7.3.2 (Beispiel „Anfahren einer Kreiselpumpe“) eingearbeitet.

Beispiel

Es wird an das Beispiel 4 Abb. 2-17 des vorigen Abschnitts angeknüpft. Der Stoßdämpfer ist dort unter der idealisierten Annahme einer laminaren Ölströmung, ohne Turbulenzen und ohne COULOMBsche Reibung behandelt worden. Nur unter diesen Voraussetzungen gilt $-a \sim v$. Hier soll von einer experimentellen Untersuchung ausgegangen werden. Der Einbau einer Kraftmeßdose an der Aufprallstelle und eines Weggebers liefert bei bekannter Masse eine Abhängigkeit $a(s)$ nach Abb. 2-19. Dabei beträgt die Aufprallgeschwindigkeit $v_0 = 0{,}56\,\text{m/s}$. Die Masse wird auf einem Weg von 390 mm bis zum Stillstand abgebremst. Zu zeichnen sind die $s(t)$; $v(t)$ und $a(t)$-Diagramme.

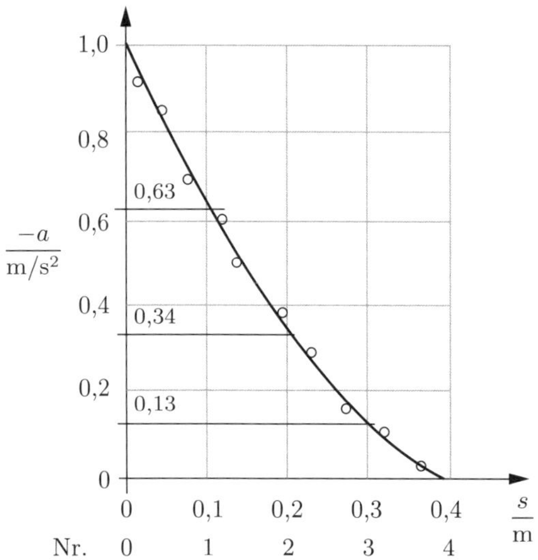

Abb. 2-19: Experimentell ermitteltes $a(s)$-Diagramm für einen Stoßdämpfer

Lösung

Es handelt sich um den Fall 5. Die Gleichung

$$v = \sqrt{2 \cdot \sum (a_\text{m} \cdot \Delta s) + v_0^2}$$

muß ausgewertet werden. Dazu wird der Bewegungsablauf in Teilstrecken Δs eingeteilt. Für diese wird jeweils mit einer mittleren Beschleunigung a_m gerechnet. Festgelegt wird $\Delta s = 0{,}10\,\text{m}$, für den letzten Abschnitt 0,09 m. Das ist eine sehr grobe Einteilung, sie soll jedoch für ein solches Beispiel genügen. Es empfiehlt sich, am Diagramm eine Numerierung anzubringen, die in der Tabelle wiederholt wird. In diese werden zunächst die zugeordneten Diagrammwerte s und a eingetragen. Für jeden Abschnitt Δs wird jeweils in der Mitte der Wert a_m abgelesen. Die nächste Spalte enthält die Multiplikation $a_\text{m} \cdot \Delta s$. Dieser Wert wird aufaddiert. Jetzt kann man mit der obigen Beziehung v ausrechnen. Die Spalten s und v sind Grundlage des Diagramms $v(s)$ nach Abb. 2-20. Dieses

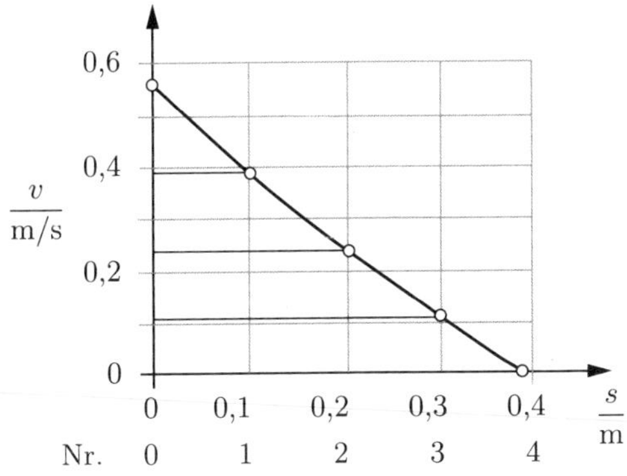

Abb. 2-20: $v(s)$-Diagramm für das Experiment nach Abb. 2-19

entspricht dem Fall 4. Analog zu oben wird in Teilabschnitte Δs eingeteilt, für die eine mittlere Geschwindigkeit v_m in die Tabelle eingetragen wird. Zum Durchlaufen des Abschnitts Δs benötigt das Objekt die Zeit

$$\Delta t = \frac{\Delta s}{v_m}$$

Die Aufaddierung liefert die Zeitkoordinate t. Die Spalten $s; v; a$ jeweils mit t gekoppelt ergeben die gesuchten Diagramme Abb. 2-21. Der Vorgang dauert 3,4 s. Hier bietet sich eine einfache Kontrolle mit der Stoppuhr an.

Nr.	$\frac{s}{m}$	$\frac{a}{m/s^2}$	$\frac{a_m}{m/s^2}$	$\frac{a_m \cdot \Delta s}{m^2/s^2}$	$\frac{\sum a_m \cdot \Delta s}{m^2/s^2}$	$\frac{v}{m/s}$	$\frac{v_m}{m/s}$	$\frac{\Delta t}{s}$	$\frac{t}{s}$
0	0	−1,00	–	–	0	0,56	–	–	0
1	0,10	−0,63	−0,82	−0,082	−0,082	0,39	0,47	0,21	0,21
2	0,20	−0,34	−0,48	−0,048	−0,130	0,24	0,31	0,32	0,53
3	0,30	−0,13	−0,22	−0,022	−0,152	0,11	0,17	0,59	1,12
4	0,39	0	−0,06	−0,005	−0,157	0	0,04	2,25	3,37

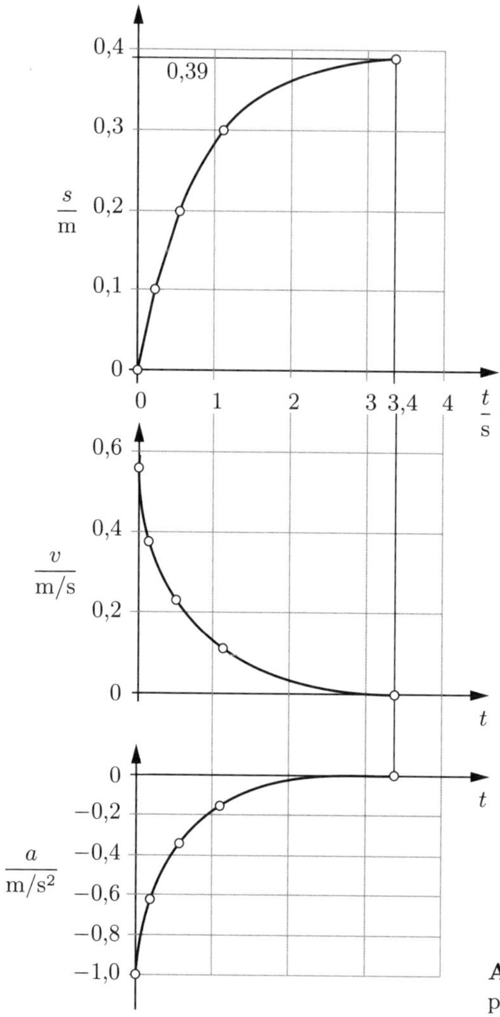

Abb. 2-21: Bewegungsdiagramme für das Experiment nach Abb. 2-19

2.6 Zusammenfassung

Zwischen der Ortskoordinate s, der Geschwindigkeit v und der Beschleunigung a bestehen die Beziehungen

$$v = \frac{\mathrm{d}s}{\mathrm{d}t} = \dot{s} \qquad a = \frac{\mathrm{d}v}{\mathrm{d}t} = \dot{v} = \ddot{s} \tag{2-1)/(2-2}$$

$$s = \int v \cdot \mathrm{d}t \qquad v = \int a \cdot \mathrm{d}t. \tag{2-3)/(2-4}$$

Für eine Darstellung dieser Größen in $s(t)$, $v(t)$, $a(t)$-Diagrammen kann man aus diesen Gleichungen folgende Schlußfolgerungen ziehen:

1. Die Tangentensteigung an der $s(t)$-Kurve entspricht der Geschwindigkeit.
2. Die Tangentensteigung an der $v(t)$-Kurve entspricht der Beschleunigung.
3. Ein „Flächen"-element der „Breite" Δt im $v(t)$-Diagramm entspricht der Änderung der Lage in diesem Zeitabschnitt.
4. Ein „Flächen"-element der „Breite" Δt im $a(t)$-Diagramm entspricht der Änderung der Geschwindigkeit in diesem Zeitabschnitt.

Unter der Voraussetzung, daß für s, v, a die gleiche Richtung positiv definiert wird, gilt für die Deutung der Vorzeichen:

<table>
<tr><th></th><th>Bedeutung des Vorzeichens</th><th>Vorzeichen</th></tr>
<tr><td>s</td><td>Lage</td><td rowspan="2">gleich → Bewegung vom Nullpunkt
verschieden → Bewegung zum Nullpunkt</td></tr>
<tr><td>v</td><td>Bewegungsrichtung</td></tr>
<tr><td>a</td><td>Beschleunigung oder Verzögerung</td><td>gleich → beschleunigt
verschieden → verzögert</td></tr>
</table>

Die Gleichungen (2-1) bis (2-4) führen für eine konstante Geschwindigkeit auf

$$s = v \cdot t + s_0 \tag{2-5}$$

und für gleichmäßig beschleunigte Bewegung auf

$$v = a \cdot t + v_0 \tag{2-6}$$

$$s = \frac{a}{2} t^2 + v_0 \cdot t + s_0 \tag{2-7}$$

Die Gleichungen (2-6)/(2-7) sind für die Beschreibung einer solchen Bewegung ausreichend. In der zusätzlichen Beziehung

$$v^2 = 2a(s - s_0) + v_0^2 \tag{2-9}$$

ist die Zeit eliminiert.

Im Abschnitt 2.5.1 werden für ungleichförmig beschleunigte Bewegungen Lösungsansätze gegeben. Jedoch sind analytische Lösungen nur möglich, wenn die Abhängigkeiten durch integrierbare bzw. differenzierbare Gleichungen dargestellt werden können. In der Technik ist das oft nicht der Fall. Hier führen die im Abschnitt 2.5.2 behandelten graphischen Verfahren, die mit Computerprogrammen ausführbar sind, immer zum Ziel.

3 Die krummlinige Bewegung des Punktes

3.1 Einführung

Die Ergebnisse des vorigen Kapitels werden auf eine krummlinige, in der Ebene liegende Bahn übertragen. Dazu ist es notwendig, den Beschleunigungsbegriff zu erweitern. Für eine geradlinige Bewegung ist die Beschleunigung die zeitliche Änderung der Geschwindigkeit. Bei einer Krümmung der Bahn muß zusätzlich die Richtungsänderung der Geschwindigkeit berücksichtigt werden. Anders ausgedrückt, Geschwindigkeit und Beschleunigung haben *Vektoreigenschaften.* Das führt auf die *Normalbeschleunigung*, die im allgemeinen Fall eine Komponente des Beschleunigungsvektors ist. Diese ist von besonderer Wichtigkeit für das Verständnis aller nachfolgenden Ausführungen.

Eine Bahn in der Ebene kann in verschiedenen Koordinaten dargestellt werden. Zunächst bietet sich das *Kartesische System* an. Die Geschwindigkeits- und Beschleunigungsvektoren werden in x- und y-Richtung zerlegt. Hier stellt sich die Frage, ob das den physikalischen Vorgang richtig wiedergibt. Daß es richtig ist, ist nicht beweisbar. Die Zerlegung und Zusammensetzung nach der Parallelogrammkonstruktion gehört in der Mechanik zu den Axiomen, die per definitionem nicht beweisbar sind. In Band 1 (Statik, Kap. 2, Lehrsatz 5) wurde sie für die Kräftezerlegung angewendet. Über das NEWTONsche Gesetz (Kap. 5), das die Kraft $\vec{F}$ mit der Beschleunigung $\vec{a}$ verbindet, erfolgt die Übertragung des Axioms auf die Kinematik.

Für rotierende Systeme eignet sich das *Polarkoordinatensystem* r; φ besonders gut. Die Zerlegung von $\vec{a}$ und $\vec{v}$ erfolgt in diese Richtungen.

Als *natürliches Koordinatensystem* bezeichnet man eines, das sich mit dem betrachteten Punkt mitbewegt und aus zwei senkrecht zueinander stehenden Achsen besteht. Eine tangiert die Bahn und ist damit kollinear mit $\vec{v}$, die andere gibt die Lage des Vektors der Normalbeschleunigung $\vec{a}_{\mathrm{n}}$ wider.

Die nachfolgenden Abschnitte behandeln die krummlinige Bewegung eines Punktes in diesen drei Systemen.

3.2 Ortskoordinate, Geschwindigkeit und Beschleunigung im Kartesischen Koordinatensystem

Da nachfolgend mit Vektoren gearbeitet wird, soll hier etwas zu ihrer Schreibweise angegeben werden. Ein Vektor wird durch einen über dem kursiven Buchstaben gesetzten Pfeil gekennzeichnet (z.B. Beschleunigung $\vec{a}$). Ist die Wirkungsrichtung durch einen Index angegeben, kann auf eine zusätzliche Kennzeichnung als Vektor verzichtet werden (z.B. Beschleunigung a_{x}). So wird hier verfahren. Für Abbildungen gilt Analoges. Die Vektoreigenschaft wird durch den Pfeil angezeigt, die Bezeichnung (z.B. a) gibt die skalare Größe der Beschleunigung in Richtung des Pfeils an. Wird der Pfeil mit $\vec{a}$ bezeichnet, geben sowohl Pfeil als auch diese Bezeichnung die Vektoreigenschaft an.

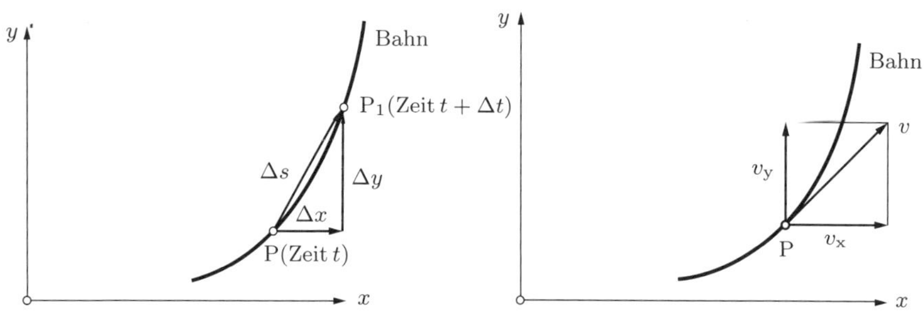

Abb. 3-1: Krummlinige Bahn im Kartesischen Koordinatensystem

Ein Punkt bewegt sich nach Abb. 3-1 auf einer gekrümmten Bahn, die in einem Kartesischen Koordinatensystem liegt. Während des Zeitintervalls Δt verlagert er sich von P nach P_1. Diese Position kann von P aus mit dem Vektor $\Delta\vec{s}$ angegeben werden. Die mittlere Geschwindigkeit während Δt ist

$$\vec{v}_{\mathrm{m}} = \frac{\Delta\vec{s}}{\Delta t}$$

Der Vektor $\vec{v}_{\mathrm{m}}$ hat die Richtung von $\Delta\vec{s}$, ist demnach eine Sekante der Bahn. Die momentane Geschwindigkeit z.Z. t erhält man durch den Grenzübergang von $\Delta t \to 0$. Anders ausgedrückt, der Punkt P_1 nähert sich P so, daß $\Delta\vec{s} \to \mathrm{d}\vec{s}$ übergeht und aus der Sekante eine Tangente wird

$$\vec{v} = \lim_{\Delta t \to 0} \frac{\Delta\vec{s}}{\Delta t} = \frac{\mathrm{d}\vec{s}}{\mathrm{d}t} = \dot{\vec{s}}$$

Der Vektor $\vec{v}$ tangiert die Bahn. Seine Komponenten im Kartesischen Koordinatensystem sind

$$v_{\mathrm{x}} = \frac{\mathrm{d}x}{\mathrm{d}t} = \dot{x}$$
$$v_{\mathrm{y}} = \frac{\mathrm{d}y}{\mathrm{d}t} = \dot{y} \qquad (3\text{-}1)$$

Zur Definition der Beschleunigung wird nach Abb. 3-2 der Punkt z.Z. t und Δt

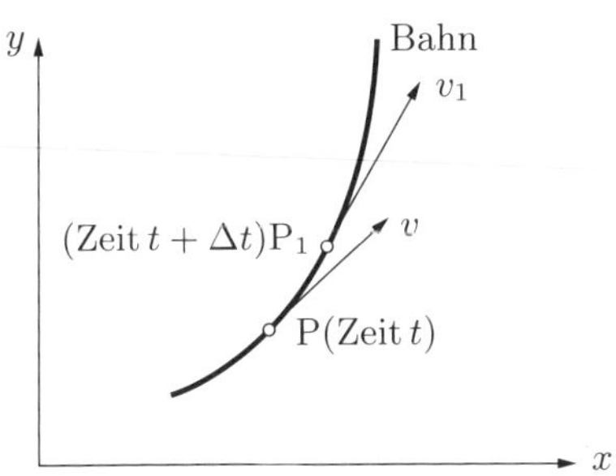

Abb. 3-2: Geschwindigkeitsvektoren an Krummliniger Bahn

später mit den jeweiligen Geschwindigkeitsvektoren gezeichnet. Im vorliegenden Fall wird der Punkt schneller: $|\vec{v}_1| > |\vec{v}|$. Die Vektoren unterscheiden sich um Δv. Die mittlere Beschleunigung während des Zeitintervalls Δt ist

$$\vec{a}_{\mathrm{m}} = \frac{\Delta \vec{v}}{\Delta t}$$

Dieser Vektor liegt in Richtung von $\Delta \vec{v}$. Die momentane Beschleunigung z.Z. t erhält man beim Grenzübergang

$$\vec{a}_{\mathrm{m}} = \lim_{\Delta t \to 0} \frac{\Delta \vec{v}}{\Delta t} = \frac{\mathrm{d}\vec{v}}{\mathrm{d}t} = \dot{\vec{v}} = \ddot{\vec{s}}$$

Die Zerlegung in die x- und y-Komponenten führt nach Abb. 3-3 auf

$$a_{\mathrm{x}} = \frac{\mathrm{d}v_{\mathrm{x}}}{\mathrm{d}t} = \dot{v}_{\mathrm{x}} = \ddot{x}$$
$$a_{\mathrm{y}} = \frac{\mathrm{d}v_{\mathrm{y}}}{\mathrm{d}t} = \dot{v}_{\mathrm{y}} = \ddot{y} \qquad (3\text{-}2)$$

Im Gegensatz zum Vektor $\vec{v}$ tangiert der Beschleunigungsvektor $\vec{a}$ niemals die Bahnkurve. Das kann man sich für den Fall $v =$ konst. besonders gut klarmachen. In der Abb. 3-2 entspricht das $|\vec{v}_1| = |\vec{v}|$. Der Vektor $\vec{v}$ bleibt in seiner

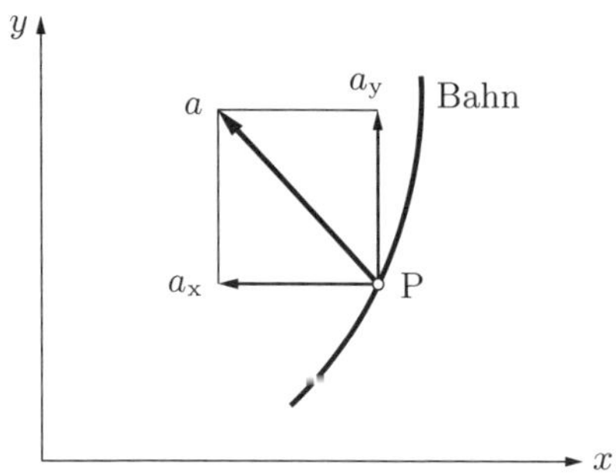

Abb. 3-3: Beschleunigungsvektor an krummliniger Bahn

Länge erhalten, schwenkt aber. Damit liegt $\Delta\vec{v}$ senkrecht auf $\Delta\vec{s}$. Der Beschleunigungsvektor steht in diesem Fall senkrecht auf der Bahntangente und ist nach innen gerichtet. Aus diesen Überlegungen kann man folgende Schlußfolgerungen ziehen:

1. *Auf einer gekrümmten Bahn unterliegt ein bewegter Punkt immer einer Beschleunigung, auch dann wenn die Geschwindigkeit konstant ist.*
2. *Der Beschleunigungsvektor ist bei Bewegung auf gekrümmter Bahn immer nach innen (Seite des Krümmungsmittelpunktes) gerichtet.*

3.3 Ortsvektor, Geschwindigkeit und Beschleunigung in Polarkoordinaten

Für viele Aufgaben ist es zweckmäßig, in Polarkoordinaten zu rechnen. Aus diesem Grund sollen die Geschwindigkeiten und Beschleunigungen in die radiale und in die Umfangskomponente zerlegt werden.

Betrachtet wird die Bahn von Abb. 3-1. Ihre Geometrie wird von Polarkoordinaten nach Abb. 3-4 beschrieben. Von einem frei wählbaren Nullpunkt wird ein Ortsvektor $\vec{r}$ eingeführt. Seine Richtung ist φ von einer definierten Linie aus

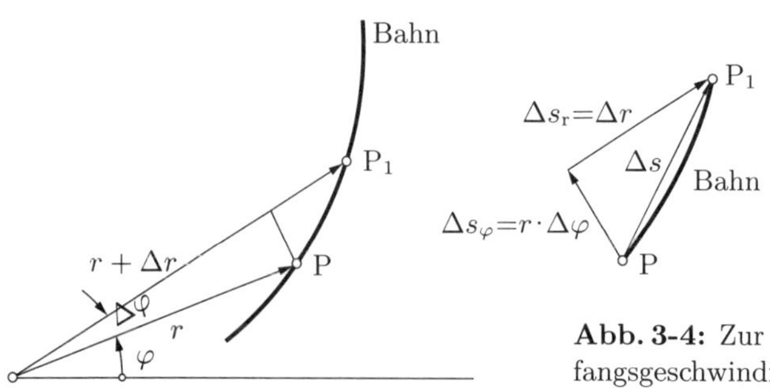

Abb. 3-4: Zur Definition der radialen und Umfangsgeschwindigkeit

gemessen. Im Zeitintervall Δt verlagert sich der Punkt in radiale Richtung um $\Delta\vec{r}$ und in Umfangsrichtung um $r \cdot \Delta\varphi$. Die zugehörigen Geschwindigkeitskomponenten sind

$$\begin{aligned} v_{\mathrm{r}} &= \lim_{\Delta t \to 0} \frac{\Delta r}{\Delta t} \\ v_{\mathrm{r}} &= \frac{\mathrm{d}r}{\mathrm{d}t} = \dot{r} \\ v_{\varphi} &= \lim_{\Delta t \to 0} \frac{r \cdot \Delta\varphi}{\Delta t} = r \cdot \frac{\mathrm{d}\varphi}{\mathrm{d}t} \end{aligned} \tag{3-3}$$

Die zeitliche Änderung des Winkels φ ist $\mathrm{d}\varphi/\mathrm{d}t = \dot{\varphi}$. Diese Größe wird analog zur Geschwindigkeit als *Winkelgeschwindigkeit* definiert und mit ω bezeichnet. Die Dimension von ω ist Zeit $^{-1}$, die Einheit meistens s^{-1}. Damit erhält man die Umfangsgeschwindigkeit

$$v_{\varphi} = r \cdot \dot{\varphi} = r \cdot \omega \tag{3-4}$$

Die Zerlegung der Beschleunigung in radiale und Umfangsrichtung bedarf einer genaueren Untersuchung. Ausgegangen wird von der Abb. 3-5. Während des Zeitintervalls Δt hat sich der Punkt von P nach P_1 bewegt. Der Winkel φ, die Länge des Polstrahls r und die Geschwindigkeit v haben sich dabei um $\Delta\varphi$; Δr und Δv geändert.

Die Vektoren $\vec{v}$ und $\vec{v}_1$ werden in die Komponenten $\vec{v}_{\mathrm{r}}$ und $\vec{v}_{\varphi}$ zerlegt und aneinander gelegt gezeichnet. Die Änderung der Radialgeschwindigkeit setzt sich aus

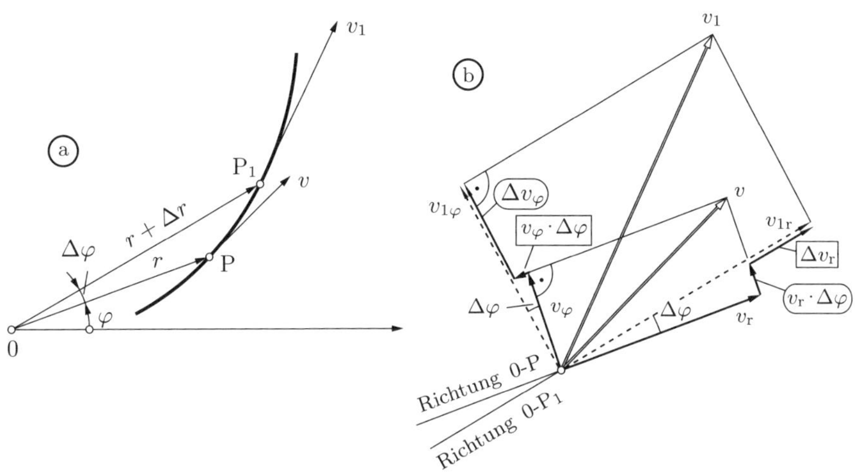

Abb. 3-5: Zur Definition der radialen und tangentialen Beschleunigung

der Längenänderung des Vektors $\vec{v}_{\rm r}$ und der Richtungsänderung des Vektors $\vec{v}_\varphi$ zusammen. Diese Anteile sind in der Abb. 3-5b durch eine rechteckige Umrahmung gekennzeichnet. Die Änderung beträgt demnach $\Delta v_{\rm r} - v_\varphi \cdot \Delta\varphi$. Daraus folgt für die *Radialbeschleunigung*

$$a_{\rm r} = \lim_{\Delta t\to 0} \frac{\Delta v_{\rm r}}{\Delta t} - \lim_{\Delta t\to 0} v_\varphi \cdot \frac{\Delta\varphi}{\Delta t} \Longrightarrow a_{\rm r} = \frac{{\rm d}v_{\rm r}}{{\rm d}t} - v_\varphi \cdot \frac{{\rm d}\varphi}{{\rm d}t}$$

Mit den Gleichungen (3-3)/(3-4) ist

$$a_{\rm r} = \ddot{r} - r \cdot \dot{\varphi}^2 = \ddot{r} - r \cdot \omega^2. \tag{3-5}$$

Die Änderung der Umfangsgeschwindigkeit setzt sich aus der Längenänderung des Vektors $\vec{v}_\varphi$ und der Richtungsänderung des Vektors $\vec{v}_{\rm r}$ zusammen. Die Größen sind in der Abb. 3-5 mit einem ovalen Rahmen gekennzeichnet. Sie beträgt $\Delta v_\varphi + v_{\rm r} \cdot \Delta\varphi$. Die *Umfangsbeschleunigung* ist deshalb

$$a_\varphi = \lim_{\Delta t\to 0} \frac{\Delta v_\varphi}{\Delta t} + \lim_{\Delta t\to 0} v_{\rm r} \cdot \frac{\Delta\varphi}{\Delta t} \Longrightarrow a_\varphi = \frac{{\rm d}v_\varphi}{{\rm d}t} + v_{\rm r} \cdot \frac{{\rm d}\varphi}{{\rm d}t}.$$

Nach der Gleichung (3-4) ist (Produktenregel)

$$\frac{{\rm d}v_\varphi}{{\rm d}t} = \dot{r} \cdot \dot{\varphi} + r \cdot \ddot{\varphi}.$$

Analog zur Beziehung $\ddot{s} = a$ wird als *Winkelbeschleunigung*

$$\ddot{\varphi} = \dot{\omega} = \alpha$$

definiert. Die Dimension ist Zeit^{-2}, die Einheit meistens s^{-2}. Unter Beachtung der Gleichungen (3-3)/(3-4) ist

$$a_\varphi = v_{\rm r} \cdot \dot{\varphi} + r \cdot \ddot{\varphi} + v_{\rm r} \cdot \dot{\varphi}$$
$$a_\varphi = 2 \cdot v_{\rm r} \cdot \omega + r \cdot \alpha. \tag{3-6}$$

Es sei hierbesonders betont, daß die resultierenden Vektoren $\vec{v} = \vec{v}_{\rm r} + \vec{v}\varphi$ und $\vec{a} = \vec{a}_{\rm r} + \vec{a}_\varphi$ denen von Abschnitt 3.1 entsprechen. Dort wurden sie in x-und y-Richtung zerlegt. Alle Schlußfolgerungen, die im Abschnitt 3.1 gezogen wurden, gelten unabhängig vom Koordinatensystem.

Die Größen φ, ω, α können entsprechend dem Momentvektor (Band 1, Kapitel 12) als *Vektoren* $\vec{\varphi}, \vec{\omega}, \vec{a}$, dargestellt werden, die *senkrecht auf der Bewegungsebene* stehen. Die Vektorenspitzen weisen, wie in Abb. 3-6 dargestellt, in Richtung

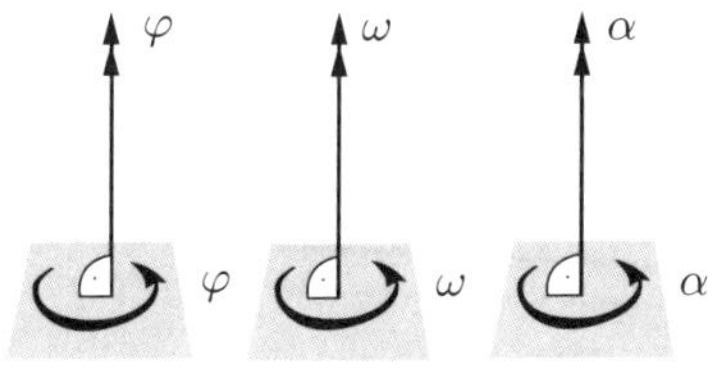

Abb. 3-6: Winkel, Winkelgeschwindigkeit, Winkelbeschleunigung in Vektordarstellung

einer in diesem Drehsinn gedrehten Rechtsschraube. Die Umfangsgeschwindigkeit kann als vektorielles Produkt

$$\vec{v}_{\varphi} = \vec{\omega} \times \vec{r},$$

gedeutet werden (Abb. 3-7).

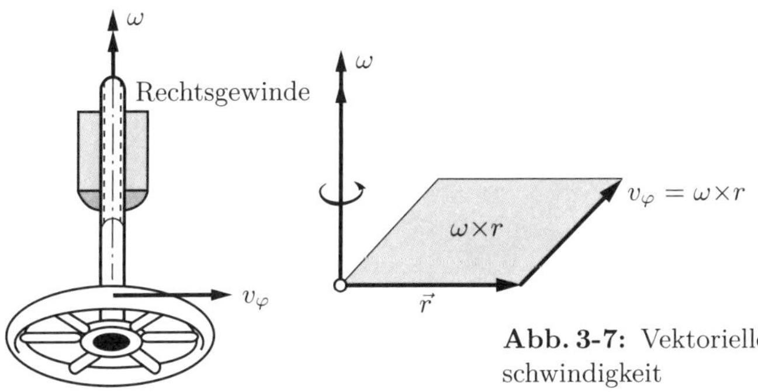

Abb. 3-7: Vektorielle Darstellung der Umfangsgeschwindigkeit

Nach dieser mehr auf Anschaulichkeit und geometrische Deutung angelegten Ableitung, sollen die Gleichungen durch Differentiation des Ortsvektors bestätigt werden. Dazu soll zunächst die Ableitung der Einheitsvektoren nach der Zeit gebildet werden. In Abb. 3-8 sind die beiden Einheitsvektoren zum Zeitpunkt t

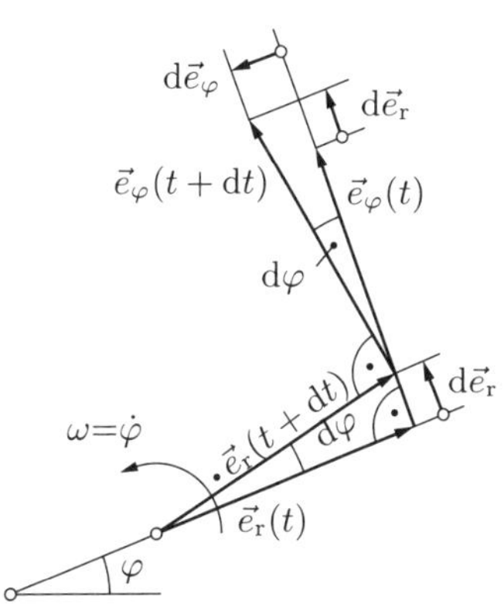

Abb. 3-8: Einheitsvektoren im drehenden System

und $\mathrm{d}t$ später skizziert. Dabei erfolgt eine Drehung mit $\omega = \dot{\varphi}$. Der Vektor $\vec{e}_\mathrm{r}(t)$ ändert sich um $\mathrm{d}\vec{e}_\mathrm{r}$. Diese Änderung liegt jedoch in Richtung φ. Deshalb gilt

$$\mathrm{d}\vec{e}_\mathrm{r} = \mathrm{d}e_\mathrm{r} \cdot \vec{e}_\varphi \quad \text{(Batrag} \times \text{Einheitsvektor).}$$

Der Betrag (Länge) von $\mathrm{d}\vec{e}_\mathrm{r}$ ist gleich $e_\mathrm{r} \cdot \mathrm{d}\varphi = e_\mathrm{r} \cdot \dot{\varphi} \cdot \mathrm{d}t$, wobei $e_\mathrm{r} = 1$ ist. Das folgt aus dem von den Einheitsfaktoren $\vec{e}_\mathrm{r}$ gebildeten Dreieck. Zusammenfassend kann man schreiben

$$\mathrm{d}\vec{e}_\mathrm{r} = 1 \cdot \dot{\varphi} \cdot \mathrm{d}t \cdot \vec{e}_\varphi$$

$$\frac{\mathrm{d}\vec{e}_\mathrm{r}}{\mathrm{d}t} = \dot{\varphi} \cdot \vec{e}_\varphi.$$

Auf gleichem Weg erhält man

$$\mathrm{d}\vec{e}_\varphi = -\mathrm{d}e_\varphi \cdot \vec{e}_\mathrm{r} \quad \text{(Dieser Vektor hat eine negative Richtung)}$$

$$\mathrm{d}\vec{e}_\varphi = -e_\varphi \cdot \dot{\varphi} \cdot \mathrm{d}t \cdot \vec{e}_\mathrm{r} = -1 \cdot \dot{\varphi} \cdot \mathrm{d}t \cdot \vec{e}_\mathrm{r}$$

$$\frac{\mathrm{d}\vec{e}_\varphi}{\mathrm{d}t} = -\dot{\varphi} \cdot \vec{e}_\mathrm{r}.$$

Die Geschwindigkeit ist

$$\vec{v} = \frac{\mathrm{d}\vec{r}}{\mathrm{d}t} = \frac{\mathrm{d}}{\mathrm{d}t}(r \cdot \vec{e}_\mathrm{r}) = \dot{r} \cdot \vec{e}_\mathrm{r} + r \cdot \frac{\mathrm{d}\vec{e}_\mathrm{r}}{\mathrm{d}t}$$

$$\vec{v} = \dot{r} \cdot \vec{e}_\mathrm{r} + r \cdot \dot{\varphi} \cdot \vec{e}_\varphi.$$

Der erste Summand ist die r-Komponente, der zweite die φ-Komponente der Geschwindigkeit (vergl. Gl. (3-3)/(3-4)). Eine nochmalige Ableitung führt auf die Beschleunigungen

$$\vec{a} = \frac{\mathrm{d}\vec{v}}{\mathrm{d}t} = \dot{r}\frac{\mathrm{d}\vec{e}_\mathrm{r}}{\mathrm{d}t} + \ddot{r}\vec{e}_\mathrm{r} + r \cdot \dot{\varphi} \cdot \frac{\mathrm{d}\vec{e}_\varphi}{\mathrm{d}t} + (r \cdot \dot{\varphi}) \cdot \vec{e}_\varphi$$

$$= \dot{r} \cdot \dot{\varphi} \cdot \vec{e}_\varphi + \ddot{r} \cdot \vec{e}_\mathrm{r} + r \cdot \dot{\varphi} \cdot (-\dot{\varphi} \cdot \vec{e}_\mathrm{r}) + (r \cdot \ddot{\varphi} + \dot{r} \cdot \dot{\varphi})\vec{e}_\varphi$$

$$\vec{a} = (\ddot{r} - r \cdot \dot{\varphi}^2) \cdot \vec{e}_\mathrm{r} + (2 \cdot \dot{r} \cdot \dot{\varphi} + r \cdot \ddot{\varphi})\vec{e}_\varphi.$$

Der erste Summand entspricht der r-Komponente, der zweite der φ-Komponente der Beschleunigung (vergl. Gl. (3-5)/(3-6).

3.4 Tangentiale und normale Beschleunigung; natürliches Koordinatensystem

In den vorigen Abschnitten wurden Geschwindigkeiten und Beschleunigungen im Kartesischen Koordinatensystem in x- und y-Richtung und im Polarkoordinatensystem in Richtung zum Pol $(\vec{r})$ und senkrecht dazu $(\vec{\varphi})$ zerlegt. Ein Koordinatensystem ist frei wählbar, und somit sind die oben genannten Richtungen willkürlich. Es erscheint natürlicher – zumal der Geschwindigkeitsvektor die Bahnkurve tangiert –, den Beschleunigungsvektor in tangentiale und normale Richtung zur Bahn zu zerlegen.

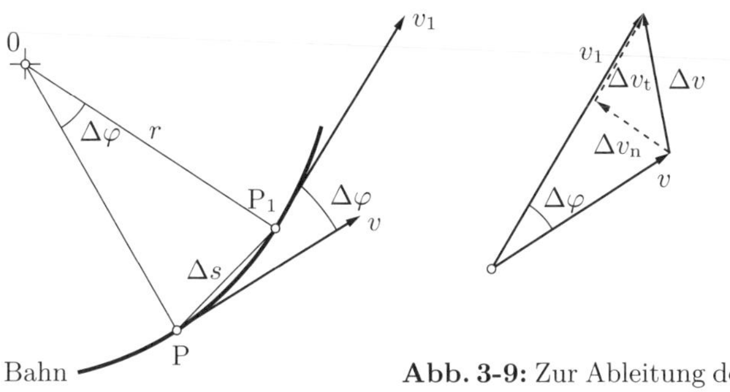

Abb. 3-9: Zur Ableitung der Größe „Normalbeschleunigung“

Ein Punkt durchläuft die in Abb. 3-9 skizzierte Bahn. Im betrachteten Bereich Δs sei der Krümmungsradius der Bahn r und der zugehörige Mittelpunkt 0. Im Zeitintervall Δt ändert sich die Geschwindigkeit um $\Delta\vec{v}$. Dieser Vektor wird in Normalrichtung Δv_n und Tangentialrichtung Δv_t zerlegt. Die Beschleunigungskomponente in Normalrichtung ist

$$a_\mathrm{n} = \lim_{\Delta t \to 0} \frac{\Delta v_\mathrm{n}}{\Delta t}$$

Die Geometrie des Dreiecks Abb. 3-9 liefert $\Delta v_\mathrm{n} = v \cdot \Delta\varphi$. Damit ist

$$a_\mathrm{n} = \lim_{\Delta t \to 0} \frac{v \cdot \Delta\varphi}{\Delta t} = v \cdot \frac{\mathrm{d}\varphi}{\mathrm{d}t} = v \cdot \omega$$

Hier gilt $v = v_\varphi$ und damit nach Gleichung (3-4)

$$a_\mathrm{n} = r \cdot \omega^2 = \frac{v^2}{r} \tag{3-7}$$

Der Vektor $\vec{a}_\mathrm{n}$ ist immer zum Mittelpunkt des Krümmungskreises (Radius r) am betrachteten Punkt der Bahn gerichtet. Das folgt aus der Richtung von Δv_n

in Abb. 3-9. Die Gleichung (3-7) ist eine Bestätigung der Aussage, daß ein auf einer gekrümmten Bahn bewegter Punkt auch bei konstanter Geschwindigkeit beschleunigt ist.

Die *Tangential- oder Bahnbeschleunigung* $a_t = \frac{dv}{dt} = \dot{v} = \ddot{s}$ entspricht der im Kapitel 2 definierten Beschleunigung a.

Die Lage des resultierenden Beschleunigungsvektors für verschiedene Bewegungszustände auf einer gekrümmten Bahn zeigt die Abb. 3-10.

Im Fall 4 der Abb. 3-10 findet keine Bewegung statt, im Fall 5 ist die Bahn im betrachteten Punkt gerade. Deshalb gilt uneingeschränkt, daß ein auf gekrümmter Bahn bewegter Punkt immer beschleunigt ist.

Die *Kreisbahn* ist durch r = konst.; $\dot{r} = 0$; $\ddot{r} = 0$ gekennzeichnet. Mit diesen Bedingungen ergeben sich aus den Gleichungen (3-4)/(3-5)/(3-6)

$$s = r \cdot \varphi \qquad a_r = a_n = -r \cdot \omega^2$$
$$v = r \cdot \dot{\varphi} = r \cdot \omega \qquad a_\varphi = a_t = r \cdot \ddot{\varphi} = r \cdot \alpha \tag{3-8}$$

Im negativen Vorzeichen von a_n, wie es sich aus der Gleichung (3-5) ergibt, steckt die Aussage, daß die Normalbeschleunigung zum Mittelpunkt des Krümmungskreises gerichtet ist.

Beispiel 1 (Abb. 3-11)

Ein Stapler fährt in einem Hochregallager mit konstanten Geschwindigkeiten $v_x = 0{,}80\,\text{m/s}$ und $v_y = 0{,}60\,\text{m/s}$. In welcher Höhe h_0 muß eine gleichmäßige Verzögerung der Hubbewegung von $0{,}40\,\text{m/s}^2$ einsetzen, wenn eine Höhe $h_1 = 4{,}50\,\text{m}$ angefahren werden soll? Die Bahnkurve ist für diesen Vorgang zu ermitteln und der Bewegungszustand für $y_2 = 4{,}40\,\text{m}$ zu bestimmen.

Lösung

Für die Lösung ist die Anwendung des angegebenen Kartesischen Koordinatensystems sinnvoll. Für beide Richtungen werden die Bewegungsgleichungen aufgestellt

x-Richtung	y-Richtung
$a_x = 0$	$a_y = a_0$
$v_x = v_{0x}$	$v_y = a_0 \cdot t + v_{0y}$ (2)
$x = v_{0x} \cdot t$ (1)	$y = \frac{a_0}{2} \cdot t^2 + v_{0y} \cdot t + h_0.$ (3)

1. Beschleunigte Bewegung.
   Der Vektor $\vec{a}$ bildet mit dem Geschwindigkeitsvektor $\vec{v}$ einen spitzen Winkel.

2. Bewegung mit konstanter Geschwindigkeit.
   Es gilt $a_t = 0$ und damit $a_n = a$. Der Vektor $\vec{a}$ steht senkrecht auf der Bahntangente.

3. Verzögerte Bewegung.
   Der Vektor $\vec{a}$ bildet mit dem Geschwindigkeitsvektor $\vec{v}$ einen stumpfen Winkel.
   Wegen der Lage von $\vec{a}_n$ liegt der *Vektor* $\vec{a}$ für alle drei Fälle *auf der Innenseite der Bahnkurve.*

4. Umkehrpunkt für die Bewegung, d.h. momentan $v = 0$ (keine Bewegung).
   Nach Gleichung (3-7) ist $a_n = 0$, und damit ist $\vec{a}_t = \vec{a}$. Der Vektor $\vec{a}$ tangiert die Bahn.

5. Wendepunkt der Bahn.
   Wegen $r = \infty$ ist nach Gleichung (3-7) $a_n = 0$. Auch hier liegt der Vektor tangential zur Bahn. Im betrachteten Moment ist die Bewegung geradlinig.

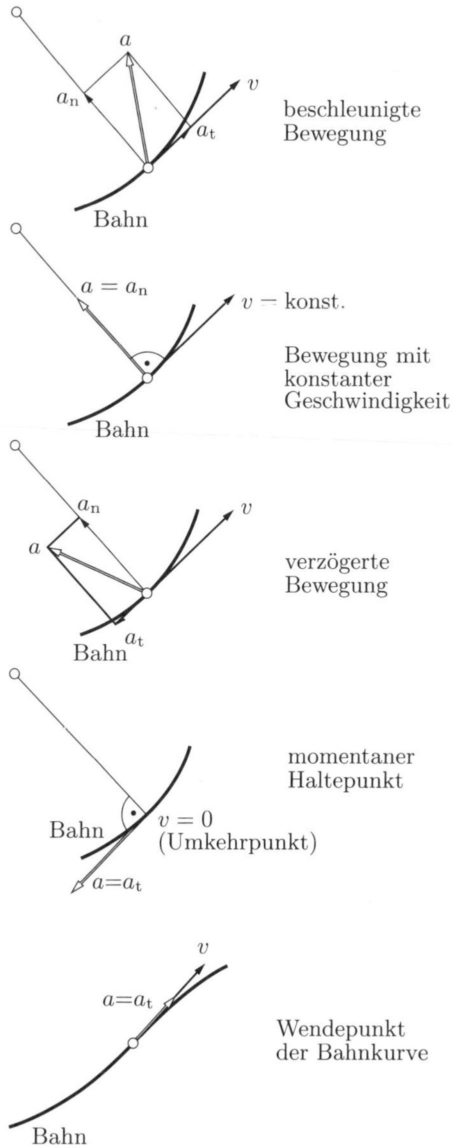

Abb. 3-10: Mögliche Lagen des resultierenden Beschleunigungsvektors bei Krummliniger Bewegung und deren Deutung

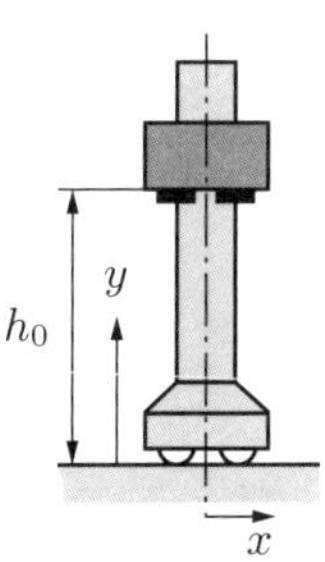

Abb. 3-11: Hub mit Horizontalbewegung

Die Gleichungen (1) und (3) stellen die Bahnkurve während des Bremsvorgangs in Parameterform dar. Aus (1) erhält man $t = \frac{x}{v_{0x}}$, eingesetzt in (3) ergibt

$$y = \frac{a_0}{2 \cdot v_{0x}^2} \cdot x^2 + \frac{v_{0y}}{v_{0x}} \cdot x + h_0.$$

Die Bahnkurve entspricht einem Parabelast, der in Abb. 3-12 dargestellt ist.

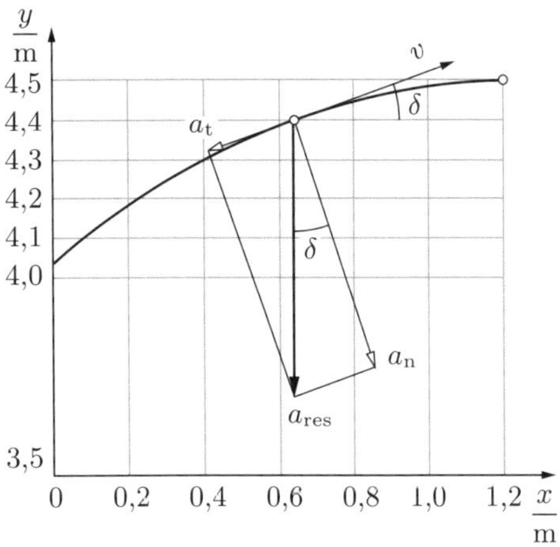

Abb. 3-12: Bahn für Hub mit Horizontalbewegung

Wenn der Stapler die Höhe h_1 erreicht hat, soll er nicht mehr steigen:

$$v_y = 0 \quad \text{für} \quad t = t_1 \quad \text{und} \quad y = h_1.$$

Die Gleichung (2) liefert

$$t_1 = -\frac{v_{0y}}{a_0} = -\frac{0{,}60\,\text{m/s}}{-0{,}40\,\text{m/s}^2} = 1{,}50\,\text{s}.$$

Aus (3) ergibt sich:

$$\begin{aligned} h_0 &= h_1 - \frac{a_0}{2} \cdot t_1^2 - v_{0y} \cdot t_1 \\ &= 4{,}50\,\text{m} - \frac{-0{,}40\,\text{m/s}^2}{2} \cdot 1{,}5^2\,\text{s}^2 - 0{,}60\,\text{m/s} \cdot 1{,}5\,\text{s} \\ \underline{h_0} &\underline{= 4{,}05\,\text{m}.} \end{aligned}$$

Den Zeitpunkt t_2 für $y_2 = 4{,}40\,\text{m}$ erhält man aus der Gleichung (3)

$$y_2 = \frac{a_0}{2} \cdot t_2^2 + v_{0y} \cdot t_2 + h_0$$

Das führt zu der quadratischen Gleichung

$$t_2^2 - \frac{2v_{0y}}{a_0} \cdot t_2 + \frac{2 \cdot (y_2 - h_0)}{a_0} = 0$$

mit der Lösung

$$t_2 = \frac{v_{0y}}{a_0} - \sqrt{\left(\frac{v_{0y}}{a_0}\right)^2 - \frac{2 \cdot (y_2 - h_0)}{a_0}}.$$

Die vorgegebenen Werte ergeben $t_2 = 0{,}793\,\mathrm{s}$. Zu diesem Zeitpunkt ist (Gl. (2))

$$v_{2y} = -0{,}40\,\mathrm{m/s^2} \cdot 0{,}793\,\mathrm{s} + 0{,}60\,\mathrm{m/s} = 0{,}283\,\mathrm{m/s}$$

was mit $v_x = 0{,}80\,\mathrm{m/s} = v_{0x}$

$$\underline{v_{res2} = 0{,}849\,\mathrm{m/s}}$$

unter einem Winkel von $\delta = 19{,}47°$ liefert. Der Vektor $a_{res} = a_y = 0{,}40\,\mathrm{m/s^2}$ muß in diese und die Normalrichtung zerlegt werden (Abb. 3-12).

$$a_n = a_{res} \cdot \cos\delta = 0{,}377\,\mathrm{m/s^2}$$

$$a_n = \frac{v^2}{r} \Longrightarrow \underline{r} = \frac{v^2}{a_n} = \frac{0{,}849^2\,\mathrm{m^2/s^2}}{0{,}377\,\mathrm{m/s^2}} = \underline{1{,}911\,\mathrm{m}}$$

$$\underline{a_t} = a_{res} \cdot \sin\delta = \underline{0{,}133\,\mathrm{m/s^2}}.$$

Im Punkt $y = 4{,}40\,\mathrm{m}$ bewegt sich das Objekt mit $0{,}849\,\mathrm{m/s}$ verzögert mit $0{,}133\,\mathrm{m/s^2}$ auf einer gekrümmten Bahn mit dem Krümmungsradius $r = 1{,}911\,\mathrm{m}$.

Beispiel 2

An einer koordinatengesteuerten Werkzeugmaschine soll der Werkzeugträger über eine x-Spindel und y-Spindel einen vorgegebenen Punkt anfahren. Für beide Spindeln (Richtungen) sind die konstant angenommenen Beschleunigungen und Verzögerungen sowie die maximalen Verschiebegeschwindigkeiten bekannt. Die Kinematik eines solchen Vorgangs ist zu erfassen. Beispielhaft soll das für folgende Daten geschehen:

	Beschleunigung	Verzögerung	max. Geschwindigkeit
x-Richtung	$1{,}20\,\mathrm{m/s^2}$	$0{,}60\,\mathrm{m/s^2}$	$0{,}60\,\mathrm{m/s}$
y-Richtung	$0{,}80\,\mathrm{m/s^2}$	$0{,}40\,\mathrm{m/s^2}$	$0{,}40\,\mathrm{m/s}$
Ausgangslage x/y:	0/0		
Endpunkt x/y:	840 mm/720 mm		

Lösung

x-Richtung

Auch für die Lösung dieses Beispiels bietet sich das Kartesische Koordinatensystem an.

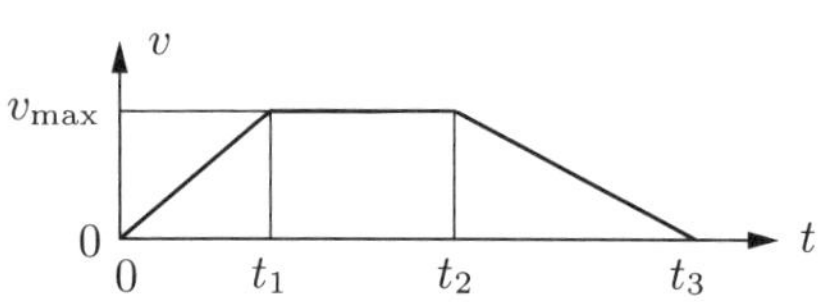

Abb. 3-13: $v(t)$-Diagramm für Werkzeugschlitten

Das v-t-Diagramm zeigt die Abb. 3-13. Die Beschleunigungszeit beträgt

$$t_1 = \frac{0{,}6\,\mathrm{m/s}}{1{,}2\,\mathrm{m/s^2}} = 1{,}50\,\mathrm{s},$$

die Bremszeit

$$t_3 - t_2 = \frac{-0{,}6\,\mathrm{m/s}}{-0{,}6\,\mathrm{m/s^2}} = 1{,}00\,\mathrm{s}.$$

Die eingeschlossene Fläche des v-t-Diagramms entspricht dem zurückgelegten Weg. Das führt zu

$$x = \frac{1}{2} \cdot t_1 \cdot v_{\mathrm{x\,max}} + (t_2 - t_1) \cdot v_{\mathrm{x\,max}} + \frac{1}{2} \cdot (t_3 - t_2) \cdot v_{\mathrm{x\,max}}$$

$$t_2 - t_1 = \frac{x}{v_{\mathrm{x\,max}}} - \frac{1}{2} \cdot [t_1 + (t_3 - t_2)]$$

$$= \frac{0{,}84\,\mathrm{m}}{0{,}60\,\mathrm{m/s}} - \frac{1}{2}[0{,}50 + 1{,}00]\mathrm{s}$$

$$t_2 - t_1 = 0{,}65\,\mathrm{s}.$$

Damit erhält man $t_1 = 0{,}50\,\mathrm{s}$; $t_2 = 1{,}15\,\mathrm{s}$; $t_3 = 2{,}15\,\mathrm{s}$.

Auch hier bietet sich die FÖPPL-Schreibweise für die Erfassung des Vorgangs an. Ausgegangen wird von Abb. 3-13, wobei zu bedenken ist, daß die Beschleunigung a der Steigung im v-t-Diagramm entspricht.

$$v_\mathrm{x} = \langle t \rangle \cdot a_{\mathrm{x}0} + \langle t - t_1 \rangle \cdot (0 - a_{\mathrm{x}0}) + \langle t - t_2 \rangle \cdot (a_{\mathrm{x}2} - 0).$$

Für die weitere Bearbeitung werden folgende Einheiten festgelegt.

t	s	v
s	m	m/s

$$v_\mathrm{x} = t \cdot 1{,}20 - \langle t - 0{,}50 \rangle \cdot 1{,}20 - \langle t - 1{,}15 \rangle \cdot 0{,}60 \qquad (1)$$

$$x = t^2 0{,}60 - \langle t - 0{,}50 \rangle^2 \cdot 0{,}60 - \langle t - 1{,}15 \rangle^2 \cdot 0{,}30. \qquad (2)$$

y-Richtung
Analog erhält man

$$t_1 = \frac{0{,}40\,\mathrm{m/s}}{0{,}80\,\mathrm{m/s^2}} = 0{,}50\,\mathrm{s}$$

$$t_3 - t_2 = \frac{-0{,}40\,\mathrm{m/s}}{-0{,}40\,\mathrm{m/s^2}} = 1{,}00\,\mathrm{s}$$

$$t_2 - t_1 = \frac{y}{v_{\mathrm{y\,max}}} - \frac{1}{2} \cdot [t_1 + (t_3 - t_2)] = 1{,}05\,\mathrm{s}.$$

Damit ist $t_1 = 0{,}50\,\mathrm{s}$; $t_2 = 1{,}55\,\mathrm{s}$; $t_3 = 2{,}55\,\mathrm{s}$.

Für die gleichen Einheiten ist

$$v_\mathrm{y} = \langle t \rangle \cdot 0{,}8 + \langle t - 0{,}5 \rangle \cdot (0 - 0{,}80) + \langle t - 1{,}55 \rangle \cdot (-0{,}4 - 0)$$

$$v_\mathrm{y} = t \cdot 0{,}8 - \langle t - 0{,}5 \rangle \cdot 0{,}80 - \langle t - 1{,}55 \rangle \cdot 0{,}40 \qquad (3)$$

$$y = t^2 \cdot 0{,}4 - \langle t - 0{,}5 \rangle^2 \cdot 0{,}40 - \langle t - 1{,}55 \rangle^2 \cdot 0{,}20 \qquad (4)$$

Die Gleichungen (2) und (4) ergeben die Bahn, die in Abb. 3-14 dargestellt ist.

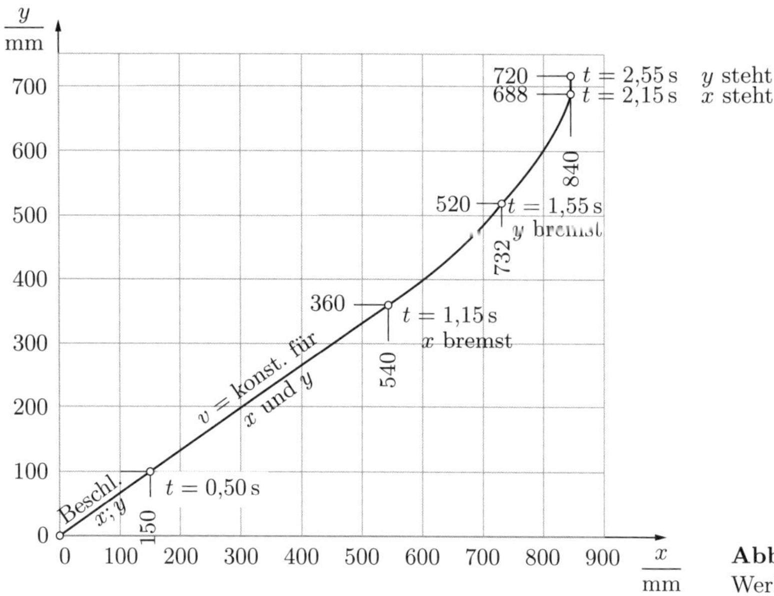

Abb. 3-14: Bahn eines Werkzeugschlittens

Als Beispiel soll die Lage für $t = 1{,}0\,\text{s}$ und $1{,}40\,\text{s}$ berechnet werden.

$$x_1 = 1{,}0^2 \cdot 0{,}6 - 0{,}5^2 \cdot 0{,}6 = 0{,}45\,\text{m}$$
$$y_1 = 1{,}0^2 \cdot 0{,}4 - 0{,}5^2 \cdot 0{,}4 = 0{,}30\,\text{m}$$
$$x_{1,4} = 1{,}4^2 \cdot 0{,}6 - 0{,}9^2 \cdot 0{,}6 - 0{,}25^2 \cdot 0{,}3 = 0{,}671\,\text{m}$$
$$y_{1,4} = 1{,}4^2 \cdot 0{,}4 - 0{,}9^2 \cdot 0{,}4 - 0 = 0{,}460\,\text{m}.$$

Für diesen Punkt sollen der Bewegungszustand und die Bahnkrümmung berechnet werden (Gl. (1)/(3)).

$$v_{\text{x}1,4} = 1{,}4 \cdot 1{,}20 - 0{,}9 \cdot 1{,}2 - 0{,}25 \cdot 0{,}6 = 0{,}45\,\text{m/s}$$
$$v_{\text{y}1,4} = 1{,}4 \cdot 0{,}80 - 0{,}9 \cdot 0{,}8 - 0 = 0{,}40\,\text{m/s}.$$

Die beiden Komponenten werden zur Resultierenden zusammengesetzt (Abb. 3-15): $v_{\text{res}} = 0{,}602\,\text{m/s}$ unter $\delta = 41{,}63°$ zur Horizontalen. Da z.Z. $t = 1{,}40\,\text{s}$ nur die x-Komponente verzögert ist, gilt $a_{\text{x}} = a_{\text{res}} = -0{,}60\,\text{m/s}^2$. Dieser Vektor wird nach Abb. 3-15 in Normal- und Tangentialrichtung zerlegt.

$$a_{\text{n}} = a_{\text{res}} \cdot \sin\delta = 0{,}399\,\text{m/s}^2$$
$$a_{\text{n}} = \frac{v^2}{r} \Longrightarrow r = \frac{v^2}{a_{\text{n}}} = \frac{0{,}602^2\,\text{m}^2/\text{s}^2}{0{,}399\,\text{m/s}^2} = 0{,}908\,\text{m}$$
$$a_{\text{t}} = a_{\text{res}} \cdot \cos\delta = 0{,}448\,\text{m/s}^2.$$

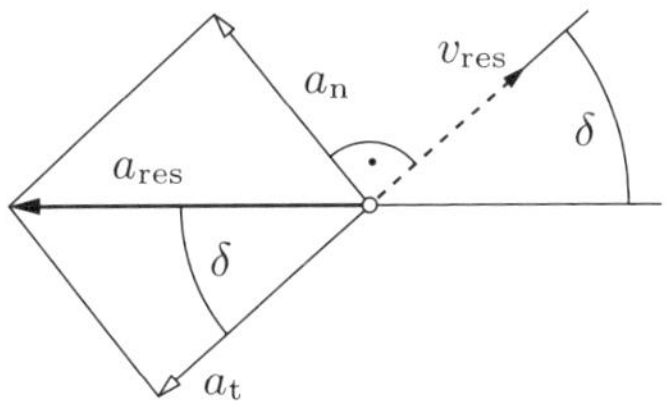

Abb. 3-15: Zur Berechnung des Bewegungszustandes und der Bahnkrümmung des Werkzeugschlittens z.Z. $t = 1{,}40\,\text{s}$

Z.Z $t = 1{,}40\,\text{s}$ befindet sich das Werkzeug im Punkt 671 mm/460 mm, bewegt sich unter 41,63° mit $v = 0{,}602\,\text{m/s}$ nach rechts oben verzögert mit $0{,}448\,\text{m/s}^2$. Die Bahnkrümmung beträgt 908 mm.

Insgesamt kann man die Bewegung folgendermaßen beschreiben.

Zeitpunkt	Lage (x/y)	Bewegung
$t = 0$	0/0	Beschleunigung in x- und y-Richtungen; Bahn geradlinig
$t = 0{,}50\,\text{s}$	150 mm/100 mm	Beide Spindeln laufen mit v_{max}; Bahn geradlinig
$t = 1{,}15\,\text{s}$	540 mm/360 mm	Einsetzende Verzögerung in x-Richtung; Bahn gekrümmt
$t = 1{,}55\,\text{s}$	732 mm/520 mm	Einsetzende Verzögerung in y-Richtung
$t = 2{,}15\,\text{s}$	840 mm/688 mm	In x-Richtung Position erreicht.
$t = 2{,}55\,\text{s}$	840 mm/720 mm	In y-Richtung Position erreicht. Vorgang beendet.

Beispiel 3 (Abb. 3-16)

Der skizzierte Arm wird entgegengesetzt Uhrzeigersinn von $\varphi = 0$ ausgehend in Drehung versetzt. Er erreicht bei $\varphi = 20°$ eine konstante Winkelgeschwindigkeit von $3{,}0\,\text{s}^{-1}$. In dieser Position wird die Masse m von $r = 200\,\text{mm}$ beginnend,

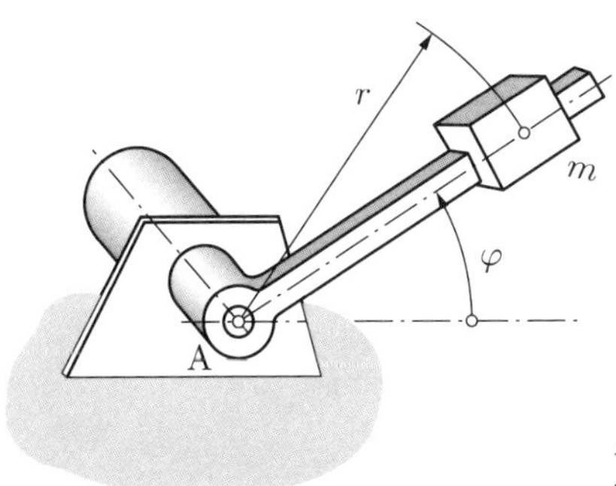

Abb. 3-16: Modell für einen Roboterarm mit einer verschieblichen Masse

mit $0{,}50\,\mathrm{m/s^2}$ gleichförmig nach außen beschleunigt. Dieses System könnte etwa das Modell eines werkzeugbestückten Roboterarms sein. Zu bestimmen sind für $\varphi_1 = 230°$,

a) die resultierende Geschwindigkeit,
b) die Beschleunigung in den polar- und natürlichen Koordinaten,
c) die Krümmung der Bahn für die Masse m.

An der Masse m werden durch die Beschleunigungen Kräfte wirksam, die auf den rotierenden Arm übertragen werden. Ihre Größe wird in Beispiel 2 des Abschnitts 7.2.2 ermittelt.

Lösung

Hier bieten sich für die Lösung die Polarkoordinaten an. Die Zeitzählung beginnt bei der Position $\varphi_0 = 20°$.

Radiale Richtung		Umfangsrichtung	
$\ddot{r} = a$		$\ddot{\varphi} = 0$	
$\dot{r} = v_\mathrm{r} = a \cdot t + 0$	(1)	$\dot{\varphi} = \omega_0; \quad v_\varphi = r \cdot \omega_0$	(3)
$r = \frac{a}{2} \cdot t^2 + r_0$	(2)	$\varphi = \omega_0 \cdot t + \varphi_0.$	(4)

Lage

Gleichung (4) für φ_1 und t_1

$$t_1 = \frac{\varphi_1 - \varphi_0}{\omega_0} = \frac{230° - 20°}{3{,}0\,\mathrm{s}^{-1}} = \frac{3{,}665\,\mathrm{rad}}{3{,}0\,\mathrm{s}^{-1}}$$

$$\underline{t_1 = 1{,}222\,\mathrm{s}.}$$

Gleichung (2)

$$r_1 = \frac{a}{2} \cdot t_1^2 + r_0 = \frac{0{,}5}{2}\mathrm{m/s^2} \cdot 1{,}222^2\,\mathrm{s}^2 + 0{,}200\,\mathrm{m}$$

$$\underline{r_1 = 0{,}573\,\mathrm{m}.}$$

Geschwindigkeiten

Gleichung (1) $\quad v_{\mathrm{r}1} = 0{,}5\,\mathrm{m/s^2} \cdot 1{,}222\,\mathrm{s} = 0{,}611\,\mathrm{m/s}$

Gleichung (3) $\quad v_{\varphi 1} = 0{,}573\,\mathrm{m} \cdot 3{,}00\,\mathrm{s}^{-1} = 1{,}719\,\mathrm{m/s}.$

Die vektorielle Addition ergibt (Abb. 3-17)

$$\underline{v_{\text{res}\,1} = 1{,}825\,/\text{s}}; \quad \underline{\delta = 70{,}44^\circ}.$$

Der Winkel zur Horizontalen beträgt $\varepsilon = 59{,}56^\circ$.

Beschleunigungen

Gleichung (3-5) $\quad a_{\text{r}} = \ddot{r} - r \cdot \omega^2$

$$\underline{a_{\text{r}1}} = 0{,}5\,\text{m/s}^2 - 0{,}573\,\text{m} \cdot 3{,}0^2\,\text{s}^{-2} = \underline{-4{,}657\,\text{m/s}^2}.$$

Gleichung (3-6) $\quad a_{\varphi} = 2 \cdot v_{\text{r}} \cdot \omega + r \cdot \ddot{\varphi}$

$$\underline{a_{\varphi 1}} = 2 \cdot 0{,}611\,\text{m/s} \cdot 3{,}0\,\text{s}^{-1} + 0 = \underline{3{,}666\,\text{m/s}^2}.$$

Das führt nach Abb. 3-17 zu

$$\underline{a_{\text{res}\,1}} = 5{,}927\,\text{m/s}^2; \qquad \underline{\beta = 38{,}21^\circ}.$$

Der Winkel zur Horizontalen beträgt $\underline{\gamma} = 50^\circ - \beta = \underline{11{,}79^\circ}$.

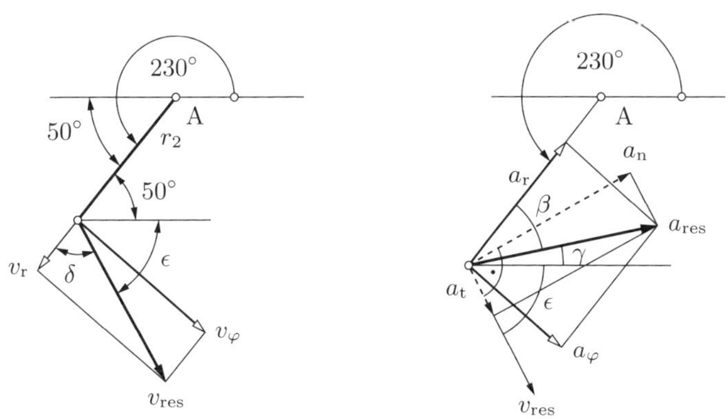

Abb. 3-17: Geschwindigkeits- und Beschleunigungsvektoren für eine Masse auf dem Roboterarm

Der Vektor a_{res} wird, wie in Abb. 3-17 gezeigt, in die tangentiale und normale Richtung zerlegt werden. Dabei ist die tangentiale Richtung durch den Vektor v_{res} gegeben.

$$a_{\text{t}1} = a_{\text{res}} \cdot \cos(\gamma + \varepsilon) \Longrightarrow \underline{a_{\text{t}1} = 1{,}895\,\text{m/s}^2}$$

$$a_{\text{n}1} = a_{\text{res}} \cdot \sin(\gamma + \varepsilon) \Longrightarrow \underline{a_{\text{n}1} = 5{,}616\,\text{m/s}^2}.$$

Daraus ergibt sich der Krümmungsradius der Bahn (Gl. (3-7))

$$\underline{r_{\mathrm{B}}} = \frac{v_1^2}{a_{\mathrm{n}1}} = \frac{1{,}825^2\,\mathrm{m}^2/\mathrm{s}^2}{5{,}616\,\mathrm{m/s}^2} = \underline{0{,}593\,\mathrm{m}.}$$

In der Position $\varphi = 230°$ hat die Masse einen Abstand von 0,573 m von der Drehachse. Sie bewegt sich mit einer Geschwindigkeit von 1,825 m/s nach rechts unten (−59,6°), wobei die Bahnbeschleunigung 1,895 m/s² beträgt. Der Krümmungsradius der Bahn an der betrachteten Stelle ist $r_{\mathrm{B}} = 0{,}593\,\mathrm{m}$. Die Masse unterliegt einer Gesamtbeschleunigung von 5,927 m/s².

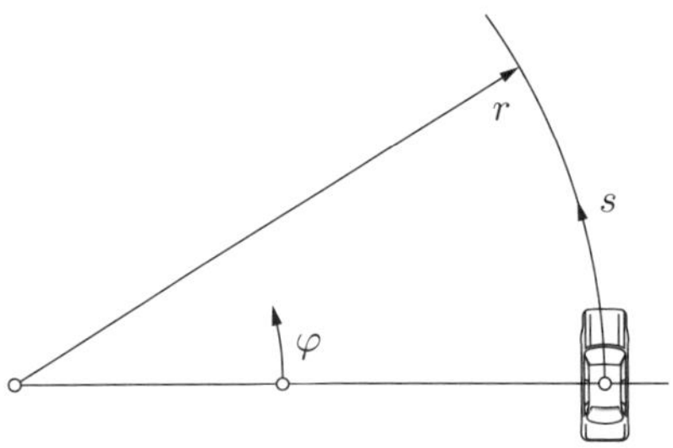

Abb. 3-18: Bremsender PKW auf Kreisbahn

Beispiel 4 (Abb. 3-18)

Ein PKW fährt mit der Geschwindigkeit v_0 auf der skizzierten Kreisbahn. In der Position $\varphi = 0$ beginnt eine gleichmäßige Bremsung, die den Wagen auf dem Weg s_{B} zum Stillstand bringt. Der PKW ist in den nachfolgend gegebenen Zuständen zu skizzieren. Die Beschleunigungsvektoren $\vec{a}_{\mathrm{n}}, \vec{a}_{\mathrm{t}}$ und $\vec{a}_{\mathrm{res}}$ sind für $v_0 = 30{,}0\,\mathrm{m/s}$; $r = 200\,\mathrm{m}$ und $s_{\mathrm{B}} = 75\,\mathrm{m}$ zu berechnen und in die Skizzen einzutragen:

a) Unmittelbar vor der einsetzenden Bremsung,
b) unmittelbar nach der einsetzenden Bremsung,
c) in der Position „halber Bremsweg“,
d) unmittelbar vor dem Ende der Bremsung.

Lösung (Abb. 3-19)

Die Normalbeschleunigung muß für die jeweiligen Geschwindigkeiten berechnet werden. Die Verzögerung für den Bremsvorgang bestimmt man am einfachsten aus der Gleichung (2-9)

$$v^2 = 2a \cdot s + v_0^2$$

Mit $v = 0$ ist

$$a = a_\mathrm{t} = -\frac{v_0^2}{2s} = -\frac{30^2\,(\mathrm{m/s})^2}{2 \cdot 75\,\mathrm{m}} = -6{,}00\,\mathrm{m/s^2}$$

Dieser Wert bleibt während der Bremsphase gleich.

Fall a) (Abb.3-19a)

Vor der Bremsung ist $a_\mathrm{t} = 0$. Damit gilt

$$a_\mathrm{res} = a_\mathrm{n} = \frac{v^2}{r} = \frac{30^2(\mathrm{m/s})^2}{200\,\mathrm{m}} = 4{,}50\,\mathrm{m/s^2}$$

Der Vektor a_res ist zum Kreismittelpunkt gerichtet.

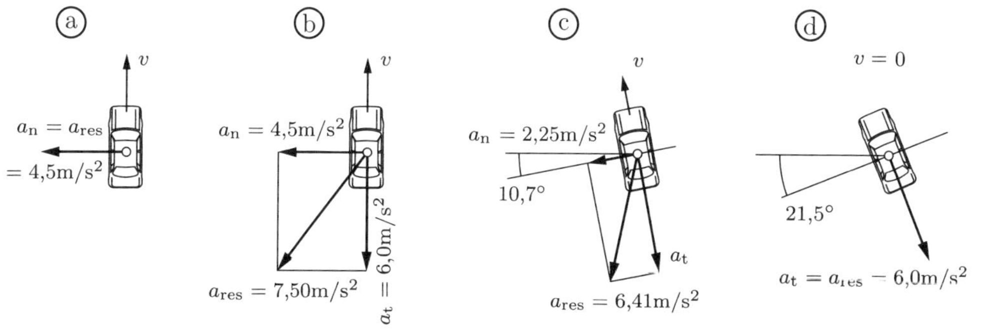

Abb. 3-19: Beschleunigungsvektoren am PKW auf der Kreisbahn

Fall b) (Abb.3-19b)

Unmittelbar nach einsetzender Bremsung ist noch die volle Geschwindigkeit vorhanden, deshalb ist $a_\mathrm{n} = 4{,}50\,\mathrm{m/s^2}$. Hinzu kommt die Bahnbeschleunigung $a_\mathrm{t} = -6{,}0\,\mathrm{m/s^2}$ entgegengesetzt zur Fahrtrichtung.

Fall c) (Abb.3-19c)

Der Wagen hat einen Winkel durchfahren von

$$\varphi^0 = \frac{s}{r} \cdot \frac{180°}{\pi} = \frac{37{,}5\,\mathrm{m}}{200\,\mathrm{m}} \cdot \frac{180°}{\pi} = 10{,}7°$$

Seine Geschwindigkeit beträgt (Gl. (2-9))

$$v^2 = 2a \cdot s + v_0^2 = -2 \cdot 6{,}0(\mathrm{m/s^2}) \cdot 37{,}5\,\mathrm{m} + 30^2(\mathrm{m/s})^2$$
$$v = 21{,}2\,\mathrm{m/s}$$

Die Normalbeschleunigung beträgt

$$a_{\rm n} = \frac{v^2}{r} = \frac{21{,}2^2(\mathrm{m/s^2})}{200\,\mathrm{m}} = 2{,}25\,\mathrm{m/s^2}$$

Fall d) (Abb.3-19d)

Der Wagen befindet sich in der Position

$$\varphi^0 = \frac{s}{r} \cdot \frac{180°}{\pi} = \frac{75{,}0\,\mathrm{m}}{200\,\mathrm{m}} \cdot \frac{180°}{\pi} = 21{,}5°$$

Unmittelbar vor dem Ende der Bremsung ist zwar $a_{\rm t}$ noch voll wirksam, die Geschwindigkeit ist aber praktisch null und somit auch die Normalbeschleunigung.

Über das NEWTONsche Gesetz $\vec{F} = \mathrm{m} \cdot \vec{a}$ hängen Beschleunigungen und Kräfte unmittelbar zusammen. Wie im Kapitel 7 ausgeführt wird, wirkt die Trägheitskraft entgegengesetzt zur Richtung $\vec{a}$. Für die hier diskutierten Fälle ergibt sich folgendes:

a) Die Kraft wirkt nach außen (Fliehkraft).
b) und c) Die Kraft wirkt in Richtung des rechten Vorderrads.
d) Der Wagen nickt in der letzten Phase der Bremsung.

Das kann jeder Autofahrer nachvollziehen. In dieser Betrachtung wurde die Drehung des Wagens um seine eigene Achse senkrecht zur Zeichenebene nicht berücksichtigt. Sie beträgt hier 21,5°. Infolge seiner Trägheit will der PKW diese Drehung beibehalten. Das führt zu einer weiteren Reaktion (Moment), die für die vorliegenden Daten sehr klein ist. Sie ist ausführlich im Beispiel 3 des Abschnitts 7.3.3 behandelt.

Diese Ausführungen sollen vermitteln, daß in der Mehrzahl der Fälle kinematische Untersuchungen mit dem Ziel durchgeführt werden, Beschleunigungen und damit Kräfte zu berechnen. Diese sind Grundlagen jeder Dimensionierung im Maschinenbau.

3.5 Zusammenfassung

Die Bewegung auf einer krummlinigen Bahn wurde in diesem Abschnitt in drei Koordinatensystemen untersucht

Kartesische Koordinaten

$$v_{\mathrm{x}} = \frac{\mathrm{d}x}{\mathrm{d}t} = \dot{x} \qquad v_{\mathrm{y}} = \frac{\mathrm{d}y}{\mathrm{d}t} = \dot{y} \tag{3-1}$$

$$a_{\mathrm{x}} = \frac{\mathrm{d}v_{\mathrm{x}}}{\mathrm{d}t} = \dot{v}_{\mathrm{x}} = \ddot{x} \qquad a_{\mathrm{y}} = \frac{\mathrm{d}v_{\mathrm{y}}}{\mathrm{d}t} = \dot{v}_{\mathrm{y}} = \ddot{y} \tag{3-2}$$

Polarkoordinaten

$$v_{\mathrm{r}} = \frac{\mathrm{d}r}{\mathrm{d}t} = \dot{r} \qquad v_{\varphi} = r \cdot \dot{\varphi} = r \cdot \omega \tag{3-3)/(3-4}$$

$$a_{\mathrm{r}} = \ddot{r} - r \cdot \dot{\varphi}^2 = \ddot{r} - r \cdot \omega^2 \tag{3-5}$$

$$a_{\varphi} = 2\dot{r} \cdot \dot{\varphi} + r \cdot \ddot{\varphi} = 2v_{\mathrm{r}} \cdot \omega + r \cdot \alpha \tag{3-6}$$

Natürliche Koordinaten (Normal- und Tangentialrichtung)

$$\begin{aligned} v &= v_{\varphi} = r \cdot \dot{\varphi} = r \cdot \omega \\ a_{\mathrm{n}} &= r \cdot \omega^2 = \frac{v^2}{r} \\ a_{\mathrm{t}} &= \frac{\mathrm{d}v}{\mathrm{d}t} = \dot{v} \end{aligned} \tag{3-7}$$

Für eine *Kreisbahn* gilt $r = \text{konst.}$; $\dot{r} = 0$; $\ddot{r} = 0$.

Aus den jeweiligen Komponenten $(x; y/r; \varphi/n; t)$ werden die Vektoren $\vec{v}$ und $\vec{a}$ zusammengesetzt. Für diese gilt: der Vektor $\vec{v}$ tangiert die Bahn, der Vektor $\vec{a}$ schneidet die Bahn und ist nach innen gerichtet.

Für das Verständnis sowohl des nachfolgenden Kapitels als auch der Kinetik ist der Begriff Normalbeschleunigung von entscheidender Bedeutung. Die im vorigen Kapitel getroffene Definition der Beschleunigung wurde erweitert. Die Beschleunigung ist gleich der zeitlichen Änderung der Geschwindigkeit, wobei unter Änderung jetzt auch die Richtungsänderung verstanden wird. *Ein auf gekrümmter Bahn bewegter Punkt ist immer beschleunigt*, auch wenn er sich mit konstanter Geschwindigkeit bewegt. Der Vektor der Normalbeschleunigung ist immer zum Krümmungsmittelpunkt der Bahn gerichtet.

4 Die Bewegung des starren Körpers in der Ebene

4.1 Einführung

Die allgemeine Bewegung des starren Körpers in der Ebene kann man als Überlagerung von zwei Elementen auffassen. Das sind die *Schiebung (Translation)* und die *Drehung (Rotation)*. Bei der Schiebung beschreiben alle Teile die gleiche Bahn. Die Drehung erfolgt um einen Pol, der jedoch nicht eine materielle Drehachse sein muß. Die nachfolgenden Abschnitte befassen sich deshalb mit diesen beiden Bewegungsarten. Danach ist es möglich, die *allgemeine Bewegung* aus Schiebung und Drehung zusammenzusetzen.

Angewendet werden die Ergebnisse auf Gelenkgetriebe, z.B. Kurbelschleife, Kurbelschwinge und den im Maschinenbau besonders wichtigen Kurbeltrieb, der im Kolbenmotor verwendet wird. Die Rädertriebe sind durch ein Planetengetriebe vertreten. Das Ziel ist die Ermittlung folgender Daten: Geschwindigkeit und Beschleunigung vorgegebener Punkte und Aussagen über die Drehung (Winkelgeschwindigkeit und -beschleunigung) von Bauteilen. Wozu braucht man die kinematischen Daten der Maschinenteile? Die Beschleunigung ist über das NEWTONsche Gesetz mit der Kraft gekoppelt. Die Berechnung von Kräften (hier Lagerbelastungen) setzt deshalb die Kenntnis der Beschleunigungen voraus. Für den Kurbeltrieb werden deshalb in Teil B des Buches (Kinetik), aufbauend auf den hier ermittelten Werten, die durch die Beschleunigung der Massen versursachten Gelenkkräfte berechnet.

Den Abschluß des Kapitels bildet das Thema *Relativbewegung*. Dabei sind zwei Systeme überlagert. Die Bewegung erfolgt auf einer Unterlage, die entweder eine Schiebung oder eine Drehung ausführt. Der zweite Fall ist in Kap. 3 (krummlinige Bewegung) vorbereitet. Grundlegende Gleichungen können übernommen werden. Als neuer Begriff wird die CORIOLIS[1]-Beschleunigung eingeführt und an einem einfachen Experiment anschaulich gemacht.

Dieses Kapitel schließt den Teil A (Kinematik) ab. Damit sind Grundlagen er-

[1] C.G. CORIOLIS (1792–1843), französischer Naturwissenschaftler

arbeitet, die es ermöglichen, die bei der Bewegung auftretenden Kräfte zu berechnen. Das ist das Thema der nachfolgenden Kapitel.

4.2 Die Schiebung (Translation)

Der starre Körper ist bereits in Band 1 definiert worden. Es handelt sich um einen Körper, dessen Formänderung vernachlässigbar ist und dessen Einzelteile immer die gleiche Lage zueinander haben.

Ein Körper beschreibt eine Schiebung oder Translation, wenn eine vorher auf dem Körper aufgezeichnete beliebige Linie während des ganzen Bewegungsvorganges parallel zur Ausgangslage bleibt.

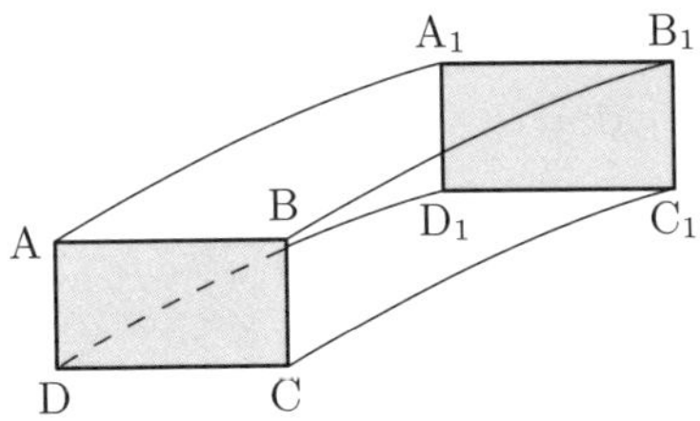

Abb. 4-1: Schiebung einer starren Scheibe

Wegen der unverrückbaren Lage zueinander beschreiben alle Teile gleiche Bahnen. Das ist in der Abb. 4-1 an der starren Scheibe ABCD gezeigt, die durch Schiebung in die Position $A_1B_1C_1D_1$ gebracht wird. Da alle Punkte gleichzeitig gleiche Geschwindigkeit und Beschleunigung haben, genügt es, die Bewegung eines beliebigen Punktes des Körpers zu beschreiben. Für diesen gelten die bisher abgeleiteten Gesetze.

4.3 Die Drehung (Rotation)

Bei der Drehung eines starren Körpers beschreiben alle Teile konzentrische Kreise, deren Mittelpunkt der Pol der Drehung ist. In der Abb. 4-2 ist als Beispiel eine Rechteckscheibe gezeichnet, die um den Pol P gedreht wird. Dabei verlagern sich die Punkte A bis D in die Positionen A′ bis D′. Die zu diesen Punkten von P gezogenen Strahlen beschreiben alle den gleichen Winkel φ. Man kann sich diese Strahlen als Zeiger vorstellen, die im gleichen Abstand zueinander den Pol umkreisen. Für das Verständnis der allgemeinen Bewegungen des starren Körpers ist es wichtig, sich schon hier klar zu machen, daß auch *alle auf der Scheibe gezeichneten Geraden den gleichen Winkel φ beschreiben.* Das ist in der Abb. 4-2 an den Kanten der Rechteckscheibe gezeigt. Im Abschnitt 3.3 wurde im Zusammenhang mit der Abb. 3-6 auf die Vektoreigenschaft des Winkels φ

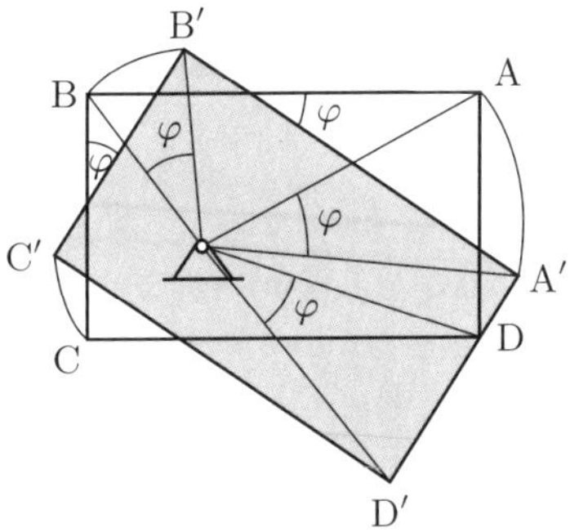

Abb. 4-2: Drehung einer starren Scheibe

hingewiesen. Da sich, wie oben erläutert, alle Teile der Scheibe um den gleichen Winkel drehen, heißt das: *der Vektor $\vec{\varphi}$ ist nicht an die materiell ausgeführte Drehachse gebunden, sondern ist parallel verschieblich.* Das erkennt man auch an der Abb. 4-3, wo einer Drehung eine Schiebung mit Kreisbahnen gegenübergestellt ist. Das gekennzeichnete Teilelement beschreibt bei einer Umdrehung auch eine Umdrehung um die eigene Körperachse. Bei der Schiebung fehlt diese Eigendrehung.

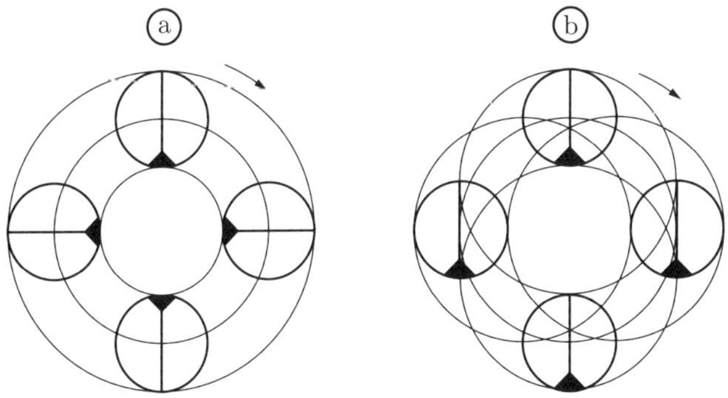

Abb. 4-3: Vergleich einer Drehung mit einer Schiebung auf einer Kreisbahn

Die *Winkelgeschwindigkeit*

$$\vec{\omega} = \frac{\mathrm{d}\vec{\varphi}}{\mathrm{d}t} = \dot{\vec{\varphi}} \tag{4-1}$$

muß nach den Ausführungen oben für alle Teile der Scheibe gelten und nicht nur für die Drehachse. Daraus folgt: *der Vektor $\vec{\omega}$ ist parallel verschieblich.* Zwischen Winkelgeschwindigkeit ω und Drehzahl n besteht der Zusammenhang

$$\omega = 2\pi \cdot n$$

Der Kreisumfangswinkel 2π wird n-mal durchlaufen.

Für die *Winkelbeschleunigung*

$$\vec{\alpha} = \frac{\mathrm{d}\vec{\omega}}{\mathrm{d}t} = \dot{\vec{\omega}} = \ddot{\vec{\varphi}} \tag{4-2}$$

gilt mit analoger Begründung: *der Beschleunigungsvektor $\vec{\alpha}$ ist parallel verschiebbar. Die Größen $\vec{\varphi}$; $\vec{\omega}$; $\vec{\alpha}$ beschreiben vollständig die Drehung der ganzen Scheibe.* Im Gegensatz dazu stehen die Ortskoordinate s, die Geschwindigkeit v und die Beschleunigung a. Diese Größen gelten jeweils für einen Punkt der Scheibe und hängen vom Abstand zum Drehpol ab. Wie im vorigen Kapitel abgeleitet, gilt nach Gl. (3-8)

$$s = r \cdot \varphi \qquad a_\mathrm{t} = r \cdot \alpha$$
$$v = r \cdot \omega \qquad a_\mathrm{n} = r \cdot \omega^2$$

In alle Beziehungen geht der Radius r linear ein. Damit ergibt sich, wie in Abb. 4-4 gezeigt, eine lineare Zunahme dieser Größen von der Drehachse aus.

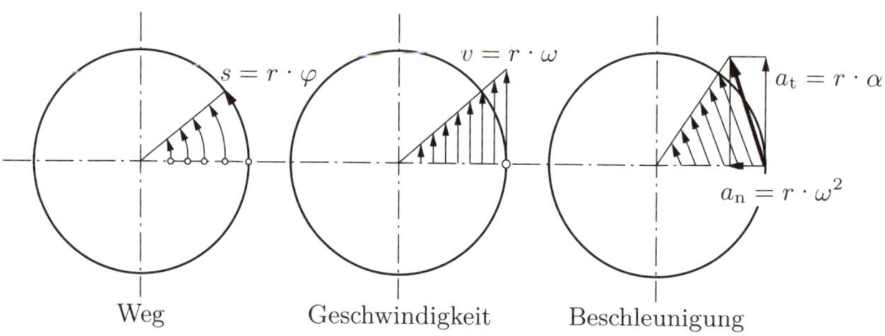

Abb. 4-4: Radiale Abhängigkeit von s; v; a für eine Drehung

Für eine Drehung mit konstanter Winkelgeschwindigkeit (ω = konst., $\alpha = 0$) gilt nach der Gleichung (4-1)

$$\varphi = \int \omega \cdot \mathrm{d}t,$$
$$\varphi = \omega \cdot t + \varphi_0. \tag{4-3}$$

Dabei ist φ_0 die Integrationskonstante und entspricht der Lage zur Zeit $t = 0$.

Für eine gleichförmig beschleunigte Bewegung erhält man mit α = konst. aus den Gleichungen (4-1)/(4-2)

$$\omega = \int \alpha \cdot \mathrm{d}t,$$

$$\omega = \alpha \cdot t + \omega_0, \tag{4-4}$$

$$\varphi = \int \omega \cdot \mathrm{d}t,$$

$$\varphi = \frac{\alpha}{2} \cdot t^2 + \omega_0 \cdot t + \varphi_0. \tag{4-5}$$

ω_0 ist die Winkelgeschwindigkeit, φ_0 der Winkel zur Zeit $t = 0$. Die Gleichungen (4-4)/(4-5 entsprechen den für die geradlinige Bewegung abgeleiteten Beziehungen (2-6)/(2-7).

Für viele Aufgaben ist es zweckmäßig, eine direkte Beziehung zwischen Winkelgeschwindigkeit und -beschleunigung abzuleiten. Man löst dazu die Gleichungen (4-1)/(4-2) nach dt auf und setzt beide Werte gleich

$$\alpha \cdot \mathrm{d}\varphi = \omega \cdot \mathrm{d}\omega, \tag{4-6}$$

$$\int_{\omega_0}^{\omega} \omega \cdot \mathrm{d}\omega = \alpha \cdot \int_{\varphi_0}^{\varphi} \mathrm{d}\varphi$$

und erhält so

$$\frac{1}{2}(\omega^2 - \omega_0^2) = \alpha(\varphi - \varphi_0)$$

$$\omega^2 = 2\alpha(\varphi - \varphi_0) + \omega_0^2. \tag{4-7}$$

Der Vergleich der abgeleiteten Beziehungen mit denen für geradlinige Bewegung läßt folgende *Analogie* der einzelnen Größen erkennen.

Geradlinige Bewegung		Drehung	
Ortskoordinate	s	Winkel	φ
Geschwindigkeit	v	Winkelgeschwindigkeit	ω
Bahnbeschleunigung	a	Winkelbeschleunigung	α

Für ungleichförmig beschleunigte Drehung gilt nach dieser Analogie alles, was für die geradlinige Bewegung im Abschnitt 2.5 ausgeführt wurde.

Beispiel 1 (Abb. 4-5)

Das reduzierte Trägheitsmoment der skizzierten Rotoren soll experimentell bestimmt werden. Diese Größe, die im Abschnitt 6.4.3 erklärt wird, kann man aus der Winkelbeschleunigung bei bekanntem Antriebsmoment ermitteln. Die Wellen werden über eine an einer Rolle hängende Masse in Drehung versetzt. Mit

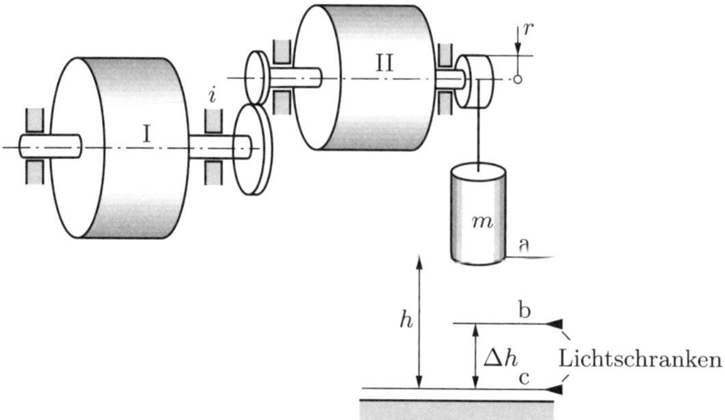

Abb. 4-5: Experimentelle Ermittlung des Massenträgheitsmomentes

Lichtschranken, die im Abstand Δh angebracht sind, wird eine Uhr geschaltet. Diese mißt die Zeit Δt für die Strecke Δh. Durch Wiederholung des Versuchs mit verschiedenen Massen (hier A und B) kann in der Auswertung ein konstant angenommenes Lagerreibungsmoment eliminiert werden. Das wird bei der Weiterbearbeitung dieses Beispiels in den Kapiteln 6 bis 8 gezeigt. Es sind zu bestimmen

a) eine allgemeine Auswertungsgleichung $\alpha = f(\Delta t)$,
b) die Winkelbeschleunigungen α_A und α_B für die unten gegebenen Daten,
c) die Geschwindigkeiten, mit der die Masse A (Zeit Δt_A) die Lichtschranken passiert,
d) die maximale Drehzahl der angetriebenen Welle nach dem Ablauf des Experiments A.

$h = 3{,}40\,\text{m}$; $\Delta h = 2{,}00\,\text{m}$; $r = 150\,\text{mm}$; $\Delta t_A = 3{,}51\,\text{s}$; $\Delta t_B = 6{,}34\,\text{s}$

Lösung

Der konstant wirkende Antrieb verursacht eine gleichmäßig beschleunigte Drehbewegung nach den Gleichungen (4-4)/(4-5)/(4-7). Die Koordinaten werden folgendermaßen festgelegt: Beginn der Bewegung $t = 0$; für den Ausgangspunkt a ist $s = 0$; $\varphi = 0$; alle Größen nach unten positiv. Zunächst muß ein Zusammenhang zwischen Drehwinkel und abgerollter Seillänge hergestellt werden. Aus $s = r \cdot \varphi$ erhält man

$$\varphi_{\text{ab}} = \frac{h - \Delta h}{r} = \frac{1{,}40\,\text{m}}{0{,}15\,\text{m}} = 9{,}33$$

$$\varphi_{ac} = \frac{h}{r} = \frac{3{,}40\,\mathrm{m}}{0{,}15\,\mathrm{m}} = 22{,}67$$

Die Abhängigkeit der gesuchten Winkelbeschleunigung von der Zeit liefert die Gleichung (4-5), in die der Drehwinkel eingesetzt wird. Die Bewegung setzt an der Stelle $\varphi_0 = 0$ von Ruhe aus ein ($\omega_0 = 0$)

$$\frac{h - \Delta h}{r} = \frac{\alpha}{2} t_{ab}^2 \qquad \Rightarrow \qquad t_{ab} = \sqrt{\frac{2(h - \Delta h)}{r \cdot \alpha}}$$

$$\frac{h}{r} = \frac{\alpha}{2} t_{ac}^2 \qquad \Rightarrow \qquad t_{ac} = \sqrt{\frac{2h}{r \cdot \alpha}}$$

Gemessen wird die Zeitdifferenz

$$\Delta t = t_{ac} - t_{ab} = \sqrt{\frac{2h}{r \cdot \alpha}} - \sqrt{\frac{2(h - \Delta h)}{r \cdot \alpha}}$$

Nach dem Ausklammern von $\sqrt{2/(r \cdot \alpha)}$, Umstellen nach $\sqrt{\alpha}$ und Quadrieren erhält man die gesuchte Beziehung

$$\alpha = \frac{2}{\Delta t^2 \cdot r} (\sqrt{h} - \sqrt{h - \Delta h})^2$$

die man auch noch weiter algebraisch umwandeln könnte.

$$\alpha = \frac{2}{\Delta t^2 \cdot 0{,}15\,\mathrm{m}} (\sqrt{3{,}40\,\mathrm{m}} - \sqrt{3{,}40\,\mathrm{m} - 2{,}0\,\mathrm{m}})^2$$

$$\underline{\alpha = \frac{5{,}820}{\Delta t^2}}$$

Δt	α
s	s^{-2}

Die gegebenen Daten liefern

$$\underline{\alpha_A = 0{,}472\,\mathrm{s}^{-2}}; \quad \underline{\alpha_B = 0{,}145\,\mathrm{s}^{-2}}.$$

Die Winkelgeschwindigkeit der Rolle z.Z. des Durchgangs an den Schranken berechnet man am einfachsten aus der Gleichung (4-7) für $\omega_0 = 0$; $\varphi_0 = 0$

$$\omega^2 = 2\alpha \cdot \varphi$$

$$\omega_b = \sqrt{2 \cdot 0{,}472\,\mathrm{s}^{-2} \cdot 9{,}33} = 2{,}97\,\mathrm{s}^{-1}; \qquad \underline{v_b} = r \cdot \omega_b = \underline{0{,}445\,\mathrm{m/s}}$$

$$\omega_c = \sqrt{2 \cdot 0{,}472\,\mathrm{s}^{-2} \cdot 22{,}67} = 4{,}63\,\mathrm{s}^{-1}; \qquad \underline{v_c} = r \cdot \omega_c = \underline{0{,}694\,\mathrm{m/s}}$$

Wenn unmittelbar nach dem Durchlauf der Meßstrecke die Masse abgebremst wird, erreicht die angetriebene Welle eine maximale Drehzahl von

$$\underline{n_\mathrm{c}} = \frac{\omega_\mathrm{c}}{2\pi} = \frac{4{,}63\,\mathrm{s}^{-1}}{2\pi} = \underline{0{,}737\,\mathrm{s}^{-1} \mathrel{\hat{=}} 44{,}2\,\mathrm{min}^{-1}}.$$

Mit Hilfe der bisher nicht verwendeten Gleichung (4-4) können die Ergebnisse kontrolliert werden.

Beispiel 2

In diesem Beispiel soll der Auslaufvorgang eines Maschinensatzes nach der Abschaltung kinematisch untersucht werden. Als Modell wird ein großes Gebläse gewählt. Die vom Laufrad verwirbelte Luft erzeugt das Bremsmoment. Dieses hängt quadratisch von der Drehzahl ab. Deshalb gilt

$$\alpha \sim -\omega^2 \Longrightarrow \alpha = -k \cdot \omega^2.$$

Aus Versuchen kann für ein bekanntes Trägheitsmoment des Rotors der Faktor k bestimmt werden. Es sind die Bewegungsgleichungen aufzustellen und für die unten gegebenen Daten auszuwerten und in Diagrammen darzustellen.

Ausgangsdrehzahl $n_0 = 1000\,\mathrm{min}^{-1} = 16{,}67\,\mathrm{s}^{-1}$; $k = 2{,}20 \cdot 10^{-4}$.

Lösung

Es handelt sich um den in Abschnitt 2.5.1 behandelten Fall 6, der mit dem Ansatz

$$\alpha \cdot \mathrm{d}\varphi = \omega \cdot \mathrm{d}\omega$$

gelöst wird.

$$-k \cdot \omega^2 \cdot \mathrm{d}\varphi = \omega \cdot \mathrm{d}\omega$$

$$-k \cdot \varphi = \int \frac{\mathrm{d}\omega}{\omega} = \ln \omega + C_1.$$

Mit den Anfangsbedingungen $\varphi = 0$ für $\omega = \omega_0$ erhält man

$$0 = \ln \omega_0 + C_1 \Longrightarrow C_1 = -\ln \omega_0$$

$$-k \cdot \varphi = \ln \omega - \ln \omega_0 = \ln \frac{\omega}{\omega_0}$$

$$\omega = \omega_0 \cdot \mathrm{e}^{-\mathrm{k} \cdot \varphi} \tag{1}$$

$$n = n_0 \cdot \mathrm{e}^{-\mathrm{k} \cdot 2\pi \cdot z} \tag{2}$$

Das ist die Abhängigkeit der Drehzahl n von der Anzahl der Umdrehungen z. Die Gleichung (1) entspricht dem im Abschnitt 2.5.1 diskutierten Fall 4.

$$\frac{\mathrm{d}\omega}{\mathrm{d}t} = \alpha = -k \cdot \omega^2$$

$$t = -\frac{1}{k} \int \frac{\mathrm{d}\omega}{\omega^2} = \frac{1}{k \cdot \omega} + C_2.$$

Für $t = 0$ ist $\omega = \omega_0$

$$0 = \frac{1}{k \cdot \omega_0} + C_2 \Longrightarrow C_2 = -\frac{1}{k \cdot \omega_0}$$

$$t = \frac{1}{k} \cdot \left(\frac{1}{\omega} - \frac{1}{\omega_0} \right).$$

Die Umstellung nach ω führt auf

$$\omega = \frac{\omega_0}{1 + k \cdot \omega_0 \cdot t} \tag{3}$$

und

$$n = \frac{n_0}{1 + k \cdot 2\pi \cdot n_0 \cdot t}. \tag{4}$$

Die Integration von (3) liefert

$$\varphi = \int \omega \cdot \mathrm{d}t = \omega_0 \int \frac{1}{1 + k \cdot \omega_0 \cdot t} \mathrm{d}t$$

$$\varphi = \omega_0 \cdot \frac{1}{k \cdot \omega_0} \cdot \ln(1 + k \cdot \omega_0 \cdot t) + C_3.$$

Für $t = 0$ ist $\varphi = 0$

$$0 = \frac{1}{k} \cdot \ln 1 + C_3 \Longrightarrow C_3 = 0.$$

Damit ist

$$\varphi = \frac{1}{k} \cdot \ln(1 + k \cdot \omega_0 \cdot t)$$

$$z = \frac{1}{k \cdot 2\pi} \cdot \ln(1 + k \cdot 2\pi \cdot n_0 \cdot t). \tag{5}$$

Das Ergebnis der Ableitung von (3) ist

$$\alpha = \frac{\mathrm{d}\omega}{\mathrm{d}t} = -\frac{k \cdot w_0^2}{(1 + k \cdot \omega_0 \cdot t)^2}.$$

$$\alpha = -\frac{k \cdot (2\pi \cdot n_0)^2}{(1 + k \cdot 2\pi \cdot n_0 \cdot t)^2}. \tag{6}$$

Die gegebenen Daten führen auf folgende Zahlenwertgleichungen, die über einfache Rechenprogramme ausgewertet werden können. Dargestellt sind die Funktionen in Abb. 4-6. Für alle Gleichungen gelten die Einheiten

t	z	n	α
s	1	s^{-1}	s^{-2}

Aus (5): Anzahl der Umdrehungen in Abhängigkeit von der Zeit.

$$\underline{z = 723{,}4 \cdot \ln(1 + 0{,}02304 \cdot t)}$$

Aus (4): Drehzahl in Abhängigkeit von der Zeit: $\underline{n = \dfrac{16{,}67}{1 + 0{,}02304 \cdot t}}$

Aus (6): Verzögerung in Abhängigkeit von der Zeit.

$$\underline{\alpha = -\frac{2{,}414}{(1 + 0{,}02304 \cdot t)^2}}$$

Aus (2): Drehzahl in Abhängigkeit von der Anzahl der Umdrehungen.

$$\underline{n = 16{,}67 \cdot \mathrm{e}^{-1{,}382 \cdot 10^{-3} \cdot z}.}$$

Man kann der graphischen Darstellung folgendes entnehmen. Die Drehzahl nimmt zunächst sehr stark ab, damit sinkt aber auch die drehzahlabhängige Verzögerung. Deshalb erfolgt die weitere Abnahme der Geschwindigkeit nur sehr langsam. Das Gebläse verbleibt sehr lange im Drehzahlbereich von etwa 1 Umdrehung pro Sekunde (s. Diagramm $n(t)$). In diesem Bereich würde die geschwindigkeitsproportionale Reibung in den Gleitlagern und u.U. die COULOMBsche Reibung stärker eingehen, jedoch den Verlauf nicht grundsätzlich ändern. Da bei kleinen Drehzahlen die Gefahr besteht, daß der Ölfilm in den Gleitlagern reißt, muß man Ölpumpen vorsehen bzw. den Maschinensatz abbremsen. Ein Auslaufversuch, bei dem z.B. die Anzahl der Umdrehungen für ein Zeitintervall gemessen wird, ermöglicht mit Hilfe der Gleichung (5) die Kontrolle bzw. die Bestimmung der Konstanten k.

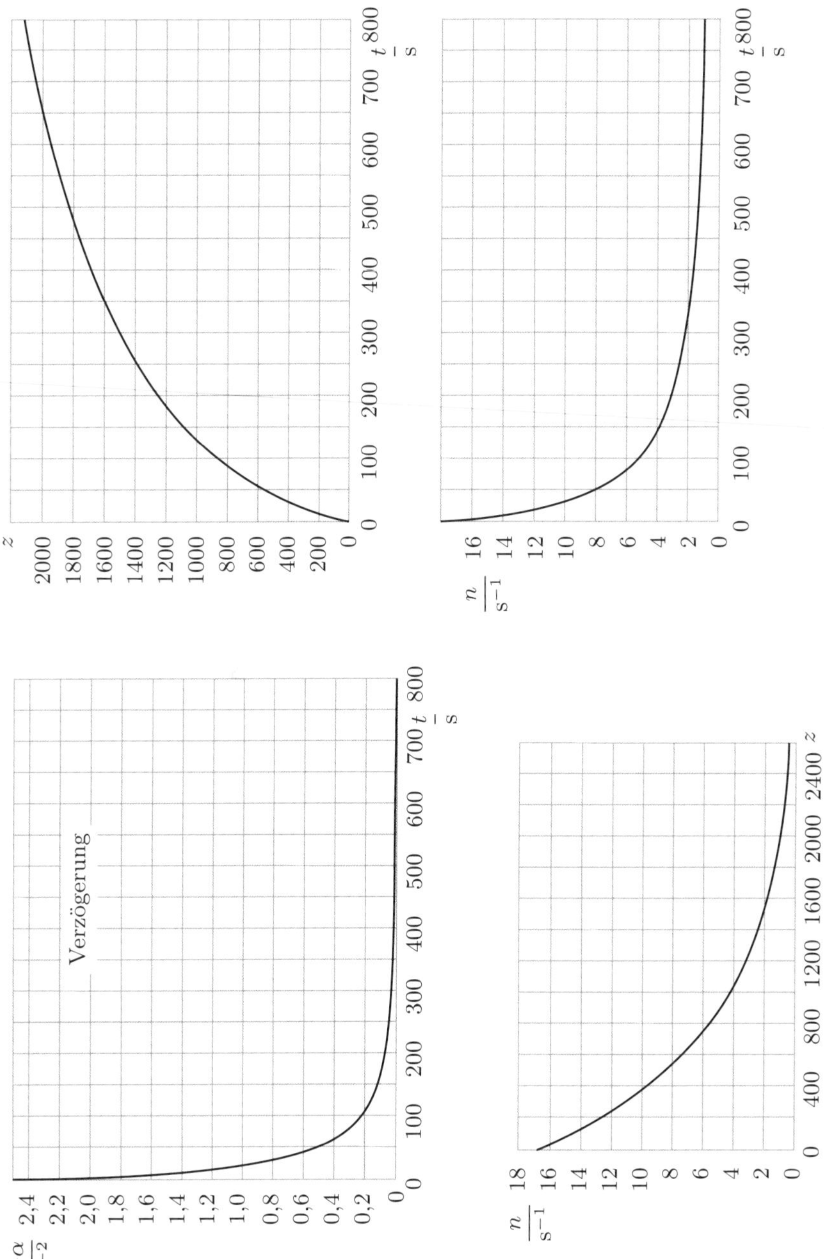

Abb. 4-6: Bewegungsdiagramme für den Auslaufvorgang eines abgeschalteten Maschinensatzes nach Beispiel 2

Beispiel 3 (Abb. 4-7)

Die Kurbel CB der abgebildeten Kurbelschleife rotiert im mathematisch positiven Drehsinn mit $\omega_{\mathrm{CB}} = \text{konst.} = 14{,}0\,\mathrm{s}^{-1}$. Zu bestimmen sind für die gezeichnete Position

a) die Winkelgeschwindigkeit der Schleife AB,

b) die Geschwindigkeit, mit der der Bolzen B im Schlitz gleitet,

c) die resultierende Beschleunigung des Punktes B.

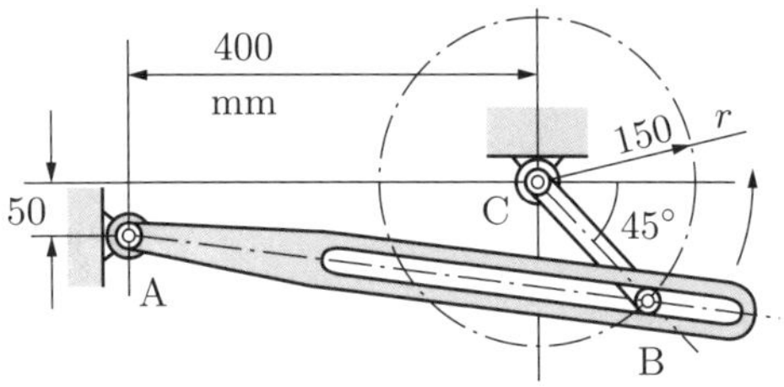

Abb. 4-7: Kurbelschleife

Lösung

zu a) Der Bolzen bewegt sich mit

$$v_{\mathrm{B}} = l_{\mathrm{CB}} \cdot \omega_{\mathrm{CB}} = 0{,}150\,\mathrm{m} \cdot 14{,}0\,\mathrm{s}^{-1}$$
$$v_{\mathrm{B}} = 2{,}10\,\mathrm{m/s} \quad \measuredangle\ 45^\circ .$$

Diese Geschwindigkeit wird in die Richtung der Schleife AB und senkrecht dazu zerlegt. Dazu ist es notwendig, die Geometrie des Dreiecks ABC zu erfassen (Abb. 4-8a). Aus der Abbildung folgt unmittelbar

$$\tan\delta = \frac{50\,\mathrm{mm}}{400\,\mathrm{mm}}; \quad \delta = 7{,}13^\circ$$
$$l_{\mathrm{AC}} = \frac{400\,\mathrm{mm}}{\cos\delta} = 403{,}1\,\mathrm{mm}$$
$$\varepsilon = 180^\circ - 45^\circ - 7{,}13^\circ = 127{,}87^\circ .$$

Mit dem cos-Satz wird aus dem Dreieck ABC die Strecke AB berechnet

$$l_{\mathrm{AB}} = \sqrt{l_{\mathrm{AC}}^2 + l_{\mathrm{CB}}^2 - 2 \cdot l_{\mathrm{AC}} \cdot l_{\mathrm{CB}} \cdot \cos\varepsilon}$$
$$l_{\mathrm{AB}} = \sqrt{403{,}1^2 + 150^2 - 2 \cdot 403{,}1 \cdot 150 \cdot \cos 127{,}87^\circ}\,\mathrm{mm} = 509{,}1\,\mathrm{mm}.$$

Der Winkel γ ergibt sich aus dem sin-Satz zu

$$\sin\gamma = \frac{l_{CB}}{l_{AB}} \cdot \sin\varepsilon = \frac{150\,\text{mm}}{509{,}1\,\text{mm}} \cdot \sin 127{,}87^\circ \quad \Rightarrow \quad \gamma = 13{,}45^\circ.$$

Damit ist $\beta = \gamma - \delta = 13{,}45^\circ - 7{,}13^\circ = 6{,}32^\circ$.

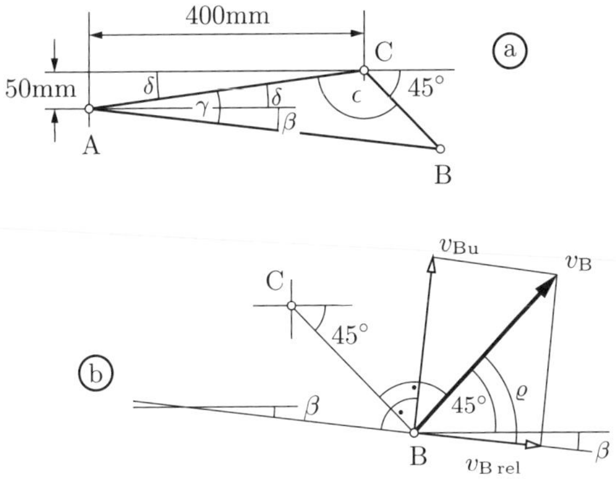

Abb. 4-8: Geometrie und Geschwindigkeit der Kurbelschleife

Die Zerlegung der Geschwindigkeit v_B zeigt Abb. 4-8b. Es gilt

$$\varrho = 45^\circ + \beta = 45^\circ + 6{,}32^\circ = 51{,}32^\circ.$$

Die Geschwindigkeitskomponente, die die Drehung der Schleife verursacht, ist

$$v_{Bu} = v_B \cdot \sin\varrho = 2{,}1\,\text{m/s} \cdot \sin 51{,}32^\circ = 1{,}639\,\text{m/s}.$$

Das ergibt eine Winkelgeschwindigkeit von

$$\underline{\omega_{AB}} = \frac{v_{Bu}}{l_{AB}} = \frac{1{,}639\,\text{m/s}}{0{,}5091\,\text{m}} = \underline{3{,}220\,\text{s}^{-1}}.$$

zu b) Mit der Geschwindigkeitskomponente

$$\underline{v_{Brel}} = v_B \cdot \cos\varrho = 2{,}1\,\text{m/s} \cdot \cos 51{,}32^\circ = \underline{1{,}312\,\text{m/s}}$$

gleitet der Bolzen im Schlitz der Schleife.

zu c) Der Bolzen B beschreibt mit konstanter Geschwindigkeit eine Kreisbahn. Er unterliegt demnach nur der Normalbeschleunigung von

$$\underline{a_n} = \frac{v^2}{r} = \frac{2{,}1^2\,\text{m}^2/\text{s}^2}{0{,}15\,\text{m}} = \underline{29{,}40\,\text{m/s}^2}.$$

Der Beschleunigungsvektor ist von B nach C gerichtet.

4.4 Der allgemeine Bewegungszustand

4.4.1 Die Bestimmung der Geschwindigkeiten

Eine *allgemeine Bewegung* liegt dann vor, wenn es sich weder um eine Schiebung noch um eine Drehung handelt. Man kann sie jedoch als Summe von Schiebung und Drehung auffassen. Eine Scheibe nach Abb. 4-9 wird von der Lage 1 nach der Lage 2 bewegt. Diesen Bewegungsablauf kann man in zwei Phasen zerlegen, erstens in Schiebung von 1 nach 1′ und zweitens in eine Drehung um einen Pol von 1′ nach 2. Dieser Vorgang soll an der Bewegung eines an den Enden geführten Stabes nach Abb. 4-10 näher untersucht werden.

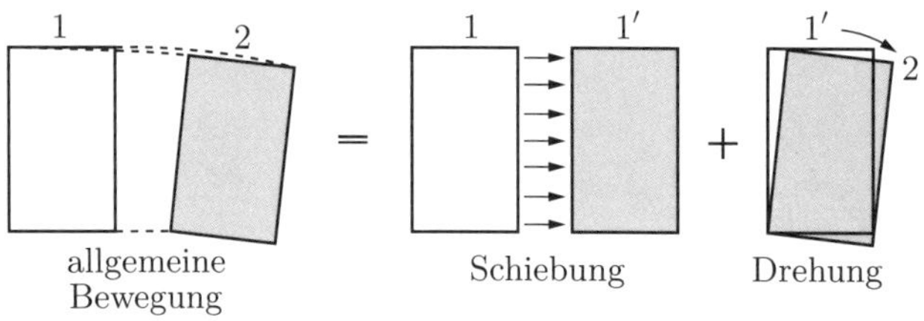

Abb. 4-9: Zusammensetzung der allgemeinen Bewegung aus Schiebung und Drehung

Der Stab AB gleitet mit dem Ende A auf einer horizontalen, mit dem Ende B auf einer vertikalen Schiene. Die Geschwindigkeiten $\vec{v}_A$ und $\vec{v}_B$ müssen deshalb in Richtung dieser Schienen liegen. Für jede Bewegungsphase kann man annehmen, daß der Stab sich z.B. mit der Geschwindigkeit $\vec{v}_A$ parallel nach rechts bewegt. Damit würde er sich am Ende B von der Wand ablösen. Es muß aus diesem Grunde um den Punkt A eine Drehung so überlagert werden, daß die dabei entstehende Umfangsgeschwindigkeit $\vec{v}_{BA}$ ($v_{BA} = l \cdot \omega$) zusammen mit $\vec{v}_A$ die vertikal nach unten gerichtete Geschwindigkeit $\vec{v}_B$ ergibt. Das Geschwindigkeitsdreieck ist rechts abgebildet.

Die vektorielle Addition lautet

$$\vec{v}_B = \vec{v}_A + \vec{v}_{BA}. \tag{4-8}$$

Dabei ist v_{BA} die Geschwindigkeit des Punktes B bei Drehung um A *(1. Index Ort, 2. Index Drehpol).*

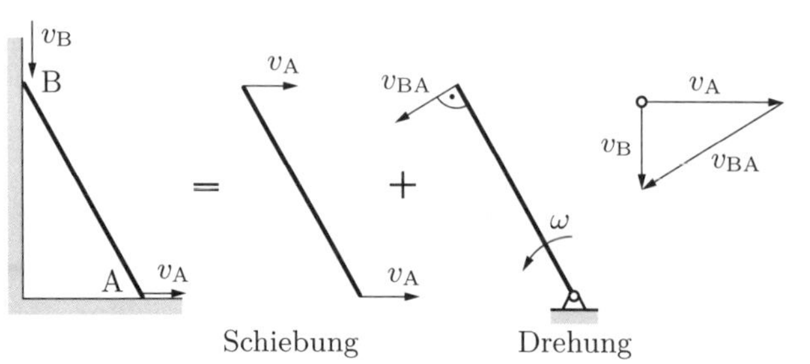

Abb. 4-10: Geschwindigkeitsvektoren bei Schiebung und Drehung eines an den Enden geführten Stabes

Der Drehpol ist keine materielle Drehachse, er wird für die Erfassung des Vorgangs benutzt. Die Winkelgeschwindigkeit gilt unabhängig vom Pol für den bewegten Körper. Das wurde im letzten Abschnitt ausführlich dargestellt. Deshalb gilt

$$\omega_{AB} = \omega_{BA}$$

Für die Lösung von Aufgaben ist es notwendig, folgendes zu beachten:

1. *Die Schiebung muß mit der Geschwindigkeit erfolgen, die unmittelbar gegeben oder aus anderen Angaben berechenbar ist (z.B. v_B im Beispiel 1).*
2. *Die Drehung erfolgt um den Punkt, dessen Geschwindigkeit für die Schiebung verwendet wurde (Schiebung mit v_A erfordert Drehung um A).*

Die Begründung dafür ist

zu 1. Die Konstruktion des Geschwindigkeitsdreiecks kann nur mit einer bekannten Größe beginnen.

zu 2. Die Drehung um einen anderen Punkt würde die geometrischen Bedingungen verletzen. In der Abb. 4-10 würde eine Drehung um B bewirken, daß sich der Punkt A von seiner horizontalen Unterlage löst und der Punkt B nicht an die senkrechte Wand herangeführt wird, von der er sich durch die Schiebung entfernt hat.

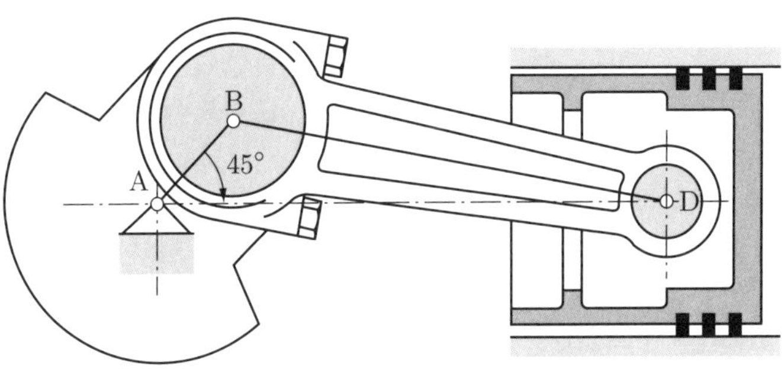

Abb. 4-11: Kurbeltrieb

Beispiel 1 (Abb. 4-11)

Die Kurbelwelle des Kurbeltriebes rotiert im Uhrzeigersinn mit einer konstanten Drehzahl. Zu bestimmen sind für die skizzierte Stellung und die gegebenen Daten die Kolbengeschwindigkeit[2] und die Winkelgeschwindigkeit des Pleuels BD,

$$l_{AB} = 40\,\text{mm}, \quad l_{BD} = 160\,\text{mm}, \quad n = 5000\,\text{min}^{-1}.$$

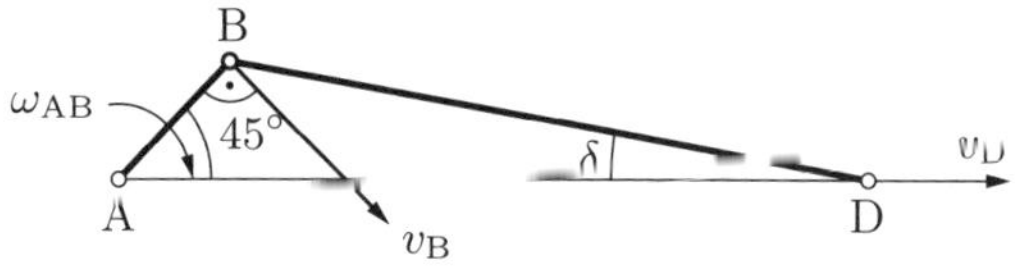

Abb. 4-12: Geometrie des Kurbeltriebs

Lösung (Abb. 4-12/4-13)
Zuerst ist es notwendig, die Geometrie zu erfassen. Mit dem sin-Satz wird der Winkel δ im Dreieck ABD nach Abb. 4-12 berechnet

$$\sin\delta = \frac{l_{AB}}{l_{BD}} \cdot \sin 45° = \frac{40\,\text{mm}}{160\,\text{mm}} \cdot \sin 45° \Longrightarrow \delta = 10{,}2°$$

Die Geschwindigkeit $\vec{v}_B$ ist senkrecht zur Kurbel gerichtet und hat die Größe

$$v_B = l_{AB} \cdot \omega_{AB} = l_{AB} \cdot 2\pi \cdot n_{AB} = 0{,}040\,\text{m} \cdot 2\pi \cdot \frac{5000\,\text{min}^{-1}}{60\,\text{s/min}} = 20{,}94\,\text{m/s}$$

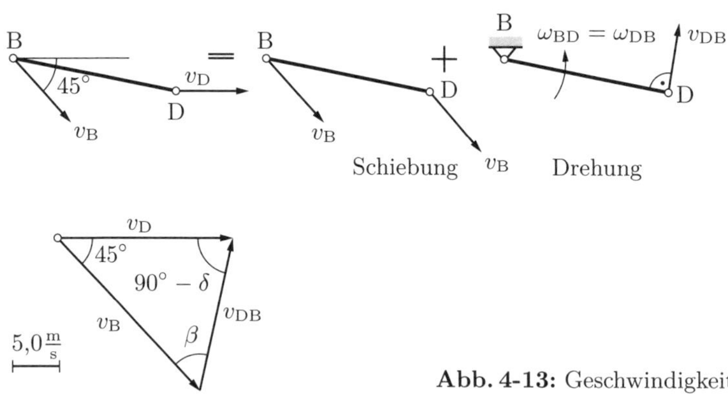

Abb. 4-13: Geschwindigkeitsplan des Kurbeltriebs

Zur Vorbereitung der vektoriellen Addition der Geschwindigkeiten sollte das Teil, wie in Abb. 4-13 gezeigt, dreimal gezeichnet werden, im Zustand der allgemeinen Bewegung, bei Schiebung und Drehung. Die Geschwindigkeit des Punktes B ist nach Größe und Richtung bekannt. Deshalb muß die Bewegung des Pleuels aus der Schiebung mit $\vec{v}_B$ und der Drehung um den Pol B zusammengesetzt werden. Dabei ist die Bedingung zu erfüllen, daß sich der Kolben horizontal

[2] Zur Ableitung der Kolbengeschwindigkeit siehe auch Abschnitt 9.8.3

bewegt. Für die hier verwendeten Bezeichnungen führt die Gleichung (4-8) auf die vektorielle Addition

$$\vec{v}_{\mathrm{D}} = \vec{v}_{\mathrm{B}} + \vec{v}_{\mathrm{DB}}$$

Sie wird von einem Dreieck nach Abb. 4-13 dargestellt. Begonnen wird die Konstruktion mit dem Vektor $\vec{v}_{\mathrm{B}}$. An die Pfeilspitze wird eine Linie in der Richtung von $\vec{v}_{\mathrm{DB}}$ gezeichnet, vom Ausgangspunkt eine in horizontale Richtung. Die Lage der Pfeilspitzen entsprechen der oben angegebenen vektoriellen Addition. Die Deutung der Richtungen führt auf die Aussage, der Kolben bewegt sich nach rechts, das Pleuel dreht entgegengesetzt Uhrzeiger. Beides folgt hier aus der Anschauung. Auf das Dreieck Abb. 4-13 wird der sin-Satz mit $90° - \delta = 79{,}8°$ und $\beta = 55{,}2°$ angewendet

$$v_{\mathrm{DB}} = \frac{\sin 45°}{\sin 79{,}8°} \cdot v_{\mathrm{B}} = 15{,}05\,\mathrm{m/s}$$

$$\underline{v_{\mathrm{D}}} = \frac{\sin 55{,}2°}{\sin 79{,}8°} \cdot v_{\mathrm{B}} = \underline{17{,}47\,\mathrm{m/s}\ \ (\rightarrow)}$$

Die durch die Drehung um B verursachte Geschwindigkeit ist v_{DB}. Damit gilt

$$\underline{\omega_{\mathrm{DB}} = \omega_{\mathrm{BD}}} = \frac{v_{\mathrm{DB}}}{l_{\mathrm{DB}}} = \frac{15{,}05\,\mathrm{m/s}}{0{,}16\,\mathrm{m}} = \underline{94{,}03\,\mathrm{s}^{-1}} \ \circlearrowleft$$

Für eine allgemeine Lösung des Problems würde man einen Kurbelwinkel φ anstelle der hier gegebenen 45° einführen. Der Rechengang verliefe analog zu dem oben. Die Auswertung könnte über ein Rechenprogramm für eine beliebige Position des Kurbeltriebs erfolgen. Im nächsten Abschnitt werden die Beschleunigungen des Kolbens und des Pleuels ermittelt. Diese verursachen Trägheitskräfte, die von den Lagern in B und D aufgenommen werden müssen. Das Beispiel wird deshalb im Kapitel 7 fortgesetzt.

Beispiel 2 (Abb. 4-14)

Abgebildet ist eine Kurbelschwinge. Die Kurbel AB rotiert, die Schwinge CD oszilliert um den Pol D und die Koppel BC führt eine allgemeine Bewegung aus. Das vorliegende System könnte eine Kurbelschere sein, die in bewegtes Band quer schneidet. Die Schneiden wären dabei die Kanten E und H. Eine solche Schere müßte bestimmte geometrische Bedingungen erfüllen, das ist hier nicht der Fall. Für die gezeichnete Position sind die Geschwindigkeiten der Punkte B, C, E, H und die Winkelgeschwindigkeit der Koppel BC und der Schwinge DC zu bestimmen. Die Auswertung soll für eine Drehzahl der Kurbel von $300\,\mathrm{min}^{-1}$ erfolgen.

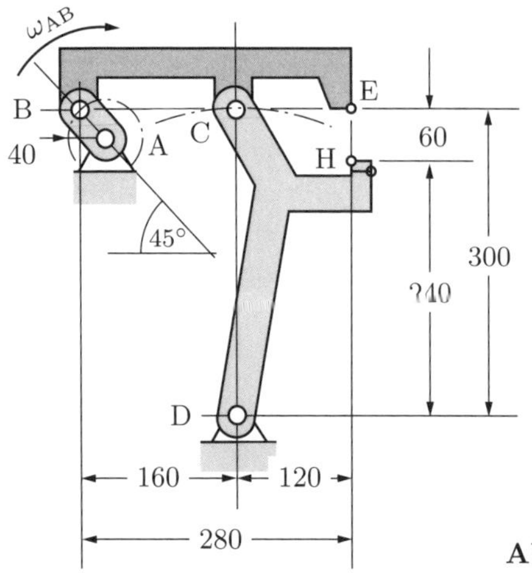

Abb. 4-14: Kurbelschwinge

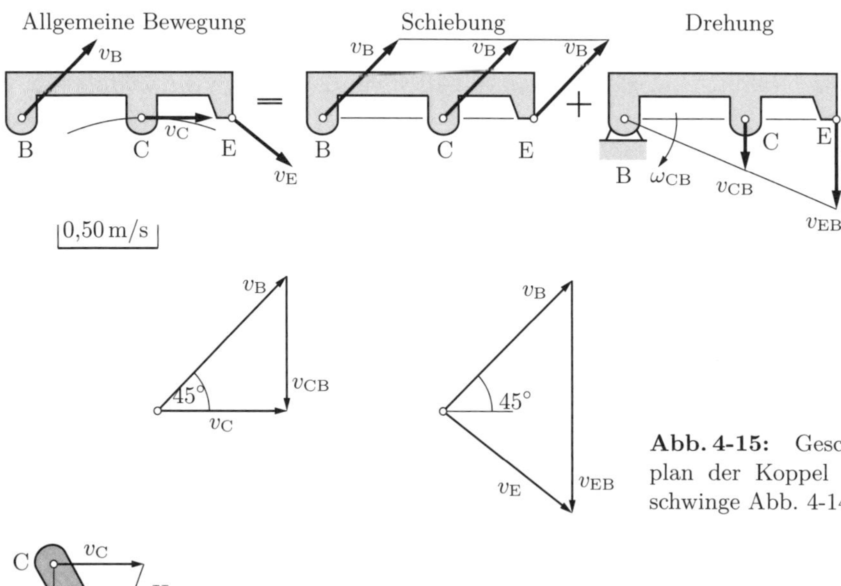

Abb. 4-15: Geschwindigkeitplan der Koppel der Kurbelschwinge Abb. 4-14

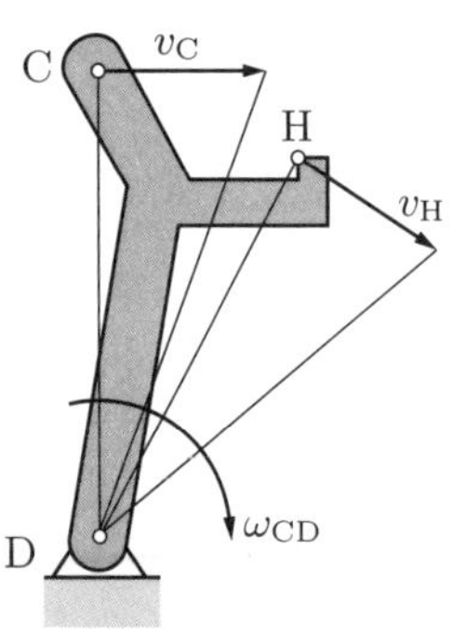

Abb. 4-16: Geschwindigkeitsvektoren an der Schwinge

Lösung (Abb. 4-15/4-16)

Die Punkte B und C beschreiben Kreisbögen, die von den Geschwindigkeitsvektoren tangiert werden. Damit sind die Richtungen von $\vec{v}_B$ und $\vec{v}_C$ vorgegeben. Zusätzlich kann die Geschwindigkeit von B berechnet werden

$$v_B = l_{AB} \cdot \omega_{AB} = l_{AB} \cdot 2\pi \cdot n_{AB}$$
$$= 0{,}04\,\text{m} \cdot 2\pi \cdot \frac{300\,\text{min}^{-1}}{60\,\text{s/min}} = 1{,}257\,\text{m/s} \quad \measuredangle\ 45^\circ$$

Mit dieser bekannten Größe muß die Schiebung durchgeführt werden. Dieser wird eine Drehung um den Pol B überlagert, wie in der Abb. 4-15 dargestellt ist. Über Größe und Richtung von $\vec{v}_E$ kann zunächst nichts ausgesagt werden. Die vektorielle Addition

$$\vec{v}_C = \vec{v}_B + \vec{v}_{CB}$$

muß einen Vektor $\vec{v}_C$ liefern, der hier horizontal liegt. Aus dem Geschwindigkeitsdreieck erhält man

$$v_C = v_B \cdot \cos 45^\circ = 0{,}889\,\text{m/s} \ (\rightarrow)$$
$$v_{CB} = v_B \cdot \sin 45^\circ = 0{,}889\,\text{m/s} \ (\downarrow)$$

Der zweite Wert führt auf die Winkelgeschwindigkeit

$$\underline{\omega_{CB} = \omega_{BC}} = \frac{v_{CB}}{l_{CB}} = \frac{0{,}889\,\text{m/s}}{0{,}16\,\text{m}} = \underline{5{,}555\,\text{s}^{-1}} \ \circlearrowright$$

Die Koppel dreht im Uhrzeigersinn, was der Anschauung entspricht. Jetzt ist es möglich, die durch die Drehung verursachte Geschwindigkeit des Punktes E zu berechnen

$$v_{EB} = l_{EB} \cdot \omega_{CB} = 0{,}28\,\text{m} \cdot 5{,}555\,\text{s}^{-1} = 1{,}555\,\text{m/s} \ (\downarrow)$$

Die vektorielle Addition

$$\vec{v}_E = \vec{v}_B + \vec{v}_{EB}$$

zeigt die Abb. 4-15. Das Dreieck kann für die Berechnung genutzt werden

$$v_{Ex} = v_B \cdot \cos 45^\circ = 0{,}889\,\text{m/s} \ (\rightarrow)$$
$$v_{Ey} = v_B \cdot \sin 45^\circ - v_{EB} = (0{,}889 - 1{,}555)\,\text{m/s} = -0{,}666\,\text{m/s} \ (\downarrow)$$
$$\underline{v_E = 1{,}111\,\text{m/s}} \ \measuredangle\ 36{,}8^\circ$$

In der betrachteten Position dreht die Schwinge DC mit

$$\underline{\omega_{CD} = \omega_{DC}} = \frac{v_C}{l_{DC}} = \frac{0{,}889\,\text{m/s}}{0{,}30\,\text{m}} = \underline{2{,}963\,\text{s}^{-1}} \circlearrowright$$

im Uhrzeigersinn (Abb. 4-16). Die Geschwindigkeit des Punktes H errechnet sich aus

$$\underline{v_H} = l_{DH} \cdot \omega_{CD} = 0{,}268\,\text{m} \cdot 2{,}963\,\text{s}^{-1} = \underline{0{,}794\,\text{m/s}} \quad \angle\, 26{,}6^\circ$$

Die zugehörigen Beschleunigungen werden im nächsten Abschnitt berechnet.

4.4.2 Der momentane Drehpol

Wie bisher mehrfach ausgeführt, ist die Winkelgeschwindigkeit eines in der Ebene gedrehten Körpers unabhängig vom Pol. Anders ausgedrückt, der Vektor $\vec{\omega}$ ist parallel verschieblich (freier Vektor). Eine spezielle Verschiebung von $\vec{\omega}$ zeigt die Abb. 4-17. Eine allgemeine Bewegung nach dieser Abbildung kann man als

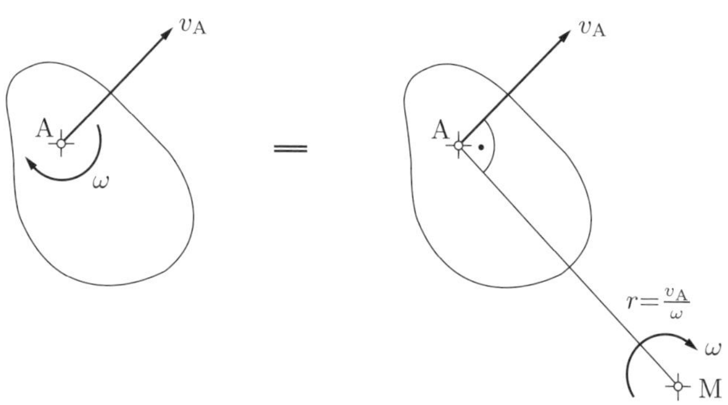

Abb. 4-17: Zur Definition des momentanen Drehpols

eine Drehung um einen Pol M deuten. Dieser liegt auf der Senkrechten von $\vec{v}_A$ im Abstand $r = v_A/\omega$ so, daß $\vec{v}_A$ den Drehsinn von ω ergibt. Alle anderen Teile der starren Scheibe müssen sich *im betrachteten Zeitpunkt* mit Geschwindigkeiten bewegen, die einer Drehung um eine Achse M entsprechen. Bei einer allgemeinen Bewegung wandert der Pol M. Er wird deshalb *momentaner Drehpol* genannt.

Die Abb. 4-18 zeigt die Bestimmung der Lage des momentanen Pols M für verschiedene Fälle. Sind zwei Geschwindigkeitsrichtungen bekannt, ergibt sich M als Schnittpunkt der beiden Senkrechten. Bei zwei parallelen Geschwindigkeiten müssen zusätzlich ihre Größen bekannt sein, um nach den Gesetzen der Drehung den Pol M zu finden.

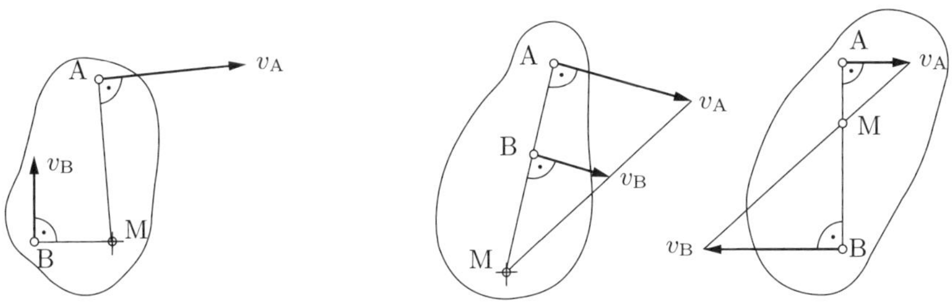

Abb. 4-18: Konstruktion der Lage des Momentanen Drehpols

Mit Hilfe des momentanen Pols kann man schnell Geschwindigkeiten von Punkten allgemein bewegter Körper bestimmen. *Diese Methode darf für die Ermittlung von Beschleunigungen nicht angewendet werden.* Das wird im nachfolgenden Abschnitt begründet.

Beispiel 1 (Abb. 4-19)

In diesem Beispiel sollen Rad und Walze beim Abrollen auf einer ruhenden Unterlage verglichen werden. Für beide Fälle sind der momentane Drehpol und die Geschwindigkeit in den Punkten B, D, E nach Größe und Richtung zu bestimmen.

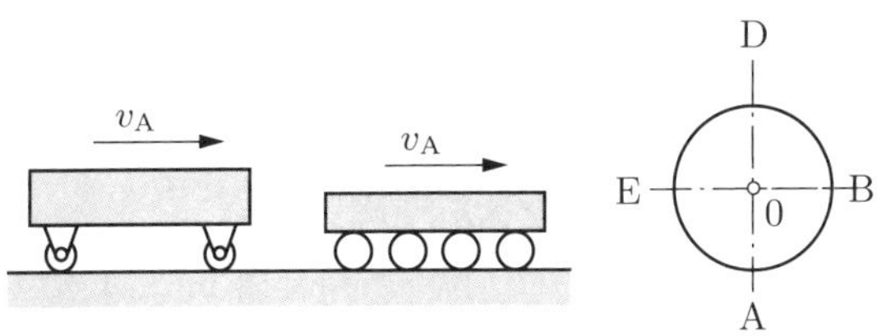

Abb. 4-19: Abrollen von Rad und Walze (Beispiel 1)

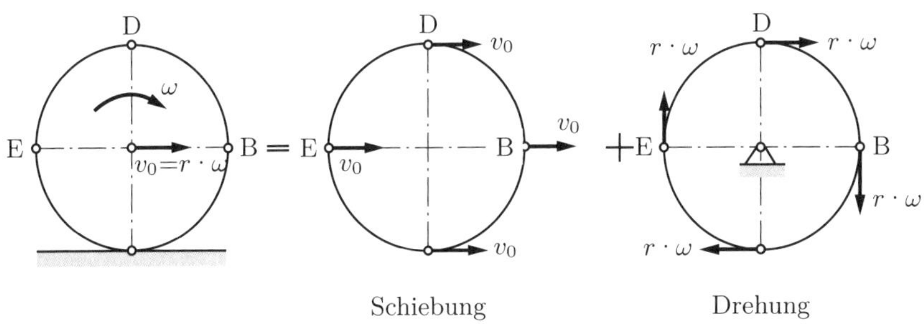

Abb. 4-20: Schiebung und Drehung einer rollenden Scheibe

Lösung

Rad: Der Mittelpunkt 0 bewegt sich mit v_A nach rechts, wobei das Rad mit der Winkelgeschwindigkeit ω rotiert. Nach der Konstruktion Abb. 4-17 folgt, daß der Abstand des Momentanen Drehpols vom Mittelpunkt $r = v_A/\omega$ gerade der Berührungspunkt des Rades auf der Unterlage ist. Das ist einleuchtend, denn im Moment der Berührung ist dieser in Ruhe. Eine Bestätigung dafür liefert die Zusammensetzung von Schiebung und Drehung nach Abb. 4-20.

Die Geschwindigkeit der einzelnen Punkte kann aus der Drehung um den Auflagepunkt bestimmt werden (Abb. 4-21)

$$v_0 = v_A \rightarrow; \quad v_D = 2v_A \rightarrow; \quad v_B = \sqrt{2}v_A \overset{45^\circ}{\searrow}; \quad v_E = \sqrt{2}v_A \overset{45^\circ}{\nearrow}.$$

Walze: Auch hier ist, wie aus den Ausführungen oben folgt, der Momentane Drehpol der Auflagepunkt der Walze. Die Abb. 4-21 gilt, wobei jedoch der obere Punkt D mit v_A bewegt wird.

$$v_D = v_A; \quad v_0 = \frac{1}{2} \cdot v_A; \quad v_B = \frac{\sqrt{2}}{2} \cdot v_A \overset{45^\circ}{\searrow}; \quad v_E = \frac{\sqrt{2}}{2} \cdot v_A \overset{45^\circ}{\nearrow}.$$

Zusammenfassend soll festgehalten werden, daß bei *Abrollvorgängen beliebig geformter Körper der Abrollpunkt der momentane Drehpol* ist. Aus den einfachen Gesetzen der Drehung kann die Geschwindigkeit beliebiger Punkte des Rollkörpers bestimmt werden.

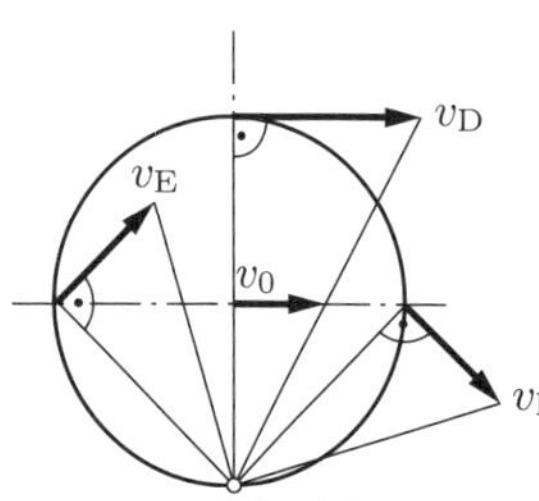

M = Momentaner Drehpol

Abb. 4-21: Geschwindigkeitsvektoren an rollender Scheibe

Beispiel 2

Für den Kurbeltrieb Abb. 4-11 sind die Geschwindigkeit des Kolbens und die Winkelgeschwindigkeit des Pleuels mit Hilfe des momentanen Drehpols zu bestimmen.

Lösung (Abb. 4-22)

Der momentane Drehpol ist der Schnittpunkt der Senkrechten auf den Geschwindigkeitsvektoren $\vec{v}_B$ und $\vec{v}_D$. Die Scheibe BDM dreht sich im Moment

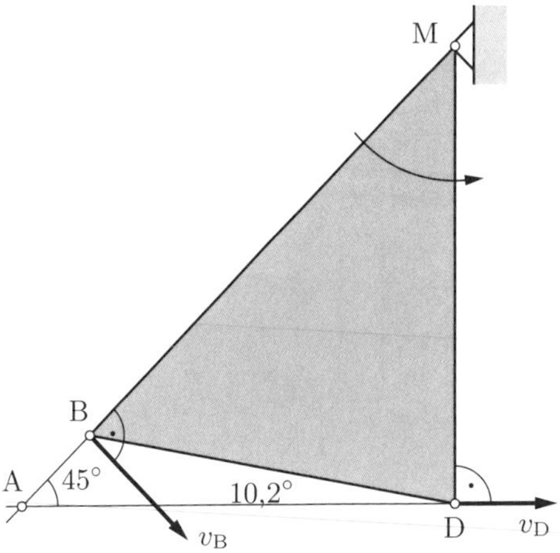

Abb. 4-22: Momentaner Drehpol des Pleuels vom Kurbeltrieb Abb.4-11

der Betrachtung wie ein starrer Körper um den Pol M. Aus dem Dreieck ADM erhält man die Abstände von B und D von diesem Drehpol

$$l_{MA} = l_{AB} + l_{BD} \cdot \cos 10{,}2° \cdot \frac{1}{\cos 45°}$$

$$l_{MA} = 40\,\mathrm{mm} + 160\,\mathrm{mm}\frac{\cos 10{,}2°}{\cos 45°} = 262{,}7\,\mathrm{mm}$$

$$l_{MD} = l_{MA} \cdot \sin 45° = 185{,}8\,\mathrm{mm}$$

$$l_{MB} = l_{MA} - l_{AB} = 222{,}7\,\mathrm{mm}$$

Bekannt ist die Geschwindigkeit $v_B = 20{,}94\,\mathrm{m/s}$, damit ist die Winkelgeschwindigkeit der Scheibe BDM

$$\underline{\omega} = \omega_{MB} = \omega_{BM} = \omega_{BD} = \omega_{DB} = \frac{v_B}{l_{MB}} = \frac{20{,}94\,\mathrm{m/s}}{0{,}2227\,\mathrm{m}} = \underline{94{,}03\,\mathrm{s}^{-1}} \circlearrowleft$$

und

$$\underline{v_D} = l_{MD} \cdot \omega = 0{,}1858\,\mathrm{m} \cdot 94{,}03\,\mathrm{s}^{-1} = \underline{17{,}47\,\mathrm{m/s}} \;(\rightarrow)$$

Die Ergebnisse sind bestätigt. Hier sollte sich der Leser nochmal darüber klar werden, daß die Winkelgeschwindigkeit eines starren Körpers nicht nur auf die tatsächliche, u.U. materiell ausgeführte Drehachse bezogen ist, sondern für alle Bezugspunkte der Scheibe gleich ist. Wenn sich an der Scheibe BDM z.B. die Kante MD um den Winkel φ dreht, dann tut es auch die Kante BD, die der Achse des Pleuels entspricht. Damit drehen sich MD, BD und alle beliebigen Linien auf der Scheibe mit gleicher Winkelgeschwindigkeit.

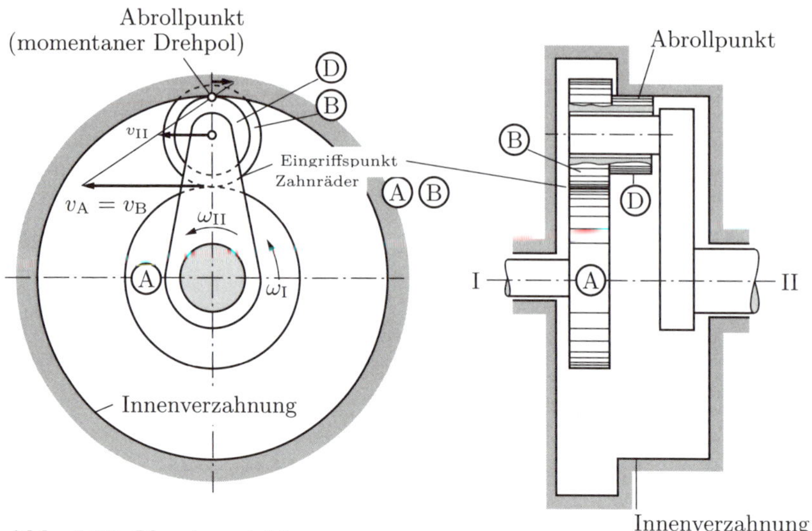

Abb. 4-23: Planetengetriebe

Beispiel 3 (Abb. 4-23)

In dem im Schema skizzierten Umlauf-(Planeten)-Getriebe wird das Rad A angetrieben. Dieses ist im Eingriff mit dem Rad B, das mit Rad D fest verbunden ist. Rad D rollt auf der feststehenden Innenverzahnung ab und dreht dabei über den Steg die Welle II. Es ist in Abhängigkeit von den Radien r_A, r_B, r_D das Übersetzungsverhältnis n_I/n_{II} zu berechnen.

Lösung

Die Umfangsgeschwindigkeit des Rades A ist

$$v_A = r_A \cdot \omega_I.$$

Das ist gleichzeitg die Geschwindigkeit der im Eingriff befindlichen Zähne des Rades B. Der Abrollpunkt des Radblockes BD ist der momentane Drehpol der Rollbewegung. Damit liegt die Geschwindigkeit v_{II} fest (Strahlensatz)

$$v_{II} = \frac{r_D}{r_D + r_B} \cdot v_A = \frac{r_D \cdot r_A}{r_D + r_B} \cdot \omega_I \Longrightarrow \omega_I = \frac{r_D + r_B}{r_A \cdot r_D} \cdot v_{II}$$

Es gilt für den Steg von der Länge l_s

$$v_{II} = l_s \cdot \omega_{II} = (r_A + r_B) \cdot \omega_{II} \Longrightarrow \omega_{II} = \frac{1}{r_A + r_B} \cdot v_{II}$$

Aus den beiden Beziehungen erhält man

$$\frac{\omega_\mathrm{I}}{\omega_\mathrm{II}} = \frac{n_\mathrm{I}}{n_\mathrm{II}} = \frac{r_\mathrm{A} + r_\mathrm{B}}{r_\mathrm{A}} \cdot \frac{r_\mathrm{D} + r_\mathrm{B}}{r_\mathrm{D}},$$

$$\underline{\frac{n_\mathrm{I}}{n_\mathrm{II}} = \left(1 + \frac{r_\mathrm{B}}{r_\mathrm{A}}\right)\left(1 + \frac{r_\mathrm{B}}{r_\mathrm{D}}\right).}$$

Aus dem Ergebnis folgt, daß für diese Räderanordnung immer $n_\mathrm{I} > n_\mathrm{II}$ sein muß. Die Untersetzung ist um so größer, je größer Rad B ist und je kleiner die Räder A und D sind.

4.4.3 Die Bestimmung der Beschleunigungen

Auch für die Bestimmung der Beschleunigungen wird die allgemeine Bewegung in einer Ebene wie im Abschnitt 4.4.1 in eine Schiebung und Drehung zerlegt. Die resultierende Beschleunigung setzt sich vektoriell aus folgenden Einzelbeschleunigungen zusammen:

1. Schiebung
   a) Tangentialbeschleunigung;
   b) Normalbeschleunigung. Diese ist null bei geradliniger Schiebung.
2. Drehung
   a) Tangentialbeschleunigung;
   b) Normalbeschleunigung.

Über die Richtung der einzelnen Vektoren gilt das in den einschlägigen Abschnitten Ausgeführte.

Es ist falsch, mit Hilfe des momentanen Drehpols die resultierende Beschleunigung zu ermitteln, weil die Normalbeschleunigung zum Pol der Drehung und nicht zum momentanen Drehpol gerichtet ist.

Ausgegangen wird wieder von dem an den Enden geführten Stab nach Abb. 4-24 (vgl. Abb 4-10). Dieser wird mit einer Beschleunigung $\vec{a}_\mathrm{A}$ im Punkt A gezogen. Zu bestimmen sind die Beschleunigung des Punktes B und die Winkelbeschleunigung des Stabes AB.

Da sich der Punkt B geradlinig bewegt, liegt die Richtung von $\vec{a}_\mathrm{B}$ fest. Bei der Schiebung mit $\vec{a}_\mathrm{A}$ wird auch der Punkt B nach rechts mit der Beschleunigung $\vec{a}_\mathrm{A}$ bewegt. Er würde sich dabei von der Wand lösen. Das kann nur durch eine Drehung um den Pol A wieder rückgängig gemacht werden. Diese Drehung erfolgt

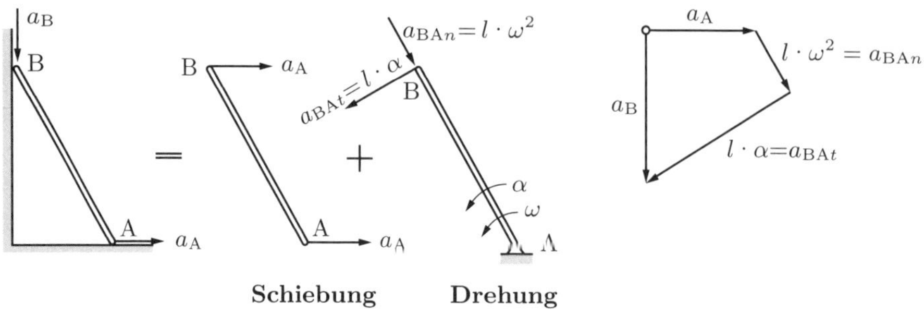

Abb. 4-24: Beschleunigungsvektoren bei Schiebung und Drehung eines an den Enden geführten Stabes

hier beschleunigt. Es entstehen dabei die *Normalbeschleunigung* $a_{\mathrm{BAn}} = l \cdot \omega^2$ und die *Tangentialbeschleunigung* $a_{\mathrm{BAt}} = l \cdot \alpha$. Die *resultierende Beschleunigung* ist demnach das Ergebnis der vektoriellen Addition

$$\vec{a}_{\mathrm{B}} = \vec{a}_{\mathrm{A}} + \vec{a}_{\mathrm{BAn}} + \vec{a}_{\mathrm{BAt}}. \tag{4-9}$$

Es gilt wie bei der Geschwindigkeitsbestimmung: 1. Index Ort, 2. Index Drehpol. Das der Gl. (4-9) entsprechende Beschleunigungsviereck ist in der Abb. 4-24 gegeben.

Aus der Tatsache, daß die Winkelgeschwindigkeit vom Drehpol unabhängig ist (s. Abschnitt 4.4.1), folgt unmittelbar:

Die Winkelbeschleunigung eines starren Körpers ist bei allgemeiner ebener Bewegung unabhängig vom Bezugspunkt.

Für die Lösung von Aufgaben ist es notwendig, folgendes zu beachten

1. *Von vier Vektoren müssen neben allen Richtungen zwei in ihrer Größe bekannt sein. Außer einem vorgegebenen Vektor (z.B. $\vec{a}_{\mathrm{A}}$ in Abb. 4-24) ist das der Vektor der Normalbeschleunigung, die aus der Winkelgeschwindigkeit berechnet wird ($\vec{a}_{\mathrm{BAn}}$). Deshalb müssen vor der Bestimmung der Beschleunigungen die Geschwindigkeiten nach Abschnitt 4.4.1 ermittelt werden.*
2. *Die Schiebung muß mit der Beschleunigung erfolgen, die unmittelbar gegeben oder aus anderen Angaben berechenbar ist* (z.B. a_{B} in Abb. 4-26, Beispiel 1).
3. *Die Drehung erfolgt um den Punkt, dessen Beschleunigung für die Schiebung verwendet wurde (Schiebung mit a_{A} erfordert Drehung um A).*

Die Begründung der Punkte 2 und 3 entsprechen denen für die Geschwindigkeitsbestimmung im Abschnitt 4.4.1.

Für eine verzögerte Bewegung von A nach rechts sind die in der Abb. 4-25 gezeichneten Beschleunigungsvierecke möglich. Dabei ist vorausgesetzt, daß bei

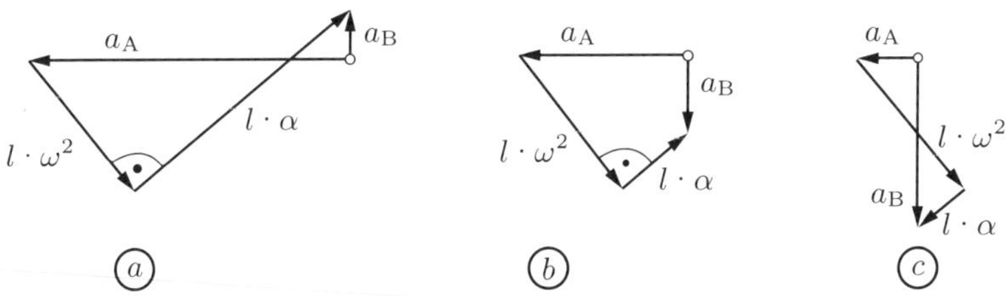

Abb. 4-25: Mögliche Beschleunigungsvierecke für den Stab Abb. 4-24

gleicher Geschwindigkeit von A die Verzögerung verschieden groß ist. Im Fall a) ist diese sehr groß. Der Vektor $\vec{a}_B$ weist nach oben. Da $\vec{a}_B$ und $\vec{v}_B$ entgegengesetzt gerichtet sind, gleitet der Punkt B verzögert nach unten. $\vec{\alpha}$ und $\vec{\omega}$ sind auch entgegengesetzt gerichtet. Die Drehung von AB entgegen dem Uhrzeiger erfolgt verzögert. Eine mittlere Verzögerung von A stellt das Viereck b) dar. Der Vektor $\vec{a}_B$ hat sich umgekehrt. In diesem Fall bewegt sich B beschleunigt, obwohl A verzögert ist. Für die Drehung gilt die Aussage von Fall a). Bei einer geringen Verzögerung (Fall c) sind $\vec{\alpha}$ und $\vec{\omega}$ gleichsinnig. Damit erfolgt die Drehung von AB beschleunigt. Die obigen Ausführungen sollen die Erkenntnis vermitteln, daß *durch vorherige Überlegungen und Schlußfolgerungen nicht ermittelt werden kann, ob die Bewegung eines Punktes, bzw. die Drehung eines Bauteils bei allgemeiner Bewegung beschleunigt oder verzögert erfolgt.* Eine Aussage darüber ist erst nach der Konstruktion des Beschleunigungsvierecks oder einer entsprechenden Berechnung möglich.

Beispiel 1 (Abb. 4-11)

Das im Abschnitt 4.4.1 begonnene Beispiel „Kurbelwelle“ wird fortgesetzt. Für die dort gegebenen Daten und die gezeichnete Position sollen die Beschleunigung des Kolbens und die Winkelbeschleunigung des Pleuels berechnet werden. Die Drehzahl der Kurbelwelle ist konstant.

Lösung (Abb. 4-26)

Die Lösung wird mit einer Skizze nach Abb. 4-26 vorbereitet. Das Pleuel soll dabei im Zustand der allgemeinen Bewegung, der Schiebung und der Drehung dargestellt werden. Die Vektoren werden zunächst nicht eingezeichnet. Anschlie-

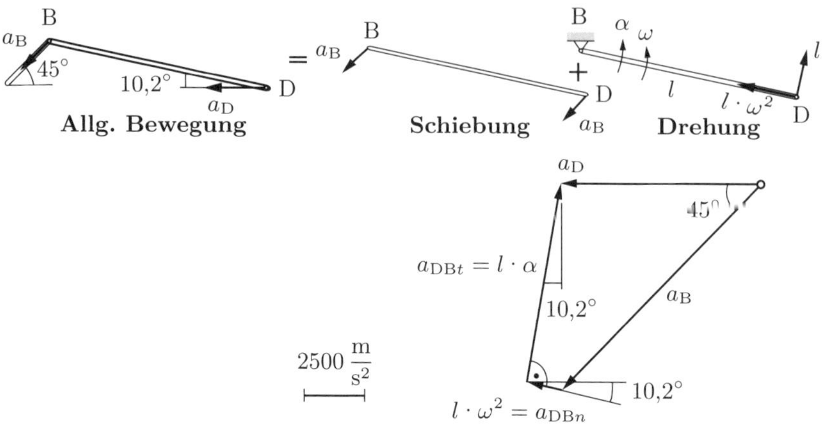

Abb. 4-26: Beschleunigungsplan für den Kurbeltrieb Abb. 4-11

ßend ist zu überlegen, welche Beschleunigungen bekannt oder berechenbar sind. Im vorliegenden Fall ist es zunächst $\vec{a}_B$. Die Kurbel läuft mit konstanter Drehzahl. Es gilt

$$a_B = a_{Bn} = l_{AB} \cdot \omega_{AB}^2 = 0{,}04\,\text{m} \cdot 523{,}6^2\,\text{s}^{-2} = 1{,}097 \cdot 10^4\,\text{m/s}^2$$

Da auch die Richtung von $\vec{a}_B$ bekannt ist, muß mit dieser Größe geschoben und um B gedreht werden. Die Winkelgeschwindigkeit des Pleuels $\omega_{BD} = \omega_{DB}$ ist bereits ermittelt. Damit ist a_{DBn} berechenbar

$$a_{DBn} = l_{DB} \cdot \omega_{DB}^2 = 0{,}16\,\text{m} \cdot 94{,}05^2\,\text{s}^{-2} = 1415\,\text{m/s}^2$$

In den Skizzen des Pleuels können folgende Vektoren eingezeichnet werden. Allgemeine Bewegung: $\vec{a}_B$ und die horizontale Wirkungslinie von $\vec{a}_D$ (ohne Pfeilspitze!). Schiebung: $\vec{a}_B$ für alle Punkte des Pleuels. Drehung: $\vec{a}_{DBn}$ von D ausgehend in Richtung B, senkrecht dazu Wirkungslinie von $\vec{a}_{DBt}$ ohne Richtungsangabe. Das ist die Vorbereitung für die Auswertung der Gleichung (4-9), die hier die Form

$$\vec{a}_D = \vec{a}_B + \vec{a}_{DBn} + \vec{a}_{DBt}$$

hat. Das dazugehörige Beschleunigungsviereck wird gezeichnet. Entsprechend der Skizze wird vom Vektor $\vec{a}_B$ ausgegangen, an den $\vec{a}_{DBn}$ angesetzt wird. Anschließend wird eine dazu senkrechte Linie gezeichnet. In dieser liegt $\vec{a}_{DBt}$. Vom Ausgangspunkt zeichnet man eine Linie in Richtung $\vec{a}_D$. Damit ist das Viereck geschlossen. Die Richtungen der Vektoren entsprechen der oben gegebenen

Gleichung. Erst jetzt können die Pfeilspitzen in die Skizze des Pleuels eingetragen werden. Das Beschleunigungsviereck dient zur Berechnung der gesuchten Größen

$$\sum a_y = 0\,;$$
$$-a_B \cdot \sin 45° + a_{DBn} \cdot \sin 10{,}2° + a_{DBt} \cdot \cos 10{,}2° = 0$$
$$a_{DBt} = \frac{1}{\cos 10{,}2°}(a_B \cdot \sin 45° - a_{DBn} \cdot \sin 10{,}2°)$$
$$a_{DBt} = \frac{1}{\cos 10{,}2°}(1{,}097 \cdot 10^4 \cdot \sin 45° - 1415 \cdot \sin 10{,}2°)\,\mathrm{m/s^2}$$
$$a_{DBt} = 7629\,\mathrm{m/s^2}$$
$$\sum a_x = a_D\,;$$
$$a_D = -a_B \cos 45° - a_{DBn} \cdot \cos 10{,}2° + a_{DBt} \sin 10{,}2°$$
$$a_D = (-1{,}097 \cdot 10^4 \cdot \cos 45° - 1415 \cdot \cos 10{,}2° + 7629 \cdot \sin 10{,}2°)\,\mathrm{m/s^2}$$
$$\underline{a_D = -7799\,\mathrm{m/s^2}\ (\leftarrow)}$$
$$\underline{\alpha_{DB}} = \alpha_{DB} = \frac{a_{DBt}}{l_{DB}} = \frac{7629\,\mathrm{m/s^2}}{0{,}160\,\mathrm{m}} = \underline{4{,}768 \cdot 10^4\,\mathrm{s^{-2}}}\ (\circlearrowleft)$$

Die Vektoren $\vec{v}_D$ und $\vec{a}_D$ sind entgegengesetzt gerichtet. Der Kolben läuft verzögert nach rechts zum Totpunkt. α und ω sind gleichgerichtet. Die Drehung des Pleuels im mathematisch positivem Sinn erfolgt beschleunigt.

Beispiel 2 (Abb. 4-14)

Das Beispiel „Kurbelschwinge“ des Abschnitts 4.4.1 soll weiterbearbeitet werden. Für die dort gegebenen Daten und die gezeichnete Position sind die Beschleunigungen der Punkte C; E; H und die Winkelbeschleunigung der Schwinge und der Koppel zu berechnen. Die Drehzahl der Kurbel ist konstant.

Lösung (Abb. 4-27/4-28)

Den Einstieg in die Lösung liefert auch hier die berechenbare Beschleunigung des Kurbelendes B. Dieses könnte auch einer Tangentialbeschleunigung unterliegen, die vektoriell zur Normalbeschleunigung addiert würde. Der resultierende Vektor wäre die Ausgangsgröße für die Schiebung. Hier gilt jedoch

$$a_B = a_{Bn} = l_{AB} \cdot \omega_{AB}^2 = 0{,}040\,\mathrm{m} \cdot 31{,}42^2\,\mathrm{s^{-2}} = 39{,}48\,\mathrm{m/s^2} \quad \swarrow 45°$$

Im Unterschied zum vorigen Beispiel ist weder Richtung noch Größe einer anderen Beschleunigung bekannt. Der Punkt C gehört zur Koppel BCE, die eine allgemeine Bewegung beschreibt. Der Punkt C ist aber auch Teil der Schwinge CD und bewegt sich dabei auf einer Kreisbahn mit dem Radius l_{CD}. Die Normalbeschleunigungen der beiden Drehungen können aus den bereits bekannten Winkelgeschwindigkeiten berechnet werden

$$a_{CBn} = l_{BC} \cdot \omega_{BC}^2 = 0{,}16\,\mathrm{m} \cdot 5{,}554^2\,\mathrm{s}^{-2} = 4{,}94\,\mathrm{m/s^2} \quad (\leftarrow)$$
$$a_{CDn} = l_{CD} \cdot \omega_{DC}^2 = 0{,}30\,\mathrm{m} \cdot 2{,}963^2\,\mathrm{s}^{-2} = 2{,}63\,\mathrm{m/s^2} \quad (\downarrow)$$

Wie in der Abb. 4-27 dargestellt, ergibt sich der Vektor $\vec{a}_C$ einmal als Überlagerung von Schiebung und Drehung an der Koppel (Gl. (4-9))

$$\vec{a}_C = \vec{a}_B + \vec{a}_{CBn} + \vec{a}_{CBt}$$

und zum anderen als Summe von Normal- und Tangentialbeschleunigung an der Schwinge CD

$$\vec{a}_C = \vec{a}_{CDn} + \vec{a}_{CDt}$$

Alle Richtungen sind bekannt. Die Konstruktion des Beschleunigungspolygons erfolgt folgendermaßen. Ausgegangen wird vom Vektor $\vec{a}_B$, an den wird $\vec{a}_{CBn}$ angesetzt, anschließend wird dazu senkrecht die Wirkungslinie von $\vec{a}_{CBt}$ gezeichnet. Vom Ausgangspunkt wird $\vec{a}_{CDn}$ eingetragen und senkrecht dazu die Wirkungslinie von $\vec{a}_{CDt}$. Der Schnittpunkt der Wirkungslinien beider Tangentialbeschleunigungen legt den Endpunkt von $\vec{a}_C$ fest. Man erkennt, daß die beiden

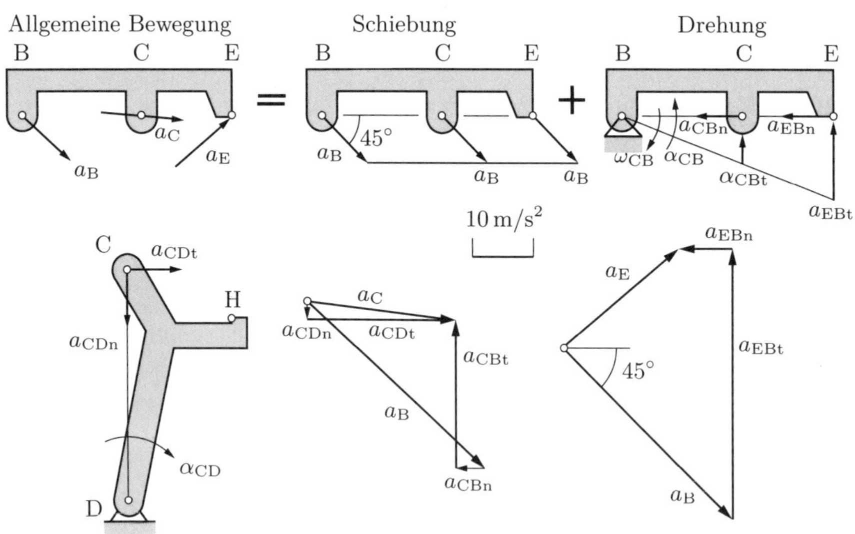

Abb. 4-27: Beschleunigungsplan für die Kurbelschwinge Abb. 4-14

Gleichungen oben erfüllt sind. Nach diesen werden die Pfeilspitzen von $\vec{a}_\mathrm{t}$ gezeichnet. Die einzelnen Größen können berechnet werden.

$$a_\mathrm{Cx} = a_\mathrm{B} \cdot \sin 45° - a_\mathrm{CBn} = (39{,}48 \cdot \sin 45° - 4{,}94)\,\mathrm{m/s^2} = 22{,}98\,\mathrm{m/s^2}$$

$$a_\mathrm{Cy} = -a_\mathrm{CDn} = -2{,}63\,\mathrm{m/s^2}$$

$$\underline{a_\mathrm{C} = 23{,}13\,\mathrm{m/s^2}} \quad \measuredangle\ 6{,}53°$$

$$a_\mathrm{CDt} = a_\mathrm{Cx} = a_\mathrm{C} \cdot \cos 6{,}53° = 22{,}98\,\mathrm{m/s^2}$$

$$\underline{\alpha_\mathrm{CD}} = \alpha_\mathrm{DC} = \frac{a_\mathrm{CDt}}{l_\mathrm{CD}} = \frac{22{,}98\,\mathrm{m/s^2}}{0{,}30\,\mathrm{m}} = \underline{76{,}6\,\mathrm{s^{-2}}} \quad ↻$$

$$-a_\mathrm{B} \cdot \cos 45° + a_\mathrm{CBt} = -a_\mathrm{CDn}$$

$$a_\mathrm{CBt} = a_\mathrm{B} \cdot \cos 45° - a_\mathrm{CDn} = (39{,}48 \cdot \cos 45° - 2{,}63)\,\mathrm{m/s^2}$$

$$a_\mathrm{CBt} = 25{,}29\,\mathrm{m/s^2}$$

$$\underline{\alpha_\mathrm{BC}} = \alpha_\mathrm{CB} = \frac{a_\mathrm{CBt}}{l_\mathrm{BC}} = \frac{25{,}29\,\mathrm{m/s^2}}{0{,}16\,\mathrm{m}} = \underline{158{,}0\,\mathrm{s^{-2}}} \quad ↺$$

Die Deutung der Richtungen führt auf folgende Aussagen:

Punkt C

$v_\mathrm{C}(\rightarrow)$; $a_\mathrm{Cx}(\rightarrow)$ ⇒ beschleunigte Bewegung von C nach rechts

Koppel BCE

ω_BC ↻; α_BC ↺ ⇒ verzögerte Drehung der Koppel im Uhrzeigersinn

Schwinge CD

ω_CD ↻; α_CD ↻ ⇒ beschleunigte Drehung der Schwinge im Uhrzeigersinn

Nachdem die Daten für die Koppel bekannt sind, kann die Beschleunigung des Punktes E ermittelt werden.

$$a_\mathrm{EBt} = l_\mathrm{BE} \cdot \alpha_\mathrm{BC} = 0{,}28\,\mathrm{m} \cdot 158{,}0\,\mathrm{s^{-2}} = 44{,}25\,\mathrm{m/s^2}$$

$$a_\mathrm{EBn} = l_\mathrm{BE} \cdot \omega_\mathrm{BC}^2 = 0{,}28\,\mathrm{m} \cdot 5{,}554^2\,\mathrm{s^{-2}} = 8{,}64\,\mathrm{m/s^2}$$

Das Beschleunigungsviereck Abb. 4-27 ist die geometrische Umsetzung der Gleichung (4-9)

$$\vec{a}_\mathrm{E} = \vec{a}_\mathrm{B} + \vec{a}_\mathrm{EBt} + \vec{a}_\mathrm{EBn}$$

$$a_\mathrm{Ex} = a_\mathrm{B} \cdot \cos 45° - a_\mathrm{EBn} = (39{,}48 \cdot \cos 45° - 8{,}64)\,\mathrm{m/s^2} = 19{,}28\,\mathrm{m/s^2}$$

$$a_\mathrm{Ey} = -a_\mathrm{B} \cdot \sin 45° + a_\mathrm{EBt} = (-39{,}48 \cdot \sin 45° + 44{,}25)\,\mathrm{m/s^2} = 16{,}33\,\mathrm{m/s^2}$$

$$\underline{a_\mathrm{E} = 25{,}27\,\mathrm{m/s^2}} \quad \measuredangle\ 40{,}27°$$

Die für die Schwinge ermittelten Daten ermöglichen die Berechnung der Beschleunigung des Punktes H nach Abb. 4-28. Die Geometrie liefert

$$l_{DH} = 0{,}268\,\mathrm{m}; \quad \delta = 26{,}6°.$$

Damit sind

$$a_{HDt} = l_{HD} \cdot \alpha_{DC} = 0{,}268\,\mathrm{m} \cdot 76{,}6\,\mathrm{s}^{-2} = 20{,}53\,\mathrm{m/s}^2$$

$$a_{HDn} = l_{HD} \cdot \omega_{DC}^2 = 0{,}268\,\mathrm{m} \cdot 2{,}963^2\,\mathrm{s}^{-2} = 2{,}35\,\mathrm{m/s}^2$$

$$\underline{a_H = 20{,}66\,\mathrm{m/s}^2} \quad \measuredangle\ 33{,}1°$$

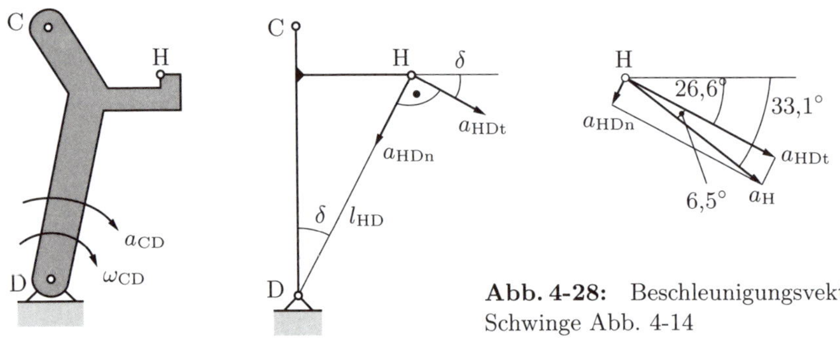

Abb. 4-28: Beschleunigungsvektoren an der Schwinge Abb. 4-14

4.5 Die Relativbewegung

In diesem Abschnitt soll von einem einfachen Versuch ausgegangen werden. Ein Wagen nach Abb. 4-29 bewegt sich mit der Geschwindigkeit v_f nach rechts. Vom Wagen aus wird dabei ein Ball mit der Geschwindigkeit v_{rel} nach oben geschossen. Für den mitfahrenden Beobachter scheint der Ball eine geradlinige, senkrechte Bahn zu durchlaufen (senkrechter Wurf nach oben). Der ruhende Beobachter sieht den Ball eine Wurfparabel von links nach rechts beschreiben.

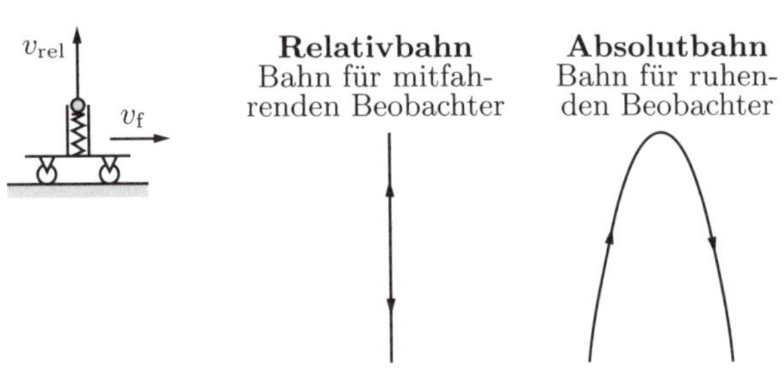

Abb. 4-29: Addition von Relativ- und Führungsgeschwindigkeit

Die Geschwindigkeit des Wagens nennt man *Führungsgeschwindigkeit* v_{f}, die des Balls relativ zum Wagen *Relativgeschwindigkeit* v_{rel}. Diese beiden Geschwindigkeiten addieren sich vektoriell zur Absolutgeschwindigkeit v, die der ruhende Betrachter beobachtet.

$$\vec{v} = \vec{v}_{\text{rel}} + \vec{v}_{\text{f}}. \tag{4-10}$$

Erfolgen Relativ- und Führungsbewegung geradlinig, dann gilt auch eine analoge Beziehung für die Beschleunigungen. Ist die Führungsbewegung eine Drehung, dann kommt noch ein Beschleunigungsglied hinzu. Für diesen Fall ist die Verwendung von Polarkoordinaten besonders vorteilhaft. Die entsprechenden Beziehungen wurden im Abschnitt 3.3 abgeleitet (Gleichung (3-5)/(3-6)).

Beschleunigung in radiale Richtung:

$$a_{\text{r}} = \ddot{r} - r \cdot \omega^2,$$

Beschleunigung in Umfangsrichtung

$$a_{\varphi} = 2v_{\text{r}} \cdot \omega + r \cdot \alpha,$$

Der Vektor der Gesamtbeschleunigung ist die geometrische Summe dieser beiden Beschleunigungen

$$\vec{a} = \vec{a}_{\text{res}} = (\ddot{r} - r \cdot \omega^2) \cdot \vec{e}_{\text{r}} + (2v_{\text{r}} \cdot \omega + r \cdot \alpha) \cdot \vec{e}_{\varphi}$$

Genau wie bei der Wurfparabel die Bewegung als Überlagerung von senkrechtem Wurf und Horizontalbewegung aufgefaßt werden kann, ist es möglich, diese Gleichungen als Darstellung einer Überlagerung von Drehung (Richtung φ) und einer auf dem gedrehten System ausgeführten Relativbewegung zu deuten. Dabei haben die einzelnen Summanden der Gleichung folgende Bedeutung:

Durch die Drehung sind die vom Abschnitt 3.4. bekannten Anteile Normalbeschleunigung und Tangentialbeschleunigung verursacht. Da das rotierende System als Führungssystem (Index f) betrachtet wird, gilt

$$a_{\text{fn}} = r \cdot \omega^2 \qquad a_{\text{ft}} = r \cdot \alpha$$

Diese werden vektoriell addiert

$$\vec{a}_{\text{f}} = \vec{a}_{\text{ft}} + \vec{a}_{\text{fn}}$$

Die beiden Ausgangsgleichungen für a_{r} und a_{φ} (Gl. (3-5)/(3-6)) wurden durch eine Zerlegung in Umfangsrichtung und radiale Richtung gewonnen. Man kann deshalb den Anteil $\ddot{r}$ als radiale Beschleunigung relativ zum gedrehten System ansehen und sie deshalb a_{rel} nennen. Es verbleibt noch der in Umfangsrichtung wirkende Anteil $2v_{\mathrm{r}} \cdot \omega$. Er wird nach dem französischen Physiker CORIOLIS[3]-Beschleunigung genannt. Dabei ist v_{r} eine Relativgeschwindigkeit auf der rotierenden Scheibe, wobei zunächst die Richtung der Geschwindigkeit radial liegen soll.

$$a_{\mathrm{cor}} = 2\dot{r} \cdot \omega = 2v_{\mathrm{r}} \cdot \omega$$

Der resultierende Vektor kann nach dieser Umordnung aus Führungs-, Relativ- und CORIOLIS-Beschleunigung zusammengesetzt werden

$$\vec{a} = \vec{a}_{\mathrm{f}} + \vec{a}_{\mathrm{rel}} + \vec{a}_{\mathrm{cor}} \tag{4-11}$$

Nur für den Fall $\omega = 0$ (keine Drehung) setzt sich die resultierende Beschleunigung aus Führungs- und Relativbeschleunigung zusammen.

Das Vorhandensein der CORIOLIS-Beschleunigung soll mit Hilfe eines einfachen Versuchs erläutert werden. Auf eine rotierende Scheibe nach Abb. 4-30 wird eine

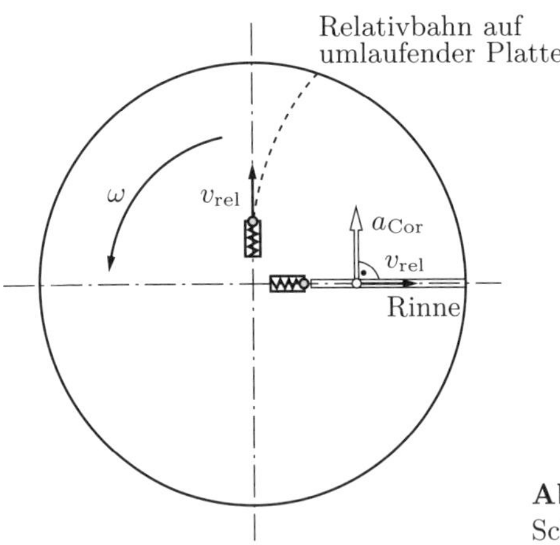

Abb. 4-30: Radiale Bewegung auf einer rotierenden Scheibe

Kugel innen mit der nach außen gerichteten Geschwindigkeit v_{rel} mit einer Feder abgeschossen. Sie beschreibt auf der Scheibe eine gekrümmte Bahn, da sie im Abschußpunkt eine kleine Umfangsgeschwindigkeit hatte, diese bei der weiteren Bewegung beibehält und demzufolge die Scheibe sich unter der Kugel wegen der nach außen zunehmenden Umfangsgeschwindigkeit wegbewegt. Der Versuch wird wiederholt, wobei die Kugel aber jetzt in eine radiale Rinne geschossen

[3] C.G. CORIOLIS (1792–1843), französischer Physiker

wird. Die Rinne erzwingt jetzt eine radiale Bahn. Da die Umfangsgeschwindigkeit nach außen zunimmt, legt sich die Kugel im skizzierten Fall an den rechten Rand der Rinne. Die radiale Bahn kann nur durch eine senkrecht zu v_{rel} stehende Kraft und damit Beschleunigung in gleicher Richtung erzwungen werden.

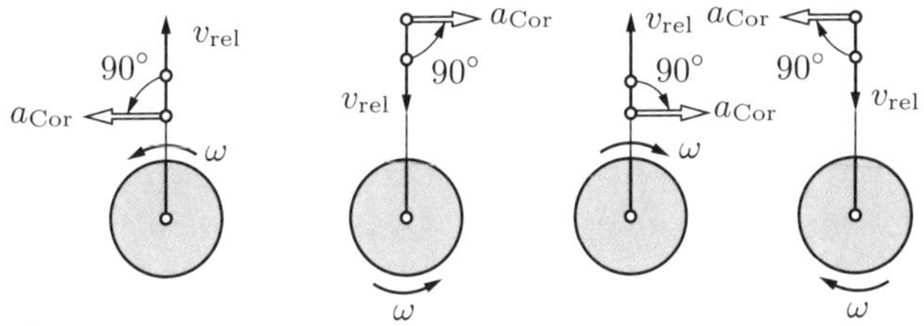

Abb. 4-31: Richtung der CORIOLIS-Beschleunigung für verschiedene Fälle der Bewegung auf einer rotierenden Scheibe

Aus diesem Modellversuch folgt, daß der Vektor $\vec{a}_{\text{cor}}$ *gegenüber dem Vektor* $\vec{v}_{\text{rel}}$ *im Drehsinn von* ω *um* 90° *gedreht ist.* Die verschiedenen Varianten sind in der Abb. 4-31 dargestellt. Diese Zuordnung von $\vec{v}_{\text{rel}}$ und $\vec{a}_{\text{cor}}$ folgt auch aus der Deutung der CORIOLIS-Beschleunigung als vektorielles Produkt

$$\vec{a}_{\text{cor}} = 2\vec{\omega} \times \vec{v}_{\text{rel}}$$

nach Abb. 4-32 (Rechte-Hand-Regel)

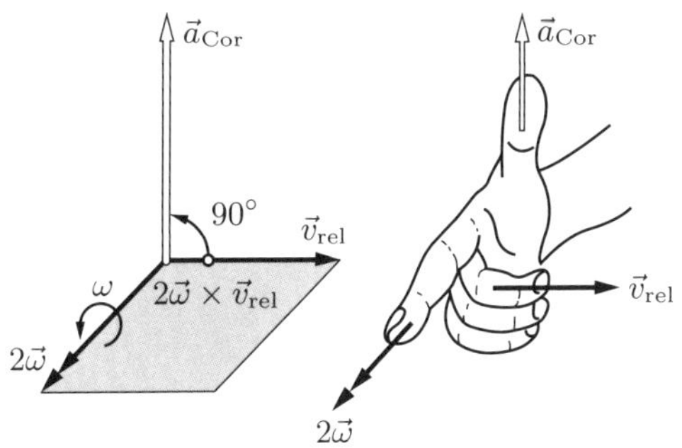

Abb. 4-32: Rechte-Hand-Regel für die Richtung der CORIOLIS-Beschleunigung

Die obigen Betrachtungen sind zunächst nur für eine radiale Bewegung auf einem mit ω rotierenden Führungssystem angestellt worden. Wie im vorigen Abschnitt gezeigt wurde, ist die Winkelgeschwindigkeit eines starren Körpers unabhängig vom Bezugspunkt, d.h. der Vektor $\vec{\omega}$ ist parallel verschieblich. Aus diesem Grunde ist die Beziehung für $\vec{a}_{\text{cor}}$ für eine beliebige Relativbahn gültig, die sich mit ω dreht. Es gilt unverändert, daß $\vec{a}_{\text{cor}}$ im Drehsinn von ω um 90° gegenüber einer beliebig auf das Führungssystem bezogenen Relativitätsgeschwindigkeit $\vec{v}_{\text{rel}}$ gedreht ist.

Es gilt deshalb allgemein

$$a_{\text{cor}} = 2\omega \cdot v_{\text{rel}} \qquad (4\text{-}12)$$

Weiterhin ist zu beachten, daß bei gekrümmter Relativbahn der Vektor $\vec{a}_{\rm rel}$ sich aus Normal- und Tangentialbeschleunigung zusammensetzt (s. Beispiel 3).

Beispiel 1 (Abb. 4-33)

Die Abbildung zeigt einen Schubkurventrieb. Der senkrechte Stößel soll durch die mit konstanter Geschwindigkeit bewegte Schubkurve möglichst „weich" auf die Geschwindigkeit v_1 gebracht werden. Ein solches Anfahren erreicht man, wenn die Beschleunigung von null ausgehend stetig ansteigt und nach einem Maximum wieder auf null fällt. Den beschriebenen Verlauf erfüllt z.B. eine sin-Kurve im Bereich 0 bis π. Nach dieser Gesetzmäßigkeit soll deshalb der Stößel beschleunigt werden. Zu bestimmen ist in allgemeiner Form die Gleichung der Schubkurve. Diese ist für folgende Daten auszuwerten:

Endgeschwindigkeit des Stößels $v_1 = 0{,}20\,\mathrm{m/s}$

Breite der Schubkurve im Beschleunigungsteil $b = 400\,\mathrm{mm}$,

Beschleunigungszeit $t_{\rm b} = 0{,}80\,\mathrm{s}$.

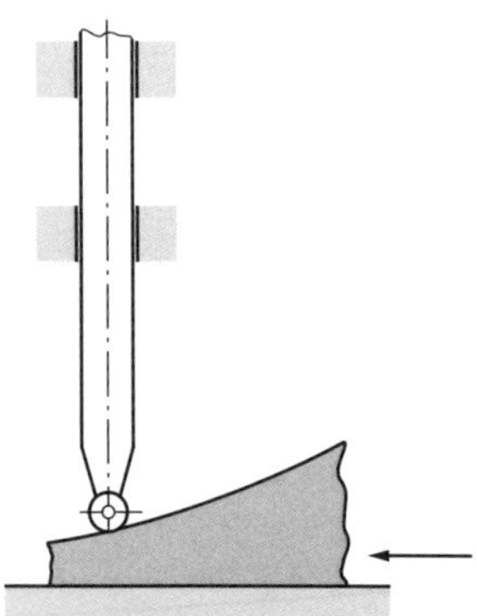

Abb. 4-33: Schubkurventrieb

Lösung

Zunächst ist es notwendig, den Zusammenhang zwischen Stößel- und Schubkurvengeschwindigkeit herzustellen. Die Schubkurve soll das geführte System darstellen. Der Stößelfuß gleitet auf der Schubkurve relativ zu dieser mit $\vec{v}_{\rm rel}$, der ruhende Beobachter sieht den Stößel mit $\vec{v}$ nach oben bewegt (Absolutgeschwindigkeit). Die vektorielle Addition zeigt die Abb. 4-34. Diese liefert die Beziehung ($\vec{v}_{\rm f}$ hat negative Richtung)

$$\tan\beta = \frac{v}{-v_{\rm f}} = \frac{\mathrm{d}y}{\mathrm{d}x}. \qquad (1)$$

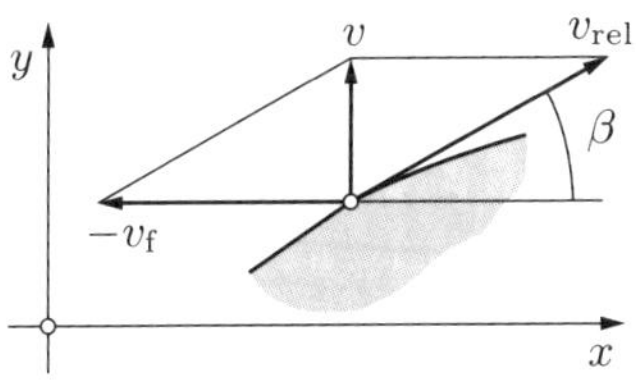

Abb. 4-34: Geschwindigkeiten an der Schubkurve

Nach Aufgabenstellung ist

$$a = a_{max} \cdot \sin(kx). \tag{2}$$

Aus der vorgegebenen Endgeschwindigkeit und der Breite der Kurvenscheibe müssen die Konstante k und die maximale Beschleunigung bestimmt werden. Die Geschwindigkeit ist

$$v = \int a \cdot \mathrm{d}t.$$

Da hier eine Abhängigkeit von der Lage x und nicht von der Zeit t vorgegeben ist, wird x durch Erweiterung eingebracht

$$v = \int a \cdot \frac{\mathrm{d}x}{\mathrm{d}x} \cdot \mathrm{d}t = \int a \cdot \frac{1}{\frac{\mathrm{d}x}{\mathrm{d}t}} \cdot \mathrm{d}x.$$

Dabei ist $\frac{\mathrm{d}x}{\mathrm{d}t} = -v_f =$ konst und damit

$$v = -\frac{1}{v_f} \int a \cdot \mathrm{d}x = -\frac{a_{max}}{v_f} \int \sin(kx) \cdot \mathrm{d}x$$

$$v = +\frac{a_{max}}{v_f} \cdot \frac{1}{k} \cdot \cos(kx) + C_1.$$

Die Integrationskonstante C_1 erhält man aus der Randbedingung

$$v = 0 \quad \text{für} \quad x = 0$$

$$0 = +\frac{a_{max}}{v_f} \cdot \frac{1}{k} + C_1 \Longrightarrow C_1 = -\frac{a_{max}}{k \cdot v_f}.$$

Damit ist

$$v = \frac{a_{max}}{k \cdot v_f}[\cos(kx) - 1]. \tag{3}$$

Das Ende des Beschleunigungsvorgangs ist gekennzeichnet durch

$$x = b \text{ für } a = 0 \text{ und } v = v_1.$$

Das Einsetzen in (2) und (3) führt zu

$$0 = a_{\max} \cdot \sin(kb) \Longrightarrow kb = \pi \Rightarrow k = \frac{\pi}{b}$$

$$v_1 = \frac{a_{\max}}{\frac{\pi}{b} \cdot v_{\mathrm{f}}} \left[\cos\left(\frac{\pi}{b} \cdot b\right) - 1\right].$$

Mit $\cos \pi = -1$ ist

$$a_{\max} = -\frac{\pi \cdot v_1 \cdot v_{\mathrm{f}}}{2b}.$$

Die Terme $a_{\max}$ und k werden in (2) und (3) eingesetzt. Nach teilweisem Kürzen und Umrechnen auf Gradmaß ($\pi \mathrel{\hat{=}} 180°$) ist

$$a = -\frac{\pi \cdot v_1 \cdot v_{\mathrm{f}}}{2b} \sin\left(\frac{x}{b} \cdot 180°\right) \tag{4}$$

$$v = -\frac{\pi \cdot v_1 \cdot v_{\mathrm{f}} \cdot b}{2b \cdot \pi \cdot v_{\mathrm{f}}} \left[\cos\left(\frac{x}{b} \cdot 180°\right) - 1\right]$$

$$v = \frac{v_1}{2} \left[1 - \cos\left(\frac{x}{b} 180°\right)\right]. \tag{5}$$

Es gilt, den Zusammenhang zwischen der Lage des Stößels y und der Schubkurve x zu finden. Die Gleichung (1) liefert

$$\mathrm{d}y = -\frac{v}{v_{\mathrm{f}}} \cdot \mathrm{d}x \Rightarrow y = -\frac{1}{v_{\mathrm{f}}} \int v \cdot \mathrm{d}x.$$

Diese Beziehung erhält man auch aus der Integration der Gleichung (5)

$$y = \int v_{\mathrm{y}} \cdot \mathrm{d}t \quad \text{mit} \quad v = v_{\mathrm{y}} \quad \text{und} \quad \frac{\mathrm{d}x}{\mathrm{d}t} = -v_{\mathrm{f}}$$

$$y = \int \frac{v}{\mathrm{d}x/\mathrm{d}t} \cdot \mathrm{d}x = -\frac{1}{v_{\mathrm{f}}} \int v \cdot \mathrm{d}x.$$

Mit Gleichung (5) ist

$$y = -\frac{v_1}{2v_{\mathrm{f}}} \int \left[1 - \cos\left(\frac{x}{b} \cdot 180°\right)\right] \mathrm{d}x$$

$$y = -\frac{v_1}{2v_{\mathrm{f}}} \left[x - \frac{b}{\pi} \cdot \sin\left(\frac{x}{b} \cdot 180°\right)\right]. \tag{6}$$

Die Bedingung $y = 0$ für $x = 0$ ist erfüllt, d.h. die Integrationskonstante ist gleich Null. Somit stellt die Gleichung (6) die gesuchte Schubkurve dar. Die Gleichungen (4), (5) und (6) lauten für den vorgegebenen Fall mit

$$v_\mathrm{f} = -\frac{b}{\Delta t} = -\frac{0{,}40\,\mathrm{m}}{0{,}80\,\mathrm{s}} = -0{,}50\,\mathrm{m/s}$$

$$\underline{y = 0{,}200\left[x - \frac{400\,\mathrm{mm}}{\pi} \cdot \sin\left(\frac{x}{400\,\mathrm{mm}} \cdot 180^\circ\right)\right]}$$

$$\underline{v = 0{,}10\,\mathrm{m/s} \cdot \left[1 - \cos\left(\frac{x}{400\,\mathrm{mm}} \cdot 180^\circ\right)\right]}$$

$$\underline{a = 0{,}393\,\mathrm{m/s^2} \cdot \sin\left(\frac{x}{400\,\mathrm{mm}} \cdot 180^\circ\right).}$$

Die Schubkurve ist nach dem Beschleunigungsteil linear mit der Steigung $2/5 = v_1/v_\mathrm{f}$ auszuführen. Die Form der Schubkurve und das v-x- und a-x-Diagramm zeigt die Abb. 4-35.

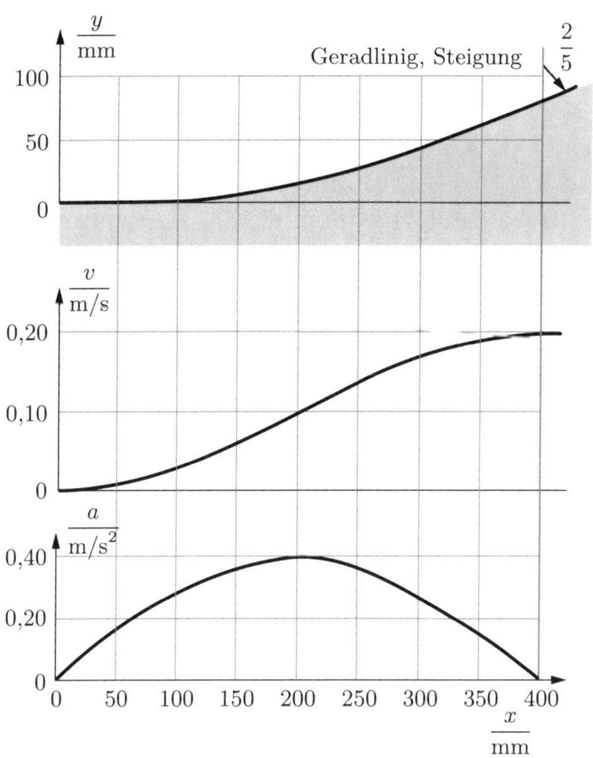

Abb. 4-35: Geometrie der Schubkurve und $v(x)$; $a(x)$-Diagramme für den Stößel

Beispiel 2

Die Kurbelschleife nach Abb. 4-7 soll hier weiter kinematisch untersucht werden. Für die dort gegebenen Daten sind zu bestimmen

a) die CORIOLIS-Beschleunigung des Bolzens B
b) die Beschleunigung mit der der Bolzen B im Schlitz gleitet,
c) die Winkelbeschleunigung der Schleife AB.

Lösung

Die Gleichung (4-11) muß für das vorliegende System ausgewertet werden. Das Führungssystem f ist die um A oszillierende Schleife AB. Die Führungsbeschleunigung kann man sich folgendermaßen anschaulich machen. Wie in der Abb. 4-36 gezeigt, denkt man sich neben dem Punkt, für den die Beschleunigungen zu be-

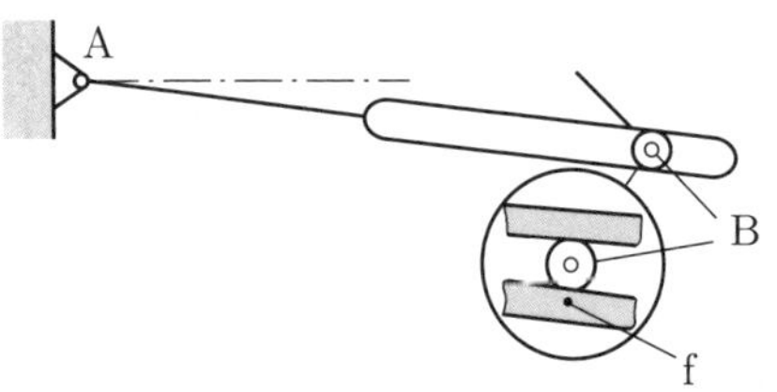

Abb. 4-36: Detail der Kurbelschleife Abb. 4-7

stimmen sind (hier Bolzen B), auf dem Führungssystem (hier Schleife AB) einen Punkt f markiert. Dieser unterliegt der Führungsbeschleunigung $\vec{a}_{\mathrm{f}}$. Im vorliegenden Fall beschreibt der Punkt f eine Kreisbahn mit dem Radius l_{AB}. Er ist mit $\vec{a}_{\mathrm{fn}}$ (Richtung zum Pol A) und $\vec{a}_{\mathrm{ft}}$ (senkrecht zum Radius) beschleunigt. Mit Hilfe der Ergebnisse von Beispiel 3; Abschnitt 4.2 kann man a_{fn} berechnen

$$a_{\mathrm{fn}} = l_{\mathrm{AB}} \cdot \omega_{\mathrm{AB}}^2 = 0{,}509\,\mathrm{m} \cdot 3{,}22^2\,\mathrm{s}^{-2} = 5{,}28\,\mathrm{m/s^2} \quad \measuredangle\, 6{,}32^\circ$$

Die CORIOLIS-Beschleunigung für B (Gl. (4-12))

$$a_{\mathrm{Cor\,B}} = 2 v_{\mathrm{B\,rel}} \cdot \omega_{\mathrm{AB}}$$

kann auch aus den bereits ermittelten Ergebnissen berechnet werden

$$\underline{a_{\mathrm{Cor\,B}}} = 2 \cdot 1{,}31\,\mathrm{m/s} \cdot 3{,}22\,\mathrm{s}^{-1} = \underline{8{,}44\,\mathrm{m/s^2}} \quad \measuredangle\, 6{,}32^\circ$$

Der Vektor $\vec{a}_{\mathrm{Cor}}$ ist um 90° im Drehsinn von ω gegenüber $\vec{v}_{\mathrm{rel}}$ gedreht (Abb. 4-31/4-32). Die Festlegung der Richtung zeigt die Abb. 4-37. Von den Größen der Gleichung (4-11) ist außerdem die resultierende Beschleunigung des Punktes B bekannt. Da die Drehzahl der Kurbel konstant ist, gilt

$$a_{\mathrm{Bres}} = a_{\mathrm{Bn}} = l_{\mathrm{CB}} \cdot \omega_{\mathrm{CB}}^2 = 0{,}15\,\mathrm{m} \cdot 14{,}0^2\,\mathrm{s}^{-2} = 29{,}4\,\mathrm{m/s^2} \quad \measuredangle\, 45^\circ$$

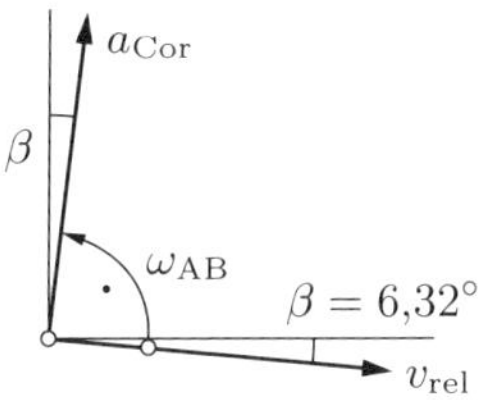

Abb. 4-37: Richtung der CORIOLIS-Beschleunigung für den Punkt B der Kurbelschleife

Der Vektor $\vec{a}_{Bres}$ ist zum Pol C gerichtet. Bei einer ungleichförmigen Drehung müßte die Tangentialbeschleunigung geometrisch überlagert werden.

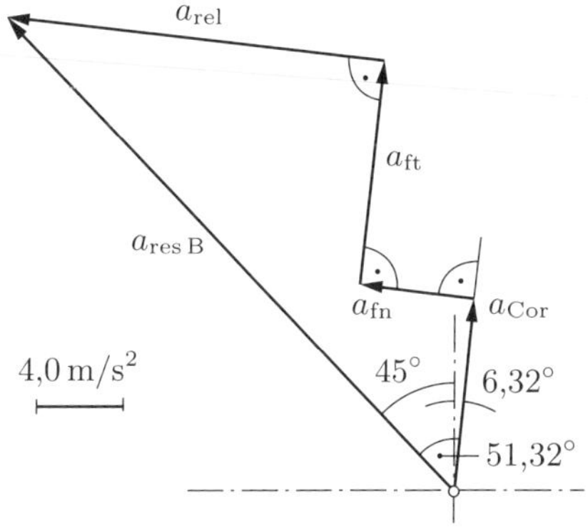

Abb. 4-38: Beschleunigungsplan für die Kurbelschleife

Die Gleichung (4-11) wird in ein Polygon umgesetzt. Die Konstruktion (Abb. 4-38) erfolgt folgendermaßen. Vom Ausgangspunkt werden der Vektor $\vec{a}_{Bres}$ und einer der bekannten Vektoren gezeichnet. Hier wurde $\vec{a}_{Cor}$ gewählt, an den $\vec{a}_{fn}$ angetragen wird. Es folgt die Wirkungslinie von $\vec{a}_{ft}$. Die vom Endpunkt des Vektors $\vec{a}_{Bres}$ gezeichnete Wirkungslinie von $\vec{a}_{rel}$ (Schlitz) schließt das Polygon. Die vektorielle Addition nach Gleichung (4-11)

$$\vec{a}_{res} = \vec{a}_{Cor} + \vec{a}_{fn} + \vec{a}_{ft} + \vec{a}_{rel}$$

liefert den Richtungssinn der Vektoren $\vec{a}_{ft}$ und $\vec{a}_{fn}$. Aus der Geometrie erhält man die Berechnungsgleichungen

$$a_{ft} = a_{Bres} \cdot \cos 51{,}3° - a_{Cor} = (29{,}4 \cdot \cos 51{,}3° - 8{,}44)\,m/s^2 = 9{,}94\,m/s^2$$

$$\underline{a_{rel}} = a_{Bres} \sin 51{,}3° - a_{fn} = (29{,}4 \cdot \sin 51{,}3° - 5{,}28)\,m/s^2 = \underline{17{,}67\,m/s^2}$$

Die Schleife dreht mit einer Winkelbeschleunigung von

$$\underline{\alpha_{AB}} = \frac{a_{ft}}{l_{AB}} = \frac{9{,}94\,m/s^2}{0{,}509\,m} = \underline{19{,}53\,s^{-2}} \circlearrowleft$$

Die Deutung der Richtungen führt auf folgende Aussagen:

Punkt B

v_{rel} $(\rightarrow)$; a_{rel} $(\leftarrow)$ $\Longrightarrow$ der Bolzen gleitet in der Schleife verzögert nach rechts.

Schleife AB

$\omega_{\text{AB}} \circlearrowleft$; $\alpha_{\text{AB}} \circlearrowleft$ $\Longrightarrow$ die Schleife dreht beschleunigt entgegengesetzt Uhrzeigersinn.

Beispiel 3

Die Abb. 4-39 zeigt vereinfacht einen Roboterarm, der gleichzeitig um die Gelenke A und B schwenkt. Für die nachstehend gegebenen Daten sind die Bewegungszustände der Punkte B; C; D; E zu bestimmen.

$l_{\text{AB}} = 1{,}50\,\text{m}$	$l_{\text{BC}} = 1{,}20\,\text{m}$
$l_{\text{AE}} = 0{,}75\,\text{m}$	$l_{\text{BD}} = 0{,}60\,\text{m}$
$\omega_{\text{AB}} = 5{,}0\,\text{s}^{-1} \circlearrowright$	$\omega_{\text{BC}} = 4{,}0\,\text{s}^{-1} \circlearrowleft$
verzögert mit	beschleunigt mit
$\alpha_{\text{AB}} = 40{,}0\,\text{s}^{-2}$	$\alpha_{\text{BC}} = 30{,}0\,\text{s}^{-2}$.

Die durch diese Bewegung verursachten Kräfte in den Gelenken werden im Beispiel 2 des Abschnitts 7.3.4 berechnet.

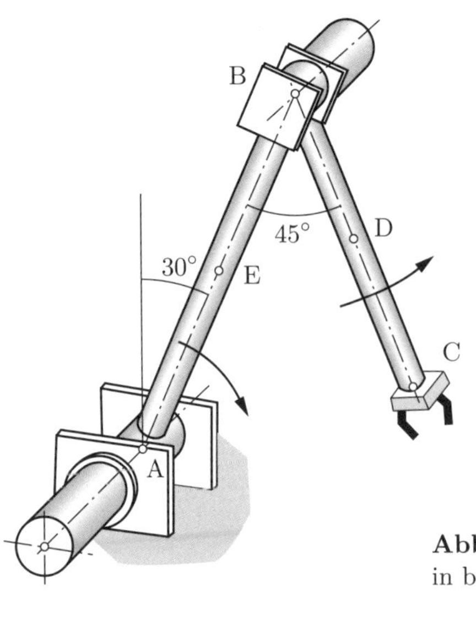

Abb. 4-39: Modell für einen Roboterarm mit Antrieb in beiden Gelenken

Lösung

Grundsätzlich ist diese Aufgabe auch nach dem Verfahren des Abschnittes 4.4 zu lösen. Dabei ist jedoch folgendes zu beachten. Die Schiebung von BC erfolgt mit der leicht zu ermittelnden Geschwindigkeit bzw. Beschleunigung des Punktes B, die überlagerte Drehung von BC um B jedoch mit der resultierenden Winkelgeschwindigkeit

$$\omega_{\mathrm{AB}} + \omega_{\mathrm{BC}} = -5{,}0\,\mathrm{s}^{-1} + 4{,}0\,\mathrm{s}^{-1} = -1{,}0\,\mathrm{s}^{-1}$$

und der resultierenden Winkelbeschleunigung

$$\alpha_{\mathrm{AB}} + \alpha_{\mathrm{BC}} = +40{,}0\,\mathrm{s}^{-2} + 30{,}0\,\mathrm{s}^{-2} = +70{,}0\,\mathrm{s}^{-2}.$$

Dem Leser sei dieser Lösungsweg als Übungsaufgabe empfohlen. Hier soll dieses Beispiel als Überlagerung von Relativ- und Führungsbewegung gelöst werden.

Die Führungsbewegung ist die Drehung um A. Man kann sich die Bewegung von C nach Abb. 4-40 auf einer um A rotierenden Scheibe vorstellen, wobei C sich relativ zur Scheibe auf einer kreisförmigen Schiene bewegt. Der Punkt f, auf den sich die Führungsbeschleunigungen beziehen, liegt auf der Scheibe neben C.

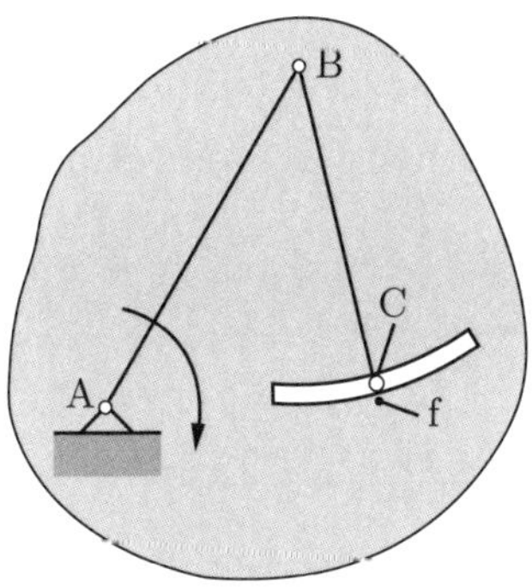

Abb. 4-40: Führungssystem für die Bewegung des Roboterarms

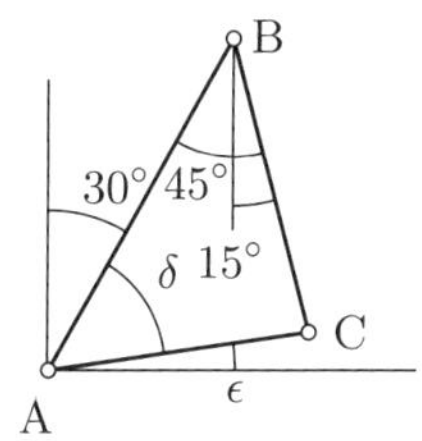

Abb. 4-41: Geometrie des Roboterarms

Geometrie (Abb. 4-41)

$$l_{\mathrm{AC}} = 1{,}070\,\mathrm{m}; \quad \varepsilon = 7{,}52°; \quad \delta = 52{,}48°;$$

Geschwindigkeit des Punktes C

$$\vec{v}_{\mathrm{C}} = \vec{v}_{\mathrm{f}} + \vec{v}_{\mathrm{rel}}$$

$$\vec{v}_{\mathrm{f}} = l_{\mathrm{AC}} \cdot \omega_{\mathrm{AB}} = 1{,}070\,\mathrm{m} \cdot 5{,}0\,\mathrm{s}^{-1} = 5{,}35\,\mathrm{m/s} \quad \measuredangle\ 7{,}52°$$

$$\vec{v}_{\mathrm{rel}} = l_{\mathrm{BC}} \cdot \omega_{\mathrm{BC}} = 1{,}20\,\mathrm{m} \cdot 4{,}0\,\mathrm{s}^{-1} = 4{,}80\,\mathrm{m/s}. \quad \measuredangle\ 15°$$

Nach Abb. 4-42 erhält man

$$v_C = 6{,}707\,\text{m/s} \quad \measuredangle\ 37{,}27^\circ.$$

Beschleunigung des Punktes C

Führungsbeschleunigungen

$$a_{ft} = l_{AC} \cdot \alpha_{AB} = 1{,}070\,\text{m} \cdot 40{,}0\,\text{s}^{-2} = 42{,}80\,\text{m/s}^2 \quad \measuredangle\ 7{,}52^\circ$$
$$a_{fn} = l_{AC} \cdot \omega_{AB}^2 = 1{,}070\,\text{m} \cdot 5{,}02\,\text{s}^{-2} = 26{,}75\,\text{m/s}^2 \quad \measuredangle\ 7{,}52^\circ$$

Relativbeschleunigungen

$$a_{relt} = l_{BC} \cdot \alpha_{BC} = 1{,}20\,\text{m} \cdot 30{,}0\,\text{s}^{-2} = 36{,}0\,\text{m/s}^2 \quad \measuredangle\ 15^\circ$$
$$a_{reln} = l_{BC} \cdot \omega_{BC}^2 = 1{,}20\,\text{m} \cdot 4{,}0^2\,\text{s}^{-2} = 19{,}2\,\text{m/s}^2 \quad \measuredangle\ 15^\circ$$

CORIOLIS-Beschleunigung

$$a_{Cor} = 2 \cdot \omega_{AB} \cdot v_{relC}$$
$$v_{relC} = l_{BC} \cdot \omega_{BC} = 1{,}20\,\text{m} \cdot 4{,}0\,\text{m/s} = 4{,}80\,\text{m/s}$$
$$a_{Cor} = 2 \cdot 5{,}0\,\text{s}^{-1} \cdot 4{,}80\,\text{m/s} = 48\,\text{m/s}^2.$$

Die Richtungsermittlung zeigt Abb. 4-43. Die Addition der Vektoren erfolgt

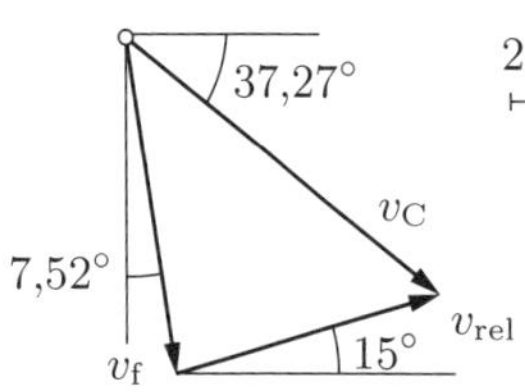

Abb. 4-42: Geschwindigkeitsdreieck für den Punkt C des Roboterarms

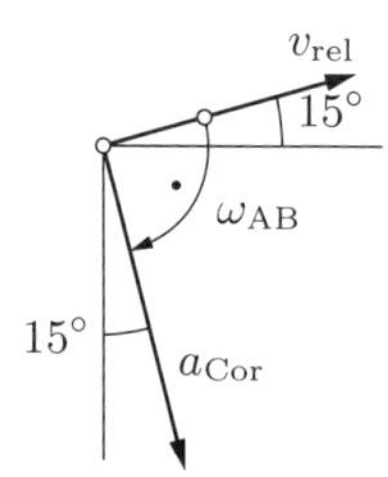

Abb. 4-43: Richtungsbestimmung für die CORIOLIS-Beschleunigung

nach Abb. 4-44 (Gl. (4-11)). Die Berechnung liefert

$$a_{Cx} = -\,a_{ft} \cdot \sin 7{,}52^\circ - a_{fn} \cdot \cos 7{,}52^\circ + a_{relt} \cdot \cos 15^\circ - a_{reln} \cdot \sin 15^\circ + a_{Cor} \cdot \sin 15^\circ$$
$$a_{Cx} = 10{,}11\,\text{m/s}^2 \rightarrow .$$
$$a_{Cy} = a_{ft} \cdot \cos 7{,}52^\circ - a_{fn} \cdot \sin 7{,}52^\circ + a_{relt} \cdot \sin 15^\circ + a_{reln} \cdot \cos 15^\circ - a_{Cor} \cdot \cos 15^\circ$$

$a_{Cy} = 20{,}42\,\text{m/s}^2 \uparrow$

$\underline{a_C = 22{,}79\,\text{m/s}^2 \quad \measuredangle\ 63{,}66°.}$

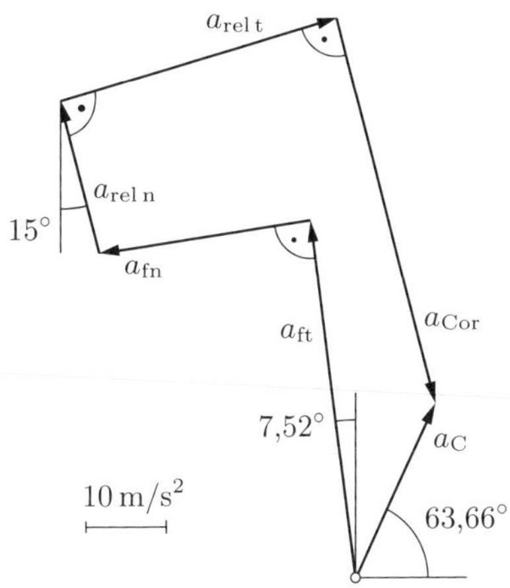

Abb. 4-44: Beschleunigungspolygon für den Punkt C des Roboterarms

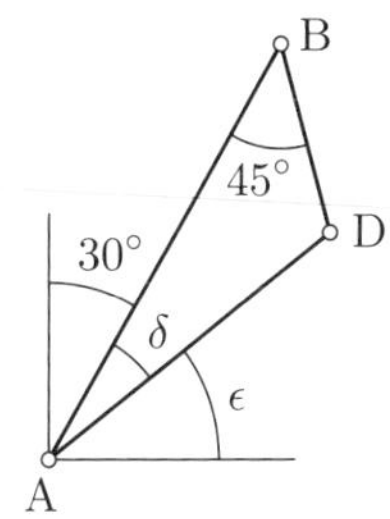

Abb. 4-45: Geometrie des Roboterarms

Beschleunigung des Punktes D

Geometrie (Abb. 4-45)

$$l_{AD} = 1{,}156\,\text{m}; \quad \delta = 21{,}52°; \quad \varepsilon = 38{,}48°.$$

Führungsbeschleunigungen

$$a_{ft} = l_{AD} \cdot \alpha_{AB} = 46{,}24\,\text{m/s}^2 \qquad \measuredangle\ 38{,}48°$$
$$a_{fn} = l_{AD} \cdot \omega_{AB}^2 = 28{,}90\,\text{m/s}^2 \qquad \measuredangle\ 38{,}48°$$

Relativbeschleunigung

$$a_{relt} = l_{BD} \cdot \alpha_{BC} = 18{,}0\,\text{m/s}^2 \qquad \measuredangle\ 15°$$
$$a_{reln} = l_{BD} \cdot \omega_{BC}^2 = 9{,}6\,\text{m/s}^2 \qquad \measuredangle\ 15°$$

Coriolis-Beschleunigungen

$$a_{Cor} = 2 \cdot \omega_{AB} \cdot v_{rel} \qquad v_{rel} = l_{BD} \cdot \omega_{BC} = 2{,}40\,\text{m/s}$$
$$a_{Cor} = 24\,\text{m/s}^2 \qquad \measuredangle\ 15°$$

Das Beschleunigungsvieleck zeigt die Abb. 4-46. Man erhält

$$\underline{a_{Dx} = -30{,}28\,\text{m/s}^2} \leftarrow \qquad \underline{a_{Dy} = +8{,}96\,\text{m/s}^2} \uparrow.$$

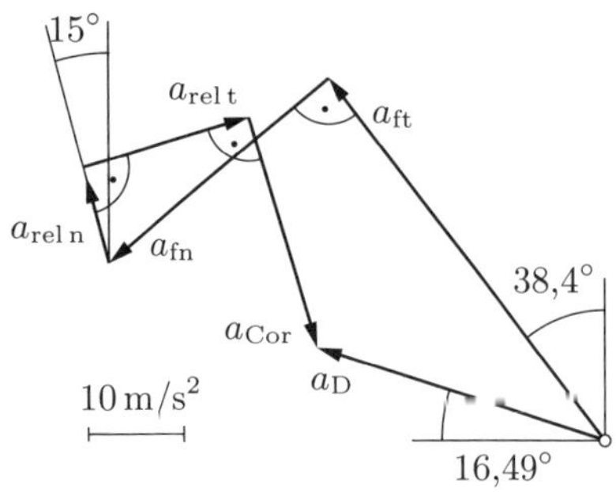

Abb. 4-46: Beschleunigungspolygon für den Punkt D des Roboterarms

Beschleunigung der Punkte B und E

Der Punkt B beschreibt eine Kreisbahn um A

$$a_{\text{Bt}} = l_{\text{AB}} \cdot \alpha_{\text{AB}} = 60\,\text{m/s}^2 \qquad \measuredangle\ 30°$$

$$a_{\text{Bn}} = l_{\text{AB}} \cdot \omega_{\text{AB}}^2 = 37{,}5\,\text{m/s}^2 \qquad \measuredangle\ 30°.$$

Das ergibt eine resultierende Beschleunigung von $a_{\text{B}} = 70{,}76\,\text{m/s}^2$, die man zerlegen kann in

$$\underline{a_{\text{Bx}} = -70{,}71\,\text{m/s}^2} \leftarrow \qquad \underline{a_{\text{By}} = -2{,}48\,\text{m/s}^2} \downarrow .$$

Auf gleichem Weg erhält man

$$\underline{a_{\text{Ex}} = -35{,}36\,\text{m/s}^2} \leftarrow \qquad \underline{a_{\text{Ey}} = -1{,}24\,\text{m/s}^2} \downarrow .$$

4.6 Zusammenfassung

Für die Schiebung eines starren Körpers in der Ebene gelten die in den Kapiteln 2 und 3 abgeleiteten Beziehungen.

Für die Drehung werden analog zur Schiebung folgende Größen definiert:

Winkel (Ortskoordinate) $\vec{\varphi}$,

Winkelgeschwindigkeit $$\vec{\omega} = \dot{\vec{\varphi}} = \frac{\mathrm{d}\vec{\varphi}}{\mathrm{d}t}, \qquad (4\text{-}1)$$

Winkelbeschleunigung $$\vec{\alpha} = \dot{\vec{\omega}} = \ddot{\vec{\varphi}} = \frac{\mathrm{d}\vec{\omega}}{\mathrm{d}t}. \qquad (4\text{-}2)$$

Für eine Drehung mit konstanter Winkelgeschwindigkeit ist

$$\varphi = \omega \cdot t + \varphi_0 \qquad (4\text{-}3)$$

mit konstanter Winkelbeschleunigung

$$\omega = \alpha \cdot t + \omega_0, \qquad (4\text{-}4)$$

$$\varphi = \frac{\alpha}{2} \cdot t^2 + \omega_0 \cdot t + \varphi_0. \qquad (4\text{-}5)$$

Alles, was zur geradlinigen Bewegung ausgeführt wurde, gilt sinngemäß für die Drehung. Es gilt folgende Analogie zwischen Schiebung und Drehung.

Schiebung		Drehung	
Ortskoordinate	s	Winkel	φ
Geschwindigkeit	v	Winkelgeschwindigkeit	ω
Beschleunigung	a	Winkelbeschleunigung	α

Auf einem starren Körper, der sich im allgemeinen Bewegungszustand befindet, seien zwei Punkte A und B markiert. Bei Drehung um den Pol A ist der Zusammenhang zwischen den Geschwindigkeiten von A und B

$$\vec{v}_{\mathrm{B}} = \vec{v}_{\mathrm{A}} + \vec{v}_{\mathrm{BA}}. \qquad (4\text{-}8)$$

Dabei ist $\vec{v}_{\mathrm{BA}}$ die Umfangsgeschwindigkeit des Punktes B bei Drehung um den Pol A. Für die Lösung von Aufgaben ist zu beachten, daß die Schiebung mit $\vec{v}_{\mathrm{A}}$ eine Drehung um Pol A erfordert.

Die Winkelgeschwindigkeit eines starren Körpers bei allgemeiner ebener Bewegung ist unabhängig vom Pol. Der Vektor $\vec{\omega}$ darf parallel verschoben werden (freier Vektor).

Die ebene Bewegung eines starren Körpers kann für jeden Zeitpunkt als Drehung um einen bestimmten Pol aufgefaßt werden (momentaner Drehpol). Dieser Pol, dessen Konstruktion in Abb. 4-18 gezeigt ist, wandert mit der Bewegung. Für den betrachteten Zeitpunkt können alle Geschwindigkeiten aus den einfachen Gesetzen der Drehung um diesen Pol bestimmt werden. Das gilt jedoch nicht für die Beschleunigungen.

Die Ermittlung der Beschleunigungen erfolgt auch über eine vektorielle Zusammensetzung aus Schiebung und Drehung

$$\vec{a}_{\mathrm{B}} = \vec{a}_{\mathrm{A}} + \vec{a}_{\mathrm{BAn}} + \vec{a}_{\mathrm{BAt}}. \tag{4-9}$$

Die Drehung um den Pol ergibt sowohl eine Normalbeschleunigung $\vec{a}_{\mathrm{BAn}}$ als auch eine Tangentialbeschleunigung $\vec{a}_{\mathrm{BAt}}$ des Punktes B. Ist die Schiebung selbst krummlinig, dann muß der Vektor $\vec{a}_{\mathrm{A}}$ aus Normal- und Tangentialkomponente zusammengesetzt werden. Schiebung mit $\vec{a}_{\mathrm{A}}$ erfordert Drehung um Pol A.

Die Winkelbeschleunigung eines starren Körpers ist vom Pol unabhängig. Der Vektor $\vec{\alpha}$ ist parallel verschiebbar (freier Vektor).

Werden zwei Bewegungen, eine Führungsbewegung (Index f) und eine zu dieser relative Bewegung (Index rel) überlagert, ergeben sich folgende Beziehungen für die resultierende

Geschwindigkeit

$$\vec{v} = \vec{v}_{\mathrm{rel}} + \vec{v}_{\mathrm{f}} \tag{4-10}$$

Beschleunigung

$$\vec{a} = \vec{a}_{\mathrm{rel}} + \vec{a}_{\mathrm{f}} + \vec{a}_{\mathrm{cor}} \tag{4-11}$$

Die CORIOLIS-Beschleunigung ist

$$a_{\mathrm{cor}} = 2\omega \cdot v_{\mathrm{rel}}. \tag{4-12}$$

Die Richtung von a_{cor} ist aus Abb. 4-31/4-32 ersichtlich.

Teil B: Kinetik

5 Das Dynamische Grundgesetz

5.1 Die NEWTONschen Gesetze

NEWTON[1] hat als erster versucht, die Physik systematisch aufzubauen. An den Anfang seines 1686 veröffentlichten Hauptwerkes „Philosophiae naturalis principia mathematica" stellt er vier Definitionen:

Definition 1

Die „Menge der Materie" *(Masse)* ist die (multiplikative) Vereinigung von Dichte und Volumen.

Das entspricht der Gleichung $m = \varrho \cdot V$ (Masse = Dichte × Volumen).

Definition 2

Die *Bewegungsgröße* ist die (multiplikative) Vereinigung von Masse und Geschwindigkeit $(m \cdot v)$.

Definition 3

Die der Masse innewohnende Kraft ist ihr Widerstandsvermögen *(Trägheit)*. Durch dieses verharrt ein Körper von sich aus entweder im Zustande der Ruhe oder der geradlinigen gleichförmigen Bewegung.

Definition 4

Eine wirkende *Kraft* ist das gegen einen Körper ausgeübte Bestreben, seinen Bewegungszustand zu ändern, entweder den der Ruhe oder den der gleichförmigen geradlinigen Bewegung.

Nachdem die Begriffe Masse, Bewegungsgröße, Trägheit, Kraft so definiert sind, formuliert NEWTON drei Gesetze.

[1] NEWTON, Isaac (1642–1727), englischer Gelehrter.

1. Gesetz

Jeder Körper verharrt in seinem Zustand der gleichförmigen, geradlinigen Bewegung, wenn er nicht durch einwirkende Kräfte gezwungen wird, diesen Zustand zu ändern.

2. Gesetz

Die Änderung der Bewegungsgröße ist der Einwirkung der bewegenden Kraft proportional. Die Änderung erfolgt in der Richtung, in der die Kraft aufgebracht wird.

3. Gesetz

Die Wirkung ist stets der Gegenwirkung gleich, die Wirkung zweier Körper aufeinander ist stets gleich und von entgegengesetzter Richtung.

Das erste Gesetz war die Basis für den in der Statik eingeführten Gleichgewichtsbegriff ($\sum F = 0; \sum M = 0$), das dritte Gesetz gehört zu den fünf Lehrsätzen der Statik, die in Band 1 behandelt wurden.

Für die Dynamik ist das 2. Gesetz von besonderer Wichtigkeit. Es wird deshalb *Dynamisches Grundgesetz* genannt. Seine Aussage muß mathematisch formuliert werden. Dabei ist zu beachten, daß die Formulierung „Einwirkung der Kraft" auch den Zeitbegriff enthält. Das resultiert aus folgender Überlegung: Wenn eine Masse m von einer Kraft $\vec{F}$ in Bewegung gesetzt wird, dann nimmt die Geschwindigkeit proportional mit der Einwirkungszeit der Kraft zu. In der NEWTONschen Formulierung ist auch die Vektoreigenschaft der Größen enthalten. Das führt zu

$$\vec{F} \cdot \Delta t \sim \Delta(m \cdot \vec{v}).$$

Da die Masse bereits definiert ist (Definition 1), kann die Gleichung zur Definition der Kraft benutzt werden. Über die Proportionalitätskonstante kann frei verfügt werden. Sie wird gleich 1 gesetzt, so ergibt sich aus der Proportion eine Gleichung

$$\vec{F} \cdot \Delta t = \Delta(m \cdot \vec{v}). \tag{1}$$

Für den starren Körper ist die Masse konstant,

$$\vec{F} \cdot \Delta t = m \cdot \Delta\vec{v}; \quad \vec{F} = m \cdot \frac{\Delta\vec{v}}{\Delta t}.$$

Für den Grenzübergang $\lim\limits_{\Delta t \to 0} \dfrac{\Delta\vec{v}}{\Delta t} = \vec{a}$ ist

$$\vec{F} = m \cdot \vec{a}. \tag{5-1}$$

Das ist die Definitionsgleichung für die Kraft

$$1\,\mathrm{N} = 1\,\mathrm{kg} \cdot 1\,\frac{\mathrm{m}}{\mathrm{s}^2}$$

In der Gleichung (5-1) ist $\vec{F}$ die auf eine Masse m von außen wirkende, resultierende Kraft, die die Beschleunigung $\vec{a}$ verursacht. Wenn sich alle aufgeprägten Kräfte gegenseitig aufheben, gilt

$$\vec{F} = 0 \Longrightarrow \sum F_\mathrm{x} = 0; \quad \sum F_\mathrm{y} = 0$$

Das sind die Gleichgewichtsbedingungen der Statik. Aus der NEWTONschen Gleichung folgt für diese Bedingung

$$\vec{a} = 0 = \frac{\mathrm{d}\vec{v}}{\mathrm{d}t} \Longrightarrow \vec{v} = \text{konst.}$$

Damit ist bestätigt, daß alle Gleichungen der Statik für geradlinige Bewegung mit konstanter Geschwindigkeit gelten. Ruhe ist der Sonderfall $v = 0$. Darauf wurde im Band 1 besonders hingewiesen.

Aus der Gleichung (5-1) folgt

$$m = \frac{F}{a} = \text{konst.}$$

Danach ist die Masse das Verhältnis der Kraft zu der Beschleunigung, die diese Kraft verursacht. Für einen bestimmten Körper ist dieses Verhältnis und damit die Masse unabhängig von der Lage, der Geschwindigkeit und der Zeit[2]. Je größer die Masse ist, um so größer muß auch die Kraft sein, um eine bestimmte Beschleunigung zu erreichen. Ihrem Wesen nach ist „Masse" ein Widerstand gegen Geschwindigkeitsänderung.

In dieser Definition ist auch der Widerstand gegen eine Richtungsänderung der Bewegung enthalten, da die Geschwindigkeit Vektoreigenschaft hat.

Für den freien Fall mit $F = F_\mathrm{G}$ und $a = g$ erhält man für die Gewichtskraft

$$\vec{F}_\mathrm{G} = m \cdot \vec{g}.$$

Die Masse ist im Gegensatz zur Gewichtskraft konstant. Deshalb ist sie eine Basiseinheit des SI-Systems (s. Band 1).

[2] Das gilt nicht mehr für Massen, die sich mit Geschwindigkeiten nahe der Lichtgeschwindigkeit bewegen (Relativitätstheorie – EINSTEIN 1879–1955).

Nach der Definition der Kraft kann die Gleichung (1) weiter entwickelt werden. Für den Grenzübergang erhält man

$$\vec{F} = \lim_{\Delta t \to 0} \frac{\Delta(m \cdot \vec{v})}{\Delta t},$$

$$\vec{F} = \frac{\mathrm{d}}{\mathrm{d}t}(m \cdot \vec{v}). \tag{5-2}$$

Die zeitliche Änderung der Bewegungsgröße $m \cdot \vec{v}$ ist gleich der äußeren Kraft, die diese Änderung verursacht.

Das ist die Aussage des Dynamischen Grundgesetzes.

Die Differentiation wird nach der Produktenregel durchgeführt,

$$\vec{F} = m \cdot \frac{\mathrm{d}\vec{v}}{\mathrm{d}t} + \vec{v} \cdot \frac{\mathrm{d}m}{\mathrm{d}t}.$$

Für den *starren* Körper ist $m = \text{konst.}$, $\frac{\mathrm{d}m}{\mathrm{d}t} = 0$ und damit $\vec{F} = m \cdot \vec{a}$. Das ist die Gleichung (5-1).

Für den *kontinuierlichen Massenstrom*, der sich mit konstanter Geschwindigkeit bewegt (z.B. Wasserstrahl), gilt

$$\frac{\mathrm{d}m}{\mathrm{d}t} = \text{konst.} = \dot{m} = \text{Massenstrom} \left(\frac{\text{Masse}}{\text{Zeiteinheit}}\right),$$

$$\vec{v} = \text{konst.}, \quad \frac{\mathrm{d}\vec{v}}{\mathrm{d}t} = 0.$$

Man erhält

$$\vec{F} = \dot{m} \cdot \vec{v}. \tag{5-3}$$

Nach dieser Gleichung berechnet man z.B. die Antriebskraft einer Rakete, die durch den Ausstoß eines Gases $\dot{m}$ mit der Geschwindigkeit v entsteht.

Das Dynamische Grundgesetz kann ohne Verwendung besonderer Transformationsgleichungen nur in einem Koordinatensystem angewendet werden, das in Ruhe ist oder geradlinig mit konstanter Geschwindigkeit bewegt wird (Inertialsystem). Ein mit der Erdoberfläche verbundenes System erfüllt diese Bedingung nicht. Auf Grund der Erdrotation, der Drehung der Erde um die Sonne usw. treten Normalbeschleunigungen auf. Für die überwiegende Anzahl aller Ingenieuraufgaben ist es jedoch bei weitem ausreichend, die Erdoberfläche als Bezugssystem zu wählen.

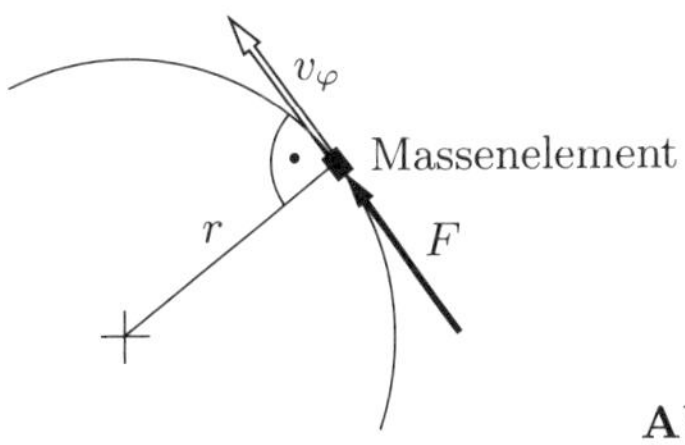

Abb. 5-1: Massenpunkt auf Kreisbahn

Das Grundgesetz soll auf ein Massenelement m angewendet werden, das sich nach Abb. 5-1 auf einer Kreisbahn bewegt. Da hier Vorgänge in der Ebene behandelt werden, wird auf die Vektorschreibweise verzichtet. Das auf den Mittelpunkt des Kreises bezogene Moment ist unter Verwendung der Gleichung (5-2)

$$M = F \cdot r = \frac{\mathrm{d}}{\mathrm{d}t}(m \cdot v_\varphi) \cdot r$$

Für den Kreisbogen gilt $r =$ konst. Die Ableitung erfolgt nach der Produktenregel

$$M = m \cdot r \cdot \frac{\mathrm{d}v_\varphi}{\mathrm{d}t} + v_\varphi \cdot r \cdot \frac{\mathrm{d}m}{\mathrm{d}t} \tag{2}$$

Mit $v_\varphi = r \cdot \omega$ erhält man

$$M = m \cdot r^2 \cdot \frac{\mathrm{d}\omega}{\mathrm{d}t} + v_\varphi \cdot r \cdot \frac{\mathrm{d}m}{\mathrm{d}t}.$$

Das Produkt $m \cdot r^2$ ist das *Massenträgheitsmoment* J des Massenelementes bezogen auf den Mittelpunkt der Kreisbahn (siehe Band 2 und Kapitel 6 dieses Buches).

Für den starren Körper ist

$$m = \text{konst.}, \quad \frac{\mathrm{d}m}{\mathrm{d}t} = 0,$$

$$M = J \cdot \frac{\mathrm{d}\omega}{\mathrm{d}t} = J \cdot \alpha. \tag{5-4}$$

oder in Vektorschreibweise

$$\vec{M} = J \cdot \vec{\alpha}$$

Die in Kapitel 4 aufgestellte Analogie zwischen Schiebung und Drehung kann erweitert werden.

Schiebung		Drehung	
Kraft	F	Moment	M
Masse	m	Massenträgheitsmoment	J
Beschleunigung	a	Winkelbeschleunigung	α

Für einen kontinuierlichen Massenstrom mit $v_\varphi =$ konst. gilt nach Gleichung (2)

$$\frac{\mathrm{d}v_\varphi}{\mathrm{d}t} = 0; \quad \frac{\mathrm{d}m}{\mathrm{d}t} = \dot{m} = \text{konst. (Massenstrom)},$$

$$M = \dot{m} \cdot r \cdot v_\varphi. \tag{5-5}$$

Diese Gleichung formuliert das Wirkungsprinzip der Strömungsmaschinen (Turbinen, Turboverdichter u.ä.). In vorliegender Form kann man mit ihrer Hilfe z.B. das in einer Turbine vom Fluid erzeugte Moment berechnen. Eine einfache Umwandlung führt auf die EULERsche[3] Turbinengleichung

5.2 Das D'ALEMBERTsche Prinzip[4]

An einer starren Scheibe greifen die in Abb. 5-2 gezeichneten Kräfte an. Wie im Band 1 dargelegt, kann man ein ebenes Kräftesystem im beliebigen Punkt durch

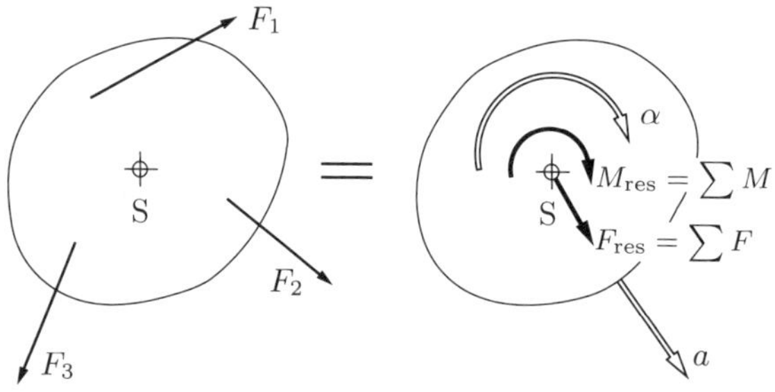

Abb. 5-2: Kräfte an einer starren Scheibe

die Resultierende $\vec{F}_{res} = \sum \vec{F}$ und ein Moment (Kräftepaare) ersetzen. Das geschieht hier für den Schwerpunkt. Die angreifende Resultierende verursacht eine Beschleunigung in gleicher Richtung, das Moment eine Winkelbeschleunigung. Es gelten die Gleichungen (5-1)/(5-4)

$$\sum \vec{F} = m \cdot \vec{a}; \quad \sum \vec{M} = J \cdot \vec{\alpha}.$$

[3] Leonhard EULER (1707–1783), schweizer Mathematiker.
[4] Jean le Rond D'ALEMBERT (1717–1783), französischer Gelehrter.

Diese Gleichungen kann man folgendermaßen umstellen

$$\sum \vec{F} - m \cdot \vec{a} = 0; \quad \sum \vec{M} - J \cdot \vec{\alpha} = 0.$$

Für den Fall $\vec{a} = 0$ und $\vec{\alpha} = 0$ erhält man

$$\sum \vec{F} = 0; \quad \sum \vec{M} = 0.$$

Das sind die Gleichgewichtsbedingungen der Statik. Es bietet sich deshalb an, die Kraft $m \cdot \vec{a}$ und das Moment $J \cdot \vec{\alpha}$ in das Kräftesystem mit negativen Vorzeichen, d.h. entgegengesetzt der Beschleunigungsrichtungen, einzuführen und wie äußere Kräfte und Momente zu behandeln. Das so ergänzte System kann nach den Gesetzen der statischen Gleichgewichtsbedingungen behandelt werden. Nach diesem von D'ALEMBERT formulierten Arbeitsprinzip ist es möglich, eine Aufgabe der Kinetik auf eine Aufgabe der Statik zu reduzieren. Das Arbeitsprinzip von D'ALEMBERT ist ausführlich im Kapitel 7 behandelt.

5.3 Der Energiesatz

Der Energiesatz stellt auch eine Umwandlungsform des Dynamischen Grundgesetzes dar. Integriert man die Kraft über den Weg, dann ergibt sich (Gl. (5-1) und Gl. (2-8))

$$\int_{s_1}^{s_2} \vec{F} \cdot \mathrm{d}\vec{s} = m \cdot \int_{s_1}^{s_2} \vec{a} \cdot \mathrm{d}\vec{s} = m \cdot \int_{v_1}^{v_2} \vec{v} \cdot \mathrm{d}\vec{v} = \frac{m}{2}(v_2^2 - v_1^2).$$

Die Arbeit der Kraft F ist gleich der Änderung der kinetischen Energie. Der Energiesatz ist ausführlich im Kapitel 8 behandelt.

Die Vektorschreibweise bringt zum Ausdruck, daß eine Kraft nur dann eine Arbeit entlang einer Bahn verrichtet, wenn sie in Richtung dieser Bahn liegt. Die Begriffe Arbeit, Leistung, Energie werden ausführlich in Kap. 8 erläutert.

6 Impuls und Drall

6.1 Einführung

Das Dynamische Grundgesetz ist unmittelbar im *Impulssatz* umgesetzt. Die Aussage „Kraft = Masse × Beschleunigung“ ist eine Schlußfolgerung aus diesem. Insofern steht der Impulssatz im Zentrum der Kinetik. Bei seiner Anwendung werden zwei Zustände eines mechanischen Systems verglichen. Der Zustand „vorher“ plus der Einwirkung der Kräfte ergibt den Zustand „nachher“. Wegen des Zeitunterschiedes „vorher“ – „nachher“ ist es möglich, auch zeitlich variable Kräfte in ihrer Wirkung zu erfassen. Das ist einer der Vorteile des Impulssatzes.

Die Anwendung erfolgt zunächst auf den *Massenpunkt*. Dieser stellt eine mathematische Abstraktion dar, die auf die reale Masse übertragen werden kann, wenn alle Teile die gleiche Bahn beschreiben. Aus der Vorgabe $\vec{F} = 0$ (*freies System*) folgt unmittelbar der *Impulserhaltungssatz*. Erst mit seiner Hilfe ist u.a. der *Stoß* zweier Massen rechnerisch erfaßbar.

Anschließend werden Kräfte berechnet, die ein *kontinuierlicher Massenstrom* auf Bauteile ausübt. Ein solcher kann durch ein strömendes Fluid oder Schüttgut realisiert sein.

Beim *starren Körper* müssen die Fälle Schiebung, Drehung und allgemeine Bewegung unterschieden werden. Die beiden letzten erfordern die Definition und Berechnung von Massenträgheitsmomenten und Zentrifugalmomenten für beliebige Achsen eines Körpers (*Hauptachsenproblem*). Die Anwendung des Impulssatzes auf ein rotierendes System liefert den *Drallsatz*. Im Rechenansatz können zeitlich variable Momente erfaßt werden. Aus der Bedingung $\vec{M} = 0$ (*freies System*) ergibt sich der *Drallerhaltungssatz*. Dieser ermöglicht u.a. die Berechnung exzentrischer Stöße.

Im letzten Abschnitt gilt die zunächst eingeführte Voraussetzung, daß Momentenvektor und der Vektor der Winkelgeschwindigkeit kollinear sind, nicht mehr. Der Drallsatz wird auf den schnellen rotationssymmetrischen *Kreisel* bei Rotation um die Hauptachse des maximalen Trägheitsmomentes angewendet. Trotz der Einschränkungen decken die Ergebnisse einen überraschend großen Teil der ingenieurmäßigen Anwendung ab und erklären Phänomene, die zunächst unverständlich sind.

In der Mechanik gibt es drei Erhaltungssätze. Einige Probleme sind nur mit diesen lösbar. Zwei resultieren aus dem Impulssatz. Das und die Tatsache, daß er auf Fluide anwendbar ist, begründet die besondere Wichtigkeit und den ersten Platz in diesem Buch im Teil Kinetik. Der dritte Erhaltungssatz gilt für die Energie.

6.2 Der Impuls des Massenpunktes

6.2.1 Der Impulssatz

Der Begriff *Massenpunkt* ist eine Abstraktion. Da ein Punkt im mathematischen Sinne keine Ausdehung hat, kann er auch keine Masse haben. Gemeint ist zunächst ein Körper sehr geringer Erstreckung, der eine endliche Masse hat. Es kommt jedoch in einem System nicht auf die absoluten Abmessungen an, sondern auf die Proportionen zueinander. Demnach kann man durchaus sinnvoll z.B. eine Sonne trotz unvorstellbar großer Abmessungen für viele Berechnungen als Massenpunkt innerhalb des Kosmos annehmen. Es kommt offensichtlich nur darauf an, daß man sich für die Lösung einer bestimmten Aufgabe die gesamte Masse und alle Kräfte im Schwerpunkt des Körpers vereinigt denken kann. Dies kann man tun, wenn alle Massenteilchen die gleiche Bahn beschreiben wie das Massenteilchen, das gerade im Schwerpunkt liegt. Das ist die Bedingung für die Schiebung eines starren Körpers. Der Begriff Massenpunkt soll hier nicht im Sinne einer kleinen Masse, sondern wie oben erläutert benutzt werden.

Dieses Kapitel befaßt sich ausführlich mit dem Grundgesetz der Dynamik, wie es im Abschnitt 5.1 formuliert wurde. Die Gleichung (5-2)

$$\vec{F} = \frac{\mathrm{d}}{\mathrm{d}t}(m \cdot \vec{v})$$

wird in die Form

$$\vec{F} \cdot \mathrm{d}t = \mathrm{d}(m \cdot \vec{v})$$

gebracht und integriert. Bei der Einwirkung von mehreren Kräften ist $\vec{F}$ die Resultierende. Diese muß nicht konstant sein, sondern kann sich mit der Zeit ändern.

$$\int_{t_0}^{t_1} \vec{F} \cdot \mathrm{d}t = m \cdot \vec{v_1} - m \cdot \vec{v_0}. \tag{6-1}$$

Die Größe $\int F \cdot \mathrm{d}t$ nennt man *Impuls*. Im F-t-Diagramm, das die Abhängigkeit der Kraft von der Zeit wiedergibt, entspricht der Impuls der eingeschlossenen Fläche. Die Gleichung (6-1) formuliert den Impulssatz.

Der Impuls der Summe der äußeren Kräfte ist gleich der Änderung der Bewegungsgröße.

Das ist in anderen Worten die Aussage des Dynamischen Grundgesetzes. Nach einer Umstellung erhält man

$$m \cdot \vec{v}_0 + \int_{t_0}^{t_1} \vec{F} \cdot \mathrm{d}t = m \cdot \vec{v}_1 .$$

Diese Gleichung kann nach Abb. 6-1 folgendermaßen gedeutet werden. Eine Masse m bewegt sich in vorgegebener Richtung mit der Geschwindigkeit $\vec{v}_0$. Es greift für eine Zeit eine resultierende Kraft $\vec{F}$ an, die nicht konstant sein muß. Der Impuls dieser Kraft wird durch Integration $\int F \cdot dt$ ermittelt. Für viele Fälle kann das über eine „Flächen"-bestimmung im F-t-Diagramm erfolgen. Nach der Einwirkung dieses Impulses bewegt sich die Masse in geänderter Richtung mit der neuen Geschwindigkeit $\vec{v}_1$ · Die Bewegungsgröße $m \cdot \vec{v}_1$ und damit die neue Bewegungsrichtung und Geschwindigkeit können nach Abb. 6-1 vektoriell bestimmt werden.

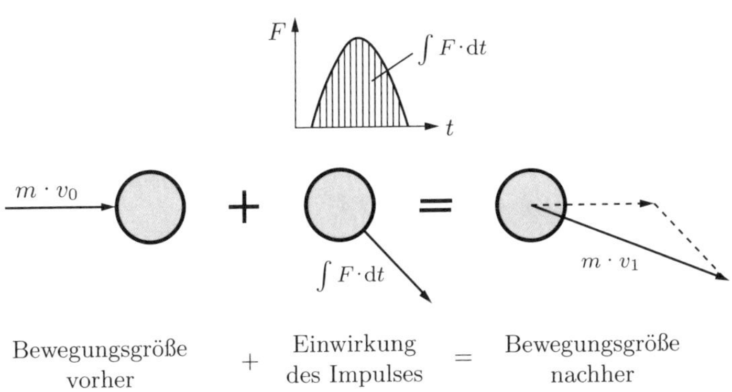

Abb. 6-1: Deutung des Impulssatzes

Für eine geradlinige Bewegung kann man auf die Vektorschreibweise verzichten. Sonst ist es meistens zweckmäßig, die Kräfte und die Geschwindigkeiten in Komponenten zu zerlegen. Da jetzt die einzelnen Richtungen festliegen, ist eine Vektorbezeichnung überflüssig. Für die Bewegung in der Ebene gilt im Kartesischen Koordinatensystem

$$\left.\begin{aligned} m \cdot v_{0\mathrm{x}} + \int_{t_0}^{t_1} F_{\mathrm{x}} \cdot \mathrm{d}t &= m \cdot v_{1\mathrm{x}}, \\ m \cdot v_{0\mathrm{y}} + \int_{t_0}^{t_1} F_{\mathrm{y}} \cdot \mathrm{d}t &= m \cdot v_{1\mathrm{y}}. \end{aligned}\right\} \tag{6-2}$$

Greifen mehrere äußere Kräfte an einem Massenpunkt an, dann sind F_{x} und F_{y}, wie oben bereits ausgeführt, die Resultierenden.

Der Impulssatz eignet sich besonders für die Lösung von Aufgaben, in denen Masse, Geschwindigkeit, Kraft und Zeit miteinander verknüpft sind. Seine Anwendung ist besonders vorteilhaft, wenn einwirkende Kräfte (Momente) zeitlich veränderlich sind.

Beispiel 1 (Abb. 6-2)

Im abgebildeten System wird die Masse A heraufgezogen. Die Masse B wirkt als partieller Ausgleich. Es soll der Bewegungsablauf untersucht werden, wenn der Motor ausfällt und die Rücklaufbremse versagt. Allgemein und für die gegebenen Daten sind zu bestimmen:

a) die Abhängigkeit $v_{\mathrm{A}}(t)$,
b) der Umkehrpunkt und die -zeit,
c) die Seilkräfte,
d) die Aufprallgeschwindigkeit der Masse A am Ende des Vorgangs.

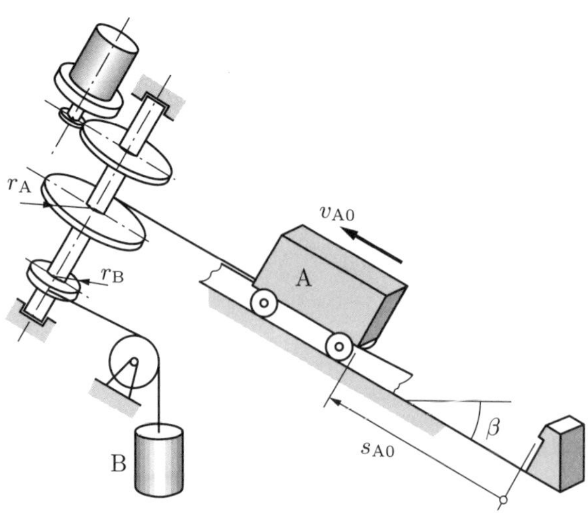

Abb. 6-2: Wagen auf Rampe (Beispiel 1)

Die Trägheitsmomente können noch nicht berücksichtigt werden. Sie seien vernachlässigbar klein. Das soll auch für die Reibung gelten.

$$m_A = 1000\,\text{kg}; \quad m_B = 600\,\text{kg}; \quad v_{A0} = 3{,}0\,\text{m/s}; \quad s_{A0} = 10{,}0\,\text{m};$$
$$r_A = 0{,}60\,\text{m}; \quad r_B = 0{,}20\,\text{m}; \quad \beta = 30°.$$

Lösung

Der Ansatz des Impulssatzes wird mit der Skizze Abb. 6-3 vorbereitet. Der Zustand 0 kennzeichnet den Zeitpunkt des Motorausfalls, der Zustand 1 einen variablen Zustand danach. Dabei wird angenommen, daß die Bewegungsrichtung erhalten bleibt: Zustand 1 kurz nach Motorausfall.

$$m_A \cdot v_{A0} + S_A \cdot t_1 - m_A \cdot g \cdot \sin\beta \cdot t_1 = m_A \cdot v_{A1}, \tag{1}$$
$$-m_B \cdot v_{B0} + S_B \cdot t_1 - m_B \cdot g \cdot t_1 = -m_B \cdot v_{B1}. \tag{2}$$

Eine Beziehung zwischen S_A und S_B liefert die Momentengleichung nach Abb. 6-4.

$$S_B \cdot r_B - S_A \cdot r_A = 0. \tag{3}$$

Das ist eine Aussage aus der Statik. Sie gilt nur, wenn die Trägheitsmomente der rotierenden Massen nicht berücksichtigt werden.

Aus der Kinematik der Welle ergibt sich

$$v_B = v_A \frac{r_B}{r_A}. \tag{4}$$

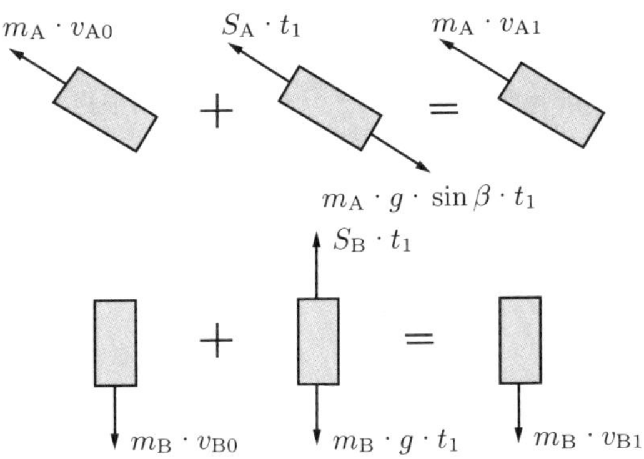

Abb. 6-3: Impulssatz für Wagen und Ausgleichsmasse nach Abb. 6-2.

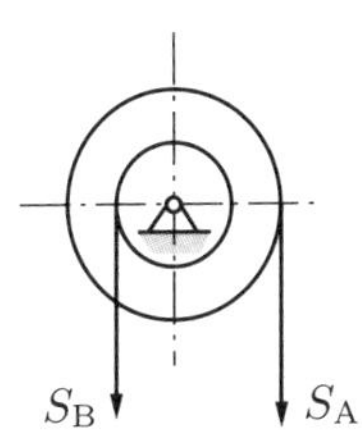

Abb. 6-4: Kräfte an der Stufenrolle

Das ist ein Gleichungssystem für die Unbekannten v_{A1}, v_{B1}, S_A, S_B. Wegen der konstant wirkenden Erdbeschleunigung sind die Seilkräfte während des Vorgangs konstant.

Die Gleichungen (1) und (2) führen auf

$$S_A = m_A \left(g \cdot \sin\beta + \frac{v_{A1} - v_{A0}}{t_1} \right) \tag{5}$$

$$S_B = m_B \left(g - \frac{r_B}{r_A} \cdot \frac{v_{A1} - v_{A0}}{t_1} \right) \tag{6}$$

Zu beachten ist, daß auf Grund der beschleunigten Bewegung die Seilkräfte nicht der statischen Belastung durch die Massen entsprechen.

Die Beziehungen (5) und (6) werden in die Gl. (3) eingesetzt. Nach einfachen Umwandlungen erhält man

$$\underline{v_{A1} = \frac{v_{A0}(m_A \cdot r_A^2 + m_B \cdot r_B^2) - g \cdot t_1(m_A \cdot r_A^2 \cdot \sin\beta - m_B \cdot r_A \cdot r_B)}{m_A \cdot r_A^2 + m_B \cdot r_B^2}}. \tag{7}$$

Das ist die gesuchte Beziehung $v_A\ (t_1)$. Für den Umkehrpunkt gilt $v_{A1} = 0$ und $t_1 = t_u$. Der Zähler der Gl. (7) wird gleich Null gesetzt. Das Ergebnis ist

$$\underline{t_u = \frac{v_{A0}(m_A \cdot r_A^2 + m_B \cdot r_B^2)}{g(m_A \cdot r_A^2 \cdot \sin\beta - m_B \cdot r_A \cdot r_B)}}. \tag{8}$$

Die zahlenmäßige Auswertung führt auf

$$t_u = 1{,}09\,\mathrm{s}$$

Die Seilkräfte sind konstant und können deshalb für jeden beliebigen Zeitpunkt berechnet werden. Am einfachsten ist die Auswertung für $t_1 = t_u$; $v_{A1} = 0$. Mit diesen Vorgaben erhält man aus den Gl. (5) und (6)

$$\underline{S_A} = 10^3\,\mathrm{kg}\left(9{,}81\,\mathrm{m/s^2} \cdot \sin 30^\circ - \frac{3{,}0\,\mathrm{m/s}}{1{,}09\,\mathrm{s}} \right) = \underline{2{,}15\,\mathrm{kN}},$$

$$\underline{S_B} = 600\,\mathrm{kg}\left(9{,}81\,\mathrm{m/s^2} + \frac{0{,}2\,\mathrm{m}}{0{,}6\,\mathrm{m}} \cdot \frac{3{,}0\,\mathrm{m/s}}{1{,}09\,\mathrm{s}} \right) = \underline{6{,}44\,\mathrm{kN}}.$$

Das Seil B wird gegenüber der statischen Belastung durch die Beschleunigung nach oben zusätzlich belastet, umgekehrt ist es für das Seil A.

Die Berechnung der Lage des Umkehrpunktes und der Aufprallgeschwindigkeit ist in allgemeiner Form sehr aufwendig. Deshalb soll mit Zahlenwerten gerechnet werden.

Aus $a =$ konst. folgt $v = \int a \cdot \mathrm{d}t = a \cdot t + v_0$ (Gl. (2-6)). Für den Umkehrpunkt erhält man

$$0 = a \cdot t_\mathrm{u} + v_0 \Rightarrow a = -\frac{v_0}{t_\mathrm{u}} = -2{,}76\,\mathrm{m/s^2}. \searrow$$

Aus $s = \int v \cdot \mathrm{d}t = \frac{a}{2}t^2 + v_0 \cdot t + s_{\mathrm{A0}}$ (Gl. (2-7)) ergibt sich damit für $s = s_\mathrm{u}$ mit den Einheiten

t	s	v	a
s	m	m/s	m/s^2

$$\underline{s_\mathrm{u}} = -\frac{2{,}76}{2}1{,}09^2 + 3{,}0 \cdot 1{,}09 + 10{,}0 = \underline{11{,}63\,\mathrm{m}}.$$

Da s vom Aufprallbock aus gemessen wird, bewegt sich A nach Ausfall des Motors etwa 1,6 m nach oben (Umkehrpunkt). Aus der Bedingung $s = 0$ kann der Zeitpunkt des Aufpralls t_t berechnet werden.

$$0 = -\frac{2{,}76}{2}t_\mathrm{t}^2 + 3{,}0 \cdot t_\mathrm{t} + 10{,}0.$$

Die Lösung dieser quadratischen Gleichung ist $t_\mathrm{t} = 3{,}99$ s. Jetzt kann man die Aufprallgeschwindigkeit bestimmen

$$\underline{v_\mathrm{t}} = -2{,}76\,\mathrm{m/s^2} \cdot 3{,}99\,\mathrm{s} + 3{,}0\,\mathrm{m/s} = \underline{-8{,}0\,\mathrm{m/s}.} \searrow$$

Der Vorgang vom Ausfall des Motors bis zum Aufprall der Masse dauert etwa 4 Sekunden. Kontrollieren kann man das Ergebnis v_t z.B. durch den Ansatz „Änderung der potentiellen Energie gleich kinetische Energie unmittelbar vor dem Prellbock“ für die Masse A zwischen Umkehr- und Aufprallpunkt.

Zum Schluß sollen noch einige Bemerkungen zum Lösungsweg gemacht werden. Grundsätzlich können, wie bereits ausgeführt, Aufgaben aus dem Bereich der Kinetik mit dem Impulssatz, dem Prinzip von D'ALEMBERT und dem Energiesatz gelöst werden. Welcher Weg am günstigsten ist, hängt von der Fragestellung ab. Für die hier vorliegende Fragestellung wäre das Prinzip von D'ALEMBERT günstiger. Jedoch hat man erst dann die Zusammenhänge erkannt und verstanden, wenn man ein Problem nach allen Methoden lösen kann. Deshalb sollen hier einige Aufgaben unabhängig von der Länge des Lösungsweges nach den drei Ansätzen gelöst werden.

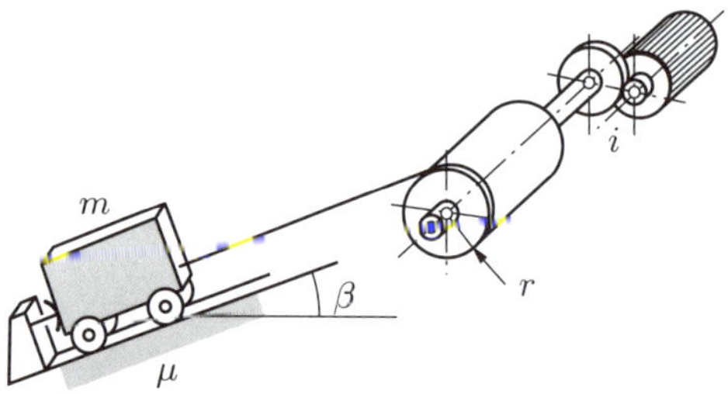

Abb. 6-5: Schrägaufzung (Beispiel 2)

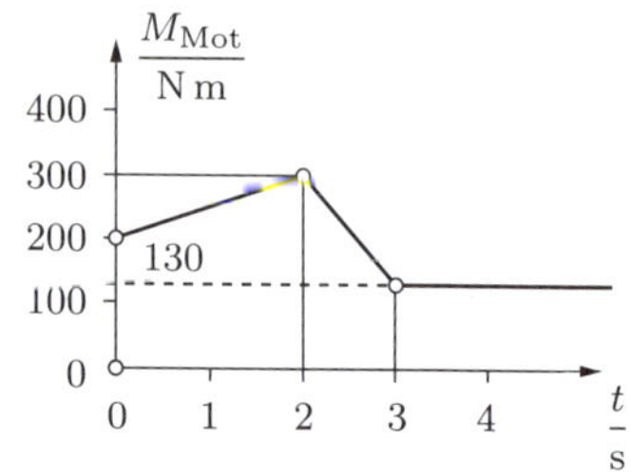

Abb. 6-6: $M(t)$-Diagramm für den Windenmotor Abb. 6-5

Beispiel 2 (Abb. 6-5/6-6)

In diesem Beispiel soll die Wirkung einer zeitlich veränderlichen Kraft erfaßt werden. Abgebildet ist ein Schrägaufzug. Der Motor treibt über ein Getriebe (Übersetzung i) eine Seiltrommel an. Die Masse m wird von Ruhe aus in Bewegung gesetzt ($t = 0$). Das Motormoment ändert sich nach dem Diagramm Abb. 6-6. Zu bestimmen sind:

a) die Geschwindigkeit der Masse für $t = 3{,}0\,\mathrm{s}$ und $5{,}0\,\mathrm{s}$,
b) die Motordrehzahl für $t = 3{,}0\,\mathrm{s}$,
c) die maximale Seilkraft,
d) die maximale Beschleunigung der Masse.

$$m = 3000\,\mathrm{kg}; \quad r = 0{,}20\,\mathrm{m}; \quad i = 10; \quad \beta = 10°; \quad \mu = 0{,}05 \text{ (Reibung)}.$$

Die Trägheitsmomente der rotierenden Massen sollen vernachlässigt werden.

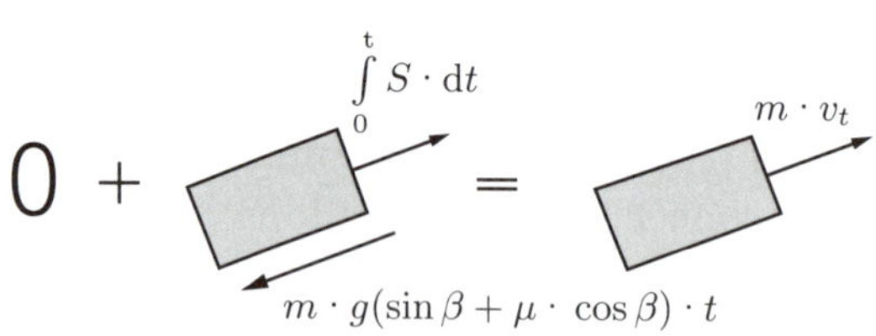

Abb. 6-7: Impulssatz für gehobene Masse von Schrägaufzug Abb. 6-5

Lösung

Der Ansatz des Impulssatzes wird mit der Abb. 6-7 vorbereitet

$$\int_0^t S \cdot \mathrm{d}t - m \cdot g(\sin\beta + \mu \cdot \cos\beta) \cdot t = m \cdot v_\mathrm{t}. \tag{1}$$

Dabei sind $m \cdot g \cdot \sin\beta$ der Hangabtrieb und $m \cdot g \cdot \cos\beta \cdot \mu$ die Reibungskraft.

Zunächst ist es notwendig, die Seilkraft S in Abhängigkeit vom Motormoment M_Mot zu formulieren

$$S \cdot r = i \cdot M_\mathrm{Mot} \Longrightarrow \int_0^t S \cdot \mathrm{d}t = \frac{i}{r}\int_0^t M_\mathrm{Mot} \cdot \mathrm{d}t.$$

Damit erhält man aus (1) die allgemeine Lösung für v_t

$$v_\mathrm{t} = \frac{i}{m \cdot r}\int_0^t M_\mathrm{Mot} \cdot \mathrm{d}t - g(\sin\beta + \mu \cdot \cos\beta) \cdot t.$$

Für $t = 3{,}0\,\mathrm{s}$ und $t = 5{,}0\,\mathrm{s}$ wird das Integral ausgewertet („Flächen"-bestimmung).

$$\int_{t=0}^{t=3,0s} M_\mathrm{Mot} \cdot \mathrm{d}t = 250\,\mathrm{N\,m} \cdot 2{,}0\,\mathrm{s} + \frac{1}{2}(130 + 300)\mathrm{N\,m} \cdot 1{,}0\,\mathrm{s} = 715\,\mathrm{N\,m\,s}.$$

$$\int_{t=0}^{t=5,0s} M_\mathrm{Mot} \cdot \mathrm{d}t = 715\,\mathrm{N\,m\,s} + 130\,\mathrm{N\,m} \cdot 2{,}0\,\mathrm{s} = 975\,\mathrm{N\,m\,s}.$$

Mit diesen Werten können die Geschwindigkeiten berechnet werden.

$$\underline{v_3} = \frac{10{,}0}{3 \cdot 10^3\,\mathrm{kg} \cdot 0{,}20\,\mathrm{m}} \cdot 715\,\mathrm{N\,m\,s} - 9{,}81\,\mathrm{m/s^2}(\sin 10° + 0{,}05\cos 10°) \cdot 3{,}0\,\mathrm{s}$$
$$= \underline{5{,}36\,\mathrm{m/s}}.$$

Auf gleichem Wege erhält man

$$\underline{v_5 = 5{,}32\,\mathrm{m/s}}.$$

Die Motordrehzahl z.Z. $t = 3{,}0\,\text{s}$ wird aus der Seilgeschwindigkeit v_3 berechnet.

$$n_{\text{Mot}} = i \cdot n_{\text{Trommel}} = i \cdot \frac{v_{\text{seil}}}{r} \cdot \frac{1}{2\pi}\,.$$

Für $t = 3{,}0\,\text{s}$ mit $v_{\text{seil}} = v_3$

$$\underline{n_{\text{Mot3}}} = \frac{10{,}0 \cdot 5{,}36\,\text{m/s}}{0{,}20\,\text{m} \cdot 2\pi} = 42{,}7\,\text{s}^{-1} = \underline{2560\,\text{min}^{-1}}.$$

Das maximale Motormoment verursacht die maximale Seilkraft.

$$\underline{S_{\max}} = \frac{i \cdot M_{\text{Motmax}}}{r} = \frac{10 \cdot 300\,\text{N m}}{0{,}20\,\text{m}} \cdot 10^{-3}\frac{\text{kN}}{\text{N}} = \underline{15{,}0\,\text{kN}}.$$

Die beschleunigende Kraft ist die Seilkraft minus Hangabtrieb und Reibungskraft.

$$m \cdot a_{\max} = S_{\max} - m \cdot g\,(\sin\beta + \mu \cdot \cos\beta),$$
$$\underline{a_{\max}} = \frac{S_{\max}}{m} - g(\sin\beta + \mu \cdot \cos\beta) = \underline{2{,}81\,\text{m/s}^2}.$$

Das ist die Beschleunigung z.Z. $t = 2{,}0\,\text{s}$.

Beispiel 3 (Abb. 6-8)

Die Abbildung zeigt ein Hubwerk, das mit Hilfe eines Flaschenzuges die Masse A hebt und dabei durch B entlastet wird. Die Masse A soll auf einem Hubweg von Δs_A von Ruhe aus auf eine Geschwindigkeit v_{A1} gleichmäßig beschleunigt werden. Dafür sind allgemein und für die gegebenen Daten zu bestimmen

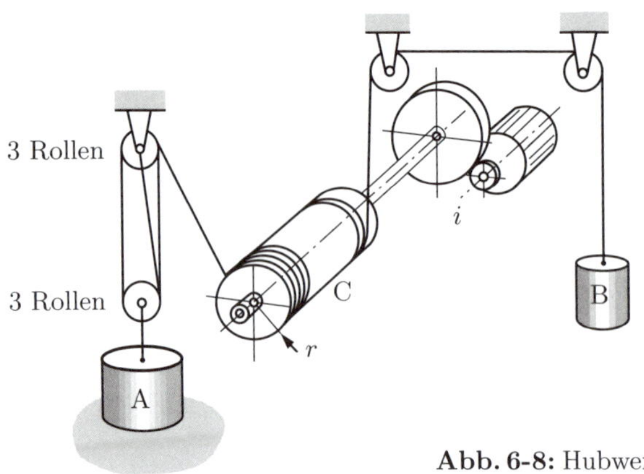

Abb. 6-8: Hubwerk mit Flaschenzug und Ausgleichsmasse

a) das konstant angenommene Beschleunigungsmoment am Antriebsmotor,
b) die maximale Beschleunigungsleistung,
c) die beim Heben von A mit konstanter Geschwindigkeit v_{A1} notwendige stationäre Leistung,
d) die Seilkräfte während der Beschleunigungsphase und stationär.

Das Trägheitsmoment der rotierenden Massen wird im Beispiel 2 des Abschnitts 6.4.3 berücksichtigt. Die Annahme von Wirkungsgraden übersteigt den Rahmen dieses Fachs.

$$m_A = 12\,000\,\text{kg}; \quad m_B = 1000\,\text{kg}; \quad r = 0{,}30\,\text{m};$$
$$i = 10; \quad v_{A1} = 0{,}50\,\text{m/s}; \quad \Delta s_A = 0{,}10\,\text{m}.$$

Lösung

Zunächst muß aus Beziehungen der Kinematik die Zeitdauer des Beschleunigungsvorgangs berechnet werden. Aus den Gl. (2-6)/(2-9) folgt

$$a_A = \frac{v_{A1}^2}{2 \cdot \Delta s_A} = 1{,}25\,\text{m/s}^2; \quad \Delta t = \frac{v_{A1}}{a_A} = 0{,}40\,\text{s}.$$

Der Ansatz des Impulssatzes wird mit der Abb. 6-9 vorbereitet

$$6 \cdot S_A \cdot \Delta t - m_A \cdot g \cdot \Delta t = m_A \cdot v_{A1}, \tag{1}$$

$$S_B \cdot \Delta t - m_B \cdot g \cdot \Delta t = -m_B \cdot v_{B1}. \tag{2}$$

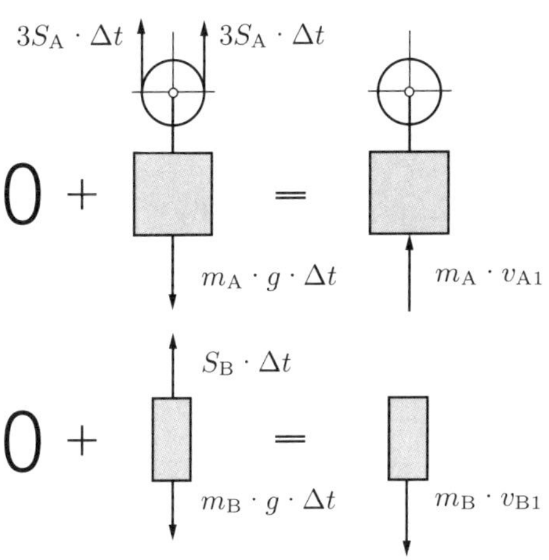

Abb. 6-9: Impulssatz für vom Hubwerk Abb. 6-8 bewegte Massen

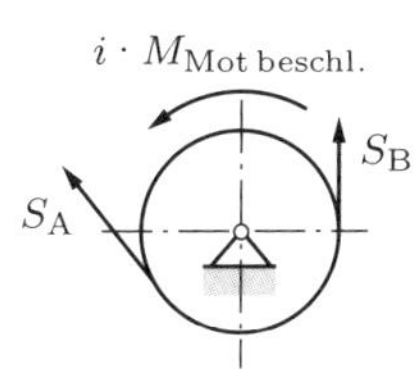

Abb. 6-10: Kräfte an der Seiltrommel des Hubwerks Abb. 6-8.

Der Flaschenzug vermindert die Seilkraft auf 1/6 und erhöht damit die Seilgeschwindigkeit auf den 6-fachen Wert

$$v_{B1} = 6 \cdot v_{A1}. \tag{3}$$

Die Gleichgewichtsbeziehung an der Seiltrommel (Abb. 6-10) lautet

$$S_B \cdot r + i \cdot M_{\text{Mot beschl}} - S_A \cdot r = 0. \tag{4}$$

Beachten: *Diese Beziehung ist eine Momentengleichung aus der Statik und gilt nur, wenn die Trägheitsmomente nicht berücksichtigt sind.* Den Gleichungen (1) bis (4) stehen die Unbekannten S_A, S_B, v_{B1}, $M_{\text{Mot beschl}}$ gegenüber. Aus (1) und (2) folgt mit (3)

$$S_A = \frac{m_A}{6}\left(g + \frac{v_{A1}}{\Delta t}\right), \tag{5}$$

$$S_B = m_B\left(g - \frac{6 \cdot v_{A1}}{\Delta t}\right). \tag{6}$$

Diese Beziehungen werden in (4) eingeführt und ergeben

$$\underline{M_{\text{Mot beschl}} = \frac{r}{i}\left[g\left(\frac{m_A}{6} - m_B\right) + \frac{v_{A1}}{\Delta t}\left(\frac{m_A}{6} + 6m_B\right)\right]}, \tag{7}$$

$$M_{\text{Mot beschl}} = \frac{0{,}3\,\text{m}}{10}\left[9{,}81\,\text{m/s}^2(2-1)\cdot 10^3\,\text{kg} + 1{,}25\,\text{m/s}^2(2+6)\cdot 10^3\,\text{kg}\right],$$

$$\underline{M_{\text{Mot beschl}} = 594\,\text{N\,m}}.$$

Die Beschleunigungsleistung steigt beim Anfahren mit der Motordrehzahl und ist deshalb im letzten Zeitpunkt der Beschleunigungsphase am größten. Dabei beträgt die Winkelgeschwindigkeit

$$\omega_{\text{Mot}} = i \cdot \omega_C = \frac{i \cdot v_{B1}}{r} = \frac{i \cdot 6 \cdot v_{A1}}{r} = \frac{10 \cdot 6 \cdot 0{,}50\,\text{m/s}}{0{,}30\,\text{m}} = 100\,\text{s}^{-1},$$

$$\underline{n_{\text{Mot}}} = \frac{\omega}{2\pi} = 15{,}9\,\text{s}^{-1} \mathrel{\hat{=}} \underline{955\,\text{min}^{-1}},$$

$$\underline{P_{\max}} = M_{\text{Mot beschl}} \cdot \omega_{\text{Mot}} = 594\,\text{N\,m} \cdot 100\,\text{s}^{-1} \cdot 10^{-3}\frac{\text{kW}}{\text{W}} = \underline{59{,}4\,\text{kW}}.$$

Der durch die Beschleunigung verursache Anteil am Motormoment ist in der Gl. (7) durch den Term mit dem Faktor $v/\Delta t$ wiedergegeben. Deshalb gilt für den stationären Zustand

$$\underline{M_{\text{Mot stat}} = \frac{r \cdot g}{i}\left(\frac{m_A}{6} - m_B\right) = 294\,\text{N\,m}.}$$

Dieser Wert führt auf eine stationäre Leistung

$$\underline{P_{\text{stat}} = 29{,}4\,\text{kW}}.$$

Die Seilkräfte betragen während der Beschleunigungsphase nach Gl. (5), (6)

$$S_{\text{A}} = 22{,}1\,\text{kN}; \quad S_{\text{B}} = 2{,}3\,\text{kN}$$

und stationär

$$S_{\text{A}} = 19{,}6\,\text{kN}; \quad S_{\text{B}} = 9{,}8\,\text{kN}$$

Gegenüber dem stationären Zustand ist S_{A} durch die Beschleunigung nach oben erhöht, S_{B} durch Beschleunigung nach unten vermindert.

6.2.2 Der Satz von der Erhaltung des Impulses

In diesem Abschnitt werden Massensysteme behandelt, auf die von außen keine Kräfte einwirken. Innere Kräfte, die die Massen aufeinander ausüben, sind davon unberührt. Solche Systeme erfüllen insgesamt die Bedingung $\vec{F}_{\text{res}} = \sum \vec{F} = 0$. Sie werden *freie Systeme* genannt.

Nach dem Dynamischen Grundgesetz (Gl. (5-2)) gilt für eine Masse

$$\vec{F} = \frac{\mathrm{d}}{\mathrm{d}t}(m \cdot \vec{v}) = 0$$

und für ein System von mehreren Massen

$$\vec{F} = \frac{\mathrm{d}}{\mathrm{d}t}\left(\sum m_{\text{i}} \cdot \vec{v}_{\text{i}}\right) = 0$$

$$\sum m_{\text{i}} \cdot \vec{v}_{\text{i}} = \text{konst.} \tag{6-3}$$

Bei der Betrachtung von zwei Zuständen: Ausgangszustand 0 und Endzustand 1 kann man schreiben

$$\left(\sum m_{\text{i}} \cdot \vec{v}_{\text{i}}\right)_0 = \left(\sum m_{\text{i}} \cdot \vec{v}_{\text{i}}\right)_1 \tag{6-4}$$

Wenn an einem System von Massen keine äußeren Kräfte angreifen, bleibt die Bewegungsgröße $\sum m_{\text{i}} \cdot \vec{v}_{\text{i}}$ erhalten. Diese Aussage wird „*Satz von der Erhaltung des Impulses*“ genannt. Sie folgt unmittelbar aus dem Dynamischen Grundgesetz und unterliegt deshalb keiner einschränkenden Annahme. Daraus folgt, daß *der Impulserhaltungssatz auch dann gilt, wenn der Energieerhaltungssatz nicht* *angewendet werden kann*, weil z.B. ein Vorgang mit Reibung und/oder bleibender Deformation erfolgt und die so verursachte Energieminderung nicht in Gleichungen formulierbar ist. Diese Tatsache verleiht dem Impulserhaltungssatz eine besondere Bedeutung. Stoßvorgänge, die real immer unter Verlusten verlaufen, sind nur über den Impulserhaltungssatz erfaßbar. Erst danach kann über den Energieerhaltungssatz der „Energieverlust" berechnet werden. Das wird im nachfolgenden Abschnitt gezeigt.

Es stellt sich die Frage, wie sich der Schwerpunkt eines freien Systems verhält. Seine Lage in einem Kartesischen Koordinatensystem ist nach Band 1; Statik

$$x_{\mathrm{S}} = \frac{\sum m_{\mathrm{i}} \cdot x_{\mathrm{i}}}{\sum m_{\mathrm{i}}} \Longrightarrow x_{\mathrm{S}} \cdot \sum m_{\mathrm{i}} = \sum m_{\mathrm{i}} \cdot x_{\mathrm{i}}.$$

Diese Gleichung wird nach der Zeit t differenziert.

$$\frac{\mathrm{d}x_{\mathrm{S}}}{dt} \cdot \sum m_{\mathrm{i}} = \sum m_{\mathrm{i}} \cdot \frac{\mathrm{d}x_{\mathrm{i}}}{\mathrm{d}t},$$
$$v_{\mathrm{Sx}} \cdot \sum m_{\mathrm{i}} = \sum m_{\mathrm{i}} \cdot v_{\mathrm{xi}}.$$

Die rechte Seite ist nach Gleichung (6-3) konstant.

$$v_{\mathrm{Sx}} \cdot \sum m_{\mathrm{i}} = \text{konst.} \Longrightarrow v_{\mathrm{Sx}} = \text{konst.},$$

analog für die y-Achse, $v_{\mathrm{Sy}} = \text{konst.}$ und allgemein

$$\vec{v}_{\mathrm{S}} = \text{konst.}$$

Der Schwerpunkt eines freien Systems bewegt sich geradlinig mit konstanter Geschwindigkeit. Der Ruhezustand ist der Sonderfall $v_{\mathrm{s}} = 0$.

Als Beispiel für diese Aussage sollen zwei Wagen betrachtet werden, die über gespannte Federn innere Kräfte aufeinander ausüben und sich mit der gemeinsamen Geschwindigkeit $v_{\mathrm{A1}} = v_{\mathrm{B1}}$ nach rechts bewegen (Abb. 6-11). Während

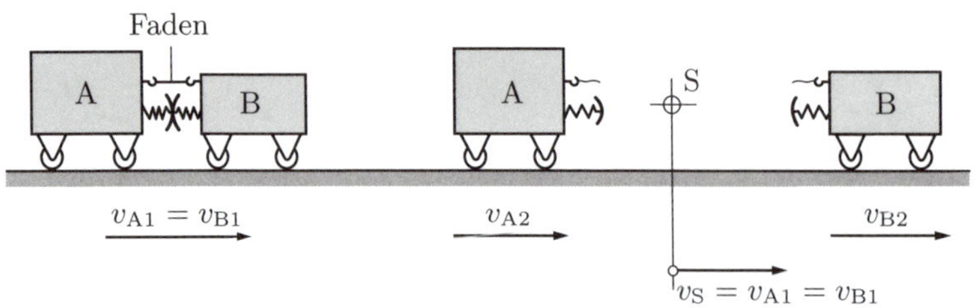

Abb. 6-11: Versuch zum Impulserhaltungssatz

dieser Bewegung wird der Faden, der die Wagen zusammenhält, durchgebrannt. Die Federkräfte wirken so, daß der Wagen B beschleunigt, der Wagen A verzögert wird. Nach Ablauf dieses Vorganges bewegen sich Wagen B mit v_{B2} und Wagen A mit v_{A2}. Dabei kann v_{A2} nach rechts, nach links gerichtet oder null sein. Der gemeinsame Schwerpunkt der beiden Massen bewegt sich aber mit der vorher vorhandenen gemeinsamen Geschwindigkeit $v_{A1} = v_{B1} = v_S =$ konst. Das könnte man durch Ausmessen der Lagen von A und B für verschiedene Zeitpunkte verifizieren. Zu beachten ist, daß die Gewichtskräfte, da sie durch entsprechende Bodenkräfte aufgenommen werden, in die Betrachtungen nicht eingehen.

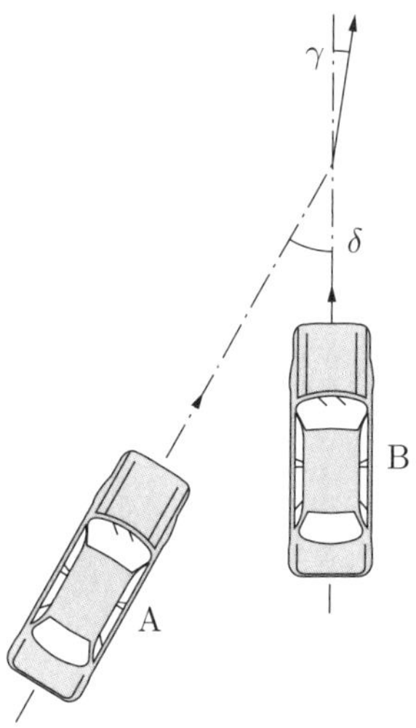

Abb. 6-12: Zusammenstoß zweier Pkw

Beispiel 1 (Abb. 6-12)

Zwei PKW A und B stoßen nach Skizze unter dem Winkel δ zusammen, verkeilen sich dabei und schleudern auf glatter Unterlage unter dem Winkel γ weiter. Die Kinetik dieses Vorgangs soll untersucht werden. Es interessiert dabei besonders der Zusammenhang zwischen den Anfangsgeschwindigkeiten und der gemeinsamen Geschwindigkeit nach dem Stoß. Weiterhin sollen Kräfte auf Wagen und Fahrer abgeschätzt werden, wobei angenommen wird, daß die Fahrer eng angegurtet sind und eindringende Teile auf sie nicht einwirken. Zur Beantwortung dieser Frage wird eine Stoßzeit geschätzt. Diese kann grundsätzlich näherungsweise bestimmt werden (s. Beispiel „Fallhammer“ Abb. 6-21).

Massen: Wagen einschließlich Fahrer $m_A = 1200\,\text{kg}$; $m_B = 1600\,\text{kg}$
Beide Fahrer $m_F = 70\,\text{kg}$.
Winkel: $\delta = 30°$ $\gamma = 20°$.
Gemeinsame Geschwindigkeit nach dem Stoß: $v_1 = 15\,\text{m/s}$.
Stoßzeit: $\Delta t \approx 0{,}1\,\text{s}$.

Lösung

Während des Stoßes wirken zwischen den beiden Wagen so hohe innere Kräfte, daß man die äußeren Reibungskräfte an den Reifen vernachlässigen kann. Mit dieser zulässigen Einschränkung handelt es sich hier um ein freies System, für das die Bewegungsgröße beim Stoß erhalten bleibt. Die Bewegungsrichtung γ nach dem Stoß müßte aus Spuren ausgemessen werden, wobei eine Verfälschung durch z.B. Seitenführungskräfte der Reifen ausgeschlossen werden muß. Auf glatter Unterlage und/oder bei blockierten Rädern ist diese Bedingung weitgehend erfüllt. Es soll deshalb hier angenommen werden, daß man aus dem Bremsweg nach dem Stoß auf die Geschwindigkeit v_1 schließen kann.

Da sich der Vorgang in der Ebene abspielt, ist es zweckmäßig, ein Koordinatensystem einzuführen und $\sum m \cdot v =$ konst. für die beiden Achsen anzusetzen (Abb. 6-13).

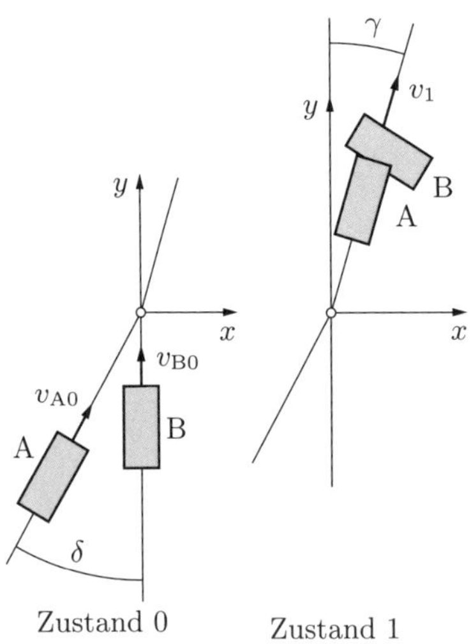

Abb. 6-13: Skizze für den Ansatz des Impulserhaltungssatzes für kollidierende Pkws

x-Richtung $m_A \cdot v_{A0} \cdot \sin\delta = m_{ges} \cdot v_1 \cdot \sin\gamma$

$$v_{A0} = \frac{m_{ges}}{m_A} \cdot \frac{\sin\gamma}{\sin\delta} \cdot v_1. \tag{1}$$

y-Richtung $\quad m_A \cdot v_{A0} \cdot \cos\delta + m_B \cdot v_{B0} = m_{ges} \cdot v_1 \cdot \cos\gamma$

$$v_{B0} = \frac{m_{ges}}{m_B} \cdot v_1 \cdot \cos\gamma - \frac{m_A}{m_B} \cdot v_{A0} \cdot \cos\delta.$$

Mit Gleichung (1) ist

$$v_{B0} = \frac{m_{ges}}{m_B} \cdot v_1 \cdot \cos\gamma - \frac{m_A}{m_B} \cdot \frac{m_{ges}}{m_A} \cdot \frac{\sin\gamma}{\sin\delta} \cdot \cos\delta \cdot v_1$$

$$v_{B0} = \frac{m_{ges}}{m_B} \cdot v_1 \cdot \left(\cos\gamma - \frac{\sin\gamma}{\tan\delta}\right). \tag{2}$$

Die Gleichungen (1) und (2) stellen die gesuchten Beziehungen dar. Die zahlenmäßige Auswertung ergibt

$$\underline{v_{A0}} = \frac{2800\,\text{kg}}{1200\,\text{kg}} \cdot \frac{\sin 20°}{\sin 30°} \cdot 15\,\text{m/s} = 23{,}9\,\text{m/s} \mathrel{\hat{=}} \underline{86{,}2\,\text{km/h}}$$

$$\underline{v_{B0}} = \frac{2800\,\text{kg}}{1600\,\text{kg}} \cdot 15\,\text{m/s} \cdot \left(\cos 20° - \frac{\sin 20°}{\tan 30°}\right) = 9{,}1\,\text{m/s} \mathrel{\hat{=}} \underline{32{,}8\,\text{km/h}}.$$

Der Wagen B ist durch den Stoß schneller geworden, ihm wurde demnach Energie zugeführt.

Zur Bestimmung der wirkenden Kräfte ist es notwendig, den Impulssatz für das einzelne Objekt anzusetzen.

x-Richtung

$$\underbrace{m_A \cdot v_{A0} \cdot \sin\delta}_{\substack{\text{Bewegungsgröße in} \\ x\text{-Richtung vor dem Stoß}}} - \underbrace{F_{mx} \cdot \Delta t}_{\text{Impuls in } x\text{-Richtung}} = \underbrace{m_A \cdot v_1 \cdot \sin\gamma}_{\substack{\text{durch Impuls geänderte} \\ \text{Bewegungsgröße in } x\text{-Richtung} \\ \text{nach dem Stoß}}} \tag{1}$$

$$F_{mx} = \frac{m_A}{\Delta t} \cdot (v_{A0} \cdot \sin\delta - v_1 \cdot \sin\gamma)$$

$$F_{mx} = \frac{1200\,\text{kg}}{0{,}1\text{s}}(23{,}9 \cdot \sin 30° - 15{,}0 \cdot \sin 20°)\text{m/s} = 82{,}1\,\text{kN}.$$

y-Richtung

$$m_A \cdot v_{A0} \cdot \cos\delta - F_{my} \cdot \Delta t = m_A \cdot v_1 \cdot \cos\gamma \tag{2}$$

$$F_{my} = \frac{m_A}{\Delta t} \cdot (v_{A0} \cdot \cos\delta - v_1 \cdot \cos\gamma)$$

$$F_{my} = \frac{1200\,\text{kg}}{0{,}1\,\text{s}} \cdot (23{,}9 \cdot \cos 30° - 15{,}0 \cdot \cos 20°)\text{m/s} = 79{,}6\,\text{kN}.$$

Die Zusammensetzung dieser beiden Komponenten liefert eine mittlere Stoßkraft von

$$\underline{F_{\mathrm{m}} \approx 114\,\mathrm{kN}.}$$

Den gleichen Wert erhält man aus dem Ansatz für den Wagen B, denn die ermittelte Kraft wirkt als innere Kraft (actio = reactio) auf beide Wagen.

Der für die Fahrer aufgestellte Impulssatz entspricht bis auf die Massen den Gleichungen (1) und (2). Deshalb ist es einfacher, die Kraft im Verhältnis der Massen umzurechnen.

$$\text{Fahrer A:} \qquad F_{\mathrm{m}} = \frac{70\,\mathrm{kg}}{1200\,\mathrm{kg}} \cdot 114\,\mathrm{kN} \approx 7\,\mathrm{kN}.$$

$$\text{Fahrer B:} \qquad F_{\mathrm{m}} = \frac{70\,\mathrm{kg}}{1600\,\mathrm{kg}} \cdot 114\,\mathrm{kN} \approx 5\,\mathrm{kN}.$$

Nach den Gleichungen $F = m \cdot a$ entspricht das einer Beschleunigung (Verzögerung):

$$\text{Fahrer A:}\, a \approx 10 \cdot g,; \quad \text{Fahrer B:}\, a \approx 7 \cdot g.$$

Das sind realistische Werte.

Beispiel 2 (Abb. 6-14)

Dieses Beispiel soll an einem Modell das Raketenprinzip erläutern. Auf einem reibungslos gelagerten Wagen der Masse m befinden sich vier Einzelmassen jeweils gleicher Größe m. Sie werden nacheinander mit der Geschwindigkeit v relativ zum bewegten Wagen nach rechts abgestoßen.

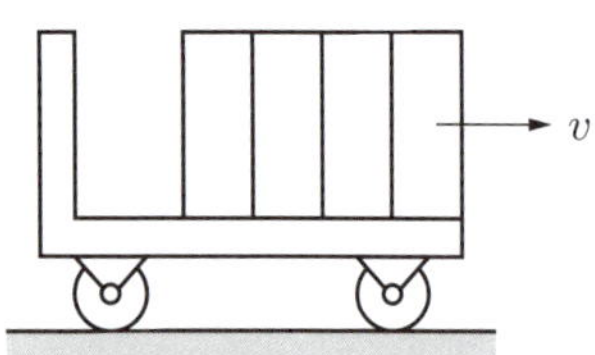

Abb. 6-14: Modell für den Raketenantrieb

Zu bestimmen ist die Wagengeschwindigkeit nachdem die vierte Masse abgestoßen wurde. Es ist anzugeben, mit welcher Geschwindigkeit und in welcher Richtung sich diese Masse für einen ruhenden Beobachter bewegt. Welche Endgeschwindigkeit ergäbe sich, wenn alle vier Massen gleichzeitig nach rechts abgestoßen würden?

Lösung (Abb. 6-15/6-16)

Von außen greifen in Bewegungsrichtung keine Kräfte an. Es handelt sich demnach um ein freies System und es gilt der Impulserhaltungssatz. Die Lösung soll für ein ruhendes Koordinatensystem und ein nach dem Wagen mitgeführtes System durchgeführt werden.

Ruhendes Koordinatensystem

Die Abb. 6-15 zeigt den Wagen unmittelbar vor und nach dem Abstoß der ersten Masse. Die Bewegungsgröße $\sum(m \cdot v)$ muß für beide Zustände gleich sein. Der Impulserhaltungssatz wird nach Gleichung (6-4) aufgestellt.

$$0 = 4m \cdot v_1 - m \cdot (v - v_1).$$

Zu beachten ist, daß die abgestoßene Masse für den ruhenden Beobachter die Geschwindigkeit $(v - v_1)$ nach rechts hat, denn sie wird relativ zum mit v_1 nach links rollenden Wagen mit v abgestoßen. Man erhält

$$v_1 = \frac{1}{5}v.$$

Eine analoge Skizze für den zweiten Anstoß ergibt

$$\begin{aligned} 4m \cdot v_1 &= 3m \cdot v_2 - m \cdot (v - v_2) \\ 4v_1 &= 4v_2 - v \\ v_2 &= v_1 + \frac{1}{4}v = \left(\frac{1}{5} + \frac{1}{4}\right)v. \end{aligned}$$

Schon jetzt kann man das Gesetz erkennen und für den vierten Abstoß schreiben

$$\underline{v_4} = \left(\frac{1}{5} + \frac{1}{4} + \frac{1}{3} + \frac{1}{2}\right)v = \underline{1{,}283v}.$$

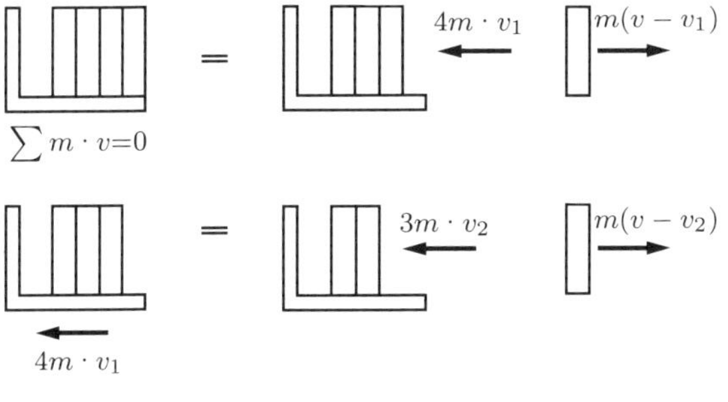

Abb. 6-15: Ansatz des Impulserhaltungssatzes für ruhendes Koordinatensystem

Bemerkenswert ist, daß die Endgeschwindigkeit des Wagens ($\hat{=}$ Rakete) größer ist als die Geschwindigkeit, mit der die Massen ($\hat{=}$ Treibgas) abgestoßen werden. Diese Tatsache ermöglicht erst die sehr hohen Geschwindigkeiten von Raketen, die notwendig sind, um z.B. Nachrichtensatelliten zu positionieren. Die Konsequenz von $v_4 > v$ ist: Die vierte Masse ($\hat{=}$ Treibgas) bewegt sich für den ruhenden Beobachter in gleicher Richtung wie der Wagen ($\hat{=}$ Rakete). Das ist durchaus schwer vorstellbar. Falsch ist die Vorstellung, eine Rakete würde sich von der „Umgebung" abstoßen. Das Raketenprinzip ist der einzige im Vakuum funktionierende Vortrieb.

Mitbewegtes Koordinatensystem.

Vor dem ersten Abstoß sind Wagen und Masse und deshalb auch das Koordinatensystem in Ruhe. Man erhält nach Abb. 6-16

$$4m \cdot v_1 = m \cdot (v - v_1) \Rightarrow v_1 = \frac{1}{5} v.$$

Mit dieser Geschwindigkeit wird für den zweiten Ansatz das Koordinatensystem mitbewegt. Deshalb muß relativ zu diesem eine neue Geschwindigkeit eingeführt werden, die durch den Querstrich gekennzeichnet ist. Nach der Abbildung gilt

$$3m \cdot \overline{v}_2 = m \cdot (v - \overline{v}_2) \Longrightarrow \overline{v}_2 = \frac{1}{4} v.$$

Diese Geschwindigkeit wurde für ein System berechnet, das selber mit v_1 nach links bewegt wird. Deshalb gilt für den ruhenden Beobachter

$$v_2 = v_1 + \overline{v}_2 = \left(\frac{1}{5} + \frac{1}{4} \right) v.$$

Analog kann man weiter verfahren und erhält das obige Ergebnis.

Welche Endgeschwindigkeit ergibt sich für den Fall, das alle vier Massen gleichzeitig mit v abgestoßen werden? Der entsprechende Ansatz nach Abb. 6-15 lautet

$$0 = m \cdot v_4 - 4m(v - v_4) \Longrightarrow \underline{v_4 = \frac{4}{5} v}$$

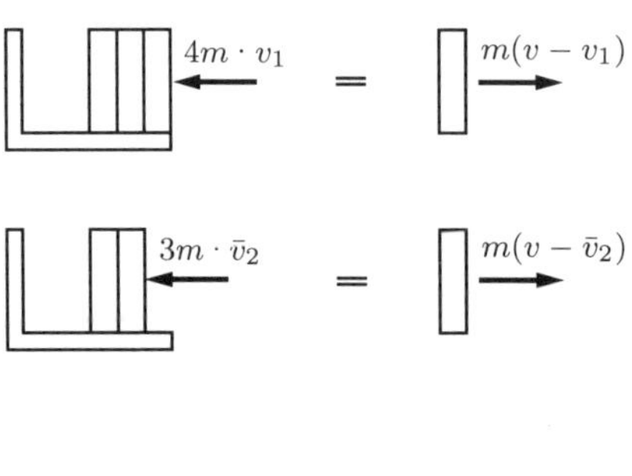

Abb. 6-16: Ansatz des Impulserhaltungssatzes für mitbewegtes Koordinatensystem

In diesem Fall ist die Wagengeschwindigkeit kleiner und sie kann vom Prinzip her nie größer als die Abstoßgeschwindigkeit sein.

6.2.3 Der zentrische Stoß

In diesem Abschnitt wird der zentrische Stoß behandelt. Dieser kann gerade oder schief erfolgen. Die einzelnen Begriffe sind in der Abb. 6-17 dargestellt und werden nachfolgend erläutert.

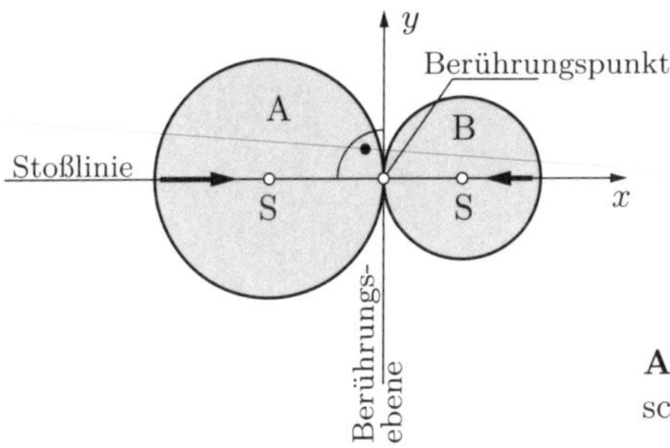

Abb. 6-17: Zur Definition der Begriffe des zentrischen Stoß

Ein Stoß von zwei Körpern ist *zentrisch, wenn der Berührungspunkt auf der Verbindungslinie beider Schwerpunkte liegt und diese senkrecht auf der Berührungsebene steht.* Die beim Stoß auftretenden Kräfte liegen dann in dieser Linie, die deshalb *Stoßlinie* genannt wird. Man kann sich beide Massen im Schwerpunkt vereinigt denken (Punktmasse). *Ein Stoß ist gerade, wenn die Geschwindigkeitsvektoren in der Stoßlinie liegen.* Beim schiefen Stoß, der weiter unten behandelt wird, bilden die Geschwindigkeitsvektoren mit der Stoßlinie einen Winkel.

Stoßvorgänge können nur durch Anwendung des Impulssatzes und des Impulserhaltungssatzes rechnerisch erfaßt werden.

Zwei Massen bewegen sich nach Abb. 6-18 auf der gleichen Linie mit verschiedenen Geschwindigkeiten. Die schnellere Masse A stößt dabei auf die langsamere Masse B. Während der sehr kurzen Kontaktzeit deformieren sich beide Körper, wobei im allgemeinen Fall zunächst ein Zusammendrücken und anschließend ein Abstoßen erfolgt. Dabei haben beide Körper, da sie zusammenhängen, eine ge-

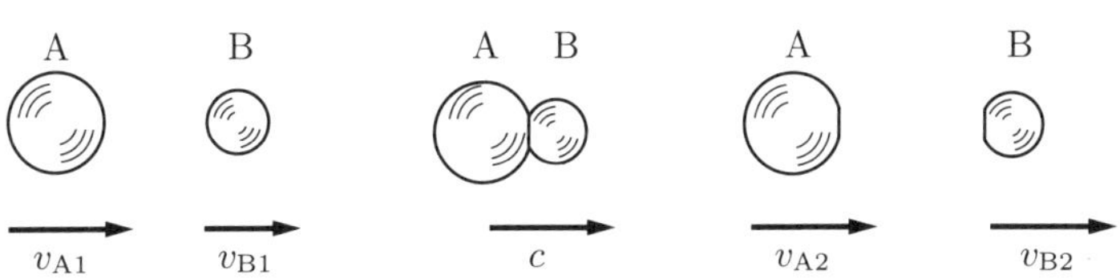

Abb. 6-18: Zentrischer Stoß zweier Körper

meinsame Geschwindigkeit c. Nach der Trennung sind beide Geschwindigkeiten unterschiedlich.

Dieser Vorgang soll näher untersucht werden. Dazu wird nur die Masse A betrachtet. Die einzelnen Phasen sind in der Abb. 6-19 dargestellt. Die Masse A hat vor dem Stoß die Bewegungsgröße $m_{\mathrm{A}} \cdot v_{\mathrm{A1}}$. Während der ersten Phase des Stoßes (Zusammendrückung) wirkt entgegengesetzt der Impuls $\int F \cdot \mathrm{d}t$. Dieser verursacht eine Verzögerung auf die gemeinsame Geschwindigkeit c. Dann setzt die zweite Phase ein, während der sich der Körper z.T. wieder rückbildet. Dabei wirkt ein Impuls $\int K \cdot \mathrm{d}t$, der der Bewegungsgröße $m_{\mathrm{A}} \cdot c$ entgegengerichtet ist. Nach Ablauf dieses Vorganges hat die Masse m_{A} die Bewegungsgröße $m_{\mathrm{A}} \cdot v_{\mathrm{A2}}$.

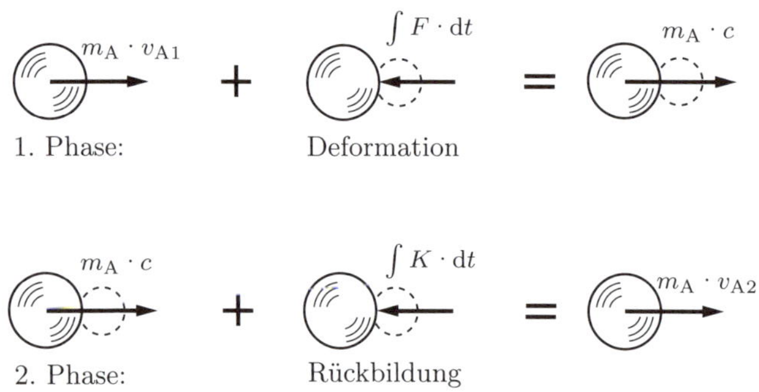

Abb. 6-19: Zentrischer Stoß: Impulssatz für Deformation und Rückbildung

Da ein Teil des Impulses $\int F \cdot \mathrm{d}t$ dazu verwendet wird, eine bleibende Deformation zu verursachen und innere Reibung zu überwinden, muß der Impuls beim Rückstoß $\int K \cdot \mathrm{d}t$ kleiner sein als $\int F \cdot \mathrm{d}t$. Das Verhältnis beider Impulse hängt hauptsächlich vom Werkstoff beider Körper ab. Man definiert das Verhältnis als die *Stoßzahl k*,

$$k = \frac{\int K \cdot \mathrm{d}t}{\int F \cdot \mathrm{d}t}.$$

Für den ideal elastischen Werkstoff ohne innere Verluste ist $\int K \cdot \mathrm{d}t = \int F \cdot \mathrm{d}t$ und damit $k = 1$. Wenn eine Rückbildung nicht erfolgt, z.B. bei Knetmasse, gilt $\int K \cdot \mathrm{d}t = 0$, was zu $k = 0$ führt. Zwischen diesen Extremwerten liegt die Stoßzahl. Da sie summarisch einen sehr komplexen Vorgang erfaßt, sind in den Taschenbüchern nur Anhaltswerte angegeben. Für spezielle Anwendungsfälle wird sie aus den Zuständen vor und nach dem Stoß zurückgerechnet. Folgende

Bezeichnungen werden eingeführt

(voll)elastischer Stoß	$k = 1$
teilelastischer Stoß	$0 < k < 1$
plastischer (unelastischer) Stoß	$k = 0.$

Aus der Abb. 6-19 folgt

$$m_A \cdot v_{A1} - \int F \cdot dt = m_A \cdot c; \qquad \int F \cdot dt = m_A \cdot (v_{A1} - c),$$

$$m_A \cdot c - \int K \cdot dt = m_A \cdot v_{A2}; \qquad \int K \cdot dt = m_A \cdot (c - v_{A2}).$$

Damit ist

$$k = \frac{c - v_{A2}}{v_{A1} - c}.$$

Führt man den gleichen Ansatz für die Masse B durch, erhält man analog

$$k = \frac{v_{B2} - c}{c - v_{B1}}.$$

Man löst beide Beziehungen nach c auf und setzt gleich. Aus der sich so ergebenden Gleichung kann man die Stoßzahl k ausrechnen

$$k = \frac{v_{B2} - v_{A2}}{v_{A1} - v_{B1}}. \tag{6-5}$$

Die Stoßzahl ist gleich dem Verhältnis der Relativgeschwindigkeit nach und vor dem Stoß.

Zu beachten ist, daß für die Ableitung der Gleichung (6-5) ein System benutzt wurde, in dem nur in positiver x-Richtung Geschwindigkeiten auftraten. Es muß deshalb vor Beginn der Berechnung eine positive Geschwindigkeitsrichtung definiert werden.

Wie im Beispiel 3 (Abschnitt 2.5.1) gezeigt, sind Stoßzeiten extrem kurz. Das hat sehr hohe Verzögerungen und damit Kräfte zur Folge. Deshalb überwiegen die Stoßkräfte gegenüber sonst wirksamen äußeren Kräfte. Für den Schmiedevorgang ist die Gewichtskraft des Hammers vernachlässigbar gegenüber seiner Schlagkraft. Aus diesem Grunde kann man zwei zusammenstoßende Massen als ein freies System betrachten, für das der Impulserhaltungssatz gilt. Die Gleichung (6-4) erhält hier die Form

$$\underbrace{m_A \cdot v_{A1} + m_B \cdot v_{B1}}_{\text{vor dem Stoß}} = \underbrace{m_A \cdot v_{A2} + m_B \cdot v_{B2}}_{\text{nach dem Stoß}}. \tag{6-6}$$

Die beiden Gleichungen (6-5)/(6-6) stehen für die Berechnung eines zentrischen Stoßes zur Verfügung. Nur wenn von den insgesamt sieben Größen (zwei Massen, vier Geschwindigkeiten, Stoßzahl) fünf bekannt oder anderweitig bestimmbar sind, kann der Stoß rechnerisch erfaßt werden.

Die Gleichungen (6-5)/(6-6) sollen auf den *vollelastischen Stoß* angewendet werden. $k = 1$ führt auf

$$v_{A1} - v_{B1} = v_{B2} - v_{A2},$$

$$v_{A1} + v_{A2} = v_{B1} + v_{B2}. \tag{1}$$

Nach Gleichung (6-6) ist

$$m_A \cdot (v_{A1} - v_{A2}) = m_B \cdot (v_{B2} - v_{B1}). \tag{2}$$

Die Multiplikation der Gleichung (1) mit der Gleichung (2) ergibt

$$m_A \cdot v_{A1}^2 - m_A \cdot v_{A2}^2 = m_B \cdot v_{B2}^2 - m_B \cdot v_{B1}^2.$$

Nach Umstellung und Multiplikation mit 1/2 erhält man

$$m_A \cdot \frac{v_{A1}^2}{2} + m_B \cdot \frac{v_{B1}^2}{2} = m_A \cdot \frac{v_{A2}^2}{2} + m_B \cdot \frac{v_{B2}^2}{2}.$$

Dies ist eine nochmalige Bestätigung dafür, daß *beim elastischen Stoß die kinetische Energie erhalten bleibt.*

Aus der Bedingung $k = 1$ folgt für den elastischen Stoß, daß die Relativgeschwindigkeit vor und nach dem Stoß gleich sind, sich aber umkehren.

$$v_{A1} - v_{B1} = -(v_{A2} - v_{B2}).$$

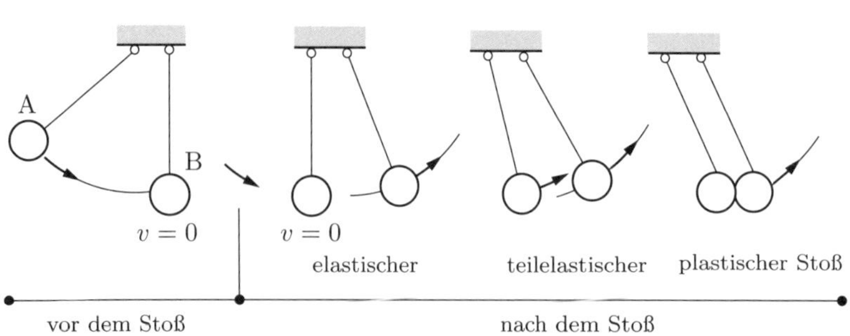

Abb. 6-20: Demonstration zum elastischen, teilelastischen und plastischen Stoß

Demonstrieren kann man das an den zwei Pendeln aus Elfenbeinkugeln nach Abb. 6-20. Beide Kugeln haben gleiche Masse. Kugel A pendelt gegen die ruhende Kugel B. Diese wird mit der Auftreffgeschwindigkeit weggestoßen, wobei die Kugel A in Ruhe bleibt.

Für den *plastischen Stoß* erhält man aus der Gleichung (6-5) mit $k = 0$

$$v_{\mathrm{A2}} = v_{\mathrm{B2}}.$$

Nach einem plastischen Stoß bewegen sich beide Massen gemeinsam mit der gleichen Geschwindigkeit. Auch diesen Fall kann man an Pendeln nach Abb. 6-20 demonstrieren.

Wie oben ausgeführt, liegt ein *schiefer Stoß* vor, wenn Körper auf sich kreuzenden Bahnen zusammenstoßen. Die Geschwindigkeitsvektoren liegen nicht in der Stoßlinie. Man kann sie jedoch in diese Richtung x und in die der Berührungsebene y zerlegen. Für die Richtung der Stoßlinie gelten mit den x-Komponenten der Geschwindigkeiten die Gleichungen (6-5)/(6-6). Für die y-Richtung wird angenommen, daß eine Änderung der Geschwindigkeitskomponenten wegen der extrem kurzen Kontaktzeit der beiden Körper nicht erfolgt

$$v_{\mathrm{Ay1}} = v_{\mathrm{Ay2}}; \quad v_{\mathrm{By1}} = v_{\mathrm{By2}}.$$

Eine allgemeine Gleichung für den beim Stoß auftretenden Verlust an kinetischer Energie ist im Abschnitt 8.4 abgeleitet (Gl. (8-15)).

Beispiel 1 (Abb. 6-21)

In diesem Beispiel soll der Schmiedevorgang behandelt werden. Der Hammer A fällt aus einer Höhe h auf das Werkstück. Der Amboß B ist federnd und über Stoßdämpfer auf dem Maschinenfundament abgestützt. Die Stoßzahl hängt von der Temperatur des Werkstückes ab und kann für einen Werkstoff Diagrammen entnommen werden. Der Schmiedeschlag plattet das Werkstück um Δh ab. Der Amboß wird nach dem Schlag von dem Stoßdämpfer auf einem Weg Δs aufgefangen. Zu bestimmen sind allgemein und für die unten gegebenen Daten

a) Der Bewegungszustand von Hammer und Amboß unmittelbar nach dem Schlag,
b) die vom Werkstück aufgenommene Nutzarbeit (hauptsächlich Gestaltänderungsarbeit).
c) der Wirkungsgrad des Schmiedevorgangs, der gleich dem Verhältnis Nutzarbeit/aufgewendete Arbeit ist,
d) die mittlere Schmiedekraft und die Stoßzeit,

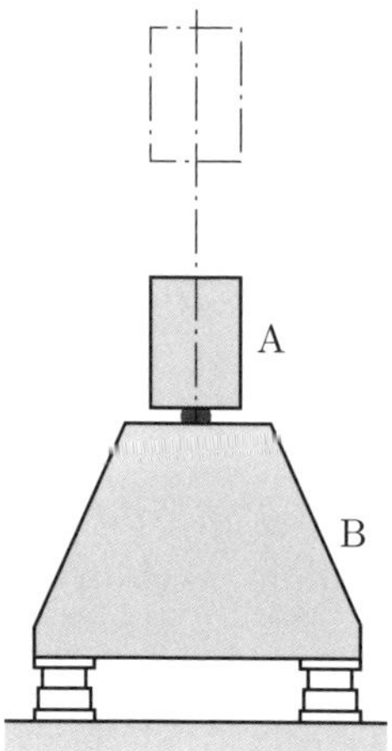

Abb. 6-21: Modell von Schmiedehammer und Amboß

e) der Anteil der Schmiedekraft, der in das Fundament weitergeleitet wird.

$m_A = 100\,\text{kg}; m_B = 800\,\text{kg}; h = 1{,}40\,\text{m}; \Delta h = 4\,\text{mm}; \Delta s = 10\,\text{mm}; k = 0{,}3.$

Lösung

a) Es stehen die Gleichungen (6-5)/(6-6) zur Verfügung, wobei $v_{A1} = \sqrt{2gh} = 5{,}24\,\text{m/s}$ und $v_{B1} = 0$ sind. Die Richtung nach unten wird positiv festgelegt.

$$k = \frac{v_{B2} - v_{A2}}{v_{A1}}$$

$$v_{B2} = k \cdot v_{A1} + v_{A2} \qquad (1)$$

$$m_A \cdot v_{A1} = m_A \cdot v_{A2} + m_B \cdot v_{B2}$$

$$v_{B2} = \frac{m_A}{m_B} \cdot v_{A1} - \frac{m_A}{m_B} \cdot v_{A2}. \qquad (2)$$

Die Gleichungen (1) und (2) werden gleichgesetzt. Nach einfachen Umwandlungen erhält man

$$\underline{v_{A2}} = \frac{\frac{m_A}{m_B} - k}{\frac{m_A}{m_B} + 1} \cdot v_{A1} = \frac{0{,}125 - 0{,}30}{1{,}125} \cdot 5{,}24\,\text{m/s} = \underline{-0{,}815\,\text{m/s} \uparrow}$$

Der Hammer prallt nach dem Schlag ab und bewegt sich mit dieser Geschwindigkeit nach oben. Aus Gl. (1) ergibt sich

$$\underline{v_{B2}} = 0{,}3 \cdot 5{,}24\,\text{m/s} - 0{,}815\,\text{m/s} = \underline{+0{,}755\,\text{m/s} \downarrow}$$

b) Die Nutzarbeit muß gleich sein der Differenz der kinetischen Energien unmittelbar vor und nach dem Schlag.

$$W = \frac{1}{2} m_A \cdot v_{A1}^2 - \frac{1}{2} m_A \cdot v_{A2}^2 - \frac{1}{2} m_B \cdot v_{B2}^2.$$

Mit den oben errechneten Werten erhält man $\underline{W = 1112\,\mathrm{N\,m}}$.

Im Abschnitt 8.4 wird eine Gleichung (8-15) für den Stoßverlust abgeleitet. Dieser äußert sich vor allem in der Deformation der stoßenden Körper und entspricht weitgehend der Formänderungsarbeit.

c) Die zur Verfügung stehende Energie beträgt $\frac{1}{2} m_A \cdot v_{A1}^2 = m_A \cdot g \cdot h$. Man kann deshalb als Wirkungsgrad definieren

$$\underline{\eta} = \frac{2W}{m_A \cdot v_{A1}^2} = \frac{2 \cdot 1112\,\mathrm{N\,m}}{100\,\mathrm{kg} \cdot 5{,}24^2\,\mathrm{m}^2/\mathrm{s}^2} = \underline{0{,}81}.$$

Ca. 80% der zur Verfügung stehenden Energie werden für die Schmiedearbeit verwendet.

d) Die Arbeit ist definiert als das Produkt von Kraft und Weg, wobei beide kollinear sein müssen. Während der Hammer in das Werkstück eindringt, beginnt auch der beweglich gelagerte Amboß auszuweichen. Es wird zunächst angenommen, daß während der Schlagzeit der Amboß um ca. 1 mm nachgibt. Somit legt der Hammer während der Stoßzeit einen Weg von ca. 5 mm zurück (elastische Rückfederung nicht berücksichtigt).

$$W = F_m \cdot \Delta h_{ges} \Longrightarrow F_m = \frac{W}{\Delta h_{ges}} \text{ (Index m = Mittelwert)}$$

$$\underline{F_m} \approx \frac{1112\,\mathrm{N\,m}}{0{,}005\,\mathrm{m}} \approx \underline{222\,\mathrm{kN}}$$

Diese Kraft beschleunigt den Amboß während der Stoßzeit Δt auf die nach dem Stoß vorhandene Geschwindigkeit v_{B2}. Der Impulssatz lautet

$$F_m \cdot \Delta t = m_B \cdot v_{B2} \Longrightarrow \Delta t = \frac{m_B \cdot v_{B2}}{F_m}$$

$$\underline{\Delta t} \approx \frac{800\,\mathrm{kg} \cdot 0{,}755\,\mathrm{m/s}}{222 \cdot 10^3\,\mathrm{N}} \approx \underline{2{,}7 \cdot 10^{-3}\,\mathrm{s}}.$$

Man kann dieses Ergebnis durch Ansatz des Impulssatzes für den Hammer kontrollieren

$$m_A \cdot v_{A1} - F_m \cdot \Delta t = -m_A \cdot v_{A2}$$

$$\Delta t = \frac{m_A (v_{A1} + v_{A2})}{F_m}$$

Das positive Vorzeichen in der Klammer resultiert aus der Richtungsumkehr. Man erhält das gleiche Zahlenergebnis. Die Schlagzeit ist außerordentlich kurz (siehe auch Beispiel 3 Abschnitt 2.5.1).

Die mittlere Beschleunigung des Amboß beträgt

$$a_B \approx \frac{v_{B2}}{\Delta t} \approx 280\,\mathrm{m/s^2}.$$

Mit Hilfe der Gleichung (2-7) kann man das Nachgeben während des Schlages abschätzen. Im vorliegenden Fall ergibt sich etwa der oben berücksichtigte 1 mm.

e) Die kinetische Energie des Amboß muß in den Stoßdämpfern in Reibungsarbeit umgesetzt werden, wobei vereinfacht eine konstante Kraft während der Ausweichbewegung angenommen wird

$$\frac{m_B}{2} \cdot v_{B2}^2 = F_{St} \cdot \Delta s \Longrightarrow F_{St} = \frac{m_B \cdot v_{B2}^2}{2 \cdot \Delta s}$$

$$F_{St} \approx \frac{800\,\mathrm{kg} \cdot 0{,}755^2\,\mathrm{m^2/s^2}}{2 \cdot 0{,}01\,\mathrm{m}} \approx 22{,}8\,\mathrm{kN}.$$

Der Anteil der Schmiedekraft, die das Fundament belastet, beträgt

$$\frac{F_{St}}{F_m} \approx \frac{22{,}8\,\mathrm{kN}}{222\,\mathrm{kN}} \approx \underline{0{,}10}$$

Etwa 90 % der Schmiedekraft werden vom Amboß und Stoßdämpfern „verschluckt“.

Beispiel 2 (Abb. 6-22)

Auf einen rotierenden Arm A mit einer Prallplatte am Ende fällt eine Masse B aus einer Höhe h frei herunter. Für eine Stoßzahl k soll für die skizzierte Position die Abprallgeschwindigkeit der Masse B ermittelt werden. Dieses System entspricht einer Schlägermühle, für die dieses Beispiel ein Rechenmodell darstellt.

Stoßzahl: $k \approx 0{,}1$; Fallhöhe: $h = 0{,}80\,\mathrm{m}$; $a = 250\,\mathrm{mm}$; $b = 50\,\mathrm{mm}$;
Drehzahl des Armes: $n = 900\,\mathrm{min}^{-1}$.

Lösung (Abb. 6-23)

Mit dem cos-Satz ist der Abstand r berechenbar

$$r^2 = a^2 + b^2 - 2a \cdot b \cdot \cos 150°$$

$$r^2 = (250^2 + 50^2 - 2 \cdot 250 \cdot 50 \cdot \cos 150°)\mathrm{mm}^2 \Longrightarrow r = 294\,\mathrm{mm}$$

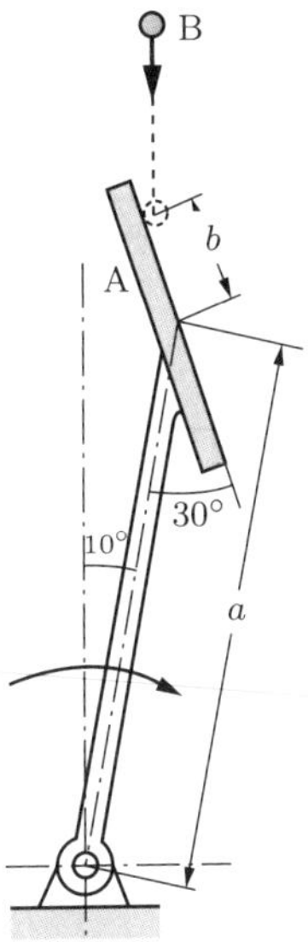

Abb. 6-22: Rotierende Prallplatte

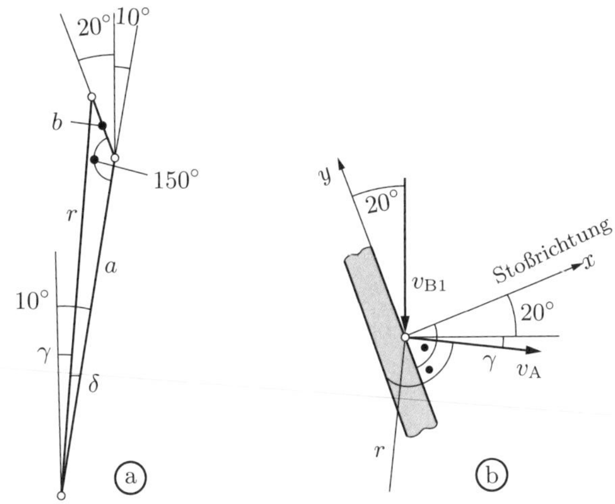

Abb. 6-23: Geometrie der Prallplatte

Den Winkel δ erhält man aus dem sin-Satz

$$\sin\delta = \frac{b}{r}\sin 150^\circ = \frac{50\,\mathrm{mm}}{294\,\mathrm{mm}}\sin 150^\circ \Longrightarrow \delta = 4{,}87^\circ$$

Damit ist $\gamma = 10^\circ - \delta = 5{,}13^\circ$

Der viel schwerere und angetriebene Arm A wird durch den Aufprall der Masse B in seiner Bewegung nicht beeinflußt. Deshalb gilt:

$$v_{\mathrm{A1}} = v_{\mathrm{A2}} = v_{\mathrm{A}} = 2\pi \cdot r \cdot n = 2\pi \cdot 0{,}294\,\mathrm{m}\frac{900}{60}\,\mathrm{s}^{-1}$$

$$v_{\mathrm{A}} = 27{,}71\,\mathrm{m/s}\ \measuredangle\ 5{,}13^\circ.$$

Diese, aus der Anschauung gewonnene Aussage, ergibt sich auch aus dem Impulserhaltungssatz Gleichung (6-6) für den Fall $m_{\mathrm{A}} \gg m_{\mathrm{B}}$.

Die Masse B hat unmittelbar vor dem Stoß die Geschwindigkeit

$$v_{\mathrm{B1}} = \sqrt{2g \cdot h} = 3{,}96\,\mathrm{m/s} \quad \downarrow .$$

Diese Geschwindigkeiten müssen in die Stoßrichtung senkrecht zur Prallplatte und parallel zu dieser zerlegt werden (Abb. 6-23b). Dabei werden die Vorzeichen nach dem eingezeichneten Koordinatensystem festgelegt.

x-Richtung (Stoß)

$$v_{\mathrm{B1x}} = -v_{\mathrm{B1}} \cdot \sin 20^\circ = -3{,}96\,\mathrm{m/s} \cdot \sin 20^\circ$$
$$v_{\mathrm{B1x}} = -1{,}35\,\mathrm{m/s}$$

$$v_{\mathrm{Ax}} = +v_{\mathrm{A}} \cdot \cos 25{,}13^\circ = 27{,}71\,\mathrm{m/s} \cdot \cos 25{,}13^\circ$$
$$v_{\mathrm{Ax}} = +25{,}09\,\mathrm{m/s}.$$

Die Stoßzahl für diesen Fall ist

$$k = \frac{v_{\mathrm{B2x}} - v_{\mathrm{Ax}}}{v_{\mathrm{Ax}} - v_{\mathrm{B1x}}}.$$

Daraus folgt

$$\begin{aligned} v_{\mathrm{B2x}} &= k(v_{\mathrm{Ax}} - v_{\mathrm{B1x}}) + v_{\mathrm{Ax}} \\ &= 0{,}1(25{,}09 + 1{,}35)\,\mathrm{m/s} + 25{,}09\,\mathrm{m/s} \\ v_{\mathrm{B2x}} &= 27{,}73\,\mathrm{m/s} \measuredangle\ 20^\circ. \end{aligned}$$

Die Geschwindigkeit in y-Richtung wird durch den Stoßvorgang nicht beeinflußt.

$$v_{\mathrm{B2y}} = v_{\mathrm{B1y}} = v_{\mathrm{B1}} \cdot \cos 20^\circ = 3{,}72\,\mathrm{m/s} \measuredangle\ 20^\circ.$$

Die resultierende Abprallgeschwindigkeit beträgt nach Abb. 6-24

$$\underline{v_{\mathrm{B2}} \approx 28\,\mathrm{m/s} \measuredangle\ 12{,}4^\circ}.$$

Die Masse B beschreibt eine Wurfparabel mit diesen Ausgangswerten.

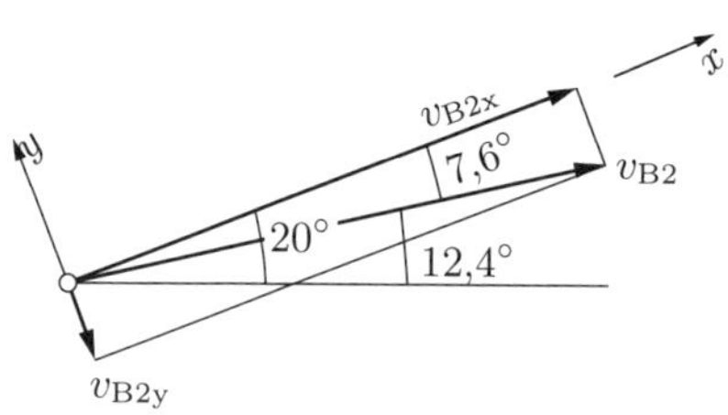

Abb. 6-24: Abprallgeschwindigkeit und ihre Komponenten

6.3 Der Impuls des kontinuierlichen Massenstromes

In diesem Abschnitt sollen die in einem kontinuierlichen Strom einzelner Massen wirkenden Kräfte untersucht werden. Ein solcher Strom wird normalerweise von einem Fluid gebildet. Als Beispiel kann man sich einen Wasserstrahl vorstellen. Das Dynamische Grundgesetz in der Form der Gleichung (5-2)

$$\vec{F} = \frac{\mathrm{d}}{\mathrm{d}t}(m \cdot \vec{v})$$

führt für eine konstante Geschwindigkeit $\vec{v}$ der Massenteile auf

$$\vec{F} = \vec{v} \cdot \frac{\mathrm{d}m}{\mathrm{d}t}$$

Die Größe $\mathrm{d}m/\mathrm{d}t = \dot{\mathrm{m}}$ hat die Dimension Masse/Zeit und die Einheit z.B. kg/s. Sie wird *Massenstrom* genannt. Damit ist

$$\vec{F} = \dot{\mathrm{m}} \cdot \vec{v} \tag{6-7}$$

Die Wirkung dieser Kraft soll an einer Rakete nach Abb. 6-25 erläutert werden. Dazu ist es notwendig, das zu untersuchende Objekt nach dem aus der Statik bekannten Schnittprinzip herauszutrennen. Die Oberfläche des beim Schneiden

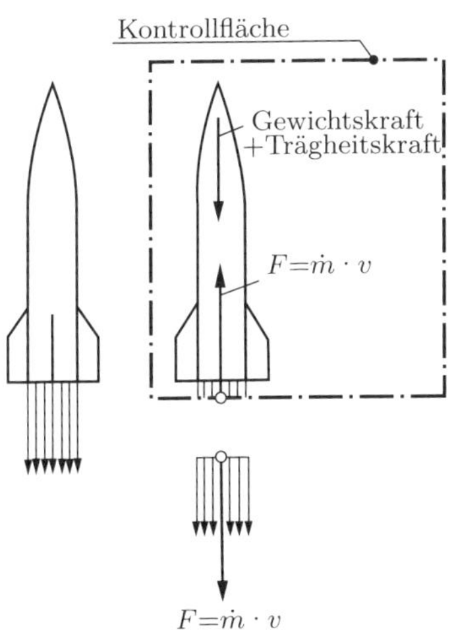

Abb. 6-25: Raketenantrieb

entstehenden Gebildes wird *Kontrollfläche* genannt. Es wird kontrolliert, welche Impulskräfte dort als actio und reactio wirken. Überall, wo Verbindungen geschnitten werden, müssen die dort übertragenen Kräfte bzw. Momente als actio und reactio eingeführt werden. Im vorliegenden Fall wird der Gasstrahl geschnitten. Als Schnittreaktionen werden die Impulskräfte $\dot{m} \cdot v$ eingeführt. Die in die

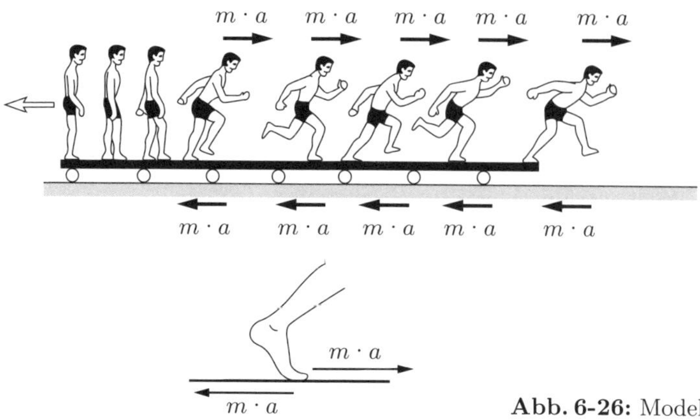

Abb. 6-26: Modell für den Raketenantrieb

Kontrollfläche hineinragende Kraft ist die Schubkraft des Raketenantriebs. Sie entsteht folgendermaßen:

Der mitgeführte Brennstoff befindet sich relativ zur bewegten Rakete in Ruhe. Er wird in der Brennkammer verbrannt, und die heißen Abgase werden aus Düsen mit der Geschwindigkeit v ausgestoßen. Innerhalb der Rakete ist jedes Gasteilchen auf die Geschwindigkeit v beschleunigt worden. Die dazu notwendige Kraft $F = m \cdot a$ tritt als actio und reactio zweimal auf. Die Summe der Reaktionskräfte ist gleich der Schubkraft. Ein Modell für diesen Vorgang ist eine Turnerriege, die auf einem fahrbar gelagerten Brett steht und von der die einzelnen Turner nach einem Anlauf nacheinander abspringen (Abb. 6-26). Die beim Anlauf zwischen Schuhsohle und Brett auftretende Kraft beschleunigt auf der einen Seite den Läufer und als Reaktionskraft wirkt sie als Antrieb auf das Gesamtsystem Brett plus Turner. Aus dem oben Ausgeführten folgt, daß die Vortriebskraft einer Rakete unabhängig von ihrer Geschwindigkeit ist.

Die Bestimmung der Schubkraft eines Triebwerkes erfordert zusätzlich die Betrachtung der vorn angesaugten Luft. Ein Triebwerk (Abb. 6-27) bewegt sich

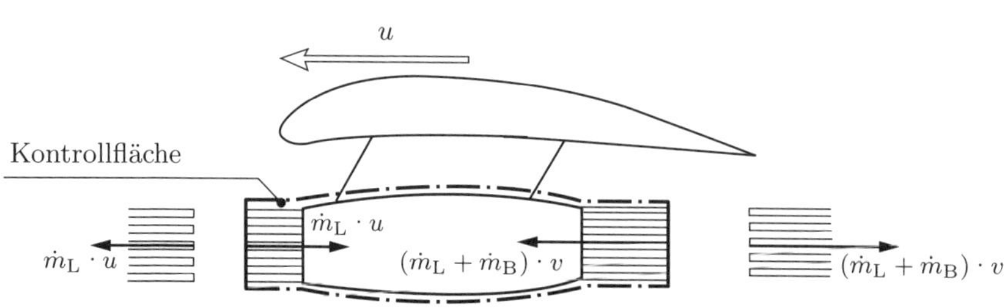

Abb. 6-27: Impulssatz für Strahltriebwerk

mit der Geschwindigkeit u nach links. Mit etwa gleicher Geschwindigkeit tritt in die Ansaugöffnung die Verbrennungsluft $\dot{m}_{\mathrm{L}}$ ein. In der Brennkammer wird die Brennstoffmenge $\dot{m}_{\mathrm{B}}$ zugeführt. Die Verbrennung hat eine Expansion zur Folge, die die Gasteile beschleunigt. Sie treten relativ zum Triebwerk mit der Geschwindigkeit v aus. Die Schnittbetrachtung an den beiden Strahlen liefert als Vorschubkraft

$$F_{\mathrm{S}} = (\dot{m}_{\mathrm{L}} + \dot{m}_{\mathrm{B}}) \cdot v - \dot{m}_{\mathrm{L}} \cdot u.$$

Eine große Schubkraft erfordert eine große Differenz $v - u$ und damit hohe Ausströmungsgeschwindigkeiten des Gases aus der Düse.

Die Anwendung des Dynamischen Grundgesetzes auf einen Massenstrom im rotierenden System führt auf die im Abschnitt 5.1 abgeleitete Gleichung (5-5)

$$M = \dot{m} \cdot r \cdot v_{\varphi}.$$

Diese Gleichung stellt das *Wirkungsprinzip der Strömungsmaschinen* dar. Darunter versteht man die Turbopumpen, -verdichter und die Turbinen. In der oben angegebenen Gleichung ist v_{φ} die Geschwindigkeitskomponente in Umfangsrichtung. Das in die Maschine (bzw. Stufe) eintretende Medium erzeugt das Moment

$$M_{\mathrm{e}} = \dot{m} \cdot (r \cdot v_{\varphi})_{\mathrm{e}},$$

das austretende Medium

$$M_{\mathrm{a}} = \dot{m} \cdot (r \cdot v_{\varphi})_{\mathrm{a}}.$$

In der Maschine wirkt das Differenzmoment

$$M = \dot{m}\Delta(r \cdot v_{\varphi}). \qquad (6\text{-}8)$$

Soll in einer Pumpe bzw. Turbine Energie zugeführt oder abgeführt werden, dann ist das nur möglich, wenn das Produkt $r \cdot v_{\varphi}$ des strömenden Mediums geändert wird. Dazu ist eine Umlenkung des Massenstroms notwendig. Als Beispiel soll ein Propeller betrachtet werden, der die Luft aus der Umgebung ansaugt (Abb. 6-28). Es wird angenommen, daß sich die Luftteilchen durch den Propeller auf Mantelflächen von koaxialen Zylindern bewegen und in die Propellerebene senkrecht eintreten. Deshalb ist die Geschwindigkeitskomponente von v_{e} in Umfangsrichtung des Propellers null, und damit gilt auch für das Moment $M_{\mathrm{e}} = 0$. Es verbleibt das Moment, das die den Propeller verlassende Luft erzeugt:

$$M_{\mathrm{a}} = \dot{m} \cdot r \cdot v_{\mathrm{a}\varphi}.$$

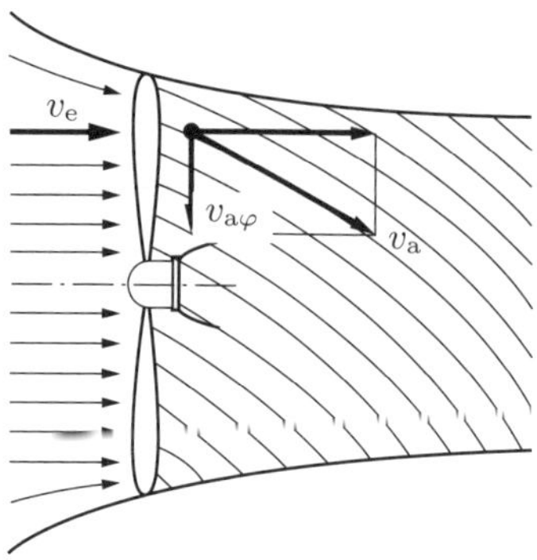

Abb. 6-28: Propeller

Eine Energieübertragung vom Propeller zur Luft ist nur möglich, wenn dieses Moment tatsächlich vorhanden ist, d.h. wenn die Geschwindigkeitskomponente $v_{a\varphi}$ nicht verschwindet. Das aber bedeutet wiederum, daß für die Wirkung des Propellers wie für die jeder Strömungsmaschine eine Umlenkung des strömenden Mediums durch die Flügel notwendig ist. Der Luftstrahl verläßt den Propeller nicht axial, sondern mit einer überlagerten Drehung.

Beispiel 1

In der Abb. 6-29 ist eine Peltonturbine skizziert. Das Wasser im Strahl hat die Geschwindigkeit v_1, die Schaufel die Umfangsgeschwindigkeit u. Der Strahl hat die Querschnittsfläche A. Es soll angenommen werden, daß die Schaufeln den Wasserstrahl um 180° umlenken und die Strömung verlustfrei erfolgt. In allgemeiner Form sind abzuleiten:

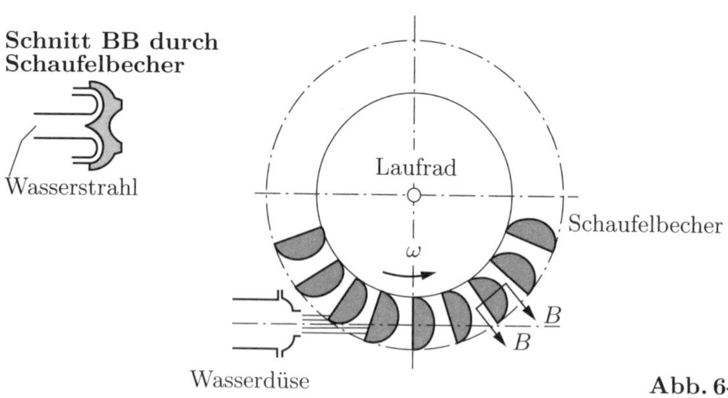

Abb. 6-29: PELTON-Turbine

a) die Umfangskraft F_u am Laufrad in Abhängigkeit von u und v_1,
b) die Leistung der Turbine in Abhängigkeit von u und v_1,

c) die optimale Umfangsgeschwindigkeit u_{opt}, bei der die Turbine die maximale Leistung abgibt,
d) die maximale Leistung.

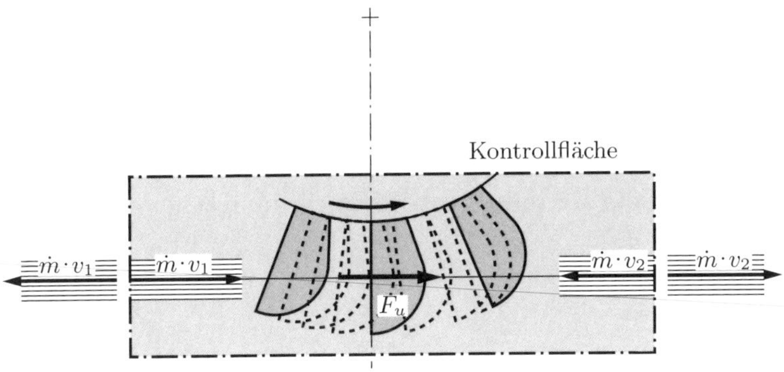

Abb. 6-30: Impulssatz für die Schaufeln der PELTON-Turbine

Lösung (Abb. 6-30/6-31)

a) Es wird zunächst angenommen, daß der mit v_1 in das Schaufelsystem eintretende Wasserstrahl auf die Geschwindigkeit v_2 abgebremst wird und die Schaufeln in gleicher Richtung verläßt. Der ein- und austretende Strahl wird geschnitten gedacht, und die Kräfte $\dot{m} \cdot v_1$ und $\dot{m} \cdot v_2$ werden nach Abb. 6-30 eingeführt. Die Kraft F_{u} ist die Differenz der beiden Impulskräfte

$$F_{\text{u}} = \dot{m} \cdot (v_1 - v_2).$$

Dabei ist der Massenstrom

$$\dot{m} = \varrho \cdot A \cdot v_1 \quad (\varrho = \text{Dichte}).$$

Das ergibt

$$F_{\text{u}} = \varrho \cdot A \cdot v_1 \cdot (v_1 - v_2).$$

Um die Geschwindigkeit v_2 zu bestimmen, ist es notwendig, auf den Begriff der Relativgeschwindigkeit (Abschnitt 4.4) zurückzugehen. Die mit u bewegte Schaufel wird nicht mit der vollen Geschwindigkeit v_1, sondern mit der Relativgeschwindigkeit $v_{\text{rel}} = v_1 - u$ beaufschlagt. Das ist in der Abb. 6-31 gezeigt. Da die Strömung verlustfrei erfolgen soll, bleibt bei der Umlenkung die Größe dieser

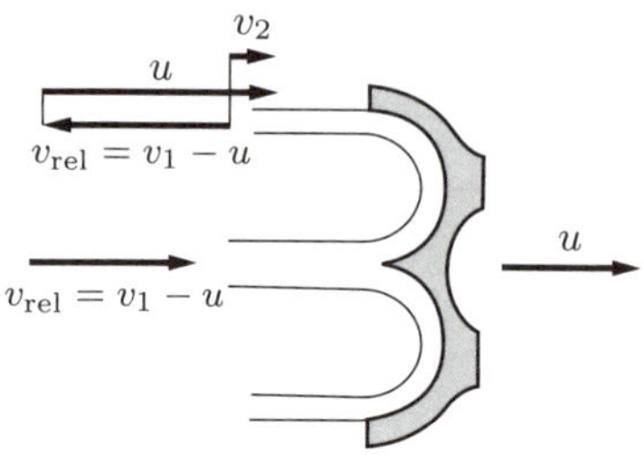

Abb. 6-31: Wassergeschwindigkeit an der Schaufel einer PELTON-Turbine

Geschwindigkeit erhalten. Am Austritt ergeben die Relativgeschwindigkeit und die Umfangsgeschwindigkeit die absolute Austrittsgeschwindigkeit v_2,

$$v_2 = u - v_{rel} = u - (v_1 - u) \Longrightarrow v_2 = 2u - v_1.$$

Damit ist

$$F_u = \varrho \cdot A \cdot v_1 \cdot (v_1 - 2u + v_1)$$
$$\underline{F_u = 2\varrho \cdot A \cdot v_1 \cdot (v_1 - u).}$$

Die Umfangskraft ist am größten, wenn die Turbine blockiert ist ($u = 0$), und sie wird null, wenn sich die Schaufeln im Strahl mit der Wassergeschwindigkeit bewegen ($v_1 = u$ bzw. $v_1 = v_2$).

b) Die Leistung der Turbine beträgt

$$\underline{P = F_u \cdot u = 2\varrho \cdot A \cdot u \cdot v_1 \cdot (v_1 - u).}$$

c) Die Umfangsgeschwindigkeit u_{opt} für die maximale Leistung erhält man aus der Ableitung von P nach u,

$$P = 2\varrho \cdot A \cdot (u \cdot v_1^2 - u^2 \cdot v_1)$$
$$\frac{dP}{du} = 2\varrho \cdot A \cdot (v_1^2 - 2u \cdot v_1).$$

Für $\frac{dP}{du} = 0$ ist $u = u_{opt}$,

$$v_1^2 - 2u_{opt} \cdot v_1 = 0$$
$$\underline{u_{opt} = \frac{v_1}{2}.}$$

Die Turbine gibt die höchste Leistung ab, wenn die Schaufeln mit halber Wassergeschwindigkeit v_1 umlaufen.

d) Die maximale Leistung errechnet man aus der Gleichung für P für $u_{\text{opt}} = v_1/2$

$$\underline{P_{\max}} = 2\varrho \cdot A \cdot \frac{v_1^2}{2} \cdot \frac{v_1}{2} = \frac{1}{2}\varrho \cdot A \cdot v_1^3 = \underline{\frac{\dot{m}}{2}v_1^2}.$$

Das entspricht der gesamten kinetischen Energie des Strahls. Deshalb muß die Geschwindigkeit v_2 null sein, was sich für $u_{\text{opt}} = \dfrac{v_1}{2}$ aus der Gleichung für v_2 auch ergibt (vergleiche Punkt a). Das Wasser fällt nach der Energieabgabe an die Schaufeln frei herunter.

Beispiel 2 (Abb. 6-32)

Auf das skizzierte Förderband, das mit der Geschwindigkeit v_{B} umläuft, fällt Sand frei aus der Höhe h herunter. Die wirksame Bandlänge ist l, der Steigungswinkel β. Für die unten gegebenen Daten sind zu bestimmen

a) die für diesen Transport notwendige Zugkraft im Band,
b) die erforderliche Leistung.

$$v_{\text{B}} = 1{,}20\,\text{m/s}; \quad \dot{m} = 300\,\text{kg/s}; \quad l = 10\,\text{m}; \quad h = 1{,}0\,\text{m}; \quad \beta = 20°.$$

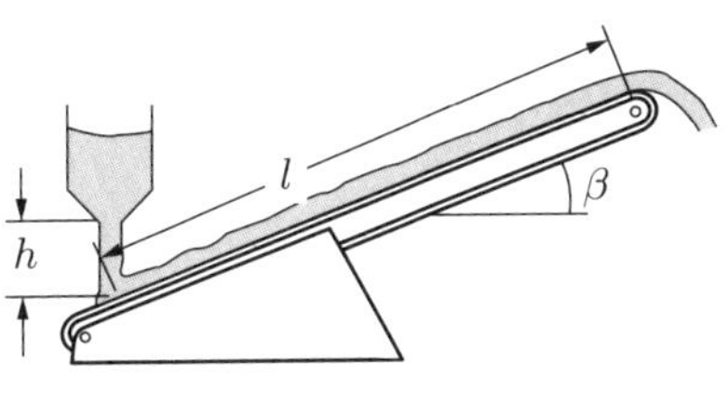

Abb. 6-32: Förderband

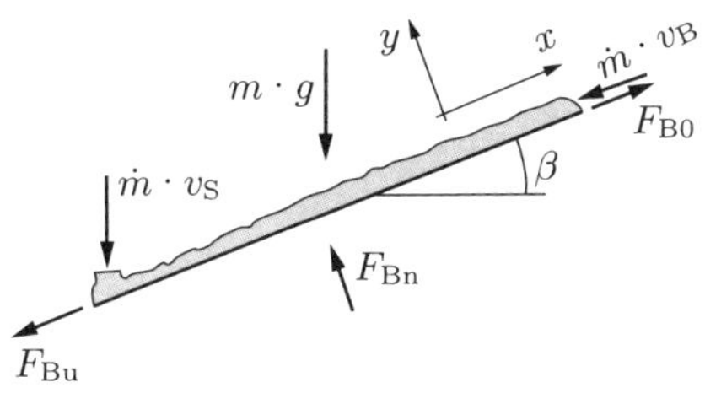

Abb. 6-33: Freigemachtes Förderband

Lösung (Abb. 6-33)

Das System wird freigemacht. Überall, wo der kontinuierliche Massenstrom geschnitten wird, muß die Kraft $\dot{m} \cdot \vec{v}$ eingeführt werden. Sie wirkt – das folgt aus den Ausführungen oben – immer in die Kontrollfläche hinein. Aus Gründen des Antriebs muß das Band vorgespannt sein. Die notwendige Zugkraft ist demnach die Differenz aus der oben und unten wirkenden Kraft

$$F_{\text{B}} = F_{\text{B0}} - F_{\text{Bu}}.$$

Man erhält aus

$$\sum F_{\mathrm{x}} = 0$$

$$-F_{\mathrm{Bu}} - \dot{m} \cdot v_{\mathrm{s}} \cdot \sin\beta - m \cdot g \cdot \sin\beta - \dot{m} \cdot v_{\mathrm{B}} + F_{\mathrm{B0}} = 0$$

$$F_{\mathrm{B}} = F_{\mathrm{B0}} - F_{\mathrm{Bu}} = m \cdot g \cdot \sin\beta + \dot{m}\,(v_{\mathrm{s}} \cdot \sin\beta + v_{\mathrm{B}}).$$

Die Fallgeschwindigkeit des Sandes ist $v_{\mathrm{s}} = \sqrt{2g \cdot h} = 4{,}43\,\mathrm{m/s}$.

Aus den gegebenen Werten kann man die Gesamtmasse des Sandes auf dem Band berechnen. Es gilt

$$\dot{m} = \frac{m}{t_{\mathrm{B}}} \quad \text{mit} \quad v_{\mathrm{B}} = \frac{l}{t_{\mathrm{B}}}.$$

Dabei ist t_{B} die Laufzeit des Bandes für die beaufschlagte Länge l.

$$m = \dot{m} \cdot t_{\mathrm{B}} = \dot{m} \cdot \frac{l}{v_{\mathrm{B}}} = 300\,\mathrm{kg/s} \cdot \frac{10\,\mathrm{m}}{1{,}2\,\mathrm{m/s}} = 2500\,\mathrm{kg}.$$

Damit erhält man

$$F_{\mathrm{B}} = 2500 \cdot 9{,}81\,\mathrm{N} \cdot \sin 20^\circ + 300\,\mathrm{kg/s} \cdot (4{,}43 \cdot \sin 20^\circ + 1{,}20)\mathrm{m/s}$$

$$\underline{F_{\mathrm{B}}} = 8388\,\mathrm{N} + 815\,\mathrm{N} = \underline{9203\,\mathrm{N}}.$$

Der erste Anteil der Kraft ist notwendig, um das Schüttgut mit konstanter Geschwindigkeit zu heben, der zweite, um es über Reibungswirkung mit dem Band mitzunehmen.

Die Leistung beträgt

$$P = F_{\mathrm{B}} \cdot v_{\mathrm{B}} = (8388\,\mathrm{N} + 815\,\mathrm{N}) \cdot 1{,}2\,\mathrm{m/s}$$

$$\underline{P} \approx 10{,}1\,\mathrm{kW} + 1{,}0\,\mathrm{kW} \approx \underline{11\,\mathrm{kW}}.$$

Der erste Anteil ist die nutzbare Hubleistung, der zweite wird durch Reibungswirkung zwischen Schüttgut und Band in Wärme umgesetzt. Die Verlustleistung in den Rollen und dem Antrieb müßte getrennt berechnet werden. Das sprengt jedoch den Rahmen dieses Beispiels.

Die Lagerbelastung der Rollen kann man aus der Normalkraft F_{n} berechnen. An der Auftreffstelle des Sandes kommt der Anteil

$$\dot{m} \cdot v_{\mathrm{s}} \cdot \cos\beta = 300\,\mathrm{kg/s} \cdot 4{,}43\,\mathrm{m/s} \cdot \cos 20^\circ = 1{,}25\,\mathrm{kN}$$

hinzu.

Beispiel 3 (Abb. 6-34)

Abgebildet ist in vereinfachter Form ein Durchflußmesser für Rohrleitungen, der Massenströme mißt. Das Gerät besteht aus den Trommeln A und B, die mit radial nach außen gerichteten Schaufeln bestückt sind. Die Trommel A wird von einem Motor mit bekannter Drehzahl n angetrieben. Die Schaufeln verleihen dem zunächst rein axial zuströmenden Fluid eine Geschwindigkeitskomponente in Umfangsrichtung. In der nicht drehbaren Trommel B wird in den Schaufelkanälen die Strömung wieder axial ausgerichtet. Das dabei entstehende Moment wird im Torsionsstab mit Hilfe von Dehnungsmeßstreifen gemessen. In allgemeiner Form ist eine Auswertungsgleichung für den Massenstrom aufzustellen.

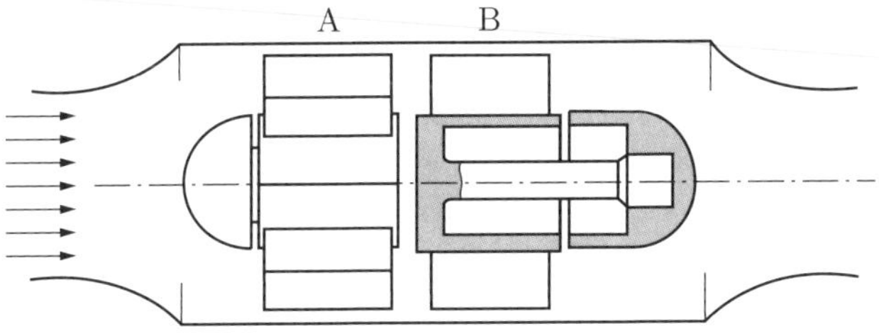

Abb. 6-34: Durchflußmesser für Massenströme

Lösung

Das Meßprinzip basiert auf der Gleichung (6-8)

$$M = \dot{m} \cdot \Delta(r \cdot v_\varphi)$$

Der Leser sollte sich darüber klar werden, daß eine Gleichung, die physikalische Größe zueinander in Verbindung bringt, Grundlage eines Meßverfahrens sein kann. In der Trommel A wird eine Geschwindigkeitskomponente $v_\varphi = r \cdot \omega_{\text{Mot}}$ im Fluid überlagert. Dabei ist r der mittlere Radius der Beschaufelung. Der Umkehrprozeß in der Trommel B lenkt den Strom wieder axial aus $(r \cdot v_\varphi = 0)$. Das dazu notwendige Moment belastet den Torsionsstab.

$$M = \dot{m} \cdot r \cdot r \cdot \omega_{\text{Mot}} = \dot{m} \cdot r^2 \cdot 2\pi \cdot n$$

$$\underline{\dot{m} = \frac{M}{r^2 \cdot 2\pi \cdot n} = K \cdot M}$$

In der Konstanten K sind die gerätespezifischen Werte zusammengefaßt. Der Massenstrom ist proportional zum gemessenen Moment. Dabei gehen Dichte, Zähigkeit und damit die Temperatur des Fluids nicht ein. Das ist ein besonderer Vorteil des Verfahrens.

6.4 Der Impuls des starren Körpers

6.4.1 Das Massenträgheitsmoment; das Zentrifugalmoment; der STEINERsche Satz; Hauptachsen

Die Anwendung des Dynamischen Grundgesetzes auf einen rotierenden starren Körper führt auf den Begriff des *Massenträgheitsmomentes*. Das wurde in dem Abschnitt 5.1 gezeigt. Dieses ist folgendermaßen definiert

$$J = \int r^2 \cdot \mathrm{d}m$$

r ist der Abstand von der Achse (Pol), auf den das Trägheitsmoment bezogen ist. Seine Dimension ist Masse × Länge^2, die im Maschinenbau übliche Einheit ist kg m^2. Das in der Festigkeitslehre definierte Flächenträgheitsmoment

$$I = \int r^2 \cdot \mathrm{d}A$$

ist analog aufgebaut. Wo eine Verwechslung nicht möglich ist, spricht man einfach von Trägheitsmoment.

Nach DIN 5497 wird das Massenträgheitsmoment mit J, das Flächenträgheitsmoment mit I bezeichnet. Eine Tabelle im Anhang enthält die Massenträgheitsmomente der wichtigsten homogenen Körper.

Die Bestimmung der Flächenträgheitsmomente ist im Band 2 ausführlich behandelt worden. Die notwendigen Gleichungen, die wegen der Analogie den gleichen Aufbau haben, sollen hier nicht noch einmal abgeleitet, sondern nur mit kurzer Erläuterung aufgeführt werden. Um dem Leser die Mitarbeit zu erleichtern, wird dabei auf die entsprechende Gleichungsnummer des 2. Bandes verwiesen.

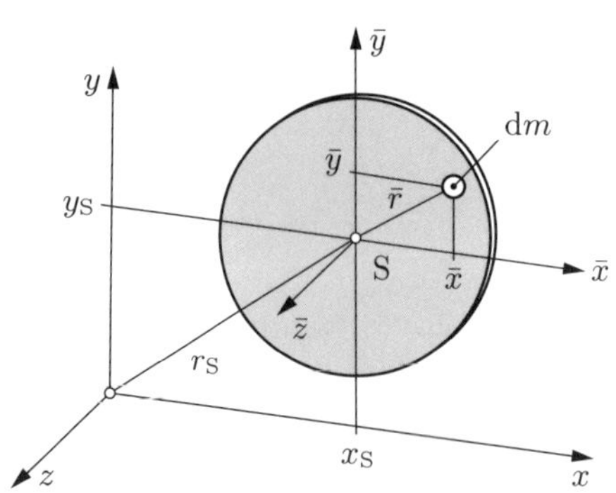

Abb. 6-35: Definition von Koordinatensystemen für eine starre Scheibe

Der STEINERsche[1] Satz wurde in der Festigkeitslehre für das aequatoriale Trägheitsmoment abgeleitet. Es soll bewiesen werden, daß er auch für das polare Trägheitsmoment gilt, also auf eine senkrecht zur Zeichenebene bezogene Achse. Die Abb. 6-35 zeigt eine starre Scheibe in einem Schwerpunktsystem $\bar{x}$, $\bar{y}$, $\bar{z}$ und einem parallel verschobenen System x, y, z. Es gilt

$$J_{\bar{z}} = \int \bar{r}^2 \cdot \mathrm{d}m = \int (\bar{x}^2 + \bar{y}^2)\mathrm{d}m = J_{\bar{x}} + J_{\bar{y}}; \qquad J_z = J_x + J_y$$

Mit dem STEINERschen Satz (Band 2, Gl. (4-11)) wird umgerechnet

$$J_x = J_{\bar{x}} + y_s^2 \cdot m; \qquad J_y = J_{\bar{y}} + x_s^2 \cdot m$$

Wegen $r_s^2 = x_s^2 + y_s^2$ ist

$$J_z = J_x + J_y = J_{\bar{x}} + J_{\bar{y}} + (x_s^2 + y_s^2)m = J_{\bar{z}} + r_s^2 \cdot m$$

Allgemein geschrieben

$$J = J_s + r_s^2 \cdot m \tag{6-9}$$

Das ist der STEINERsche Satz für Massenträgheitsmomente in allgemeiner Form. Da der zweite Summand immer positiv ist, gilt:

Für alle parallelen Achsen ist das Trägheitsmoment für die Schwerpunktachse am kleinsten.

Aus der Ableitung des Satzes folgt:
Das polare Trägheitsmoment einer flachen Scheibe ist die Summe von zwei äquatorialen Trägheitsmomenten, deren Bezugsachsen senkrecht aufeinander stehen und sich im Pol schneiden.

Der *Trägheitsradius* i ist der Abstand von der Achse, in dem man sich die Masse bei gleichem Trägheitsmoment punktförmig vereinigt denken kann

$$J = m \cdot i^2$$
$$i = \sqrt{\frac{J}{m}}. \tag{6-10}$$

Diese Beziehung entspricht der für Flächenträgheitsmomente (Band 2, Gleichung (7-1)).

[1]STEINER, Jakob (1796–1863), schweizer Geometer.

Die auf einen bestimmten Achsabstand r *reduzierte Masse* ist so groß, daß sie, in diesem Abstand von der Drehachse angeordnet, das gleiche Trägheitsmoment hat:

$$m_{\mathrm{red}} = \frac{J}{r^2} \tag{6-11}$$

Die Abb. 6-36 versucht, diese Begriffe zu veranschaulichen.

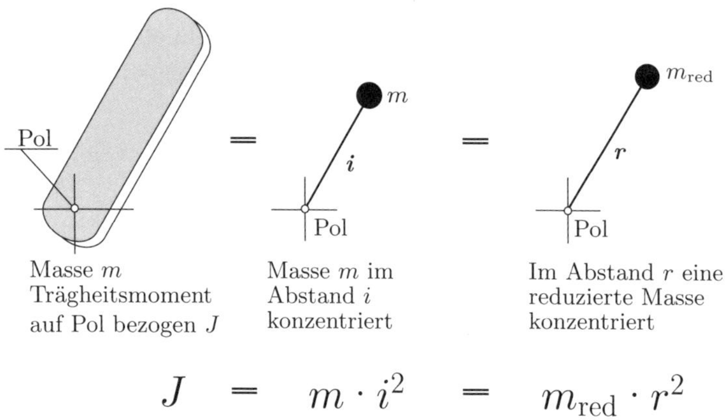

Abb. 6-36: Zu den Begriffen „Trägheitsradius" und „reduzierte Masse"

Für ebene, dünne Scheiben kann man das aequatoriale Massenträgheitsmoment aus dem Flächenträgheitsmoment bestimmen. Man denkt sich die Fläche A in einer Dicke s mit einer Masse, d.h. einem Stoff der Dichte ϱ, belegt. Um vom Flächen- auf das Massenträgheitsmoment zu kommen, muß man deshalb die Fläche mit dem Produkt $s \cdot \varrho$ multiplizieren. Als Beispiel sollen hier die Rechteckfläche und eine rechteckige Platte betrachtet werden. Für die Fläche gilt für die Symmetrieachsen

$$I_{\mathrm{x}} = \frac{b \cdot h^3}{12} = b \cdot h \cdot \frac{h^2}{12} = A \cdot \frac{h^2}{12}.$$

Das Massenträgheitsmoment erhält man nach Multiplikation mit $s \cdot \varrho$

$$J_{\mathrm{x}} = A \cdot s \cdot \varrho \cdot \frac{h^2}{12} = V \cdot \varrho \cdot \frac{h^2}{12} = m \cdot \frac{h^2}{12}.$$

In der Formel für das Flächenträgheitsmoment I wird zunächst die Fläche A abgespalten. An ihre Stelle wird die Masse m eingeführt. So erhält man das Massenträgheitsmoment einer dünnen Scheibe gleicher Form.

Das Hauptachsenproblem einer starren Scheibe entspricht dem einer ebenen Fläche. Dieses Problem ist ausführlich in Band 2 behandelt. Demgegenüber sind die nachfolgenden Ausführungen gestrafft. Alle hier nicht aufgeführten Zwischenschritte können Band 2 entnommen werden.

Zunächst muß das Zentrifugalmoment definiert werden.

$$J_{xy} = \int x \cdot y \cdot dm, \quad J_{xz} = \int x \cdot z \cdot dm, \quad J_{yz} = \int y \cdot z \cdot dm \tag{6-12}$$

Der Begriff Zentrifugalmoment wird ausführlich im Abschnitt 7.3.5 erläutert.

Die Umrechnung von der Schwerpunktachse auf eine andere Achse erfolgt mit dem STEINERschen Satz (Abb. 6-35)

$$J_{xy} = J_{\overline{xy}} + x_s \cdot y_s \cdot m \tag{6-13}$$

Im Schwerpunkt einer starren Scheibe werden nach Abb. 6-37 zwei zueinander

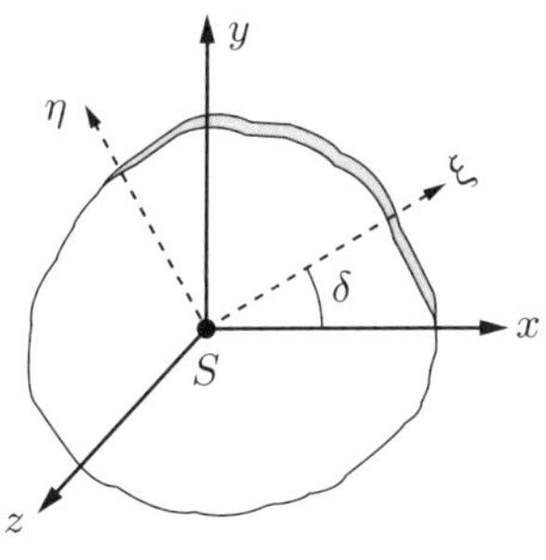

Abb. 6-37: Gedrehtes Koordinatensystem für starre Scheibe

um δ gedrehte Koordinatensysteme eingeführt. Es gilt, wie oben abgeleitet,

$$J_z = J_x + J_y = J_\xi + J_\eta \tag{6-14}$$

Die Trägheitsmomente für das um δ gedrehte ξ-η-Koordinatensystem haben die Größen

$$J_\xi = \frac{J_x + J_y}{2} + \frac{J_x - J_y}{2} \cdot \cos 2\delta - J_{xy} \cdot \sin 2\delta, \tag{6-15}$$

$$J_\eta = \frac{J_x + J_y}{2} - \frac{J_x - J_y}{2} \cdot \cos 2\delta + J_{xy} \cdot \sin 2\delta, \tag{6-16}$$

$$J_{\xi\eta} = \frac{J_x - J_y}{2} \cdot \sin 2\delta + J_{xy} \cdot \cos 2\delta \tag{6-17}$$

Für den Winkel $\delta = \delta_\mathrm{h}$

$$\tan 2\delta_\mathrm{h} = \frac{2J_\mathrm{xy}}{J_\mathrm{y} - J_\mathrm{x}} \tag{6-18}$$

werden J_ξ bzw. J_η ein Maximum bzw. Minimum und das Zentrifugalmoment $J_{\xi\eta}$ verschwindet. Diese Achsen nennt man *Hauptachsen*. Die Größe dieser Trägheitsmomente ist

$$J_{\substack{\max\\\min}} = \frac{J_\mathrm{x} + J_\mathrm{y}}{2} \pm \sqrt{\left(\frac{J_\mathrm{y} - J_\mathrm{x}}{2}\right)^2 + {J_\mathrm{xy}}^2}\,. \tag{6-19}$$

Nach der Gleichung (6-14) muß für die auf der Scheibe im Schwerpunkt senkrecht stehende Achse gelten

$$J_\mathrm{z} = J_\mathrm{max} + J_\mathrm{min} = J_\mathrm{x} + J_\mathrm{y}\,. \tag{6-20}$$

Das ist die Achse des absolut höchsten Trägheitsmomentes und damit die *dritte Hauptachse.*

Die Gleichungen (6-15) bis (6-19) lassen sich am MOHRschen Trägheitskreis nach Abb. 6-38 darstellen. Es werden die Zentrifugalmomente in Abhängigkeit von den Trägheitsmomenten aufgetragen. In der Praxis ergeben sich in der Mehrzahl zwei grundsätzliche Aufgabenstellungen.

Fall 1 (Abb. 6-38a)

Es sind die Hauptachsen zu bestimmen. Dazu werden für das gewählte Koordinatensystem *xy*, dessen Ursprung jedoch im Schwerpunkt liegen muß, die Trägheitsmomente J_x, J_y und das Zentrifugalmoment J_xy berechnet. Die Trägheitsmomente J_x, J_y werden auf der Abszisse gekennzeichnet. Das Zentrifugalmoment J_xy muß vorzeichenrichtig an J_y angetragen werden. Das resultiert aus dem für die Ableitung der Gleichungen gewählten Koordinatensystem. Diese Auftragung ergibt den Punkt A. Das Anbringen von J_xy an J_x mit umgekehrten Vorzeichen liefert den Punkt B und den Mittelpunkt M des Kreises. Die für die Hauptachsen gültigen Trägheitsmomente J_max und J_min entsprechen den Schnittpunkten des Kreises mit der Abszisse, für die $J_\mathrm{xy} = 0$ gilt. $\overline{\mathrm{CA}}$ und $\overline{\mathrm{AD}}$ sind Richtungen der Hauptachsen (Kreis des THALES). Dabei ist die von C (J_min) ausgehende Linie die Achse für J_min, die von D (J_max) ausgehende Linie die Achse von J_max. Die Richtigkeit dieser Konstruktion kann man sich an den Gleichungen klar machen, wobei hier noch einmal auf den zweiten Band hingewiesen werden soll.

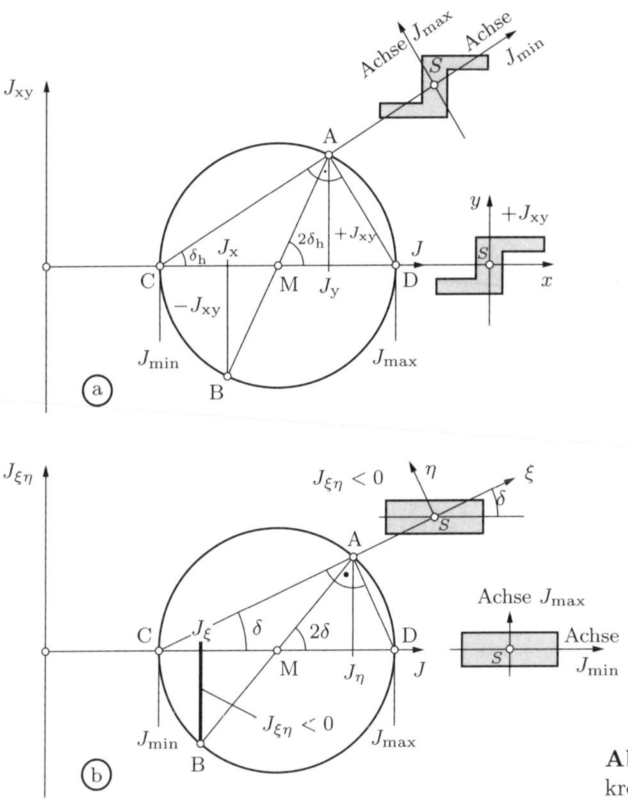

Abb. 6-38: MOHRscher Trägheitskreis für eine starre Scheibe

Fall 2 (Abb. 6-38b)

Für einen Körper sind die Hauptachsen bekannt (z.B. Symmetrieachsen). Zu bestimmen sind die Trägheitsmomente und das Zentrifugalmoment für ein um den Winkel δ gedrehtes Koordinatensystem ξ und η. Die bekannten Werte J_{max} und J_{min} ergeben die Schnittpunkte des Kreises mit der Abszisse und damit den Kreis. Die Punkte C und D entsprechen dem Hauptachsenzustand, die Punkte A und B den Zustand für um δ gedrehte Achsen. Für das hier gewählte Koordinatensystem sind J_ξ und $J_{\xi\eta}$ einander zugeordnet. Anders ausgedrückt, das Vorzeichen von $J_{\xi\eta}$ ergibt sich bei der Ablesung dieser Größe an der Stelle J_ξ.

Zusammenfassend soll darauf hingewiesen werden, daß jeweils zwei gegenüberliegende Punkte auf dem MOHR*schen Kreis die Trägheitsmomente und das Zentrifugalmoment für ein Koordinatensystem mit senkrecht zueinanderstehenden Achsen angeben. Einer Drehung des Koordinatensystems um den Winkel δ entspricht eine Drehung im* MOHR*schen Kreis um den Winkel 2δ.*

Da Symmetrieachsen gleichzeitig Hauptachsen sind, folgt für:

a) *eine Symmetrieachse: Das Kartesische Koordinatensystem, das die Symmetrieachse einschließt, ist Hauptachsensystem,*
b) *zwei senkrecht zueinander stehende Symmetrieachsen: wie a),*
c) *drei und mehr Symmetrieachsen: Da für mehr als zwei Achsen $J_{xy} = 0$ gilt, schrumpft der* MOHR*sche Kreis zu einem Punkt J_M. Für alle Achsen ist $J = J_M$ und $J_{xy} = 0$.*

Zusammenfassend sind diese Aussagen in der Abb. 6-39 dargestellt.

Ein starrer Körper hat drei senkrecht zueinander stehende Hauptachsen, deren Schnittpunkt im Schwerpunkt liegt. Für alle diese Achsen verschwindet das Zentrifugalmoment. Für eine Hauptachse ist das Trägheitsmoment ein Maximum, für eine zweite ein Minimum. Für flache, ebene Scheiben, wie sie z.B. in der Abb. 6-39 gezeigt sind, steht die dritte Hauptachse im Schwerpunkt S *senkrecht auf der Zeichenebene.* Die Bestimmung der Hauptachsen für den allgemeinen räumlichen Fall übersteigt den Rahmen dieses Buches.

Bestehen Körper aus homogenen Grundfiguren, können Trägheitsmomente mit Hilfe der im Anhang gegebenen Tabelle bestimmt werden. Für homogene Körper mit Begrenzungen, die durch integrierbare Funktionen erfaßt werden können, führt eine Integration zum Ziel. Hier sei nochmals auf die ausführliche Behandlung dieser Frage in Band 2 verwiesen. Für beliebige Drehkörper, wie sie oft in der Technik vorkommen, hat sich das nachfolgend abgeleitete Verfahren bewährt. Nach Abb. 6-40 wird ein Körper aus Kreisringen zusammengesetzt

$$J = \int r^2 \cdot \mathrm{d}m \quad \text{mit} \quad \mathrm{d}m = \varrho \cdot \mathrm{d}V = \varrho \cdot b \cdot 2\pi \cdot r \cdot \mathrm{d}r$$

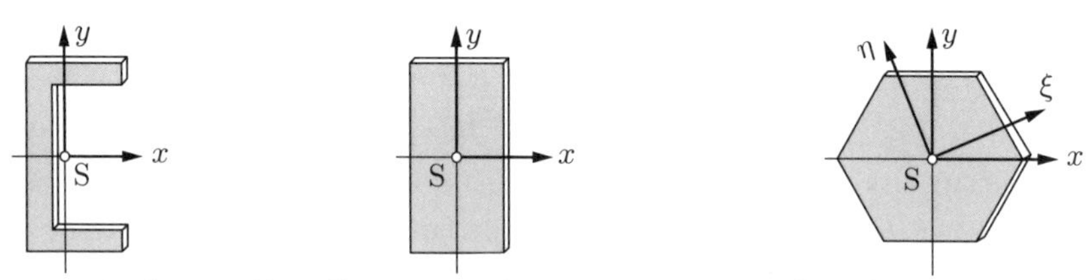

Eine Symmetrieachse x x, y Hauptachsen	Zwei Symmetrieachsen x und y x, y Hauptachsen	drei (mehr) Symmetrieachsen Alle S-Achsen in der x-y-Ebene sind Hauptachsen mit dem gleichenTrägheitsmoment
$J_{xy} = 0$	$J_{xy} = 0$	$J_{xy} = J_{\xi\eta} = 0$
$J_x \neq J_y$	$J_x \neq J_y$	$J_x = J_y = J_\xi = J_\eta \ldots$

Abb. 6-39: Zusammenhang von Symmetrieachsen und Hauptachsen für starre Scheiben

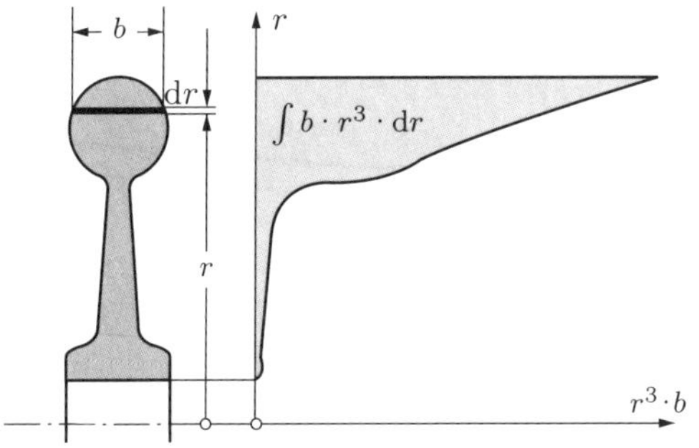

Abb. 6-40: Graphische Ermittlung des Massenträgheitsmomentes eines Rotationskörpers

$$J = \varrho \cdot 2\pi \int b \cdot r^3 \cdot dr.$$

Die Funktion $b \cdot r^3$ wird über r aufgetragen. Unter Beachtung der Maßstäbe wird die von der Kurve eingeschlossene Fläche $\int b \cdot r^3 \cdot dr$ durch Auszählen, Planimetrieren oder mit einem Rechenprogramm bestimmt. Hier sieht man besonders deutlich, daß die außen liegenden Massenteile (r^3!) den größten Anteil am Gesamtträgheitsmoment haben.

Für bereits gefertigte Bauteile, vor allem wenn sie nicht homogen und kompliziert sind, kann man das Trägheitsmoment experimentell bestimmen (siehe Bsp. 2 Abschnitt 9.3.3). Weitere Aufgaben zu diesem Thema bringt die Aufgabensammlung.

Beispiel 1 (Abb. 6-41)

Für den abgebildeten Deckel, der aus Leichtmetall ($\varrho = 2{,}70\,\mathrm{g/cm^3}$) gefertigt ist, sind zu bestimmen:

a) das Massenträgheitsmoment bezogen auf die Symmetrieachse,

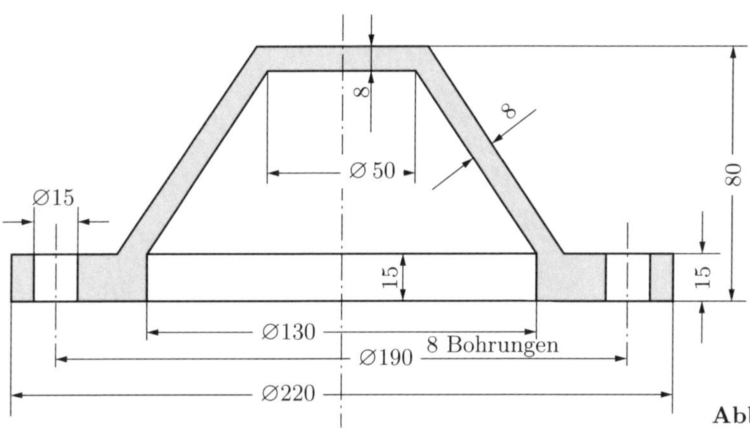

Abb. 6-41: Drehkörper

b) der Trägheitsradius,

c) die auf den Durchmesser $d = 220\,\text{mm}$ bezogene reduzierte Masse.

Lösung

Zunächst ist es notwendig, das Bauteil aus geometrischen Grundformen aufzubauen. Das geschieht nach Abb. 6-42. Im konischen Teil 2 werden dabei die schwarz angelegten Teile ausgetauscht, bzw. vernachlässigt. Zieht man unvermeidliche Fertigungstoleranzen in Betracht, erkennt man die Zulässigkeit dieser Vereinfachung. Da das Trägheitsmoment nur vom Abstand zur Bezugsachse abhängt, kann man parallel zu dieser verschieben. Das führt zum Ersatz des Teiles 2 durch einen gelochten Zylinder, der gestrichelt dargestellt ist. Die Höhe dieses Zylinders errechnet sich nach Abb. 6-42 aus

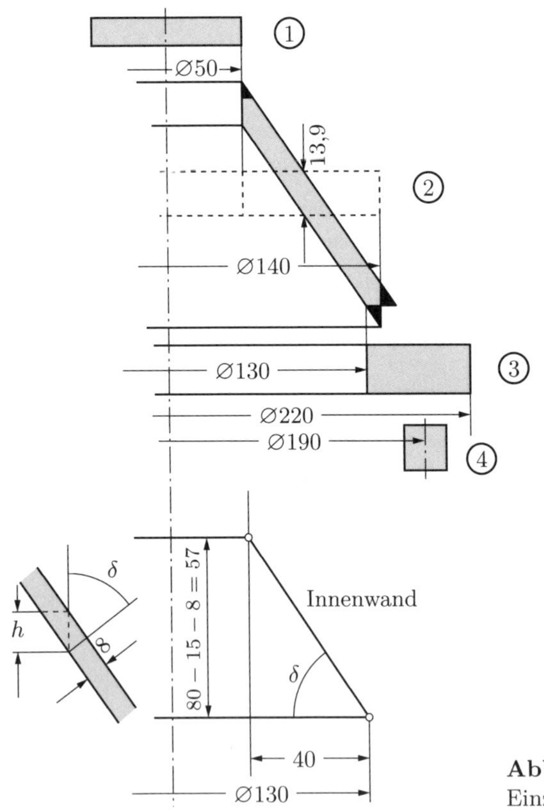

Abb. 6-42: Einteilung des Drehkörpers in Einzelmassen

$$\tan\delta = \frac{57\,\text{mm}}{40\,\text{mm}} \qquad \delta = 54{,}94^\circ$$

$$h = \frac{8{,}0\,\text{mm}}{\cos 54{,}94°} = 13{,}9\,\text{mm}.$$

Die Einzelmassen betragen

$$m_1 = \varrho \cdot V_1 = 2{,}70\text{g/cm}^3 \cdot \frac{\pi}{4} \cdot 5{,}0^2\,\text{cm}^2 \cdot 0{,}80\,\text{cm} = 42{,}4\,\text{g}$$
$$m_2 = 2{,}70\,\text{g/cm}^3 \cdot \frac{\pi}{4}(14{,}0^2 - 5{,}0^2)\text{cm}^2 \cdot 1{,}39\,\text{cm} = 504{,}0\,\text{g}$$
$$m_3 = 2{,}70\,\text{g/cm}^3 \cdot \frac{\pi}{4}(22{,}0^2 - 13{,}0^2)\text{cm}^2 \cdot 1{,}50\,\text{cm} = 1002{,}0\,\text{g}$$
$$m_4 = 2{,}70\,\text{g/cm}^3 \cdot \frac{\pi}{4}\,1{,}50^2\,\text{cm}^2 \cdot 1{,}50\,\text{cm} = 7{,}16\,\text{g}$$
$$m = m_1 + m_2 + m_3 - 8 \cdot m_4 = 1491\,\text{g}.$$

Die einzelnen Trägheitsmomente ergeben sich zu

$$J_1 = m_1 \cdot \frac{r^2}{2} = 0{,}0424\,\text{kg} \cdot \frac{2{,}5^2\,\text{cm}^2}{2} = 0{,}13\,\text{kg}\,\text{cm}^2$$
$$J_2 = m_2 \cdot \frac{R^2 + r^2}{2} = 0{,}504\,\text{kg} \cdot \frac{7{,}0^2 + 2{,}5^2}{2}\text{cm}^2 = 13{,}92\,\text{kg}\,\text{cm}^2$$
$$J_3 = m_3 \cdot \frac{R^2 + r^2}{2} = 1{,}002\,\text{kg} \cdot \frac{11{,}0^2 + 6{,}5^2}{2}\text{cm}^2 = 81{,}79\,\text{kg}\,\text{cm}^2.$$

Für die Einzelmasse der Teile 4 gilt

$$J = m \cdot \frac{r^2}{2} + m \cdot e^2 = m\left(\frac{r^2}{2} + e^2\right).$$

Für alle Teile 4 ist

$$J_4 = 8 \cdot m_4 \left(\frac{r^2}{2} + e^2\right) = 8 \cdot 0{,}00716\,\text{kg}\left(\frac{0{,}75^2}{2} + 9{,}5^2\right)\text{cm}^2$$
$$J_4 = 5{,}19\,\text{kg}\,\text{cm}^2.$$

Das führt auf

$$\underline{J_{\text{ges}}} = J_1 + J_2 + J_3 - J_4 = \underline{90{,}66\,\text{kg}\,\text{cm}^2}.$$

Der Radius, auf dem man sich bei gleichem Trägheitsmoment die Gesamtmasse in Form eines dünnwandigen Zylinders vereinigt denken kann, ist der Trägheitsradius (Gl. (6-10))

$$\underline{i} = \sqrt{\frac{J_{\text{ges}}}{m}} = \sqrt{\frac{90{,}66\,\text{kg}\,\text{cm}^2}{1{,}491\,\text{kg}}} = \underline{7{,}80\,\text{cm}}.$$

Das gleiche Trägheitsmoment für eine am Außendurchmesser vereinigt gedachte Masse ergibt sich aus der Gleichung (6-11)

$$\underline{m_{\mathrm{red}}} = \frac{J_{\mathrm{ges}}}{r^2} = \frac{90{,}66\,\mathrm{kg\,cm^2}}{11{,}0^2\,\mathrm{cm^2}} = \underline{0{,}749\,\mathrm{kg}}.$$

Beispiel 2 (Abb. 6-43)

Für den abgebildeten Doppelhaken, der aus homogenem Stangenmaterial gefertigt ist, sind die Lage der Hauptachsen und die Extremwerte der Trägheitsmomente zu bestimmen. Die Masse beträgt 2,0 kg, die Abmessung ist $e = 200\,\mathrm{mm}$.

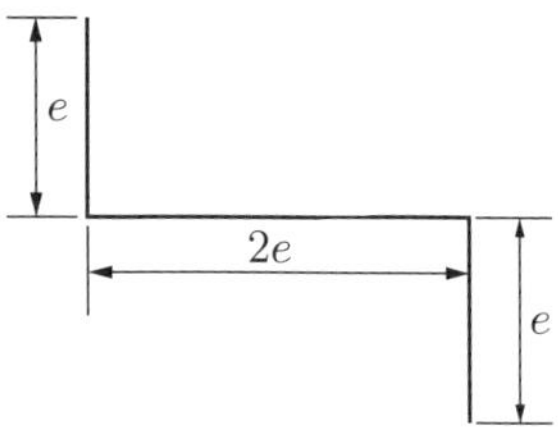

Abb. 6-43: Aus homogenen Stangen gefertiger Körper

Lösung (Abb. 6-44/6-45)

In den Schwerpunkt wird das Koordinatensystem x-y gelegt, die einzelnen Abschnitte werden numeriert. Der Abschnitt der Länge e hat die Masse $m = m_{\mathrm{ges}}/4$. Für die Trägheitsmomente erhält man mit Hilfe der Tabelle im Anhang

$$J_{\mathrm{x}} = J_{\mathrm{x1}} + J_{\mathrm{x2}} + J_{\mathrm{x3}} = m\frac{e^2}{3} + 0 + m\frac{e^2}{3} = \frac{2}{3}m \cdot e^2$$

$$J_{\mathrm{y}} = J_{\mathrm{y1}} + J_{\mathrm{y2}} + J_{\mathrm{y3}} = m \cdot e^2 + 2m\frac{(2e)^2}{12} + m \cdot e^2 = \frac{8}{3}m \cdot e^2$$

Für die Aufstellung der Beziehung für das Zentrifugalmoment ist es notwendig, in die Einzelschwerpunkte parallele Koordinatensysteme $\overline{x};\overline{y}$ zu legen. Das ist beispielhaft für Teil 1 in Abb. 6-44 gezeigt. Die Achsen $\overline{x};\overline{y}$ sind Symmetrieachsen, deshalb gilt $J_{\overline{\mathrm{xy}}} = 0$. Wäre der Haken nicht rechtwinklig, müßte $J_{\overline{\mathrm{xy}}}$ getrennt

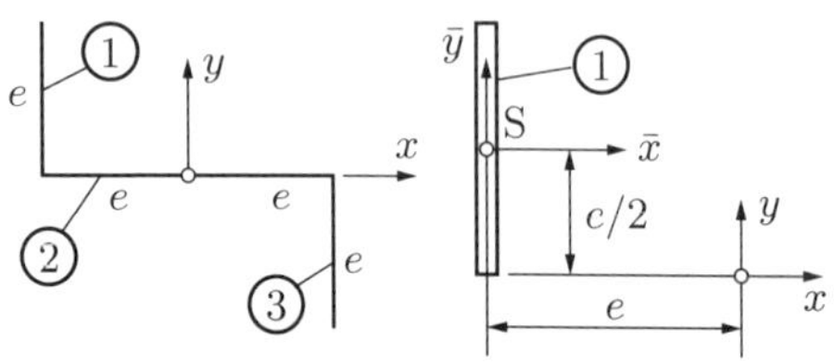

Abb. 6-44: Koordinatensystem für Körper nach Abb. 6-43

berechnet werden. Hier verbleibt vom STEINERschen Satz nur der zweite Term. Insgesamt kann man schreiben

$$J_{xy} = J_{xy1} + J_{xy2} + J_{xy3} = (-e)\frac{e}{2}m + 0 + e\left(-\frac{e}{2}\right)m = -m \cdot e^2$$

Damit können die Gleichungen (6-18)/(6-19) ausgewertet werden. Dabei wird

$$J_y - J_x = 2m \cdot e^2; \qquad J_y + J_x = \frac{10}{3}m \cdot e^2 \quad \text{gesetzt.}$$

$$\tan 2\delta_h = \frac{2J_{xy}}{J_y - J_x} = \frac{-2m \cdot e^2}{2m \cdot e^2} = -1; \qquad 2\delta_h = -45°$$

$$\underline{\delta_h = -22{,}5°; \qquad +67{,}5° .....}$$

$$J_{\substack{max\\min}} = \frac{J_y + J_x}{2} \pm \sqrt{\left(\frac{J_y - J_x}{2}\right)^2 + J_{xy}^2} = \left(\frac{10}{6} \pm \sqrt{\left(\frac{2}{2}\right)^2 + 1}\right) m \cdot e^2$$

$$\underline{J_{max} = 3{,}081(m \cdot e^2); \qquad J_{min} = 0{,}252(m \cdot e^2)}$$

Mit der Gleichung (6-20) ist eine Kontrolle möglich

$$J_z = J_{max} + J_{min} = J_x + J_y = 3{,}33(m \cdot e^2)$$

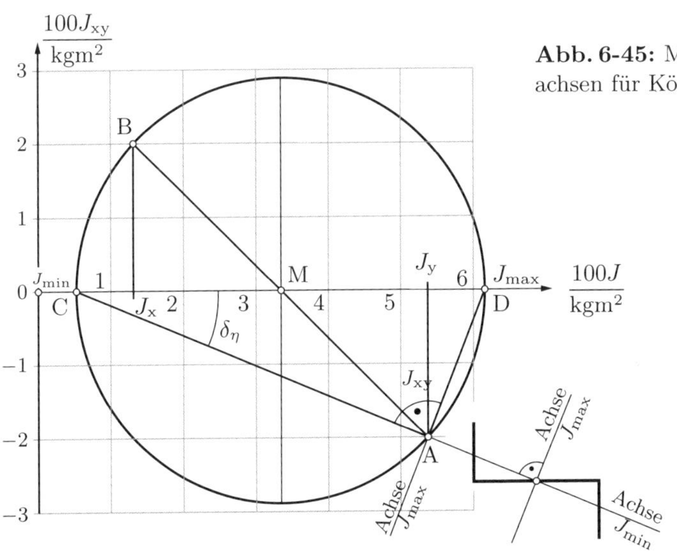

Abb. 6-45: MOHRscher Kreis und Hauptachsen für Körper nach Abb. 6-43

Für das Zeichnen des MOHRschen Kreises nach Abb. 6-45 werden mit $m \cdot e^2 = 0{,}020\,\text{kg}\,\text{m}^2$ die Zahlenwerte ausgerechnet

$$\underline{J_{\text{max}} = 6{,}162 \cdot 10^{-2}\,\text{kg}\,\text{m}^2}; \quad \underline{J_{\text{min}} = 0{,}505 \cdot 10^{-2}\,\text{kg}\,\text{m}^2}$$

$$J_{\text{x}} = 1{,}333 \cdot 10^{-2}\,\text{kg}\,\text{m}^2; J_{\text{y}} = 5{,}333 \cdot 10^{-2}\,\text{kg}\,\text{m}^2; J_{\text{xy}} = -2{,}0 \cdot 10^{-2}\,\text{kg}\,\text{m}^2.$$

Der MOHRsche Kreis wird in dieser Reihenfolge gezeichnet. J_x; J_y werden auf der Abszisse markiert. An J_y wird J_{xy} nach Vorzeichen aufgetragen (A), an J_x umgekehrt (B). Die Verbindungslinie AB schneidet die Abszisse in M und legt damit den Kreis fest. CA ist die Hauptachse J_{min} (C liegt in J_{min}); DA ist die Hauptachse J_{max}. Man kann die Lage der Hauptachsen recht gut von der Anschauung her kontrollieren. Die Achse J_{min} liegt so, daß alle Teile möglichst nahe sind. Umgekehrtes gilt für J_{max}.

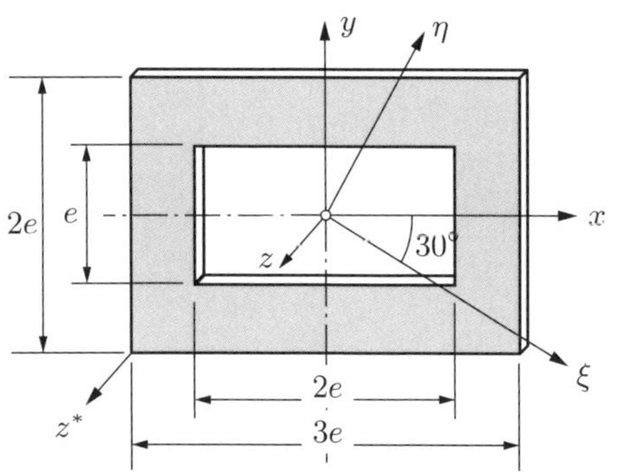

Abb. 6-46: Starre Scheibe

Beispiel 3 (Abb. 6-46)

Für die skizzierte homogene Platte sind für die unten gegebenen Daten zu bestimmen:

a) das Trägheitsmoment J_z und J_{z^*},
b) die Trägheitsmomente und das Zentrifugalmoment für ein um 30° gedrehtes Koordinatensystem.

Plattenmasse $m = 200\,\text{kg}$; $\quad e = 0{,}50\,\text{m}$.

Lösung (Abb. 6-47)

Die vorliegende Platte wird aus der Vollplatte 1 und dem herausgeschnittenen Teil 2 zusammengesetzt. Beide Massen müssen berechnet werden

$$\overline{m} = \frac{m_{\text{ges}}}{A} = \frac{200\,\text{kg}}{(1{,}50 - 0{,}50)\,\text{m}^2} = 200\,\text{kg/m}^2$$

$$m_1 = 1{,}5\,\mathrm{m}^2 \cdot 200\,\mathrm{kg/m}^2 = 300\,\mathrm{kg}; \qquad m_2 = 0{,}5\,\mathrm{m}^2 \cdot 200\,\mathrm{kg/m}^2 = 100\,\mathrm{kg}$$

Mit Hilfe der Tabelle im Anhang erhält man

$$J_\mathrm{x} = m_1 \frac{(2e)^2}{12} - m_2 \frac{e^2}{12} = \left(300 \frac{1{,}0^2}{12} - 100 \frac{0{,}5^2}{12}\right) \mathrm{kg\,m}^2 = 22{,}92\,\mathrm{kg\,m}^2$$

$$J_\mathrm{y} = m_1 \frac{(3e)^2}{12} - m_2 \frac{(2e^2)}{12} = \left(300 \frac{1{,}5^2}{12} - 100 \frac{1{,}0^2}{12}\right) \mathrm{kg\,m}^2 = 47{,}92\,\mathrm{kg\,m}^2$$

Nach Gleichung (6-14) ist

$$J_\mathrm{z} = J_\mathrm{x} + J_\mathrm{y} = 70{,}83\,\mathrm{kg\,m}^2$$

Dieser Wert wird mit dem STEINERschen Satz Gleichung (6-9) auf die Achse z^* umgerechnet

$$J_{\mathrm{z}^*} = J_\mathrm{z} + r_\mathrm{s}^2 \cdot m \quad \text{mit} \quad r_\mathrm{s}^2 = e^2 + (1{,}5 \cdot e)^2 = 3{,}25 e^2$$

$$\underline{J_{\mathrm{z}^*}} = 70{,}83\,\mathrm{kg\,m}^2 + 3{,}25 \cdot 0{,}50^2\,\mathrm{m}^2 \cdot 200\,\mathrm{kg} = \underline{233\,\mathrm{kg\,m}^2}$$

Für ein um δ gedrehtes Koordinatensystem gelten die Gleichungen (6-15)/(6-16)/(6-17). Sie werden mit

$$\frac{J_\mathrm{x} + J_\mathrm{y}}{2} = 35{,}42\,\mathrm{kg\,m}^2; \qquad \frac{J_\mathrm{x} - J_\mathrm{y}}{2} = -12{,}50\,\mathrm{kg\,m}^2;$$

$$J_\mathrm{xy} = 0; \quad \delta = -30°$$

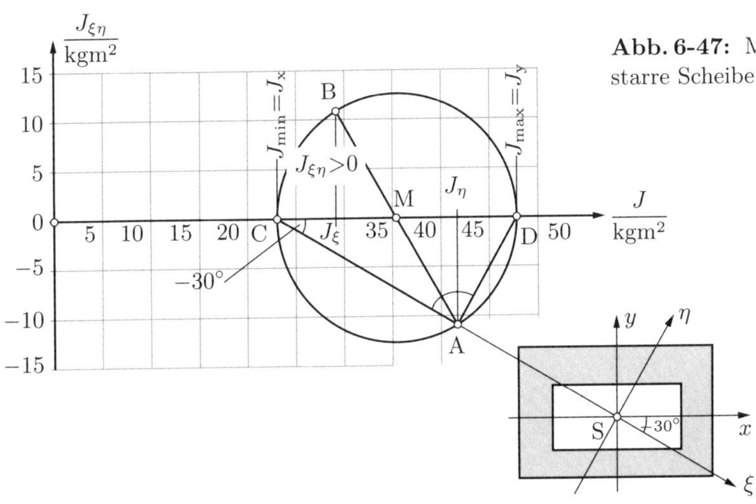

Abb. 6-47: MOHRscher Kreis für starre Scheibe nach Abb. 6-46

ausgewertet.

$$J_\xi = \frac{J_x + J_y}{2} + \frac{J_x - J_y}{2} \cos 2\delta - J_{xy} \sin 2\delta$$

$$\underline{J_\xi} = (35{,}42 + 12{,}5 \cdot \cos(-60^\circ))\,\mathrm{kg\,m^2} = \underline{29{,}17\,\mathrm{kg\,m^2}}$$

$$J_\eta = \frac{J_x + J_y}{2} - \frac{J_x - J_y}{2} \cos 2\delta + J_{xy} \sin 2\delta$$

$$\underline{J_\eta} = (35{,}42 + 12{,}5 \cdot \cos(-60^\circ))\,\mathrm{kg\,m^2} = \underline{41{,}67\,\mathrm{kg\,m^2}}$$

$$J_{\xi\eta} = \frac{J_x - J_y}{2} \sin 2\delta + J_{xy} \cos 2\delta$$

$$\underline{J_{\xi\eta}} = -12{,}5\,\mathrm{kg\,m^2} \cdot \sin(-60^\circ) = \underline{+10{,}83\,\mathrm{kg\,m^2}}$$

Der MOHRsche Kreis nach Abb. 6-47 wird folgendermaßen gezeichnet. Wegen der Symmetrie sind die x- und y-Achsen Hauptachsen. Damit gilt $J_y = J_{max}$ und $J_x = J_{min}$. Das sind die beiden Schnittpunkte des MOHRschen Kreises mit der Abszisse (C; D), die den Kreis festlegen. In C wird der Winkel $\delta = -30^\circ$ angetragen. Der Punkt A liefert J_η und über AMB erhält man J_ξ und $J_{\xi\eta}$. Die Vorzeichenfrage von $J_{\xi\eta}$ kann man auch von der Anschauung her klären.

Liegen die größeren Anteile der Fläche im 1. und 3. Quadranten, dann ist das Zentrifugalmoment positiv, liegen sie im 2. und 4. Quadranten, dann ist es negativ.

Beispiel 4 (Abb. 6-48)

Das drehbar gelagerte System besteht aus Punktmassen, die starr mit einem masselos angenommenen Gestänge verbunden sind. Für die nachfolgend gegebenen Daten liegt der Schwerpunkt der Massen in der Drehachse. Die Anordnung

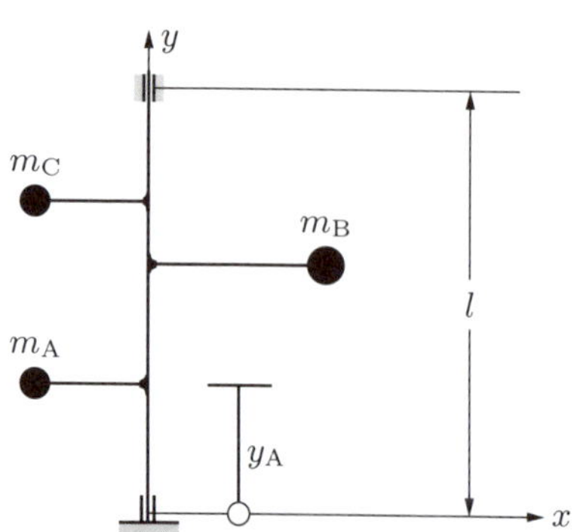

Abb. 6-48: Rotierendes System mit Einzelmassen

y_A der Masse A soll so erfolgen, daß für das eingezeichnete Koordinatensystem $J_{xy} = 0$ ist.

$$x_A = -0{,}50\,\text{m};\quad m_A = 10{,}0\,\text{kg};\quad x_B = 0{,}75\,\text{m};\quad y_B = 1{,}00\,\text{m};$$
$$m_B = 20{,}0\,\text{kg};\quad x_C = -0{,}50\,\text{m};\quad y_C = 1{,}25\,\text{m};\quad m_C = 20{,}0\,\text{kg}.$$

Lösung

Dieses Beispiel soll den Begriff Zentrifugalmoment veranschaulichen und deuten.

$$J_{xy} = x_A \cdot y_A \cdot m_A + x_B \cdot y_B \cdot m_B + x_C \cdot y_C \cdot m_C = 0$$
$$y_A = -\frac{1}{x_A \cdot m_A}(x_B \cdot y_B \cdot m_B + x_C \cdot y_C \cdot m_C)$$
$$y_A = -\frac{1}{(-0{,}50\,\text{m}) \cdot 10\,\text{kg}}(0{,}75 \cdot 1{,}0 \cdot 20 + (-0{,}50) \cdot 1{,}25 \cdot 20)\,\text{kg}\,\text{m}^2$$
$$\underline{y_A} = \underline{+0{,}50\,\text{m}}$$

Nur bei der so berechneten Anordnung der drei Massen verursachen die *Zentrifugal*kräfte kein *Moment* (Kräftepaar), das die Lager zusätzlich belastet. Diese Aussage wird im Beispiel 3 des Abschnitts 7.2.2 bewiesen, sollte aber schon an diese Stelle verständlich sein.

6.4.2 Der Schwerpunktsatz; die Schiebung

Einen starren Körper kann man sich aus beliebig vielen Massenpunkten zusammengesetzt denken. Der Schwerpunkt eines starren Körpers habe die Koordinaten x_S; y_S; z_S. Die Bestimmungsgleichung für x_S lautet, wenn man sich den Körper aus Punktmassen Δm zusammengesetzt denkt,

$$x_S = \frac{\sum(\Delta m \cdot x)}{\sum \Delta m};\quad x_S \cdot \sum \Delta m = \sum(\Delta m \cdot x).$$

Diese Gleichung differenziert man jetzt zweimal nach der Zeit und setzt $\sum \Delta m = m_{ges}$,

$$\frac{d^2 x_S}{dt^2} \cdot \sum \Delta m = \sum\left(\Delta m \cdot \frac{d^2 x}{dt^2}\right),$$
$$a_{xS} \cdot m_{ges} = \sum(\Delta m \cdot a_x).$$

Da $\sum F_x = \sum(\Delta m \cdot a_x)$ ist, gilt

$$\sum F_x = m_{ges} \cdot a_{xS}$$

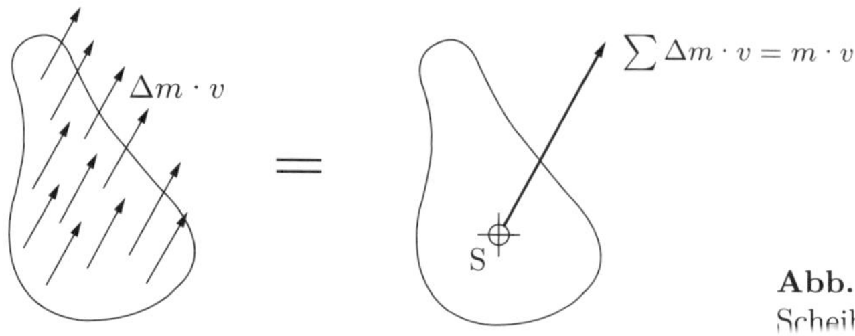

Abb. 6-49: Schiebung einer starren Scheibe

und analog

$$\sum F_{\mathrm{y}} = m_{\mathrm{ges}} \cdot a_{\mathrm{yS}}, \quad \sum F_{\mathrm{z}} = m_{\mathrm{ges}} \cdot a_{\mathrm{zS}}.$$

Die Schlußfolgerung aus diesen Beziehungen ist der Schwerpunktsatz:

Der Schwerpunkt eines starren Körpers bewegt sich so, als wäre die gesamte Masse in diesem Punkt vereinigt und als würden alle Kräfte in ihm angreifen.

Diese Aussage ist allgemeingültig, da im Ansatz keine Einschränkungen für die Art des Kräfteangriffs gemacht wurden. *Sie gilt auch für den Kraftangriff außerhalb des Schwerpunktes.*

Aus dem Schwerpunktsatz folgt unmittelbar, daß man nach Abb. 6-49 die einzelnen Bewegungsgrößen $\Delta m \cdot \vec{v}$ im Schwerpunkt vereinigen kann. Damit *gilt für die Schiebung der Impulssatz in der Form, wie er für den Massenpunkt abgeleitet wurde.* An dieser Stelle sei auch auf Erläuterungen des Begriffes Massenpunkt am Anfang dieses Kapitels hingewiesen.

6.4.3 Die Drehung um die Hauptachsen; der Drallsatz

Ein starrer Körper rotiert nach Abb. 6-50 um die in S senkrecht aus der Zeichenebene herausragende Hauptachse. Die Drehung kann sowohl um eine befestigte

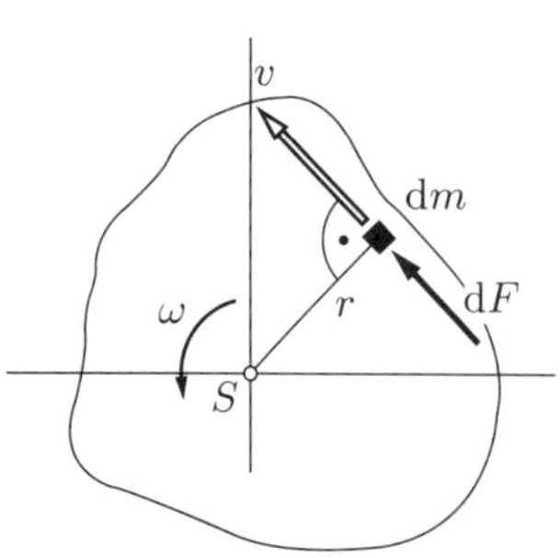

Abb. 6-50: Drehung einer starren Scheibe

Achse als auch um eine freie Achse (z.B. schwimmende Scheibe) gedacht werden. Die Anwendung des Grundgesetzes der Dynamik auf ein Massenelement dm ergibt

$$\mathrm{d}M = r \cdot \mathrm{d}F = \frac{\mathrm{d}}{\mathrm{d}t}(\mathrm{d}m \cdot v) \cdot r.$$

Mit

$$v = r \cdot \omega \quad \text{ist} \quad \mathrm{d}M = \frac{\mathrm{d}}{\mathrm{d}t}(\mathrm{d}m \cdot r^2 \cdot \omega).$$

Nach der Integration erhält man

$$M = \frac{\mathrm{d}}{\mathrm{d}t}(\omega \cdot \int r^2 \mathrm{d}m).$$

Hauptachsen sind Schwerpunktachsen. Deshalb sind das Trägheitsmoment und das Kraftmoment auf sie bezogen. Unter Beachtung der Vektoreigenschaft von $\vec{M}$ und $\vec{\omega}$ erhält man

$$\vec{M}_\mathrm{S} = \frac{\mathrm{d}}{\mathrm{d}t}(J_\mathrm{s} \cdot \vec{\omega}) \tag{6-21}$$

Das Produkt $J \cdot \vec{\omega} = \vec{D}$ wird *Drall* genannt

$$\vec{M} = \frac{\mathrm{d}\vec{D}}{\mathrm{d}t} \tag{6-22}$$

Die zeitliche Änderung des Dralls ist gleich dem äußeren Moment, das diese Änderungen bewirkt.

Diese Formulierung des Dynamischen Grundgesetzes für die Drehung wird *Drallsatz* genannt.

Für einen dreidimensionalen Körper – im Gegensatz zur flachen Scheibe – und eine Drehung um eine beliebige Achse gehen in den Drall $\vec{D}$ auch die Zentrifugalmomente ein. Die Achse des Vektors $\vec{D}$ liegt nicht mehr in der Richtung der Drehachse $\vec{\omega}$. Dieser allgemeine Fall übersteigt den Rahmen dieses Buches.

Bei ebener Bewegung, wie sie hier behandelt wird, sind die Vektoren $\vec{D}$ und $\vec{\omega}$ gleichgerichtet. Jedoch kann, wie im Abschnitt 6.4.8 (Kreisel) gezeigt wird, der Momentenvektor $\vec{M}$ eine andere Richtung haben.

Die Gleichung (6-21) wird weiterentwickelt

$$\vec{M}_\mathrm{S} \cdot \mathrm{d}t = J_\mathrm{S} \cdot \mathrm{d}\vec{\omega}$$

$$\int_{t_0}^{t_1} \vec{M}_\mathrm{S} \cdot \mathrm{d}t = J_\mathrm{S} \cdot \vec{\omega}_1 - J_\mathrm{S} \cdot \vec{\omega}_0$$

$$J_\mathrm{S} \cdot \vec{\omega}_0 + \int_{t_0}^{t_1} \vec{M}_\mathrm{S} \cdot \mathrm{d}t = J_\mathrm{S} \cdot \vec{\omega}_1 \qquad (6\text{-}23)$$

Diese Gleichung soll mit Hilfe der Abb. 6-51 anschaulich gemacht werden. Die Vektoren $\vec{D} = J \cdot \vec{\omega}$ und $\vec{M}$ stehen senkrecht auf der betrachteten Scheibe. Diese rotiert zunächst mit $\vec{\omega}_0$. Es greift ein – auch veränderliches – Moment $\vec{M}$ für eine Zeit $(t_1 - t_0)$ an. Das $\int \vec{M} \cdot \mathrm{d}t$ nennt man *Drehimpuls*, der als Fläche im M-t-Diagramm gedeutet werden kann. Die durch den Drehimpuls verursachte Beschleunigung erhöht den Drall auf $J \cdot \vec{\omega}_1$. Dieser ist die Summe aus Ausgangsdrall und Drehimpuls.

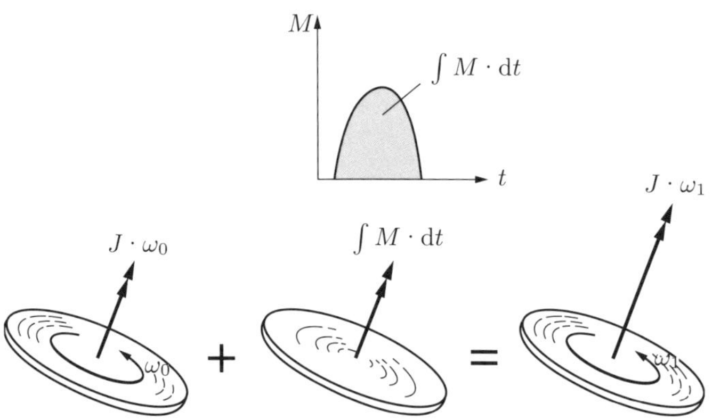

Abb. 6-51: Deutung des Drehimpulssatzes für ebene Bewegung

Für gleichgerichtete Vektoren $\vec{M}$ und $\vec{\omega}$ ist die Bewegung eben. Die vektorielle Addition entspricht der algebraischen. Deshalb kann auf die Vektorschreibweise verzichtet werden.

Nach der Aussage des Schwerpunktsatzes ist der Schwerpunkt eines Körpers in Ruhe, wenn die Resultierende verschwindet, d.h. wenn $\sum F_\mathrm{x} = 0$; $\sum F_\mathrm{y} = 0$. Diese Bedingung kann auch erfüllt sein, wenn ein Kräftepaar (Moment) angreift, das nach der Gleichung (5-4) $M = J \cdot \alpha$ eine Drehung einleitet. Soll der Schwerpunkt dabei in Ruhe bleiben, muß die Drehachse gleichzeitig Schwerpunktachse sein. Umgekehrt formuliert lautet die Aussage:

Erfolgt eine beschleunigte Drehung um eine Schwerpunktachse, dann greifen an dem Körper ausschließlich Kräftepaare an.

Diese Aussage ist allgemeingültig, da irgendwelche Voraussetzungen nicht gemacht wurden. Sie gilt sowohl für freie Achsen (z.B. schwimmende Scheibe) als auch für befestigte Drehachsen. Für den letzten Fall mag der Satz schwieriger verständlich sein. Als Beispiel soll die nach Abb. 6-52 gelagerte Scheibe betrachtet werden. Die Scheibe a) dreht sich um eine Hauptachse, das Moment verursacht eine Winkelbeschleunigung, die Fliehkräfte der einzelnen Massenteilchen heben sich gegenseitig auf ($\sum F = 0$). Eine am Umfang wirkende Kraft, z.B. Zahnkraft, verursacht in den Lagern eine Gegenkraft. Insgesamt entsteht so ein Kräftepaar. An der Scheibe b), deren Drehachse parallel zur Hauptachse liegt, wirkt zusätzlich zum Moment die Fliehkraft. Die Scheibe c) ist zwar im Schwerpunkt gelagert, jedoch dreht sie sich nicht um eine Hauptachse. Diese Taumelscheibe wird ausführlicher im Abschnitt 7.3.5 behandelt. Es kann hier vorweggenommen werden, daß auch in diesem Fall zusätzlich zu dem beschleunigenden Moment ($M = J \cdot \alpha$) u.a. ein durch die Fliehkräfte verursachtes Kräftepaar wirkt (Zentrifugalmoment).

Der Drallsatz kann sowohl für Einzelmassen als auch für ein System starrer Körper angewendet werden. Es soll der Fall einer Einzelmasse m behandelt werden, die über ein Seil mit einer Drehmasse J verbunden ist. Aus der Ableitung des Drallsatzes, die von der Abb. 6-50 ausging, folgt: eine mit der Geschwindigkeit v bewegte Masse m hat in bezug auf eine Achse im Abstand r den Drall $m \cdot v \cdot r$. Mit $v = r \cdot \omega$ ergibt das $m \cdot r^2 \cdot \omega = J \cdot \omega$. Für die Berechnung kann man sich deshalb die translatorisch bewegte Masse punktförmig nach Abb. 6-53 am Umfang befestigt denken. Grundsätzlich das gleiche Ergebnis erhält man, wenn die Masse m durch einen Schnitt des Seils freigemacht und die Schnittkraft S eingeführt wird. Angewendet wird diese Vereinfachung im nachfolgenden Beispiel 1.

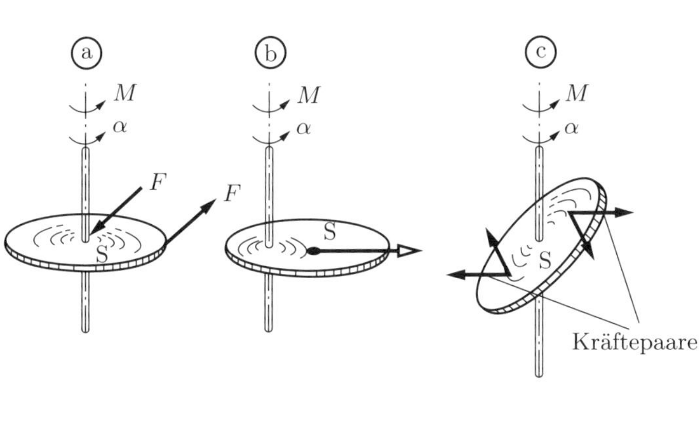

Abb. 6-52: Zum Schwerpunktsatz

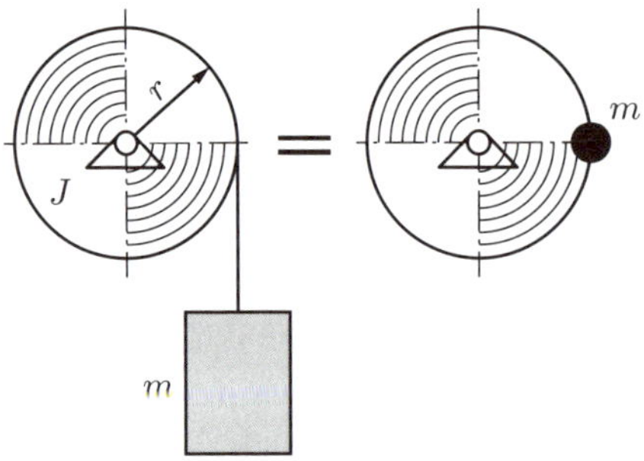

Abb. 6-53: Zur Berücksichtigung einer translatorisch bewegten Masse beim Ansatz des Drehimpulssatzes

Formschlüssig miteinander verbundene Wellen (Zahnradwellen) können für die Berechnung durch eine Welle ersetzt werden (Abb. 6-54). Das ist besonders bei der Anwendung des Drallerhaltungssatzes auf solche Systeme zu beachten (Abschnitt 6.4.5; Beispiel). Man ermittelt die Größe des Trägheitsmoments einer Masse, die auf einer Welle rotierend, sich kinetisch genauso verhält wie mehrere mit Massen bestückte Wellen. Am einfachsten ist die Ableitung mit Hilfe des Energiebegriffs. Für beide Systeme Abb. 6-54 müssen die kinetischen Energien gleich sein.

$$\frac{1}{2} J_{\text{redI}} \cdot \omega_{\text{I}}^2 = \frac{1}{2} J_{\text{I}} \cdot \omega_{\text{I}}^2 + \frac{1}{2} J_{\text{II}} \cdot \omega_{\text{II}}^2.$$

Für mehrere Trägheitsmomente, die auf die Welle I reduziert werden, gilt deshalb

$$J_{\text{redI}} = J_{\text{I}} + J_{\text{II}} \cdot \left(\frac{\omega_{\text{II}}}{\omega_{\text{I}}}\right)^2 + J_{\text{III}} \cdot \left(\frac{\omega_{\text{III}}}{\omega_{\text{I}}}\right)^2 + \dots \qquad (6\text{-}24)$$

Für die Berechnung kann man ein Mehrwellensystem mit formschlüssiger Verbindung durch eine Welle mit dem Trägheitsmoment J_{red} ersetzen. Auf welche Welle reduziert wird, ist gleich und hängt von der Aufgabenstellung ab (s. Beispiele 1 und 3).

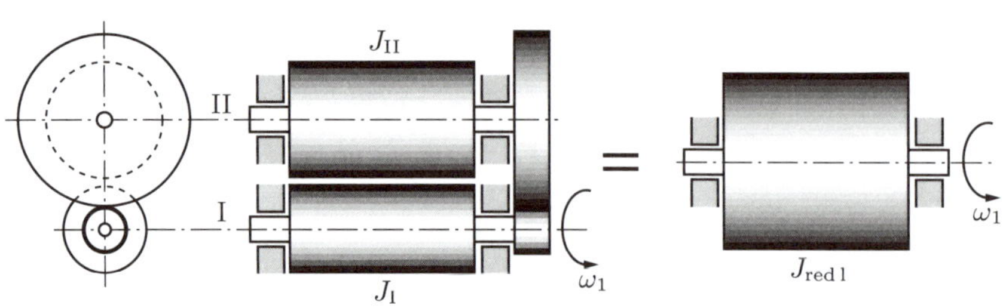

Abb. 6-54: Zum Begriff „reduziertes Massenträgheitsmoment“

Der Vergleich der Beziehungen für Schiebung und Drehung ergibt folgende Analogie:

Schiebung		Drehung	
Kraft	F	Moment	M
Masse	m	Trägheitsmoment	J
Geschwindigkeit	v	Winkelgeschwindigkeit	ω
Beschleunigung	a	Winkelbeschleunigung	α
Bewegungsgröße	$m \cdot v$	Drall	$J \cdot \omega$
Impuls	$\int F \cdot \mathrm{d}t$	Drehimpuls	$\int M \cdot \mathrm{d}t$

Beispiel 1

Das Beispiel 1 (Abb. 4-5) aus dem Abschnitt „Drehung eines starren Körpers“ soll hier fortgeführt werden. Für ein System von Zahnradwellen wird mit einem Ablaufversuch das auf die angetriebene Welle reduzierte Trägheitsmoment bestimmt. Eine Versuchswiederholung mit einer anderen Masse (A und B) ermöglicht, die konstant angenommene Lagerreibung zu eliminieren. Es gelten alle Werte des o.a. Beispiels. Für den Versuch A wird eine Ablaufmasse $m_A = 30{,}0\,\text{kg}$, für B eine $m_B = 12{,}0\,\text{kg}$ verwendet. Für J_{red} ist eine Gleichung aufzustellen und auszuwerten. Dieses Problem wird nachfolgend mit dem Prinzip von D'ALEMBERT (Abschnitt 7.3.2 Beispiel 1) und mit dem Energiesatz (Abschnitt 8.6.2 Beispiel 3) gelöst.

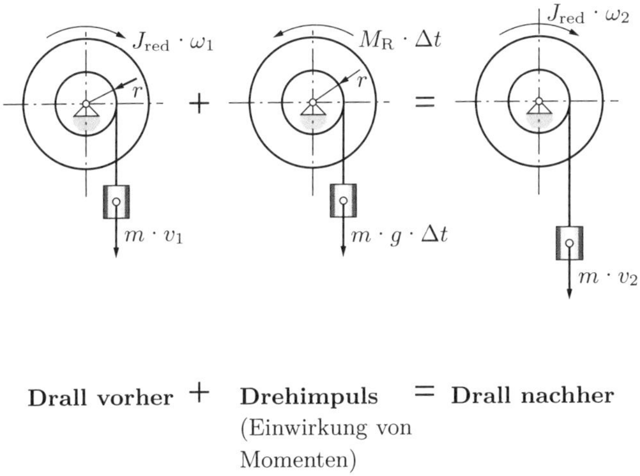

Abb. 6-55: Drehimpulssatz für das System Abb. 4-5

Lösung

Das Aufstellen des Drallsatzes nach Gleichung (6-23) wird mit der Abb. 6-55 vorbereitet. Die angreifende Gewichtskraft verursacht eine gleichförmige Beschleunigung. Das Reibungsmoment ist unbekannt und wird in der ersten Näherung als konstant angenommen $\int M_R \cdot dt = M_R \cdot \Delta t$. Der Drallsatz, bezogen auf die Drehachse, lautet

$$J_{red} \cdot \omega_1 + m \cdot v_1 \cdot r + m \cdot g \cdot \Delta t \cdot r - M_R \cdot \Delta_t = J_{red} \cdot \omega_2 + m \cdot v_2 \cdot r$$

Die Beschleunigungen sind $\alpha = \dfrac{\omega_2 - \omega_1}{\Delta t}; \quad a = \dfrac{v_2 - v_1}{\Delta t}; \quad a = r \cdot \alpha$

Deshalb erfolgt eine Umwandlung so, daß diese Terme entstehen

$$J_{red} \frac{\omega_2 - \omega_1}{\Delta t} = m \cdot g \cdot r - m \cdot r \frac{v_2 - v_1}{\Delta t} - M_R$$

$$J_{red} \cdot \alpha = m \cdot g \cdot r - m \cdot r^2 \cdot \alpha - M_R \tag{1}$$

Diese allgemeine Gleichung wird auf den Versuch A und B angewendet

$$J_{red} \cdot \alpha_A = m_A \cdot g \cdot r - m_A \cdot r^2 \cdot \alpha_A - M_R$$

$$J_{red} \cdot \alpha_B = m_B \cdot g \cdot r - m_B \cdot r^2 \cdot \alpha_B - M_R$$

Eine Subtraktion beider Gleichungen eliminiert M_R. Damit kann in einer ersten Näherung (M_R = konst) die Lagerreibung das Ergebnis nicht verfälschen.

$$J_{red}(\alpha_A - \alpha_B) = g \cdot r(m_A - m_B) - r^2(m_A \cdot \alpha_A - m_B \cdot \alpha_B)$$

$$\underline{J_{red} = \frac{r}{\alpha_A - \alpha_B}[g(m_A - m_B) - r(m_A \cdot a_A - m_B \cdot a_B)]}$$

Das ist die allgemeine Lösung des Problems. Die Auswertung führt auf

$$J_{red} = \frac{0{,}15\,\text{m}}{(0{,}472 - 0{,}145)\,\text{s}^{-2}} \Big[9{,}81\,\text{m/s}^2(30 - 12)\text{kg} - 0{,}15\,\text{m}(30 \cdot 0{,}472 - 12 \cdot 0{,}145)\text{kg} \cdot \text{s}^{-2}\Big]$$

$$\underline{J_{red} = 80{,}1\,\text{kg}\,\text{m}^2}$$

Beispiel 2 (Abb. 6-8)

Im Beispiel 3 (Flaschenaufzug) des Abschnitts 6.2.1 sind die Trägheitsmomente der rotierenden Massen in der Berechnung zu berücksichtigen. Die Lösung soll allgemein und für folgene Daten durchgeführt werden:

Rotierende Masse C $m_{\mathrm{C}} = 640\,\mathrm{kg}$; Trägheitsradius $i_{\mathrm{C}} = 0{,}25\,\mathrm{m}$;

Trägheitsmoment der mit dem Motor rotierenden Massen $J_{\mathrm{Mot}} = 0{,}10\,\mathrm{kg\,m^2}$.

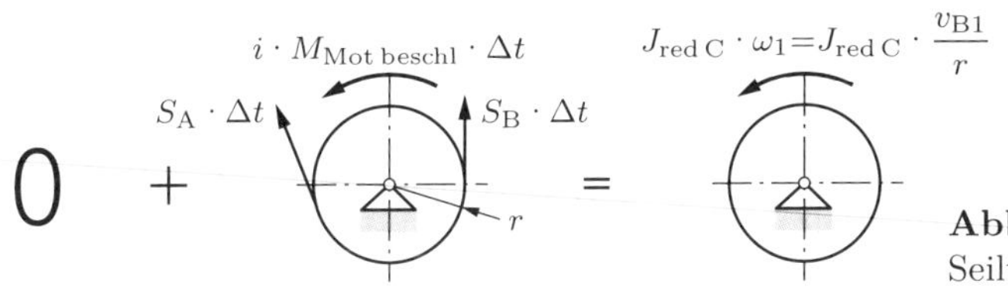

Abb. 6-56: Drehimpulssatz für die Seiltrommel des Hubwerks Abb. 6-8

Lösung

Zunächst ist es notwendig, die Motorwelle auf die Welle C zu reduzieren (Gl. (6-24))

$$J_{\mathrm{redC}} = J_{\mathrm{C}} + i^2 J_{\mathrm{Mot}} = 640\,\mathrm{kg} \cdot 0{,}25^2\,\mathrm{m}^2 + 10^2 \cdot 0{,}10\,\mathrm{kg\,m^2} = 50{,}0\,\mathrm{kg} \cdot \mathrm{m}^2.$$

Mit der Abb. 6-56 wird der Ansatz des Drallsatzes vorbereitet

$$i \cdot M_{\mathrm{Mot\,beschl}} \cdot \Delta t + r \cdot S_{\mathrm{B}} \cdot \Delta t - r \cdot S_{\mathrm{A}} \cdot \Delta t = J_{\mathrm{redC}} \frac{v_{\mathrm{B1}}}{r}. \tag{4}$$

Diese Beziehung sagt aus, daß ein Teil des Motormomentes zur Beschleunigung der rotierenden Massen notwendig ist. Wenn $v_{\mathrm{B1}} = 6 \cdot v_{\mathrm{A1}}$ eingesetzt wird, ersetzt sie die statische Gleichgewichtsbedingung (4) im ursprünglichen Beispiel. Die anderen Gleichungen bleiben unverändert. Auf gleichem Wege erhält man

$$\underline{M_{\mathrm{Mot\,beschl}} = \frac{r}{i}\left[g\left(\frac{m_{\mathrm{A}}}{6} - m_{\mathrm{B}}\right) + \frac{v_{\mathrm{A1}}}{\Delta t}\left(\frac{m_{\mathrm{A}}}{6} + 6 \cdot m_{\mathrm{B}} + 6\frac{J_{\mathrm{redC}}}{r^2}\right)\right]}$$

$$\underline{M_{\mathrm{Mot\,beschl}} = 719\,\mathrm{N\,m}}; \quad \underline{P_{\max} = 71{,}9\,\mathrm{kW}}.$$

Hinzugekommen ist die auf r reduzierte Masse J_{redC}/r^2. Die stationären Werte Moment, Leistung und Seilkräfte ändern sich nicht. Das begründe der Leser.

Beispiel 3 (Abb. 6-57)

Eine mit $n_{0\mathrm{III}}$ rotierende Masse wird bis zum Stillstand abgebremst. Das mit M_0 einsetzende Moment an der Bremse nimmt (z.B. wegen Überhitzung der Bremsbeläge) um 3% pro Sekunde ab. Der Gesamtwirkungsgrad der Zahnradübersetzungen ist η. Für die nachstehend gegebenen Werte sind zu bestimmen

a) die Bremszeit bis zum Stillstand,
b) die Drehzahl nach der halben Bremszeit.

$n_{0\mathrm{III}} = 4{,}00\,\mathrm{s}^{-1}$ $\quad M_0 = 76{,}0\,\mathrm{N\,m}$ $\quad \eta = 0{,}95$

$J_\mathrm{I} = 1{,}00\,\mathrm{kg\,m^2}$ $\quad J_\mathrm{II} = 6{,}00\,\mathrm{kg\,m^2}$ $\quad J_\mathrm{III} = 110\,\mathrm{kg\,m^2}$

$i_1 = 4{,}0 \quad i_2 = 3{,}0$

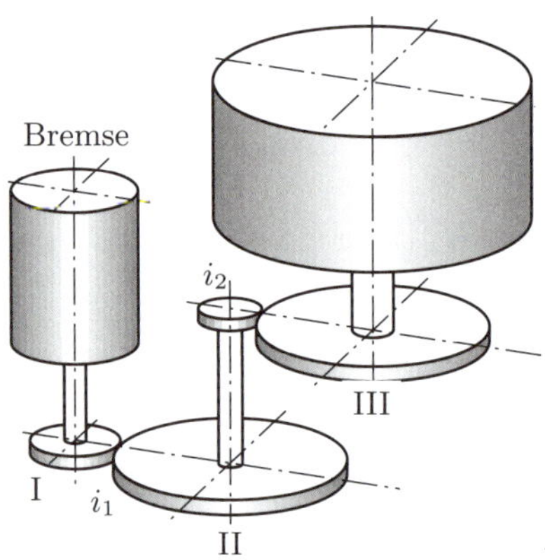

Abb. 6-57: System rotierender Massen mit Bremse

Lösung

In diesem Beispiel werden schwerpunktmäßig die Reduktion der Trägheitsmomente und das Arbeiten mit einem zeitlich veränderlichen Drehimpuls vorgeführt.

zu a) In diesem Falle ist es zweckmäßig, die rotierende Massen auf die Bremse zu reduzieren (Gl. (6-24)).

$$J_{\mathrm{redI}} = J_\mathrm{I} + J_\mathrm{II}\left(\frac{\omega_\mathrm{II}}{\omega_\mathrm{I}}\right)^2 + J_\mathrm{III}\left(\frac{\omega_\mathrm{III}}{\omega_\mathrm{I}}\right)^2$$

$$J_{\mathrm{redI}} = \left(1{,}00 + 6{,}00 \cdot \frac{1}{4^2} + 110 \cdot \frac{1}{4^2 \cdot 3^2}\right)\mathrm{kg\,m^2} = 2{,}139\,\mathrm{kg\,m^2}$$

Der Impulssatz lautet für die reduzierte Welle

$$J_{\text{red}} \cdot \omega_0 - \frac{1}{\eta} \int_0^{t_2} M \cdot \mathrm{d}t = 0. \tag{1}$$

Dabei wurde durch Einführung des Wirkungsgrades berücksichtigt, daß die mechanischen Verluste des Getriebes die Bremswirkung verstärken. Die Zeit t_2 ist die Bremszeit. Für die Auswertung des Integrals muß die Abhängigkeit des Momentes von der Zeit formuliert werden (Abb. 6-58).

$$M = M_0(1 - k \cdot t) \tag{2}$$

$$\int_0^{t_2} M \cdot \mathrm{d}t = M_0 \left(t_2 - \frac{k}{2} \cdot t_2^2 \right).$$

Dieser Term wird in die Gleichung (1) eingesetzt.

$$J_{\text{red}} \cdot \omega_0 - \frac{M_0}{\eta} \left(t_2 - \frac{k}{2} \cdot t_2^2 \right) = 0.$$

Das ist eine quadratische Gleichung für t_2. Sie wird in die Normalform gebracht.

$$t_2^2 - \frac{2}{k} \cdot t_2 + \frac{2 \cdot \eta \cdot J_{\text{red}} \cdot \omega_0}{M_0 \cdot k} = 0.$$

Die Lösungen lauten

$$t_2 = \frac{1}{k} \pm \sqrt{\frac{1}{k^2} - \frac{2 \cdot \eta \cdot J_{\text{red}} \cdot \omega_0}{M_0 \cdot k}}.$$

Nach Aufgabenstellung ist $k = 0{,}03\,\mathrm{s}^{-1}$ und

$$\omega_0 = 2\pi \cdot n_0 \cdot i_1 \cdot i_2 = 2\pi \cdot 4{,}0\,\mathrm{s}^{-1} \cdot 12 = 301{,}6\,\mathrm{s}^{-1}$$

(Winkelgeschwindigkeit der Bremse).

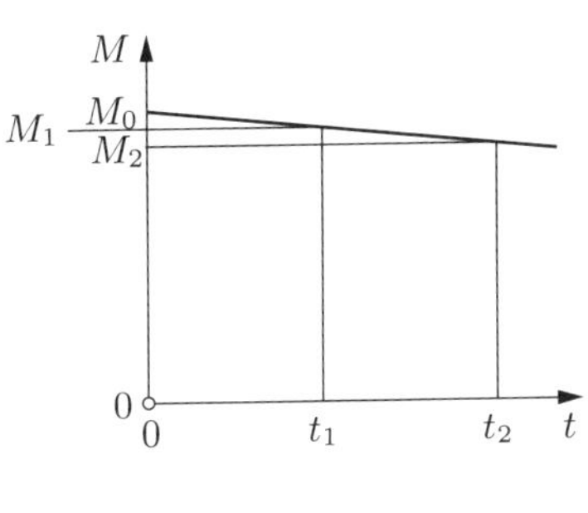

Abb. 6-58: Zeitliche Abhängigkeit des Bremsmomentes für das System Abb. 6-57

Zusammen mit den vorgegebenen Zahlenwerten erhält man mit dem negativen Vorzeichen vor der Wurzel

$$\underline{t_2 = 9{,}38\,\mathrm{s}.}$$

Die andere Lösung hat keine physikalische Bedeutung. Das erkennt man am negativen Bremsmoment. Das Ergebnis kann man folgendermaßen kontrollieren. Mit der Gleichung (2) wird M_2 bestimmt. Die „Fläche" zwischen 0 und t_2 im $M(t)$-Diagramm dividiert durch η muß $J_{\mathrm{red}} \cdot \omega_0$ entsprechen.

zu b) Für diesen Fall gilt der Impulssatz in der Form

$$J_{\mathrm{red}} \cdot \omega_0 - \frac{1}{\eta} \int\limits_0^{t_1} M \cdot \mathrm{d}t = J_{\mathrm{red}} \cdot \omega_1. \tag{3}$$

Das Integral könnte man analog zu a) mit $t_1 = 4{,}69\,\mathrm{s}$ lösen. Das sei dem Leser zur Kontrolle empfohlen. Hier soll die Trapezfläche im $M(t)$-Diagramm bestimmt werden (Gleichung (2)).

$$M_1 = 76{,}0\,\mathrm{N\,m}(1 - 0{,}03\,\mathrm{s}^{-1} \cdot 4{,}69\,\mathrm{s}) = 65{,}31\,\mathrm{N\,m}$$
$$\frac{M_0 + M_1}{2} \cdot t_1 = \frac{76{,}0 + 65{,}31}{2}\,\mathrm{N\,m} \cdot 4{,}69\,\mathrm{s} = 331{,}4\,\mathrm{N\,m\,s}.$$

Die Gleichung (3) wird nach ω_1 aufgelöst und ausgewertet.

$$\omega_1 = \omega_0 - \frac{1}{J_{\mathrm{red}} \cdot \eta} \int\limits_0^{t_1} M \cdot \mathrm{d}t$$
$$\omega_1 = 301{,}6\,\mathrm{s}^{-1} - \frac{331{,}4\,\mathrm{N\,m\,s}}{2{,}139\,\mathrm{kg\,m}^2 \cdot 0{,}95}$$
$$\omega_1 = 138{,}5\,\mathrm{s}^{-1} \qquad \underline{n_1 = \frac{\omega_1}{2\pi} = 22{,}05\,\mathrm{s}^{-1}}.$$

Für die Drehmasse sind das 22,05/12 = 1,84 Umdrehungen pro Sekunde. Da die Bremswirkung nachläßt, ist es einleuchtend, daß in der ersten Halbzeit mehr als die halbe Drehzahl abgebremst wird.

6.4.4 Die Drehung um Achsen, die parallel zu den Hauptachsen liegen

Ohne Einschränkungen gilt:

1. Die Kräfte eines allgemeinen Kräftesystems können in einem beliebigen Punkt zu der Resultierenden und einem Moment (Kräftepaar) zusammengefaßt werden (s. Band 1, Kap. 3).
2. Nach dem Schwerpunktsatz kann man sich alle an einem Körper angreifenden Kräfte im Schwerpunkt vereinigt denken (Abschnitt 6.4.2)
3. Nach den Erkenntnissen des Abschnittes 6.4.3 verursachen Kräftepaare Drehungen um die Schwerpunktachsen.

In diesem Abschnitt soll die Drehung eines Körpers um eine feste, nicht im Schwerpunkt liegende Achse untersucht werden. Wegen der oben aufgeführten Aussagen 2 und 3 muß jedoch zunächst auch hier vom Schwerpunkt bzw. von der Schwerpunktachse ausgegangen werden. Unter Verwendung der Aussage der Gleichung (6-23)

Drall vorher + Drehimpuls = Drall nachher

erhält man mit Hilfe der Abb. 6-59 für die Drehachse A

$$J_S \cdot \omega_0 + m \cdot v_0 \cdot r + \int M_S \cdot \mathrm{d}t + \int \bar{r} \cdot F_{\mathrm{res}} \cdot \mathrm{d}t = J_S \cdot \omega_1 + m \cdot v_1 \cdot r.$$

Da hier nur die ebene Bewegung behandelt wird, stehen die Vektoren $\vec{M}$ und $\vec{\omega}$ jeweils senkrecht zu Zeichenebene und sind damit gleichgerichtet. Man kann deshalb auf die Vektorscheibe verzichten. Die beiden Integrale kann man zu einem auf die Drehachse bezogenem Drehimpuls zusammenfassen. Weiter wird

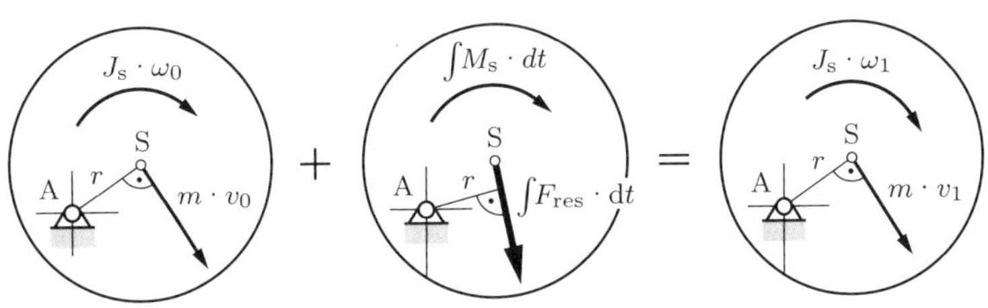

Abb. 6-59: Drehimpulssatz für Drehung um Achsen, die parallel zu den Hauptachsen liegen

$v = r \cdot \omega$ eingeführt.

$$J_S \cdot \omega_0 + m \cdot r^2 \cdot \omega_0 + \int_{t_0}^{t_1} M_A \cdot dt = J_S \cdot \omega_1 + m \cdot r^2 \cdot \omega_1 \tag{6-25}$$

$$(J_S + m \cdot r^2)\omega_0 + \int_{t_0}^{t_1} M_A \cdot dt = (J_S + m \cdot r^2)\omega_1.$$

Nach dem STEINERschen Satz ist $J_S + m \cdot r^2 = J_A$

$$J_A \cdot \omega_0 + \int_{t_0}^{t_1} M_A \cdot dt = J_A \cdot \omega_1. \tag{6-26}$$

Diese Beziehung mag sich geradezu als Beweis dafür anbieten, daß es unnötig und umständlich war, von der Drehung um die Hauptachsen (Schwerpunktachsen) auszugehen. Dem Anschein nach hätte man von der Drehachse A ausgehen können, wie es in der Abb. 6-60 gezeigt ist.

An dieser Scheibe fehlen im Schwerpunkt die Bewegungsgrößen $m \cdot v$. Die beiden Systeme sind mit einer Operation in der Statik vergleichbar, die die Abb. 6-61 darstellt. Der Teil a zeigt den Ersatz einer Kraft durch das von ihr verursachte Moment. Will man nur dieses Moment berechnen, ist das Ergebnis richtig auch wenn die Operation falsch ist (s. Band 1 Kapitel 3). Der Teil b zeigt die richtige Verlagerung einer Kraft. Welche Schlußfolgerungen sind zu ziehen?

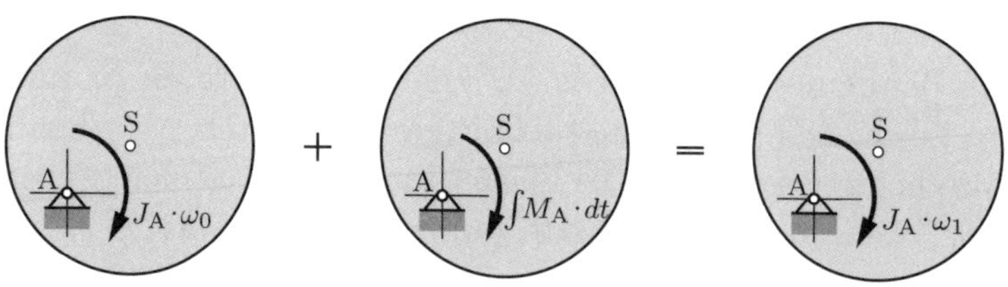

Abb. 6-60: Vereinfachtes System für den Ansatz des Drehimpulssatzes

Die Gleichung (6-26) wurde aus dem Schwerpunktsystem abgeleitet. Sie ist richtig und kann zur Berechnung der in ihr vorkommenden Größen uneingeschränkt benutzt werden. Zu beachten ist, daß sie aus einem Momentenansatz abgeleitet wurde. Deshalb war das Gelenk nicht freigemacht worden. *Sollen Gelenkkräfte im Gelenk A berechnet werden, muß von einem Schwerpunktsystem mit freigemachtem Gelenk ausgegangen werden.* In dem System Abb. 6-60 steckt eine in der *Statik* unerlaubte Operation, deshalb führt sie zu Fehlern bei einer

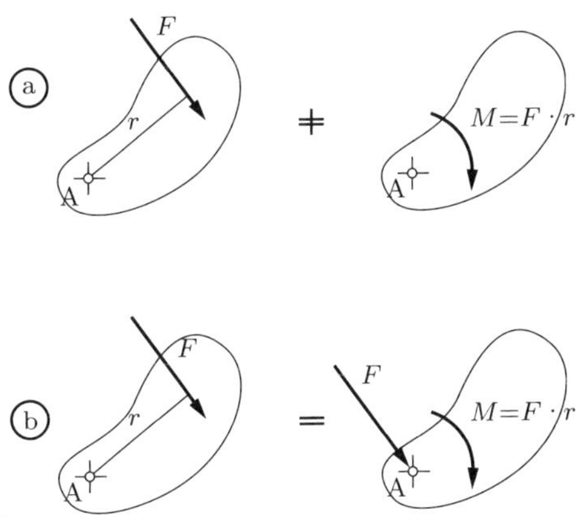

Abb. 6-61: Parallelverschiebung einer Kraft

Kräfteberechnung. Im Abschnitt 7.3.3 wird nochmal ausführlich auf diesen Fall eingegangen.

Beispiel (Abb. 6-62)

Eine homogene Platte rotiert um die senkrecht stehende Außenkante mit der Winkelgeschwindigkeit ω_0. Es greift eine Bremse ein. Für die unten gegebenen Daten sind zu bestimmen:

a) die Winkelgeschwindigkeit, nachdem die Platte den Winkel δ verzögert zurückgelegt hat,
b) die Zeit für das Zurücklegen des Winkels δ,
c) die in der Horizontale durch die Bremsung verursachten mittleren Auflagerreaktionen während des Vorganges.

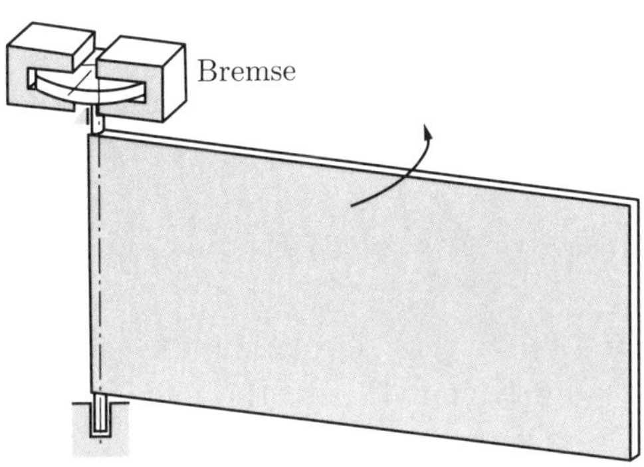

Abb. 6-62: Schwenkende Platte mit Bremse

Masse der Platte:	$m = 100\,\mathrm{kg}$
Länge der Platte:	$l = 1{,}20\,\mathrm{m}$
Winkelgeschwindigkeit:	$\omega_0 = 1{,}50\,\mathrm{s}^{-1}$
Bremsmoment:	$M = 250\,\mathrm{N\,m}$
Winkel:	$\delta = 10°$

Lösung

Die Platte dreht sich um eine zur Hauptachse parallele Achse. Da nach Aufgabenstellung auch die Gelenkkraft zu berechnen ist, muß mit den Schwerpunktwerten gearbeitet werden. Entsprechend wird nach Abb. 6-63 das Aufstellen des Drallsatzes vorbereitet. Für den kurzen Zeitabschnitt (s.u.) kann auch ein variables Moment als konstant angenommen werden. Der Impulssatz ermöglicht die Aufstellung von drei Gleichungen.

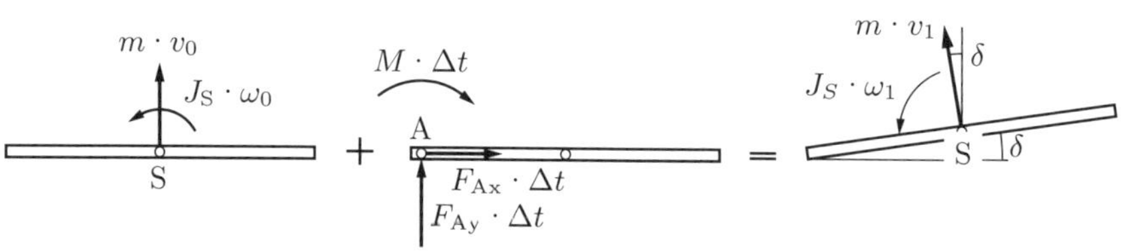

Abb. 6-63: Drehimpulssatz für die Platte nach Abb. 6-62

Drehimpulssatz für Drehachse A

$$m \cdot v_0 \cdot \frac{l}{2} + J_S \cdot \omega_0 - M \cdot \Delta t = m \cdot v_1 \cdot \frac{l}{2} + J_S \cdot \omega_1. \tag{1}$$

Impulssatz für die x-Richtung

$$F_{Ax} \cdot \Delta t = -m \cdot v_1 \cdot \sin\delta. \tag{2}$$

Impulssatz für die y-Richtung

$$m \cdot v_0 + F_{Ay} \cdot \Delta t = m \cdot v_1 \cdot \cos\delta. \tag{3}$$

Für die vier Unbekannten F_{Ax}; F_{Ay}; Δt und v_1 bzw. ω_1 reichen diese Gleichungen nicht aus. Es müssen Beziehungen aus der Kinematik zur Hilfe genommen werden. Wegen $M =$ konstant gilt a bzw. $\alpha =$ konstant. Damit stehen noch die Gleichungen (4-4)/(4-7)

$$\omega_1 = \alpha \cdot \Delta t + \omega_0 \tag{4}$$

$$\omega_1^2 = 2 \cdot \alpha \cdot \delta + \omega_0^2 \tag{5}$$

zur Verfügung. Als Unbekannte ist die Winkelbeschleunigung hinzugekommen. Den 5 Unbekannten stehen jetzt ebensoviel Gleichungen gegenüber. Aus (1) erhält man mit $v = \omega \cdot l/2$ und dem STEINERschen Satz

$$m \cdot \left(\frac{l}{2}\right)^2 \cdot \omega_0 + J_\mathrm{s} \cdot \omega_0 - M \cdot \Delta t = m \cdot \left(\frac{l}{2}\right)^2 \cdot \omega_1 + J_\mathrm{s} \cdot \omega_1$$
$$J_\mathrm{A} \cdot \omega_0 - M \cdot \Delta t = J_\mathrm{A} \cdot \omega_1.$$

Diese Gleichung entspricht einem Ansatz nach Abb. 6-49. Dieser würde richtige kinematische Größen z.B. Δt ergeben. Die fehlenden Bewegungsgrößen $m \cdot v$ im Schwerpunkt führen jedoch zu Fehlern bei der Kraftbestimmung. Man erhält weiter

$$\frac{\omega_1 - \omega_0}{\Delta t} = \alpha = \frac{M}{J_\mathrm{A}} \qquad J_\mathrm{A} = m\frac{l^2}{3} = 48{,}0\,\mathrm{kg\,m^2}$$
$$\alpha = \frac{-250\,\mathrm{N\,m}}{48\,\mathrm{kg\,m^2}} = -5{,}208\,\mathrm{s^{-2}}.$$

Mit (5) ist

$$\omega_1^2 = 2 \cdot (-5{,}208\,\mathrm{s^{-2}}) \cdot \frac{10^\circ}{180^\circ} \cdot \pi + 1{,}50^2\,\mathrm{s^{-2}}$$
$$\omega_1 = 0{,}657\,\mathrm{s^{-1}}.$$

Jezt ist aus (4) das Zeitintervall für die ersten 10° errechenbar.

$$\underline{\Delta t} = \frac{\omega_1 - \omega_0}{\alpha} = \frac{0{,}657 - 1{,}50}{-5{,}208}\,\mathrm{s} = \underline{0{,}162\,\mathrm{s}}.$$

Die Kräfte ergeben sich als Mittelwerte für diesen Zeitabschnitt aus (2) und (3).

$$F_\mathrm{Ax} = -\frac{m}{\Delta t} \cdot \frac{l}{2} \cdot \omega_1 \cdot \sin\delta$$

$$F_\mathrm{Ax} = -\frac{100\,\mathrm{kg}}{0{,}162\,\mathrm{s}} \cdot 0{,}60\,\mathrm{m} \cdot 0{,}657\,\mathrm{s^{-1}} \cdot \sin 10^\circ$$

$$\underline{F_\mathrm{Ax} = -42{,}3\,\mathrm{N}} \quad \leftarrow$$

$$F_\mathrm{Ay} = \frac{m}{\Delta t} \cdot \frac{l}{2}(\omega_1 \cdot \cos 10^\circ - \omega_0)$$

$$F_\mathrm{Ay} = \frac{100\,\mathrm{kg}}{0{,}162\,\mathrm{s}} \cdot 0{,}60\,\mathrm{m}(0{,}657 \cdot \cos 10^\circ - 1{,}50)\,\mathrm{s^{-1}}$$

$$\underline{F_{\text{Ay}} = -315{,}9\,\text{N}} \quad \downarrow$$

$$\underline{F_{\text{A}} = 319\,\text{N}.}$$

Diese Kraft wirkt in der horizontalen Ebene und verteilt sich auf beide Gelenke. Abschnittweise könnte man so den gesamten Bremsvorgang erfassen.

6.4.5 Der Satz von der Erhaltung des Dralls

Ein System rotierender Massen, auf das von außen kein Moment einwirkt, nennt man *freies System*. Aus der Bedingung $\vec{M} = 0$ folgt aus dem Drallsatz nach Gleichung (6-22)

$$\frac{\mathrm{d}\vec{D}}{\mathrm{d}t} = 0 \qquad \vec{D} = J \cdot \vec{\omega} = \text{konst.} \tag{6-27}$$

Wenn an einem System rotierender Massen kein äußeres Moment angreift, bleibt der Drall des Systems erhalten. Diese Aussage nennt man ***„Satz von der Erhaltung des Dralls"***.

Der Drallerhaltungssatz gilt unabhängig vom Energiesatz und kann deshalb auf Fälle angewendet werden, die mit dem Energiesatz nicht oder nur sehr aufwendig lösbar sind. Als Beispiel sei ein System nach Abb. 6-64 betrachtet. Zwei Massen rotieren auf einem reibungsfreien Gestell mit ω_1. Sie sind mit einem Faden verbunden. Dieser wird durchgebrannt, die Fliehkräfte bringen die Massen zum Anschlag. Das Gestellt rotiert mit einer verminderten Winkelgeschwindigkeit ω_2. Für vernachlässigbare Lagerreibung handelt es sich um ein freies System. Damit gilt

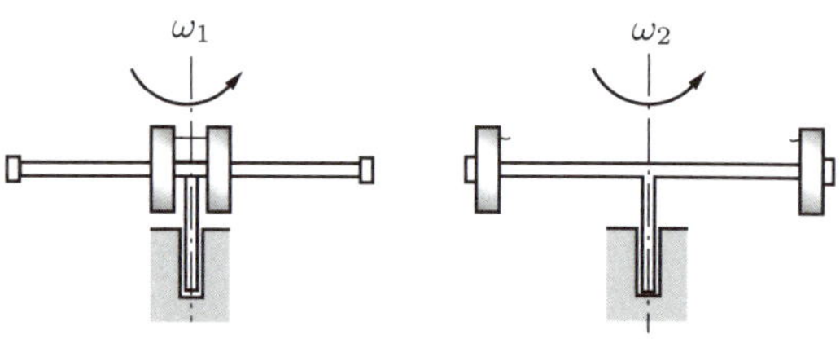

Abb. 6-64: Rotierendes Gestell mit verschieblichen Massen

$$D = \text{konst} \Longrightarrow J_1 \cdot \omega_1 = J_2 \cdot \omega_2 \Longrightarrow \omega_2 = \frac{J_1}{J_2}\omega_1$$

Die Winkelgeschwindigkeit hat sich in dem Maße verringert, in dem sich das Trägheitsmoment durch Verlagerung der Massen vergrößert hat. Gilt für diesen Vorgang auch der Energiesatz in der Aussage „kinetische Energie ist konstant"

$$\frac{1}{2}J_1 \cdot \omega_1^2 = \frac{1}{2}J_2 \cdot \omega_2^2?$$

Aus dieser Beziehung berechnet man eine abweichende Winkelgeschwindigkeit ω_2. Die Aussage $E_{\mathrm{kin}} = \text{konst.}$ ist falsch, weil bei der Verschiebung der Fliehkräfte eine Arbeit verrichtet wird. Diese geht in die Energiebilanz ein. Die Berechnung der Arbeit, und damit die Auswertung des Energiesatzes, ist sehr kompliziert, da die Größe der Fliehkraft sich während der Verschiebung ändert. Umgekehrt kann man die Arbeit aus der Differenz der kinetischen Energien bestimmen, nachdem ω_2 aus $D = \text{konst.}$ berechnet wurde.

Es gibt sehr viele anschauliche Beispiele für den Drallerhaltungssatz. Ein Hubschrauber braucht einen Gegenpropeller, um Drehzahländerungen des Rotors zu kompensieren. Ein Eiskunstläufer steigert durch Anziehen der Arme die Drehgeschwindigkeit bei einer Pirouette. Katzen fallen immer auf die Pfoten, weil sie durch Gegendrehung des Schwanzes den Körper in die richtige Lage bringen können.

Beispiel (Abb. 6-65)

Das skizzierte System besteht aus vier frei rotierenden Massen, von denen jeweils zwei über Zahnräder miteinander verbunden sind. Zwischen den Massen B und C ist eine Rutschkupplung eingebaut. Diese wird langsam geschlossen. Zu bestimmen sind für gleichen Drehsinn von B und C im Ausgangszustand

a) die Drehzahl nach dem Kuppeln,
b) die in der Kupplung bei diesem Vorgang entstehende Wärme.

$$J_{\mathrm{A}} = 270\,\mathrm{kg\,m^2}; \quad J_{\mathrm{B}} = 10{,}0\,\mathrm{kg\,m^2}; \quad J_{\mathrm{C}} = 15{,}0\,\mathrm{kg\,m^2}; \quad J_{\mathrm{D}} = 1{,}0\,\mathrm{kg\,m^2};$$
$$n_{\mathrm{B1}} = 12{,}0\,\mathrm{s^{-1}}; \quad n_{\mathrm{C1}} = 15{,}0\,\mathrm{s^{-1}}; \quad i_{\mathrm{AB}} = 3{,}0; \quad i_{\mathrm{CD}} = 4{,}0.$$

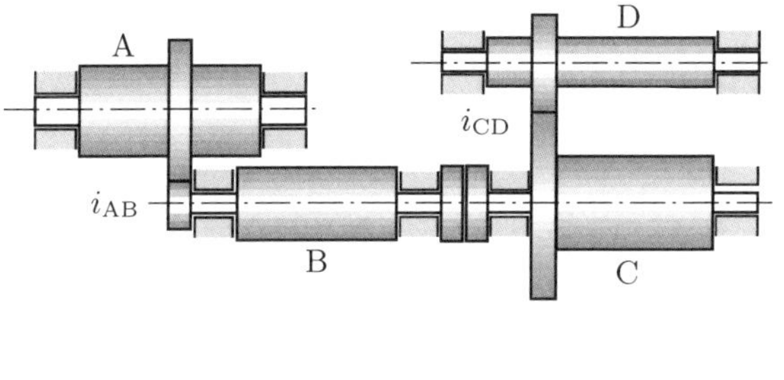

Abb. 6-65: Frei rotierende Massen (Beispiel).

Lösung

Wenn sich die Drehzahlen beim Kuppeln angleichen, wird ein Teil beschleunigt, der andere verzögert. Dabei entstehen Umfangkräfte an den Eingriffsstellen der Zahnräder, die wiederum Reaktionskräfte in den Lagern verursachen. Diese stehen senkrecht auf der Zeichenebene. So entsteht ein resultierendes Moment, dessen Vektor axial liegt. Der Drallerhaltungssysatz gilt jedoch für die Bedingung $\vec{M} = 0$. Er kann deshalb zur Lösung dieses Problems nur dann angewendet werden, wenn das System auf zwei fluchtende Wellen reduziert wird (Abb. 6-66). Nach Gl. (6-24) ist

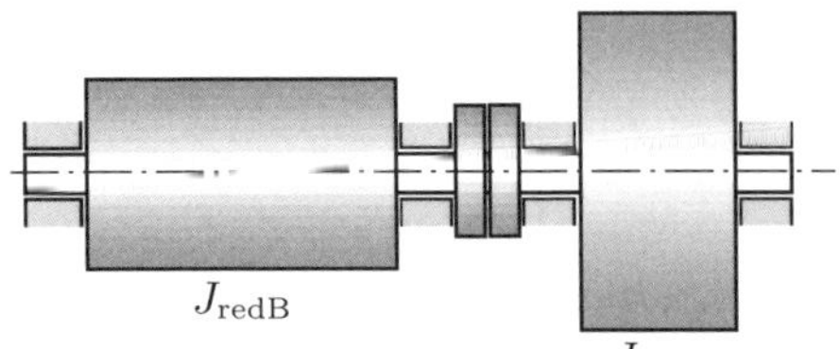

Abb. 6-66: Reduziertes System der frei rotierenden Massen nach Abb. 6-65

$$J_{\mathrm{red\,B}} = J_{\mathrm{B}} + \frac{1}{i_{\mathrm{AB}}^2} J_{\mathrm{A}} = (10{,}0 + \frac{1}{3{,}0^2} 270)\,\mathrm{kg\,m^2} = 40{,}0\,\mathrm{kg\,m^2},$$

$$J_{\mathrm{red\,C}} = J_{\mathrm{C}} + i_{\mathrm{CD}}^2 J_{\mathrm{D}} = (15{,}0 + 4{,}0^2 \cdot 1{,}0)\,\mathrm{kg\,m^2} = 31{,}0\,\mathrm{kg\,m^2}.$$

Für das reduzierte System gilt der Drallerhaltungssatz

$$J_{\mathrm{red\,B}} \cdot \omega_{\mathrm{B1}} + J_{\mathrm{red\,C}} \cdot \omega_{\mathrm{C1}} = (J_{\mathrm{red\,B}} + J_{\mathrm{red\,C}}) \cdot \omega_{\mathrm{BC2}}$$

$$\underline{n_{\mathrm{BC2}} = \frac{J_{\mathrm{red\,B}} \cdot n_{\mathrm{B1}} + J_{\mathrm{red\,C}} \cdot n_{\mathrm{C1}}}{J_{\mathrm{red\,B}} + J_{\mathrm{red\,C}}} = 13{,}3\,\mathrm{s^{-1}}.}$$

Die Drehzahlen der einzelnen Rotoren betragen nach dem Kuppeln

$$\underline{n_{\mathrm{A2}} = 4{,}44\,\mathrm{s^{-1}}}; \quad \underline{n_{\mathrm{B2}} = n_{\mathrm{C2}} = 13{,}3\,\mathrm{s^{-1}}}; \quad \underline{n_{\mathrm{D2}} = 53{,}2\,\mathrm{s^{-1}}}.$$

Die beim Kuppeln entstehende Wärme wird aus der Differenz der kinetischen Energien berechnet.

$$W = E_{\mathrm{kin\,1}} - E_{\mathrm{kin\,2}}\,.$$

Mit $E_{\mathrm{kin}} = \frac{1}{2} J \cdot \omega^2$ und $\omega = 2\pi \cdot n$ erhält man

$$\underline{W = 2\pi^2 (J_{\mathrm{red\,B}} \cdot n_{\mathrm{A1}}^2 + J_{\mathrm{red\,C}} \cdot n_{\mathrm{C1}}^2 - J_{\mathrm{red\,ges}} \cdot n_{\mathrm{BC2}}^2).}$$

Die zahlenmäßige Auswertung ergibt

$$\underline{W = 3{,}1\,\mathrm{kJ}.}$$

Das Ergebnis kann über das nicht reduzierte System Abb. 6-65 kontrolliert werden.

6.4.6 Die allgemeine ebene Bewegung

Wie im Abschnitt 4.4 erläutert, kann man eine allgemeine ebene Bewegung aus einer Schiebung (Translation) und einer Drehung (Rotation) um eine beliebige Achse zusammensetzen. Im Abschnitt 6.4.4 wurde dargelegt, daß für die Untersuchung kinetischer Vorgänge, von den Schwerachsen ausgegangen werden muß. Für den flachen Körper, der in der Ebene bewegt wird, ist das die senkrecht zur Bewegungsebene stehende Schwerpunktachse, die gleichzeitig eine Hauptachse des Systems ist.

Zusammenfassend soll festgehalten werden:

Für die Berechnung einer allgemeinen ebenen Bewegung eines starren Körpers muß von der Schiebung mit der Schwerpunktgeschwindigkeit und der Drehung um die Schwerpunktachse – für die ebene Scheibe bei ebener Bewegung ist das die senkrecht zur Ebene stehende Hauptachse – ausgegangen werden. Entsprechend sind Kräfte und Momente bzw. Bewegungsgröße und Drall einzuführen.

Die sinngemäße Anwendung der Gleichungen (6-2) (Schiebung) und (6-23) (Drehung) liefert folgende Beziehungen

$$m \cdot v_{0\mathrm{x}} + \int_{t_0}^{t_1} F_{\mathrm{x}} \cdot \mathrm{d}t = m \cdot v_{1\mathrm{x}}; \quad m \cdot v_{0\mathrm{y}} + \int_{t_0}^{t_1} F_{\mathrm{y}} \cdot \mathrm{d}t = m \cdot v_{1\mathrm{y}}$$

$$J_{\mathrm{S}} \cdot \omega_0 + \int_{t_0}^{t_1} M_{\mathrm{S}} \cdot \mathrm{d}t = J_{\mathrm{S}} \cdot \omega_1 .$$

Beispiel 1 (Abb. 6-67)

Eine homogene Walze rollt mit der Geschwindigkeit v_0 nach rechts. Nach einem zentralen Schlag entgegen der Bewegungsrichtung verändert sich die Geschwindigkeit auf v_1. Zu bestimmen sind allgemein und für die gegebenen Daten

a) der Impuls des Schlages $\int F \cdot \mathrm{d}t$,
b) die mittlere Schlagkraft für eine Einwirkungsdauer Δt,

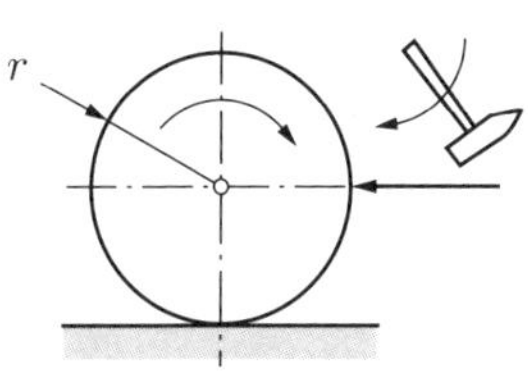

Abb. 6-67: Rollende Walze mit zentrischem Stoß

c) die mindestens erforderliche Haftreibung Walze/Unterlage für gleitfreies Abrollen während des Vorgangs.

$m = 400\,\text{kg}; \quad v_0 = 0{,}60\,\text{m/s}; \quad v_1 = 0{,}55\,\text{m/s}; \quad \Delta t = 6\,\text{ms}.$

Lösung

Der Ansatz wird mit der Abb. 6-68 vorbereitet

Impulssatz

$$m \cdot v_0 + F_\text{u} \cdot \Delta t - \int_0^{\Delta t} F \cdot \text{d}t = m \cdot v_1. \tag{1}$$

Drehimpulssatz für den Pol 0

$$J_\text{S} \cdot \omega_0 - F_\text{u} \cdot \Delta t \cdot r = J_\text{S} \cdot \omega_1. \tag{2}$$

Das sind zwei Gleichungen für die Unbekannten F_u und $\int F \cdot \text{d}t$. Aus Gl. (2)

$$F_\text{u} \cdot \Delta t = \frac{J_\text{S}}{r}(\omega_0 - \omega_1). \tag{3}$$

Diese Gleichung wird in (1) mit $\omega = v/r$ eingesetzt

$$\int F \cdot \text{d}t = m(v_0 - v_1) + \frac{J_\text{S}}{r^2}(v_0 - v_1).$$

Mit $\quad J_\text{S} = \frac{1}{2} m \cdot r^2$ erhält man

$$\underline{\int F \cdot \text{d}t = \frac{3}{2} m(v_0 - v_1) = 30{,}0\,\text{Ns}.}$$

$$\underline{F_\text{m}} = \frac{\int F \cdot \text{d}t}{\Delta t} = \frac{30{,}0\,\text{Ns}}{6 \cdot 10^{-3}\text{s}} \cdot 10^{-3}\frac{\text{kN}}{\text{N}} = \underline{5{,}0\,\text{kN}}.$$

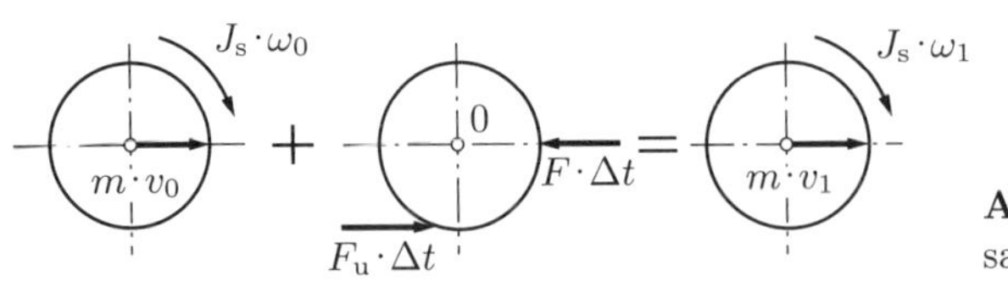

Abb. 6-68: Impuls- und Drehimpulssatz für rollende Walze Abb. 6-67

Die notwendige Umfangskraft im Auflagepunkt wird aus der Gl. (3) berechnet

$$F_u = \frac{J_S(v_0 - v_1)}{\Delta t \cdot r^2} = \frac{m(v_0 - v_1)}{2 \cdot \Delta t}.$$

Diese Kraft ist gleich der mindestens notwendigen Reibungskraft

$$m \cdot g \cdot \mu_{0\,\min} = \frac{m(v_0 - v_1)}{2 \cdot \Delta t},$$

$$\mu_{0\,\min} = \frac{v_0 - v_1}{2g \cdot \Delta t} = 0{,}43.$$

Bei einem geringeren Reibungsbeiwert ist dem Rollen ein Gleiten überlagert. Die kinematischen Bedingungen während der Schlagdauer sind nicht eindeutig.

Beispiel 2 (Abb. 6-69)

In diesem Beispiel soll ein von einem Motor über ein Getriebe angetriebener Wagen (Pkw, Werkzeugschlitten o.ä.) modellhaft behandelt werden. Dabei werden alle rotierenden Massen in ihrer Wirkung berücksichtigt. Summarisch ist ein Widerstand anzunehmen, der durch Luftwiderstand, Steigungswiderstand (Hangabtrieb), Rollwiderstand usw. verursacht sein kann. Für das vorgegebene System, dessen linke Achse angetrieben wird, sind in allgemeiner Form zu bestimmen:

a) das konstant angenommene Antriebsmoment des Motors, das das System von Ruhe in der Zeit Δt auf die Geschwindigkeit v_1 bringt,

b) die erforderliche Haftreibungszahl an den angetriebenen Rädern für den Fall, daß 70% der Gewichtskraft auf diesen lastet,

c) die am Umfang der rechten Räder tangential angreifende Kraft,

d) die maximale Beschleunigungsleistung.

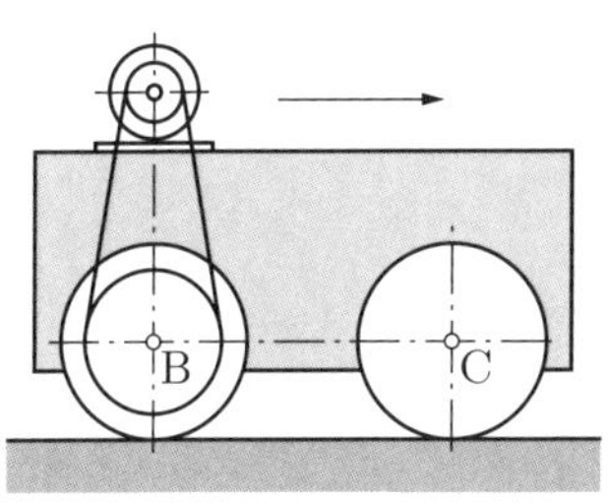

Abb. 6-69: Modell für angetriebenen Wagen

Die Gleichungen sollen für folgende Größen ausgewertet werden:

Wagen:	$m_W = 100\,\mathrm{kg}$
Achse mit 2 Rädern:	$m_A = 10\,\mathrm{kg}$
(beide Achsen gleich)	$J_A = 0{,}050\,\mathrm{kg\,m^2}$ (Schwerpunktachse)
	$r = 0{,}10\,\mathrm{m}$
Motor, Scheibe usw.:	$m_M = 20\,\mathrm{kg}$
	$J_M = 0{,}0040\,\mathrm{kg\,m^2}$ (Schwerpunktachse)
Übersetzung:	$i = 6$
Zeitintervall:	$\Delta t = 1{,}00\,\mathrm{s}$
Endgeschwindigkeit:	$v_1 = 1{,}60\,\mathrm{m/s}$
Widerstandskraft:	$F_W = 300\,\mathrm{N}$

Lösung

Es ist zweckmäßig, die rotierenden Massen des Motors auf die angetriebene Achse zu reduzieren (Gl. (6-24)).

$$J_{red} = J_A + J_M \left(\frac{\omega_M}{\omega_A}\right)^2$$

$$J_{red} = (0{,}050 + 0{,}0040 \cdot 6^2)\,\mathrm{kg\,m^2} = 0{,}194\,\mathrm{kg\,m^2}.$$

Damit erhält man das System I nach Abb. 6-70. Dabei ist der Wagen an seinen Auflageflächen freigemacht, wobei es für die vorliegende Aufgabenstellung genügt, die horizontalen Kräfte einzuführen. Die Begründung dafür ist, daß die Bewegung in dieser Richtung erfolgt. An den linken Rädern wirkt die Antriebskraft, die den Wagen nach rechts bewegt, an den rechten eine Umfangskraft, die die rechten Räder in Drehung versetzt.

Der Impulssatz für das System I lautet

$$(F_{Antr} - F_u - F_W) \cdot \Delta t = m_{ges} \cdot v_1. \qquad (1)$$

Es ist notwendig, für die beiden Achsen den Impuls- und den Drehimpulssatz aufzustellen. Dabei dürfen in den Systemen II und III die Lagerkräfte nicht vergessen werden.

System II

$$(F_{Antr} - F_{Bx}) \cdot \Delta t = (m_A + m_M) \cdot v_1. \qquad (2)$$

Drehimpulssatz für die Drehachse

$$i \cdot M_M \cdot \Delta t - F_{Antr} \cdot \Delta t \cdot r = J_{red} \cdot \omega_1. \qquad (3)$$

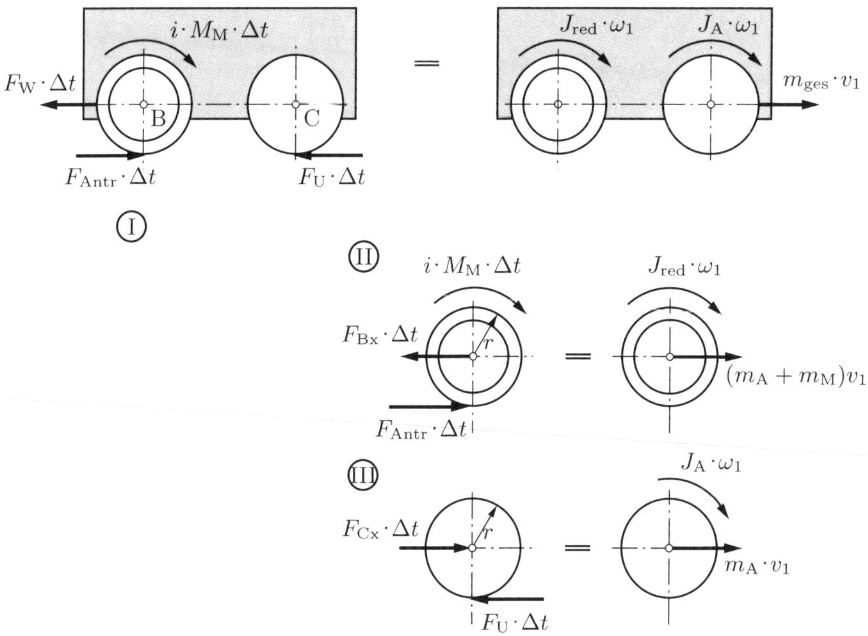

Abb. 6-70: Drehimpulssatz und Impulssatz für Wagen und rotierende Teile nach Abb. 6-69

System III

$$(F_{\mathrm{Cx}} - F_{\mathrm{u}}) \cdot \Delta t = m_{\mathrm{A}} \cdot v_1. \tag{4}$$

Drehimpulssatz für die Drehachse

$$F_{\mathrm{u}} \cdot \Delta t \cdot r = J_{\mathrm{A}} \cdot \omega_1. \tag{5}$$

Mit $v_1 = r \cdot \omega_1$ sind das 6 Gleichungen für M_{M}; F_{Antr}; F_{Bx}; F_{Cx}; F_{u} und ω_1.

Aus (5) erhält man

$$\underline{F_{\mathrm{u}} = \frac{J_{\mathrm{A}} \cdot v_1}{r^2 \cdot \Delta t}}. \tag{6}$$

Dieser Ausdruck wird in (1) eingesetzt und ergibt nach einer einfachen Umwandlung

$$F_{\mathrm{Antr}} = \left(\frac{J_{\mathrm{A}}}{r^2} + m_{\mathrm{ges}}\right) \frac{v_1}{\Delta t} + F_{\mathrm{W}}. \tag{7}$$

Die Gleichung (3) ermöglicht jetzt die Berechnung von

$$\underline{M_\mathrm{M} = \frac{r \cdot v_1}{i \cdot \Delta t}\left(\frac{J_\mathrm{red}}{r^2} + \frac{J_\mathrm{A}}{r^2} + m_\mathrm{ges}\right) + \frac{F_\mathrm{W} \cdot r}{i}}. \tag{8}$$

Diese Beziehung kann folgendermaßen gedeutet werden. Die Ausdrücke J/r^2 sind die für die translatorische Bewegung reduzierten Trägheitsmomente nach Gleichung (6-11). Sie entsprechen einem Zuschlag auf die Gesamtmasse, der die rotierenden Massen in ihrer Wirkung berücksichtigt. Mit $v_1/\Delta t = a$ erkennt man die Struktur der Gleichung: Moment gleich Masse mal Beschleunigung mal Radius. Das Übersetzungsverhältnis i berücksichtigt den Übergang auf die Motorwelle. Die gleiche Beziehung für M_M erhält man unmittelbar aus dem System I wenn man den Drehimpulssatz für einen Auflagepunkt eines Rades ausstellt. Dazu ist es jedoch notwendig, die Widerstandskraft F_W und die Bewegungsgröße $m \cdot v$ auf die Höhe der Achse zu setzen. Diese Bedingung mag zunächst nicht ganz einsichtig sein. Deshalb und weil die notwendige Haftreibung zu bestimmen ist, wurde der exakte Lösungsweg vorgeführt.

Aus dem Moment kann man die Leistung berechnen. Ohne Berücksichtigung eines Wirkungsgrades ist

$$P_\mathrm{max} = M_\mathrm{M} \cdot \omega_{\mathrm{M\,max}} = M_\mathrm{M} \cdot \omega_1 \cdot i. \tag{9}$$

Die Antriebskraft muß durch Haftreibungswirkung übertragen werden.

$$F_\mathrm{Antr} = \mu_0 \cdot F_\mathrm{n} = \mu_0 \cdot 0{,}70 \cdot m_\mathrm{ges} \cdot g$$
$$\mu_0 = \frac{F_\mathrm{Antr}}{0{,}70 \cdot m_\mathrm{ges} \cdot g}. \tag{10}$$

Die zahlenmäßige Auswertung ergibt mit

$$\frac{\Delta v_1}{\Delta t} = \frac{1{,}60\,\mathrm{m/s}}{1{,}0\,\mathrm{s}} = 1{,}60\,\mathrm{m/s^2}$$

$$\frac{J_\mathrm{red}}{r^2} = \frac{0{,}194\,\mathrm{kg\,m^2}}{0{,}10^2\,\mathrm{m}^2} = 19{,}4\,\mathrm{kg}; \qquad \frac{J_\mathrm{A}}{r^2} = \frac{0{,}05\,\mathrm{kg\,m^2}}{0{,}10^2\,\mathrm{m}^2} = 5{,}0\,\mathrm{kg}$$

Aus Gl. (6) $\underline{F_\mathrm{u}} = 5{,}0\,\mathrm{kg} \cdot 1{,}60\,\mathrm{m/s^2} = \underline{8{,}0\,\mathrm{N}}$

Aus Gl. (7) $F_\mathrm{Antr} = (5{,}0 + 140{,}0)\,\mathrm{kg} \cdot 1{,}60\,\mathrm{m/s^2} + 300\,\mathrm{N} = 532\,\mathrm{N}$

Aus Gl. (8) $M_\mathrm{M} = \dfrac{0{,}1\,\mathrm{m} \cdot 1{,}60\,\mathrm{m/s^2}}{6}(19{,}4 + 5{,}0 + 140{,}0)\mathrm{kg} + \dfrac{300\,\mathrm{N} \cdot 0{,}1\,\mathrm{m}}{6}$

$\underline{M_\mathrm{M} = 9{,}384\,\mathrm{N\,m}}.$

Mit

$$\omega_1 = \frac{1{,}60\,\mathrm{m/s}}{0{,}10\,\mathrm{m}} = 16\,\mathrm{s}^{-1}$$

und Gl. (9) ist

$$\underline{P_{\max}} = 9{,}384\,\mathrm{N\,m} \cdot 16\,\mathrm{s}^{-1} \cdot 6 = \underline{901\,\mathrm{W}}.$$

In dieser Leistung ist sowohl die Überwindung des Widerstandes als auch der Beschleunigungsanteil unmittelbar vor Erreichen der Endgeschwindigkeit enthalten. Die Auswertung der Gl. (10) ergibt

$$\underline{\mu_0} = \frac{532\,\mathrm{N}}{0{,}70 \cdot 140\,\mathrm{kg} \cdot 9{,}81\,\mathrm{m/s^2}} = \underline{0{,}55}.$$

Die Werkstoffpaarung Rad-Unterlage muß mindestens diese Haftreibungszahl ergeben, wenn die Motorleistung voll auf das System übertragen werden soll.

Zur Kontrolle steht noch das System nach Abb. 6-71 zur Verfügung. Dazu müssen jedoch die Lagerkräfte F_{Bx} und F_{Cx} berechnet werden. Das kann mit Hilfe der Gleichungen (2) und (4) geschehen. Einfache Umwandlungen führen auf

$$F_{\mathrm{Bx}} = \frac{v_1}{\Delta t}\left(\frac{J_{\mathrm{A}}}{r^2} + m_{\mathrm{ges}} - m_{\mathrm{A}} - m_{\mathrm{M}}\right) + F_{\mathrm{W}} = 484\,\mathrm{N}$$

$$F_{\mathrm{Cx}} = \frac{v_1}{\Delta t}\left(\frac{J_{\mathrm{A}}}{r^2} + m_{\mathrm{A}}\right) = 24\,\mathrm{N}.$$

Der Impulssatz für den Wagen nach Abb. 6-71 ist

$$(F_{\mathrm{Bx}} - F_{\mathrm{Cx}} - F_{\mathrm{W}}) \cdot \Delta t = m_{\mathrm{W}} \cdot v_1$$

Die Zahlenwerte erfüllen diese Gleichung.

Alle Gleichungen und Werte dieses Beispiels gelten für die Beschleunigungsphase. Für eine anschließende Bewegung mit $v =$ konstant muß in allen Beziehungen $v_1/\Delta t = a = 0$ gesetzt werden.

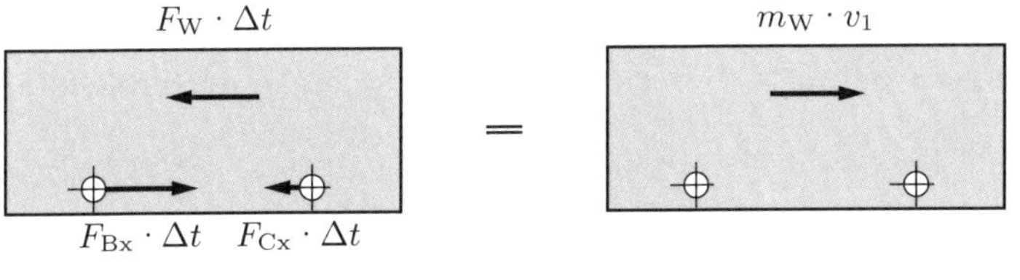

Abb. 6-71: Kontrollsystem für Wagen Abb. 6-69

6.4.7 Der exzentrische Stoß (Drehstoß)

Hier soll auf die Überlegung des Abschnittes 6.2.3 (zentrischer Stoß) zurückgegriffen werden.

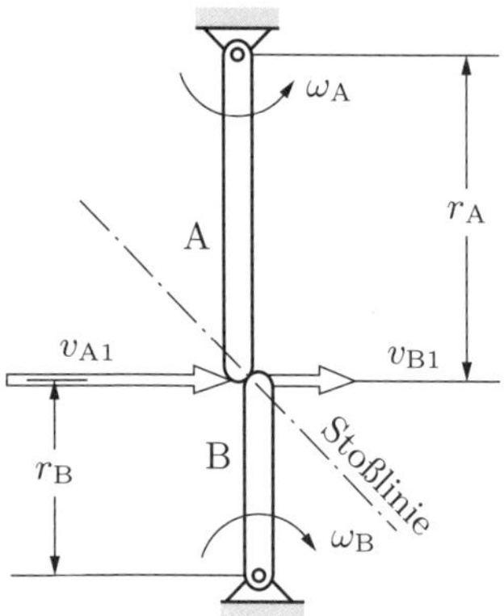

Abb. 6-72: Stoß zweier rotierender Massen

Zwei Körper A und B rotieren um feste Drehachsen nach Abb. 6-72. Dabei stößt der Körper A auf den Körper B. Die Geschwindigkeiten unmittelbar vor dem Stoß betragen v_{A1} bzw. v_{B1}. Senkrecht auf der Berührungsebene liegt im Berührungspunkt die Stoßlinie, die die Wirkungslinie der beim Stoß auftretenden Kräfte ist. Während der Zeit der Berührung sind die Geschwindigkeiten im Berührungspunkt gleich. Wirken elastische Kräfte, dann lösen sich die Körper voneinander und bewegen sich nach dem Stoß wieder mit unterschiedlichen Geschwindigkeiten.

Der Stoßvorgang wird nach Abb. 6-73 wie im Abschnitt 6.2.3 in zwei Phasen zerlegt.

Zunächst wird der Körper A durch den Impuls $\int F \cdot dt$ auf die Geschwindigkeit abgebremst, die beide Körper während der Berührung haben (Kennzeichnung der Geschwindigkeiten durch einen Stern). Wenn die Werkstoffe elastisch sind, stoßen sich die Körper wieder ab (Impuls $\int K \cdot dt$), wodurch ein nochmaliges Abbremsen auf die mit dem Index 2 gekennzeichneten Geschwindigkeiten erfolgt. Das Gelenk wurde nicht freigemacht. Deshalb muß der Drehimpulssatz auf die Gelenkachse bezogen werden. Das Gelenk muß freigemacht werden, wenn die dort wirkenden Stoßkräfte berechnet werden sollen (siehe folgende Beispiele).

1. Phase

$$J_{AS} \cdot \omega_{A1} + m_A \cdot v_{AS1} \cdot r_S - \bar{r}_A \cdot \int F \cdot dt = J_{AS} \cdot \omega_A^* + m_A \cdot v_{AS}^* \cdot r_S.$$

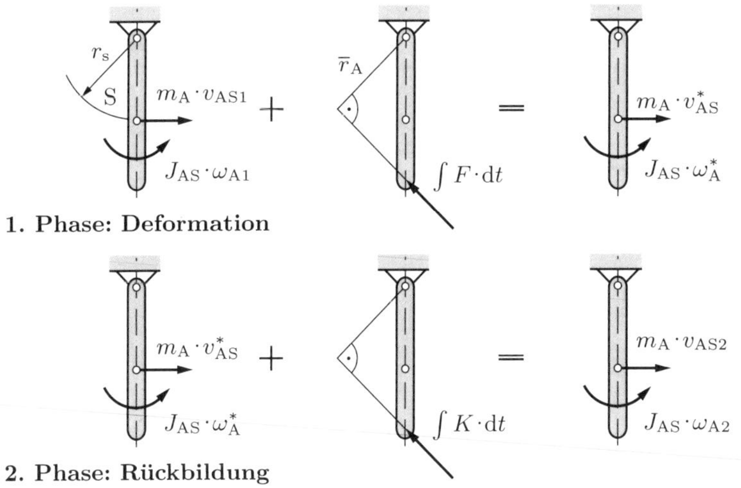

Abb. 6-73: Exzentrischer Stoß: Drehimpulssatz für Deformation und Rückbildung

Mit $v_{AS}/r_S = \omega$ und $J_A = J_{AS} + m_A \cdot r_S^2$ (Trägheitsmoment bezogen auf die Drehachse) erhält man

$$J_A \cdot \omega_{A1} + \bar{r}_A \cdot \int F \cdot dt = J_A \cdot \omega_A^*, \tag{1}$$

2. Phase

$$J_{AS} \cdot \omega_A^* + m_A \cdot v_{AS}^* \cdot r_S - \bar{r}_A \cdot \int K \cdot dt = J_{AS} \cdot \omega_{A2} + m_A \cdot v_{AS2} \cdot r_S.$$

Auf gleichem Wege führt das auf

$$J_A \cdot \omega_A^* - \bar{r}_A \cdot \int K \cdot dt = J_A \cdot \omega_{A2}. \tag{2}$$

Mit der Stoßzahl $k = \dfrac{\int K \cdot dt}{\int F \cdot dt}$ (vergleiche Abschnitt 6.2.3)

erhält man $k = \dfrac{\omega_A^* - \omega_{A2}}{\omega_{A1} - \omega_A^*}$.

Ein analoger Ansatz für den Körper B liefert $k = \dfrac{\omega_{B2} - \omega_B^*}{\omega_B^* - \omega_{B1}}$.

Die beiden Beziehungen werden mit r_A bzw. r_B erweitert.

Es gilt

$$v_A = r_A \cdot \omega_A, \qquad v_B = r_B \cdot \omega_B, \qquad c = r_A \cdot \omega_A^* = r_B \cdot \omega_B^*.$$

Gemeinsame Geschwindigkeit während der Berührung.

Man erhält

$$k = \frac{c - v_{A2}}{v_{A1} - c} = \frac{v_{B2} - c}{c - v_{B1}}.$$

Nach Eliminierung von c ergibt sich die Gleichung (6-5)

$$k = \frac{v_{B2} - v_{A2}}{v_{A1} - v_{B1}}.$$

Das ist die gleiche Beziehung wie für den zentrischen Stoß. Für viele Aufgaben ist es zweckmäßig, mit den Winkelgeschwindigkeiten zu arbeiten,

$$k = \frac{r_B \cdot \omega_{B2} - r_A \cdot \omega_{A2}}{r_A \cdot \omega_{A1} - r_B \cdot \omega_{B1}}. \tag{6-28}$$

Für die Masse B wird ein zu Abb. 6-73 analoger Ansatz durchgeführt

$$J_B \cdot \omega_{B1} + \int F \cdot \mathrm{d}t \cdot \bar{r}_B = J_B \cdot \omega_B^* \tag{3}$$

$$J_B \cdot \omega_B^* + \int K \cdot \mathrm{d}t \cdot \bar{r}_B = J_B \cdot \omega_{B2} \tag{4}$$

Die Gleichungen (1) und (3) werden nach $\int F \cdot \mathrm{d}t$ aufgelöst und gleichgesetzt

$$\frac{J_B}{\bar{r}_B}(\omega_B^* - \omega_{B1}) = \frac{J_A}{r_A}(-\omega_A^* + \omega_{A1})$$

Die Gleichungen (2) und (4) werden nach $\int K \cdot \mathrm{d}t$ aufgelöst und gleichgesetzt

$$\frac{J_B}{\bar{r}_B}(\omega_{B2} - \omega_B^*) = \frac{J_A}{\bar{r}_A}(-\omega_{A2} + \omega_A^*)$$

Diese beiden Gleichungen werden addiert

$$\frac{J_B}{\bar{r}_B}(-\omega_{B1} + \omega_{B2}) = \frac{J_A}{\bar{r}_A}(\omega_{A1} - \omega_{A2})$$

Es verhalten sich $\dfrac{\bar{r}_B}{\bar{r}_A} = \dfrac{r_B}{r_A}$ (ähnliche Dreiecke)

Nach einer einfachen Umwandlung erhält man

$$\frac{J_A}{r_A} \cdot \omega_{A1} + \frac{J_B}{r_B} \cdot \omega_{B1} = \frac{J_A}{r_A} \cdot \omega_{A2} + \frac{J_B}{r_B} \cdot \omega_{B2} \qquad (6\text{-}29)$$

Wie aus der Ableitung folgt, muß man bei der Anwendung der Gleichungen (6-28)/(6-29) folgendes beachten:

ω_A und ω_B haben das gleiche Vorzeichen, wenn sie an der Berührungsstelle gleichgerichtete Geschwindigkeiten erzeugen.

Die Trägheitsmomente sind auf die Drehachsen bezogen.

Mit $\omega = v/r$ kann man diese Gleichung überführen in

$$\frac{J_A}{r_A^2} \cdot v_{A1} + \frac{J_B}{r_B^2} \cdot v_{B1} = \frac{J_A}{r_A^2} \cdot v_{A2} + \frac{J_B}{r_B^2} \cdot v_{B2}.$$

Diese Beziehung entspricht der Gleichung (6-6) (Impulserhaltungssatz für den zentrischen Stoß), wenn man nach Gleichung (6-11) die Trägheitsmomente auf die entsprechenden Radien reduziert $m_{red} = J/r^2$.

Für den exzentrischen Stoß gelten die Gleichungen des zentrischen Stoßes. Als Masse m muß die auf die Stoßstelle reduzierte Masse eingesetzt werden. Die Gleichung für die Stoßzahl k ist für beide Stoßarten gleich.

Wegen der extrem kurzen Stoßzeiten sind die Stoßkräfte so groß, daß die anderen noch wirkenden Kräfte vernachlässigt werden können. Mit den Gleichungen (6-28)/(6-29) bzw. (6-5)/(6-6) können zwei Unbekannte berechnet werden. Von den neun Größen, die in die Berechnung des Drehstoßes eingehen (zwei Trägheitsmomente, vier Geschwindigkeiten, zwei Abstände, Stoßzahl), müssen sieben bekannt sein, wenn der Vorgang berechenbar sein soll.

Der Fall einer translatorisch bewegten Masse, die exzentrisch eine nach Abb. 6-74 drehbar gelagerte Masse stößt, ist in den Gleichungen (6-28)/(6-29) enthalten.

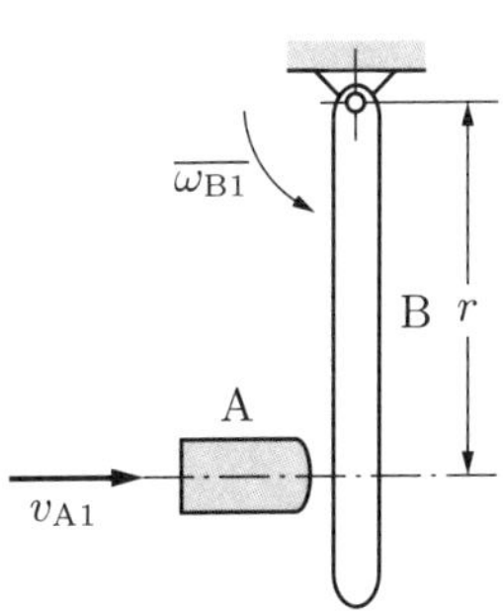

Abb. 6-74: Exzentrisch gestoßene drehbar gelagerte Masse

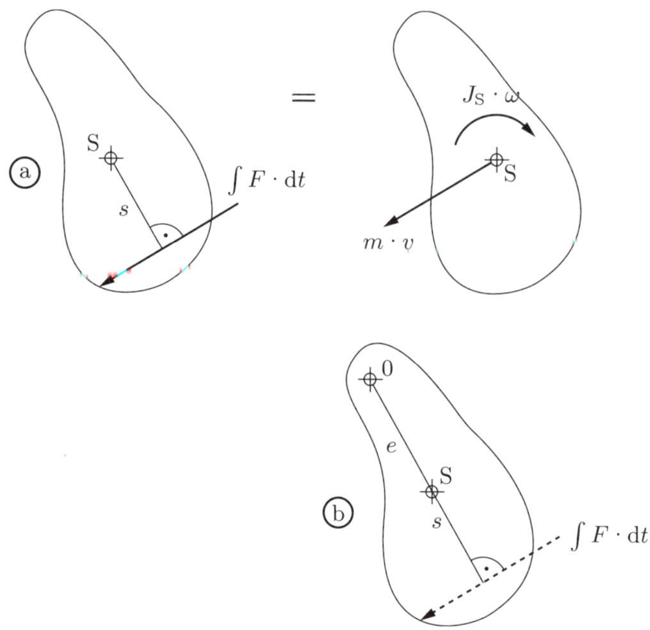

Abb. 6-75: Zum Begriff „Stoßmittelpunkt"

Es gilt $r_A = r_B = r$; $\omega_A = v_A/r$ und wie mehrfach ausgeführt (s. Abb. 6-53 und Erläuterungen dazu) $J_A \cdot \omega_A = m_A \cdot v_A \cdot r = m_A \cdot r^2 \cdot \omega_A$.

Für einen exzentrisch gestoßenen Körper soll der Punkt bestimmt werden, auf den keine Kraft übertragen wird. Dieser Punkt wird *Stoßmittelpunkt* genannt. Es muß der momentane Drehpol der durch den Stoß eingeleiteten Drehung sein, denn dieser ist ohne Bewegung und demnach ohne Krafteinwirkung.

Ein Körper nach Abb. 6-75a wird im Abstand s vom Schwerpunkt S gestoßen. Dieser Stoß bewirkt eine Schiebung und eine Drehung. Es gilt

$$\int F \cdot \mathrm{d}t = m \cdot v, \qquad v = \frac{1}{m} \int F \cdot \mathrm{d}t, \text{ (Schwerpunktgeschw.)}$$

$$s \cdot \int F \cdot \mathrm{d}t = J_S \cdot \omega, \qquad \omega = \frac{s}{J_S} \int F \cdot \mathrm{d}t.$$

Der momentane Drehpol ist definitionsgemäß in Ruhe. Es gilt (vergleiche Abschnitt 4.4.2 und Abb. 6-75)

$$v - e \cdot \omega = 0,$$

$$e = \frac{v}{\omega} = \frac{J_S \cdot \int F \cdot \mathrm{d}t}{m \cdot s \cdot \int F \cdot \mathrm{d}t} = \frac{J_S}{m \cdot s}.$$

Der Trägheitsradius i nach Gl. (6-10) wird eingeführt.

$$e = \frac{m \cdot i^2}{m \cdot s},$$

$$e = \frac{i^2}{s}. \qquad (6\text{-}30)$$

Der Stoßmittelpunkt 0 liegt im Abstand e vom Schwerpunkt auf der Normalen zur Stoßlinie, die durch den Schwerpunkt geht. Die Geometrie zeigt die Abb. 6-75b.

Beispiel 1 (Abb. 6-76)

Eine homogene Walze B rotiert antriebsfrei im Uhrzeigersinn. Ein homogener Stab A hängt lotrecht herunter. Die Walze wird axial so verschoben, daß es zu einem Stoß Walze/Stab durch einen Nocken am Umfang der Walze kommt. Für die unten gegebenen Daten sind zu bestimmen.

a) die Bewegungszustände von A und B unmittelbar nach dem Stoß,
b) die durch den Stoß bei einer angenommenen Stoßzeit Δt verursachten zusätzlichen Kräfte (Mittelwert) in den Lagern.

$m_A = 180\,\text{kg} \qquad l = 1{,}20\,\text{m}$
$m_B = 60\,\text{kg} \qquad r_B = 0{,}20\,\text{m}$
Ausgangsdrehzahl von B: $n_1 = 2{,}0\,\text{s}^{-1}$
Stoßzahl: $k \approx 0{,}60$ (Stahl/Stahl)
Stoßzeit: $\Delta t \approx 1\,\text{ms}$

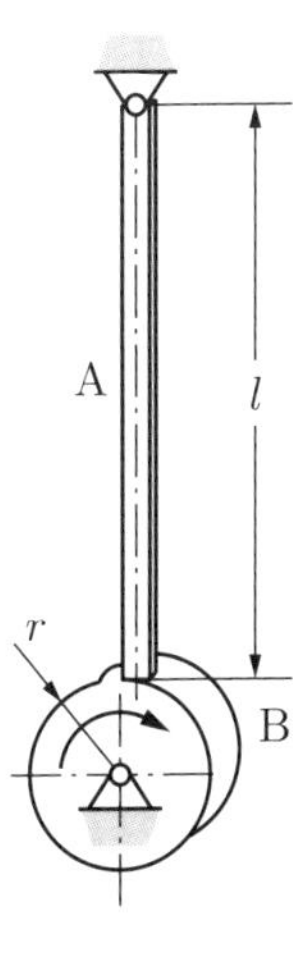

Abb. 6-76: Exzentrischer Stoß gegen einen hängenden Stab

Lösung

a) Für den Fall $\omega_{A1} = 0$ lautet die Gleichung (6-29)

$$\frac{J_B}{r_B} \cdot \omega_{B1} = \frac{J_A}{r_A} \cdot \omega_{A2} + \frac{J_B}{r_B} \cdot \omega_{B2}. \tag{1}$$

Dabei sind die Trägheitsmomente auf die Drehachsen bezogen und betragen für den vorliegenden Fall

$$J_A = m_A \cdot \frac{l_A^2}{3} = m_A \cdot \frac{r_A^2}{3}; \quad J_B = m_B \cdot \frac{r_B^2}{2}.$$

Nach dem Einsetzen in die Gleichung (1), der Einführung von $v = r \cdot \omega$ und der Multiplikation mit 6 erhält man

$$3 \cdot m_B \cdot v_{B1} = 2 \cdot m_A \cdot v_{A2} + 3 \cdot m_B \cdot v_{B2}. \tag{2}$$

Da hier Geschwindigkeiten eingeführt werden, ist es zweckmäßig, auch in der Gleichung (6-28) diese zu verwenden.

$$k = \frac{v_{B2} - v_{A2}}{v_{A1} - v_{B1}}. \tag{3}$$

Die Gleichungen (2) und (3) werden für v_{A2} und v_{B2} gelöst. Dazu wird (3) nach v_{A2} aufgelöst, wobei $v_{A1} = 0$ gilt

$$v_{A2} = v_{B2} + k \cdot v_{B1}. \tag{4}$$

Nach dem Einsetzen in (2) und einer einfachen Umwandlung erhält man

$$v_{B2} = \frac{3m_B - 2m_A \cdot k}{3m_B + 2m_A} \cdot v_{B1}.$$

Mit

$$\omega_{B1} = 2\pi \cdot n = 12{,}57\,\text{s}^{-1}; \quad v_{B1} = r_B \cdot \omega_{B1} = 2{,}513\,\text{m/s}$$

führt das zu

$$v_{B2} = \frac{(3 \cdot 60 - 2 \cdot 180 \cdot 0{,}6)\,\text{kg}}{(3 \cdot 60 + 2 \cdot 180)\,\text{kg}} \cdot 2{,}513\,\text{m/s}$$

$$v_{B2} = -0{,}168\,\text{m/s} \leftarrow; \quad \underline{\omega_{B2}} = \frac{v_{B2}}{r_B} = \underline{-0{,}838\,\text{s}^{-1}}\ . \circlearrowleft$$

Durch den Stoß erfolgt eine Richtungsumkehr der Walze. Der ermittelte Wert wird in die Gleichung (4) eingesetzt

$$v_{A2} = -0{,}168\,\mathrm{m/s} + 0{,}6 \cdot 2{,}513\,\mathrm{m/s}$$
$$v_{A2} = 1{,}340\,\mathrm{m/s} \rightarrow; \quad \underline{\omega_{A2}} = \frac{v_{A2}}{r_A} = \underline{1{,}117\,\mathrm{s}^{-1}} \ . \circlearrowleft$$

Unmittelbar nach dem Stoß drehen die Massen mit ω_{A2} bzw. ω_{B2} beide entgegengesetzt zum Uhrzeigersinn.

b) Zur Ermittlung der in den Lagern wirksam werdenden Stoßkräfte wird nach Abb. 6-77 der Impulssatz angesetzt.

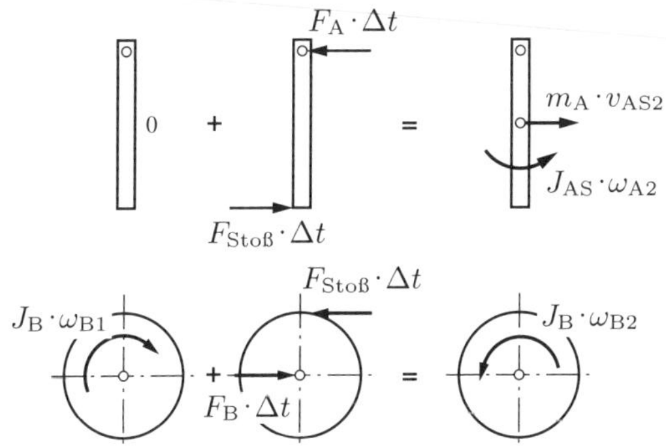

Abb. 6-77: Drehimpulssatz und Impulssatz für das System Abb. 6-76

Stab A

x-Richtung

$$F_{Stoß} \cdot \Delta t - F_A \cdot \Delta t = m_A \cdot v_{AS2}. \tag{5}$$

Drehimpuls für Aufhängepunkt

$$F_{Stoß} \cdot \Delta t \cdot l = J_{AS} \cdot \omega_{A2} + m_A \cdot v_{AS2} \cdot \frac{l}{2}.$$

Mit $v_{AS2} = \frac{l}{2} \cdot \omega_{A2}$ und dem STEINERschen Satz erhält man

$$F_{Stoß} \cdot \Delta t \cdot l = J_A \cdot \omega_{A2}, \tag{6}$$

wobei J_A auf den Drehpunkt bezogen ist und

$$J_A = 180\,\mathrm{kg} \cdot \frac{1{,}2^2\,\mathrm{m}^2}{3} = 86{,}40\,\mathrm{kg\,m}^2$$

beträgt. Damit liefert die Gleichung (6)

$$F_{\text{Stoß}} = \frac{J_{\text{A}} \cdot \omega_{\text{A2}}}{\Delta t \cdot l} = \frac{86{,}40\,\text{kg}\,\text{m}^2 \cdot 1{,}117\,\text{s}^{-1}}{10^{-3}\text{s} \cdot 1{,}20\,\text{m}} = 80{,}4\,\text{kN}.$$

Die Lagerkraft läßt sich jetzt aus der Gleichung (5) berechnen:

$$F_{\text{A}} = F_{\text{Stoß}} - m_{\text{A}} \cdot \frac{v_{\text{AS2}}}{\Delta t}.$$

Aus dieser Gleichung ersieht man, daß der Stoß nicht voll auf das Lager übertragen wird. Die Stoßkraft wird durch den Anteil gemindert, der zur translatorischen Beschleunigung der im Schwerpunkt vereinigt gedachten Masse benötigt wird.

Die Schwerpunktgeschwindigkeit ist halb so groß wie die Außengeschwindigkeit

$$v_{\text{AS2}} = \frac{1}{2} \cdot 1{,}340\,\text{m/s} = 0{,}670\,\text{m/s}$$

$$\underline{F_{\text{A}}} = 80{,}4 \cdot 10^3\,\text{N} - 180\,\text{kg} \cdot \frac{0{,}670\,\text{m/s}}{10^{-3}\text{s}} = \underline{-40{,}2\,\text{kN} \rightarrow (!)}.$$

Die Lagerkraft wirkt während des Stoßes nach rechts, das obere Stabende will beim Stoß nach links ausweichen. Der Stoßmittelpunkt, der bei freier Lagerung seine Lage nicht verändert und damit kräftefrei bleibt, liegt unterhalb des Drehpunktes. Das kann man mit Hilfe der Gleichung (6-30) bestätigen.

Walze A

Beim Ansatz des Drehimpulses ist zu berücksichtigen, daß in der Abbildung 6-77 die Drehungen so eingezeichnet sind, wie sie tatsächlich erfolgen. Deshalb müssen in die abgeleiteten Beziehungen alle Werte von ω positiv eingesetzt werden.

x-Richtung

$$F_{\text{B}} = F_{\text{Stoß}}$$

Da die Walze in der Schwerpunktachse gelagert ist, wird der Stoß voll vom Lager übernommen.

Drehimpuls für Drehachse

$$J_{\text{B}} \cdot \omega_{\text{B1}} - F_{\text{Stoß}} \cdot \Delta t \cdot r_{\text{B}} = -J_{\text{B}} \cdot \omega_{\text{B2}}.$$

Das führt zu

$$F_B = F_{Stoß} = \frac{J_B \cdot (\omega_{B1} + \omega_{B2})}{\Delta t \cdot r_B}$$

$$\text{mit } J_B = 60\,\text{kg} \cdot \frac{0{,}2^2\,\text{m}^2}{2} = 1{,}20\,\text{kg}\,\text{m}^2.$$

$$F_B = \frac{1{,}20\,\text{kg}\,\text{m}^2 \cdot (12{,}566 + 0{,}838)\,\text{s}^{-1}}{10^{-3}\text{s} \cdot 0{,}20\,\text{m}}$$

$$\underline{F_B = 80{,}4\,\text{kN} = F_{Stoß}}.$$

Das ist eine Bestätigung für die Richtigkeit der Rechnung. Die Stoßkräfte sind – wie mehrfach ausgeführt – wesentlich höher als die Gewichtskräfte.

Beispiel 2 (Abb. 6-78)

Durch Zurückziehen der Sperrklinke wird das Umklappen der skizzierten Schranke ausgelöst. Sie schlägt gegen den Puffer P. Dabei können im Gelenk sehr große Stoßkräfte auftreten (siehe voriges Beispiel). Der Abstand x des Puffers soll so bestimmt werden, daß eine Stoßkraft auf das Lager nicht übertragen wird. Die Schranke kann als homogener Stab der Länge l aufgefaßt werden.

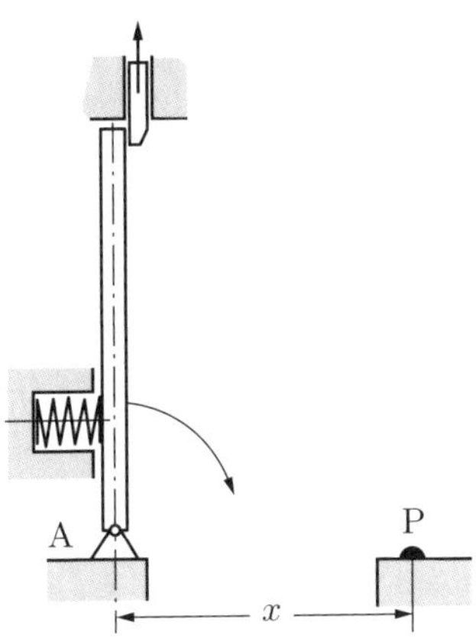

Abb. 6-78: Umklappende Schranke

Lösung

Nach Aufgabenstellung soll die Kraft im Lager A verschwinden. Für den Ansatz des Impulssatzes ergibt sich damit ein System nach Abb. 6-79. Dabei wird die Gewichtskraft gegenüber der viel größeren Stoßkraft vernachlässigt. Um die un-

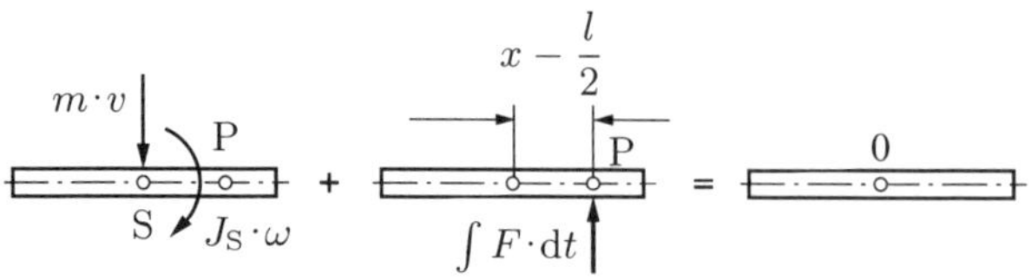

Abb. 6-79: Impulssatz und Drehimpulssatz für die Schranke Abb. 6-78

bekannte Größe $\int F \cdot dt$ zu eliminieren, wird der Drehimpulssatz für den Pol P aufgestellt.

$$m \cdot v \cdot \left(x - \frac{l}{2}\right) - J_s \cdot \omega + 0 = 0.$$

Mit $J_S = m \cdot \frac{l^2}{12}$ und $v = \frac{l}{2} \cdot \omega$ führt das zu

$$m \cdot \frac{l}{2} \cdot \omega \left(x - \frac{l}{2}\right) - m \cdot \frac{l^2}{12} \cdot \omega = 0.$$

Nach Division durch $m \cdot \frac{l}{2} \cdot \omega$ erhält man

$$\underline{x = \frac{2}{3} \cdot l.}$$

Diese Lösung gilt auch dann, wenn die Schranke am Puffer zurückspringt. Das folgt aus der Ableitung der Gleichung (6-30) für die Bestimmung des Stoßmittelpunktes. Mit dieser könnte man die Aufgabe auch lösen. Das Lager A soll beim Stoß kräftefrei bleiben, ist demnach der Stoßmittelpunkt. Nach Abbildung 6-75 und Gleichung (6-30) ist

$$e = \frac{l}{2} = \frac{i^2}{s} \qquad i^2 = \frac{J_S}{m} = \frac{l^2}{12}$$

$$s = \frac{2i^2}{l} = \frac{2 \cdot l^2}{12 \cdot l} = \frac{1}{6}l.$$

Damit erhält man das oben errechnete Ergebnis $x = s + \frac{l}{2} = \frac{2}{3}l.$

6.4.8 Der Kreisel

In den bisherigen Ausführungen wurde der Drallsatz für Fälle angewendet, bei denen die Vektoren Moment $\vec{M}$ und Winkelgeschwindigkeit $\vec{\omega}$ kollinear liegen. Diese Einschränkung gilt für die nachfolgenden Ausführungen nicht. Die Rotation von Massen beliebiger Form und Lage der Achsen ist dadurch gekennzeichnet, daß die o.g. Vektoren im Winkel zueinander stehen. Solche Rotoren nennt man im weitesten Sinne Kreisel. Diese gehören zu den schwierigsten Problemen der Mechanik. Die grundlegenden Gleichungen hat bereits EULER abgeleitet. Es gibt eine Reihe von Büchern, die sich auf hohem mathematischem Niveau ausschließlich diesem Thema widmen.

Die nachfolgenden Ausführungen beschränken sich auf einen Grundfall, der eine erstaunlich breite Anwendung in der Technik ermöglicht. Mit Hilfe der Ergebnisse kann man sonst unverständliche Effekte erklären. Beispiel: Warum fällt ein schnell rotierender Spielkreisel nicht um? Die meisten Rotoren in der Technik sind Räder und Scheiben, die um die Achse der Rotationssymmetrie rotieren. In die Begriffe der Mechanik umgesetzt: In diesem Abschnitt wird der flache, rotationssymmetrische Kreisel, der um die Achse des maximalen Trägheitsmomentes (Hauptachse) rotiert, behandelt. Dabei soll zusätzlich zunächst eine hohe Drehzahl vorausgesetzt werden.

In einem Rahmen nach Abb. 6-80, der um eine horizontale Achse drehbar gela-

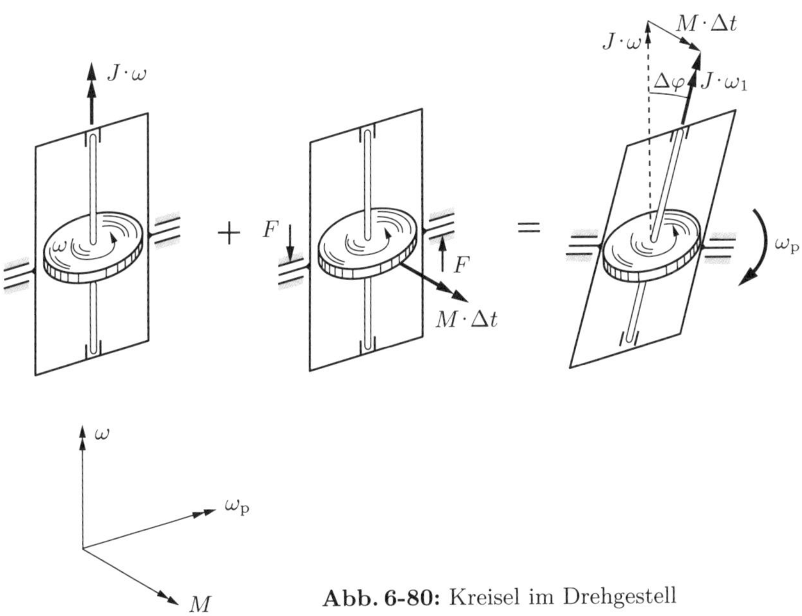

Abb. 6-80: Kreisel im Drehgestell

gert ist, rotiert um eine senkrechte Achse ein Kreisel. Der Drallvektor liegt in der Drehachse und ist nach oben gerichtet. An diesem Rahmen greift ein Kräftepaar $d \cdot F = M$ entgegengesetzt dem Uhrzeigersinn während der Zeit Δt an. Der Momentenvektor steht auf der Rahmenebene senkrecht.

Nach Gleichung (6-23) ist

$$J \cdot \omega + \int_{t_0}^{t_1} M \cdot \mathrm{d}t = J \cdot \vec{\omega}_1.$$

Der resultierende Vektor $J \cdot \vec{\omega}_1$ ist gegenüber dem Vektor $J \cdot \vec{\omega}$ um den Winkel φ aus der Rahmenebene herausgedreht. Es gilt nach Abb. 6-80

$$M \cdot \Delta t = \Delta\varphi \cdot J \cdot \omega,$$
$$M = J \cdot \omega \cdot \frac{\Delta\varphi}{\Delta t}.$$

Für den Grenzübergang ist

$$\lim_{\Delta t \to 0} \frac{\Delta\varphi}{\Delta t} = \frac{\mathrm{d}\varphi}{\mathrm{d}t} = \omega_\mathrm{p}.$$

Der Rahmen dreht sich mit der Winkelgeschwindigkeit ω_p um die horizontale Achse. Diese Bewegung wird *Präzession* genannt.

$$M = J \cdot \omega_\mathrm{p} \cdot \omega. \tag{6-31}$$

Diese Beziehung gilt für $\omega_\mathrm{p} \ll \omega$. Die Achsen der Vektoren, ω_p, ω, M stehen aufeinander senkrecht und bilden ein Rechtssystem. In Vektorschreibweise lautet deshalb die Gleichung (6-31)

$$\vec{M} = J \cdot \vec{\omega}_\mathrm{p} \times \vec{\omega}.$$

Ein Kreisel, an dem senkrecht zur Rotationsebene ein Kräftepaar angreift, beschreibt eine Präzession. Als Beispiel soll ein System nach Abb. 6-81 betrachtet werden. Zunächst ist der rotierende Kreisel durch ein Gegengewicht ausbalanciert. Die Drehachse ist in Ruhe. Am Gegengewicht wird eine Zusatzmasse befestigt. Bei Betrachtung des Gebildes als statisches System erwartet man, daß dadurch der Kreisel angehoben wird. Das erfolgt aber nicht, es setzt eine Drehung um die senkrechte Achse ein, nämlich die Präzession ω_p. *Ein Kreisel weicht bei einer Kraft(Momenten)-einwirkung immer senkrecht zu der Richtung aus, die die Statik erwarten läßt.* Die Richtung der Präzessionsdrehung ergibt

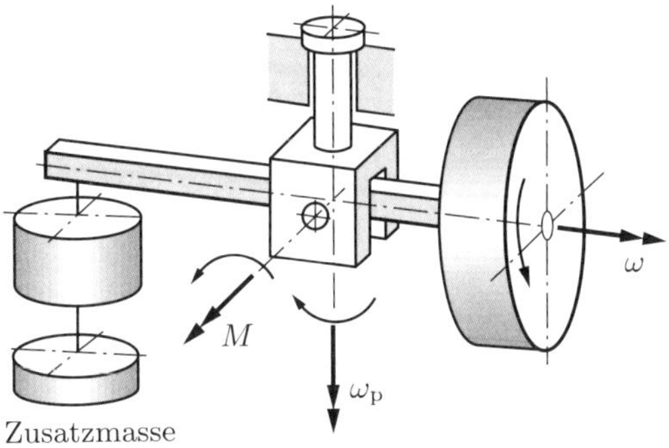

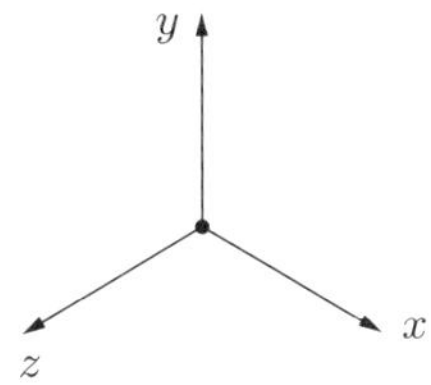

Abb. 6-81: Präzessionsdrehung eines Kreisels

sich aus dem Rechtssystem der Vektoren, das man auf die Formel bringen kann: *„Kreiselachse jagt Momentenvektor"*.

Das eigentlich unverständliche Verhalten des Kreisels wird durch CORIOLIS-Kräfte im räumlichen System verursacht. Dieser Fall wird hier nicht behandelt. Trotzdem soll aus der Anschauung heraus qualitativ erklärt werden, wieso der Waagebalken horizontal bleibt, obwohl das statische Gleichgewicht der Gewichtskräfte gestört ist. Im oberen Bereich des Kreisels addieren sich die Umfangsgeschwindigkeit verursacht durch die Eigenrotation $\vec{\omega}$ und durch die Präzession $\vec{\omega}_p$. Im unteren Bereich subtrahieren sie sich. Die Massenteile des Kreisels, die jeweils oben sind, umlaufen die y-Achse schneller als die, die unten sind. Deshalb sind die in x-Richtung wirkenden Fliehkräfte oben größer als unten. So entsteht in bezug auf das Gelenk des Waagebalkens ein Moment um die z-Achse im Uhrzeigersinn. Dieses wird Kreiselmoment genannt. Es kompensiert gerade die Wirkung der Zusatzmasse. Zu beachten ist: Das Kreiselmoment ist die Reaktion auf das Moment $\vec{M}$ und deshalb diesem entgegengesetzt gerichtet. Auf diese Thematik wird unten noch einmal eingegangen.

Für den Fall, daß zwischen den Vektoren $\vec{\omega}$ und $\vec{\omega_p}$ der Winkel $\beta \neq 90°$ ist, gelten mit den Bezeichnungen der Abb. 6-82 folgende Beziehungen,

$$M \cdot \Delta t = J \cdot \omega \cdot \sin\beta \cdot \Delta\varphi,$$

$$M = J \cdot \omega \cdot \sin\beta \cdot \frac{\Delta\varphi}{\Delta t}.$$

Mit

$$\lim_{\Delta t \to 0} \frac{\Delta\varphi}{\Delta t} = \omega_p,$$

$$M = J \cdot \omega \cdot \omega_p \cdot \sin\beta. \tag{6-32}$$

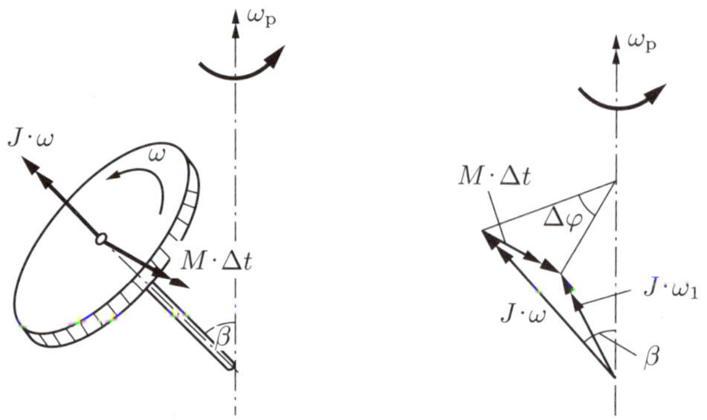

Abb. 6-82: Spielkreisel weicht durch Präzession dem Moment der Gewichtskraft aus.

Das System Abb. 6-82 entspricht einem Spielkreisel. Das Moment ist dabei die Gewichtskraft multipliziert mit dem Abstand vom Unterstützungspunkt. Neben der Eigenrotation beschreibt die Achse des Kreisels die Präzessionsbewegung mit ω_P. Er weicht der natürlichen Fallbewegung horizontal aus.

Wenn ein Spielkreisel langsamer wird, kann man eine taumelnde Bewegung beobachten. Der Präzession ist eine zweite Bewegung überlagert, die einen Kegel mit kleinerem Öffnungswinkel beschreibt. Diese wird *Nutation* genannt. Ihre Entstehung soll qualitativ erklärt werden. Sobald eine Präzession einsetzt, fallen Drallachse und Figurenachse nicht mehr exakt zusammen, denn die Drehung erfolgt nicht mit $\vec{\omega}$, sondern mit $\vec{\omega} + \vec{\omega}_P$. Für $\omega \gg \omega_P$ kann der Anteil ω_P vernachlässigt werden. Drall- und Figurenachse fallen weitgehend zusammen und der Kreisel beschreibt eine fast reine Präzession. Das entspricht den Darstellungen in Abb. 6-80/6-81. Wenn $\omega \gg \omega_P$ nicht mehr erfüllt ist, bilden Drallachse und Figurenachse einen merklichen Winkel, was zur Nutation führt. Damit ist nachträglich begründet, weshalb für die Gültigkeit der Gl. (6-31) die Bedingung der hohen Drehzahl notwendig ist.

Ein Moment, das nach Abb. 6-80 an einem Kreisel wirkt, verursacht eine Präzession. Die Umkehrung dieses Vorgangs ist: Die Kreiselachse wird im Raum gedreht. Dieser Vorgang heißt *„erzwungene Präzession“*. Grundsätzlich gelten die Zusammenhänge, wie sie die Abb. 6-80 darstellt. Auch in diesem Fall muß ein Moment wirken, jedoch als Reaktionsmoment in umgekehrter Richtung. Es wird *Kreiselmoment* M_K genannt, dessen Größe nach Gl. (6-31) berechnet wird:

$$M_K = J \cdot \omega_p \cdot \omega.$$

Dabei bilden die Vektoren M_K, $\vec{\omega}$, $\vec{\omega_P}$ ein Rechtssystem nach Abb. 6-83. In Vektorschreibweise ist

$$M_K = J \cdot \vec{\omega} \times \vec{\omega}_P.$$

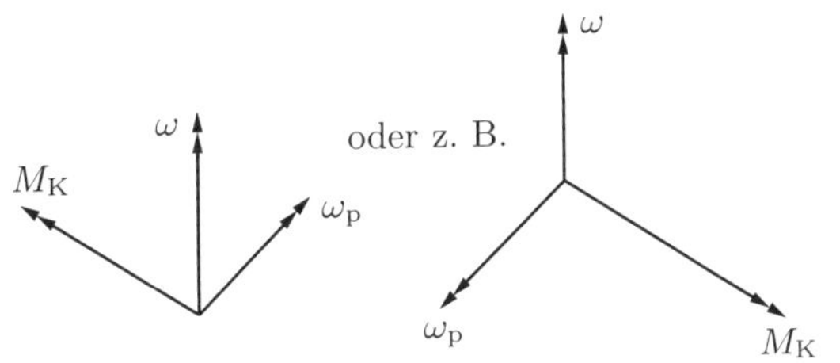

Abb. 6-83: Rechtssystem der Vektoren M_K; ω; ω_P

Eine erzwungene Präzession erfolgt auf einer vorgegebenen Bahn oder um eine Achse. Eine Nutation kann man normalerweise ausschließen. Deshalb ist für die Gültigkeit der Gl. (6-32) die Bedingung $\omega \gg \omega_P$ nur sehr eingeschränkt notwendig. Das erweitert den Anwendungsbereich, was im Beispiel 2 vorgeführt wird.

Die Kreiselmomente verursachen zusätzliche Belastungen von Lagern rotierender Massen, wenn die Wellenachsen im Raum gedreht werden. Als Beispiele seien Triebwerke von Flugzeugen bei Kurvenflug und ein im Wellengang stampfendes Schiff (Turbinenachse in Fahrtrichtung) genannt. Vor allem bei stoßartiger Verlagerung (Flugzeug in Turbulenzen) sind die Kreiselmomente groß, da ω_P hoch ist.

Der Kreisel wird in vielfältiger Weise als stabilisierendes Element und in Navigationsgeräten verwendet. Als Beispiel seien die Stabilisierung von Meßplattformen auf Fahrzeugen und der Kreiselkompaß genannt.

Beispiel 1 (Abb. 6-84)

Auf einem schwenkbaren Arm ist ein Motor montiert. Für die nachfolgend gegebenen Daten sind die durch das Kreiselmoment verursachten Lagerkräfte am Motor zu berechnen.

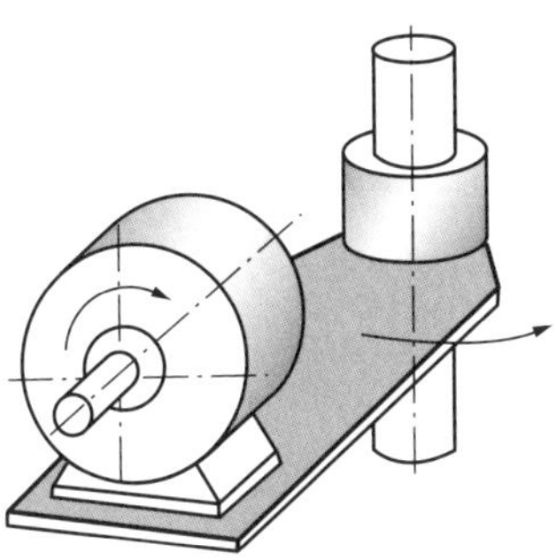

Abb. 6-84: Motor auf einem rotierenden Arm

Rotor des Motors	$m = 5{,}0\,\text{kg}$;	Trägheitsradius	$i = 60\,\text{mm}$;
Lagerabstand	$l = 120\,\text{mm}$;	Drehzahl (Motor)	$n = 50\,\text{s}^{-1}$;
Maximale Winkelgeschwindigkeit des Schwenkarms			$\omega = 12{,}0\,\text{s}^{-1}$.

Lösung

Der Rotor ist der Kreisel, der einer erzwungenen Präzession durch den Schwenkarm unterworfen ist. Die Gleichung (6-31)

$$M_\text{K} = J \cdot \omega \cdot \omega_\text{p}$$

wird mit den Daten

$$J = m \cdot i^2 = 5{,}0\,\text{kg} \cdot 0{,}06^2\,\text{m}^2 = 0{,}018\,\text{kg}\,\text{m}^2$$
$$\omega = 2\pi \cdot n = 2\pi \cdot 50\,\text{s}^{-1} = 314{,}2\,\text{s}^{-1}$$

ausgewertet

$$M_\text{K} = 0{,}018\,\text{kg}\,\text{m}^2 \cdot 314{,}2\,\text{s}^{-1} \cdot 12\,\text{s}^{-1} = 67{,}9\,\text{N}\,\text{m}$$

Die Richtungen der Vektoren $\vec{\omega}$ und $\vec{\omega}_\text{p}$ sind in der Abb. 6-84 gegeben. Die Vektoren $\vec{M}$; $\vec{\omega}$; $\vec{\omega}_\text{p}$ bilden ein Rechtssystem nach Abb. 6-85. Das Kreiselmoment belastet die Lager mit

$$\underline{F_\text{K}} = \frac{M_\text{K}}{l} = \frac{67{,}9\,\text{N}\,\text{m}}{0{,}12\,\text{m}} = \underline{566\,\text{N}}$$

in der skizzierten Richtung.

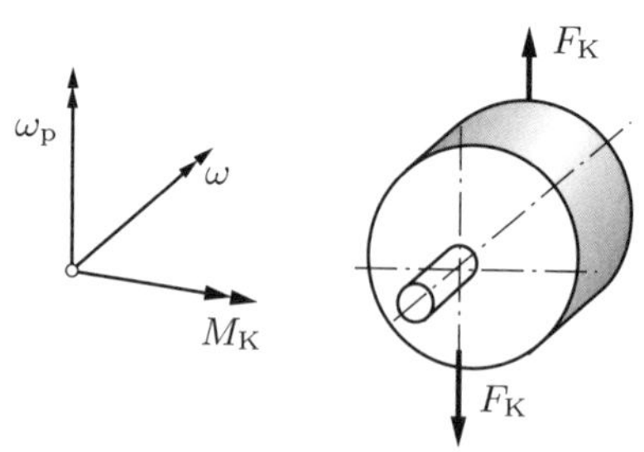

Abb. 6-85: Kreiselmoment am Rotor

Beispiel 2 (Abb. 6-86)

Die Abbildung zeigt einen Kollergang, auch Kollermühle genannt. Angetrieben wird diese von der senkrechten Welle. Der abrollende Zylinder zerquetscht auf der kreisförmigen Rollbahn das Mahlgut. Dieser Mühlentyp wird z.B. in der

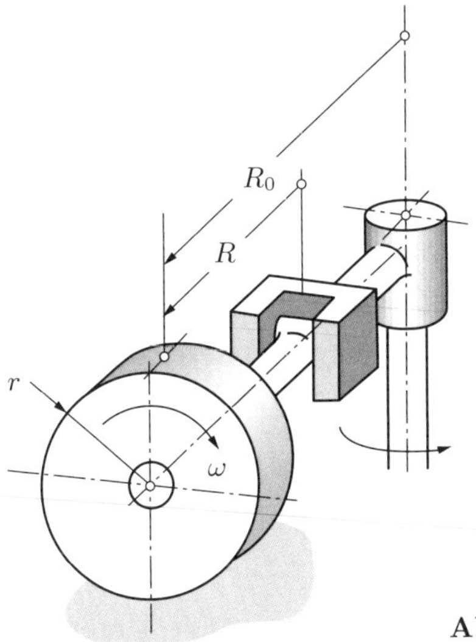

Abb. 6-86: Kollergang (Beispiel 2)

Keramikindustrie angewendet und ist schon sehr lange bekannt (Ölmühlen). Zu berechnen ist in allgemeiner Form und für die Daten die Mahlkraft. Das Ergebnis ist zu diskutieren.

homogener Zylinder $m = 500\,\text{kg}$;

Umlaufgeschwindigkeit des Zylinders $v_\text{u} = 4{,}0\,\text{m/s}$;

$r = 0{,}60\,\text{m}$; $R_0 = 1{,}10\,\text{m}$; $R = 0{,}80\,\text{m}$.

Lösung

Der umlaufende Zylinder ist ein Kreisel, dessen Achse im Raum umläuft. Es handelt sich um eine erzwungene Präzession um die vertikale Achse. Da eine Nutation ausgeschlossen werden kann, muß die Bedingung $\omega \gg \omega_\text{P}$ nicht erfüllt sein. Deshalb kann das auftretende Moment aus der Gl. (6-31) berechnet werden.

$$M_\text{K} = J \cdot \omega_\text{P} \cdot \omega$$

Dabei gelten

$$J = \frac{m}{2} r^2; \quad \omega_\text{P} = \frac{v_\text{u}}{R_0}; \quad \omega = \frac{v_\text{u}}{r};$$

$$M_\text{K} = \frac{m}{2} \cdot v_\text{u}^2 \cdot \frac{r}{R_0}.$$

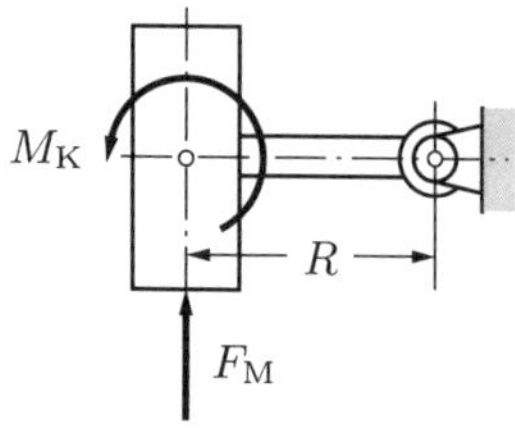

Abb. 6-87: Kreiselmoment an Walze

Die Richtung des Momentenvektors ergibt sich aus dem Rechtssystem $\vec{M}_K, \vec{\omega}, \vec{\omega_P}$ nach Abb. 6-85. Für die freigemachte Zylinderachse wird die Momentengleichung aufgestellt (Abb. 6-87).

$$\sum M = 0 \quad F_M \cdot R = M_k \Longrightarrow F_M = \frac{M_k}{R}.$$

Man erkennt, daß das Kreiselmoment eine Kraft der Walze auf die Unterlage verursacht und damit die Mahlkraft über das Eigengewicht hinaus erhöht

$$F_M = \frac{m \cdot v_u^2 \cdot r}{2R \cdot R_0}.$$

Die gesamte Mahlkraft beträgt

$$\underline{F_{Mges}} = F_G + F_M = \underline{m \cdot g \left(1 + \frac{v_u^2 \cdot r}{2g \cdot R \cdot R_0}\right)}.$$

Folgende Schlußfolgerung kann aus dem Ergebnis gezogen werden: Günstig ist ein großer Mahlzylinder (r), der am kurzen Arm (R, R_0) schnell (v_u) geführt wird.

Die Zahlenauswertung führt auf

$$F_{Mges} = (500 \cdot 9{,}81)\mathrm{N} \cdot \left(1 + \frac{4{,}0^2\,\mathrm{m}^2/\mathrm{s}^2 \cdot 0{,}60\,\mathrm{m}}{2 \cdot 9{,}81\,\mathrm{m/s}^2 \cdot 0{,}8\,\mathrm{m} \cdot 1{,}1\,\mathrm{m}}\right),$$

$$\underline{F_{Mges}} = 4{,}91\,\mathrm{kN}(1 + 0{,}556) = \underline{7{,}63\,\mathrm{kN}}.$$

Davon werden 2,73 kN durch das Kreiselmoment verursacht. Es ist durchaus schwierig vorstellbar, daß das Umkehrprinzip Zylinderachse in Ruhe, Mahlteller rotierend eine deutlich geringere Mahlkraft erzeugt. Eine qualitative Erklärung ermöglicht die Betrachtung der Fliehkräfte in Richtung des Führungsarms. Diese werden durch die Rotation um die senkrechte Achse verursacht. Im oberen Bereich der Walze sind die Umfangsgeschwindigkeiten größer als im unteren.

Im Mahlpunkt ist die Geschwindigkeit null (momentaner Drehpol). Die Größe der Fliehkräfte entspricht der Geschwindigkeitsverteilung, wobei die quadratische Abhängigkeit verstärkend wirkt. Qualitativ dargestellt ist die Verteilung in Abb. 6-88. Insgesamt entsteht so eine zusätzliche Belastung des Mahlpunktes durch die Walze, die über das Kreiselmoment berechenbar ist.

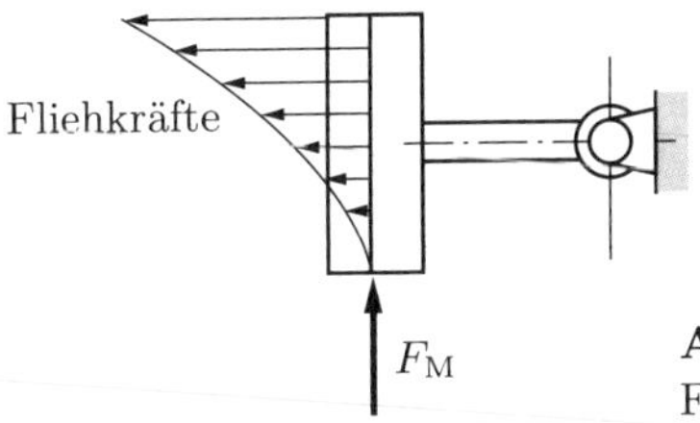

Abb. 6-88: Qualitative Verteilung der Fliehkräfte an der Walze

Grundsätzlich wurde in dem vorliegenden Beispiel das auf einer gekrümmten Bahn geführte Rad behandelt. Das könnte ein PKW-Rad bei Kurvenfahrt sein. Es gelten die Zusammenhänge, wie sie in der Abb. 6-87 dargestellt sind. Allgemeingültig kann man formulieren: *An einem auf einer gekrümmten Bahn abrollenden Rad wirkt ein Kreiselmoment, dessen Vektor die Bahn tangiert und versucht, das Rad nach außen zu kippen.* Dieses Moment belastet zusätzlich die Radaufhängung.

6.5 Zusammenfassung

Das *Dynamische Grundgesetz*

$$\vec{F} = \frac{d}{dt}(m \cdot \vec{v})$$

wird in die Form

$$\int_{t_0}^{t_1} \vec{F} \cdot dt = m \cdot \vec{v}_1 - m \cdot \vec{v}_0 \qquad (6\text{-}1)$$

umgewandelt. Das $\int F \cdot dt$ nennt man *Impuls*, das Produkt $m \cdot v$ *Bewegungsgröße*. Die Gleichung (6-1) formuliert den Impulssatz:

Der Impuls der äußeren, resultierenden Kraft ist gleich der Änderung der Bewegungsgröße. Der Impulssatz vergleicht zwei Bewegungszustände, die den zeitlichen Abstand $(t_1 - t_0)$ haben. In diesem Zeitintervall wirkt der Impuls der Kraft.

Wenn keine äußere Kraft einwirkt ($F = 0$), folgt aus der Gleichung (6-1) der *Impulserhaltungssatz*

$$\sum m \cdot \vec{v} = \text{konst} \tag{6-3}$$

Die Bedingung $F = 0$ kennzeichnet ein *freies System*, dessen Bewegungsgröße erhalten bleibt. Sein Schwerpunkt bewegt sich geradlinig mit konstanter Geschwindigkeit, Ruhe ist der Sonderfall $v = 0$. Der Impulserhaltungssatz gilt unabhängig vom Energiesatz. Er ist damit auf Vorgänge anwendbar, bei denen z.B. kinetische Energie in Deformationsarbeit und Wärme umgewandelt wird. Das gilt u.a. für den Stoß. Ist dieser zentrisch, ergibt die Gleichung (6-3)

$$m_{\text{A}} \cdot v_{\text{A1}} + m_{\text{B}} \cdot v_{\text{B1}} = m_{\text{A}} \cdot v_{\text{A2}} + m_{\text{B}} \cdot v_{\text{B2}} \tag{6-6}$$

Die Stoßzahl k ist das Verhältnis der Relativgeschwindigkeit nach dem Stoß zu der vor dem Stoß

$$k = \frac{v_{\text{B2}} - v_{\text{A2}}}{v_{\text{A1}} - v_{\text{B1}}} \tag{6-5}$$

$k = 1$	(voll)elastischer Stoß
$0 < k < 1$	teilelastischer Stoß
$k = 0$	plastischer Stoß

Das Dynamische Grundgesetz liefert für den kontinuierlichen Massenstrom

$$\vec{F} = \dot{m} \cdot \vec{v} \tag{6-7}$$

Das ist z.B. die Antriebskraft einer Rakete, die den Massenstrom $\dot{m}$ mit der Geschwindigkeit v ausstößt.

Die Anwendung des Impulssatzes auf eine rotierende Masse erfordert die Definition der Begriffe

Massenträgheitsmoment $\quad J = \int r^2 \cdot \mathrm{d}m$

Zentrifugalmoment

$$J_{\text{xy}} = \int x \cdot y \cdot \mathrm{d}m; \quad J_{\text{yz}} = \int y \cdot z \cdot \mathrm{d}m; \quad J_{\text{xz}} = \int x \cdot z \cdot \mathrm{d}m$$

Die Umrechung auf parallele Achsen erfolgt mit dem STEINERschen Satz

$$J = J_{\text{S}} + r_{\text{S}}^2 \cdot m \tag{6-9}$$

$$J_{\text{xy}} = J_{\overline{\text{xy}}} + x_{\text{S}} \cdot y_{\text{S}} \cdot m \tag{6-13}$$

Aus der Gleichung (6-9) folgt: Von allen parallelen Achsen sind für die Schwerpunktachsen die Trägheitsmomente am kleinsten.

Für Hauptachsen sind die Zentrifugalmomente gleich Null. Jeder starre Körper hat drei Achsen, die diese Bedingung erfüllen. Sie bilden ein Kartesisches Koordinatensystem im Schwerpunkt. Ihre Lage und die auf sie bezogene Trägheitsmomente können nach den Gleichungen (6-18)/(6-19)/(6-20) berechnet werden. Bei Rotation einer Masse um eine Hauptachse entsteht keine zusätzliche Lagerbelastung durch Zentrifugalkräfte.

Das Dynamische Grundgesetz führt für den rotierenden, starren Körper auf

$$\vec{M} = \frac{\mathrm{d}}{\mathrm{d}t}(J \cdot \vec{\omega}) = \frac{\mathrm{d}\vec{D}}{\mathrm{d}t} \qquad \text{(6-21)/(6-22)}$$

Die zeitliche Änderung des Dralls ist gleich dem äußeren Moment, das diese Änderung bewirkt. Das ist die Aussage des *Drallsatzes*.

Der Drallvektor $\vec{D} = J \cdot \vec{\omega}$ ist bei Rotation um die Hauptachsen und um zu diesen parallelen Achsen kollinear mit dem Vektor $\vec{\omega}$. Für beliebige Drehachsen ist das nicht der Fall.

Die Gleichungen (6-21)/(6-22) ergeben für die Drehung um Hauptachsen und zu diesen parallele Achsen

$$J \cdot \vec{\omega}_0 + \int_{t_0}^{t_1} \vec{M} \cdot \mathrm{d}t = J \cdot \vec{\omega}_1 \qquad \text{(6-23)/(6-26)}$$

An dieser Stelle wird auf die Diskussion in Abschnitt 6.4.4 hingewiesen. Das $\int M \cdot \mathrm{d}t$ wird „*Drehimpuls*“ genannt.

Ein schneller, um die Hauptachse rotierender Kreisel, dessen Achse im Raum verlagert wird, ist ein Beispiel für unterschiedliche Richtungen der Vektoren $\vec{M}$ und $\vec{\omega}$. Zwei Fälle sind zu unterscheiden:

1. An der Kreiselachse wirkt ein Moment M, dessen Vektor senkrecht auf dieser steht. Der mit ω rotierende Kreisel weicht mit der Präzessionsdrehung ω_P aus. Die genannten Größen hängen nach der Beziehung

   $$M = J \cdot \omega_\mathrm{p} \cdot \omega \qquad \text{(6-31)}$$

   voneinander ab. Die Vektoren $\vec{\omega}_\mathrm{P}$; $\vec{\omega}$; $\vec{M}$ bilden ein Rechtssystem.

2. Ein Kreisel wird einer erzwungenen Präzession unterworfen. Es entsteht ein Kreiselmoment, das die Kreisellager zusätzlich belastet. Auch in diesem Fall gilt die Gleichung (6-31). Da das Moment das Reaktionsmoment ist, bilden $\vec{M}$; $\vec{\omega}$; $\vec{\omega}_\mathrm{P}$ ein Rechtssystem.

Für ein *freies System*, das durch $M = 0$ gekennzeichnet ist, folgt aus der Gleichung (6-23)

$$J \cdot \vec{\omega} = \vec{D} = \text{konst} \tag{6-27}$$

Der Drall bleibt erhalten, wenn kein äußeres Moment angreift. Das ist der *Drallerhaltungssatz*, der unabhängig vom Energiesatz gilt und deshalb auch anwendbar ist, wenn der Energiesatz nicht oder nur sehr aufwendig zum Ziel führt.

Der *Drehstoß* kann auf den zentrischen Stoß zurückgeführt werden. Dazu müssen in die Gleichung (6-6) die auf die Stoßstelle reduzierten Massen

$$m_\mathrm{red} = \frac{J}{r^2} \tag{6-11}$$

eingeführt werden. Die Gleichung (6-5) für die Stoßzahl gilt unverändert.

Die Analogie zwischen den Größen der Schiebung und Drehung kann fortgesetzt werden.

Schiebung		*Drehung*	
Ortkoordinate	s	Winkel	φ
Geschwindigkeit	v	Winkelgeschwindigkeit	ω
Beschleunigung	a	Winkelbeschleunigung	α
Kraft	F	Moment	M
Masse	m	Massenträgheitsmoment	J
Bewegungsgröße	$m \cdot v$	Drall	$J \cdot \omega$
Impuls	$\int F \cdot \mathrm{d}t$	Drehimpuls	$\int M \cdot \mathrm{d}t$

7 Das Prinzip von D'ALEMBERT

7.1 Einführung

Mit Hilfe des nach D'ALEMBERT[1] benannten Prinzips kann man eine Aufgabe aus dem Bereich der Kinetik auf eine aus der Statik reduzieren. Dazu werden *Trägheitskräfte* und *Trägheitskräftepaare* den von außen aufgeprägten Kräften und Momenten überlagert. Im Gegensatz zum Impulssatz, bei dem zwei zeitlich unterschiedliche Zustände verglichen werden, wird hier ein *momentaner Zustand* betrachtet. Dieser Ansatz ist besonders vorteilhaft bei der Bestimmung von Kräften und Bewegungszuständen für mechanische Systeme, die konstant beschleunigt sind. Der Grund dafür ist: Der betrachtete momentane Zustand gilt für den gesamten Bewegungsablauf.

Das D'ALEMBERTsche Prinzip wird zunächst auf den *Massenpunkt* angewendet. Dabei kommt als neuer Begriff die der CORIOLIS-Beschleunigung zugeordnete CORIOLIS-Kraft hinzu. Diese wirkt in rotierenden Systemen (Relativbewegung).

Nach dem Massenpunkt folgt der *starre Körper* bei Schiebung, Drehung um die Hauptachse, Drehung um eine zur Hauptachse parallele Achse und bei allgemeiner Bewegung.

Der letzte Abschnitt befaßt sich mit der *Drehung um beliebige Achsen*, wobei von Schwerpunktachsen ausgegangen wird. Bei dieser Rotation sind die Vektoren Moment, Winkelgeschwindigkeit und -beschleunigung nicht kollinear. Das Ergebnis ist eine zusätzliche Wirkung von Zentrifugalmomenten, die bei Rotoren unerwünscht sind und durch *dynamisches Auswuchten* minimiert werden. Auf dieses Thema wird in Kapitel 9 ausführlicher eingegangen.

Da das D'ALEMBERTsche Prinzip genau so wie der Impulssatz aus dem Dynamischen Grundgesetz folgt, können Aufgaben aus dem Bereich der Kinetik nach beiden Verfahren gelöst werden. Das wird durch Übernahme von Beispielen aus dem vorigen Kapitel gezeigt. Die obige Aussage gilt nicht für Stoßvorgänge. Dazu ist an entsprechender Stelle einiges ausgeführt.

[1] D'ALEMBERT, Jean le Round (1717–1783), französischer Gelehrter.

7.2 Der Massenpunkt

7.2.1 Die geradlinige Bewegung

Das Prinzip von D'ALEMBERT wird in diesem Abschnitt auf eine geradlinige, beschleunigte Bewegung angewendet.

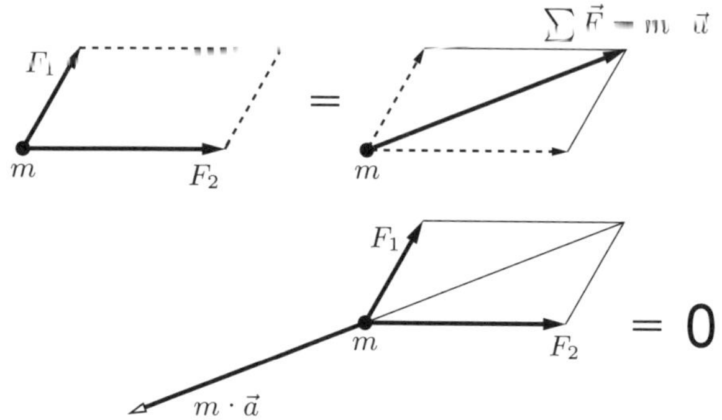

Abb. 7-1: Aufgeprägte Kräfte und D'ALEMBERTsche Trägheitskraft am Massenpunkt

Auf einen Massenpunkt wirken nach Abb. 7-1 die beiden Kräfte $\vec{F}_1$ und $\vec{F}_2$. Sie bewirken nach dem NEWTONschen Gesetz (Gleichung (5-1))

$$\sum \vec{F} = m \cdot \vec{a}$$

eine Beschleunigung in Richtung der resultierenden Kraft. Die Gleichung (5-1) kann man in die Form

$$\sum \vec{F} - m \cdot \vec{a} = 0 \tag{7-1}$$

bringen. Die Kraft $m \cdot \vec{a}$ wird *Trägheitskraft* genannt. Die Gleichung (7-1) kann folgendermaßen gedeutet werden:

Werden an einer beschleunigten Masse die von außen aufgeprägten Kräfte durch die Trägheitskraft $m \cdot \vec{a}$ entgegengesetzt der Beschleunigung ergänzt, erfüllt das so erweiterte Kräftesysteme die statischen Gleichgewichtsbedingungen $\sum \vec{F} = 0$.

Mit Hilfe dieses Arbeitsprinzips, das nach D'ALEMBERT benannt ist, kann man ein Problem der Kinetik auf eines der Statik reduzieren. Die Trägheitskraft genügt nicht der 4. Definition von NEWTON, nach der die Kraft die Ursache der Beschleunigung einer Masse ist. Deshalb spricht man auch von einer Scheinkraft. Jedoch wirkt die Trägheitskraft in einem beschleunigten System. In einem beschleunigten Wagen wird z.B. der Fahrer mit der Kraft $m \cdot \vec{a}$ gegen die Sitzlehne gedrückt.

Für viele Aufgaben ist es zunächst unbekannt, in welcher Richtung das System beschleunigt wird, bzw. ob eine Beschleunigung oder eine Verzögerung vorliegt. Es ist am einfachsten, die *Trägheitskraft* $m \cdot \vec{a}$ *entgegengesetzt der Bewegungsrichtung einzuführen. Erhält man für* $m \cdot \vec{a}$ *einen negativen Wert, dann erfolgt die Bewegung verzögert, für einen positiven Wert* $m \cdot \vec{a}$ *beschleunigt.* Im ersten Fall sind $\vec{v}$ und $\vec{a}$ entgegengesetzt gerichtet, im zweiten gleichgerichtet. Dieses Verfahren, das aus der Statik stammt, ist genauso zulässig wie die Annahme einer Auflagerreaktion, deren tatsächliche Richtung das Vorzeichen festlegt. *Ein negatives Ergebnis bedeutet grundsätzlich, daß die Kraft umgekehrt wie angenommen wirkt.*

Beispiel 1 (Abb. 6-2)

Das Beispiel 1 des Abschnittes 6.2.1 (Motorausfall, Wagenrücklauf) soll nach dem D'ALEMBERTschen Prinzip gelöst werden.

Lösung

Die Einzelmassen werden nach Abb. 7-2 freigemacht und die Schnittkräfte S und Gewichtskräfte bzw. deren Komponenten eingetragen. Jetzt muß eine Bewegungsrichtung angenommen werden. Das darf nicht unabhängig für die verschiedenen Massen geschehen. Die Aufwärtsbewegung von A (gestrichelter Pfeil) bedingt die Abwärtsbewegung von B. *Dieses freigemachte System gilt auch nach der Richtungsumkehr.* Entgegengesetzt zur Bewegungsrichtung werden die Trägheitskräfte $m \cdot a$ eingeführt. Für die so ergänzten Kräftesysteme gelten die statischen Gleichgewichtsbedingungen

$$\text{A} \quad S_\text{A} - m_\text{A} \cdot g \cdot \sin\beta - m_\text{A} \cdot a_\text{A} = 0, \tag{1}$$

$$\text{B} \quad S_\text{B} - m_\text{B} \cdot g + m_\text{B} \cdot a_\text{B} = 0. \tag{2}$$

Momentengleichung für die Welle (gilt nur für $J = 0$!)

$$S_\text{A} \cdot r_\text{A} - S_\text{B} \cdot r_\text{B} = 0. \tag{3}$$

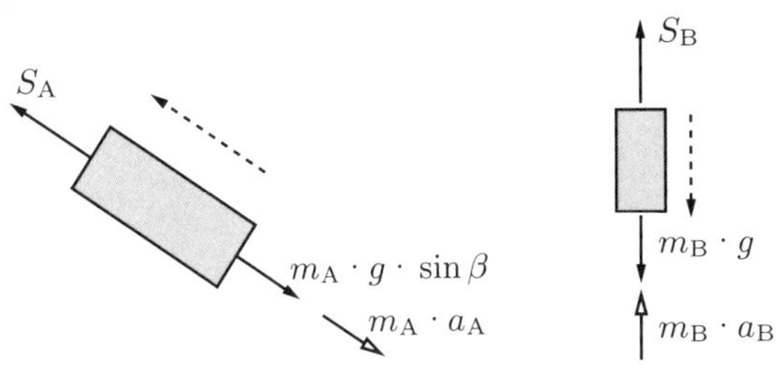

Abb. 7-2: Freigemachter Wagen und freigemachte Ausgleichsmasse des Systems Abb. 6-2

Die kinematische Beziehung zwischen den beiden Beschleunigungen lautet

$$a_B = \frac{r_B}{r_A} a_A. \tag{4}$$

Das sind vier Gleichungen für die Unbekannten S_A, S_B, a_A, a_B. Aus (1) und (2) folgt mit (3)

$$S_A = m_A(g \cdot \sin\beta + a_A) \tag{5}$$

$$S_B = m_B\left(g - \frac{r_B}{r_A} a_A\right). \tag{6}$$

Gl. (5) und (6) werden in (3) eingesetzt. Nach einfachen Umwandlungen erhält man

$$\underline{a_A = \frac{g \cdot r_A(m_B \cdot r_B - m_A \cdot r_A \cdot \sin\beta)}{m_A \cdot r_A^2 + m_B \cdot r_B^2} = -2{,}76\,\mathrm{m/s^2};}$$

$$\underline{a_B = -0{,}92\,\mathrm{m/s^2}.}$$

Die Bewegung von A und B ist unmittelbar nach dem Motorausfall verzögert und nach der Richtungsumkehr beschleunigt (v und a gleichgerichtet). Die Seilkräfte betragen nach Gl. (5) und (6)

$$\underline{S_A = 2{,}15\,\mathrm{kN}}; \quad \underline{S_B = 6{,}44\,\mathrm{kN}}.$$

Die weiteren Lösungsschritte entsprechen denen im Beispiel des Kapitels 6. An diesem Beispiel erkennt man, daß die Anwendung des D'ALEMBERTschen Prinzips auf konstant beschleunigte Systeme besonders schnell zum Ziel führt.

Beispiel 2 (Abb. 7-3)

Auf einer schrägen Schüttelrutsche soll Fördergut abwärts bewegt werden. Die Rutsche wird dabei horizontal hin und her bewegt. Die Reibungszahl Fördergut/Unterlage wird als gegeben betrachtet. Zu bestimmen sind die Grenzbeschleunigungen so, daß das Fördergut sich nur abwärts bewegt. Die Lösung soll zunächst allgemein erfolgen und dann für $\delta = 10°; \mu_0 = 0{,}4$ ausgewertet werden.

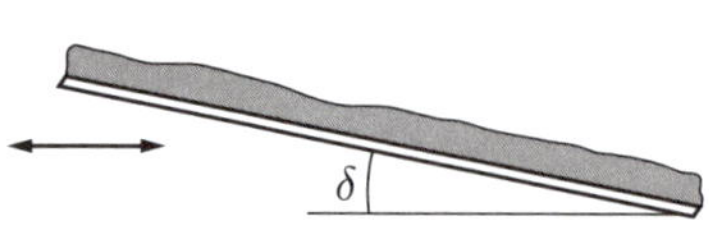

Abb. 7-3: Modell für Schüttelrutsche

Lösung

1. Rutsche beschleunigt nach links, Fördergut soll nach rechts gleiten.

Ein freigemachtes Teil zeigt die Abb. 7-4a. Die resultierende Oberflächenkraft muß eine Komponente haben, die dem Abwärtsgleiten entgegengerichtet ist. Entgegengesetzt zur Bewegung der Rutsche, auf der das Teil liegt, wird die D'ALEMBERTsche Trägheitskraft angetragen. Das zugehörige Kräftedreieck liefert die Beziehung

$$m \cdot a_{\min} = m \cdot g \cdot \tan(\varrho_0 - \delta)$$
$$\underline{a_{\min} = g \cdot \tan(\varrho_0 - \delta)}\,.$$

Für die vorgegebenen Zahlen ist $\varrho_0 = \arctan \mu_0 = 21{,}8°$ und damit

$$a_{\min} = 9{,}81\,\mathrm{m/s^2} \cdot \tan 11{,}8°; \quad \underline{a_{\min} = 2{,}05\,\mathrm{m/s^2}}.$$

Diese Beschleunigung muß bei der Bewegung der Rutsche nach links überschritten werden, wenn das Gut abgleiten soll.

2) Rutsche beschleunigt nach rechts, Fördergut soll dabei nicht heraufgleiten.

Für diesen Fall kehren sich die Richtungen der Reibungskraft und der Trägheitskraft um. Das führt zu (Abb. 7-4b).

$$a_{\max} = g \cdot \tan(\varrho_0 + \delta); \quad \underline{a_{\max} = 6{,}08\,\mathrm{m/s^2}}.$$

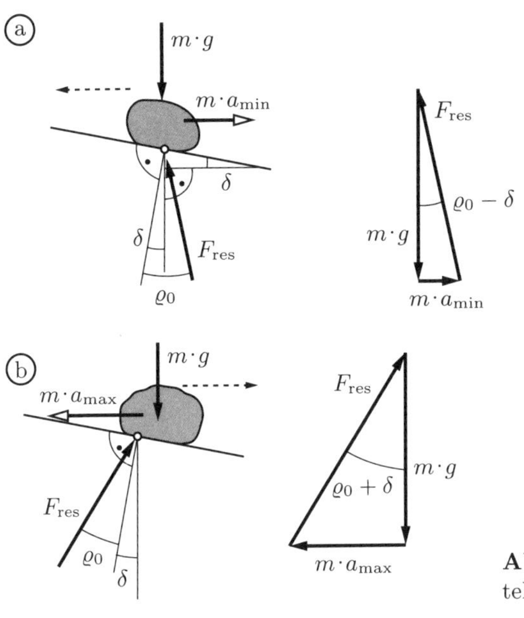

Abb. 7-4: Freigemachte Masse auf der Schüttelrutsche

Eine höhere Beschleunigung würde zum Heraufrutschen des Förderguts führen.

Die Lösung könnte auch über die Begriffe Normal-, Reibungskraft und Reibungszahl erfolgen. Man müßte dazu die Gewichts- und Trägheitskraft in Normal- und Hangrichtung zerlegen. Der Rechengang ist länger, sei jedoch dem Leser als Übungsaufgabe empfohlen.

7.2.2 Die krummlinige Bewegung

Im Kapitel 3 wurde die krummlinige Bewegung des Massenpunktes behandelt. Die Untersuchungen wurden im Kartesischen und Polarkoordinatensystem durchgeführt. Besonders günstig erwies es sich für viele Aufgaben, den Beschleunigungsvektor in tangentiale und normale Richtung zu zerlegen. An einem Massenpunkt nach Abb. 7-5 greifen zwei Kräfte an. Der Punkt bewegt sich auf der eingezeichneten Bahn. Die resultierende Kraft $\sum \vec{F} = m \cdot \vec{a}$ zeigt nach innen in die Bahnkurve. Je nach verwendetem Koordinatensystem kann man die Kraft $m \cdot \vec{a}$ in x-y; r-φ; Normal- und Tangentialrichtung nach Abb. 7-5c bis e zerlegen.

Dreht man die Vektoren nach dem Prinzip von D'ALEMBERT in ihrer Richtung um, dann erhält man Kräftesysteme nach Abb. 7-6, die nach den Gesetzen der Statik im Gleichgewicht sind.

Man erhält:

Kartesisches Koordinatensystem

$$\sum F_{\mathrm{x}} - m \cdot a_{\mathrm{x}} = 0, \qquad (7\text{-}2)$$
$$\sum F_{\mathrm{y}} - m \cdot a_{\mathrm{y}} = 0;$$

Polares Koordinatensystem

$$\sum F_{\mathrm{r}} - m \cdot a_{\mathrm{r}} = 0, \qquad (7\text{-}3)$$
$$\sum F_{\varphi} - m \cdot a_{\varphi} = 0;$$

Natürliches Koordinatensystem

$$\sum F_{\mathrm{n}} - m \cdot a_{\mathrm{n}} = 0, \qquad (7\text{-}4)$$
$$\sum F_{\mathrm{t}} - m \cdot a_{\mathrm{t}} = 0.$$

Wenn man die Trägheitskräfte wie äußere Kräfte behandelt, gilt allgemein

$$\vec{F}_{\mathrm{res}} = \sum \vec{F} = 0.$$

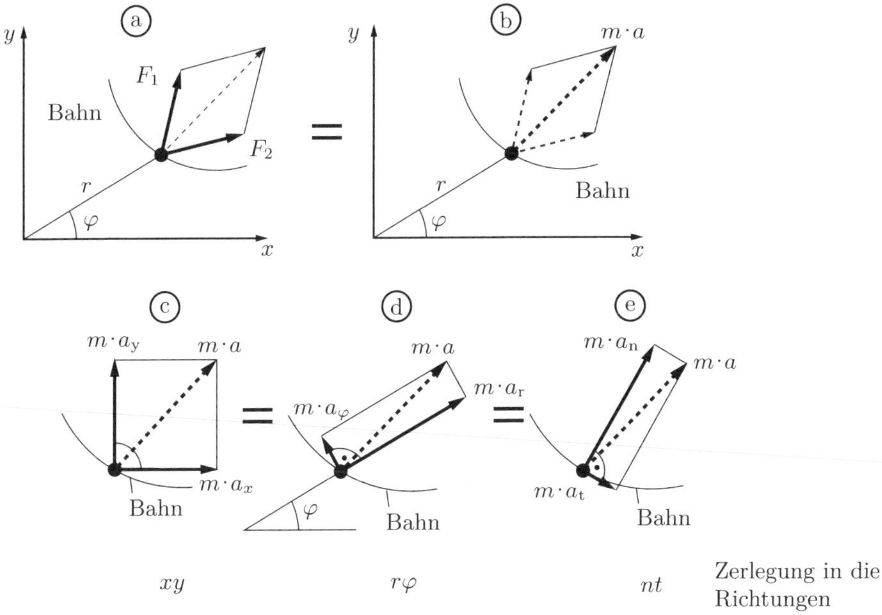

Abb. 7-5: Massenpunkt auf gekrümmter Bahn in $x;y/r;\varphi/n;t$-Koordinaten

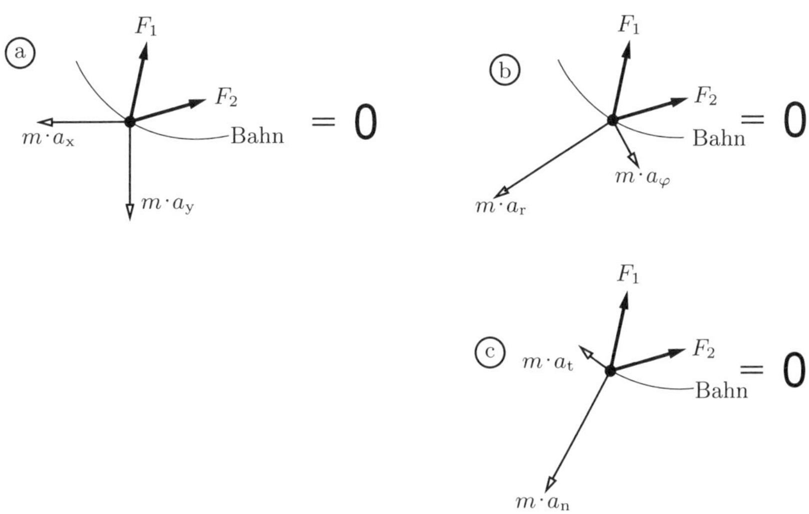

Abb. 7-6: Massenpunkt auf gekrümmter Bahn in $x; y/r; \varphi/n; t$-Koordinaten mit aufgeprägten Kräften und Trägheitskräften

Jede Beschleunigung ist über das Grundgesetz $\vec{F} = m \cdot \vec{a}$ mit einer Kraft verbunden. Angewendet auf die Normalbeschleunigung bei Bewegung auf gekrümmter Bahn (Gl. (3-7))

$$a_{\mathrm{n}} = \frac{v^2}{r} = r \cdot \omega^2$$

erhält man

$$Z = m\frac{v^2}{r} = m \cdot r \cdot \omega^2 \qquad (7\text{-}5)$$

Die Kraft nennt man *Zentrifugal-* oder *Fliehkraft.* Als Trägheitskraft wirkt sie der nach innen zum Krümmungsmittelpunkt gerichteten Normalbeschleunigung entgegen. Der Vektor $m \cdot \vec{a}_{\mathrm{n}}$ weist nach außen (Abb. 7-6c). Die Zentrifugalkraft ist die Reaktionskraft der *Zentripetalkraft*, die die gekrümmte Bahn erzwingt. Ein PKW wird bei entsprechendem Radeinschlag durch Seitenführungskräfte am Reifen (Zentripetalkräfte) in eine gekrümmte Bahn gebracht. Die Trägheitswirkung (Zentrifugalkraft) versucht den Wagen auf geradliniger Bahn zu halten und ist als eine nach außen gerichtete Kraft spürbar.

An einer Masse, die an einem Faden herumgeschleudert wird, ist die nach innen an der Masse angreifende Fadenkraft die Zentripetalkraft. Reißt der Faden, gilt $F = 0$ und $a_{\mathrm{n}} = 0 \Rightarrow \mathrm{r} \to \infty$. Damit ist die Masse kräftefrei und bewegt sich tangential in der Bahnebene geradlinig weiter. Hier sieht man besonders gut den Unterschied zur aufgeprägten Kraft. Wäre die Fliehkraft eine unabhängig wirkende Kraft, müßte nach dem Reißen des Fadens die Masse eine Gegenkrümmung (S-Kurve) beschreiben. Das ist nochmal eine Begründung für die Bezeichnung Scheinkraft.

Beispiel 1 (Abb. 7-7)

Am Ende eines rotierenden Hebels ist auf einem Zapfen eine Masse m gesteckt. Der Hebel wird auf einem Weg $\Delta\varphi$ bis zum Stillstand gleichmäßig verzögert und nimmt dann die skizzierte Position ein. Für die unten gegebenen Daten ist die von der Masse auf den Zapfen ausgeübte Kraft

a) bei einsetzender Bremsung,
b) auf halbem Bremsweg,
c) am Ende der Bremsung

zu bestimmen.

$$m = 0{,}50\,\mathrm{kg} \quad r = 100\,\mathrm{mm} \quad \Delta\varphi = 45^\circ \quad \omega_0 = 160\,\mathrm{s}^{-1}.$$

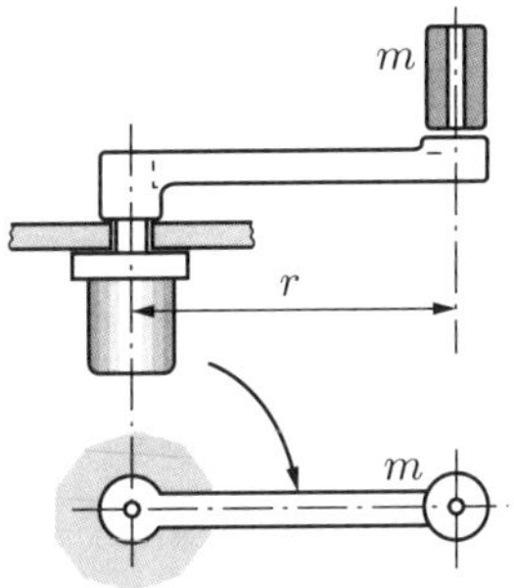

Abb. 7-7: Rotierender Arm mit Masse

Lösung

Zuerst wird die Verzögerung nach Gleichung (4-7) bestimmt.

$$\omega^2 = 2 \cdot \alpha \cdot \Delta\varphi + \omega_0^2.$$

Mit $\omega = 0$ ist

$$\alpha = -\frac{\omega_0^2}{2 \cdot \Delta\varphi}; \qquad \Delta\varphi = \frac{45°}{180°} \cdot \pi = 0{,}7854$$

$$\alpha = -\frac{160^2\,\mathrm{s}^{-2}}{2 \cdot 0{,}7854} = -1{,}630 \cdot 10^4\,\mathrm{s}^{-2}.$$

Die Bahnbeschleunigung ist

$$a_\mathrm{t} = r \cdot \alpha = -0{,}10\,\mathrm{m} \cdot 1{,}63 \cdot 10^4\,\mathrm{s}^{-2} = -1630\,\mathrm{m/s^2}.$$

a) Einsetzende Bremsung (Abb. 7-8a)

Die Normalbeschleunigung ist zum Zentrum, die Bahnbeschleunigung entgegengesetzt zur Bewegung gerichtet. Jeweils entgegengesetzt liegen die Trägheitskräfte, die den Zapfen belasten. Nach Aufgabenstellung ist

$$a_{\mathrm{n}0} = r \cdot \omega_0^2 = 0{,}10\,\mathrm{m} \cdot 160^2\,\mathrm{s}^{-2} = 2560\,\mathrm{m/s^2}$$
$$m \cdot a_{\mathrm{n}0} = 0{,}50\,\mathrm{kg} \cdot 2560\,\mathrm{m/s^2} = 1280\,\mathrm{N}\ \text{(Fliehkraft)}$$
$$m \cdot |a_{\mathrm{t}0}| = 0{,}50\,\mathrm{kg} \cdot 1630\,\mathrm{m/s^2} = 815\,\mathrm{N}.$$

Die resultierende Kraft ist $\underline{m \cdot a_\mathrm{res} = 1517\,\mathrm{N}\ \measuredangle\ 12{,}5°}$.

b) Die Winkelgeschwindigkeit nach dem halben Bremsweg ist nach Gl. (4-7)

$$\omega_1^2 = 2 \cdot \alpha \cdot \Delta\varphi_1 + \omega_0^2$$

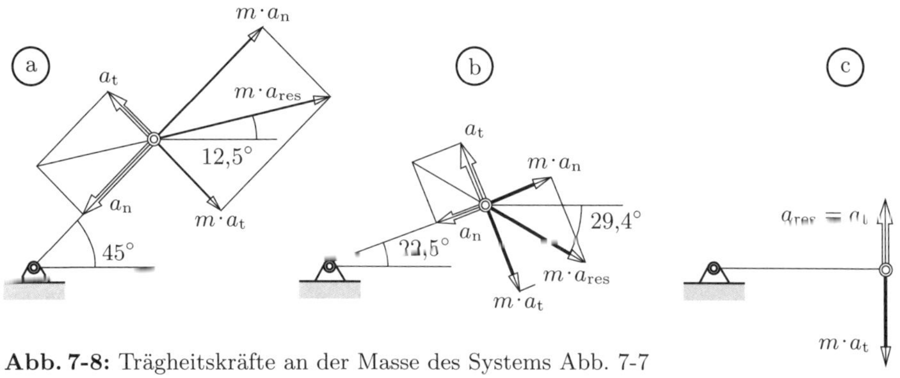

Abb. 7-8: Trägheitskräfte an der Masse des Systems Abb. 7-7

$$\omega_1^2 = 2 \cdot (-1{,}63 \cdot 10^4\,\mathrm{s}^{-2}) \cdot \frac{0{,}7854}{2} + 160^2\,\mathrm{s}^{-2}$$
$$\omega_1 = 113{,}1\,\mathrm{s}^{-1}$$
$$a_{n1} = r \cdot \omega_1^2 = 1280\,\mathrm{m/s^2}; \quad m \cdot a_{n1} = 640\,\mathrm{N} \quad \text{(Fliehkraft)}.$$

Die Tangentialkraft bleibt wegen der gleichmäßigen Verzögerung erhalten. Das führt nach Abb. 7-8b zu

$$\underline{m \cdot a_{res} = 1036\,\mathrm{N} \;\measuredangle\; 29{,}4^\circ}.$$

c) Im letzten Moment der Bremsung ist nur noch die Tangentialkraft wirksam, da wegen $\omega = 0$ die Fliehkraft verschwindet (Abb. 7-8c)

$$\underline{m \cdot a_{res} = 815\,\mathrm{N} \downarrow}.$$

Die ermittelten resultierenden Kräfte beanspruchen den Zapfen auf Biegung.

Beispiel 2 (Abb. 3-16)

Das Beispiel 3 des Abschnittes 3.4 wird fortgesetzt. Zu bestimmen sind die auf den rotierenden Arm in der Position $\varphi = 230^\circ$ ausgeübten Trägheitskräfte der Masse $m = 20{,}0\,\mathrm{kg}$.

Lösung

Die resultierende Beschleunigung und deren einzelne Komponenten wurden für verschiedene Koordinatensysteme im o.a. Beispiel berechnet. Daraus ergeben sich Trägheitskräfte, die nachfolgend berechnet und deren Wirkung gedeutet wird (Abb. 7-9).

$$\underline{m \cdot a_\varphi} = 20{,}0\,\mathrm{kg} \cdot 3{,}666\,\mathrm{m/s^2} = \underline{73\,\mathrm{N}}.$$

Diese Kraft wirkt in angegebene Richtung quer auf den rotierenden Arm und ist wegen $\alpha = 0$ gleichzeitig die CORIOLISkraft (siehe Abschnitt 7.2.3).

$$\underline{m \cdot a_{\mathrm{r}}} = 20{,}0\,\mathrm{kg} \cdot 4{,}657\,\mathrm{m/s^2} = \underline{93\,\mathrm{N}}.$$

Diese Kraft belastet die Verstellspindel des Armes in Längsrichtung

$$\underline{m \cdot a_{\mathrm{n}}} = 20{,}0\,\mathrm{kg} \cdot 5{,}616\,\mathrm{m/s^2} = \underline{112\,\mathrm{N}}.$$

Das ist die Fliehkraft die in Richtung der Normalen zur Bahn wirkt.

$$\underline{m \cdot a_{\mathrm{t}}} = 20{,}0\,\mathrm{kg} \cdot 1{,}895\,\mathrm{m/s^2} = \underline{38\,\mathrm{N}}.$$

Die Bahnbeschleunigung verursacht diese Trägheitskraft.

Die Zerlegung der resultierenden Kraft in x- und y-Richtung liefert

$$\underline{m \cdot a_{\mathrm{res}}} = 20{,}0\,\mathrm{kg} \cdot 5{,}297\,\mathrm{m/s^2} = \underline{119\,\mathrm{N} \measuredangle\ 11{,}8^\circ}$$

$$\underline{m \cdot a_{\mathrm{x}} = 116\,\mathrm{N} \leftarrow};\quad \underline{m \cdot a_{\mathrm{y}} = 24\,\mathrm{N} \downarrow}$$

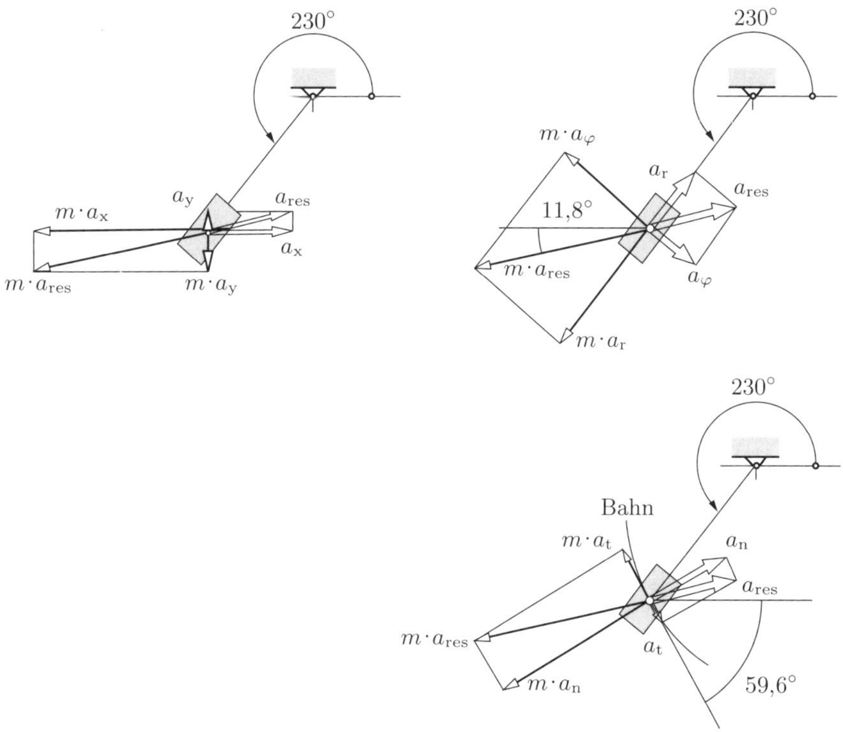

Abb. 7-9: Trägheitskräfte an der Masse des Roboterarms Abb. 3-16

Die errechneten Werte gelten für die skizzierte Position und ändern sich mit dieser.

Beispiel 3 (Abb. 6-48)

Das skizzierte System besteht aus den Punktmassen A B C und den masselos angenommenen Verbindungsstangen. Es rotiert um die y-Achse.

Für die nachfolgend gegebenen Daten sind die durch die Zentrifugalkräfte verursachten Auflagerreaktionen in den Lagern zu bestimmen,

$$\begin{array}{lll} x_A = -0{,}50\,\mathrm{m}, & y_A = 0{,}50\,\mathrm{m}, & m_A = 10\,\mathrm{kg}, \\ x_B = +0{,}75\,\mathrm{m}, & y_B = 1{,}00\,\mathrm{m}, & m_B = 20\,\mathrm{kg}, \\ x_C = -0{,}50\,\mathrm{m}, & y_C = 1{,}25\,\mathrm{m}, & m_C = 20\,\mathrm{kg} \\ & \omega = 100\,\mathrm{s}^{-1}. & \end{array}$$

Wie man sich durch eine einfache Rechnung überzeugen kann, liegt der Gesamtschwerpunkt in der Drehachse.

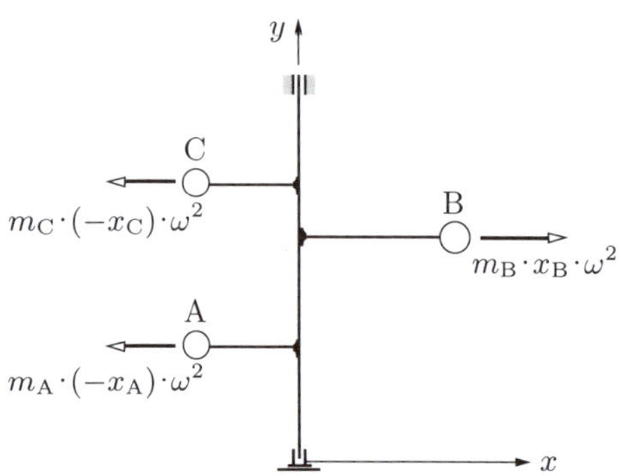

Abb. 7-10: Trägheitskräfte am System Abb. 6-48

Lösung (Abb. 7-10)

Da $\omega =$ konst. ist, muß die Tangentialbeschleunigung gleich Null sein. Es verbleiben die Normalbeschleunigungen, die nach der Drehachse gerichtet sind. Die D'ALEMBERTschen Trägheitskräfte werden entgegengesetzt zu dieser Richtung eingetragen (Zentrifugalkräfte). Nach Einführung der Trägheitskräfte ist das System mit den Gleichgewichtsbedingungen der Statik lösbar. Das von den Zentrifugalkräften erzeugte Moment ist bezogen auf den 0-Punkt des Koordinatensystems

$$M = +m_A \cdot (-x_A) \cdot \omega^2 \cdot y_A - m_B \cdot x_B \cdot \omega^2 \cdot y_B + m_C \cdot (-x_C)\omega^2 \cdot y_C.$$

Man kann ω^2 ausklammern,

$$M = -\omega^2(x_\mathrm{A} \cdot y_\mathrm{A} \cdot m_\mathrm{A} + x_\mathrm{B} \cdot y_\mathrm{B} \cdot m_\mathrm{B} + x_\mathrm{C} \cdot y_\mathrm{C} \cdot m_\mathrm{C}).$$

Wie man der Lösung des Beispiels 4 Abschnitt 6.4.1 entnehmen kann, steht in der Klammer das Zentrifugalmoment J_xy, dessen Bezeichnung hier klar wird

$$M = -J_\mathrm{xy} \cdot \omega^2$$

Auf diese Beziehung wird im Abschnitt 7.3.5 ausführlich eingegangen. Für die gegebenen Daten erhält man

$$M = 100^2\,\mathrm{s}^{-2}(-0{,}50 \cdot 0{,}50 \cdot 10 + 0{,}75 \cdot 1{,}0 \cdot 20 - 0{,}50 \cdot 1{,}25 \cdot 20)\,\mathrm{kg\,m}^2 = 0$$

Die Klammer, die das Zentrifugalmoment enthält, ist null. Damit wirkt kein Moment, das in der Ebene der Welle liegt und mit dieser rotiert. Die Lager werden nicht durch rotierende Kräfte belastet. Die Rotationsachse ist wegen $J_\mathrm{xy} = 0$ eine Hauptachse. Zusammenfassend soll festgehalten werden: *Bei Rotation eines starren Körpers um die Hauptachse kompensieren sich alle Fliehkräfte so, daß keine zusätzliche Belastung der Lager entsteht. Einen solchen Rotor nennt man dynamisch ausgewuchtet.* Zum Thema Auswuchten wird einiges im Kapitel 9 ausgeführt.

7.2.3 Die CORIOLISkraft

Jede Beschleunigungskomponente ist nach dem Grundgesetz $\vec{F} = m \cdot \vec{a}$ mit einer entsprechenden Kraftkomponente gekoppelt. Die Kraft, die die CORIOLISbeschleunigung verursacht, wird CORIOLISkraft genannt. Ihre Größe ist

$$F_\mathrm{cor} = m \cdot a_\mathrm{cor} = m \cdot 2\omega \cdot v_\mathrm{rel}$$
$$F_\mathrm{cor} = 2m \cdot \omega \cdot v_\mathrm{rel}. \qquad (7\text{-}6)$$

Sie ist wegen der Vektoreigenschaften von Kraft und Beschleunigung mit a_cor gleichgerichtet. Der Wirkungssinn von a_cor wurde im Abschnitt 4.5 behandelt. Hier sei auf die Abb. 4-30/4-31/4-32 und die dazugehörige Diskussion verwiesen.

Da man $\vec{a}_\mathrm{cor}$ als Vektorprodukt deuten kann, gilt

$$\vec{F}_\mathrm{cor} = 2m \cdot \vec{\omega} \times \vec{v}_\mathrm{rel}, \qquad (7\text{-}7)$$

wobei $\vec{v}_\mathrm{rel}, \vec{F}_\mathrm{cor}\,\vec{\omega}$, ein Rechtssystem nach Abb. 4-32 bilden.

Besondere physikalische Bedeutung haben CORIOLISkraft und -beschleunigung für die Relativbewegung (Abschnitt 4.5). Es soll hier nochmals auf den Fall der Bewegung auf einem rotierenden Führungssystem nach Abb. 4-30 eingegangen werden. Die Bewegung vom oder zum Drehpunkt ist nur möglich, wenn eine zur Radialgeschwindigkeit senkrechte Kraft wirkt. Die in die Rinne geschossene Kugel vom Beispiel Abb. 4-30 bewegt sich in Richtung zunehmender Umfangsgeschwindigkeit der Scheibe. Wenn sie mit der Scheibe mitgenommen werden soll, ist das nur möglich, wenn sie sich an den rechten Rand der Rinne anlegt. Die dort ausgeübte Kraft ist die CORIOLISkraft.

Beispiel (Abb. 7-11)

Die Abbildung zeigt das Laufrad eines Turboladers. Aus Festigkeitsgründen sind die Schaufeln radial nach außen gerichtet. So enstehen keine Biegespannungen. Damit beschreiben auch die Luftteile relativ zum Laufrad radiale Bahnen nach außen, wobei sich die Geschwindigkeit aus dem zur Verfügung stehenden Strömungsquerschnitt ergibt. Für die nachfolgend gegebenen Daten ist die CORIOLISkraft für ein Luftteil von $1{,}0\,\mathrm{cm}^3$ zu bestimmen.

Relative Geschwindigkeit der Luft im Laufrad	$v_{\mathrm{rel}} = 50{,}0\,\mathrm{m/s}$
Luftdichte	$\varrho = 3{,}50\,\mathrm{kg/m^3}$
Drehzahl des Turboladers im Uhrzeigersinn	$n = 30\,000\,\mathrm{min}^{-1}$

Abb. 7-11: Laufrad eines Turboladers
Foto: Mannesmann-Demag Verdichter- und Drucklufttechnik, Duisburg

Lösung

Für die Auswertung der Gleichung (7-6) sollen zunächst die Masse und die CORIOLISbeschleunigung berechnet werden

$$m = \varrho \cdot V = 3{,}5\,\frac{\mathrm{kg}}{\mathrm{m}^3} \cdot \frac{\mathrm{m}^3}{10^6\,\mathrm{cm}^3} \cdot 1\,\mathrm{cm}^3 = 3{,}5 \cdot 10^{-6}\,\mathrm{kg}$$

$$a_{\mathrm{cor}} = 2v_{\mathrm{rel}} \cdot \omega = 2v_{\mathrm{rel}} \cdot 2\pi \cdot n$$

$$\underline{a_{\mathrm{cor}}} = 2 \cdot 50\frac{\mathrm{m}}{\mathrm{s}} \cdot 2\pi \cdot \frac{30\,000}{60\,\mathrm{s}} = \underline{3{,}142 \cdot 10^5\,\mathrm{m/s^2}(!)}$$

Das ergibt

$$\underline{F_{\mathrm{cor}}} = m \cdot a_{\mathrm{cor}} = 3{,}5 \cdot 10^{-6}\,\mathrm{kg} \cdot 3{,}142 \cdot 10^5\,\mathrm{m/s^2} = \underline{1{,}10\,\mathrm{N}}$$

Mit Hilfe der Abb. 4-31/4-32 kann man die in der Abb. 7-12 eingetragene Richtung bestimmen. Als D'ALEMBERTsche Trägheitskraft ist die CORIOLISkraft entgegengesetzt $\vec{a}_{\mathrm{cor}}$ gerichtet, drückt demnach gegen die nach rechts bewegte Schaufel. Die von der Schaufel aufzubringende Reaktionskraft zeigt nach rechts.

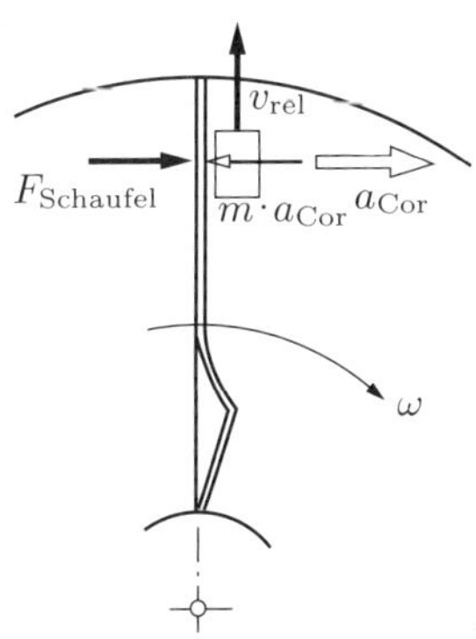

Abb. 7-12: Kräfte am Gasteilchen im Turbolader

7.3 Der starre Körper

7.3.1 Die Schiebung

Der starre Körper kann aus Massenpunkten zusammengesetzt gedacht werden. Nach dem Schwerpunktsatz (Abschnitt 6.4.2) kann man für die Schiebung die Masse im Schwerpunkt vereinigt annehmen. Die D'ALEMBERTsche Trägheitskraft muß demnach im Schwerpunkt angreifen. Es gelten sonst alle Überlegungen, die für den Massenpunkt angestellt wurden.

Beispiel 1 (Abb. 7-13)

Für den skizzierten PKW, der mit Frontantrieb ausgerüstet ist, ist die maximal mögliche Anfahrbeschleunigung auf einer Steigung von 15% zu bestimmen. Die Wagenmasse beträgt $m = 1400\,\mathrm{kg}$, die Haftreibungszahl Reifen-Straße wird zu $\mu \approx 0{,}8$ geschätzt.

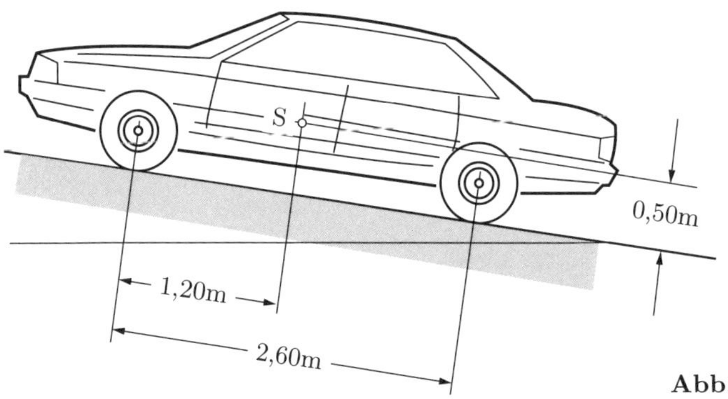

Abb. 7-13: PKW am Berg

Lösung (Abb. 7-14)

Das System wird freigemacht. Entgegengesetzt zur Bewegungsrichtung wird die Trägheitskraft eingeführt. Die drei Gleichgewichtsbedingungen ermöglichen die Berechnung der Unbekannten F_A; F_B; a. Als Pol für die Momentengleichung wird der Schnittpunkt I der unbekannten Kräfte F_A; $m \cdot a$ und $m \cdot g \sin\delta$ gewählt,

$$\sum M_\mathrm{I} = 0 \qquad m \cdot g \cdot \cos\delta \cdot 1{,}40\,\mathrm{m} - \mathrm{F_B} \cdot 2{,}60\,\mathrm{m} - \mathrm{F_B} \cdot \mu \cdot 0{,}50\,\mathrm{m} = 0$$

$$F_\mathrm{B} = \frac{1400\,\mathrm{kg} \cdot 9{,}81\,\mathrm{m/s^2} \cdot \cos 8{,}53^\circ \cdot 1{,}40\,\mathrm{m}}{2{,}60\,\mathrm{m} + 0{,}80 \cdot 0{,}50\,\mathrm{m}} \qquad \text{mit } \tan\delta = 0{,}15$$

$$F_\mathrm{B} = 6{,}34\,\mathrm{kN}\,; \qquad \mathrm{F_{Antr}} = \mu \cdot F_\mathrm{B} = 5{,}07\,\mathrm{kN}$$

$$\sum F_\mathrm{x} = 0 \qquad \mathrm{F_{Antr}} - m \cdot g \cdot \sin\delta - m \cdot a_0 = 0$$

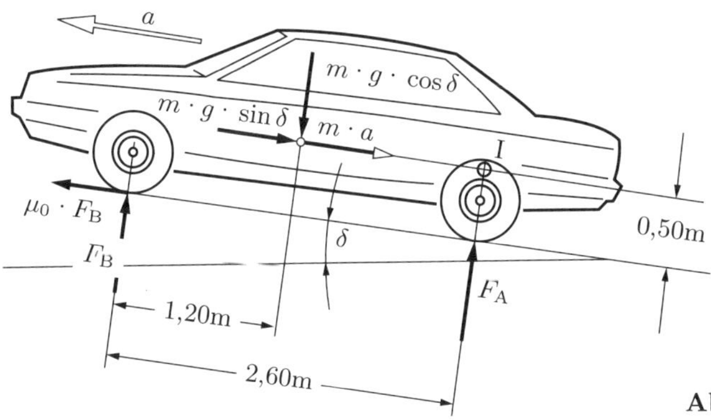

Abb. 7-14: Freigemachter PKW

$$a_0 = \frac{F_{\text{Antr}}}{m} - g \cdot \sin\delta = \frac{5070\,\text{N}}{1400\,\text{kg}} - 9{,}81\,\frac{\text{m}}{\text{s}^2} \cdot \sin 8{,}53°$$

$$\underline{a_0 = 2{,}17\,\text{m/s}^2}$$

$\sum F_y = 0$ $\quad F_A + F_B - m \cdot g \cdot \cos\delta = 0$

$$F_A = m \cdot g \cdot \cos\delta - F_B$$

$$F_A = 7{,}24\,\text{kN}.$$

Die Trägheitskraft entlastet die Vorderachse (für den ruhenden Wage ist $F_B >$ 6,34 kN). Man erkennt das am Nicken des Fahrzeuges beim Anfahren. Die Bodenhaftung der Antriebsräder wird dabei vermindert. Dieser Effekt bliebe unberücksichtigt, wenn man die Antriebskraft aus den Achsbelastungen des ruhenden Wagens berechnen würde. Für die Beschleunigung im Zeitpunkt des Anfahrens ist die Leistung nur bedingt von Einfluß. Eine zu hohe Leistung kann nicht genutzt werden, da die Räder durchdrehen und infolge der einsetzenden Gleitreibung die Antriebskraft und Beschleunigung kleiner werden.

Beispiel 2 (Abb. 7-15)

Der abgebildete Anschlagbalken wird aus der skizzierten Position von Ruhe aus mit dem Moment M beschleunigt. Die parallelen und gleich langen Verbindungs-

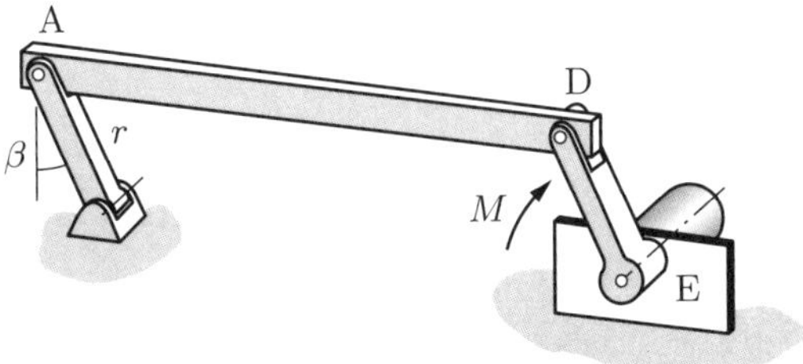

Abb. 7-15: Beschleunigter Balken

hebel sind wesentlich leichter als der Balken, dessen Schwerpunkt in der Mitte liegt. Für die nachfolgend gegebenen Daten sind die Gelenkkräfte in A und D und die einsetzende Beschleunigung zu berechnen.

$$m = 80\,\mathrm{kg} \quad M = 800\,\mathrm{N\,m} \quad r = 1{,}0\,\mathrm{m} \quad l = 4{,}0\,\mathrm{m} \quad \beta = 30°.$$

Die Berücksichtigung der Masse des Antriebshebels DE erfolgt im Beispiels des Abschnittes 7.3.3.

Lösung

Das System wird nach Abb. 7-16 freigemacht. Die Zerlegung der Kräfte in die Tangential- und Normalrichtung ist hier am günstigsten. Die Kraft in A wirkt in Richtung des Stabes. Die Normalbeschleunigung und damit die Fliehkraft ist null, da zu Beginn noch $\omega = 0$ ist. Der Schwerpunkt beschreibt einen Kreis mit dem Radius r. In S wirken die Gewichtskraft, die in Tangential- und Normalrichtung zerlegt wird und die Trägheitskraft $m \cdot a_t$. Am Gelenk greifen an die durch das Moment verursachte Tangentialkraft und die in der Stabachse liegende Normalkraft.

Mit

$$F_{Dt} = \frac{M}{r} = \frac{800\,\mathrm{N\,m}}{1{,}0\,\mathrm{m}} = 800\,\mathrm{N}$$

erhält man aus

$$\sum F_t = 0 \qquad F_{Dt} - m \cdot g \cdot \sin\beta - m \cdot a_t = 0 \Longrightarrow a_t = \frac{F_{Dt}}{m} - g \cdot \sin\delta$$

$$a_t = \frac{800\,\mathrm{N}}{80\,\mathrm{kg}} - 9{,}81\,\mathrm{m/s^2} \cdot \sin 30° = 5{,}10\,\mathrm{m/s^2}.$$

Die Momentengleichung für den Pol I liefert

$$F_{Dn} \cdot l \cdot \cos\beta + F_{Dt} \cdot \frac{l}{2} \cdot \sin\beta - m \cdot g \cdot \cos\beta \cdot \frac{l}{2} \cdot \cos\beta = 0$$

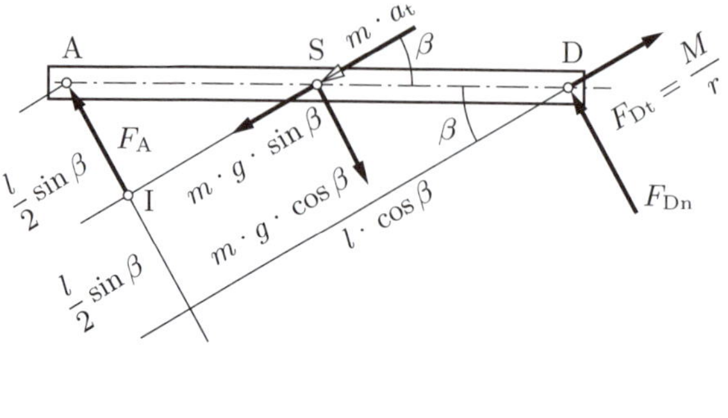

Abb. 7-16: Freigemachter Balken

$$F_{Dn} = \frac{1}{2}(m \cdot g \cdot \cos\beta - F_{Dt} \cdot \tan\beta)$$

$$F_{Dn} = \frac{1}{2}(80 \cdot 9{,}81\,\mathrm{N} \cdot \cos 30^\circ - 800\,\mathrm{N} \cdot \tan 30^\circ) = 109\,\mathrm{N} \measuredangle 60^\circ.$$

Gemeinsam mit der Kraft F_{Dt} gibt das

$$\underline{F_D = 807\,\mathrm{N} \measuredangle 37{,}8^\circ}.$$

$\sum F_n = 0$ liefert

$$F_A = m \cdot g \cdot \cos\beta - F_{Dn} = 80 \cdot 9{,}81\,\mathrm{N} \cdot \cos 30^\circ - 109\,\mathrm{N}$$

$$\underline{F_A = 571\,\mathrm{N} \measuredangle 60^\circ}.$$

Die Reaktionskraft belastet den Hebel A auf Druck.

7.3.2 Die Drehung um Hauptachsen

Hauptachsen sind Schwerpunktachsen. Wie im Abschnitt 6.4.3 ausgeführt, erfolgt eine Drehung um die Schwerpunktachse, wenn die resultierende Kraft null ist und an dem System insgesamt nur ein resultierendes Kräftepaare angreift. Die Kräfte in Abb. 7-17 lassen sich in diesem Fall durch ein Moment ersetzen.

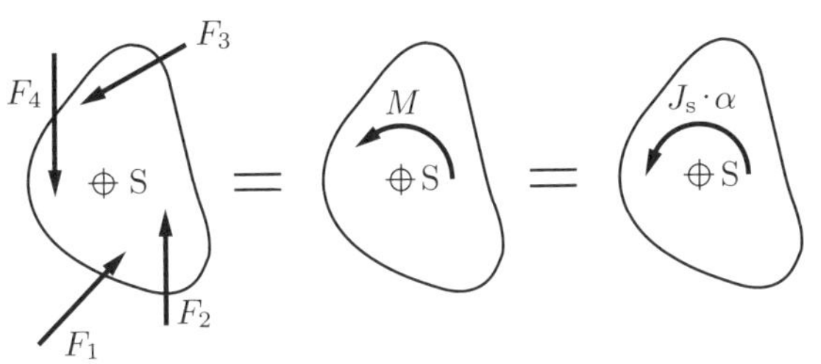

Abb. 7-17: Aufgeprägte Kräfte verursachen Drehung um die Schwerpunktachse

Dieses verursacht nach der Gleichung (5-4) eine Winkelbeschleunigung.

$$M = J_S \cdot \alpha.$$

Daraus erhält man die Beziehung

$$\vec{M} - J_S \cdot \vec{\alpha} = 0 \qquad (7\text{-}8)$$

Diese kann folgendermaßen gedeutet werden (Abb. 7-18):
Führt man in ein Kräftesystem, das eine beschleunigte Drehung um eine Hauptachse verursacht, das Moment $J_S \cdot \alpha$ ein, dann erfüllt dieses so erweiterte System die statischen Gleichgewichtsbedingungen $\sum F_x = 0; \sum F_y = 0; \sum M = 0$.

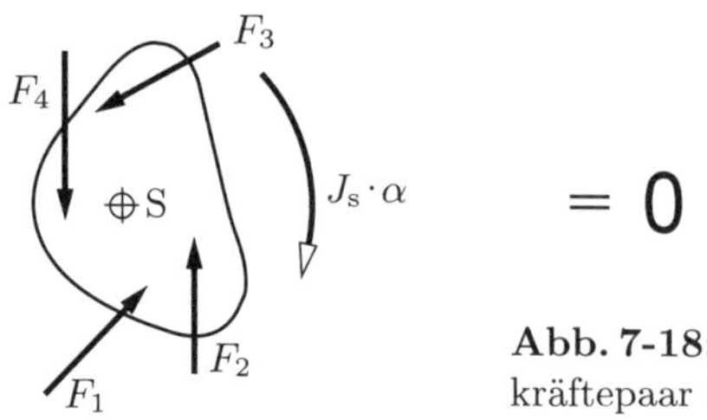

Abb. 7-18: Aufgeprägte Kräfte und D'ALEMBERTsches Trägheitskräftepaar an einer um die Schwerpunktachse rotierenden Scheibe

Das ist das D'ALEMBERTsche Prinzip, angewendet auf eine Drehung. Das Moment $J_S \cdot \alpha$ wird D'ALEMBERT*sches Kräftepaar* genannt. Genau wie bei der Einführung der Trägheitskraft ist es auch hier in vielen Fällen zweckmäßig, das *Moment* $J_S \cdot \alpha$ *entgegengesetzt der Bewegungsrichtung und nicht der Beschleunigungsrichtung anzunehmen. Ein negativer Wert für* α *bedeutet dann eine verzögerte Drehung.* Grundsätzlich ist es gleich, in welcher Richtung $J_S \cdot \alpha$ eingeführt wird. Über den tatsächlichen Wirkungssinn gibt das Vorzeichen Auskunft.

Es gilt für das Trägheitskräftepaar sinngemäß alles, was über die Trägheitskraft gesagt wurde.

Beispiel 1

Im Abschnitt 4.3 (Drehung) wurde die Kinematik eines durch eine ablaufende Masse angetriebenen Rotors nach Abb. 4-5 untersucht. Darauf aufbauend ist in Beispiel 1; Abschnitt 6.4.3 eine Auswertungsgleichung für die experimentelle Bestimmung des reduzierten Trägheitsmomentes des Rotors aufgestellt worden. Diese Gleichung soll hier mit dem D'ALEMBERTschen Prinzip abgeleitet werden. Die Lösung des Problems mit dem Energiesatz wird im Beispiel 3 des Abschnitts 8.6.2 vorgeführt.

Lösung (Abb. 7-19)

Die Lagerstelle wird nicht freigemacht. Als Gleichgewichtsbedingung darf deshalb nur die auf die Drehachse bezogene Momentengleichung aufgestellt werden. Neben der Gewichtskraft der Masse greift das Lagerreibungsmoment an. Ergänzt wird dieses Kräftesystem durch die D'ALEMBERTschen Trägheitsreaktionen $m \cdot a$ und $J_{red} \cdot \alpha$ entgegengesetzt der Bewegungsrichtung. Dieses erweiterte Kräftesystem erfüllt die Gleichgewichtsbedingung

$$\sum M = 0 \quad J_{red} \cdot \alpha + M_R + m \cdot a \cdot r - m \cdot g \cdot r = 0$$

Mit $a = r \cdot \alpha$ erhält man nach einer Umstellung

$$J_{red} \cdot \alpha = m \cdot g \cdot r - m \cdot r^2 \cdot \alpha - M_R$$

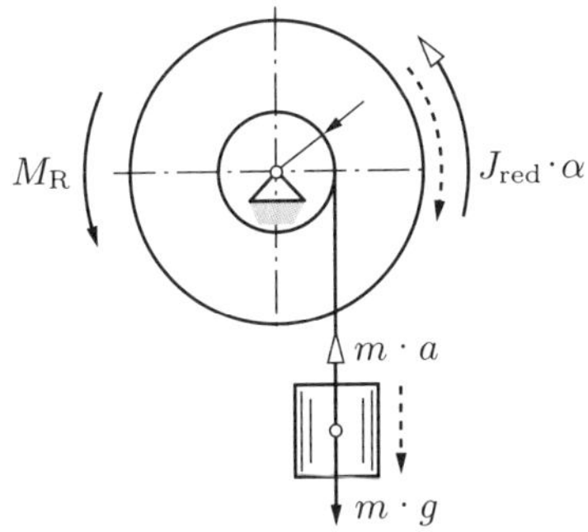

Abb. 7-19: Freigemachtes System nach Abb. 4-5

Das ist die Gleichung (1) im Beispiel 1; Abschnitt 6.4.3. Der weitere Rechengang ist dort gegeben. Wegen der gleichförmigen Beschleunigung führt der Ansatz nach D'ALEMBERT am schnellsten zum Ziel.

Beispiel 2 (Abb. 6-8)

Das Hubwerk (Flaschenzug) von Beispiel 3 (Abschnitt 6.2.1) und Beispiel 2 (Abschnitt 6.4.3), in dem die rotierenden Massen berücksichtigt wurden, soll nach dem Verfahren von D'ALEMBERT bearbeitet werden. Es gelten alle Daten der o.a. Beispiele.

Lösung

Die Massen und die Seiltrommel werden nach Abb. 7-20 freigemacht. Die Bewegungsrichtungen liegen hier fest. Entgegengesetzt werden die Trägheitskräfte und das Trägheitskräftepaar eingeführt. Die Gleichgewichtsbedingungen lauten

$$\text{A} \quad \sum F_y = 0 \quad 6S_A - m_A \cdot g - m_A \cdot a_A = 0, \tag{1}$$

$$\text{B} \quad \sum F_y = 0 \quad S_B - m_B \cdot g + m_B \cdot a_B = 0, \tag{2}$$

$$\text{C} \quad \sum M_0 = 0 \quad i \cdot M_{\text{Mot beschl}} - S_A \cdot r_A + S_B \cdot r_B - J_{\text{red C}} \cdot \alpha = 0. \tag{3}$$

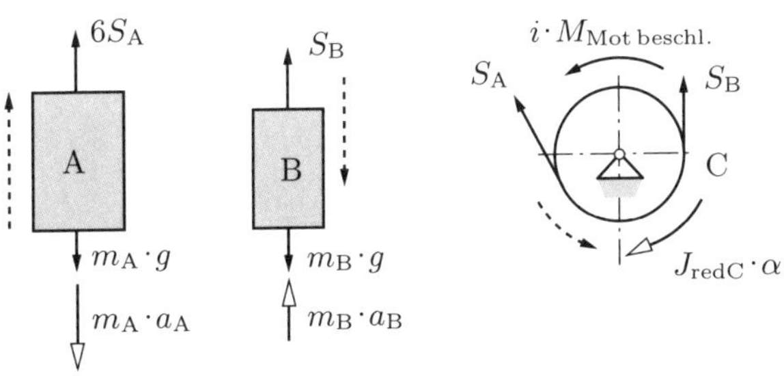

Abb. 7-20: Freigemachte Massen des Hubwerks Abb. 6-8

Die Kinematik liefert die Beziehungen

Flaschenzug:

$$a_B = 6a_A \tag{4}$$

$$\alpha = \frac{a_B}{r}. \tag{5}$$

Unbekannt sind S_A, S_B, $M_{\text{Mot beschl}}$, a_B, α. Die Beschleunigung $a_A = 1{,}25\,\text{m/s}^2$ ist aus dem Ausgangsbeispiel bekannt. Aus (1) und (2) erhält man mit (4)

$$S_A = \frac{m_A}{6}(g + a_A); \quad S_B = m_B(g - 6a_A).$$

Die Beziehungen werden zusammen mit (5) in die Gl. (3) eingeführt

$$i \cdot M_{\text{Mot beschl}} = \frac{m_A \cdot r}{6}(g + a_A) - m_B \cdot r(g - 6a_A) + \frac{J_{\text{redC}} \cdot 6a_A}{r}.$$

Diese Gleichung führt nach Zusammenfassung auf

$$\underline{M_{\text{Mot beschl}} = \frac{r}{i}\left[g\left(\frac{m_A}{6} - m_B\right) + a_A\left(\frac{m_A}{6} + 6m_B + 6\frac{J_{\text{redC}}}{r^2}\right)\right]}.$$

Damit ist die Aufgabe grundsätzlich gelöst. Der weitere Weg kann den o.a. Beispielen entnommen werden. Wie bereits mehrfach ausgeführt, ist das D'ALEMBERTsche Prinzip besonders günstig bei der Bestimmung von Kräften in konstant beschleunigten mechanischen Systemen.

Beispiel 3 (Abb. 7-21)

In diesem Beispiel soll grundsätzlich der Anfahrvorgang einer von einem Motor angetriebenen Arbeitsmaschine untersucht werden. Dazu müssen Motor- und Lastkennlinie bekannt sein. Unter Kennlinie versteht man in diesem Zusammenhang die Abhängigkeit des Moments von der Drehzahl. Als Beispiel wird ein von einem Elektromotor angetriebene Kreiselpumpe gewählt. Die Motorkennlinie nach Abb. 7-22 ist für den Asynchronmotor typisch. Die Lastkennlinie

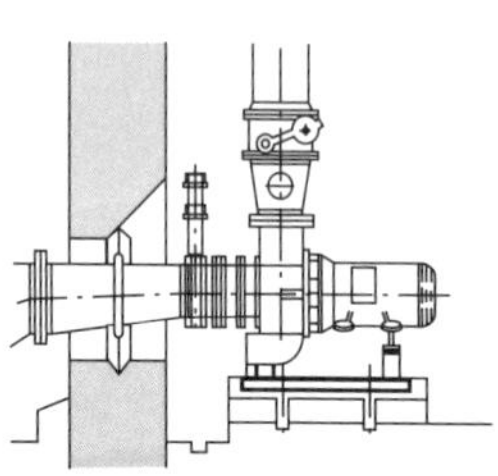

Abb. 7-21: Kreiselpumpe

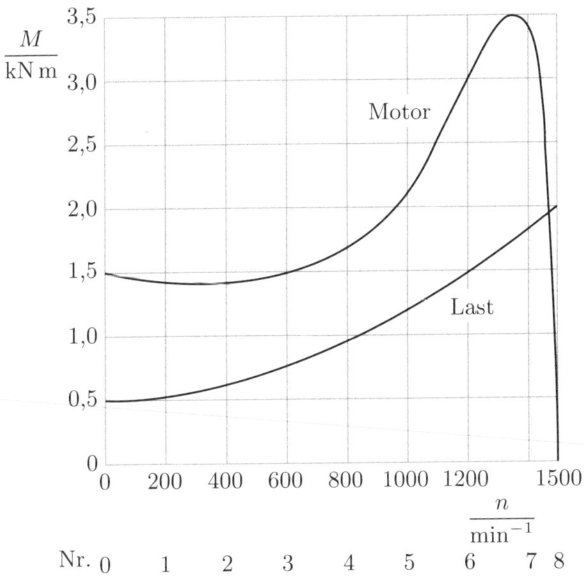

Abb. 7-22: Kennlinien von Motor und Pumpe

setzt mit dem Losreißmoment ein und steigt etwa quadratisch an. Das entspricht dem Widerstandsgesetz für das in der Flüssigkeit rotierende Laufrad. Für ein Massenträgheitsmoment (Elektromotor + Pumpe) von 41,00 kg m^2 soll das Anfahrdiagramm $n = f(t)$ ermittelt werden.

Lösung

Das System wird durch das Differenzmoment

$$\Delta M = M_{\text{Motor}} - M_{\text{Last}}$$

nach dem Gesetz

$$\Delta M = J_{\text{ges}} \cdot \alpha$$

beschleunigt. Für $\Delta M = 0$ ist die Beschleunigung $\alpha = 0$, der Maschinensatz hat die Enddrehzahl erreicht. Der Anfahrvorgang ist beendet. Diese Bedingung wird durch den Schnittpunkt der beiden Kennlinien dargestellt. Dieser wird deshalb Betriebspunkt der Anlage genannt. Im vorliegenden Fall beträgt die Enddrehzahl ca. 1480 min^{-1}, wobei ein Moment von 1,94 kN m übertragen wird.

In Abhängigkeit von der Drehzahl n bzw. der Winkelgeschwindigkeit ω kann man die Beschleunigung aus

$$\alpha = \frac{\Delta M}{J_{\text{ges}}} \tag{1}$$

berechnen. Das entspricht dem im Abschnitt 2.5.2 behandelten Fall 6. Es wird die Beziehung

$$\Delta t = \frac{\Delta\omega}{\alpha_m} \tag{2}$$

ausgewertet. Dazu muß zunächst das Diagramm $\alpha = f(\omega)$ gezeichnet werden. Die Berechnung erfolgt tabellarisch. Es ist zweckmäßig, die einzelnen Abschnitte zu numerieren (Tabelle 7.1).

Nr.	$\frac{n}{\text{min}^{-1}}$	$\frac{\omega}{\text{s}^{-1}}$	$\frac{M_{\text{Motor}}}{\text{kN m}}$	$\frac{M_{\text{Last}}}{\text{kN m}}$	$\frac{\Delta M}{\text{kN m}}$	$\frac{\alpha}{\text{s}^{-1}}$
0	0	0,0	1,50	0,50	1,00	24,39
1	200	20,94	1,42	0,52	0,90	21,95
2	400	41,89	1,38	0,60	0,78	19,02
3	600	62,83	1,46	0,75	0,71	17,32
4	800	83,78	1,65	0,94	0,71	17,32
5	1000	104,72	2,09	1,19	0,90	21,95
6	1200	125,66	2,97	1,48	1,49	36,34
7	1400	146,61	3,45	1,82	1,63	39,76
8	1480	154,96	1,94	1,94	0	0

Tabelle 7.1: Tabellarische Auswertung für Diagramm 7-23

Die Abhängigkeit der Winkelbeschleunigung von der Winkelgeschwindigkeit zeigt die Abb. 7-23. Dieses Diagramm ist die Grundlage für die Berechnung der einzelnen Zeitabschnitte nach der Gleichung (2). Auch dieser Graph wird in nu-

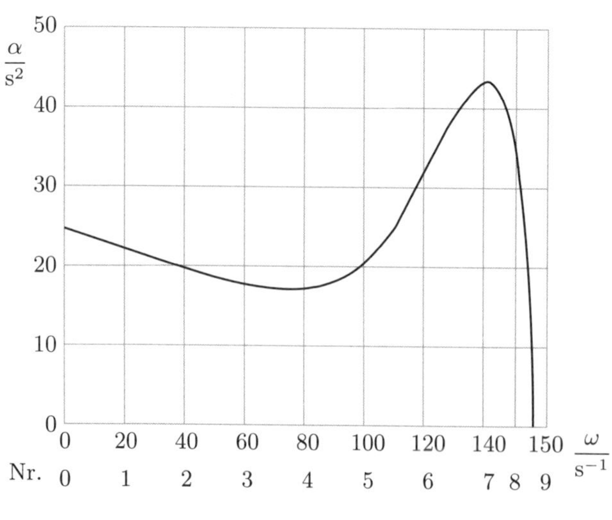

Abb. 7-23: $\alpha(\omega)$ für Kreiselpumpe

Nr.	$\frac{\omega}{s^{-1}}$	$\frac{\Delta\omega}{s^{-1}}$	$\frac{\alpha_m}{s^{-2}}$	$\frac{\Delta t}{s}$	$\frac{t=\sum \Delta t}{s}$	$\frac{n}{min^{-1}}$
0	–	–	–	–	0,0	0
1	20	20	23,0	0,87	0,87	191
2	40	20	20,3	0,99	1,86	382
3	60	20	18,0	1,11	2,97	573
4	80	20	16,8	1,19	4,16	764
5	100	20	18,0	1,11	5,27	955
6	120	20	25,5	0,78	6,05	1146
7	140	20	39,0	0,51	6,56	1337
8	150	10	42,0	0,24	6,80	1432
9	155	5	24,0	0,21	7,01	1480

Tabelle 7.2: Tabellarische Auswertung für Diagramm Abb. 7-24

merierte Abschnitte eingeteilt, für die die mittleren Beschleunigungen abgelesen werden (Tabelle 7.2).

Die beiden letzten Spalten ergeben das gesuchte Anfahrdiagramm Abb. 7-24. Da jedem Wert ω ein Wert α zugeordnet ist (Abb. 7-23), könnte man die Tabelle 7.2 mit einer Spalte α erweitern und erhielte so die Abhängigkeit der Beschleunigung von der Zeit. Die $\varphi(t)$ Funktion kann man durch graphische Integration der $\omega(t)$-Kurve gewinnen, bzw. auf dem im Abschnitt 2.5.2 unter Fall 6 beschriebenen

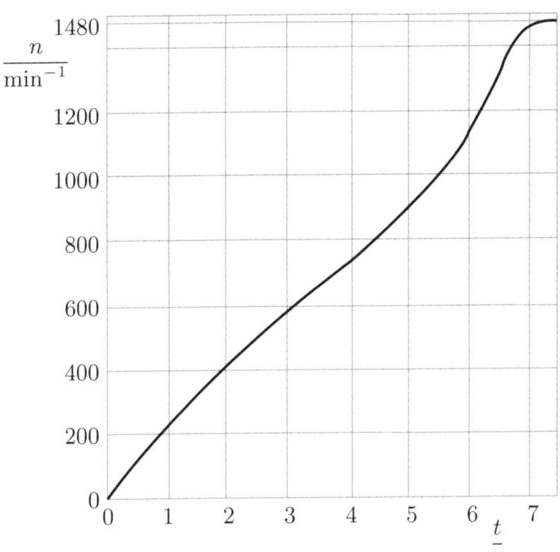

Abb. 7-24: Anfahrdiagramm für Kreiselpumpe

zweiten Weg. Die Auftragung zugeordneter Werte ergibt die Diagramme $\omega(\varphi)$ und $\alpha(\varphi)$.

Das Diagramm Abb. 7-24 kann kontrolliert werden. Die Anfahrbeschleunigung ist nach Tabelle 7.1 $\alpha_A = 24{,}39\,s^{-2}$. Dieser Wert entspricht der Tangentensteigung im Anfangspunkt, was leicht bestätigt werden kann. Ähnlich kann man die maximale Steigung zwischen der 6. und 7. Sekunde – verursacht durch das maximale Moment – oder eine etwa konstante Steigung im Bereich der 4. Sekunde kontrollieren.

7.3.3 Die Drehung um Achsen, die parallel zu den Hauptachsen liegen

Ein Körper ist nach Abb. 7-25a im Gelenk A aufgehängt. Die Kraft F bewirkt eine Winkelbeschleunigung entgegengesetzt dem Uhrzeigersinn. Das vorhandene System von drei Kräften F; F_G; F_A wird im Schwerpunkt durch die Resultierende und ein Moment ersetzt. Der Schwerpunkt beschreibt eine Kreisbahn mit dem Radius r. Die Resultierende wird durch Tangential- und Normalkomponente ersetzt. Die Tangentialkraft erzeugt die Tangentialbeschleunigung, die

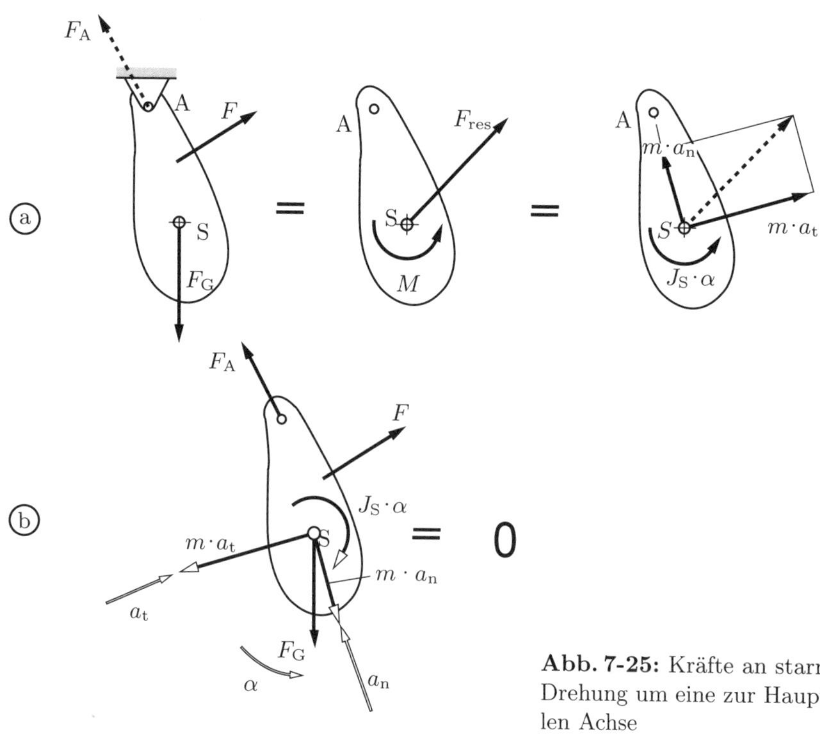

Abb. 7-25: Kräfte an starrer Scheibe bei Drehung um eine zur Hauptachse parallelen Achse

Normalkraft die Normalbeschleunigung des Schwerpunktes und das Moment die Drehung um die Schwerpunktachse (allgemeiner Bewegungszustand). Dabei gelten die Beziehungen

$$F_\mathrm{n} = m \cdot a_\mathrm{n}, \quad F_\mathrm{t} = m \cdot a_\mathrm{t}, \quad M = J_\mathrm{S} \cdot \alpha.$$

Führt man diese Größe nach dem Prinzip von D'ALEMBERT mit umgekehrten Vorzeichen ein, dann erhält man das Kräftesystem nach Abb. 7-25b, für das die Gleichgewichtsbedingungen der Statik gelten. Man kann z.B. für kartesische Koordinaten schreiben

$$\sum F_\mathrm{x} - m \cdot a_\mathrm{x} = 0, \quad \sum F_\mathrm{y} - m \cdot a_\mathrm{y} = 0, \quad \sum M - J_\mathrm{S} \cdot \alpha = 0. \tag{7-9}$$

Das ist die Vereinigung der Gleichungen (7-2) und (7-8). Es gilt sinngemäß, was dort zu diesen Beziehungen gesagt wurde. *Behandelt man die Trägheitsreaktionen wie äußere Kräfte, dann gelten die aus der Statik bekannten Gleichgewichtsbedingungen*

$$\sum F_\mathrm{x} = 0, \quad \sum F_\mathrm{y} = 0, \quad \sum M = 0.$$

Für das rechte System Abb. 7-25a soll die Momentengleichung für den Drehpunkt aufgestellt werden

$$J_\mathrm{S} \cdot \alpha + m \cdot a_\mathrm{t} \cdot r = M_\mathrm{A}.$$

Mit $a_\mathrm{t} = r \cdot \alpha$ erhält man

$$M_\mathrm{A} = J_\mathrm{S} \cdot \alpha + m \cdot r^2 \cdot \alpha, \Longrightarrow M_\mathrm{A} = \alpha \cdot (J_\mathrm{S} + m \cdot r^2).$$

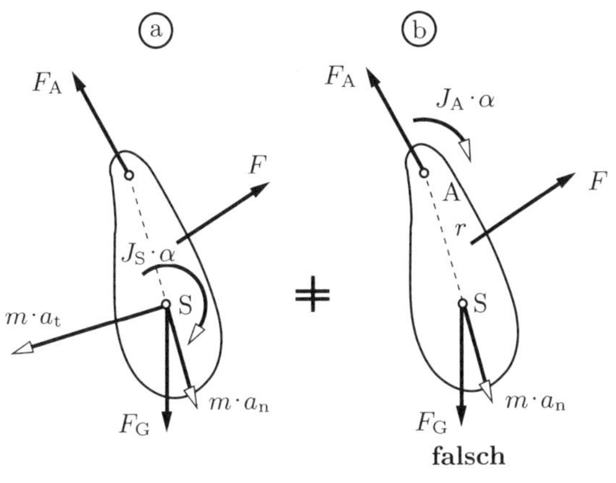

Abb. 7-26: Richtiges und falsches Freimachen bei Drehung um eine nicht im Schwerpunkt liegende Achse

Nach dem STEINERschen Satz ist der Ausdruck in der Klammer gleich dem Trägheitsmoment für die Drehachse A

$$M_A = J_A \cdot \alpha.$$

Danach erscheint es möglich, das Moment $J_S \cdot \alpha$ und die Kraft $m \cdot a_t$ durch ein Moment $J_A \cdot \alpha$ zu ersetzen, wie es in der Abb. 7-26b gezeigt ist. Diese Operation ist falsch. Das wurde im Band 1 (Statik; Kapitel 3) bewiesen. Eine Kraft kann nicht durch ein Kräftepaar (Moment) ersetzt werden. Sie kann parallel verschoben werden, wenn das dabei entstehende Moment durch ein Gegenmoment kompensiert wird. In dem System Abb. 7-26b fehlt die Kraft $m \cdot a_t$. Die Schlußfolgerung aus diesen Darlegungen ist:

Die D'ALEMBERTschen Kräfte $m \cdot a$ sind im Schwerpunkt einzutragen, das Trägheitsmoment J ist auf die Schwerpunktachse zu beziehen, auch wenn die Drehung um eine parallele Achse erfolgt (Abb. 7-25b).

Beispiel 1 (Abb. 7-27)

In diesem Beispiel soll die Lagerkraft eines Schlagpendels bestimmt werden, das von Ruhe aus der Horizontalen zu schwingen beginnt. Die Lagerreibung kann vernachlässigt werden. Das Pendel besteht aus homogenem Werkstoff. In allgemeiner Form sind Gleichungen für die Berechnung der Gelenkkraft in D

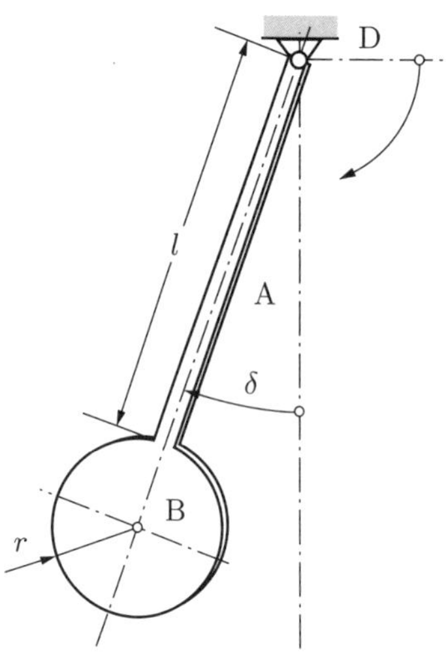

Abb. 7-27: Schlagpendel

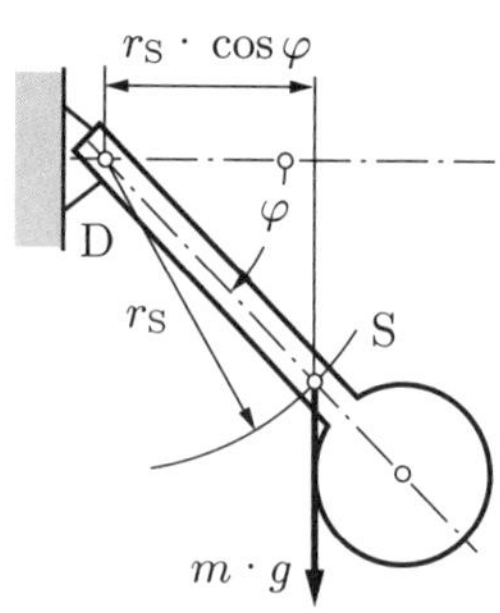

Abb. 7-28: Zur Ableitung der Winkelgeschwindigkeit des Schlagpendels

aufzustellen und für die nachfolgend gegebenen Daten auszuwerten.

$$m_\mathrm{A} = 30\,\mathrm{kg}; \quad m_\mathrm{B} = 50\,\mathrm{kg}; \quad l = 1{,}00\,\mathrm{m}; \quad r = 0{,}20\,\mathrm{m}; \quad \delta = 20^\circ.$$

Lösung

Im Gegensatz zum nachfolgenden Beispiel handelt es sich hier um die Beschleunigung einer Drehmasse durch ein veränderliches Moment. Die Winkelgeschwindigkeit des Pendels kann man für eine vorgegebene Position mit Hilfe des Energiesatzes ermitteln: Änderung der potentiellen Energie ist gleich der kinetischen Energie. Hier soll jedoch diese Winkelgeschwindigkeit aus kinematischen Beziehungen berechnet werden. Nach Abb. 7-28 ist das beschleunigende Moment (Gl. (5-4))

$$M = m \cdot g \cdot r_\mathrm{s} \cdot \cos\varphi = J_\mathrm{D} \cdot \alpha.$$

Es handelt sich demnach um den im Abschnitt 2.5.1 behandelten Fall 5, bei dem die Beschleunigung in Abhängigkeit von der Lage gegeben ist. Der Ansatz ist

$$\alpha \cdot \mathrm{d}\varphi = \omega \cdot \mathrm{d}\omega$$
$$\frac{1}{J_\mathrm{D}} \cdot m \cdot g \cdot r_\mathrm{s} \cdot \cos\varphi \cdot \mathrm{d}\varphi = \omega \cdot \mathrm{d}\omega.$$

In dieser Form kann die Gleichung integriert werden.

$$\int \omega \cdot \mathrm{d}\omega = \frac{1}{J_\mathrm{D}} \cdot m \cdot g \cdot r_\mathrm{s} \int \cos\varphi \cdot \mathrm{d}\varphi$$
$$\frac{\omega^2}{2} = \frac{1}{J_\mathrm{D}} \cdot m \cdot g \cdot r_\mathrm{s} \cdot \sin\varphi + C$$

Für $\varphi = 0$ ist $\omega = 0$. Daraus folgt $C = 0$

$$\omega^2 = \frac{2}{J_\mathrm{D}} \cdot m \cdot g \cdot r_\mathrm{s} \cdot \sin\varphi. \tag{1}$$

Diese Gleichung ergibt die Winkelgeschwindigkeit des Pendels in Abhängigkeit von der Schwingungsphase. Das Massenträgheitsmoment ist auf den Drehpunkt D bezogen

$$J_\mathrm{D} = m_\mathrm{A} \cdot \frac{l^2}{12} + m_\mathrm{A} \cdot \left(\frac{l}{2}\right)^2 + m_\mathrm{B} \cdot \frac{r^2}{2} + m_\mathrm{B} \cdot (l + r)^2 = 83{,}0\,\mathrm{kg\,m^2}.$$

Die Lage des Schwerpunktes ist

$$r_s = \frac{m_A \cdot \frac{l}{2} + m_B(l + r)}{m_A + m_B} = 0{,}9375\,\mathrm{m}.$$

Diese Werte ergeben aus (1)

$$\omega = \sqrt{\frac{2}{83{,}0\,\mathrm{kg\,m^2}} \cdot 80\,\mathrm{kg} \cdot 9{,}81\,\mathrm{m/s^2} \cdot 0{,}9375\,\mathrm{m} \cdot \sin 110^\circ} = 4{,}082\,\mathrm{s^{-1}}.$$

Mit dieser Winkelgeschwindigkeit schwingt das Pendel in der gegebenen Position.

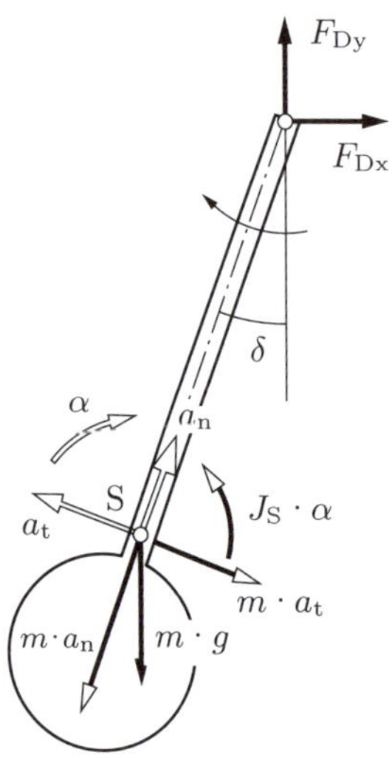

Abb. 7-29: Freigemachtes Schlagpendel

Für die weitere Bearbeitung der Aufgabe muß das System freigemacht werden. Das kann grundsätzlich nach zwei Methoden erfolgen. Die Trägheitsreaktionen werden 1. im Gesamtschwerpunkt, 2. in den Einzelschwerpunkten eingetragen. Der Rechenaufwand ist für die erste Methode normalerweise geringer, da die Umrechungen der einzelnen Schwerpunktbeschleunigungen entfällt. Deshalb sollen die drei Gleichgewichtsbedingungen für das System Abb. 7-29 aufgestellt werden. Dabei sind die Trägheitsreaktionen entgegengesetzt zur Bewegungsrichtung eingeführt. Unbekannt sind α bzw. $a_t; F_{Dx}; F_{Dy}$.

$$\sum M_D = 0 \qquad m \cdot a_t \cdot r_s + J_s \cdot \alpha + m \cdot g \cdot r_s \cdot \sin\delta = 0.$$

Mit $a_t = r_s \cdot \alpha$ ist

$$\alpha = -\frac{m \cdot g \cdot r_s \cdot \sin\delta}{m \cdot r_s^2 + J_s}.$$

Im Nenner steht das auf D bezogene Massenträgheitsmoment

$$\alpha = -\frac{(80\,\mathrm{kg} \cdot 9{,}81)\mathrm{m/s^2} \cdot 0{,}9375\,\mathrm{m} \cdot \sin 20^\circ}{83{,}0\,\mathrm{kg\,m^2}} = -3{,}032\,\mathrm{s}^{-2}.$$

Das negative Vorzeichen zeigt an, daß die Bewegung verzögert erfolgt, was hier offenkundig ist. Die entsprechenden Reaktionen sollte nicht umgekehrt werden. Es ist günstiger, weiter vorzeichenrichtig mit dem gleichen System zu arbeiten. Für a_n wird $r_\mathrm{S} \cdot \omega^2$ eingeführt.

$$\sum F_\mathrm{x} = 0 \qquad F_\mathrm{Dx} + m \cdot a_\mathrm{t} \cdot \cos\delta - m \cdot r_\mathrm{s} \cdot \omega^2 \cdot \sin\delta = 0$$

$$F_\mathrm{Dx} = m \cdot r_\mathrm{s} \cdot (\omega^2 \cdot \sin\delta - \alpha \cdot \cos\delta)$$

$$F_\mathrm{Dx} = 80\,\mathrm{kg} \cdot 0{,}9375\,\mathrm{m}(4{,}082^2 \cdot \sin 20^\circ + 3{,}032 \cdot \cos 20^\circ)\mathrm{s}^{-2}$$

$$\underline{F_\mathrm{Dx} = 641\,\mathrm{N} \rightarrow}.$$

$$\sum F_\mathrm{y} = 0 \qquad F_\mathrm{Dy} - m \cdot g - m \cdot a_\mathrm{t} \cdot \sin\delta - m \cdot r_\mathrm{s} \cdot \omega^2 \cdot \cos\delta = 0$$

$$F_\mathrm{Dy} = m \cdot g + m \cdot r_\mathrm{s}(\alpha \cdot \sin\delta + \omega^2 \cdot \cos\delta)$$

$$F_\mathrm{Dy} = (80 \cdot 9{,}81)\,\mathrm{N} + 80\,\mathrm{kg} \cdot 0{,}9375\,\mathrm{m} \cdot (-3{,}032 \cdot \sin 20^\circ + 4{,}082^2 \cdot \cos 20^\circ)\,\mathrm{s}^{-2}$$

$$\underline{F_\mathrm{Dy} = 1881\,\mathrm{N} \uparrow}.$$

In der hier untersuchten Position beträgt die resultierende Gelenkkraft

$$\underline{F_\mathrm{D} = 1988\,\mathrm{N} \measuredangle\ 71{,}2^\circ}.$$

Beispiel 2

Für den Anschlagbalken Abb. 7-15 sollen die Gelenkkräfte für den Fall berechnet werden, daß die Masse des antreibenden Hebels nicht vernachlässigbar ist. Dieser soll als homogener Stab mit einer Masse von 30 kg angenommen werden. Sonst gelten die Angaben des Beispiels 2 vom Abschnitt 7.3.1.

Lösung

Das System wird nach Abb. 7-30 freigemacht. Da der Balken eine Kreisbahn beschreibt, ist es günstig, die Kräfte in die normale und tangentiale Richtung zu zerlegen. Es stehen zwei Systeme und demnach sechs Gleichungen zur Verfügung. Unbekannt sind F_A; F_Dt; F_Dn; F_Et; F_En und a_t bzw. α. Grundsätzlich handelt es sich darum, sechs Gleichungen mit sechs Unbekannten zu lösen. Durch überlegte Wahl des Rechenwegs kann man den Rechenaufwand klein halten.

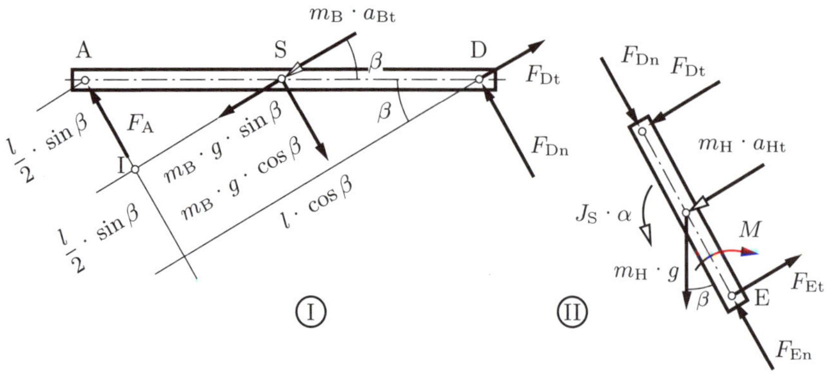

Abb. 7-30: Freigemachter Balken mit Antriebshebel nach Abb. 7-15

Folgende Indizes werden eingeführt.

B = Balken H = Hebel

System I

$$\sum F_t = 0 \quad F_{Dt} - m_B \cdot a_{Bt} - m_B \cdot g \cdot \sin\beta = 0$$

$$F_{Dt} = m_B(a_{Bt} + g \cdot \sin\beta). \tag{1}$$

System II

$$\sum M_E = 0 \quad F_{Dt} \cdot r + m_H \cdot a_{Ht} \cdot \frac{r}{2} + m_H \cdot g \cdot \frac{r}{2} \cdot \sin\beta + J_{Hs} \cdot \alpha - M = 0. \tag{2}$$

Kinematik:

$$a_{Ht} = \frac{a_{Bt}}{2} = \frac{r}{2} \cdot \alpha; \quad \alpha = \frac{a_{Bt}}{r}$$

Trägheitsmoment:

$$J_{Hs} = m_H \cdot \frac{r^2}{12}.$$

Diese Größen werden in die Gleichung (2) eingeführt. Nach einer einfachen Zusammenfassung führt das zu

$$F_{Dt} = \frac{M}{r} - m_H \cdot \left(\frac{1}{2} \cdot g \cdot \sin\beta + \frac{1}{3} a_{Bt}\right). \tag{3}$$

Die Gleichungen (1) und (3) werden gleichgesetzt und nach a_{Bt} aufgelöst. Das Ergebnis ist

$$a_{\mathrm{Bt}} = \frac{\frac{M}{r} - g \cdot \sin\beta \cdot \left(\frac{m_{\mathrm{H}}}{2} + m_{\mathrm{B}}\right)}{m_{\mathrm{B}} + \frac{m_{\mathrm{H}}}{3}}$$

$$a_{\mathrm{Bt}} = \frac{\frac{800\,\mathrm{N\,m}}{1{,}0\,\mathrm{m}} - 9{,}81\,\mathrm{m/s^2} \cdot \sin 30° \cdot (15+80)\,\mathrm{kg}}{(80+10)\,\mathrm{kg}} = 3{,}711\,\mathrm{m/s^2}.$$

Dieser Wert wird in die Gleichung (1) eingesetzt.

$$F_{\mathrm{Dt}} = 80\,\mathrm{kg}(3{,}711 + 9{,}81 \cdot \sin 30°)\,\mathrm{m/s^2} = 689\,\mathrm{N}.$$

System I

$$\sum M_{\mathrm{I}} = 0$$

$$F_{\mathrm{Dn}} \cdot l \cdot \cos\beta + F_{\mathrm{Dt}} \cdot \frac{l}{2} \cdot \sin\beta - m_{\mathrm{B}} \cdot g \cdot \cos\beta \cdot \frac{l}{2} \cdot \cos\beta = 0$$

$$F_{\mathrm{Dn}} = \frac{1}{2} \cdot (m_{\mathrm{B}} \cdot g \cdot \cos\beta - F_{\mathrm{Dt}} \cdot \tan\beta) = 141\,\mathrm{N}$$

Die Resultierende ist $\underline{F_{\mathrm{D}} = 703\,\mathrm{N} \measuredangle\ 41{,}6°}$ am Balken

$$\sum F_{\mathrm{n}} = 0 \Longrightarrow F_{\mathrm{A}} = m_{\mathrm{B}} \cdot g \cdot \cos\beta - F_{\mathrm{Dn}}$$

$$\underline{F_{\mathrm{A}} = 539\,\mathrm{N}}$$

in Richtung des Stabes.
System II

$$\sum F_{\mathrm{n}} = 0 \Longrightarrow F_{\mathrm{En}} = F_{\mathrm{Dn}} + m_{\mathrm{H}} \cdot g \cdot \cos\beta = 396\,\mathrm{N}$$

$$\sum F_{\mathrm{t}} = 0 \Longrightarrow F_{\mathrm{Et}} = F_{\mathrm{Dt}} + m_{\mathrm{H}} \cdot \left(g \cdot \sin\beta + \frac{a_{\mathrm{Bt}}}{2}\right) = 892\,\mathrm{N}$$

Insgesamt gibt das $\underline{F_{\mathrm{E}} = 976\,\mathrm{N} \measuredangle\ 53{,}9°}$.

Kontrollgleichungen: z.B. $\sum F_{\mathrm{x}} = 0; \sum F_{\mathrm{y}} = 0; \sum M = 0$ für beide Systeme.

Die Berücksichtigung der Masse des linken Hebels würde einen analogen Ansatz erfordern. Die Kraft F_{A} wirkt dann nicht mehr in Richtung der Hebelachse. Im Schwerpunkt werden die Trägheitsreaktionen eingeführt. Man erhält für diesen Fall $3 \times 3 = 9$ Gleichungen für 4(Gelenke) $\times\, 2 = 8$Kräfte und 1 Beschleunigung.

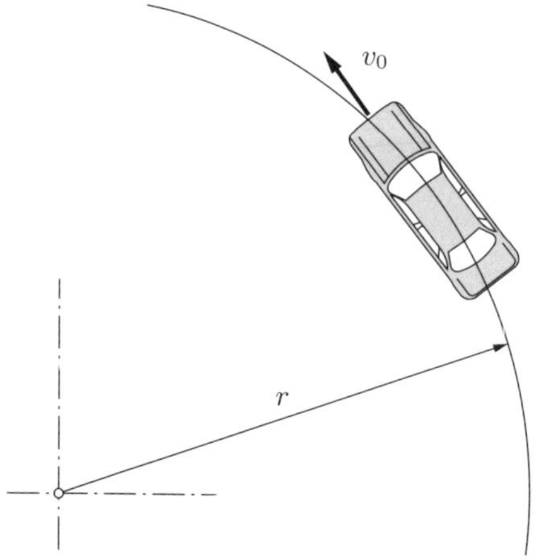

Abb. 7-31: PKW auf einer Kreisbahn

Beispiel 3 (Abb. 7-31)

Das Verhalten eines PKW während der Kurvenfahrt soll untersucht werden. Das soll sowohl für Bremsen als auch für Beschleunigen in einer nicht überhöhten Kurve geschehen. Dazu sind die bei einsetzender Bremsung bzw. Beschleunigung am Wagen wirkenden Trägheitsreaktionen für die nachfolgenden Daten zu bestimmen und in eine Skizze einzutragen. Aus den Ergebnissen ist das unterschiedliche Verhalten beim Bremsen und Beschleunigen in einer Kurve zu begründen.

Wagenmasse	$m = 1200\,\text{kg}$
Trägheitsmoment bezogen auf die senkrecht zur Fahrebene stehende Schwerpunktachse	$J_S = 2000\,\text{kg}\,\text{m}^2$
Kurvenradius	$r = 10\,\text{m}$
Geschwindigkeit	$v_0 = 7{,}0\,\text{m/s} \quad (\approx 25\,\text{km/h})$
Bremsverzögerung	$a = 6{,}0\,\text{m/s}^2$
Fahrbeschleunigung	$a = 2{,}0\,\text{m/s}^2$

Lösung

Verzögerung

Normalbeschleunigung $\quad a_n = \frac{v_0^2}{r} = \frac{(7{,}0\,\text{m/s})^2}{10\,\text{m}} = 4{,}90\,\text{m/s}^2$

Bahnbeschleunigung $\quad a_t = 6{,}0\,\text{m/s}^2$

resultierende Beschleunigung $\quad a_{res} = 7{,}75\,\text{m/s}^2.$

Die daraus resultierenden Trägheitskräfte betragen

$$m \cdot a_\mathrm{n} = 1200\,\mathrm{kg} \cdot 4{,}90\,\mathrm{m/s^2} = 5{,}88\,\mathrm{kN}$$
$$m \cdot a_\mathrm{t} = 1200\,\mathrm{kg} \cdot 6{,}0\,\mathrm{m/s^2} = 7{,}20\,\mathrm{kN}.$$

Die Resultierende dieser beiden Kräfte beträgt

$$\underline{F_\mathrm{res} = 9{,}30\,\mathrm{kN}}$$

unter einem Winkel von $\beta = 39{,}2°$ zur Bahntangente (Abb. 7-32).

Während der Kurvenfahrt dreht sich der Wagen um seine eigene, senkrecht zur Fahrebene stehende Schwerpunktachse verzögert mit

$$\alpha = \frac{a_\mathrm{t}}{r} = \frac{6{,}0\,\mathrm{m/s^2}}{10\,\mathrm{m}} = 0{,}60\,\mathrm{s^{-2}}.$$

Das führt auf ein Trägheitskräftepaar $J_\mathrm{s} \cdot \alpha = 1200\,\mathrm{N\,m}$. Das erkennt man z.B. an der Abb. 4-3, wo die markierte Scheibe während eines Umlaufs sich gleichzeitig einmal um ihre eigene Achse dreht. Diese Drehung will der Wagen infolge der Trägheit beibehalten, deshalb wirkt das Trägheitskräftepaar $J_\mathrm{s} \cdot \alpha$ im gleichen Sinne. Diese auf Anschaulichkeit abgestellte Erklärung für den Wirkungssinn soll mehr abstrakt kontrolliert werden. Dazu ist die Richtung der Winkelgeschwindigkeit ω in die Abb. 7-32 eingetragen. Wegen der Verzögerung ist die Winkelbeschleunigung α entgegengesetzt gerichtet und die D'ALEMBERTsche Reaktion $J_\mathrm{s} \cdot \alpha$ wieder entgegengesetzt zu dieser, was den diskutierten Wirkungssinn ergibt.

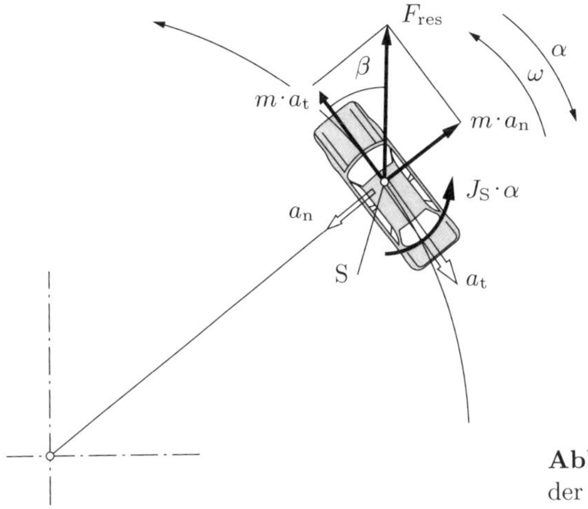

Abb. 7-32: Trägheitsreaktionen an einem in der Kurve bremsenden PKW

Welche Auswirkungen haben die Trägheitsreaktionen auf das Fahrzeug? Die Vorderachse – besonders das rechte Rad – wird zusätzlich belastet, die Hinterachse entlastet. Die Haftreibung an den Hinterrädern wird dadurch deutlich vermindert. Besonders wenn die Hinterräder beim Bremsen blockieren sollten, verlieren die Reifen die Fähigkeit, größere Seitenführungskräfte zu übertragen. In diesem ungünstigen Zustand wird die Fliehkraftwirkung durch das Trägheitskräftepaar (in diesem Beispiel 1200 N m!) verstärkt, was sehr leicht zum Ausbrechen des Fahrzeughecks führen kann. Beginnt der Wagen auch nur gering auszuweichen, entsteht – bezogen auf den Mittelpunkt der Vorderachse – ein nochmals verstärkendes Moment durch die nach vorne gerichtete Kraft $m \cdot a_t$ (Abb. 7-34).

Alle Trägheitsreaktionen verstärken sich demnach in ihrer Wirkung, den Wagen ins Schleudern zu bringen.

Beschleunigung

Wegen der gleichen Ausgangsdaten für Geschwindigkeit und Radius bleibt die Normalbeschleunigung gleich. Zusammen mit der Bahnbeschleunigung erhält man eine resultierende Beschleunigung von

$$a_{res} = 5{,}29\,\mathrm{m/s^2}.$$

Die Trägheitskräfte betragen (Abb. 7-33)

$$m \cdot a_n = 5{,}88\,\mathrm{kN}\,; \qquad m \cdot a_t = 2{,}40\,\mathrm{kN}$$

$\underline{F_{res} = 6{,}35\,\mathrm{kN}}$ unter einem Winkel von $\beta = 67{,}8°$zur Längsachse.

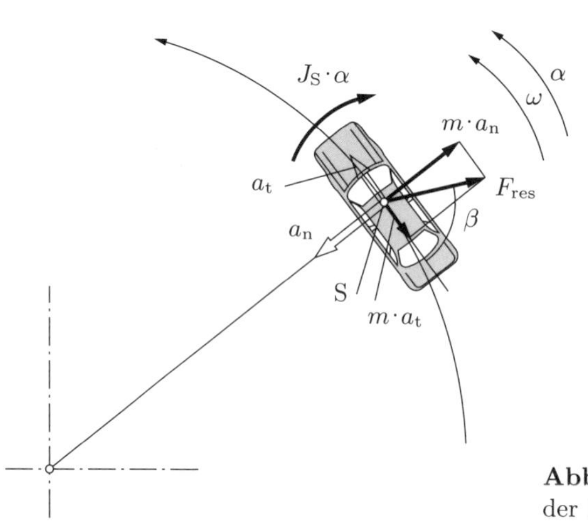

Abb. 7-33: Trägheitsreaktionen an einem in der Kurve beschleunigenden PKW

Die Winkelbeschleunigung ist

$$\alpha = \frac{a_t}{t} = \frac{2{,}0\,\mathrm{m/s^2}}{10\,\mathrm{m}} = 0{,}20\,\mathrm{s^{-2}} \quad \circlearrowleft.$$

Das ergibt ein Trägheitskräftepaar von

$$J_s \cdot \alpha = 2000\,\mathrm{kg\,m^2} \cdot 0{,}20\,\mathrm{s^{-2}} = 400\,\mathrm{N\,m} \quad \circlearrowright$$

entgegengesetzt zu α. Diese Wirkung kann man sich folgendermaßen veranschaulichen. Der Wagen dreht sich während der Kurvenfahrt auch um seine senkrechte Körperachse. Diese Drehung soll beschleunigt werden. Infolge der Trägheit versucht der Wagen zurückzubleiben.

In diesem Beispiel wurde eine Fahrbeschleunigung angenommen, die deutlich kleiner ist als die Bremsverzögerung. Das entspricht normalem Fahrbetrieb. Die Veränderung der Achsbelastung ist deshalb nicht so groß wie bei der Bremsung. Jetzt wird – nur im verminderten Maß – die Vorderachse entlastet, was nicht so gefährlich ist, weil der Motorblock ohnehin eine gute Bodenhaftung der Vorderräder gewährleistet. Hinzu kommt, daß die Räder abrollen und die Reifen damit Seitenführungskräfte gut übertragen können. Die nach hinten gerichtete Trägheitskraft $m \cdot a_t$ wirkt, im Gegensatz zum vorher behandelten Fall, stabilisierend. Jetzt entsteht ein Moment, das bei Schiefstellung die Tendenz hat, den Wagen wieder in Fahrtrichtung zu drehen (Abb. 7-34). Insgesamt verhält sich deshalb der in der Kurve beschleunigte Wagen wesentlich günstiger als der verzögerte.

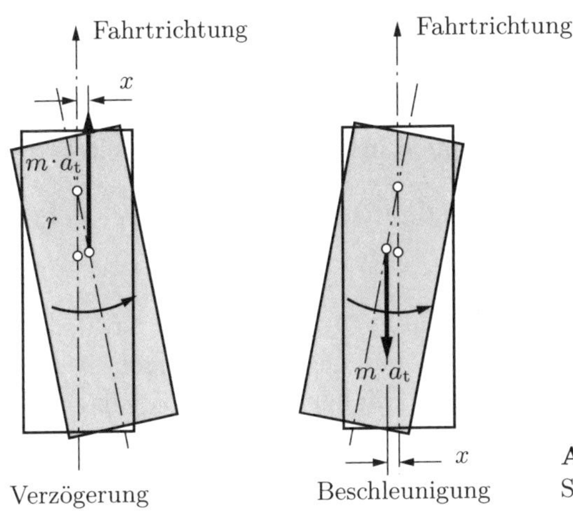

Abb. 7-34: Durch die Trägheitskraft bei Schiefstellung des PKW entstehendes Moment

7.3.4 Die allgemeine ebene Bewegung

Die allgemeine ebene Bewegung kann als Überlagerung von Schiebung und Drehung aufgefaßt werden. Die Schiebung wird durch die im Schwerpunkt angreifende resultierende Kraft verursacht, die Drehung durch das resultierende Moment, bezogen auf die Schwerpunktachse.

Nach Abb. 7-35 werden die am Körper angreifenden Kräfte im Schwerpunkt zur Resultierenden und zu einem Moment zusammengefaßt. Bei Umkehrung von $m \cdot a$ und $J_S \cdot \alpha$ erhält man nach dem d'Alembertschen Prinzip ein System, für das die statischen Gleichgewichtsbedingungen erfüllt sind. Es gelten die Gleichungen (7-9).

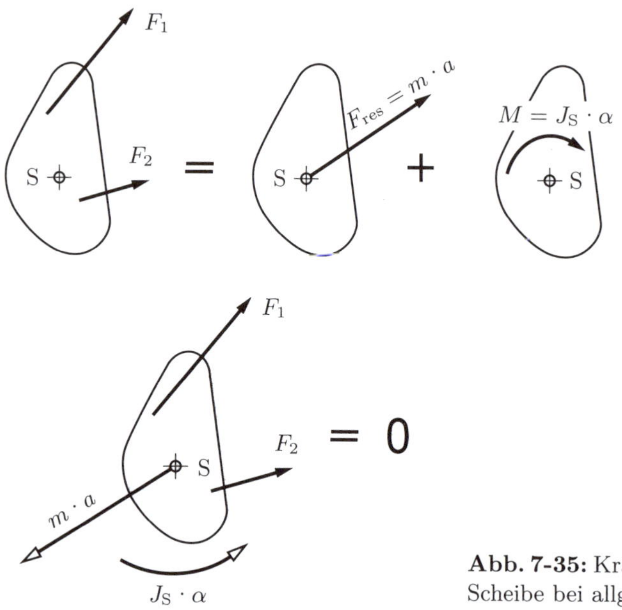

Abb. 7-35: Kräfte und Momente an einer starren Scheibe bei allgemeiner Bewegung

Für das durch die d'Alembertschen Reaktionen erweiterte System gelten die Gleichgewichtsbedingungen

$$\sum F_x = 0; \quad \sum F_y = 0; \quad \sum M = 0.$$

Auch die im vorigen Abschnitt behandelte Drehung um Achsen, die parallel zu den Hauptachsen liegen, kann als allgemeine ebene Bewegung aufgefaßt werden. Für diesen Fall ist es jedoch günstiger, die Trägheitskraft in Normal- und Tangentialkomponente zu zerlegen.

In diesen Abschnitt fällt die Behandlung der in der Technik vielfältig vorkommenden Abrollbewegung und der Bewegung von Teilen kinematischer Getriebe.

Beispiel 1 (Abb. 7-36)

Eine Stufenwalze der Masse m wird durch eine zur Rampe parallele Kraft F heraufgezogen. Zu bestimmen sind allgemein und für die gegebenen Daten

a) die Beschleunigung a,

b) die am Auflagepunkt mindestens notwendige Reibungszahl μ_0 für Rollen ohne zu gleiten.

$m = 1000\,\text{kg}$; $R = 1{,}0\,\text{m}$; $r = 0{,}60\,\text{m}$;
$i_S = 0{,}70\,\text{m}$; $\beta = 40°$; $F = 5{,}0\,\text{kN}$.

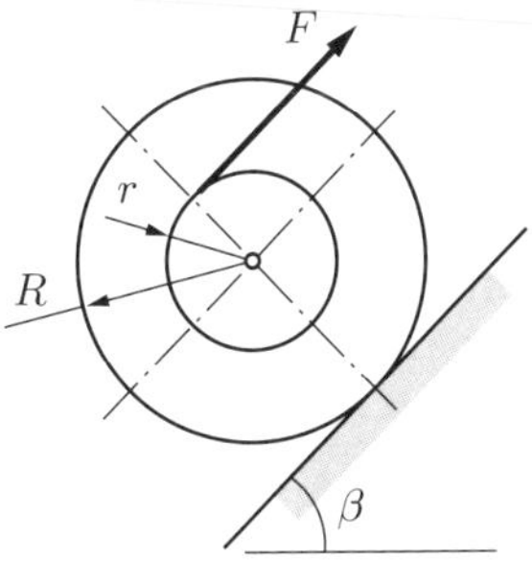

Abb. 7-36: Stufenwalze auf einer Rampe

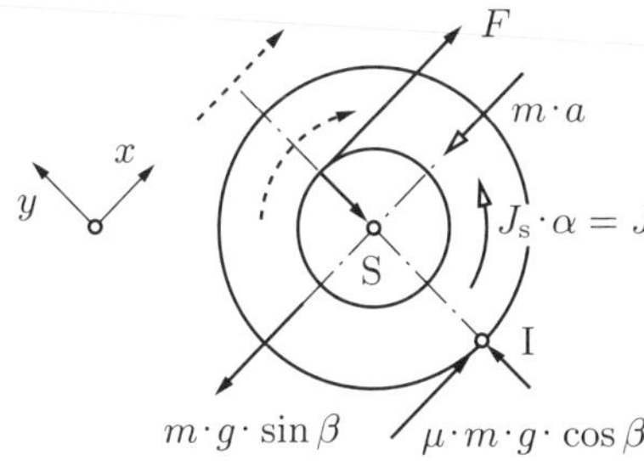

Abb. 7-37: Freigemachte Stufenwalze nach Abb. 7-36

Lösung

Die Walze wird nach Abb. 7-37 freigemacht. Die durch Haftung verursachte Kaft $\mu_0 \cdot m \cdot g \cdot \cos\beta$ ist in Bewegungsrichtung eingeführt. Das widerspricht dem Grundsatz, daß Reibungskräfte entgegengesetzt zur Bewegungsrichtung wirken. Bei einer sehr glatten Unterlage würde die Walze herunterrutschen. Ein Abrollen nach oben ist demnach nur möglich, wenn die Kraft nach oben gerichtet ist. Das ist durchaus überraschend, denn hier „hilft die Reibung“ die Walze hinaufzurollen. Die Kräftesummation ergibt eine Verminderung der zum Rollen notwendigen Kraft F durch diesen Effekt. Das scheint zunächst im Widerspruch zum Energiesatz zu stehen. Deshalb wird eine rollende Walze im Abschnitt 8.6.3 Beispiel 3 wieder aufgegriffen. Würde man wie üblich nach der Regel „Reibungskraft entgegengesetzt Bewegungsrichtung“ vorgehen, ergäbe sich für μ_0 ein negatives Vorzeichen, was eine Richtungsumkehr bedeutet.

Die Gleichgewichtsbedingungen ergeben

$$\sum F_x = 0 \quad F - m \cdot g \cdot \sin\beta - m \cdot a + \mu_0 \cdot m \cdot g \cdot \cos\beta = 0 \tag{1}$$

Der Momentenpol I wird in die Wirkungslinie einer unbekannten Kraft gelegt

$$\sum M_{\mathrm{I}} = 0 \quad m \cdot g \cdot \sin\beta \cdot R + m \cdot a \cdot R - F(R + r) + J_{\mathrm{S}}\frac{a}{R} = 0 \qquad (2)$$

Diese Gleichung kann nach a aufgelöst werden. Mit $J_{\mathrm{S}} = m \cdot i_{\mathrm{S}}{}^2$ erhält man

$$\underline{a = \frac{F(1 + r/R) - m \cdot g \cdot \sin\beta}{m[1 + (i_{\mathrm{S}}/R)^2]}} = 1{,}13\,\mathrm{m/s^2}$$

Jetzt kann aus der Gl. (1) μ_0 berechnet werden

$$\mu_0 = \frac{m(g \cdot \sin\beta + a) - F}{m \cdot g \cdot \cos\beta}$$

$$= \frac{10^3\,\mathrm{kg}\,(9{,}81 \cdot \sin 40° + 1{,}13)\,\mathrm{m/s^2} - 5 \cdot 10^3\,\mathrm{N}}{10^3\,\mathrm{kg} \cdot 9{,}81\,\mathrm{m/s^2} \cdot \cos 40°}$$

$$\underline{\mu_0 = 0{,}33}$$

Für eine kleinere Reibung ist ein Heraufrollen der Walze nicht möglich.

Beispiel 2

Für den Greifarm Abb. 4-39 sind die in der angegebenen Position wirkenden Kräfte in den Gelenken A und B zu bestimmen. Neben den in Beispiel 3 Abschnitt 4.5 gegebenen Werten soll für die Berechnung zugrunde gelegt werden:

$$\begin{aligned} m_{\mathrm{AB}} &= 40{,}0\,\mathrm{kg} & m_{\mathrm{BC}} &= 30{,}0\,\mathrm{kg} \\ J_{\mathrm{AB}} &= 8{,}0\,\mathrm{kg\,m^2} & J_{\mathrm{BC}} &= 4{,}0\,\mathrm{kg\,m^2} \\ m_{\mathrm{B}} &= 12{,}0\,\mathrm{kg} & m_{\mathrm{C}} &= 10{,}0\,\mathrm{kg}. \end{aligned}$$

Die Stäbe AB bzw. BC sollen homogen und zylindrisch angenommen werden. Die Trägheitsmomente sind auf die Schwerpunktachsen E bzw. D bezogen.

Lösung

Im Abschnitt 4.5 wurden die Beschleunigungen der einzelnen Punkte berechnet. Damit können die in den Schwerpunkten angreifenden Trägheitsreaktionen berechnet werden. Die D'ALEMBERTschen Reaktionen sind jeweils entgegengesetzt zu den Beschleunigungen gerichtet.

Stab AB; Schwerpunktachse E

$$\begin{aligned} m_{\mathrm{AB}} \cdot a_{\mathrm{Ex}} &= 40\,\mathrm{kg} \cdot 35{,}36\,\mathrm{m/s^2} = 1414\,\mathrm{N} \rightarrow \\ m_{\mathrm{AB}} \cdot a_{\mathrm{Ey}} &= 40\,\mathrm{kg} \cdot 1{,}24\,\mathrm{m/s^2} = 50\,\mathrm{N} \uparrow \\ m_{\mathrm{AB}} \cdot g &= \qquad = 392\,\mathrm{N} \downarrow \\ J_{\mathrm{SAB}} \cdot \alpha_{\mathrm{AB}} &= 8{,}0\,\mathrm{kg\,m^2} \cdot 40\,\mathrm{s^{-2}} = 320\,\mathrm{N\,m} \circlearrowleft . \end{aligned}$$

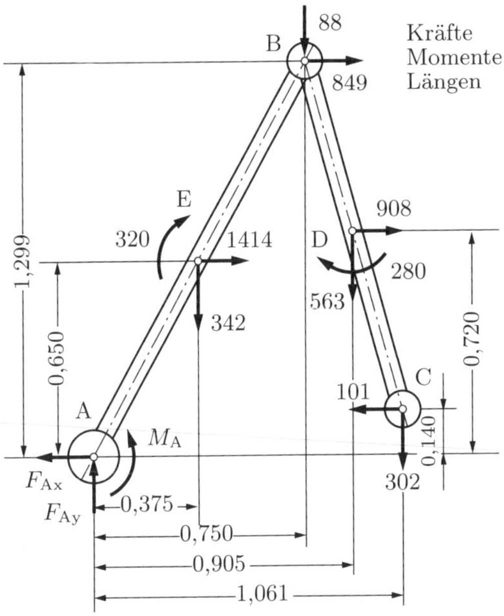

Abb. 7-38: Freigemachte Roboterarme nach Abb. 4-39

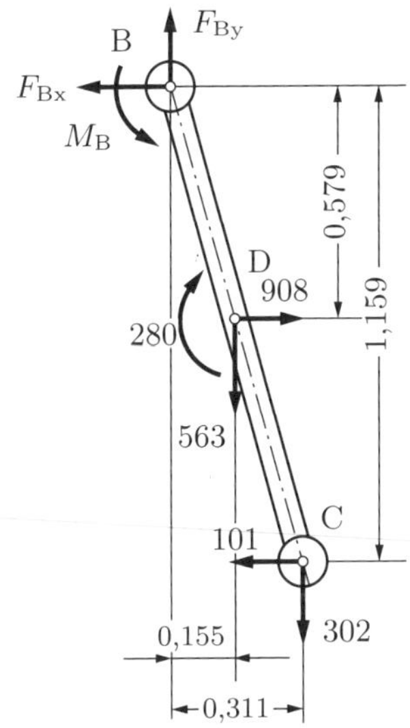

Abb. 7-39: Freigemachter Roboterarm nach Abb. 4-39

Masse in B

$$\begin{aligned} m_B \cdot a_{Bx} &= 12\,\text{kg} \cdot 70{,}71\,\text{m/s}^2 = 849\,\text{N} \rightarrow \\ m_B \cdot a_{By} &= 12\,\text{kg} \cdot 2{,}48\,\text{m/s}^2 \;\; = 30\,\text{N} \uparrow \\ m_B \cdot g \;\; &= \qquad\qquad\qquad\quad\;\; = 118\,\text{N} \downarrow . \end{aligned}$$

Stab BC, Schwerpunktachse D

$$\begin{aligned} m_{BC} \cdot a_{Dx} &= 30\,\text{kg} \cdot 30{,}28\,\text{m/s}^2 = 908\,\text{N} \rightarrow \\ m_{BC} \cdot a_{Dy} &= 30\,\text{kg} \cdot 8{,}96\,\text{m/s}^2 \;\; = 269\,\text{N} \downarrow \\ m_{BC} \cdot g \;\; &= \qquad\qquad\qquad\quad\;\; = 294\,\text{N} \downarrow \\ J_{BC} \cdot \alpha_{res} &= 4{,}0\,\text{kg}\,\text{m}^2 \cdot 70{,}0\,\text{s}^{-2} = 280\,\text{N}\,\text{m} \;\circlearrowleft . \end{aligned}$$

Greifer C

$$\begin{aligned} m_C \cdot a_{Cx} &= 10\,\text{kg} \cdot 10{,}11\,\text{m/s}^2 = 101\,\text{N} \leftarrow \\ m_C \cdot a_{Cy} &= 10\,\text{kg} \cdot 20{,}42\,\text{m/s}^2 = 204\,\text{N} \downarrow \\ m_C \cdot g \;\; &= \qquad\qquad\qquad\quad\;\; = \;\; 98\,\text{N} \downarrow . \end{aligned}$$

Das System wird nach Abb. 7-38 freigemacht. Die oben errechneten Kräfte und Momente werden in den Schwerpunkten eingetragen. In A wirkt neben den Gelenkkräften das durch einen Verstellmotor aufzubringende Moment M_A. Das

Moment des Verstellmotors B ist ein inneres Moment, das sich im System aufhebt (actio = reactio). Aus diesem Grunde darf es hier nicht aufgeführt werden. Für das Gesamtsystem werden die Gleichgewichtsbedingungen aufgestellt.

$\sum M = 0$ für Gelenk A führt auf

$$M_A = (302 \cdot 1{,}061 - 101 \cdot 0{,}140 + 280 + 563 \cdot 0{,}905 + 908 \cdot 0{,}72 + 88 \cdot 0{,}75 + 849 \cdot 1{,}299 + 320 + 1414 \cdot 0{,}65 + 342 \cdot 3{,}375)\,\mathrm{N\,m}$$

$$\underline{M_A = 4286\,\mathrm{N\,m}\ \circlearrowleft}$$

$$\sum F_x = 0 \Longrightarrow F_{Ax} = (1414 + 849 + 908 - 101)\,\mathrm{N}$$
$$\underline{F_{Ax} = 3070\,\mathrm{N} \leftarrow}$$

$$\sum F_y = 0 \Longrightarrow F_{Ay} = (342 + 88 + 563 + 302)\,\mathrm{N}$$
$$\underline{F_{Ay} = 1295\,\mathrm{N} \uparrow}.$$

Für die Berechnung der Reaktionen im Gelenk B wird ein Teilabschnitt nach Abb. 7-39 freigemacht. Jetzt muß in B das Verstellmoment M_B eingezeichnet werden. Die Masse m_B sei starr mit dem Arm AB verbunden. Deshalb werden die Trägheitskräfte (88 N und 849 N) von diesem aufgenommen und nicht vom Gelenkbolzen in B.

$\sum M = 0$ für Gelenk B

$$M_B = (302 \cdot 0{,}311 + 101 \cdot 1{,}159 + 280 + 563 \cdot 0{,}155 - 908 \cdot 0{,}579)\,\mathrm{N\,m}$$
$$M_B = 51{,}6\,\mathrm{N\,m}\ \circlearrowleft \quad \text{am Teil B C}$$

$$\sum F_x = 0 \qquad \underline{F_{Bx}} = (908 - 101)\,\mathrm{N} = \underline{807\,\mathrm{N} \leftarrow} \text{ Teil B C}$$

$$\sum F_y = 0 \qquad \underline{F_{By}} = (563 + 302)\,\mathrm{N} = \underline{865\,\mathrm{N} \uparrow} \text{ Teil B C}$$

Als Kontrollsystem kann man den Arm AB verwenden, wobei in B neben den Trägheitskräften die oben ermittelten Reaktionen in Gegenrichtung einzutragen sind.

Beispiel 3

Das Beispiel 2 aus dem Abschnitt 6.4.6 (Abb. 6-69) soll mit dem Prinzip von D'ALEMBERT gelöst werden.

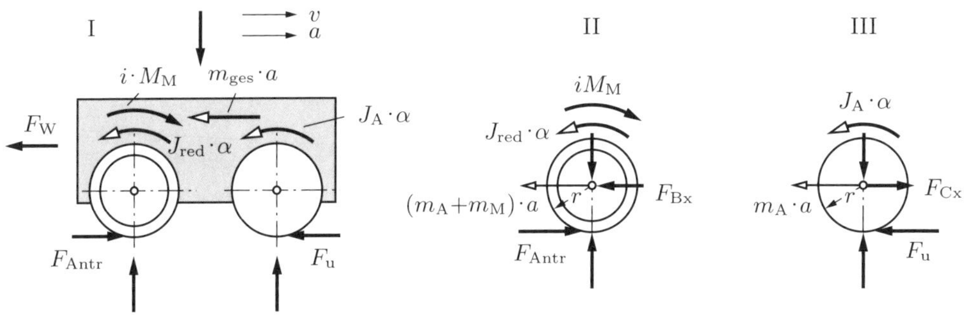

Abb. 7-40: Freigemachter Wagen nach Abb. 6-69

Lösung (Abb. 7-40)

Die Motorwelle wird auf die angetriebene Achse reduziert.

$$J_{red} = J_A + J_M \cdot i^2.$$

Der Wagen und die beiden Achsen werden freigemacht. Die Vertikalkräfte gehen für diese Aufgabenstellung nicht ein und werden deshalb ohne Bezeichnung nur symbolisch eingeführt. Für ihre Berechnung müßten zusätzliche Angaben (Lage der Schwerpunkte) gemacht werden. In diesem Zusammenhang soll auf das Beispiel 1 im Abschnitt 7.3.1 hingewiesen werden (Beschleunigter PKW).

Die Gleichgewichtsbedingungen werden aufgestellt.

System I

$$\sum F_x = 0 \qquad F_{Antr} - F_W - F_u - m_{ges} \cdot a = 0. \tag{1}$$

System II

$$\sum F_x = 0 \qquad F_{Antr} - F_{Bx} - (m_A + m_M) \cdot a = 0 \tag{2}$$

$$\sum M_B = 0 \qquad i\,M_{Mot} - F_{Antr} \cdot r - J_{red} \cdot \alpha = 0. \tag{3}$$

System III

$$\sum F_x = 0 \qquad F_{Cx} - F_u - m_A \cdot a = 0 \tag{4}$$

$$\sum M_C = 0 \qquad - F_u \cdot r + J_A \cdot \alpha = 0. \tag{5}$$

Mit $a = r \cdot \alpha$ sind das sechs Gleichungen für M_M; F_{Antr}; F_u; F_{Bx}; F_{Cx} und α. Der weitere Lösungsweg ist analog zu dem im Beispiel des Abschnittes 6. Aus (5) erhält man

$$F_u = \frac{J_A}{r^2} \cdot a.$$

Dieser Wert wird in (1) eingesetzt.

$$F_{Antr} = \left(\frac{J_A}{r^2} + m_{ges}\right) \cdot a + F_W.$$

Die Gleichung (3) liefert

$$M_{Mot} = \frac{a \cdot r}{i} \left(\frac{J_{red}}{r^2} + \frac{J_A}{r^2} + m_{ges}\right) + \frac{F_W \cdot r}{i}.$$

Hier sei nochmals darauf hingewiesen, daß die Terme J/r^2 nach Gleichungen (6-11) reduzierte Massen sind, die der Gesamtmasse zugeschlagen werden. Sie berücksichtigen das Trägheitsverhalten der rotierenden Massen.

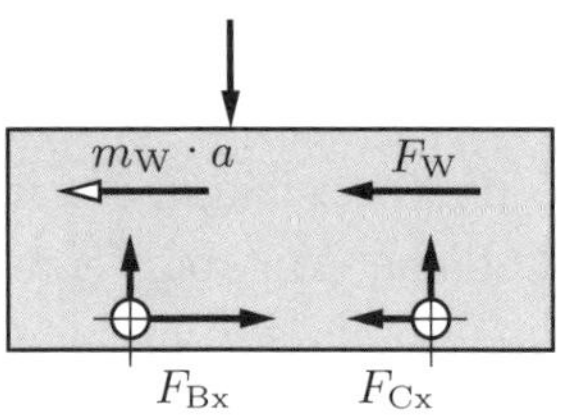

Abb. 7-41: Kontrollsystem für Wagen

Die Berechnung der weiteren Größen und die Zahlenrechnungen hängen nicht vom angewendeten Prinzip ab und können dem Beispiel im Abschnitt 6.4.6 entnommen werden. Die Kontrolle mit Hilfe des Systems Abb. 7-41 soll hier allgemein durchgeführt werden. Dazu ist es notwendig, die horizontalen Lagerkräfte mit den Gleichungen (2) und (4) auszurechnen.

$$F_{Bx} = \left(\frac{J_A}{r^2} + m_{ges} - m_A - m_M\right) \cdot a + F_W$$

Da $m_{ges} = m_W + m_M + 2\,m_A$ ist, gilt

$$F_{Bx} = \left(\frac{J_A}{r^2} + m_W + m_A\right) \cdot a + F_W; \quad F_{Cx} = \left(\frac{J_A}{r^2} + m_A\right) \cdot a$$

$$\sum F_x = 0 \quad F_{Bx} - F_{Cx} - m_W \cdot a - F_W = 0$$

$$\left(\frac{J_A}{r^2} + m_W + m_A\right) \cdot a + F_W - \left(\frac{J_A}{r^2} + m_A\right) \cdot a - m_W \cdot a - F_W = 0.$$

Diese Gleichung ist erfüllt.

Beispiel 4

Für den Kurbelantrieb Abb. 4-11 sind die durch die Massenkräfte verursachten Gelenkkräfte in B und D zu bestimmen,

$$m_{\text{Pl}} = 0{,}600\,\text{kg}; \quad m_{\text{K}} = 0{,}250\,\text{kg}$$
$$J_{\text{Pl}} = 2{,}60 \cdot 10^{-3}\,\text{kg}\,\text{m}^2 \text{ bezogen auf S-Achse}$$

Der Schwerpunkt des Pleuels ist 64,0 mm vom Punkt B entfernt.

Lösung (Abb. 7-42/7-43)

Der Kurbeltrieb wurde kinematisch im Beispiel 1 des Abschnittes 4.4.3 untersucht. Danach bewegt sich der Kolben verzögert nach rechts mit

$$a_{\text{D}} = 7799\,\text{m/s}^2(\leftarrow).$$

Das Pleuel dreht sich beschleunigt entgegen Uhrzeigersinn mit

$$\omega_{\text{DB}} = 94{,}05\,\text{s}^{-1}\ (\circlearrowleft),$$
$$\alpha_{\text{DB}} = 4{,}768 \cdot 10^4\,\text{s}^{-2}\ (\circlearrowleft).$$

Die beiden letzten Werte ermöglichen die Berechnung der Schwerpunktbeschleunigung durch Zerlegung in eine Schiebung und Drehung nach Abb. 7-42 (vergleiche auch Abb. 4-26).

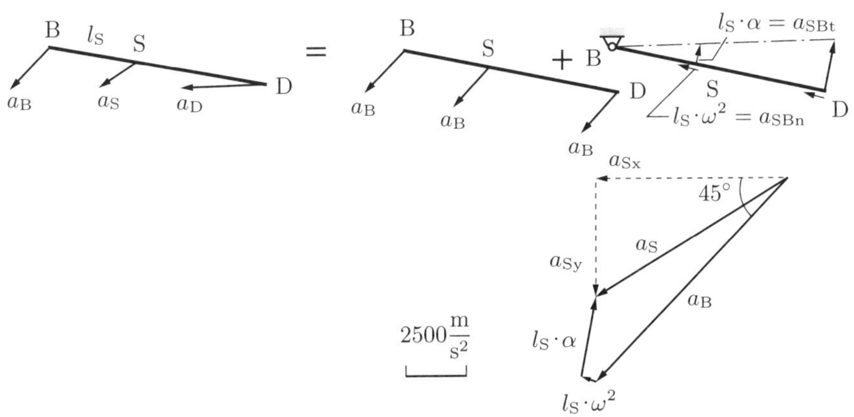

Abb. 7-42: Beschleunigungsplan für den Schwerpunkt des Pleuels nach Abb. 4-11

Aus dem Beschleunigungsviereck erhält man

$$a_{\text{Sx}} = 7774\,\text{m/s}^2\ (\leftarrow); \quad a_{\text{Sy}} = 4653\,\text{m/s}^2\ (\downarrow)$$

Jetzt ist es möglich, die D'ALEMBERTschen Trägheitsreaktionen zu berechnen. Sie wirken entgegengesetzt zu den Beschleunigungen.

$$m_{\text{Pl}} \cdot a_{\text{x}} = 0{,}60\,\text{kg} \cdot 7774\,\text{m/s}^2 = 4664\,\text{N} \quad (\rightarrow)$$
$$m_{\text{Pl}} \cdot a_{\text{y}} = 0{,}60\,\text{kg} \cdot 4653\,\text{m/s}^2 = 2792\,\text{N} \quad (\uparrow)$$
$$J_{\text{SPl}} \cdot \alpha = 2{,}60 \cdot 10^{-3}\,\text{kg}\,\text{m}^2 \cdot 4{,}768 \cdot 10^4\,\text{s}^{-2} = 124\,\text{N}\,\text{m} \quad (\curvearrowright)$$
$$m_{\text{K}} \cdot a_{\text{D}} = 0{,}25\,\text{kg} \cdot 7799\,\text{m/s}^2 = 1950\,\text{N} \quad (\rightarrow)$$

Das Pleuel wird nach Abb. 7-43 freigemacht. Die Gleichgewichtsbedingungen ergeben am Pleuel wirkend die Kräfte

$$\underline{F_{\text{Bx}} = 6{,}61\,\text{kN}(\leftarrow);} \quad \underline{F_{\text{By}} = 1{,}78\,\text{kN}(\downarrow);} \quad \underline{F_{\text{Dy}} = 1{,}01\,\text{kN}(\downarrow).}$$

Das sind die von den Massenkräften verursachten Lagerbelastungen. Hinzu kommt noch die Wirkung der Gaskräfte.

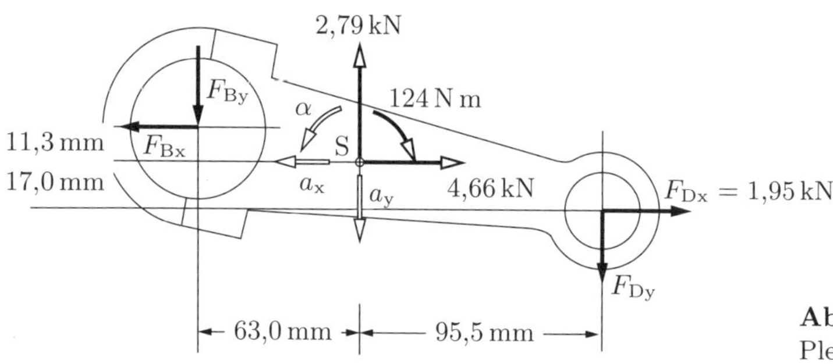

Abb. 7-43: Freigemachtes Pleuel nach Abb. 4-11

7.3.5 Die Drehung um eine beliebige Achse

Ausgegangen wird von einem Körper nach Abb. 7-44. Zunächst soll die Untersuchung für eine Schwerpunktachse durchgeführt werden. Die Drehung erfolgt beschleunigt um die y-Achse. Am Massenelement dm greifen die beiden Trägheitskräfte d$m \cdot r \cdot \omega^2$ und d$m \cdot r \cdot \alpha$ an. Da der Schwerpunkt in Ruhe ist, muß die Resultierende aller dieser Kräfte null sein. Es entstehen jedoch Momente, die in Bezug auf die Koordinatenachsen folgende Größen haben

$$y\text{-Achse} \quad \mathrm{d}M_{\text{y}} = -r \cdot \mathrm{d}m \cdot r \cdot \alpha,$$
$$M_{\text{y}} = -\alpha \cdot \int r^2 \cdot \mathrm{d}m,$$
$$M_{\text{y}} = -J_{\text{y}} \cdot \alpha. \qquad (7\text{-}10)$$

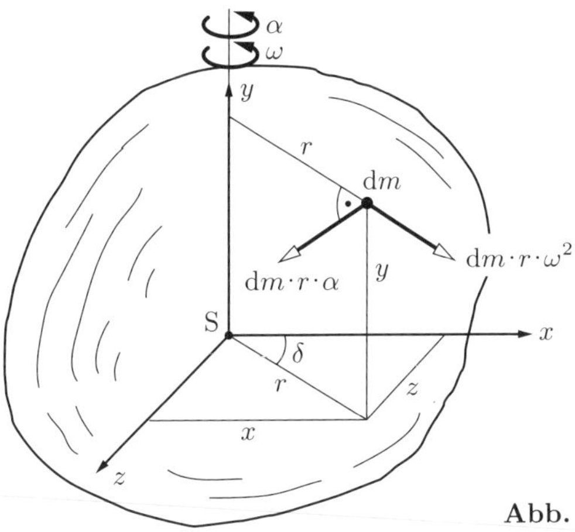

Abb. 7-44: Beschleunigt rotierender starrer Körper

Diese Beziehung entspricht der Gleichung (5-4). Da das Trägheitskräftepaar entgegengesetzt zum angreifenden Moment wirkt, ist das Vorzeichen negativ.

$$x\text{-Achse} \quad \mathrm{d}M_\mathrm{x} = +\mathrm{d}m \cdot r \cdot \alpha \cdot \cos\delta \cdot y + \mathrm{d}m \cdot r \cdot \omega^2 \cdot \sin\delta \cdot y.$$

Dabei sind $r \cdot \sin\delta = z$ und $r \cdot \cos\delta = x$.

x-Achse

$$\begin{aligned} \mathrm{d}M_\mathrm{x} &= +x \cdot y \cdot \mathrm{d}m \cdot \alpha + z \cdot y \cdot \mathrm{d}m \cdot \omega^2, \\ M_\mathrm{x} &= \alpha \int x \cdot y \cdot \mathrm{d}m + \omega^2 \int y \cdot z \cdot \mathrm{d}m \\ M_\mathrm{x} &= J_\mathrm{xy} \cdot \alpha + J_\mathrm{yz} \cdot \omega^2; \end{aligned} \tag{7-11}$$

z-Achse

$$\begin{aligned} \mathrm{d}M_\mathrm{z} &= -\mathrm{d}m \cdot r \cdot \omega^2 \cdot \cos\delta \cdot y + \mathrm{d}m \cdot r \cdot \alpha \cdot \sin\delta \cdot y, \\ &= -x \cdot y \cdot \mathrm{d}m \cdot \omega^2 + y \cdot z \cdot \mathrm{d}m \cdot \alpha, \\ M_\mathrm{z} &= -\omega^2 \int x \cdot y \cdot \mathrm{d}m + \alpha \int y \cdot z \cdot \mathrm{d}m \\ M_\mathrm{z} &= -J_\mathrm{xy} \cdot \omega^2 + J_\mathrm{yz} \cdot \alpha. \end{aligned} \tag{7-12}$$

Für den Fall, daß die y-Achse gleichzeitig Hauptachse ist, gilt

$$J_\mathrm{xy} = 0; \quad J_\mathrm{yz} = 0 \quad \text{und damit} \quad M_\mathrm{x} = 0; \quad M_\mathrm{z} = 0.$$

Daraus folgt:
Nur bei einer Drehung um die Hauptachse sind die Vektoren $\vec{M}$, $\vec{\omega}$, $\vec{\alpha}$ kollinear und liegen in der Drehachse. Bei einer Drehung um eine Achse, die keine

Hauptachse ist, hat der Momentenvektor Komponenten, die senkrecht auf der Drehachse stehen.

Als Beispiele sollen die beiden Systeme Abb. 7-45a) und b) betrachtet werden. Das eingezeichnete Koordinatensystem (Ursprungspunkt = Schwerpunkt) rotiert mit den Wellen mit. Im System a) sind vier Massen symmetrisch angeordnet. Damit ist die Drehachse y gleichzeitig Hauptachse. Da die Zentrifugalmomente null sind, wirkt nur das beschleunigende Moment M_y, das eine zusätzliche Belastung der Lager nicht verursachen kann. Die Lagerkräfte sind für Stillstand und Drehung gleich. Ein solches System nennt man dynamisch ausgewuchtet. *Durch das dynamische Auswuchten*, dessen Durchführung im Abschnitt 9.8.2 erläutert ist, *sollen Haupt- und Drehachse zur Deckung gebracht werden.*

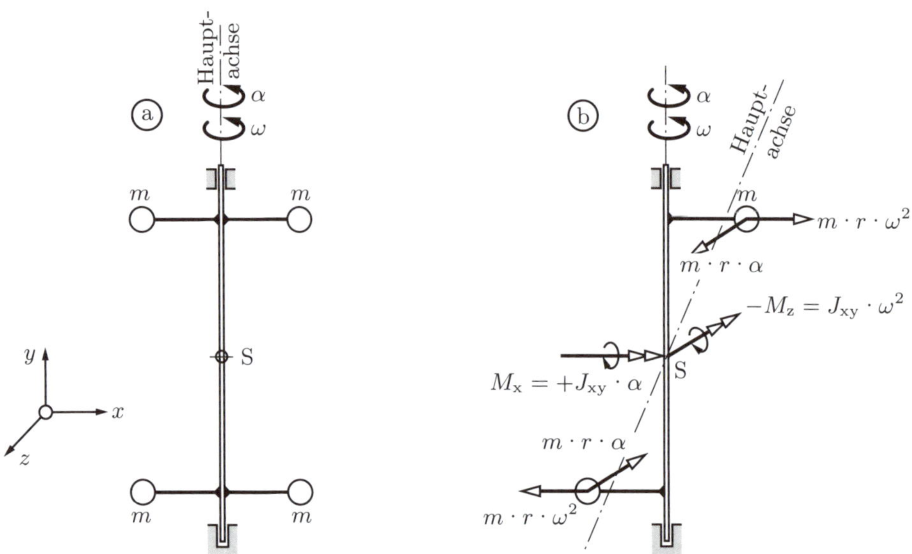

Abb. 7-45: a) Die Drehachse ist eine Hauptachse. b) Die Drehachse und die Hauptachse bilden einen Winkel

Nach Abb. 7-45b werden zwei diagonal gegenüberliegende Massen entfernt. Die Lage des Schwerpunktes bleibt unverändert. Da dieser in der Drehachse liegt, ist die Welle in horizontaler Lage immer im Gleichgewicht. Einen solchen Rotor nennt man *statisch ausgewuchtet.* Bei Drehung entsteht jedoch ein Kräftepaar aus den Fliehkräften an beiden Massen. Es liegt in der x-y-Ebene und hat die Größe $-J_{xy} \cdot \omega^2$ (das beweise der Leser). Da das System eben und in der x-y-Ebene liegt, muß $J_{yz} = 0$ sein. Für den vorliegenden Fall ist so die Gleichung (7-12) bestätigt. Bei beschleunigter Drehung wirken an den beiden Massen tangential die Trägheitskräfte $m \cdot r \cdot \alpha$, die das Moment $M_x = J_{xy} \cdot \alpha$ verursachen

(Beweis wie oben). Das ist die Gleichung (7-11) für $J_{zy} = 0$. Die Momente M_x und M_z laufen mit der Welle um und müssen als zusätzliche Auflagerreaktionen von den Lagern aufgenommen werden. Ungenügend ausgewuchtete Teile verursachen vor allem bei größerer Drehzahl hohe zusätzliche Lagerbelastungen.

Erfolgt die Drehung nicht um eine Schwerpunktachse, dann müssen im Schwerpunkt zusätzlich die D'ALEMBERTschen Kräfte $m \cdot r \cdot \alpha$ und $m \cdot r \cdot \omega^2$ eingetragen werden. Abb. 7-46 zeigt eine schräge Platte, die an einem Arm um die Achse gedreht wird. Von der Halterung der Platte müssen die Kräfte und Momente $m \cdot r \cdot \alpha$; $m \cdot r \cdot \omega^2$; $M_y; M_x; M_z$ nach Gl. (7-10)/(7-11)/(7-12) und die Gewichtskraft aufgenommen werden.

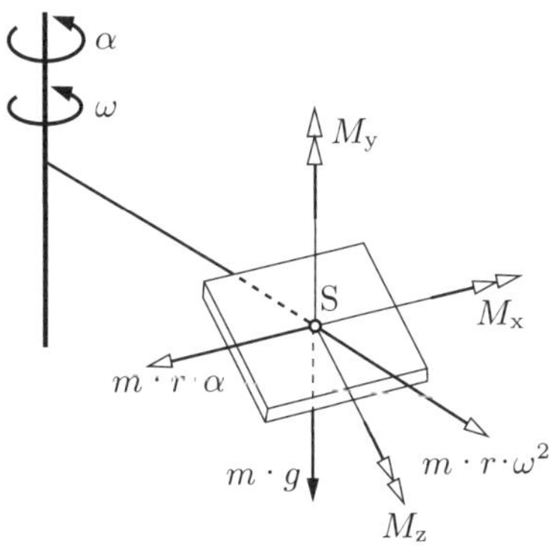

Abb. 7-46: Schräge Platte am rotierenden Arm

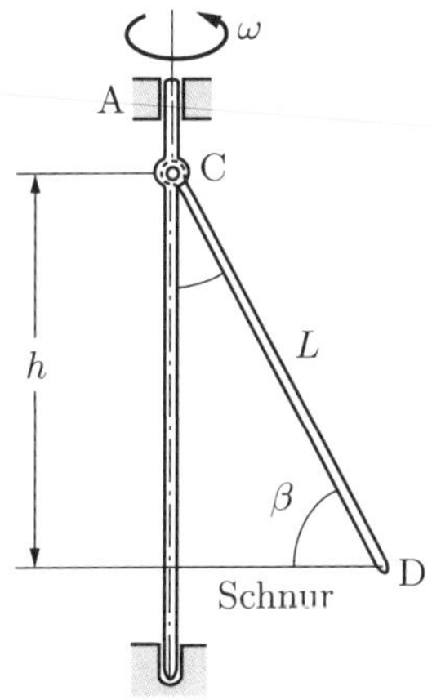

Abb. 7-47: Rotierender Stab

Beispiel 1 (Abb. 7-47)

Ein Stab AB rotiert mit konstanter Drehzahl n. Im Gelenk C ist ein homogener Stab CD der Masse m und der Länge L gelagert. Die Drehzahl ist so groß, daß der Stab ausspreizt und von einer Schnur in Position gehalten wird. Zu bestimmen sind die Gelenkkraft in C und in der Schnur in allgemeiner Form und für

$$m = 5{,}0\,\text{kg}; \quad h = 1{,}50\,\text{m}; \quad n = 100\,\text{min}^{-1}; \quad \beta = 60°.$$

Lösung

Das System wird nach Abb. 7-48 freigemacht und im Schwerpunkt ein Koordinatensystem eingeführt. Da es sich um ein ebenes Gebilde handelt, sind $J_{xz} = 0$

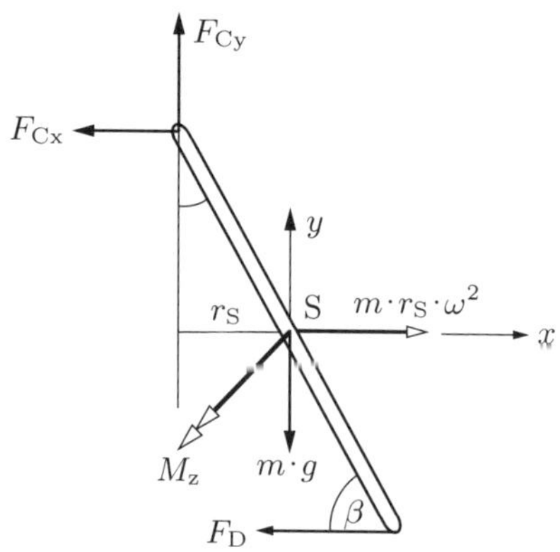

Abb. 7-48: Freigemachter Stab nach Abb. 7-47

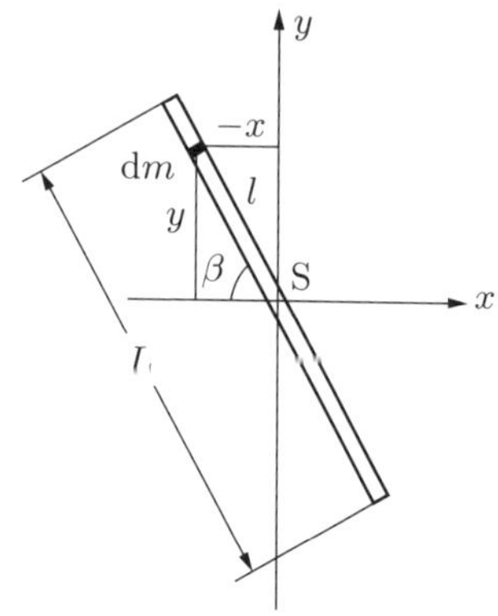

Abb. 7-49: Zur Ableitung des Zentrifugalmomentes

und $J_{yz} = 0$. Da außerdem für konstante Winkelgeschwindigkeit $\alpha = 0$ ist, folgt aus den Gleichungen (7-10)/(7-11)/(7-12)

$$M_x = 0, \quad M_y = 0, \quad M_z = -J_{xy} \cdot \omega^2.$$

Das Zentrifugalmoment wird berechnet. Die Geometrie zeigt die Abb. 7-49.

$$J_{xy} = \int_{-\frac{L}{2}}^{+\frac{L}{2}} (-x) \cdot y \cdot \mathrm{d}m, \quad \mathrm{d}m = \varrho \cdot A \cdot \mathrm{d}l,$$

$$= -\varrho \cdot A \cdot \int_{-\frac{L}{2}}^{+\frac{L}{2}} l \cdot \cos\beta \cdot l \cdot \sin\beta \cdot \mathrm{d}l$$

$$= -\varrho \cdot A \cdot \cos\beta \cdot \sin\beta \cdot 2 \int_{0}^{\frac{L}{2}} l^2 \cdot \mathrm{d}l.$$

Mit $2 \cdot \sin\beta \cdot \cos\beta = \sin 2\beta$ erhält man

$$J_{xy} = -\varrho \cdot A \cdot \sin 2\beta \cdot \frac{L^3}{24}$$

Dabei ist $m = L \cdot \varrho \cdot A$

$$J_{xy} = -\frac{m \cdot L^2}{24} \sin 2\beta \tag{1}$$

Die Berechnung des Zentrifugalmomentes hätte auch mit der Gleichung (6-17) erfolgen können. Jedoch muß das für die Ableitung verwendete Koordinatensystem nach Abb. 6-37 dem hier vorliegenden angepaßt werden. Das geschieht in der Abb. 7-50. Bei der Anwendung der Gleichung (6-17) ist zu bedenken,

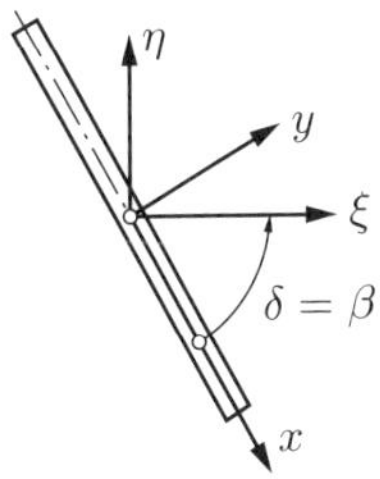

Abb. 7-50: Koordinatensystem für die Auswertung der Gleichung (6-17)

daß die Trägheitsmomente im x-y-System bekannt sind und für die gedrehten Koordinaten $\xi;\eta$ gesucht werden. Der Winkel δ ist von der x-Achse im mathematisch positiven Sinn zur ξ-Achse gemessen. Hier gilt $\delta = \beta$, sowie $J_\mathrm{y} = m \cdot L^2/12, J_\mathrm{x} = 0; J_\mathrm{xy} = 0$. Das führt auf ein Zentrifugalmoment (Gl. (6-17))

$$J_{\xi\eta} = \frac{J_\mathrm{x} - J_\mathrm{y}}{2} \sin 2\delta + J_\mathrm{xy} \cdot \cos\delta$$

$$J_{\xi\eta} = -\frac{m \cdot L^2}{24} \sin 2\delta$$

Damit ist die Ableitung bestätigt. Die Auswertung der Beziehung (1) erfolgt mit $L = h/\sin\beta$ und ergibt mit den gegebenen Daten $J_\mathrm{xy} = -0{,}541\,\mathrm{kg\,m^2}$. Das Moment ist mit $\omega = 2 \cdot \pi \cdot n = 10{,}47\,\mathrm{s^{-1}}$

$$M_\mathrm{z} = -J_\mathrm{xy} \cdot \omega^2 = +59{,}36\,\mathrm{N\,m}$$

Für das freigemachte System Abb. 7-48 werden die Gleichgewichtsbedingungen aufgestellt

$$\sum M_\mathrm{C} = 0 \qquad -F_\mathrm{D} \cdot h - m \cdot g \cdot r_\mathrm{S} + m \cdot r_\mathrm{S} \cdot \omega^2 \cdot \frac{h}{2} + M_\mathrm{z} = 0$$

$$F_\mathrm{D} = \frac{1}{2} m \cdot r_\mathrm{S} \cdot \omega^2 + \frac{M_\mathrm{z}}{h} - m \cdot g \cdot \frac{r_\mathrm{S}}{h}$$

Der Radius wird aus $r_\mathrm{S} = h/(2\tan\beta)$ berechnet. Die Auswertung liefert

$$\underline{F_\mathrm{D} = 144{,}1\,\mathrm{N} \ (\leftarrow)}$$

$$\sum F_\mathrm{x} = 0 \Rightarrow \underline{F_\mathrm{Cx}} = m \cdot r_\mathrm{S} \cdot \omega^2 - F_\mathrm{D} = \underline{93{,}2\,\mathrm{N} \ (\leftarrow)}$$

$$\sum F_\mathrm{y} = 0 \Rightarrow \underline{F_\mathrm{Cy}} = m \cdot g = \underline{49{,}1\,\mathrm{N} \ (\uparrow)}$$

Zum besseren Verständnis der Wirkung des Momentes M_z soll das Ergebnis auf anderem Wege bestätigt werden. Der Stab wird dazu nach Abb. 7-51 in einzelne Massenelemente aufgeteilt. An jedem greift eine Fliehkraft $dm \cdot r \cdot \omega^2$ an.

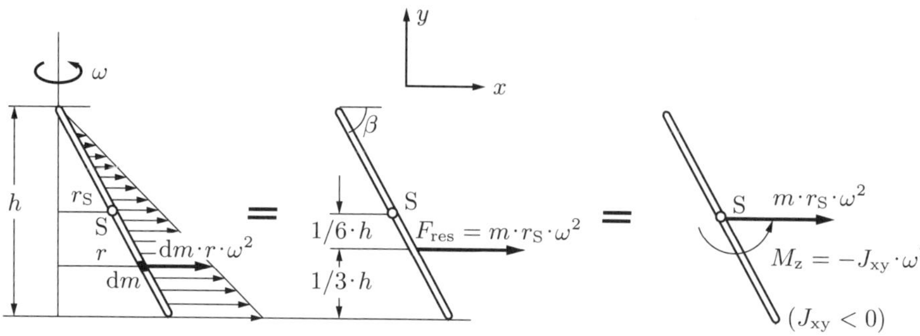

Abb. 7-51: Ursache des Momentes M_z

Da der Radius von C aus linear zunimmt, gilt das auch für die Fliehkräfte. Der Leser beweise durch Integration, daß die Größe der Resultierenden $F_{res} = m \cdot r_S \cdot \omega^2$ ist, sich also so berechnet, als wäre die gesamte Masse im Schwerpunkt vereinigt. Mit dieser Vorstellung kann man jedoch nicht die Lage dieser Resultierenden festlegen.

Die Resultierende einer dreieckförmigen Streckenlast liegt bei $\frac{1}{3}\,L$ bzw. $\frac{1}{3}\,h$. Verschiebt man die Resultierende um $\frac{1}{6}\,h$ in den Schwerpunkt, dann muß ein Moment $M = F_{res} \cdot \frac{1}{6}\,h$ addiert werden (Band 1, Kapitel 3).

Es soll bewiesen werden, daß dieses Moment gerade das Moment M_z ist,

$$\begin{aligned} M &= F_{res} \cdot \frac{1}{6} \cdot h \\ &= m \cdot r_S \cdot \omega^2 \cdot \frac{1}{6} \cdot h. \end{aligned}$$

Mit $r_S = L/2 \cdot (\cos\beta)$ und $h = L \cdot \sin\beta$ erhält man

$$M = m \cdot \frac{L}{2} \cdot \cos\beta \cdot \omega^2 \cdot \frac{1}{6} \cdot L \cdot \sin\beta$$

Eine Zusammenfassung und Einführung von $2 \cdot \sin\beta \cdot \cos\beta = \sin 2\beta$ führt auf

$$M = \frac{m \cdot L^2}{24} \sin 2\beta \cdot \omega^2$$

Der Vergleich mit der Beziehung (1) läßt die Struktur der Gleichung erkennen

$$M = -J_{xy} \cdot \omega^2$$

Das ist die Gleichung (7-12) für $J_{yz} = 0$. Das Moment versucht, den Stab in eine horizontale Lage zu bringen, wo es null wird ($\beta = 0$). Für diese Position ist die Drehachse die Hauptachse. Allgemein gilt: *Zentrifugalmomente versuchen einen Rotor so zu verlagern, daß die Drehung um eine Hauptachse erfolgt. Wird der Rotor durch starre Lager daran gehindert, verursachen die Zentrifugalmomente zusätzliche, umlaufende Lagerkräfte.* Ein mit Drall hochgeworfener Körper rotiert nach anfänglichem Taumeln um eine Hauptachse.

Abb. 7-52: Axialgebläse mit verstellbaren Laufschaufeln
Foto: TLT-Turbo GmbH – Bad Hersfeld

Beispiel 2 (Abb. 7-52)

Die Abbildung zeigt einen Axialventilator mit verstellbaren Schaufeln (System Verstellpropeller). Die einzelnen Schaufeln stehen schräg zur Drehachse. Deshalb entstehen Momente, die eine Drehung um die Längsachsen der Profile einleiten. Das Laufrad würde ohne Einwirkung weiterer Kräfte „schließen". Um die notwendigen Verstellkräfte klein zu halten, sollen durch Anbringen von Zusatzmassen die durch die Trägheitswirkungen verursachten Verstellmomente kompensiert werden. Dazu soll modellhaft ein Profil durch eine Platte nach Abb. 7-53 ersetzt werden. Für die unten gegebenen Daten ist das Moment zu berechnen, das ohne Vorhandensein der Ausgleichsmasse die Platte um die z-Achse zu drehen versucht. Im zweiten Schritt ist die Größe der Ausgleichsmasse so zu bestimmen, daß dieses Moment vollständig kompensiert wird.

Schaufel (homogene Platte)	$m = 2{,}0\,\mathrm{kg}$
	$l = 150\,\mathrm{mm}$
	$h = 200\,\mathrm{mm}$
Ausgleichsmasse (homogener Quader)	$e = 100\,\mathrm{mm}$
	unter 45° zur y-Achse
Drehzahl des Ventilators	$n = 1450\,\mathrm{min}^{-1}$

Lösung (Abb. 7-53/7-54)

Die Platte dreht sich bei Rotation des Laufrades auch um ihre eigene senkrechte Schwerpunktachse (y-Achse der *Schaufel*). Das erkennt man z.B. am Modell nach Abb. 4-3. Beachtet man dieses, dann versteht man das Bestreben der Platte, sich horizontal zu legen. Die Gleichung (7-12) wird für $\alpha = 0$ ausgewertet

$$M_{\mathrm{z}} = -J_{\mathrm{xy}} \cdot \omega^2$$

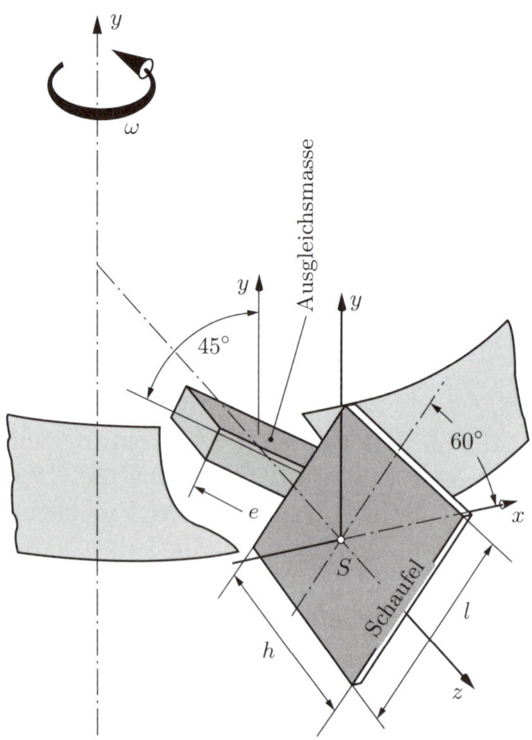

Abb. 7-53: Laufschaufel mit Ausgleichmasse

Für die Berechnung des Zentrifugalmomentes wird auf das vorige Beispiel zurückgegriffen. Das für die Gleichung (6-17) geltende Koordinatensystem auf die Schaufel angewendet zeigt die Abb. 7-54. Mit

$$J_{\mathrm{x}} = \frac{m \cdot h^2}{12}; \quad J_{\mathrm{y}} = \frac{m}{12}(h^2 + l^2); \quad J_{\mathrm{xy}} = 0$$

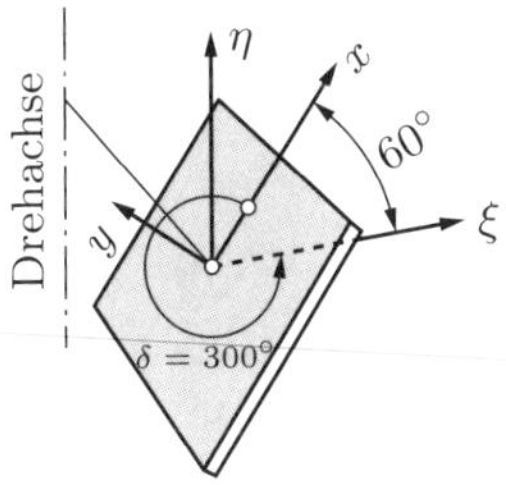

Abb. 7-54: Koordinatensystem für die Auswertung der Gleichung (6-17)

erhält man aus der Gleichung (6-17)

$$J_{\xi\eta} = -\frac{m \cdot l^2}{24} \sin(2 \cdot 300°)$$

In dem hier eingeführten Koordinatensystem nach Abb. 7-53 entspricht dieser Ausdruck J_{xy}

$$J_{\mathrm{xy}} = -\frac{2{,}0\,\mathrm{kg} \cdot 0{,}15^2\,\mathrm{m}^2}{24} \sin(600°) = +1{,}624 \cdot 10^{-3}\,\mathrm{kg\,m^2}$$

Für die Ausgleichsmasse erhält man auf analogem Wege mit $\delta = 45°$

$$J_{\mathrm{xyA}} = -\frac{m_{\mathrm{A}} \cdot e^2}{24}$$

Die Bedingung $M_{\mathrm{z}} = 0$ führt auf $J_{\mathrm{xy\,ges}} = 0$, woraus

$$J_{\mathrm{xyA}} = -1{,}624 \cdot 10^{-3} \mathrm{kg\,m^2} \text{ folgt.}$$

Deshalb ist

$$\underline{m_{\mathrm{A}}} = -\frac{24 \cdot J_{\mathrm{xyA}}}{e^2} = -\frac{24(-1{,}624 \cdot 10^{-3})\,\mathrm{kg\,m^2}}{0{,}10^2\,\mathrm{m}^2} = \underline{3{,}90\,\mathrm{kg}}$$

Die Schaufeln eines Ventilators sind oft aus Leichtmetall gefertigt, die Ausgleichsmasse aus Stahl. Deshalb können diese sehr kompakt ausgeführt werden.

Das von der Schaufel ohne Ausgleichsmasse verursachte Verstellmoment hat die Größe

$$\underline{M_z} = -J_{xy} \cdot \omega^2 = -1{,}624 \cdot 10^{-3}\,\mathrm{kg\,m^2} \left(2\pi \frac{1450}{60}\right)^2 \mathrm{s}^{-2} = \underline{-37{,}4\,\mathrm{N\,m}}$$

Es ist negativ und wirkt in der Ansicht der Abb. 7-53 im Uhrzeigersinn. Das stimmt mit den eingangs angestellten Überlegungen überein.

7.4 Zusammenfassung

Nach dem D'ALEMBERTschen Prinzip werden zusätzlich zu den an einer beschleunigten Masse wirkenden Kräfte (Momente) die Trägheitskraft (das Trägheitskräftepaar) entgegengesetzt zur Bewegungsrichtung eingeführt. Für das so erweiterte Kräftesystem gelten die statischen Gleichgewichtsbedingungen. Damit ist ein Problem der Kinetik auf eines der Statik reduziert.

Im Gegensatz zum Impulssatz, der zwei Bewegungszustände vergleicht, die den zeitlichen Abstand Δt haben, wird mit dem D'ALEMBERTschen Prinzip eine Augenblickssituation erfaßt. Deshalb führt die Anwendung dieses Prinzips besonders schnell zum Ziel, wenn bei Vorgängen mit variabler Beschleunigung Augenblickswerte bestimmt werden sollen. Darüber hinaus ist dieses Verfahren besonders günstig, wenn es sich um Systeme mit konstanter Beschleunigung handelt. Die Begründung dafür ist, daß der Augenblickszustand für den gesamten Ablauf gilt, da sich die Trägheitsreaktionen nicht ändern.

Massenpunkt und Schiebung eines starren Körper

Erfolgt die Einführung der Trägheitskraft $m \cdot \vec{a}$ entgegengesetzt zur *Bewegungsrichtung*, gilt

$$a > 0: \text{Beschleunigung;} \qquad a < 0: \text{Verzögerung.}$$

Bei Zerlegung des Beschleunigungsvektors in Komponenten muß jeder Komponente eine Trägheitskraft zugeordnet werden. Angewendet auf die Normalbeschleunigung einer krummlinigen Bewegung erhält man als Trägheitskraft, die die Masse auf geradliniger Bahn halten will, die Fliehkraft

$$Z = m \cdot a_\mathrm{n} = m \cdot \frac{v^2}{r} = m \cdot r \cdot \omega^2. \tag{7-5}$$

Die bei einer Relativbewegung auf einem rotierenden System auftretende CORIOLISbeschleunigung führt auf die CORIOLISkraft

$$F_\mathrm{Cor} = m \cdot a_\mathrm{Cor} = 2m \cdot \omega \cdot v_\mathrm{rel}, \tag{7-6}$$

in Vektorschreibweise

$$\vec{F}_{\mathrm{Cor}} = 2m \cdot \vec{\omega} \times \vec{v}_{\mathrm{rel}}. \tag{7-7}$$

Drehung um eine Hauptachse

Da der Schwerpunkt in Ruhe ist, muß die Resultierende aller Kräfte null sein. Die wirkenden Kräfte lassen sich zu einem Kräftepaar (Moment) zusammenfassen, das die beschleunigte Drehung verursacht. Wird die D'ALEMBERTsche Trägheitsreaktion $J_{\mathrm{S}} \cdot \vec{\alpha}$ entgegengesetzt der *Drehrichtung* eingeführt, gilt

$\alpha > 0$: Beschleunigung; $\alpha < 0$: Verzögerung.

Bei *Drehung um eine zur Hauptachse parallele Achse und der allgemeinen Bewegung* in einer Ebene senkrecht zur Hauptachse müssen die Trägheitsreaktionen auf die Schwerpunktachse bezogen sein. Die Trägheitskraft wird aus der Schwerpunktbeschleunigung berechnet und im Schwerpunkt eingetragen ($m \cdot \vec{a}_{\mathrm{S}}$). Das Trägheitskräftepaar bestimmt man aus dem auf die Schwerpunktachse bezogenen Trägheitsmoment ($J_{\mathrm{S}} \cdot \vec{\alpha}$).

Drehung um eine beliebige Achse
Die Vektoren $\vec{M}$ und $\vec{\omega}$ sind, im Gegensatz zu den oben beschriebenen Fällen, nicht kollinear. Für eine Drehung um die y-Achse besteht der Momentenvektor aus folgenden Komponenten

$$M_{\mathrm{y}} = -J_{\mathrm{y}} \cdot \alpha \tag{7-10}$$
$$M_{\mathrm{x}} = J_{\mathrm{xy}} \cdot \alpha + J_{\mathrm{yz}} \cdot \omega^2 \tag{7-11}$$
$$M_{\mathrm{z}} = -J_{\mathrm{xy}} \cdot \omega^2 + J_{\mathrm{yz}} \cdot \alpha \tag{7-12}$$

Bei einer solchen Drehung wirken umlaufende Momente M_{x}; M_{y}, die die Lager zusätzlich belasten. Diese verschwinden, wenn die Zentrifugalmomente null werden. Das ist die Bedingung für die Hauptachse. Daraus folgt: *Bei Drehung um eine Hauptachse versucht ein Rotor nicht, die Lage der Drehachse zu ändern. Durch die Drehung werden keine zusätzlichen Lagerkräfte verursacht. Einen solchen Rotor nennt man dynamisch ausgewuchtet* (s. Abschnitt 9.8.2).

8 Die Energie

8.1 Einführung

Nach der Definition der Begriffe *Arbeit* und *Leistung* kann man die Energieformen der Mechanik, das sind potentielle, kinetische und elastische Energie, ableiten. Der *Energiesatz* wird als Bilanz für ein betrachtetes mechanisches System aufgestellt. Dabei werden abgeführte Arbeit und/oder zugeführte Arbeit und durch Dissipation „vernichtete" Arbeit (Reibung) berücksichtigt.

Der Abschnitt *Punktmasse* greift den zentralen Stoß wieder auf, um den beim realen Stoß auftretenden „Energieverlust" zu berechnen.

Der Energiesatz für ein *strömendes Fluid* (*kontinuierlicher Massenstrom*) führt unmittelbar auf die in der Strömungslehre besonders wichtige BERNOULLIsche[1] Gleichung

Bei der Anwendung auf den *starren Körper* werden Schiebung, Drehung und allgemeine Bewegung betrachtet.

Auch der Energiesatz folgt wie der Impulssatz und das D'ALEMBERTsche Prinzip aus dem Dynamischen Grundgesetz. Aus diesem Grund sind Aufgaben aus dem Bereich der Kinetik nach allen drei Verfahren lösbar (Ausnahme Stoß, s.o.). Um das zu zeigen, werden Beispiele aus den beiden vorhergehenden Kapiteln hier wieder aufgegriffen.

Der „Satz von der Erhaltung der Energie" ist der dritte Erhaltungssatz der Mechanik.

8.2 Die Definition von Arbeit und Leistung

Die Definition des Begriffes „Arbeit" lautet vereinfacht: „Arbeit = Kraft × Weg". Der „Weg" ist die Strecke, um die die Kraft verschoben wird. Die Wirkungslinie der Kraft liegt in Verschiebungsrichtung. Angewendet auf eine Punktmasse, die auf einer Bahn nach Abb. 8-1 von einer schrägen Kraft bewegt wird, erhält man

[1] BERNOULLI, Daniel (1700–1782), schweizer Mathematiker

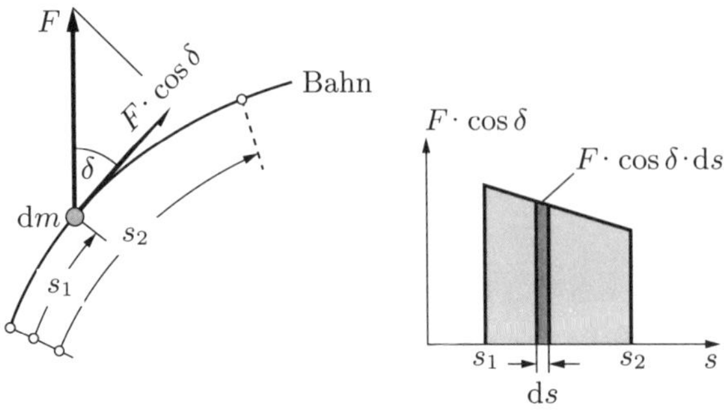

Abb. 8-1: Zur Definition des Begriffs „Arbeit“

für den Verschiebungsweg ds ein Arbeitsdifferential

$$\mathrm{d}W = F \cdot \cos\delta \cdot \mathrm{d}s. \tag{1}$$

Auf dem Weg von s_1 nach s_2 wird die Arbeit

$$W = \int_{s_1}^{s_2} F \cdot \cos\delta \cdot \mathrm{d}s \tag{8-1}$$

aufgewendet. Dabei ändert sich das Produkt $F \cdot \cos\delta$ mit dem Weg. Zugeordnete Werte werden in einem Kraft-Weg-Diagramm nach Abb. 8-1 aufgetragen. Man erkennt, daß die von einem solchen Diagramm eingeschlossene Fläche der Arbeit entspricht, die bei der Verschiebung aufzuwenden ist. Die Gleichung (1) kann als skalares Produkt der Vektoren „Kraft“ und „Weg“ aufgefaßt werden

$$\mathrm{d}W = \vec{F} \cdot \mathrm{d}\vec{s}.$$

Die Arbeit ist ein Skalar, d.h. sie wird durch einen Zahlenwert als Maß ihrer Größe bestimmt.

Der Arbeitsbegriff soll auf eine Kreisbahn nach Abb. 8-2 angewendet werden.

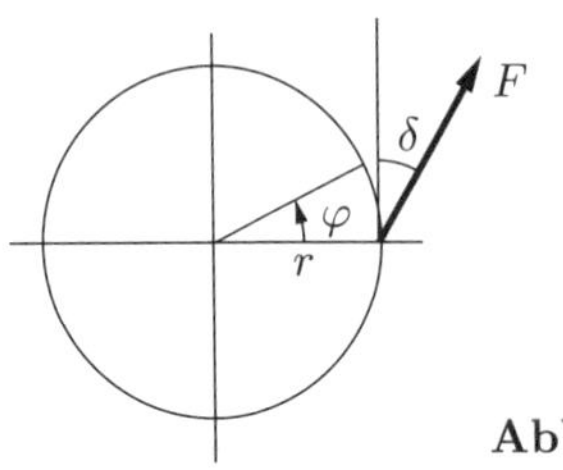

Abb. 8-2: Zur Ableitung der Arbeitsgleichung für eine Kreisbahn

Mit $\mathrm{d}s = r \cdot \mathrm{d}\varphi$ erhält man

$$W = \int_{\varphi_1}^{\varphi_2} F \cdot \cos\delta \cdot r \cdot \mathrm{d}\varphi$$

Dabei ist $F \cdot \cos\delta \cdot r$ das auf den Kreismittelpunkt bezogene Moment

$$W = \int_{\varphi_1}^{\varphi_2} M \cdot \mathrm{d}\varphi \qquad (8\text{-}2)$$

Das ist die Arbeit, die bei der Drehung einer Masse durch ein Moment aufzubringen ist.

Für den Sonderfall *konstantes Moment* bzw. *konstante Kraft in Bewegungsrichtung* erhält man

$$W = F \cdot s, \qquad W = M \cdot \varphi. \qquad (8\text{-}3)$$

Die Dimension der Arbeit ist Kraft × Länge, die Einheiten je nach Größenordnung N m, kN m usw. Für die Arbeit 1 N m wird als Einheit der Arbeit die Bezeichnung 1 J (Joule) eingeführt:

$$1\,\mathrm{N\,m} = 1\,\mathrm{J}.$$

Aus den oben gegebenen Erläuterungen folgt unmittelbar der Unterschied zwischen der Arbeit und dem Moment, das die gleiche Dimension hat.

Sind Kraftkomponente $\vec{F}$ und Weg $\vec{s}$ gleichgerichtet, dann ist die Arbeit W positiv, sind sie entgegengesetzt gerichtet, dann ist wegen der Vektoreigenschaft von $\vec{F}$ und $\vec{s}$ die Arbeit negativ. Die Arbeit wird null, wenn

1. die angreifende Kraft senkrecht zur Verschiebungsrichtung steht ($\cos\delta = 0$),
2. die Kraft auf ruhender Bahn nicht verschoben wird ($\mathrm{d}s = 0$),
3. es sich um innere Kräfte handelt, die als actio und reactio immer paarweise entgegengesetzt auftreten. Beide verrichten bei Verschiebung die gleiche Arbeit, jedoch von entgegengesetzten Vorzeichen, so daß insgesamt die Arbeit null ist.

Die Punkte sollen diskutiert werden.

zu 1) Als Beispiel sei eine Masse betrachtet, die horizontal verschoben wird. Bei diesem Vorgang verrichten die Gewichtskräfte keine Arbeit.

zu 2) Auch eine ruhende Kraft kann eine Arbeit leisten, wenn die Unterlage relativ zur Kraft verschoben wird. Dafür ist eine Scheibenbremse ein Beispiel.

zu 3) Der Umkehrschluß zu der obigen Formulierung lautet: nur aufgeprägte, äußere Kräfte können Arbeit an einem System verrichten.

Der Leser sollte sich an dieser Stelle darüber klar werden, daß die Definition des Begriffs „Arbeit" in der Physik nicht dem üblichen Sprachgebrauch entspricht. Als Beispiel sei folgender Vorgang betrachtet. Eine Masse wird in der Hand gehalten. Da keine Bewegung vorliegt, ist nach dem Punkt 2 der obigen Aufzählung die Arbeit an der Masse gleich Null. Es ließe sich trotzdem eine durch Anspannung der Muskeln verursachter erhöhter kJoule (kcal)-Verbrauch des Körpers nachweisen. Das Massenstück wird gehoben und wieder auf die Ausgangslage herabgelassen. Beim Heben sind Handkraft und Bewegung gleichgerichtet. Die Arbeit ist positiv. Beim Senken ist wegen der Umkehr der Bewegung die Arbeit negativ. Beide Anteile heben sich auf. Nach der Definition der Physik wird bei dem beschriebenen Vorgang keine Arbeit verrichtet. Hier sieht man besonders deutlich die Diskrepanz zwischen der Definition und dem Sprachgebrauch.

Es soll die Arbeit einer Kraft konstanter Größe bestimmt werden, die im Raum ihre Richtung nicht ändert und dabei auf einer beliebigen Bahn bewegt wird. Das ist z.B. die Gewichtskraft, die das Abgleiten eines Körpers nach Abb. 8-3 auf einer geneigten Unterlage verursacht.

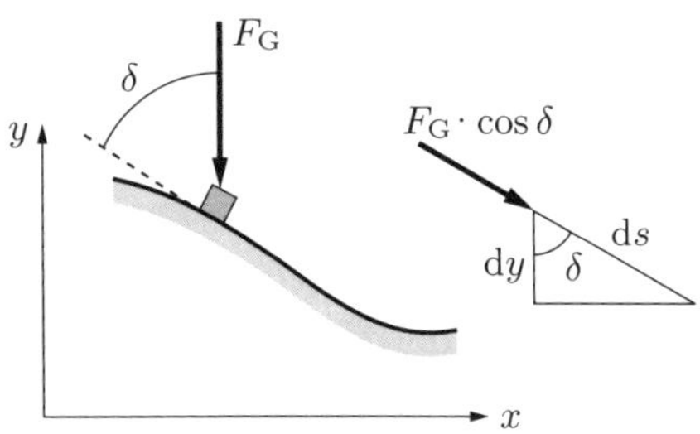

Abb. 8-3: Arbeit einer Kraft, die zur Ausgangslage parallel bleibt

Nach Gleichung (1) ist

$$\mathrm{d}W = F_\mathrm{G} \cdot \cos\delta \cdot \mathrm{d}s;$$

dabei ist $\cos\delta \cdot \mathrm{d}s = \mathrm{d}y$,

$$\mathrm{d}W = F_\mathrm{G} \cdot \mathrm{d}y,$$

$$W = F_\mathrm{G} \cdot (y_2 - y_1). \tag{8-4}$$

Für den oben beschriebenen Fall ist die Arbeit unabhängig von dem tatsächlich zurückgelegten Weg. Sie ist gleich der Kraft multipliziert mit der auf die

Kraftrichtung projizierten Entfernung zwischen Anfang und Endzustand. Auf dieser Überlegung basiert die Definition der potentiellen Energie. In diese geht nur die Differenz der Höhenlagen ein und nicht der tatsächliche Verlagerungsweg.

Die an einer Feder angreifende Kraft nimmt linear mit der Deformation der Feder zu. In einem Kraft-Weg-Diagramm nach Abb. 8-4 erhält man eine Gerade, deren Gleichung in allgemeiner Form $F = c \cdot s$ lautet. Man nennt c die *Federkonstante.* Sie ist ein Maß für die Steifheit der Feder und hat die Dimension Kraft pro Länge (vergleiche E-Modul und HOOKEsches Gesetz Band 2). Da $\vec{s}$ und $\vec{F}$ kollinear sind, gilt

$$\mathrm{d}W = F \cdot \mathrm{d}s = c \cdot s \cdot \mathrm{d}s, \quad \Longrightarrow W = c \int_{s_1}^{s_2} s \cdot \mathrm{d}s,$$

$$W = \frac{c}{2}(s_2^2 - s_1^2). \tag{8-5}$$

Das ist die Arbeit, die notwendig ist, um die Feder von s_1 nach s_2 zu verlängern. Graphisch wird sie von der Fläche im Kraft-Weg-Diagramm dargestellt. In der Abb. 8-4 ist sie durch ein Raster gekennzeichnet.

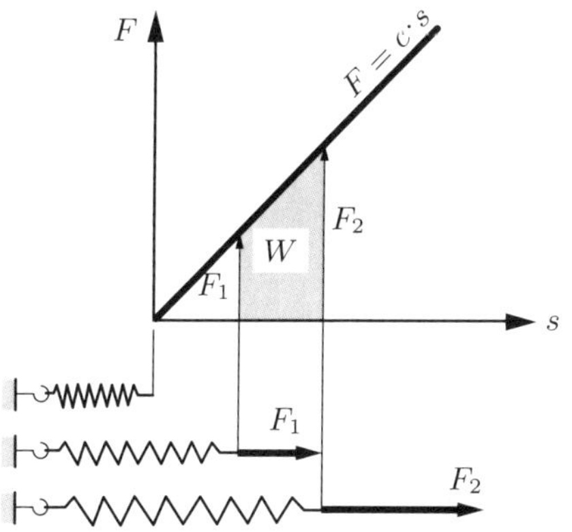

Abb. 8-4: Arbeit an einer elastischen Feder

Die Leistung ist definiert als die auf die Zeit bezogene Arbeit.

$$P = \frac{\mathrm{d}W}{\mathrm{d}t}$$

Für eine Kraft F, die in Richtung der Bewegung wirkt, ist

$$P = \frac{F \cdot \mathrm{d}s}{\mathrm{d}t}$$

$$P = F \cdot v \tag{8-6}$$

Die Anwendung auf eine Kreisbahn führt über $v = r \cdot \omega$ und $M = F \cdot r$ auf

$$P = M \cdot \omega \tag{8-7}$$

$F; v$ und $M; \omega$ sind jeweils zugeordnete Werte. Die Gleichungen (8-6)/(8-7) gelten auch für variable Größen.

Die Dimension der Leistung ist Kraft · Länge · Zeit^{-1}, die Einheiten sind je nach Größenordnung N m/s, kN m/s usw. Für die Leistung 1 N m/s wird als Einheit der Leistung die Bezeichnung 1 W (Watt) eingeführt. Man erhält damit

$$1\,\frac{\mathrm{N\,m}}{\mathrm{s}} = 1\,\frac{\mathrm{J}}{\mathrm{s}} = 1\,\mathrm{W}; \quad 1\,\frac{\mathrm{kN\,m}}{\mathrm{s}} = 1\,\frac{\mathrm{kJ}}{\mathrm{s}} = 1\,\mathrm{kW}.$$

Für die Arbeit wird auch die Einheit

$$1\,\mathrm{N\,m} = 1\,\mathrm{J} = 1\,\mathrm{W\,s}; \quad 1\,\mathrm{kN\,m} = 1\,\mathrm{kJ} = 1\,\mathrm{kW\,s}$$

verwendet. Als Beispiel sei der Stromzähler (eigentlich Arbeitszähler) im Haushalt genannt, der in kW h geeicht ist.

Verursacht eine Kraft F die Beschleunigung a einer Masse m, dann ist dazu die Beschleunigungsleistung

$$P = F \cdot v$$
$$P = m \cdot a \cdot v \tag{8-8}$$

notwendig. Während eines Anfahrvorganges nimmt normalerweise die Beschleunigung a ab, während die Geschwindigkeit v zunimmt. Das ist qualitativ in der Abb. 8-5 dargestellt. Wenn die Endgeschwindigkeit erreicht ist, geht die Beschleunigung nach Null. Geht die Bewegung von der Ruhelage aus, dann ist im Anfangspunkt die Geschwindigkeit $v = 0$. Die Beschleunigungsleistung, die sich mit dem Produkt $a \cdot v$ ändert, ist null für den Zeitpunkt des Bewegungsbeginnes und beim Erreichen der Endgeschwindigkeit. Zwischen diesen beiden Punkten erreicht die Beschleunigungsleistung einen Maximalwert.

Analoge Überlegungen für die Drehung führen zu der Beziehung.

$$P = M \cdot \omega,$$
$$P = J \cdot \alpha \cdot \omega. \tag{8-9}$$

Auch hier handelt es sich nicht um einen konstanten Wert, sondern um eine mit der Zeit je nach Anfahrvorgang veränderliche Funktion. Es gilt alles sinngemäß

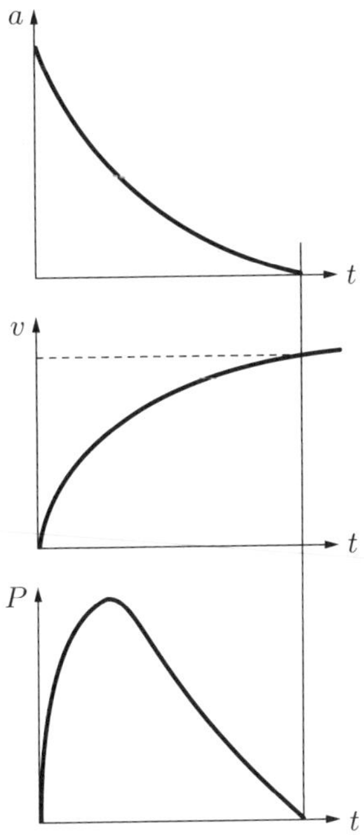

Abb. 8-5: Zeitliche Abhängigkeit der Beschleunigungsleistung bei einem Anfahrvorgang

für die Bremsung eines Systems. Die errechnete negative Leistung wird z.B. in einer Bremse in Wärme umgesetzt.

Beispiel

Ein PKW der Masse m fährt mit konstanter Geschwindigkeit v eine Steigung hinauf. Während der Fahrt wird das Gaspedal durchgetreten und die dadurch verursachte Beschleunigung a gemessen. Der Wirkungsgrad η für die Leistungsübertragung von der Motorkupplung zu den Rädern und die Summe von Luft- und Rollwiderstand F_W seien bekannt. In allgemeiner Form und für die unten gegebenen Daten sind zu bestimmen:

a) die auf die Fahrbahn übertragene Leistung für $v =$ konst.,
b) die abgegebene Motorleistung für a),
c) die während der Beschleunigung abgegebene Motorleistung,
d) die für c) notwendige Haftreibungszahl an den angetriebenen Rädern, wenn diese mit der halben Gewichtskraft belastet sind.

$$m = 1100\,\text{kg}; \quad v = 130\,\text{km/h}; \quad \eta = 0{,}90; \quad a = 0{,}60\,\text{m/s}^2$$
$$F_W = 800\,\text{N}; \quad \text{Steigung } 5{,}0\%.$$

Lösung

zu a) Die an den Rädern übertragene Leistung muß die Widerstände und den Hangabtrieb überwinden. Mit arc tan 0,05 = 2,86° erhält man

$$\begin{aligned} P_R &= F \cdot v = (F_W + m \cdot g \cdot \sin\delta) \cdot v \\ &= (800 + 1100 \cdot 9{,}81 \cdot \sin 2{,}86°)\mathrm{N} \cdot 36{,}11\,\mathrm{m/s} \\ \underline{P_R} &\underline{= 48{,}3\,\mathrm{kW}}. \end{aligned}$$

zu b) Die am Motor abgegebene Leistung ist um die Verluste auf dem Weg Motorkupplung – Rad höher.

$$\underline{P_{Mot}} = \frac{P_R}{\eta} = \frac{48{,}3\,\mathrm{kW}}{0{,}9} = \underline{53{,}7\,\mathrm{kW}}.$$

zu c) Zu der Fahrleistung kommt die Beschleunigungsleistung hinzu (Gl. (8-8))

$$\begin{aligned} \Delta P &= m \cdot a \cdot v \\ \Delta P &= 1100\,\mathrm{kg} \cdot 0{,}60\,\mathrm{m/s^2} \cdot 36{,}11\,\mathrm{m/s} \\ \Delta P &= 23{,}8\,\mathrm{kW}. \end{aligned}$$

Damit ist $P_{R\,max} = (48{,}3 + 23{,}8)\,\mathrm{kW} = 72{,}1\,\mathrm{kW}$.

Das entspricht einer Motorleistung von

$$\underline{P_{Mot\,max}} = \frac{P_{R\,max}}{\eta} = \frac{72{,}1\,\mathrm{kW}}{0{,}9} = \underline{80{,}1\,\mathrm{kW}}.$$

zu d) Die Fahrleistung wird von den durch Reibung erzeugten Umfangskräften an den Reifen übertragen.

$$\begin{aligned} P_{R\,max} &= 0{,}50 \cdot m \cdot g \cdot \mu_0 \cdot v \\ \underline{\mu_0} &= \frac{P_{R\,max}}{0{,}50 \cdot m \cdot g \cdot v} = \frac{72{,}1 \cdot 10^3\,\mathrm{W}}{0{,}50 \cdot 1100\,\mathrm{kg} \cdot 9{,}81\,\mathrm{m/s^2} \cdot 36{,}11\,\mathrm{m/s}} = \underline{0{,}37}. \end{aligned}$$

Dieser Wert entspricht etwa nasser Fahrbahn. Auf einer solchen wäre damit die Übertragungsfähigkeit der Reifen erschöpft. Seitenführungskräfte könnten nicht oder nur im geringen Maße übertragen werden.

8.3 Der Energiesatz

Energie ist das Vermögen, Arbeit zu verrichten.

Die Energie hat die gleiche Dimension wie die Arbeit und ist wie diese ein Skalar.

Wird eine Masse um die Höhe h gehoben, dann hat sie in bezug auf die Ausgangshöhe einen Arbeitsvorrat, der gleich der beim Heben verrichteten Arbeit ist. Diesen nennt man potentielle oder Lageenergie,

$$E_{\text{pot}} = m \cdot g \cdot h. \tag{8-10}$$

Die senkrechte Abmessung h kann von einer beliebigen 0-Linie aus gemessen werden, nach oben positiv, nach unten negativ. Das ist möglich, weil es beim Ansatz des Energiesatzes auf die *Änderung* der potentiellen Energie und damit nicht auf h sondern auf Δh ankommt.

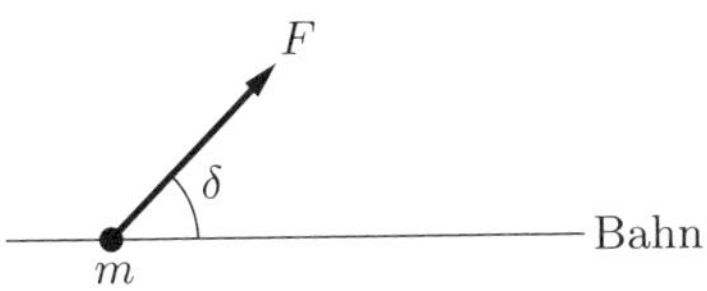

Abb. 8-6: Kraft am Massenpunkt

Eine Kraft F beschleunigt nach Abb. 8-6 die Masse m. Es gilt das NEWTONsche Gesetz $F \cdot \cos\delta = m \cdot a$. Nach Gleichung (2-8) ist

$$a = \frac{v \cdot \mathrm{d}v}{\mathrm{d}s}.$$

Die Trennung der Variablen führt auf

$$F \cdot \cos\delta \cdot \mathrm{d}s = m \cdot v \cdot \mathrm{d}v,$$

$$\int_{s_1}^{s_2} F \cdot \cos\delta \cdot \mathrm{d}s = m \cdot \int_{v_1}^{v_2} v \cdot \mathrm{d}v,$$

$$\int_{s_1}^{s_2} F \cdot \cos\delta \cdot \mathrm{d}s = \frac{m}{2} v_2^2 - \frac{m}{2} v_1^2.$$

Das auf der linken Seite stehende Integral ist nach Gleichung (8-1) die bei Beschleunigung verrichtete Arbeit. Die bewegte Masse hat diese Arbeit aufgenommen und sie in der Form der kinetischen oder Bewegungsenergie gespeichert. Demnach ist

$$E_{\text{kin}} = \frac{m}{2} v^2. \tag{8-11}$$

Für die Deformation eines elastischen Systems (z.B. Feder) ist eine Arbeit aufzuwenden, die nach Gleichung (8-5) die Größe

$$W = \frac{c}{2}(s_2^2 - s_1^2)$$

hat. Im gespannten Zustand hat die ideale Feder ein gleich großes Arbeitsvermögen. Die elastische Energie der Feder ist deshalb

$$E_{\text{el}} = \frac{c}{2}s^2 \tag{8-12}$$

Außer diesen drei genannten, denen in der Technischen Mechanik eine besondere Rolle zukommt, gibt es noch eine ganz Reihe anderer Energieformen. Als Beispiel seien aufgeführt: Wärmeenergie, chemische Energie, elektrische Energie, magnetische Energie, Strahlungsenergie, Kernenergie.

Der Energiesatz sagt aus, daß es zwar möglich ist, eine Energieform in eine andere überzuführen, jedoch die Gesamtenergie als Summe aller Energieformen innerhalb des Weltalls konstant ist.

Mit der Definition des Energiebegriffes ist es gelungen, eine Größe zu finden, die bei dem steten Wechsel aller Naturvorgänge konstant ist. Die Kernphysik hat bewiesen, daß Masse und Energie gleichwertig sind.

Für ein betrachtetes System lautet der Energiesatz:

Die Summe der Energien im Endzustand ist gleich der Summe der Energien im Anfangszustand, vermehrt um die zugeführte und/oder vermindert um die abgeführte Energie:

$$\sum E_1 \pm \Delta E = \sum E_2. \tag{8-13}$$

In dem Term ΔE können zu- bzw. abgeführte Arbeiten enthalten sein. Im ersten Fall kann es sich z.B. um eine über ein Motormoment in einem Hubwerk eingebrachte Arbeit handeln, im zweiten um eine über einen Generator abgeführte. Die von Reibungskräften verrichtete Arbeit wird in Wärmeenergie umgesetzt, die jedoch technisch nicht mehr nutzbar ist. Deshalb ist es sinnvoll, sie als „Energieverlust“ von der Ausgangsenergie abzuziehen. Nach diesen Ausführungen kann man schreiben

$$\sum E_1 + W_{\text{Mot}} - W_{\text{Masch}} - W_{\text{R}} = \sum E_2. \tag{8-14}$$

Dabei ist W_{Mot} die über einen Motor dem Anfangszustand zugeführte Arbeit, W_{Masch} die von einer Arbeitsmaschine dem System entzogene Arbeit, W_{R} die

Reibungsarbeit. Die $\sum E$ enthält dann die Anteile potentielle, kinetische und elastische Energien. Bei der Anwendung des Energiesatzes ist es gleichgültig, wie der Vorgang verläuft, es kommt nur auf die Zustände zu den Zeitpunkten 1 und 2 an. Ähnlich wie beim Impulssatz werden zwei aufeinanderfolgende Zustände verglichen. Da die inneren Kräfte keine Arbeit leisten, ist es auch möglich, den Energiesatz auf ein System mehrerer Massen anzuwenden, die über Seile, Stangen, Federn usw. miteinander verbunden sind.

8.4 Der Massenpunkt

Mit Hilfe des Energiesatzes soll zunächst die Minderung der kinetischen Energien bei einem teilelastischen Stoß zweier Massen berechnet werden. Dieser Energieanteil wird bei der bleibenden Deformation der stoßenden Körper und der damit verbundenen Reibung umgesetzt. Die entstehende Wärme ist technisch nicht nutzbar (Dissipation). Man spricht in diesem Zusammenhang von Energieverlust, obwohl Energie nicht verloren gehen kann. Eine andere Bezeichnung ist Stoßverlust, der hier mit W_R bezeichnet werden soll.

$$W_\mathrm{R} = E_1 - E_2.$$

Dabei sind E_1 und E_2 die kinetischen Energien unmittelbar vor und nach dem Stoß.

$$W_\mathrm{R} = \frac{m_\mathrm{A}}{2}(v_\mathrm{A1}^2 - v_\mathrm{A2}^2) + \frac{m_\mathrm{B}}{2}(v_\mathrm{B1}^2 - v_\mathrm{B2}^2),$$

$$W_\mathrm{R} = \frac{1}{2}[m_\mathrm{A}(v_\mathrm{A1} - v_\mathrm{A2})(v_\mathrm{A1} + v_\mathrm{A2}) + m_\mathrm{B}(v_\mathrm{B1} - v_\mathrm{B2})(v_\mathrm{B1} + v_\mathrm{B2})]. \quad (1)$$

Die Geschwindigkeiten im Zustand 2 liefern die Gl. (6-5/6-6)

$$m_\mathrm{A} \cdot v_\mathrm{A1} + m_\mathrm{B} \cdot v_\mathrm{B1} = m_\mathrm{A} \cdot v_\mathrm{A2} + m_\mathrm{B} \cdot v_\mathrm{B2}, \quad (2)$$

$$v_\mathrm{B2} - v_\mathrm{A2} = k(v_\mathrm{A1} - v_\mathrm{B1}) \quad (3)$$

Aus (2) folgt die Änderung der Bewegungsgröße ΔB beider Massen

$$\Delta B = m_\mathrm{A}(v_\mathrm{A1} - v_\mathrm{A2}) = m_\mathrm{B}(v_\mathrm{B2} - v_\mathrm{B1}). \quad (4)$$

Diese Gleichungen werden nach v_A2 und v_B2 aufgelöst und in (3) eingesetzt. Man erhält

$$\Delta B = \frac{m_\mathrm{A} \cdot m_\mathrm{B}}{m_\mathrm{A} + m_\mathrm{B}}(v_\mathrm{A1} - v_\mathrm{B1})(1 + k). \quad (5)$$

In (1) eingesetzt erhält man

$$W_R = \frac{\Delta B}{2}(v_{A1} + v_{A2}) - \frac{\Delta B}{2}(v_{B1} + v_{B2}).$$

Ausklammern von ΔB und Einsetzen von (3) führt auf

$$W_R = \frac{\Delta B}{2}(v_{A1} - v_{B1})(1 - k).$$

Diese Beziehung ergibt mit (5) die gesuchte Gleichung für W_R

$$W_R = \frac{m_A \cdot m_B}{2(m_A + m_B)}(v_{A1} - v_{B1})^2(1 - k^2). \tag{8-15}$$

Die Richtigkeit dieser Beziehung soll durch Anwendung auf einige einfache Fälle kontrolliert werden.

1. Elastischer Stoß
   Mit $k = 1$ erhält man, wie zu erwarten war, $W_R = 0$.

2. Unelastischer Stoß gegen eine feste Wand (B = Index Wand). Es ist

   $$W_R = \frac{1}{2}\frac{m_A}{\left(\frac{m_A}{m_B} + 1\right)}(v_{A1} - v_{B1})^2(1 - k^2).$$

   $$\text{Mit } k = 0; \quad \frac{m_A}{m_B} \to 0; \quad v_{B1} = 0 \quad \text{ist} \quad W_R = \frac{m_A}{2}v_{A1}^2.$$

   Die kinetische Energie der bewegten Masse wird in Wärme und bleibende Formänderung umgesetzt.

3. Unelastischer Stoß von zwei gleich großen Massen, die mit gleicher Geschwindigkeit gegeneinander fliegen.
   Mit $\quad m_A = m_B = m; \quad |v_{A1}| = |v_{A2}| = v; \quad v_{A1} - v_{A2} = 2v; \quad k = 0$
   ist $\quad W_R = \frac{1}{2} \cdot \frac{m}{2}(2v)^2 = 2 \cdot \frac{m}{2}v^2.$
   Da im vorliegenden Fall die Massen nach dem Stoß in Ruhe sind, werden beide kinetischen Energien in Wärme und Formänderungsarbeit umgesetzt.

Beispiel 1 (Abb. 8-7)

Eine Ramme A fällt aus der Höhe H auf einen Pfahl B. Dabei dringt dieser um den Betrag s in den Boden ein. Bei diesem Vorgang prallt die Ramme nicht ab. In allgemeiner Form und für die nachfolgend gegebenen Daten ist die mittlere Widerstandskraft im Boden zu bestimmen.

$$m_A = 1000\,\text{kg};\quad m_B = 300\,\text{kg};\quad s = 0{,}20\,\text{m};\quad H = 2{,}0\,\text{m}.$$

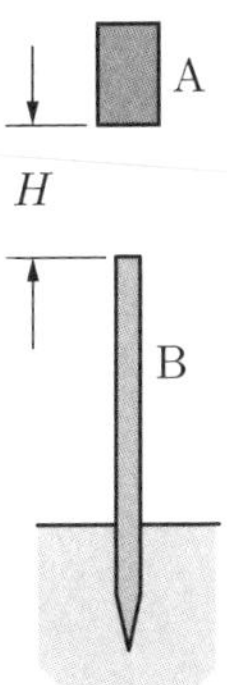

Abb. 8-7: Ramme und Pfahl

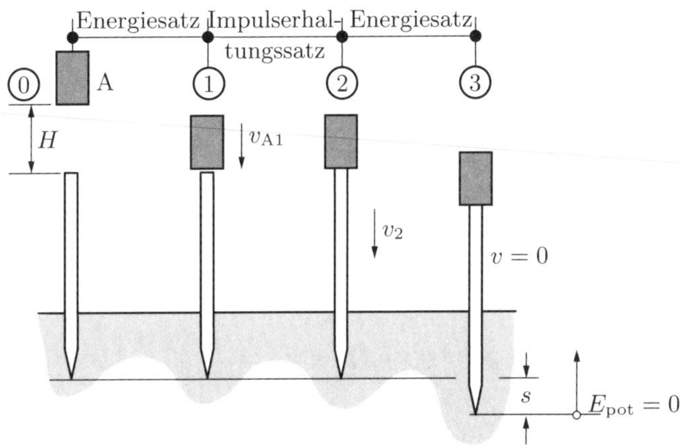

Abb. 8-8: Die verschiedenen Phasen beim Einschlagen des Pfahls

Lösung

In der Abb. 8-8 ist der Vorgang in drei Phasen zerlegt. In der ersten fällt die Ramme bis unmittelbar über den Pfahl und erreicht dabei die Geschwindigkeit v_{A1}. Mit dieser erfolgt in der zweiten Phase der unelastische Stoß, nach dem sich Ramme und Pfahl gemeinsam mit v_2 bewegen. Das einsetzende Eindringen in den Boden ist nach Ablauf des dritten Abschnitts abgeschlossen.

1. Abschnitt: 0 bis 1. *Energieerhaltungssatz.*

Unter Beachtung, daß bis auf E_{kinA1} alle kinetischen Energien null sind, kann man schreiben

$$E_{kinA1} = \Delta E_{potA}$$

$$\frac{m_A}{2} v_{A1}^2 = m_A \cdot g \cdot H \Longrightarrow v_{A1} = \sqrt{2g \cdot H}$$

2. Abschnitt: 1 bis 2. *Impulserhaltungssatz.*

$$m_A v_{A1} = (m_A + m_B)v_2$$
$$v_2 = \frac{m_A}{m_{ges}} v_{A1} = \frac{m_A}{m_{ges}} \sqrt{2g \cdot H} \qquad (1)$$

3. Abschnitt: 2 bis 3. *Energieerhaltungssatz.*

$$\sum E_1 - F_W \cdot s = \sum E_2$$
$$m_{ges} \cdot g \cdot s + \frac{1}{2} m_{ges} v_2^2 - F_W \cdot s = 0$$

Nach Einführung von (1) erhält man nach einer einfachen Umwandlung die allgemeine Lösung

$$\underline{F_W = m_{ges} \cdot g \left[1 + \left(\frac{m_A}{m_{ges}} \right)^2 \frac{H}{s} \right]}$$

Im vorliegenden Fall ergibt sich

$$\underline{F_W} = (1300 \cdot 9{,}81)\text{N} \left[1 + \left(\frac{1000}{1300} \right)^2 \frac{2{,}0}{0{,}2} \right] \cdot \frac{\text{kN}}{10^3\,\text{N}} = \underline{88\,\text{kN}}$$

Wenn der Energiesatz „durchgehend“ von 0 bis 3 aufgestellt wird, muß der Stoßverlust nach Gl. (8-14) eingeführt werden. Eine Kontrolle mit diesem Ansatz sei dem Leser empfohlen.

Beispiel 2

Das Beispiel 1 im Abschnitt 6.2 (Abb. 6-2/Motorausfall, Wagenrücklauf) soll mit dem Energiesatz gelöst werden. Nach dem D'ALEMBERTschen Prinzip wurde diese Aufgabe im Abschnitt 7.2.1 (Beispiel 1) gelöst.

Lösung (Abb. 8-9)

Der Ansatz erfolgt nach der Skizze Abb. 8-9. Es ist zweckmäßig, für den Ausgangszustand 0 (= Zeitpunkt des Motorausfalls) die Massen auf gleiche Höhe zu setzen. Für diese wird $E_{pot} = 0$ definiert. Das kann man tun, weil es bei den potentiellen Energien nur auf deren Änderungen ankommt. Als Zustand 1 bieten sich hier der Umkehrpunkt und der Zustand unmittelbar vor dem Aufprall an. Hier wird der Umkehrpunkt gewählt. Man erhält

$$E_{kin\,0} + E_{pot\,0} = E_{kin\,1} + E_{pot\,1}$$
$$\frac{m_A}{2} v_{A0}^2 + \frac{m_B}{2} v_{B0}^2 + 0 = 0 + m_A \cdot g \cdot \Delta s_{Au} \sin\beta - m_B \cdot g \cdot h_{Bu}.$$

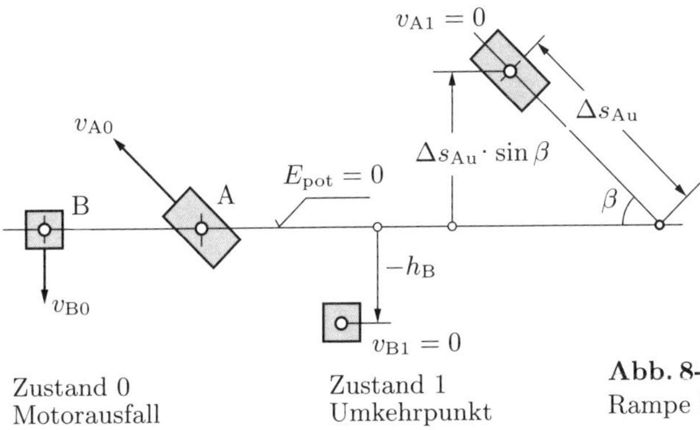

Abb. 8-9: Zum Energiesatz „Wagen auf Rampe bei Motorausfall" (Beispiel 2)

Die Stufenwelle bedingt folgende Beziehungen

$$v_B = \frac{r_B}{r_A} v_A; \quad h_B = \frac{r_B}{r_A} \cdot \Delta s_A$$

Damit ergibt sich

$$\frac{m_A}{2} v_{A0}^2 + \frac{m_B}{2} \left(\frac{r_B}{r_A}\right)^2 v_{A0}^2 = m_A \cdot g \cdot \Delta s_{Au} \cdot \sin\beta - m_B \cdot g \cdot \frac{r_B}{r_A} \cdot \Delta s_{Au}.$$

Nach einfachen Umwandlungen erhält man das Ergebnis

$$\underline{\Delta s_{Au} = \frac{v_{A0}^2 \left[m_A + m_B \left(\frac{r_B}{r_A}\right)^2 \right]}{2g \left(m_A \cdot \sin\beta - m_B \frac{r_B}{r_A} \right)}}$$

$$\underline{\Delta s_{Au}} = \frac{3{,}0^2\,\mathrm{m}^2/\mathrm{s}^2 \left[1000 + 600 \left(\frac{0{,}20}{0{,}60}\right)^2 \right] \mathrm{kg}}{2 \cdot 9{,}81\,\mathrm{m/s}^2 \left(1000 \cdot \sin 30^\circ - 600 \frac{0{,}20}{0{,}60} \right) \mathrm{kg}} = \underline{1{,}63\,\mathrm{m}}$$

Die Lage ist vom Zustand 0 gemessen. Für die verzögerte Bewegung des Wagens nach oben sind Ausgangsgeschwindigkeit und Lage bei $v = 0$ bekannt. Der Vorgang kann mit Gleichungen der Kinematik für $a =$ konst. erfaßt werden. Am einfachsten ist es, die Gl. (2-9) anzuwenden

$$v^2 = 2a(s - s_0) + v_0^2 \Longrightarrow 0 = 2a_A \cdot \Delta s + v_0^2$$

$$a_A = -\frac{v_0^2}{2 \cdot \Delta s} = -\frac{3{,}0^2\,\mathrm{m}^2/\mathrm{s}^2}{2 \cdot 1{,}63\,\mathrm{m}} = -2{,}76\,\mathrm{m/s}^2$$

Alle weiteren Größen können wie im Beispiel 1, Abschnitt 6.2 gezeigt berechnet werden. Als Übung sei empfohlen, die Aufprallgeschwindigkeit aus dem Energiesatz für den Zustand 0 und unmittelbar vor der Rampe zu berechnen.

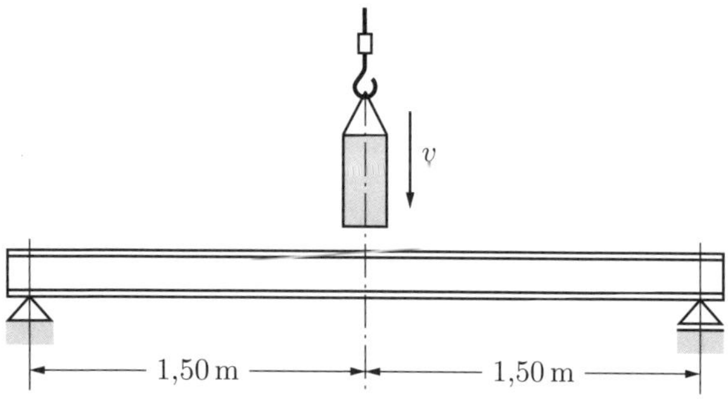

Abb. 8-10: Dynamisch belasteter Träger

Beispiel 3 (Abb. 8-10)

Auf einem Träger I 200 wird mittig mit einem Kran eine Last von $m = 1000\,\mathrm{kg}$ aufgesetzt. Dabei fährt der Kranhaken mit konstanter Geschwindigkeit von $v = 0{,}3\,\mathrm{m/s}$ bis die Last voll vom Träger aufgenommen ist. Da die Masse des Trägers wesentlich kleiner ist als die der Last, kann man die Stoßverluste vernachlässigen. Unter dieser Voraussetzung sind zu bestimmen

a) das Verhältnis von dynamischer und statischer Beanspruchung des Trägers
b) die durch die dynamische Beanspruchung verursachte maximale Spannung im Träger.

Lösung (Abb. 8-11)

a) Für das System Last plus Träger wird der Energiesatz für den Zustand 1

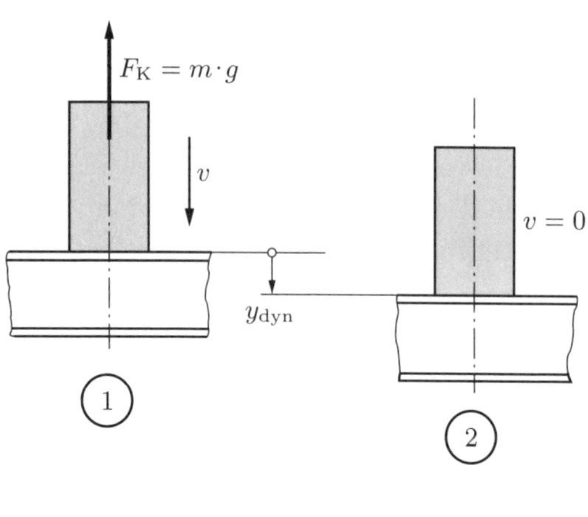

Abb. 8-11: Träger am Beginn und am Ende des Absetzens der Last

(= erste Berührung) und 2 (= maximale Durchbiegung im durchgeschwungenen Zustand) angesetzt. Es muß gelten:

$$(E_{\text{kin}} + E_{\text{pot}})_{\text{Last}} - W_{\text{Kranhaken}} = E_{\text{el Träger}}.$$

Während des Absetzvorganges geht die Last vom Kranhaken auf den Träger über. Der Vorgang ist im Diagramm Abb. 8-12 dargestellt. Bei der ersten Be-

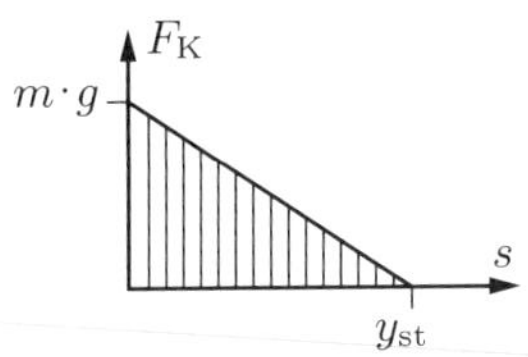

Abb. 8-12: Kraft am Kranhaken während des Absetzens der Last

rührung hängt die Last noch voll am Haken, wenn sich der Träger um y_{st} durchgebogen hat, ist der Haken ganz entlastet. Wegen des elastischen Verhaltens ist der Verlauf dazwischen linear. Die eingeschlossene Fläche entspricht der Arbeit am Kranhaken. Deshalb gilt (Gl. (8-10)/(8-11)/(8-12))

$$\frac{m}{2}v^2 + m \cdot g \cdot y_{\text{dyn}} - \frac{1}{2}m \cdot g \cdot y_{\text{stat}} = \frac{c}{2}y_{\text{dyn}}^2.$$

Aus der Definition einer Federkonstanten folgt

$$\frac{m \cdot g}{c} = y_{\text{st}}.$$

Erweitert man den ersten Term mit g und multipliziert insgesamt mit $2/c$, dann erhält man nach einer einfachen Umstellung

$$y_{\text{dyn}}^2 - 2y_{\text{st}} \cdot y_{\text{dyn}} - y_{\text{st}}\left(\frac{v^2}{g} - y_{\text{st}}\right) = 0.$$

Die Lösung der quadratischen Gleichung für y_{dyn} lautet nach Vereinfachungen

$$y_{\text{dyn}} = y_{\text{st}}\left(1 + \sqrt{\frac{v^2}{g \cdot y_{\text{st}}}}\right).$$

Im elastischen Bereich hängen Deformationen, Kräfte und Spannungen linear zusammen. Diese Überlegung führt auf die allgemeine Lösung des Problems

$$\frac{y_{\text{dyn}}}{y_{\text{st}}} = \frac{F_{\text{dyn}}}{F_{\text{st}}} = \frac{\sigma_{\text{dyn}}}{\sigma_{\text{st}}} = 1 + \sqrt{\frac{v^2}{g \cdot y_{\text{st}}}}.$$

Die Wurzel stellt die durch die dynamische Beanspruchung verursachte Zusatzbelastung dar. Im vorliegenden Fall ist (s. Band 2; Tabelle 11)

$$y_{\mathrm{st}} = \frac{m \cdot g \cdot l^3}{48 \cdot E \cdot I} = \frac{(10^3 \cdot 9{,}81)\mathrm{N} \cdot 300^3\,\mathrm{cm}^3}{48 \cdot 2{,}1 \cdot 10^7\,\mathrm{N/cm}^2 \cdot 2140\,\mathrm{cm}^4} = 0{,}123\,\mathrm{cm}$$

$$\frac{\sigma_{\mathrm{dyn}}}{\sigma_{\mathrm{st}}} = 1 + \sqrt{\frac{0{,}30^2(\mathrm{m/s})^2}{9{,}81\,\mathrm{m/s}^2 \cdot 1{,}23 \cdot 10^{-3}\,\mathrm{m}}} = 3{,}73$$

b) Die statische Belastung beträgt (s. Band 2; Tabelle 10A)

$$\sigma_{\mathrm{St}} = \frac{M_{\mathrm{b}}}{W} = \frac{m \cdot g \cdot l}{4 \cdot W} = \frac{(10^3 \cdot 9{,}81)\mathrm{N} \cdot 300\,\mathrm{cm}}{4 \cdot 214\,\mathrm{cm}^3} = 3438\,\mathrm{N/cm}^2$$

$$\sigma_{\mathrm{St}} = 34{,}38\,\mathrm{N/mm}^2$$

$$\underline{\sigma_{\mathrm{dyn}} = 3{,}73 \cdot 34{,}38\,\mathrm{N/mm}^2 = 128\,\mathrm{N/mm}^2.}$$

8.5 Der kontinuierliche Massenstrom

In diesem Abschnitt soll der Energiesatz auf ein strömendes Medium angewendet werden. Grundsätzlich gilt auch in diesem Fall die Gleichung (8-13), jedoch muß überlegt werden, aus welchen Anteilen sich die Gesamtenergie ΣE zusammensetzt.

Es wird das Ausströmen aus dem Behälter nach Abb. 8-13 untersucht. Eine herausgetrennt gedachte Flüssigkeitsmenge m hat zunächst genau wie ein starrer Körper eine kinetische und eine potentielle Energie. Die Masse bewegt sich im Fallrohr wegen des gleichmäßigen Ausflusses mit konstanter Geschwindigkeit nach unten. Dabei nimmt zwar die potentielle Energie ab, die kinetische Energie bleibt jedoch erhalten. Da die Gesamtenergie nach dem Energiesatz konstant ist, muß bei diesem Vorgang eine dritte Energieform vorhanden sein und größer werden. Der statische Druck nimmt in einer Flüssigkeit nach unten hin zu. Eine unter erhöhtem Druck stehende Flüssigkeit ist in der Lage, Arbeit zu verrichten, z.B. durch das Verschieben eines Kolbens. Diese Energie wird *Druckenergie* genannt. Sie muß um so größer sein, je höher Druck und Flüssigkeitsmenge sind,

$$E_{\mathrm{Dr}} = p \cdot V.$$

Die Dimensionskontrolle bestätigt die Richtigkeit der Überlegungen.

Für den Fall, daß Energie einem betrachteten System weder zu- noch abgeführt wird, gilt

$$(E_{\mathrm{kin}} + E_{\mathrm{pot}} + E_{\mathrm{Dr}})_1 = (E_{\mathrm{kin}} + E_{\mathrm{pot}} + E_{\mathrm{Dr}})_2,$$

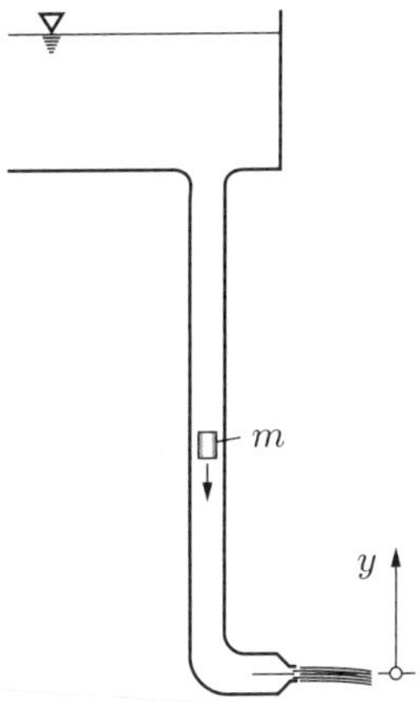

Abb. 8-13: Behälter mit Ablaßleitung

$$\frac{m}{2}v_1^2 + m \cdot g \cdot y_1 + p_1 \cdot V = \frac{m}{2}v_2^2 + m \cdot g \cdot y_2 + p_2 \cdot V.$$

Die Energien werden zweckmäßig auf das Volumen des strömenden Mediums bezogen, d.h. die Gleichung wird durch $V = m/\varrho$ dividiert:

$$\frac{\varrho}{2}v_1^2 + y_1 \cdot \varrho \cdot g + p_1 = \frac{\varrho}{2}v_2^2 + y_2 \cdot \varrho \cdot g + p_2.$$

Diese Gleichung wird nach BERNOULLI[2] benannt. In dieser Form handelt es sich um Addition von Drücken, jedoch sollte man von der Ableitung her im Auge behalten, daß es sich um auf die Volumeneinheit bezogene Energieanteile handelt, denn es gilt $\mathrm{N/m^2 = N\,m/m^3 = J/m^3}$.

Die Zu- bzw. Abführung von Energie kann in einem System auf mehrere Arten erfolgen. Die in der Strömung auftretende Reibung wird in Wärme umgesetzt und verursacht damit eine Abnahme der kinetischen, potentiellen und Druckenergie. Die gleiche Wirkung für die Strömung hat eine eingeschaltete Turbine, die einen Teil der Strömungsenergie in mechanische Arbeit an der Kupplung bzw. elektrische Arbeit am Generator umwandelt. Umgekehrt wird durch eine eingebaute Pumpe die Energie erhöht. Für den allgemeinen Fall muß deshalb die Gleichung lauten (vergleiche Gleichung (8-13)/(8-14)):

$$\frac{\varrho}{2}v_1^2 + y_1 \cdot \varrho \cdot \mathrm{g} + p_1 + \Delta p_{\mathrm{Pumpe}} - \Delta p_{\mathrm{Turbine}} - \Delta p_{\mathrm{Verlust}} =$$
$$\frac{\varrho}{2}v_2^2 + y_2 \cdot \varrho \cdot \mathrm{g} + p_2. \qquad (8\text{-}16)$$

[2]BERNOULLI, Daniel (1700–1782), schweizer Mathematiker.

Dabei sind Δp_{Ppe} Pumpendruck, Δp_{Tu} Turbinendruck und Δp_{Verl} Druckverlust in der Leitung infolge Rohrreibung. Alle Beziehungen gelten sowohl für Flüssigkeiten als auch für Gase bei nicht zu großer Druck- und damit Dichteänderung.

Beispiel (Abb. 8-14)

Gegeben ist das skizzierte System, das aus einer Pumpe mit Ansaug- und Druckleitung besteht. Die Pumpe fördert eine Flüssigkeit einer Dichte $\varrho = 1{,}2\,\mathrm{kg/dm^3}$, wobei sie bei einem Volumenstrom von 15 l/s eine Leistung von 4,9 kW aufnimmt. Der Wirkungsgrad der Pumpe wird zu 0,65 geschätzt. Zu bestimmen ist der Strömungsverlust in der Leitung bis zum Anschluß des Druckmanometers. Der Leitungsdurchmesser für beide Leitungen beträgt 100 mm.

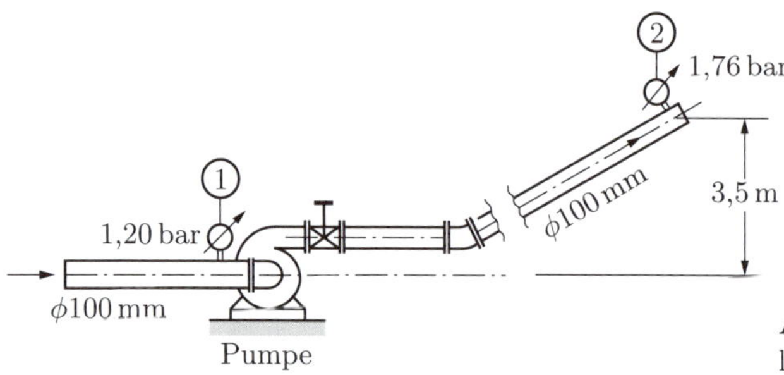

Abb. 8-14: Pumpe mit Anschlußleitungen

Lösung

Es wird für die Stellen 1 und 2 die BERNOULLIsche Gleichung (8-16) angewendet. Die Gleichung wird nach Δp_{Verl} aufgelöst.

$$\Delta p_{\mathrm{Verl}} = \Delta p_{\mathrm{P_{pe}}} - (y_2 - y_1) \cdot \varrho \cdot \mathrm{g} - (p_2 - p_1) - \frac{\varrho}{2}(v_2^2 - v_1^2).$$

Das letzte Glied ist null, da bei gleichen Rohrquerschnitten $v_1 = v_2$ ist. Aus der aufgenommenen Leistung muß zunächst die Förderhöhe der Pumpe berechnet werden. Da die vom Motor abgegebene Leistung z.T. in den Dichtungen, Lagern und durch Flüssigkeitsreibung in Wärme umgesetzt wird, wird nur der Anteil

$$\eta \cdot P_{\mathrm{Motor}} = 0{,}65 \cdot 4{,}9\,\mathrm{kW} = 3{,}19\,\mathrm{kN\,m/s}$$

der Flüssigkeit zugeführt. Diese Leistung führt zur Erhöhung des Druckes um den Betrag Δp im Volumenstrom $\dot{V} = V/t$. Allgemein ist die Leistung

$$P = \dot{V} \cdot \Delta p$$

und damit

$$\Delta p_{\mathrm{P_{pe}}} = \frac{P}{\dot{V}} = \frac{3{,}19 \cdot 10^3\,\mathrm{N\,m/s}}{15 \cdot 10^{-3}\,\mathrm{m^3/s}} = 2{,}13 \cdot 10^5\,\frac{\mathrm{N}}{\mathrm{m^2}} = 2{,}13\,\mathrm{bar}.$$

Dieser Wert wird zusammen mit $y_2 - y_1 = 3{,}5\,\mathrm{m}$ und $p_2 - p_1 = 0{,}56\mathrm{bar}$ in die Ausgangsgleichung eingesetzt:

$$\Delta p_{\mathrm{Verl}} = 2{,}13\,\mathrm{bar} - 3{,}5 \cdot 1{,}2 \cdot 10^3 \cdot 9{,}81\,\mathrm{N/m^2} - 0{,}56\,\mathrm{bar}$$
$$\underline{\Delta p_{\mathrm{Verl}} = 1{,}16\,\mathrm{bar}}.$$

Das entspricht einer Verlustleistung, die laufend im Rohr in Wärme umgesetzt wird von

$$P_{\mathrm{Verl}} = \dot{V} \cdot \Delta p_{\mathrm{Verl}} = 15 \cdot 10^{-3}\frac{\mathrm{m^3}}{\mathrm{s}} \cdot 1{,}16 \cdot 10^5\,\frac{\mathrm{N}}{\mathrm{m^2}} = 1{,}74\,\mathrm{kW}.$$

Diese Leistung wird auch vom Pumpenmotor aufgebracht.

8.6 Der starre Körper

8.6.1 Die Schiebung

Es gelten alle Überlegungen und Gleichungen des Abschnittes 8.4 (Massenpunkt) für den Fall, daß man sich die gesamte Masse im Schwerpunkt vereinigt denkt (Schwerpunktsatz).

8.6.2 Die Drehung um ortsfeste Achsen

Ein starrer Körper nach Abb. 8-15 rotiert um eine feste Achse A. Ein Massenelement im Abstand r von der Drehachse bewegt sich mit der Geschwindigkeit $r \cdot \omega$ und hat damit eine kinetische Energie

$$\mathrm{d}E_{\mathrm{kin}} = \frac{\mathrm{d}m}{2}(r \cdot \omega)^2.$$

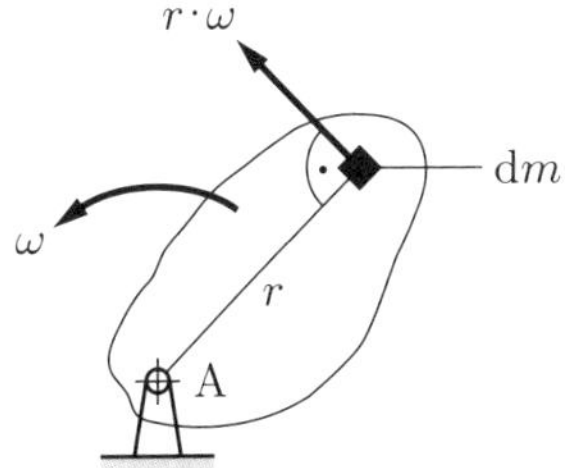

Abb. 8-15: Rotierender starrer Körper

Die kinetische Energie der rotierenden Masse beträgt

$$E_{\mathrm{kin}} = \frac{\omega^2}{2} \int r^2 \cdot \mathrm{d}m.$$

Das Integral ist das Massenträgheitsmoment in bezug auf die Drehachse A

$$E_{\mathrm{kin}} = \frac{J}{2}\omega^2. \qquad (8\text{-}17)$$

Diese Beziehung gilt für beliebige ortsfeste Achsen. Das Massenträgheitsmoment ist auf die Drehachse bezogen. Für außerhalb des Schwerpunkts horizontal gelagerte Rotoren ändert sich mit der Drehung die potentielle Energie. Das kann man sich an der Abb. 8-15 klar machen. Bei Anwendung des Energiesatzes muß diese Tatsache berücksichtigt werden. Der Vergleich der Gleichungen (8-11) und (8-17) zeigt den analogen Aufbau der Beziehungen für Schiebung und Drehung.

Beispiel 1

Ein Maschinensatz läuft mit $n = 50{,}0\,\mathrm{s}^{-1}$. Er wird abgeschaltet und mit einem etwa konstanten Bremsmoment $M = 0{,}50\,\mathrm{kN\,m}$ bis zum Stillstand abgebremst. Ein Zählwerk zeigt an, daß während der Bremsphase 800 Umdrehungen erfolgten. Zu bestimmen sind:

a) das Massenträgheitsmoment der rotierenden Massen,
b) die Bremsleistung in Abhängigkeit von der Zeit,
c) die beim Bremsvorgang entstehende Reibungswärme.

Lösung

a) Der Energiesatz lautet (Gl. (8-3)/(8-17))

$$\frac{1}{2}J \cdot \omega_0^2 - M \cdot \varphi = 0 \quad \Longrightarrow J = \frac{2M \cdot \varphi}{\omega_0^2}$$

$$\underline{J} = \frac{2 \cdot 500\,\mathrm{N\,m} \cdot 2\pi \cdot 800}{(2\pi \cdot 50{,}0)^2\,\mathrm{s}^{-2}} = \underline{50{,}93\,\mathrm{kg\,m}^2}.$$

b) Es muß die Gleichung (8-9) ausgewertet werden.

$$P = J \cdot \alpha \cdot \omega.$$

Ein konstantes Bremsmoment bewirkt eine konstante Verzögerung α. Deshalb gilt die Gleichung (4-7) für $\omega = 0$

$$\alpha = -\frac{\omega_0^2}{2\varphi} = -\frac{(2\pi \cdot 50{,}0)^2}{2 \cdot 2\pi \cdot 800}\mathrm{s}^{-2} = -9{,}82\,\mathrm{s}^{-2}$$

Mit der Gleichung (4-4)

$$\omega = \omega_0 + \alpha \cdot t$$

erhält man

$$P = J \cdot \alpha \cdot (\omega_0 + \alpha \cdot t)$$
$$P = J \cdot \alpha \cdot \omega_0 + J \cdot \alpha^2 \cdot t$$
$$P = -50{,}93\,\mathrm{kg\,m}^2 \cdot 9{,}82\,\mathrm{s}^{-2} \cdot 2\pi \cdot 50\,\mathrm{s}^{-1} + 50{,}93\,\mathrm{kg\,m}^2 \cdot 9{,}82^2\,\mathrm{s}^{-4} \cdot t.$$

Eine Zahlenwertgleichung wird für folgende Einheiten aufgestellt

$$\underline{-P = 157{,}1 - 4{,}908 \cdot t}$$

P	t
kW	s

Die Leistung ergibt sich wegen der Verzögerung negativ, da sie nicht aufgebracht werden muß, sondern in der Bremse in Wärme umgesetzt wird. Vom Maximalwert von ca. 160 kW ausgehend nimmt sie linear mit der Zeit ab. Nach $t_\mathrm{B} = 32\,\mathrm{s}$ wird $P = 0$, der Bremsvorgang ist beendet.

Die kinetische Energie des Rotors wird in Wärme verwandelt.

$$\underline{W} = \frac{1}{2} J \cdot \omega_0^2 = \frac{50{,}93\,\mathrm{kg\,m}^2}{2}(2\pi \cdot 50)^2\,\mathrm{s}^{-2}\frac{\mathrm{kJ}}{10^3\,\mathrm{J}} = \underline{2510\,\mathrm{kJ}}$$

Dieser Wert kann über die Leistung kontrolliert werden. Die mittlere Bremsleistung wird während des Vorgangs in Wärme umgesetzt.

$$W = \frac{1}{2}P_\mathrm{max} \cdot t_\mathrm{B} = \frac{1}{2}157{,}1\,\mathrm{kW} \cdot 32{,}0\,\mathrm{s} = 2510\,\mathrm{kJ}$$

Beispiel 2 (Abb. 6-8)

Das Beispiel 3 (Abschnitt 6.2.1 – Flaschenzug), fortgesetzt im Beispiel 2 (Abschnitt 6.4.3) soll mit dem Energiesatz gelöst werden. Für dieses Beispiel wurde im Kapitel 7 (Abb.7-20) der Ansatz nach D'ALEMBERT gebracht.

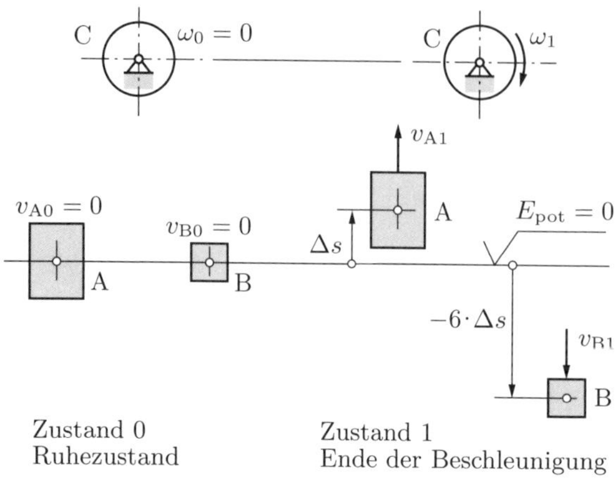

Abb. 8-16: Zum Energiesatz „Flaschenzug" (Beispiel 2)

Lösung

Der Energiesatz wird mit Hilfe der Abb. 8-16 aufgestellt. Da es bei den potentiellen Energien nur auf deren Änderungen ankommt, ist es günstig, für den Ausgangszustand 0 die Massen auf eine gleiche Höhe zu setzen und für diese $E_{\text{pot}} = 0$ festzulegen. Die potentiellen Energien werden von diesem Niveau aus unter Beachtung der Vorzeichen bestimmt. Mit 1 ist das Ende der Beschleunigungsphase gekennzeichnet.

$$
\begin{aligned}
0 + i \cdot M_{\text{Mot beschl}} \cdot \varphi_C = {} & \frac{1}{2}(m_A \cdot v_{A1}^2 + m_B \cdot v_{B1}^2 + J_{\text{redC}} \cdot \omega_1^2) \\
& + m_A \cdot g \cdot \Delta s - m_B \cdot g \cdot 6\Delta s.
\end{aligned}
$$

Dabei sind

$$
\varphi_C \cdot \frac{6\Delta s}{r}; \quad v_B = 6 v_A \text{ (Flaschenzug)} \qquad \omega_1 = \frac{v_B}{r} = \frac{6 v_A}{r}.
$$

Damit ist

$$
M_{\text{Mot beschl}} = \frac{r}{6\Delta s \cdot i}\left[\frac{v_{A1}^2}{2}\left(m_A + 36 m_B + 36\frac{J_{\text{redC}}}{r^2}\right) + g \cdot \Delta s(m_A - 6 m_B)\right],
$$

$$
M_{\text{Mot beschl}} = \frac{r}{i}\left[\frac{v_{A1}^2}{2\Delta s}\left(\frac{m_A}{6} + 6 m_B + 6\frac{J_{\text{redC}}}{r^2}\right) + g\left(\frac{m_A}{6} - m_B\right)\right].
$$

Der Term ${v_{A1}}^2/2\Delta s$ ist gleich der Beschleunigung a_A. Das Ergebnis stimmt mit dem des Ursprungsbeispiels überein. Die weitere Rechnung kann dort entnommen werden.

Beispiel 3

Im Abschnitt 4.3 (Drehung) wurde die Kinematik eines durch eine ablaufende Masse angetriebenen Rotors nach Abb. 4-5 untersucht. Darauf aufbauend ist im Beispiel 1; Abschnitt 6.4.3 eine Auswertungsgleichung für die experimentelle Bestimmung des reduzierten Trägheitsmomentes des Rotors aufgestellt worden. Diese Gleichung soll, nachdem sie im Abschnitt 7.3.2 nach dem Prinzip von D'ALEMBERT abgeleitet wurde, hier mit dem Energiesatz bestätigt werden.

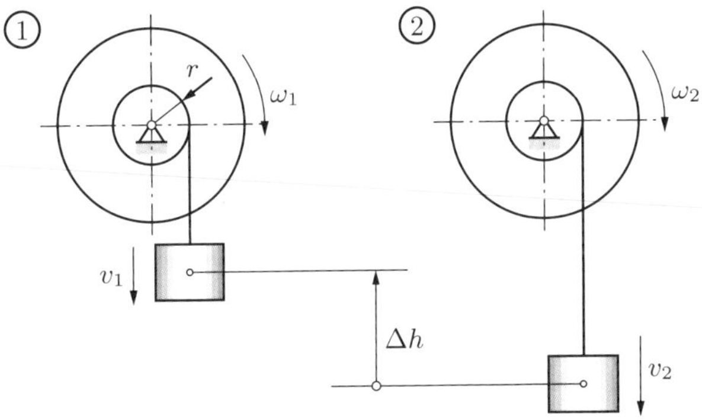

Abb. 8-17: Versuchsanordnung nach Abb. 4-5 im Anfangs- und Endzustand

Lösung (Abb. 8-17)

Der Energiesatz wird für den Abschnitt zwischen den Lichtschranken aufgestellt. Die Nullinie für die potentielle Energie wird in die Position 2 der Masse gelegt

$$\sum E_1 - M_\mathrm{R} \cdot \Delta\varphi = \sum E_2$$

$$\frac{J_\mathrm{red}}{2}\omega_1^2 + \frac{m}{2}v_1^2 + m \cdot \mathrm{g} \cdot \Delta h - M_\mathrm{R} \cdot \Delta\varphi = \frac{J_\mathrm{red}}{2}\omega_2^2 + \frac{m}{2}v_2^2$$

Mit $v = r \cdot \omega$ erhält man nach einer Umstellung

$$J_\mathrm{red}\frac{\omega_2^2 - \omega_1^2}{2 \cdot \Delta\varphi} = m \cdot \mathrm{g} \cdot r - m \cdot r^2 \frac{\omega_2^2 - \omega_1^2}{2 \cdot \Delta\varphi} - M_\mathrm{R}$$

Nach Gleichung (4-7) sind die beiden Brüche gleich der Winkelbeschleunigung

$$J_\mathrm{red} \cdot \alpha = m \cdot \mathrm{g} \cdot r - m \cdot r^2 \cdot \alpha - M_\mathrm{R}$$

Das ist die Gleichung (1) im Beispiel 1; Abschn. 6.4.3. Der weitere Rechengang ist dort gegeben.

8.6.3 Die allgemeine ebene Bewegung

Wie mehrfach ausgeführt, kann man sich die *allgemeine Bewegung als Überlagerung einer Schiebung mit Schwerpunktsgeschwindigkeit und einer Drehung um die Schwerpunktachsen* denken. Die kinetische Energie eines starren Körpers muß sich deshalb bei der allgemeinen Bewegung aus den beiden Anteilen Schiebung und Drehung zusammensetzen.

$$E_{\text{kin}} = \frac{m}{2} v_{\text{s}}^2 + \frac{J_{\text{s}}}{2} \omega^2. \tag{8-18}$$

Diese Energie muß in den Energiesatz nach den Gleichungen (8-13)/(8-14) eingesetzt werden. Alle anderen Punkte bleiben von diesen Überlegungen unberührt.

Für viele Aufgaben ist es einfacher, mit dem *momentanen Drehpol* zu arbeiten. Diesen Begriff behandelt der Abschnitt 4.4.2. Jede allgemeine ebene Bewegung läßt sich als eine Drehung um einen Drehpol deuten, der sich mit dem Bewegungsablauf verschiebt und jeweils nur für einen bestimmten Zeitpunkt gilt. Da, wie im vorigen Abschnitt ausgeführt, die Gleichung (8-17) für alle Achsen gilt, muß es auch möglich sein, sie für den momentanen Drehpol anzuwenden. Ausgegangen wird von einer starren Scheibe nach Abb. 8-18. Die Schwerpunktgeschwindigkeit v_{s} wird für den betrachteten Zeitpunkt als Umfangsgeschwindigkeit bezogen auf den momentanen Drehpol M aufgefaßt.

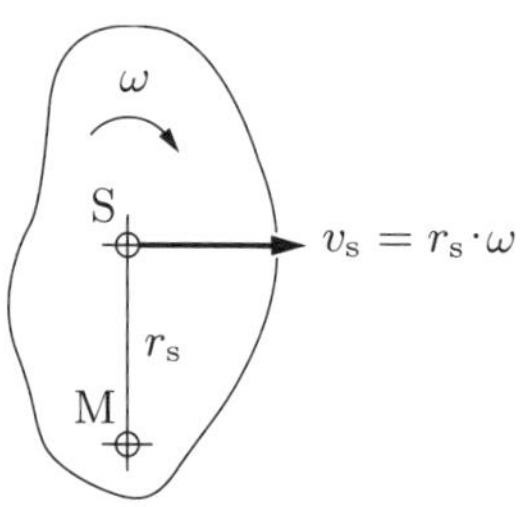

Abb. 8-18: Allgemeine Bewegung eines starren Körpers gedeutet als Drehung um den Momentanen Drehpol

Es gilt

$$E_{\text{kin}} = \frac{1}{2} J_{\text{M}} \cdot \omega^2.$$

Nach dem STEINERschen Satz ist $J_{\text{M}} = J_{\text{S}} + m \cdot r_{\text{S}}{}^2$

$$E_{\text{kin}} = \frac{1}{2}\omega^2 \cdot (J_{\text{S}} + m \cdot r_{\text{S}}^2)$$

$$E_{\text{kin}} = \frac{J_{\text{S}}}{2}\omega^2 + \frac{m}{2} v_{\text{S}}^2.$$

Als Bestätigung für die Richtigkeit der Überlegungen erhält man die Gleichung (8-18). Es soll nochmals betont werden, daß *beim Arbeiten mit dem momentanen Drehpol der Anteil der kinetischen Energie der Schiebung bereits berücksichtigt ist* $(J_{\mathrm{M}} > J_{\mathrm{S}})$.

Beispiel 1 (Abb. 8-19)

In dem skizzierten System wird der homogene Stab AB von einer vorgespannten Feder nach oben geschleudert. Zu bestimmen sind die unten aufgeführten Größen für eine Position des Stabverbandes, die sich bei einem Hub Δf des Gelenks A ergibt:

a) Winkelgeschwindigkeit von AB,

b) Geschwindigkeit von A,

c) Winkelgeschwindigkeit von CB.

$m = 10{,}0\,\mathrm{kg}$; $r = 300\,\mathrm{mm}$; $l = 400\,\mathrm{mm}$; $f_0 = 600\,\mathrm{mm}$;
$\Delta f = 150\,\mathrm{mm}$
Federkonstante $c = 12{,}8\,\mathrm{N/mm}$;
Feder vorgespannt um $\Delta s = 50{,}0\,\mathrm{mm}$

Die Masse m des Stabes ist wesentlich größer als die der anderen Bauteile.

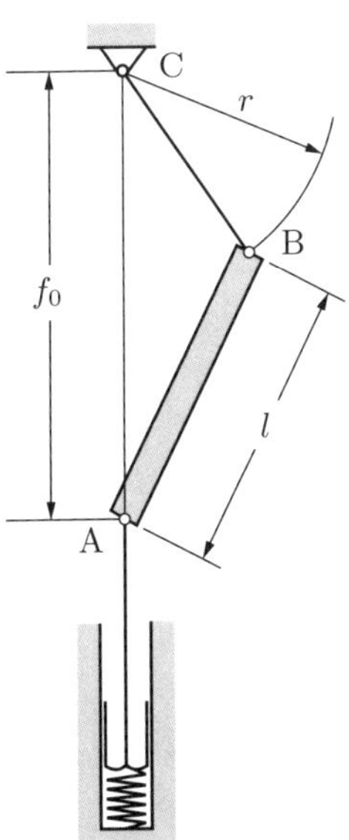

Abb. 8-19: Gelenkmechanismus mit gespannter Feder

Lösung

Der Ansatz des Energiesatzes wird nach Abb. 8-20a vorbereitet. Die Höhenlinie $E_{\text{pot}} = 0$ wird sinnvoll definiert. Im Ausgangszustand 0 ist das System in Ruhe, die Feder ist gespannt. Im Zustand 1 befindet sich der Stabverband in der Position, für die die Werte gesucht werden. Die Feder ist entspannt.

$$\frac{c}{2}\Delta s^2 + m \cdot \mathrm{g} \cdot h_0 = m \cdot \mathrm{g} \cdot h_1 + \frac{m}{2}v_{\mathrm{S}}^2 + \frac{J_{\mathrm{S}}}{2}\omega_1^2.$$

Die Schwerpunktgeschwindigkeit v_{S} und die Winkelgeschwindigkeit ω_1 lassen sich, wie oben gezeigt, vorteilhaft über den momentanen Drehpol M zusammenfassen. Die Abb. 8-20b zeigt die Lage von M (s. Abb. 4-18). Damit erhält man

$$\frac{c}{2}\Delta s^2 + m \cdot \mathrm{g} \cdot h_0 = m \cdot \mathrm{g} \cdot h_1 + \frac{J_{\mathrm{M}}}{2}\omega_1^2.$$

Diese Gleichung kann man nach der gesuchten Größe ω_1 auflösen

$$\omega_1^2 = \frac{2}{J_{\mathrm{M}}}\left[\frac{c}{2}\Delta s^2 - m \cdot \mathrm{g} \cdot (h_1 - h_0)\right]. \tag{1}$$

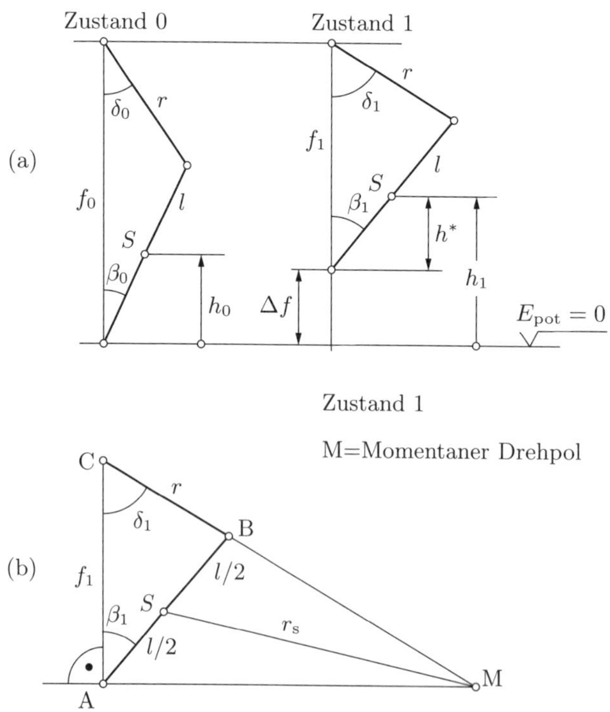

Abb. 8-20: Zum Energiesatz (a) und Momentaner Pol (b) des Systems Abb. 8-19

Die allgemeine Lösung ist sehr umfangreich, deshalb sollen Zahlenwerte bestimmt werden. Zunächst ist es notwendig, die Geometrie zu erfassen.

Schwerpunktlage

Die Berechnung der Winkel β mit dem cos-Satz $r^2 = f_0^2 + l^2 - 2f_0 \cdot l \cdot \cos\beta_0$

$$\cos\beta_0 = \frac{f_0^2 + l^2 - r^2}{2f_0 \cdot l}; \quad \beta_0 = 26{,}4^\circ,$$

analog für 1

$$\cos\beta_1 = \frac{f_1^2 + l^2 - r^2}{2f_1 \cdot l}; \quad \beta_1 = 40{,}8^\circ;$$

$$h_0 = \frac{l}{2} \cdot \cos\beta_0 = 0{,}179\,\mathrm{m};$$

$$h^* = \frac{l}{2} \cdot \cos\beta_1 = 0{,}151\,\mathrm{m}; \quad h_1 = \Delta f + h^* = 0{,}301\,\mathrm{m}.$$

Momentaner Drehpol M (Abb. 8-20b)

Berechnung des Winkels δ_1 mit dem sin-Satz

$$\sin\delta_1 = \frac{l}{r}\sin\beta_1; \quad \delta_1 = 60{,}6^\circ,$$

$$\overline{\mathrm{AM}} = f_1 \cdot \tan\delta_1 = 0{,}799\,\mathrm{m}.$$

Längenberechnungen in den Dreiecken SMA und BMA mit cos-Sätzen

$$r_\mathrm{S}^2 = \overline{\mathrm{AM}}^2 + \left(\frac{l}{2}\right)^2 - 2 \cdot \overline{\mathrm{AM}} \cdot \frac{l}{2} \cdot \cos(90^\circ - \beta_1); \quad r_\mathrm{S} = 0{,}685\,\mathrm{m}.$$

$$\overline{\mathrm{BM}}^2 = \overline{\mathrm{AM}}^2 + l^2 - 2 \cdot \overline{\mathrm{AM}} \cdot l \cdot \cos(90^\circ - \beta_1); \quad \overline{\mathrm{BM}} = 0{,}617\,\mathrm{m}.$$

Das Massenträgheitsmoment bezogen auf den momentanen Drehpol M ist (Steiner)

$$J_\mathrm{M} = m\frac{l^2}{12} + m \cdot r_\mathrm{S}^2 = m\left(\frac{l^2}{12} + r_\mathrm{S}^2\right) = 4{,}83\,\mathrm{kg\,m^2}.$$

Mit den oben berechneten Werten erfolgt die Auswertung von (1)

$$\omega_1^2 = \frac{2}{4{,}83\,\mathrm{kg\,m^2}}\left[\frac{12{,}8 \cdot 10^3}{2}\frac{\mathrm{N}}{m} \cdot 0{,}050^2\,\mathrm{m}^2 - (10 \cdot 9{,}81)\mathrm{N}(0{,}301 - 0{,}179)\mathrm{m}\right],$$

$$\underline{\omega_1 = 1{,}29\,\mathrm{s}^{-1}}. \circlearrowleft$$

Mit dieser Winkelgeschwindigkeit dreht sich der Stab AB im betrachteten Zeitpunkt um den Pol M und, da der ω- Vektor parallel verschiebbar ist, um jede beliebige Achse, z.B. die senkrecht auf der Zeichenebene stehende Schwerpunktachse.

$$\underline{v_A} = \overline{AM} \cdot \omega_1 = \underline{1{,}03\,\mathrm{m/s}} \quad \uparrow;$$
$$\underline{v_B} = \overline{BM} \cdot \omega_1 = \underline{0{,}796\,\mathrm{m/s}} \quad \measuredangle\delta_1 = 60{,}6^\circ$$

Aus dem zweiten Ergebnis folgt

$$\underline{\omega_{CB}} = \frac{v_B}{r} = \underline{2{,}65\,\mathrm{s}^{-1}}. \quad \circlearrowleft$$

Beispiel 2 (Abb. 8-21)

Eine homogene Walze ($m = 1000\,\mathrm{kg}$) wird eine schiefe Ebene ($s = 30\,\mathrm{m}$) herabgelassen. Sie wird dabei von $v_0 = 8{,}0\,\mathrm{m/s}$ ausgehend gleichmäßig verzögert und mit $v \approx 0$ unten abgesetzt. Zu bestimmen sind

a) die in der Bremse erzeugte Wärmemenge,

b) die Seilkraft,

c) die mittlere und maximale Leistung der Bremse.

Der Beitrag der Rollreibung zum Abbremsen des Systems ist von untergeordneter Bedeutung.

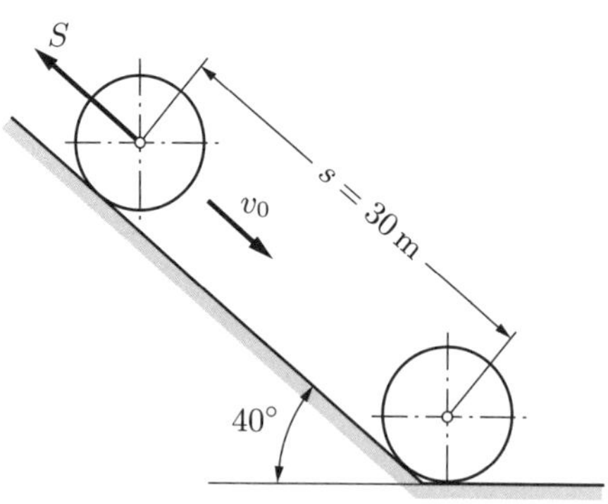

Abb. 8-21: Auf einer schiefen Ebene herabgelassene Walze

Lösung

a) Der Energiesatz lautet nach Abb. 8-22

$$m \cdot g \cdot s \cdot \sin 40° + \frac{1}{2} m \cdot v_o^2 + \frac{1}{2} J_S \cdot \omega_o^2 - W_R = 0.$$

Mit $J_S = \frac{1}{2} m \cdot r^2$ führt das zu

$$W_R = m \cdot \left(g \cdot s \cdot \sin 40° + \frac{v_o^2}{2} + \frac{v_o^2}{4} \right)$$

$$W_R = 10^3\,\text{kg} \cdot (9{,}81\,\text{m/s}^2 \cdot 30\,\text{m} \cdot \sin 40° + \frac{3}{4} \cdot 8{,}0^2\,\text{m}^2/\text{s}^2)$$

$$\underline{W_R = 237\,\text{kJ}.}$$

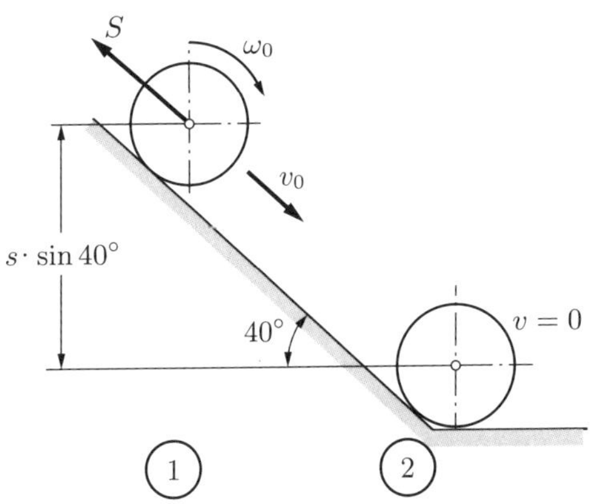

Abb. 8-22: Aufangs- und Endzustand der herabgelassenen Walze

b) Aus $W_R = S \cdot s$ errechnet man

$$\underline{S} = \frac{W_R}{s} = \frac{237\,\text{kN m}}{30\,\text{m}} = \underline{7{,}91\,\text{kN}}.$$

c) Es wird zunächst die Zeitdauer des Vorganges berechnet. Aus Gleichung (2-9) erhält man für $v = 0$

$$a = -\frac{v_0^2}{2s} = -\frac{8^2\,\text{m}^2/\text{s}^2}{2 \cdot 30\,\text{m}} = -1{,}07\,\text{m/s}^2$$

und mit Gl. (2-6)

$$t = -\frac{v_0}{a} = +\frac{8{,}0\,\text{m/s}}{1{,}07\,\text{m/s}} = 7{,}50\,\text{s}.$$

Die mittlere Leistung ist

$$\underline{P_{\mathrm{m}}} = \frac{W_{\mathrm{R}}}{t} = \frac{237\,\mathrm{kJ}}{7{,}50\,\mathrm{s}} = \underline{31{,}6\,\mathrm{kW}}.$$

Die Bremse setzt mit der Maximalleistung ein ($v_0 = v_{\max}$).

$$\underline{P_{\max}} = S \cdot v_0 = 7{,}91\,\mathrm{kN} \cdot 8{,}0\,\mathrm{m/s} = \underline{63{,}3\,\mathrm{kW}}.$$

Wegen der konstant angenommenen Verzögerung ist sie doppelt so groß wie die mittlere Leistung.

Beispiel 3 (Abb. 8-23)

Ein homogener Zylinder rollt eine schiefe Ebene hinunter. Die beschleunigte Drehung der Scheibe ist nur möglich, wenn an der Auflage des Zylinders durch Haftung verursachte Umfangskräfte wirken. Auf einer ideal glatten Unterlage würde die Walze translatorisch, d.h. ohne Drehung, heruntergleiten. In diesem Beispiel soll untersucht werden, ob bzw. wie die an der Auflagestelle wirkende Umfangskraft in die Energiebilanz eingeht und ob die durch diese Kraft verrichtete Arbeit in Wärme umgesetzt wird.

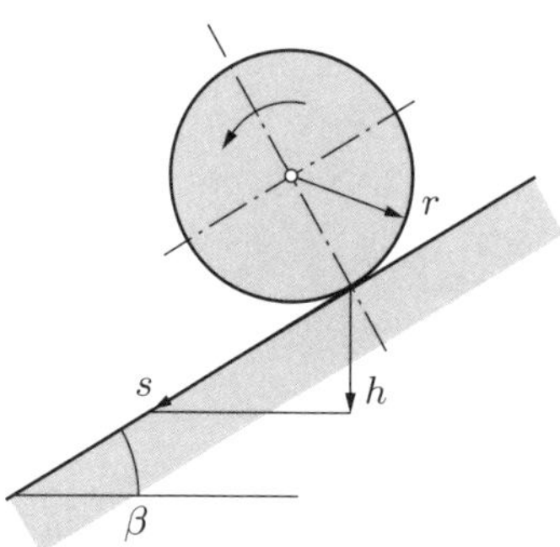

Abb. 8-23: Rollender Zylinder

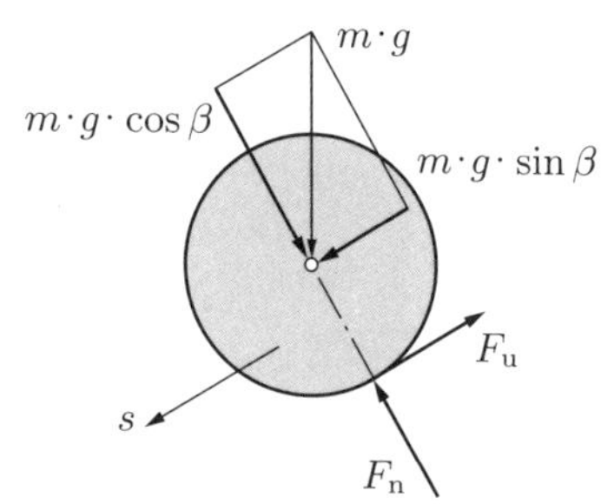

Abb. 8-24: Freigemachter Zylinder

Lösung

Die Abb. 8-24 zeigt die an der Walze wirkenden Kräfte. Auf dem Weg s wird von den Kräften folgende Arbeit verrichtet

$$W = (m \cdot g \cdot \sin\beta - F_{\mathrm{u}}) \cdot s + F_{\mathrm{u}} \cdot r \cdot \varphi.$$

Der erste Summand entspricht dem Anteil der Arbeit, der für die Verschiebung, der zweite dem, der für die Drehung notwendig ist. Mit $s = r \cdot \varphi$ bzw. $\varphi = s/r$

und mit $h = s \cdot \sin\beta$ erhält man

$$W = m \cdot g \cdot h - F_\mathrm{u} \cdot s + F_\mathrm{u} \cdot s.$$

Dieser Wert entspricht der Änderung der potentiellen Energie, die nach dem Energiesatz in Bewegungsenergie umgesetzt wird.

$$m \cdot g \cdot h = \frac{1}{2} \cdot m \cdot v^2 + \frac{1}{2} \cdot J_\mathrm{S} \cdot \omega^2.$$

In der Arbeitsgleichung heben sich die Anteile der Kraft F_u insgesamt auf. In dem Maße, in dem die Kraft F_u durch Verlangsamung der Geschwindigkeit die Energie $\frac{1}{2} \cdot m \cdot v^2$ verringert, erzeugt sie die Rotationsenergie $\frac{1}{2} \cdot J_\mathrm{S} \cdot \omega^2$. Der Anteil $F_\mathrm{u} \cdot s$ wird nicht als Reibungsarbeit in Wärme umgesetzt. Aus diesem Grunde darf er nicht als Verlustarbeit in den Energiesatz eingeführt werden.

Das mag zunächst überraschend sein, denn die Umfangskraft wird durch Reibungswirkung erzeugt. Die Idealisierung liegt in der oben verwendeten Beziehung $s = r \cdot \varphi$. Diese setzt Rollen ohne Gleiten voraus. Eine Umfangskraft kann aber nur durch einen Schlupf zwischen Rad und Unterlage erzeugt werden. Das abrollende Rad bleibt in der Drehung gegenüber dem idealen Rad zurück

$$s = r \cdot \varphi - \Delta s.$$

Mit dieser genauen Fassung erhält man

$$W = m \cdot g \cdot h - F_\mathrm{u} \cdot s + F_\mathrm{u} \cdot (s - \Delta s)$$
$$W = m \cdot g \cdot h - F_\mathrm{u} \cdot \Delta s.$$

Der in Wärme umgesetzte Anteil beträgt danach $F_\mathrm{u} \cdot \Delta s$. Die Berechnung dieser Größe ist sehr schwierig. Vereinfachend arbeitet man mit der Rollreibungszahl μ_R (s. Band 1). Die Arbeit $W = \mu_\mathrm{R} \cdot F_\mathrm{n} \cdot s$ wird in Wärme umgesetzt. Es soll abschließend berechnet werden, wie groß mindestens die Haftreibungszahl für das Abrollen der homogenen Walze sein soll. Das beschleunigte Abrollen wird durch die Umfangskraft verursacht

$$F_\mathrm{u} \cdot r = J_\mathrm{s} \cdot \alpha \qquad J_\mathrm{s} = m \cdot \frac{r^2}{2}. \tag{1}$$

Die Normalkraft beträgt $F_\mathrm{n} = m \cdot g \cdot \cos\beta$. Damit ist

$$F_\mathrm{u} = \mu_{0\,\mathrm{min}} \cdot F_\mathrm{n} = \mu_{0\,\mathrm{min}} \cdot m \cdot g \cdot \cos\beta.$$

Dieser Ausdruck wird in die Ausgangsgleichung (1) eingesetzt

$$r \cdot \mu_{0\,\min} \cdot m \cdot g \cdot \cos\beta = m \cdot \frac{r^2}{2} \cdot \alpha \qquad \alpha = \frac{a}{r}$$

$$r \cdot \mu_{0\,\min} \cdot g \cdot \cos\beta = \frac{1}{2} \cdot r^2 \cdot \frac{a}{r}.$$

Die Beschleunigung ist $a = g \cdot \sin\beta$

$$\mu_{0\,\min} \cdot g \cdot \cos\beta = \frac{1}{2} \cdot g \cdot \sin\beta; \quad \underline{\mu_{0\,\min} = \frac{1}{2} \cdot \tan\beta.}$$

In diesem Zusammenhang soll noch einmal darauf hingewiesen werden, daß aus der Haftreibungszahl die maximal mögliche Kraft errechnet wird und nicht die, die sich wirklich am System einstellt. Diese ermittelt man aus den Gleichgewichtsbedingungen am System.

8.7 Zusammenfassung

Bei Verschiebung einer Kraft wird eine Arbeit verrichtet

$$W = \int_{s_1}^{s_2} F \cdot \cos\delta \cdot \mathrm{d}s. \tag{8-1}$$

Die Arbeit kann als skalares Produkt der Vektoren $\vec{F}$ und $\vec{s}$ aufgefaßt werden.

Für die Drehung gilt

$$W = \int_{\varphi_1}^{\varphi_2} M \cdot \mathrm{d}\varphi, \tag{8-2}$$

Für eine konstante Kraft in Verschiebungsrichtung bzw. ein konstantes Moment ergeben diese Gleichungen

$$W = F \cdot s; \quad W = M \cdot \varphi \tag{8-3}$$

Die Arbeit ist null, wenn

1. die Kraft senkrecht auf der Verschiebungsrichtung steht,
2. die Kraft nicht relativ zur Unterlage verschoben wird,
3. es sich um innere Kräfte handelt, d.h. nur äußere Kräfte verrichten eine Arbeit.

Zur Deformation eine elastischen Systems (z.B. Feder) muß eine Arbeit

$$W = \frac{c}{2}(s_2^2 - s_1^2) \tag{8-5}$$

aufgewendet werden.

Die Leistung ist definiert als die auf die Zeit bezogene Arbeit

$$P = \frac{\mathrm{d}W}{\mathrm{d}t}$$

Für eine Kraft $\vec{F}$, die mit der Geschwindigkeit v verschoben wird und die mit dem Vektor $\vec{v}$ gleichgerichtet ist, erhält man

Schiebung $\quad P = F \cdot v,$ Drehung $\quad P = M \cdot \omega.$ (8-6)/(8-7)

Diese Gleichungen gelten für jeweils zugeordnete Größen $F; v$ und $M; \omega$, die nicht konstant sein müssen.

Die zur Beschleunigung einer Masse notwendige Leistung ist:

Schiebung Drehung

$$P = m \cdot a \cdot v, \qquad P = J \cdot \alpha \cdot \omega. \tag{8-8)/(8-9}$$

Energie ist das Vermögen, Arbeit zu verrichten.

Im Rahmen dieser Technischen Mechanik werden folgende Energieformen angewendet.

Potentielle Energie

$$E_{\text{pot}} = m \cdot g \cdot h, \tag{8-10}$$

Kinetische Energie

Schiebung Drehung

$$E_{\text{kin}} = \frac{m}{2} v^2, \qquad E_{\text{kin}} = \frac{J}{2} \omega^2, \tag{8-11)/(8-17}$$

Elastische Energie

$$E_{\text{el}} = \frac{c}{2} s^2. \tag{8-12}$$

Der Energiesatz sagt aus, daß die Summe aller vorhandenen Energien konstant ist.

Für ein Teilsystem angewendet, lautet er:

Die Summe der Energie im Endzustand ist gleich der Summe im Anfangszustand, vermehrt oder vermindert um die zugeführte bzw. vermindert um die abgeführte Energie

$$\sum E_1 \pm \sum E = \sum E_2. \tag{8-13}$$

9 Mechanische Schwingungen

9.1 Einführung

Die Besonderheit einer Schwingung besteht darin, daß ein bestehender Zustand nach Ablauf einer gewissen Zeit wiederholend reproduziert wird, was für dynamische Prozesse nicht selbstverständlich ist. Voraussetzung für diese Wiederholungen ist die Möglichkeit der Speicherung von Energie im System. Die Bewegungsenergie wird meist durch die elastische Verformung einer Feder oder durch die Lageänderung einer Masse (z.B. Pendel) in potentielle Energie umgewandelt und nach Erschöpfen dieses Energievorrates wieder zurückverwandelt (siehe hierzu die ausführlichen Beschreibungen im Abschnitt 8.3). Die bei diesen alternierenden Umwandlungen auftretenden „Verluste" (besser Umwandlungen in andere Energieformen) bewirken das Abklingen der Schwingung. Das bezeichnet man als Schwingungsdämpfung. Die für die Einleitung des Schwingvorganges benötigte kinetische Energie wird dabei über eine Masse aufgebaut (Gleichungen (8-11)/(8-17)). Da reale Festkörper sowohl über eine Masse als auch über mehr oder weniger stark ausgeprägte elastische Eigenschaften verfügen, ist jedes Bauteil für sich und die Konstruktion insgesamt schwingfähig.

Auf diesen Grundlagen aufbauend werden in diesem Kapitel die mechanischen Schwingungen anhand eines vereinfachenden Modells, bestehend aus Punktmasse, Feder, Dämpfer und Erreger beschrieben. Dabei erfolgt eine Beschränkung auf die *harmonischen Schwingungen*. Das sind Schwingungen, bei denen sich die Zustandsgrößen nach einem Sinus- oder Cosinus-Zeitgesetz ändern. Das Modell wird in drei Stufen aufgebaut. Begonnen wird mit den sog. *Eigenschwingungen*. Das sind die Schwingungen, die ein einmal in Bewegung versetzter Körper ohne Dämpfung und weitere Anregung ausführt. Hierfür wird ein Feder-Masse-System zugrunde gelegt.

Diese idealisierte Annahme wird danach durch die Einbeziehung der Dämpfung verbessert. Hierbei erfolgt eine Beschränkung auf den Fall der *geschwindigkeitsproportionalen* Dämpfung, der die verschiedenen Dämpfungsarten in ihrer Zusammenfassung für viele Fälle recht gut beschreibt.

Schwingungsprobleme treten meist erst auf, wenn der Schwinger ständig angeregt wird, so daß die Auswirkungen als Belästigung empfunden werden (z.B.

Schall), zu Dauerbrüchen führen oder sich die Amplituden gefährlich verstärken können (Resonanz). Dabei wird die *harmonische* Anregung durch Kräfte und Verschiebungen untersucht und ausgewertet.

Aufbauend auf den am Schwingungsmodell gewonnenen Erkenntnissen werden anschließend die Grundlagen für das Verständnis der für den Ingenieur wichtigen Fragen nach den Schwingungsursachen und den zu treffenden Gegenmaßnahmen geschaffen. Dabei ist eine wichtige Voraussetzung für die Beurteilung des Schwingungsverhaltens die Erfassung von Schwingwegen – und Beschleunigungen. Das Prinzip der für solche Messungen häufig verwendeten *seismischen Bewegungsaufnehmer* wird erläutert.

Probleme beim Maschinenbetrieb treten auf, wenn elastische Wellen in bestimmten Drehzahlbereichen, den sog. *kritischen Drehzahlen* betrieben werden. Bei den Ausführungen zur biegekritischen Drehzahl wird für den Einmassenschwinger auch auf den im Kapitel 6 beschriebenen *Kreiseleinfluß* kurz eingegangen. Bei Mehrmassenmodellen beschränken sich die Berechnungen auf die Ermittlung der tiefsten Eigenfrequenz, der sogenannten *Grundschwingung*. Für eine Reihe von Problemen ist die Kenntnis der kleinsten Eigenfrequenz ausreichend.

Ungleiche Massenverteilungen verursachen bei Beschleunigungen durch freie Massenkräfte Schwingungen. Dem versucht man durch *Massenausgleich* zu begegnen.

Schwingungen, die man nicht am Entstehungsort bekämpfen kann, versucht man weitgehend zu isolieren. Zur Abschirmung gegen die Auswirkungen zählen Maßnahmen wie die *Aktiv- und Passivisolierung*. Dabei geht es bei der Aktivisolierung um den Schutz der Umgebung vor den Schwingungsauswirkungen eines Aggregates. Bei der Passivisolierung sollen Mensch, Maschine und Gebäude von den Schwingungen der Umgebung abgeschirmt werden. Die Grundlagen hierzu schließen das Kapitel ab.

9.2 Grundlagen der technischen Schwingungslehre

Schwingungsvorgänge spielen in der Technik eine wichtige Rolle. Dabei ist die Schwingungswirkung teils erwünscht, teils unerwünscht. Bei Schwingförder-, Sieb- und Verdichtungssystemen zum Beispiel nutzt man den Schwingungseffekt sinnvoll aus. In vielen Fällen zwingt ihre schädliche, oft sogar gefährliche Wirkung zu Gegenmaßnahmen. Das können Dämpfung oder Isolierung sein oder auch eine völlige Änderung der Konstruktion.

Beides, die Nutzung wie auch die Bekämpfung von Schwingungsgrößen erfordert neben der Untersuchung im Versuchsfeld auch die nicht immer ganz einfache mathematische Beschreibung des Schwingungsvorganges. Das prinzipielle Vorgehen ist dabei immer gleich:

Modellbildung – Aufstellen der Bewegungsgleichung –
Lösen der Bewegungsgleichung.

Nach der Festlegung des Modells wird die Bewegungsgleichung formuliert. Sie bildet die Grundlage für die Untersuchung. Dazu wird häufig das im Kapitel 7 ausführlich beschriebene Prinzip von D'ALEMBERT angewendet. Aus der aufgestellten Bewegungsgleichung, die immer eine Differentialgleichung ist, können die wichtigen Schwingungsparameter *Eigenkreisfrequenz* und *Abklingkonstante* direkt abgelesen werden. Um das *Zeitverhalten* des Schwingers zu bestimmen, muß die Schwingungsdifferentialgleichung gelöst werden.

Jeder schwingfähige Körper besitzt gleichzeitig Trägheits-, Dämpfungs- und Federeigenschaften. Ein Schwingungsmodell, das diese Eigenschaften kontinuierlich über den Schwinger verteilt, bezeichnet man als *Kontinuumsschwinger*. Die Berechnung derartiger Aufgabenstellungen ist sehr aufwendig und führt auf partielle Differentialgleichungen. Diese partiell nach dem Ort und der Zeit abzuleitenden Gleichungen lassen sich nur für einfache Probleme exakt lösen. Für die meisten technischen Aufgabenstellungen werden hierzu spezielle Computerprogramme, die meist auf der Finite-Elemente-Methode beruhen (siehe dazu [27], [44], [50]), eingesetzt.

Idealisiert man den mechanischen Schwinger als ein Ersatzmodell, bestehend aus Massepunkt, masselos angenommener Feder und Dämpfer, so spricht man von einem *diskreten Schwinger*. Der mathematische Aufwand zur Beschreibung des Bewegungsvorganges ist ungleich geringer als für den Kontinuumsschwinger. Diese vereinfachende Idealisierung hat natürlich ihren Preis in geringerer Genauigkeit und Umfang der Wiedergabe der (im Versuch) beobachteten Schwingungsparameter. Die Aussagen für einen Schwinger lassen sich durch „Verfeinerung" des Modells verbessern, wenn anstelle eines Massepunktes mehrere Massen, verbunden durch Feder- und Dämpfungselemente, verwendet werden. Da aber jede dieser Einzelmassen, in die der Schwinger aufgeteilt wurde, eigenständige Bewegungen ausführen kann (man nennt diese Bewegungsmöglichkeiten *Freiheitsgrade*), wächst damit natürlich auch wieder der mathematische Aufwand zur Beschreibung des Problems entsprechend. Ein Schwingungssystem hat aber nicht eine ganz bestimmte Zahl von Freiheitsgraden. Die Zahl der Freiheitsgrade, die man einführen muß, ist abhängig von der technischen Fragestellung; also davon, was man vom System wissen will. Das Ziel des Ingenieurs muß es sein,

ein Schwingungsmodell zu erstellen, das die Fragestellung beantwortet und mit möglichst geringem Aufwand lösbar sein soll.

Das prinzipielle Vorgehen bei der Lösung von Schwingungsproblemen – auch komplizierter technischer Systeme, die sich nur noch mit Hilfe von Großrechnern lösen lassen – wie auch die grundsätzlichen Verhaltensweisen solcher Systeme lassen sich sehr gut an diskreten Modellen mit einem Freiheitsgrad – wie sie in diesem Kapitel beschrieben werden – erkennen und trainieren.

9.3 Freie ungedämpfte Schwingungen

9.3.1 Die Grundgleichung der harmonischen Schwingung des Massenpunktes

Das Grundmodell eines linearen ungedämpften Schwingers mit einem Freiheitsgrad zeigt die Abbildung 9-1.

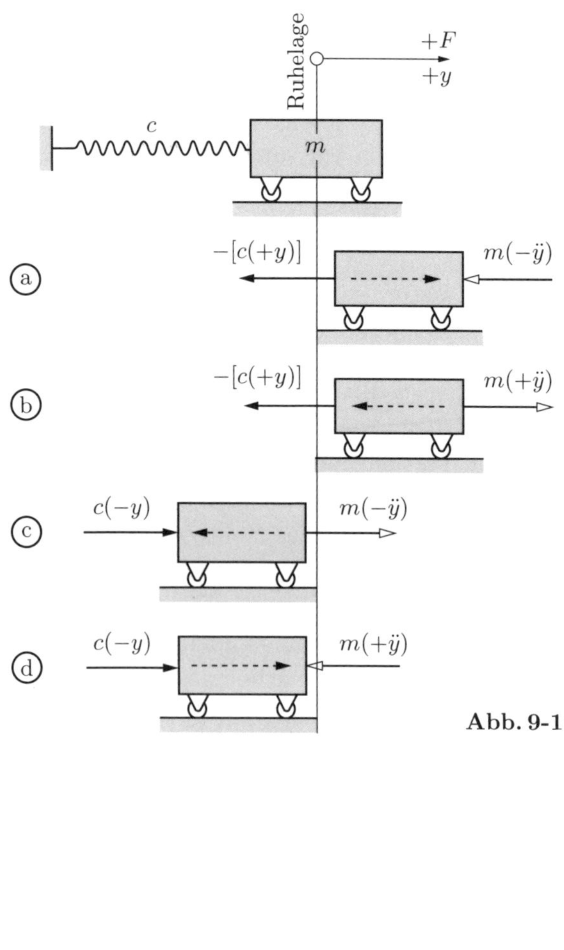

Abb. 9-1: Mechanischer Schwinger in vier Phasen

Nachfolgend werden einschlägige Begriffe erläutert:

1. Schwingung mit einem Freiheitsgrad

Die Beschreibung der Bewegung einer Masse erfolgt über *eine* Bewegungskoordinate (Länge oder Drehwinkel) entlang einer Linie oder um eine Achse.

2. Lineare Schwingung

In der Bewegungsgleichung treten nur lineare Glieder auf. Ein Beispiel hierfür ist die Federkraft, wenn sie proportional zur Auslenkung ist. Dies ist allerdings eine Idealisierung (kein existierendes System ist streng linear), die in vielen Fällen aber der Wirklichkeit sehr nahe kommt.

3. Freie Schwingung

Als freie Schwingung bezeichnet man den Schwingungsvorgang, der nach der Anregung des Systems ohne weitere Energiezufuhr fortdauert. Sie ist eine Eigenschaft des Systems und wird deshalb auch als *Eigenschwingung* bezeichnet.

4. Ungedämpfte Schwingung

Dem System wird keine Energie, z.B. durch Reibungskräfte, entzogen. Da Reibungseinflüsse immer vorhanden sind, handelt es sich hier um eine Idealisierung.

5. Harmonische Schwingung

Bei einer harmonischen Schwingung ändert sich die Zustandsgröße sinusförmig mit der Zeit. Das ist auch für ein Feder-Masse-System mit linearer Federcharakteristik, das frei und ungedämpft schwingt (Punkt 2, 3 und 4), der Fall.

Ein einmal eingeleiteter Schwingungsvorgang wiederholt sich fortlaufend, da die Federkraft immer zur statischen Ruhelage gerichtet ist. Sie wird deshalb *Rückstellkraft* genannt. Das kann man sich an der Abb. 9-1 klar machen. Erreicht die Masse die *statische* Gleichgewichtslage (= Ruhelage), bewegt sie sich infolge der Trägheit über diese hinaus. Der Vorgang wiederholt sich. Man kann eine Schwingung auch als fortlaufenden Wechsel von Energieformen interpretieren. Die kinetische Energie im Nulldurchgang ist im Umkehrpunkt als elastische Energie in der Feder gespeichert. Diese wird wieder in kinetische Energie umgewandelt usw.

Zunächst wird die horizontale Schwingung nach Abb. 9-1 untersucht. Der Einfluß der Gewichtskraft an einem senkrecht schwingenden Objekt wird anschließend diskutiert. Es wird angenommen, daß die Feder sich ohne Ausknicken zusammendrücken läßt und ihre Masse vernachlässigbar klein ist. Die Berücksichtigung der Federmasse wird weiter unten behandelt. Zur Klärung der Vorzeichenfrage muß der Schwinger in allen vier Phasen freigemacht werden. Die D'ALEMBERTschen Trägheitskräfte sind entgegengesetzt zur Bewegungsrichtung einzuzeichnen. Die Vorzeichen der einzelnen Größen sind tabellarisch aufgeführt.

Lage der Masse	a	b	c	d
	rechts	rechts	links	links
y	+	+	−	−
Bewegungsrichtung	→	←	←	→
Beschleunigung oder Verzögerung	−	+	−	+
Richtung der Federkraft $c \cdot y$	−	−	+	+

Die Gleichgewichtsbedingung $\sum F_x = 0$ liefert für alle Phasen

$$m \cdot \ddot{y} + c \cdot y = 0. \tag{9-1}$$

Das ist die Grundgleichung der freien ungedämpften Schwingung.

Wie oben vorgeführt, ist es gleich, für welche Phase sie aufgestellt wird. Man vermeidet die Schwierigkeiten mit den Vorzeichen, wenn man den physikalischen Inhalt der Gleichung im Auge behält, nämlich die Aussage, daß

$$\text{Trägheitskraft} + \text{Federkraft} = 0$$

ist. Eine Summe von zwei positiven Werten kann nicht null sein. In Wirklichkeit ist jeweils eine Größe entgegengesetzt gerichtet, was sich der Leser unabhängig von den Vorzeichen am Modell Abb. 9-1 klar machen möge.

Zur Bestimmung des Einflusses der Gewichtskraft wird das System nach Abb. 9-2 aufgehängt betrachtet. Durch die statische Belastung der Masse m wird die Feder um y_0 vorgespannt. Wird sie darüber hinaus ausgelenkt und losgelassen, dann beginnt sie zu schwingen. Für die Lage y bei Bewegung nach unten wird nach Einführung der Trägheitskraft die Gleichgewichtsbedingung aufgestellt

$$m \cdot \ddot{y} - m \cdot g + c \cdot (y + y_0) = 0.$$

Aus der statischen Belastung der Feder erhält man

$$F_G = m \cdot g = c \cdot y_0$$

und damit

$$m \cdot \ddot{y} + c \cdot y = 0.$$

Das ist die Gleichung (9-1). Aus der obigen Berechnung folgt:

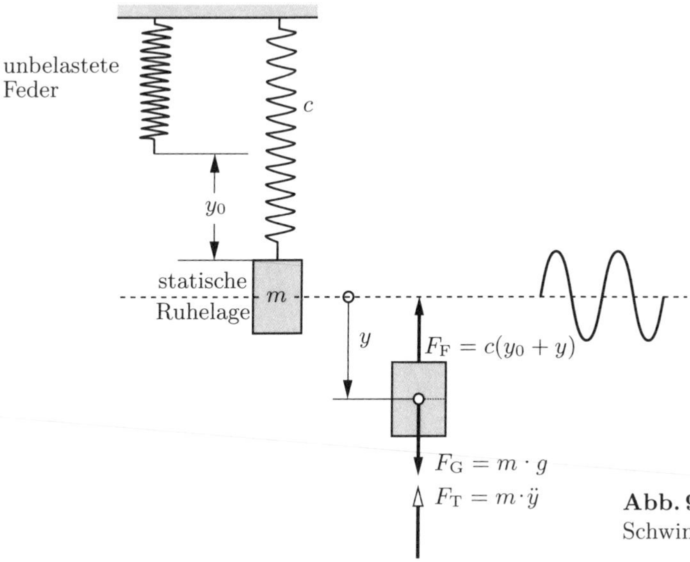

Abb. 9-2: Senkrecht hängender Schwinger

1. *Eine Schwingung erfolgt immer um die statische Ruhelage.*
2. *Der Schwingungsvorgang wird nicht durch eine Vorspannung des elastischen Elementes beeinflußt.*
3. *Geht man bei einer Schwingungsberechnung von der statischen Ruhelage aus, brauchen die Vorspannkräfte, die sich im Gleichgewicht mit den Gewichtskräften befinden, wie auch die Gewichtskräfte selbst, nicht eingeführt werden, da sie sich gegenseitig aufheben.*

Die Grundgleichung der Schwingung ist eine homogene lineare Differentialgleichung 2. Ordnung mit konstanten Koeffizienten.

Zur Lösung der Differentialgleichung müssen Funktionen $y = y(t)$ gefunden werden, die in die Gleichung eingesetzt diese identisch erfüllen. Für die Lösung wird die Gleichung (9-1) umgeformt

$$\ddot{y} + \frac{c}{m} \cdot y = 0.$$

Setzt man

$$\omega_0^2 = \frac{c}{m} \tag{9-2}$$

erhält man mit

$$\ddot{y} + \omega_0^2 \cdot y = 0 \tag{9-3}$$

die Gleichung in der bekannten allgemeinen Form.

Da der Bewegungsvorgang für ein einmal angestoßenes und dann sich selbst überlassenes dämpfungsfreies System untersucht wurde, muß in dieser Gleichung ω_0 die Eigenfrequenz sein. Sie ist eine Eigenschaft des Schwingers und hängt nicht von den Anfangsbedingungen der Bewegung ab. Sie bestimmt die Periodendauer der Schwingbewegung.

Um Aussagen über Ausschlag, Geschwindigkeit und Beschleunigung der Schwingbewegung in Abhängigkeit von der Zeit (Zeitverhalten) treffen zu können, ist die Gleichung zu lösen. Die allgemeine Lösungsgleichung für diesen Differentialgleichungstyp lautet

$$y = A_\text{I} \cdot \cos(\omega_0 \cdot t) + A_\text{II} \cdot \sin(\omega_0 \cdot t)$$

mit den durch die Randbedingungen zu bestimmenden Konstanten A_I und A_II.

Zur Bestätigung für die Richtigkeit der allgemeinen Lösung wird diese in die Ausgangsgleichung eingesetzt. Dazu muß die Ausgangsgleichung zweimal nach der Zeit differenziert werden:

$$\ddot{y} = -A_\text{I} \cdot \omega_0^2 \cdot \cos(\omega_0 \cdot t) - A_\text{II} \cdot \omega_0^2 \cdot \sin(\omega_0 \cdot t)\,.$$

Damit wird:

$$-\omega_0^2 \cdot [A_\text{I} \cdot \cos(\omega_0 \cdot t) + A_\text{II} \cdot \sin(\omega_0 \cdot t)] \\ + \omega_0^2 \cdot [A_\text{I} \cdot \cos(\omega_0 \cdot t) + A_\text{II} \cdot \sin(\omega_0 \cdot t)] = 0\,.$$

Im Abschnitt 9.4 wird die allgemeine Lösung einer Differentialgleichung des vorliegenden Typs vorgeführt.

Die Interpretation der harmonischen Schwingbewegung als rotierenden Zeiger zeigt die Abbildung 9-3. In dieser Darstellung ist der rotierende Zeiger A die *Amplitude*; der maximale Ausschlag. Der Winkel φ, um den die Kurve im Koordinatensystem verschoben ist, ist der *Phasenverschiebungswinkel* oder kurz *Phasenwinkel*. Er entspricht der Zeigerstellung im Vektorbild a) und dem Schwingungsausschlag y im Koordinatenursprung des Amplituden-Zeit-Diagramms b). Er stellt somit den Ausschlag zu Anfang der Zeitzählung $t = 0$ dar. Die Abbildung zeigt die folgenden Zusammenhänge:

$$A_\text{I} = A \cdot \sin\varphi \quad \text{und} \quad A_\text{II} = A \cdot \cos\varphi$$

Für die Amplitude gilt $A = \sqrt{A_I^2 + A_{II}^2}$
und für den Phasenwinkel $\varphi = \arctan\left(\frac{A_I}{A_{II}}\right)$.

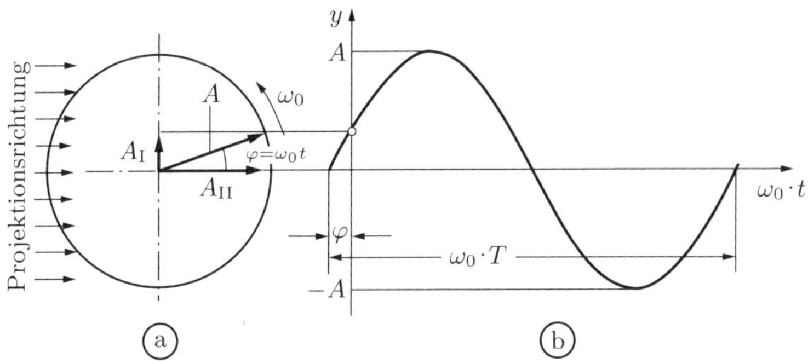

Abb. 9-3: Deutung der harmonischen Schwingung als Projektion des rotierenden Amplitudenvektors

Die Konstanten A_I und A_{II} in die allgemeine Lösung eingesetzt

$$\begin{aligned} y &= A \cdot \sin\varphi \cdot \cos(\omega_0 \cdot t) + A \cdot \cos\varphi \cdot \sin(\omega_0 \cdot t) \\ &= A \cdot [\sin\varphi \cdot \cos(\omega_0 \cdot t) + \cos\varphi \cdot \sin(\omega_0 \cdot t)] \end{aligned}$$

führt über das Additionstheorem $\sin(\omega_0 \cdot t + \varphi)$ für den Klammerausdruck zu

$$y = A \cdot \sin(\omega_0 \cdot t + \varphi)\,. \tag{9-4}$$

Das ist die spezielle Lösung, die die Bewegung des Schwingers bei bekannter Amplitude und Phasenwinkel beschreibt. Die Ableitung dieser Gleichung nach der Zeit führt auf die Schwinggeschwindigkeit und die Schwingbeschleunigung.

Das Zeitverhalten des Schwingers wird i.A. aus bekannten (gemessenen) Werten für Schwingweg-Geschwindigkeit oder -Beschleunigung ermittelt. Werden z.B. für den Schwinger nach Abb. 9-2 der Schwingweg und die Schwinggeschwindigkeit zu einer definierten Zeit (Anfangswerte, Index A) mit

$$y(t=0) = y_A \quad \text{und} \quad \dot{y}(t=0) = v_A$$

in die allgemeine Lösung und deren Ableitung nach der Zeit

$$\dot{y} = -A_I \cdot \omega_0 \cdot \sin(\omega_0 \cdot t) + A_{II} \cdot \omega_0 \cdot \cos(\omega_0 \cdot t)$$

eingesetzt, erhält man als spezielle Lösung

$$y = y_A \cdot \cos(\omega_0 \cdot t) + \frac{v_A}{\omega_0} \cdot \sin(\omega_0 \cdot t)\,. \tag{9-5}$$

Die Gleichungen (9-4) und (9-5) beschreiben den gleichen Sachverhalt. Aus der Mathematik ist bekannt, daß Überlagerung einer sin- und cos-Funktion auch durch eine phasenverschobene Sinusfunktion (Cosinusfunktion) dargestellt werden kann.

Für die beiden Sonderfälle

1. Umkehrpunkt (Totpunkt): $y(t=0) = y_{\text{max}} = A; \quad \dot{y}(t=0) = 0$ gilt
$$y = A \cdot \cos(\omega_0 \cdot t)\,.$$
2. Nulldurchgang: $y(t=0) = 0; \quad \dot{y}(t=0) = v_{\text{max}}$ gilt
$$y = \frac{v_{\text{max}}}{\omega_0} \cdot \sin(\omega_0 \cdot t)\,.$$

Die Gleichung (9-5) wie auch die beiden Sonderfälle beschreiben den identischen Verlauf; d.h. die ungedämpfte Schwingung hängt nicht von den Anfangsbedingungen der Bewegung ab (siehe Abb. 9-1 mit den Erläuterungen dazu).

Mit den Anfangswerten lassen sich Amplitude und Phasenwinkel wie folgt berechnen

$$A = \sqrt{y_{\text{A}}^2 + \left(\frac{v_{\text{A}}}{\omega_0}\right)^2}$$

$$\varphi = \arctan\left(\frac{y_{\text{A}} \cdot \omega_0}{v_{\text{A}}}\right).$$

Der mit der Kreisfrequenz rotierende Zeiger der Amplitude kann nach Abb. 9-4 aus mehreren Zeigern vektoriell zusammengesetzt sein. Daraus folgt:

Harmonische Schwingungen gleicher Frequenz, aber verschiedener Amplituden und Phasen, ergeben bei Überlagerung eine harmonische Schwingung unveränderter Frequenz.

Die Zeitdauer für eine Vollschwingung bzw. einen Umlauf des Zeigers beträgt nach Abb. 9-3

$$T \cdot \omega_0 = 2\pi$$

$$T = \frac{2\pi}{\omega_0} = 2\pi\sqrt{\frac{m}{c}}. \qquad (9\text{-}6)$$

Daraus folgt für die Frequenz

$$f_0 = \frac{1}{T} = \frac{\omega_0}{2\pi} = \frac{1}{2\pi}\sqrt{\frac{c}{m}}. \qquad (9\text{-}7)$$

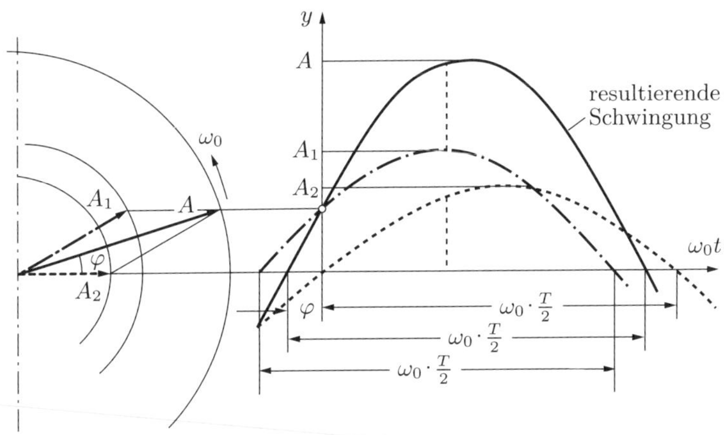

Abb. 9-4: Zusammensetzung harmonischer Schwingung gleicher Frequenz

Die Frequenz einer harmonischen Schwingung ist unabhängig von der Größe der Amplitude.

Im Rahmen der Technischen Mechanik interessieren besonders die maximalen Beschleunigungen, die bei einer Schwingung auftreten. Sie sind für die Belastung der Bauteile verantwortlich. Da die Phasenverschiebung in diesem Fall keine Rolle spielt, genügt es, eine reine sinus-Schwingung zu untersuchen ($\varphi = 0$; Amplitude A). Es ist

$$y = A \cdot \sin(\omega_0 \cdot t),$$
$$\dot{y} = A \cdot \omega_0 \cdot \cos(\omega_0 \cdot t).$$

Da cos $(\omega_0 \cdot t) \leq |1|$ ist, erhält man als *maximale Geschwindigkeit*

$$v_{\max} = \dot{y}_{\max} = A \cdot \omega_0. \tag{9-8}$$

Für die Beschleunigung ergibt sich

$$\ddot{y} = -A \cdot \omega_0^2 \cdot \sin(\omega_0 \cdot t)$$

und damit die *maximale Beschleunigung*

$$a_{\max} = \ddot{y}_{\max} = -A \cdot \omega_0^2. \tag{9-9}$$

Es ist sehr anschaulich, auch die Geschwindigkeits- und Beschleunigungsfunktionen mit einem Zeigerdiagramm nach Abb. 9-5 darzustellen. Man erhält ein

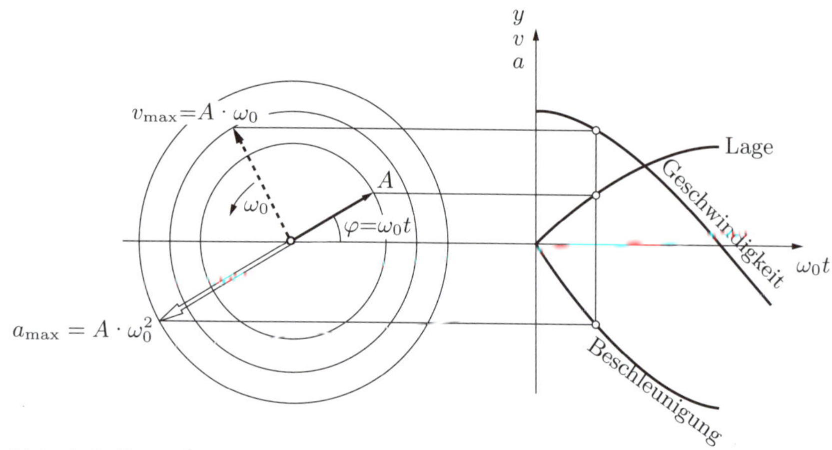

Abb. 9-5: Zeigerdiagramm der Vektoren A ; v_{max}; a_{max}

System von drei senkrecht aufeinander stehenden Zeigern, das mit ω_0 umläuft. Zuerst kommt der Beschleunigungszeiger $A\cdot\omega_0^2$, um 90° nachlaufend folgt der Geschwindigkeitszeiger $A\cdot\omega_0$ und dem wiederum um 90° folgend rotiert der Amplitudenzeiger A. Mit diesem Zeigersystem kann man für jede Lage der Masse sehr schnell momentane Beschleunigung und Geschwindigkeit angeben. Das ist in der Abb. 9-6 beispielhaft gezeigt. Die Beschleunigungen erreichen jeweils an den Umkehrpunkten ihre Maximalwerte. Dort ist die Geschwindigkeit null. Die maximale Geschwindigkeit und damit keine Beschleunigung tritt beim Null-Durchgang auf (siehe dazu auch Abb. 2-13).

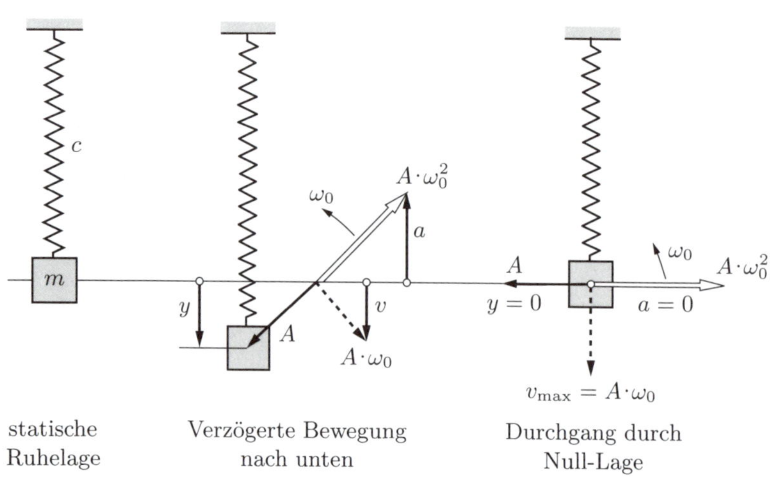

Abb. 9-6: Längsschwinger in verschiedenen Phasen mit eingezeichnetem Zeigerdiagramm

Man kann eine Schwingung auch als laufende wiederkehrende Umwandlung von zwei Energieformen beschreiben. Die beim Null-Durchgang maximale kinetische Energie wird bei der nachfolgenden Zusammendrückung der Feder in elastische Energie der Feder umgewandelt. Im Umkehrpunkt ist die gesamte Energie des Systems in der Feder gespeichert. Nach diesen Ausführungen ist (vergleiche Gleichung (8-11)/(8-12))

$$\frac{m}{2} \cdot v_{\max}^2 = \frac{c}{2} \cdot A^2.$$

Mit Gleichung (9-8) ist

$$m \cdot A^2 \cdot \omega_0^2 = c \cdot A^2,$$

$$\omega_0 = \sqrt{\frac{c}{m}}.$$

Das ist die Bestätigung der Gleichung (9-2).

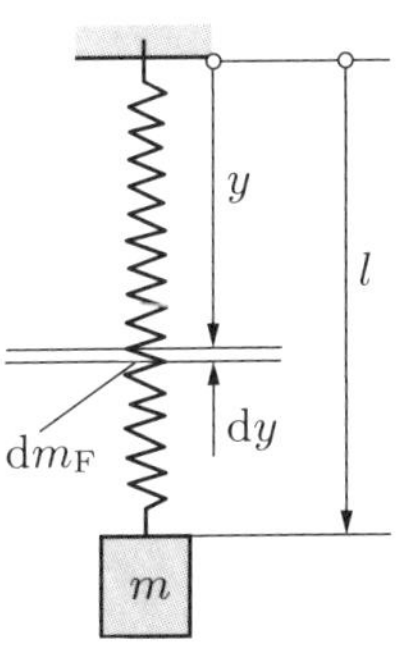

Abb. 9-7: Zur Berücksichtigung der Federmasse

Diese Überlegungen gestatten eine Abschätzung des Einflusses der Federmasse auf die Kreisfrequenz. Es handelt sich darum, die Größe der kinetischen Energie der Feder während der Schwingung näherungsweise zu bestimmen. Feder und Masse schwingen mit gleicher Frequenz. Die Amplitude eines Massenelementes $\mathrm{d}m$ in der Nähe der Aufhängung ist null, während die Teile an der Masse m mit voller Amplitude mitschwingen. Es wird angenommen, daß die Amplitude der einzelnen Massenteile linear vom Aufhängepunkt zunimmt. Die Koordinate y wird nach Abb. 9-7 eingeführt.

$$A_\mathrm{F} = K \cdot y.$$

Damit ist die kinetische Energie der Feder beim Null-Durchgang der Masse

$$E_{\mathrm{kin\,F}} = \int_0^l \frac{\mathrm{d}m_\mathrm{F}}{2} \cdot A_\mathrm{F}^2 \cdot \omega_0^2 = \frac{1}{2} \int_0^l K^2 \cdot y^2 \cdot \omega_0^2 \cdot \mathrm{d}m_\mathrm{F}.$$

Da über die Länge integriert wird, muß $\mathrm{d}m$ in Beziehung zur Längenkoordinate $\mathrm{d}y$ gesetzt werden. Es gilt folgende einfache Proportion

$$\frac{\mathrm{d}m_\mathrm{F}}{\mathrm{d}y} = \frac{m_\mathrm{F}}{l}; \qquad \mathrm{d}m_\mathrm{F} = \frac{m_\mathrm{F}}{l} \cdot \mathrm{d}y.$$

Nach dem Einsetzen erhält man

$$E_{\mathrm{kin\,F}} = \frac{1}{2} \cdot K^2 \cdot \frac{m_\mathrm{F}}{l} \cdot \omega_0^2 \int_0^l y^2 \cdot \mathrm{d}y$$
$$= \frac{1}{2} \cdot K^2 \cdot \frac{m_\mathrm{F}}{l} \cdot \omega_0^2 \cdot \frac{l^3}{3}.$$

Für $y = l$ ist $A_\mathrm{F} = A$ (voller Ausschlag): $A = K \cdot l$.

Die kinetische Energie beträgt

$$E_{\mathrm{kin\,F}} = \frac{\frac{1}{3} m_\mathrm{F}}{2} \cdot A^2 \cdot \omega_0^2.$$

Der Energiesatz lautet demnach

$$\frac{1}{2}\left(m + \frac{m_\mathrm{F}}{3}\right) \cdot A^2 \cdot \omega_0^2 = \frac{c}{2} \cdot A^2.$$

Damit wird die Eigenkreisfrequenz

$$\omega_0 = \sqrt{\frac{c}{m + \frac{m_\mathrm{F}}{3}}}.$$

Aus dieser Gleichung folgt, daß man einen genaueren Wert für die Frequenz des Feder-Masse-Systems nach Abb. 9-7 erhält, wenn man 1/3 der Federmasse als voll mitschwingend betrachtet.

Auf grundsätzlich gleichem Weg ergeben sich Zuschläge von $0{,}236 \cdot m_\mathrm{F}$ für den Schwinger nach Abb. 9-8a und $0{,}486 \cdot m_\mathrm{F}$ für den von 9-8b.

Abb. 9-8: Biegeschwinger

9.3.2 Die Bestimmung der Federkonstante; Ersatzfeder

Die Rückstellkraft eines linearen Schwingers ist proportional zum Ausschlag,

$$F \sim y, \quad F = c \cdot y.$$

Der Proportionalitätsfaktor c wird *Federkonstante* genannt,

$$c = \frac{F}{y}.$$

Zur Bestimmung der Federkonstanten muß an der Stelle der schwingenden Masse die Deformation y des elastischen Systems unter einer beliebigen Kraft F rechnerisch, zeichnerisch oder experimentell ermittelt werden. Für die wichtigsten Fälle soll das hier gezeigt werden.

1. Biegefedern konstanten Querschnitts mit kleinen Durchbiegungen.

Die Gleichung der Biegelinie stellt den Zusammenhang zwischen Belastung und Deformation dar. Eine Zusammenfassung der wichtigsten Fälle enthält u.a. der Band 2 (Tabelle 11). Dort entnimmt man z.B. für einen eingespannten Träger mit der Masse am Ende

$$y_{\max} = \frac{F \cdot l^3}{3 \cdot E \cdot I}.$$

Die Federkonstante wird dann

$$c = \frac{F}{y_{\max}} = \frac{3 \cdot E \cdot I}{l^3}.$$

Eine Biegefeder wird bei großer Länge (l^3) sehr weich und ist um so steifer, je größer die Biegesteifigkeit $E \cdot I$ ist.

2. Welle mit veränderlichem Querschnitt.

Für die Stelle, wo die schwingende Masse sitzt, muß die Durchbiegung y unter einer beliebig anzunehmenden Kraft F bestimmt werden. Das ist mit Hilfe von speziellen Rechenprogrammen oder auch mit dem im Band 2, Kapitel 4 behandelten Verfahren nach MOHR/FÖPPL durchzuführen.

3. Parallelanordnung von Federn (Abb. 9-9).

Mehrere parallele Federn sollen durch eine Feder mit gleichem elastischen Verhalten ersetzt werden. Diese Feder wird *Ersatzfeder* genannt. Im vorliegenden

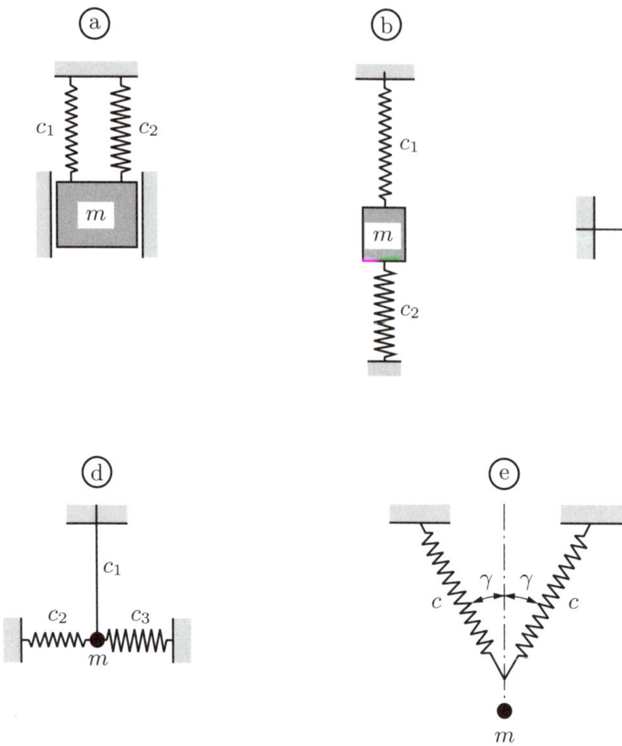

Abb. 9-9: Parallelanordnung von Federn

Falle addieren sich die einzelnen Kräfte, während der Federweg für alle Federn gleich ist,

$$F = F_1 + F_2 + \ldots = \sum F,$$
$$c_{\text{ers}} \cdot y = c_1 \cdot y + c_2 \cdot y + \ldots = y \cdot \sum c,$$
$$c_{\text{ers}} = \sum c. \tag{9-10}$$

Die Ersatzfederkonstante ist gleich der Summe der einzelnen Federkonstanten. Für die schrägen Federn nach Abb. 9-9e ist es notwendig, die Verlängerungen und Kraftkomponenten der Einzelfedern zu bestimmen. Unter der Voraussetzung kleiner Amplituden erhält man nach Abb. 9-10:

Ersatzfederkonstante	$c_{\text{ers}} = \dfrac{F}{y},$
Verlängerung einer Feder	$\Delta l = y \cdot \cos\gamma,$
Gesamtkraft	$F = 2 \cdot F_{\text{F}} \cdot \cos\gamma,$
Federkraft	$F_{\text{F}} = \Delta l \cdot c.$

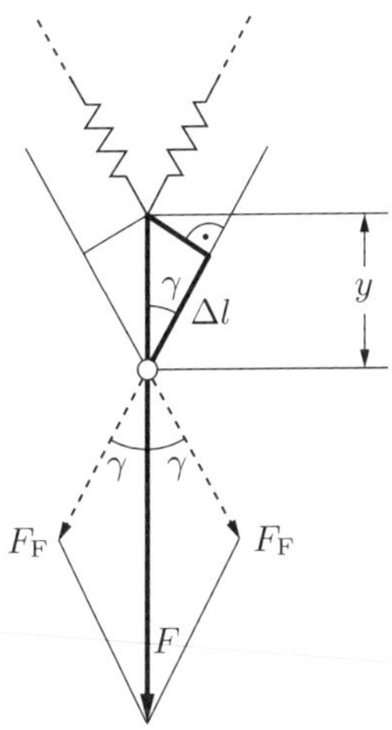

Abb. 9-10: Schräge Federn in Parallelanordnung

Die Vereinigung dieser Beziehungen ergibt für den vorliegenden Fall

$$c_{ers} = 2 \cdot c \cdot \cos^2 \gamma.$$

Für die Systeme 9-9b/c/d ist zu beachten, daß *es nicht auf die Vorspannungen der Federn ankommt* (siehe vorigen Abschnitt). Es muß lediglich gewährleistet sein, daß keine Feder bei der Schwingung ausknickt. Ist es von der Anschauung her nicht klar, ob die Federn parallel oder hintereinander angeordnet sind, dann denkt man sich eine Feder weggenommen. Wird dabei das System „weicher", dann handelt es sich um parallele Federn.

4. Hintereinander angeordnete Federn (Abb. 9-11).

In diesem Falle addieren sich die Verlängerungen, während die Kraft gleich ist

$$y_{ers} = y_1 + y_2 + \ldots = \sum y,$$

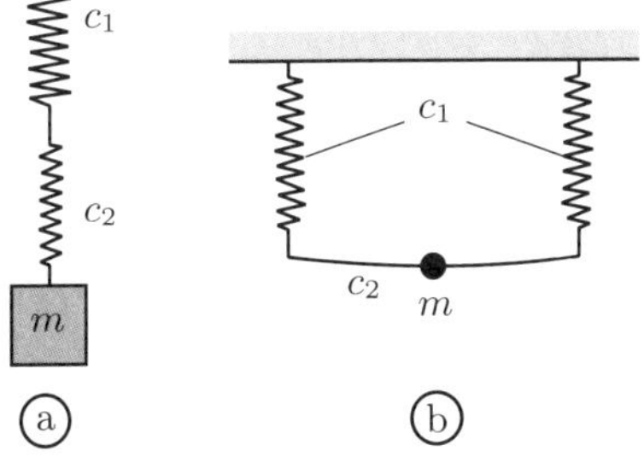

Abb. 9-11: Hintereinanderanordnung von Federn

$$\frac{F}{c_{\text{ers}}} = \frac{F}{c_1} + \frac{F}{c_2} + \ldots = F \cdot \sum \frac{1}{c},$$

$$\frac{1}{c_{\text{ers}}} = \sum \frac{1}{c}. \tag{9-11}$$

Der Kehrwert der Ersatzfederkonstante ist gleich der Summe der Kehrwerte der einzelnen Federkonstanten. Ersetzt man im vorliegenden Fall eine Feder durch ein starres Element, dann wird das System steifer.

Es sind beliebige Variationen von 1, 3 und 4 möglich.

An dieser Stelle können nur Einzelfälle behandelt werden. Für hier nicht behandelte Kombinationen von Federn muß sinngemäß verfahren werden.

Beispiel 1 (Abb. 9-12)

Die skizzierte Bühne ist mit der Masse m belastet und besteht aus zwei I-Trägern. Sie ist links gelenkig gelagert und rechts mit einem Stahlseil in der Mitte abgehängt. Zu bestimmen ist die Eigenfrequenz des Systems für folgende Werte:

Träger I 140	Länge	$l = 3{,}00\,\text{m}$
Seil	Länge	$L = 2{,}00\,\text{m}$
	metallischer Querschnitt	$A = 60\,\text{mm}^2$
	E-Modul	$E = 6 \cdot 10^4\,\text{N/mm}^2$
Winkel		$\gamma = 30°$
Masse		$m = 400\,\text{kg}$

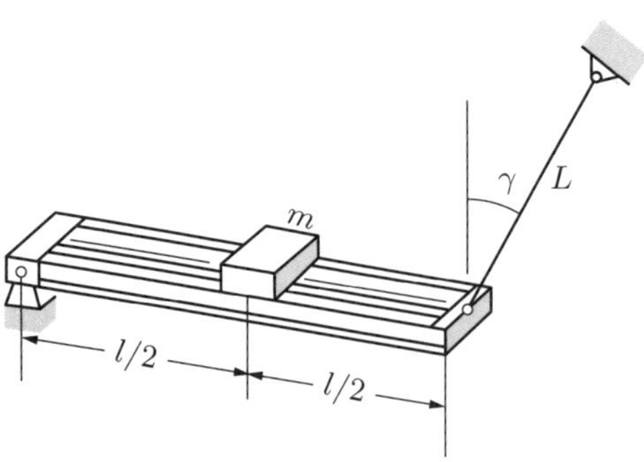

Abb. 9-12: Abgehängte Bühne

Lösung

Zuerst soll die Ersatzfederkonstante des aus der elastischen Bühne und dem Seil gebildeten Systems ermittelt werden. Für einen Träger gilt (Band 2, Tabelle 11)

$$c = \frac{48 \cdot E \cdot I}{l^3}.$$

Dabei ist nach Tabelle 10A Band 2: $I = I_x = 573\,\text{cm}^4$.

Damit ist

$$c = \frac{48 \cdot 2{,}1 \cdot 10^7\,\text{N/cm}^2 \cdot 573\,\text{cm}^4}{300^3\,\text{cm}^3} \cdot \frac{100\,\text{cm}}{1\,\text{m}} = 2{,}14 \cdot 10^6\,\text{N/m}.$$

Die Bühne besteht aus zwei Trägern. Deshalb ist die Federkonstante der Bühne

$$c_\text{B} = 2 \cdot c = 4{,}28 \cdot 10^6\,\text{N/m}.$$

Jetzt muß die elastische Wirkung der Seilaufhängung an der Stelle der Masse berechnet werden. Dazu ist es notwendig, die Federkonstante des Seils zu bestimmen. Die Definition für den E-Modul ist (s. Band 2, Kapitel 2)

$$E = \frac{\sigma}{\varepsilon} = \frac{F \cdot l}{A \cdot \Delta l}.$$

Daraus folgt unmittelbar für das Seil

$$c_\text{S} = \frac{F}{\Delta l} = \frac{E \cdot A}{l} = \frac{6 \cdot 10^4\,\text{N/mm}^2 \cdot 60\,\text{mm}^2}{2 \cdot 10^3\,\text{mm}} \cdot \frac{10^3\,\text{mm}}{\text{m}} = 1{,}8 \cdot 10^6\,\text{N/m}.$$

Für die Berechnung der Federkonstanten der Aufhängung wird der Doppelträger als starr angenommen. An der Stelle der Masse m wird eine Kraft F eingeführt und die durch sie verursachte Verlagerung y der Masse berechnet (Abb. 9-13)

$$c_\text{A} = \frac{F}{y}. \tag{1}$$

Der Strahlensatz liefert die Verlagerung des Punktes, an dem das Seil angreift. Den Zusammenhang zwischen F und der Federkraft F_F erhält man aus einer statischen Gleichgewichtsbedingung, am einfachsten aus der Momentengleichung für das Gelenk

$$F \cdot \frac{l}{2} - F_\text{F} \cdot \cos\gamma \cdot l = 0 \Longrightarrow F = 2 \cdot F_\text{F} \cdot \cos\gamma \tag{2}$$

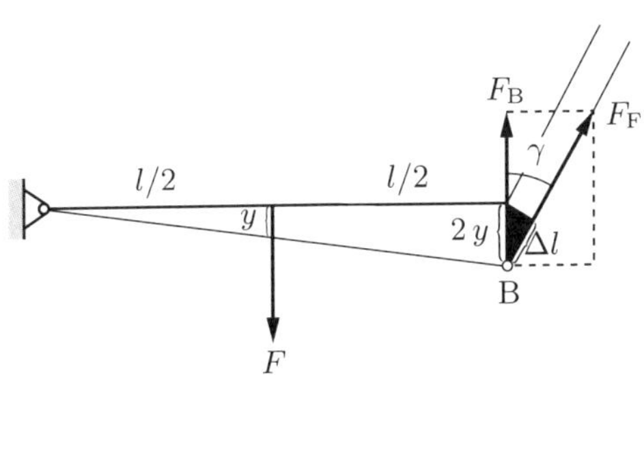

Abb. 9-13: Zur Bestimmung der Federkonstanten der Bühne

Das ist die Verknüpfung von Massen- und Seilkraft. Weiter gilt

$$F_{\mathrm{F}} = c_{\mathrm{S}} \cdot \Delta l; \qquad \Delta l = 2 \cdot y \cdot \cos\gamma\,.$$

Die Beziehung (2) liefert

$$F = 4 \cdot c_{\mathrm{S}} \cdot y \cdot \cos^2\gamma$$

und mit (1)

$$c_{\mathrm{A}} = 4 \cdot c_{\mathrm{S}} \cdot \cos^2\gamma = 5{,}40 \cdot 10^6\,\mathrm{N/m}.$$

Es ist die Frage zu klären, wie die elastischen Elemente „Bühne“ und „Aufhängung“ miteinander gekoppelt sind. Verglichen mit einem festen Auflager rechts, sind die Deformationen durch die Seilaufhängung größer geworden. Demnach ist es eine Hintereinanderanordnung nach Abschnitt 9.3.2. Nach Gleichung (9-11) ist die Ersatzfederkonstante

$$\frac{1}{c_{\mathrm{ers}}} = \frac{1}{c_{\mathrm{A}}} + \frac{1}{c_{\mathrm{B}}} = \left(\frac{1}{5{,}40 \cdot 10^6} + \frac{1}{4{,}28 \cdot 10^6}\right)\frac{\mathrm{m}}{\mathrm{N}},$$

$$c_{\mathrm{ers}} = 2{,}39 \cdot 10^6\,\mathrm{N/m}.$$

Der oben zitierten Stahltabelle entnimmt man für den Träger I 140 eine Masse von 14,4 kg/m. Für beide Träger ist

$$m_{\mathrm{Tr}} \approx 2 \cdot 3\,\mathrm{m} \cdot 14{,}4\,\mathrm{kg/m} \approx 86\,\mathrm{kg}.$$

Dieser Wert erscheint zu groß, um vernachlässigt zu werden. Nach Abschnitt 9.3.1 (Abb. 9-8b) werden für den Fall einer unelastischen Lagerung das 0,486-fache der Trägermasse als voll mitschwingend angenommen. Da durch das Seil die Federkonstante der Bühne etwa halbiert wird (2,39 gegenüber 4,28) und damit die rechten Teile der Bühne verstärkt an der Schwingung teilnehmen, erscheint es sinnvoll, die volle Trägermasse als mitschwingend zu betrachten.

Damit ist $m = 486\,\mathrm{kg}$. Nach den Gleichungen (9-2)/(9-7) erhält man für die Eigenfrequenz

$$\omega_0 = \sqrt{\frac{c_{\mathrm{ers}}}{m}} = \sqrt{\frac{2{,}39 \cdot 10^6\,\mathrm{N/m}}{486\,\mathrm{kg}}} = 70{,}1\,\mathrm{s}^{-1}; \qquad \underline{f_0} = \frac{\omega_0}{2\pi} = \underline{11{,}2\,\mathrm{s}^{-1}}.$$

Beispiel 2 (Abb. 9-14)

In diesem Beispiel soll modellhaft die federnde Lagerung einer Masse (z.B. empfindliches Gerät) behandelt werden. Die Federung c soll so ausgelegt werden, daß bei einem Stoß auf ein festes Hindernis mit der Geschwindigkeit v in Richtung der Federn, die auf die Masse m wirkende Kraft einen vorgegebenen Wert F nicht übersteigt. Bei diesem Vorgang soll keine Feder ausknicken, d.h. auf Druck belastet werden. Für diese Bedingung sind gesucht:

a) die Konstante der Einzelfeder c_F
b) die notwendige Vorspannlänge der Federn
c) die Vorspannkraft für die Federn.

Die Lösung soll allgemein erfolgen und dann für

$$m = 1{,}0\,\text{kg} \quad v = 0{,}50\,\text{m/s} \quad F = 25\,\text{N}$$

ausgewertet werden.

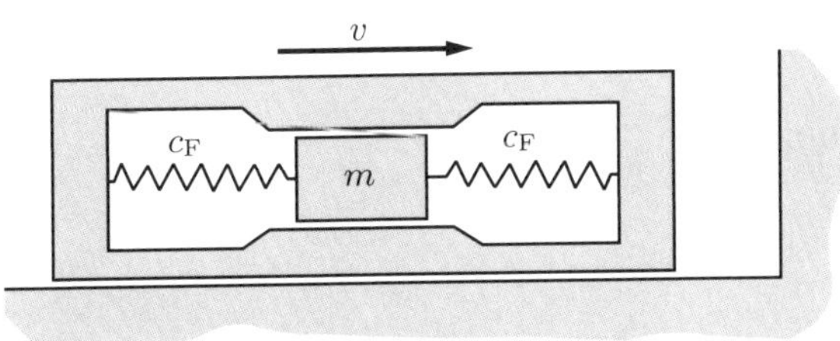

Abb. 9-14: Federnde Lagerung einer Masse

Lösung

Im Moment des Stoßes setzt eine harmonische Schwingung ein. Dabei ist $v = v_{max}$ die Geschwindigkeit im 0-Durchgang. Es gilt (Gl. (9-2)/(9-8)/(9-9))

$$|F_{max}| = F = m \cdot a_{max} = m \cdot A \cdot \omega_0^2 = m \cdot v \cdot \omega_0$$

$$F = m \cdot v \cdot \sqrt{\frac{c}{m}} = v \cdot \sqrt{c \cdot m}.$$

Nach Umwandlungen ist für $c_F = c/2$ (Parallelschaltung nach Abb. 9-9)

$$c_F = \frac{F^2}{2 \cdot v^2 \cdot m}. \tag{1}$$

Wenn die Federn immer unter Zugbelastung stehen sollen, muß die Vorverlängerung mindestens gleich der Schwingungsamplitude sein. Mit der Gleichung (9-8) und (1) ist

$$A = \frac{v}{\omega_0} = v \cdot \sqrt{\frac{m}{2 \cdot c_F}} = v \cdot \sqrt{\frac{m^2 \cdot v^2}{F^2}}.$$

$$A = \frac{v^2 \cdot m}{F}. \tag{2}$$

Die für diese Verlängerung notwendige Kraft ist (Index v = Vorspannung)

$$F_v = c_F \cdot A.$$

Nach dem Einsetzen der Gleichungen (1) und (2) ergibt sich

$$F_v = \frac{1}{2} \cdot F.$$

Die Zahlenauswertung liefert folgende Ergebnisse

$$\underline{c_F} = \frac{25^2\,\mathrm{N}^2 \cdot \mathrm{s}^2}{2 \cdot 0{,}50^2\,\mathrm{m}^2 \cdot 1{,}0\,\mathrm{kg}} \cdot \frac{1\,\mathrm{kg\,m}}{1\,\mathrm{N} \cdot \mathrm{s}^2} = \underline{1250\,\mathrm{N/m}}$$

$$\underline{A} = \frac{0{,}50^2\,\mathrm{m}^2 \cdot 1{,}0\,\mathrm{kg}}{\mathrm{s}^2 \cdot 25\,\mathrm{N}} \cdot \frac{1000\,\mathrm{mm}}{1\,\mathrm{m}} = \underline{10\,\mathrm{mm}}$$

$$\underline{F_v = 12{,}5\,\mathrm{N}}.$$

Kontrolle $c_F \cdot A = 12{,}5\,\mathrm{N}$.

Die Eigenfrequenz des Systems ist

$$\omega_0 = \sqrt{\frac{2 \cdot c_F}{m}} = \sqrt{\frac{2 \cdot 1250\,\mathrm{N/m}}{1{,}0\,\mathrm{kg}}} = 50{,}0\,\mathrm{s}^{-1}; \quad \underline{f_0} = \frac{\omega_0}{2\pi} = \underline{7{,}96\,\mathrm{s}^{-1}}.$$

9.3.3 Pendelschwingungen

In diesem Abschnitt sollen Schwingungen untersucht werden, bei denen die Rückstellkraft F_r ganz oder zum Teil von der Gewichtskraft aufgebracht wird. Darunter fällt die Behandlung des *Pendels.* Abb. 9-15 zeigt solche Pendel im ausschwingenden Zustand.

Zunächst wird die Schwingungsgleichung des mathematischen Pendels nach Abb. 9-15a abgeleitet. Ein solches Pendel besteht aus einer punktförmig angenommenen Masse (Punktmasse) und einem masselosen Faden. Im nach rechts ausschwingenden Zustand ist die Rückstellkraft $F_r = m \cdot g \cdot \sin\varphi$ die tangentiale

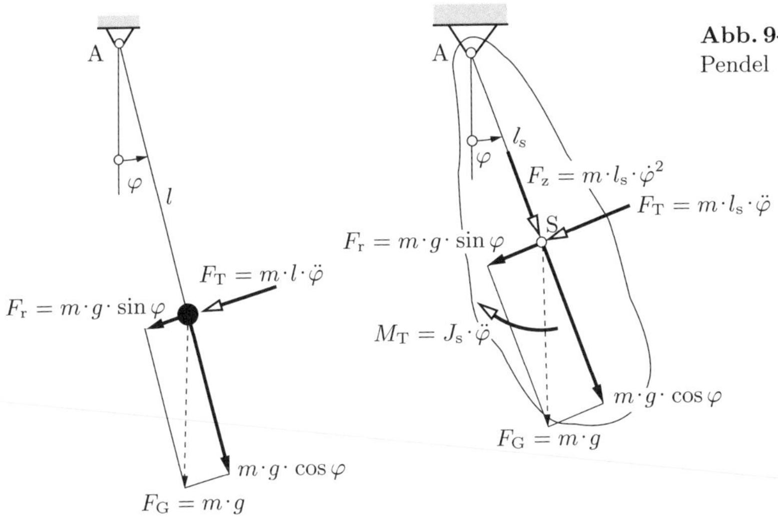

ⓐ mathematisches Pendel ⓑ physisches Pendel

Abb. 9-15: Freigemachte Pendel

Komponente der Gewichtskraft. Die D'ALEMBERTsche Trägheitskraft ist hierbei $F_{\mathrm{T}} = m \cdot a_{\mathrm{t}} = m \cdot l \cdot \ddot{\varphi}$. Die Gleichgewichtsbedingung $\sum F = 0$ führt auf

$$m \cdot l \cdot \ddot{\varphi} + m \cdot g \cdot \sin\varphi = 0.$$

Das ist wegen $\sin\varphi$ eine *nichtlineare* Differentialgleichung. Mit einfachen Mitteln ist diese Gleichung nur für Amplitudenwinkel $\varphi \ll 1$ lösbar, wenn man für $\sin\varphi \approx \varphi$ setzt. Es gilt dann

$$l \cdot \ddot{\varphi} + g \cdot \varphi = 0.$$

Im Aufbau entspricht diese Beziehung der Gleichung (9-1). Für die Lösung wird analog vorgegangen

$$\ddot{\varphi} + \frac{g}{l} \cdot \varphi = 0,$$

$$\ddot{\varphi} + \omega_0^2 \cdot \varphi = 0, \tag{9-12}$$

$$\omega_0 = \sqrt{\frac{g}{l}}. \tag{9-13}$$

Damit beträgt die Zeit für eine Vollschwingung

$$\omega_0 \cdot T = 2\pi; \quad T = 2\pi\sqrt{\frac{l}{g}}. \tag{9-14}$$

Die Beziehung gilt für kleine Amplituden. Bei technischen Schwingungen ist diese Bedingung normalerweise erfüllt.

Beim Aufstellen der Bewegungsgleichung für den physischen Schwinger nach Bild 9-15b wird analog vorgegangen:

Im Schwerpunkt werden, neben den Gewichtskomponenten, die D'ALEMBERTschen Reaktionen entgegengesetzt der Bewegungsrichtung eingetragen,

$$F_{\mathrm{T}} = m \cdot a_{\mathrm{t}} = m \cdot l_{\mathrm{S}} \cdot \ddot{\varphi};$$
$$F_{\mathrm{Z}} = m \cdot a_{\mathrm{n}} = m \cdot l_{\mathrm{S}} \cdot \dot{\varphi}^2;$$
$$M_{\mathrm{T}} = J_{\mathrm{S}} \cdot \alpha = J_{\mathrm{S}} \cdot \ddot{\varphi}.$$

Die Momentengleichung für den Aufhängepunkt A lautet

$$J_{\mathrm{S}} \cdot \ddot{\varphi} + m \cdot l_{\mathrm{S}}^2 \cdot \ddot{\varphi} + m \cdot g \cdot l_{\mathrm{S}} \cdot \sin\varphi = 0.$$

Wie beim mathematischen Pendel ist die Gleichung mit einfachen Mitteln nur für kleine Amplituden lösbar, d.h. für $\sin\varphi \approx \varphi$.

Mit $J_{\mathrm{A}} = J_{\mathrm{S}} + m \cdot l_{\mathrm{S}}{}^2$ (STEINER-Satz) erhält man

$$J_{\mathrm{A}} \cdot \ddot{\varphi} + m \cdot g \cdot l_{\mathrm{S}} \cdot \varphi = 0, \quad \Longrightarrow \quad \ddot{\varphi} + \frac{m \cdot g \cdot l_{\mathrm{S}}}{J_{\mathrm{A}}} \cdot \varphi = 0.$$

Diese Beziehung entspricht der Gleichung (9-12). Die Eigenkreisfrequenz ist

$$\omega_0 = \sqrt{\frac{m \cdot g \cdot l_{\mathrm{S}}}{J_{\mathrm{A}}}}. \tag{9-15}$$

Durch Gleichsetzen der Eigenfrequenzen für das mathematische und das physische Pendel

$$\frac{g}{l} = \frac{m \cdot g \cdot l_{\mathrm{S}}}{J_{\mathrm{A}}}$$

erhält man mit

$$l = l_{\mathrm{red}} = \frac{J_{\mathrm{A}}}{m \cdot l_{\mathrm{S}}}$$

die reduzierte Pendellänge eines physischen Pendels. Für den Punkt, den die reduzierte Länge im physischen Pendel fixiert (Abstand vom Drehpunkt), stimmen die Geschwindigkeiten beider Pendel überein. Mit der reduzierten Länge läßt sich für die Eigenfrequenz auch schreiben

$$\omega_0 = \sqrt{\frac{g}{l_{\mathrm{red}}}}. \tag{9-16}$$

Mit Hilfe der Beziehungen für das physischen Pendel lassen sich besonders einfach *experimentell die Massenträgheitsmomente von Körpern ermitteln* (siehe Beispiel 2).

Beispiel 1 (Abb. 9-16)

Es gibt Schwingungsmeßgeräte (z.B. Seismographen), in die federgelagerte Massen mit niedriger Eigenfrequenz eingebaut sind. Das Modell einer solchen Masse ist hier skizziert. Allgemein und für die unten gegebenen Daten ist die Federkonstante c für eine vorgegebene Eigenfrequenz f_0 zu bestimmen.

$$\text{Masse (homogen) } m = 100\,\text{kg}; \quad l = 0{,}50\,\text{m}; \quad f_0 = 2{,}0\,\text{s}^{-1}.$$

Die Masse der Stützstäbe soll nicht berücksichtigt werden.

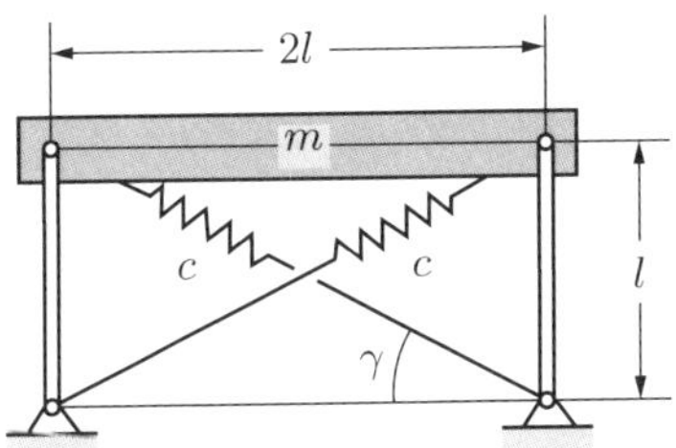

Abb. 9-16: Schwinger mit niedriger Eigenfrequenz

Lösung

Obwohl es sich hier um eine Pendelbewegung handelt, beschreibt die Masse m eine Schiebung. Ihre Lage bleibt während eines Zyklus zur Ausgangslage parallel. Aus diesem Grunde geht das Massenträgheitsmoment nicht ein. Deshalb kann man sich die Masse in ihrem Schwerpunkt vereinigt denken. Nach dieser Überlegung wird das System nach Abb. 9-17 freigemacht. Die Schrägstellung der Federn wird, wie im Abschnitt 9.3.2 gezeigt, berücksichtigt. Dabei ist $F_{\mathrm{F}t}$ der tangentiale Anteil der Federkraft (senkrecht zur Stütze). Die Momentengleichung $\sum M_{\mathrm{A}} = 0$ ergibt die Differentialgleichung der Schwingung

$$m \cdot l^2 \cdot \ddot{\varphi} + 2 \cdot c \cdot \cos^2 \gamma \cdot l^2 \cdot \varphi - m \cdot g \cdot l \cdot \sin \varphi = 0$$

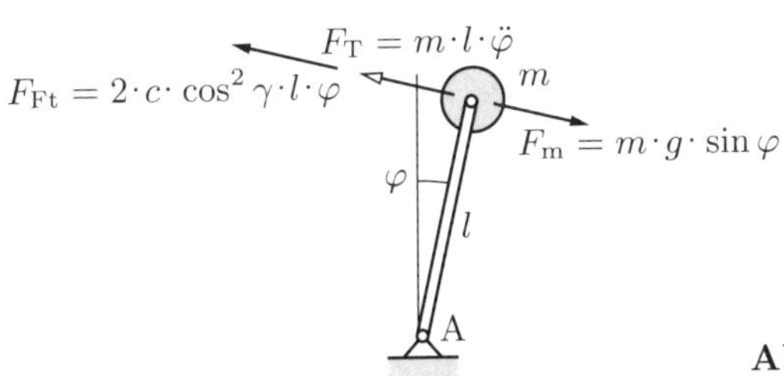

Abb. 9-17: Freigemachter Schwinger

$$m \cdot l \cdot \ddot{\varphi} + (2 \cdot c \cdot l \cdot \cos^2 \gamma - m \cdot g) \cdot \varphi = 0.$$

Normalform

$$\ddot{\varphi} + \left(\frac{2 \cdot c}{m} \cdot \cos^2 \gamma - \frac{g}{l} \right) \cdot \varphi = 0\,.$$

Die Klammer ist das Quadrat der Eigenfrequenz

$$\omega_0^2 = \frac{2 \cdot c}{m} \cdot \cos^2 \gamma - \frac{g}{l} = (2 \cdot \pi \cdot f_0)^2. \tag{1}$$

Der erste Summand enthält den Einfluß der Federung auf die Masse, der zweite den der Schwerkraft. Da $\omega_0 > 0$ sein muß, ist das Kriterium für ein schwingfähiges Gebilde

$$\frac{2 \cdot c}{m} \cdot \cos^2 \gamma > \frac{g}{l}\,. \tag{2}$$

Ist diese Bedingung nicht erfüllt, kippt das System zur Seite, weil die Rückstellkräfte zu klein sind. Wird f_0 vorgegeben, ist die Ungleichung (2) ohnehin erfüllt. Die Gleichung (1) führt auf die allgemeine Lösung

$$c = \frac{\left[(2 \cdot \pi \cdot f_0)^2 + \frac{g}{l} \right] \cdot m}{2 \cdot \cos^2 \gamma}\,.$$

Für $\tan \gamma = 1/2$ erhält man mit $\cos^2 \gamma = 0{,}80$

$$\underline{c} = \frac{\left[(2 \cdot \pi \cdot 2{,}0\,\mathrm{s}^{-1})^2 + \frac{9{,}81\,\mathrm{m/s^2}}{0{,}50\,\mathrm{m}} \right] \cdot 100\,\mathrm{kg}}{2 \cdot 0{,}80} = 1{,}11 \cdot 10^4\,\mathrm{N/m} = \underline{11{,}1\,\mathrm{N/mm.}}$$

Die Federn müssen so vorgespannt werden, daß bei der vorgesehenen Amplitude keine Feder vollständig entlastet ausknickt.

Beispiel 2 (Abb. 9-18)

Für das skizzierte Pleuel, Masse $m = 0{,}80\,\mathrm{kg}$, $l = 255\,\mathrm{mm}$, sollen durch einen Pendelversuch die Lage des Schwerpunktes, die Größe des Massenträgheitsmomentes, bezogen auf die Schwerpunktachse, und der Trägheitsradius für die Schwerpunktachse bestimmt werden. Dazu wird das Pleuel einmal auf die Schneide im Punkt A und einmal im Punkt B gehängt, in Schwingungen kleiner Amplituden versetzt und die Schwingungszeiten gemessen. Dabei ergeben sich die folgenden Kreisfrequenzen: $\omega_\mathrm{A} = 7{,}58\,\mathrm{s}^{-1}$, $\omega_\mathrm{B} = 8{,}05\,\mathrm{s}^{-1}$.

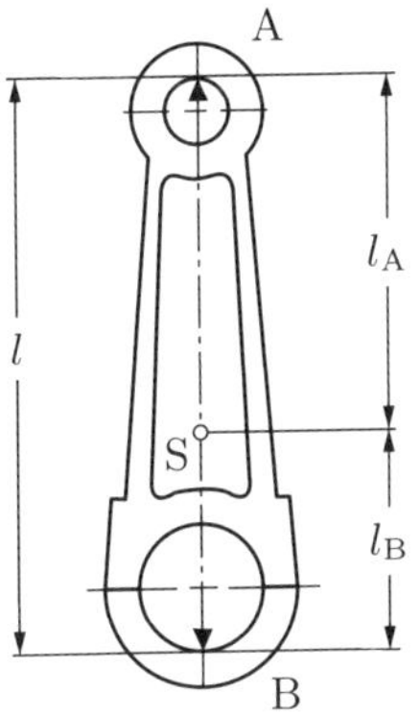

Abb. 9-18: Pleuel-Pendel

Lösung

Gemäß Gl. (9-15) wird

$$\omega_A = \sqrt{\frac{m \cdot g \cdot l_A}{J_A}} \quad \text{und} \quad \omega_B = \sqrt{\frac{m \cdot g \cdot l_B}{J_B}},$$

mit $\quad l = l_A + l_B$

und dem STEINER-Satz

$$J_A = J_S + m \cdot l_A^2 \quad \text{und} \quad J_B = J_S + m \cdot l_B^2.$$

Das sind fünf Gleichungen für die fünf unbekannten Größen l_A, l_B, J_A, J_B und J_S.

Rechnet man nach Gl. (6-10) mit dem Trägheitsradius i

$$J_S = m \cdot i_S^2 \tag{1}$$

erhält man

$$\omega_A^2 = \frac{m \cdot g \cdot l_A}{m \cdot (i_S^2 + l_A^2)} \tag{2}$$

bzw.

$$\omega_B^2 = \frac{m \cdot g \cdot l_B}{m \cdot (i_S^2 + l_B^2)} \tag{3}$$

mit den unbekannten Größen l_A, l_B, und i_S.

Die Gleichungen (2) und (3) nach dem Trägheitsradius umgestellt

$$i_S^2 = \frac{g \cdot l_A}{\omega_A^2} - l_A^2 = \frac{g \cdot l_B}{\omega_B^2} - l_B^2 \tag{4}$$

und mit: $l_B = l - l_A$:

$$i_S^2 = \frac{g}{\omega^2{}_A} \cdot l_A - l_A^2 = \frac{g}{\omega_B^2} \cdot (l - l_A) - (l - l_A)^2$$

$$\frac{g}{\omega_A^2} \cdot l_A - l_A^2 = \frac{g}{\omega_B^2} \cdot l - \frac{g}{\omega_B^2} \cdot l_A - l^2 + 2 \cdot l \cdot l_A - l_A^2,$$

geordnet

$$l_A \cdot \left(\frac{g}{\omega_A^2} + \frac{g}{\omega_B^2} - 2 \cdot l \right) = l \cdot \left(\frac{g}{\omega_B^2} - l \right),$$

durch g dividiert und umgestellt:

$$l_A = \frac{\dfrac{1}{\omega_B^2} - \dfrac{l}{g}}{\dfrac{1}{\omega_A^2} + \dfrac{1}{\omega_B^2} - \dfrac{2 \cdot l}{g}} \cdot l. \tag{5}$$

Zur Kontrolle der Lösung wird $\omega_A = \omega_B = \omega$ gesetzt. Damit wird:

$$l_A = \frac{\dfrac{1}{\omega^2} - \dfrac{l}{g}}{\dfrac{2}{\omega^2} - 2 \cdot \dfrac{l}{g}} \cdot l = \frac{\dfrac{1}{\omega^2} - \dfrac{l}{g}}{2 \cdot \left(\dfrac{1}{\omega^2} - \dfrac{l}{g} \right)} \cdot l = \frac{1}{2} \cdot l,$$

was bei gleichen Kreisfrequenzen die logische Konsequenz ist.

Mit den Zahlenwerten wird dann aus Gleichung (5):

$$\underline{l_A} = \frac{\dfrac{1\,\mathrm{s}^2}{8{,}05^2} - \dfrac{0{,}255\,\mathrm{m} \cdot \mathrm{s}^2}{9{,}81\,\mathrm{m}}}{\dfrac{1\,\mathrm{s}^2}{7{,}58^2} + \dfrac{1\,\mathrm{s}^2}{8{,}05^2} - 2 \cdot \dfrac{0{,}255\,\mathrm{m} \cdot \mathrm{s}^2}{9{,}81\,\mathrm{m}}} \cdot 0{,}255\,\mathrm{m} = 0{,}1406\,\mathrm{m} = \underline{140{,}6\,\mathrm{mm}},$$

$$\underline{l_B} = 0{,}255\,\mathrm{m} - 0{,}1406\,\mathrm{m} = 0{,}1144\,\mathrm{m} = \underline{114{,}4\,\mathrm{mm}}.$$

Die Gleichung (4) ergibt

$$\underline{i_S} = \sqrt{\frac{9{,}81\,\mathrm{m} \cdot \mathrm{s}^2}{7{,}58^2\,\mathrm{s}^2} \cdot 0{,}1406\,\mathrm{m} - 0{,}1406^2\,\mathrm{m}^2} = 0{,}065\,\mathrm{m} = \underline{65{,}0\,\mathrm{mm}}.$$

Mit (1) erhält man

$$\underline{J_S} = m \cdot i_S^2 = 0{,}80\,\mathrm{kg} \cdot 0{,}065^2\,\mathrm{m}^2 = \underline{3{,}381 \cdot 10^{-3}\,\mathrm{kg} \cdot \mathrm{m}^2}.$$

9.3.4 Die Drehschwingung des starren Körpers

Eine starre Scheibe ist drehbar auf der Achse A gelagert und wird nach Abb. 9-19 von einer Torsionsfeder gehalten. Diese erzeugt bei Auslenkung ein Rückstellmoment, das proportional zum Verdrehwinkel φ ist

$$M \sim \varphi.$$

Nach Einführung der Proportionalitätskonstante ist

$$M = c_{\mathrm{T}} \cdot \varphi,$$

$$c_{\mathrm{T}} = \frac{M}{\varphi}. \tag{9-17}$$

c_{T} ist die Federkonstante für die Verdrehung (*Torsionsfederkonstante*). Sie hat die Maßeinheit N m/rad und entspricht somit dem zur Verdrehung des Drehschwingers um 1 rad erforderlichen Drehmoment.

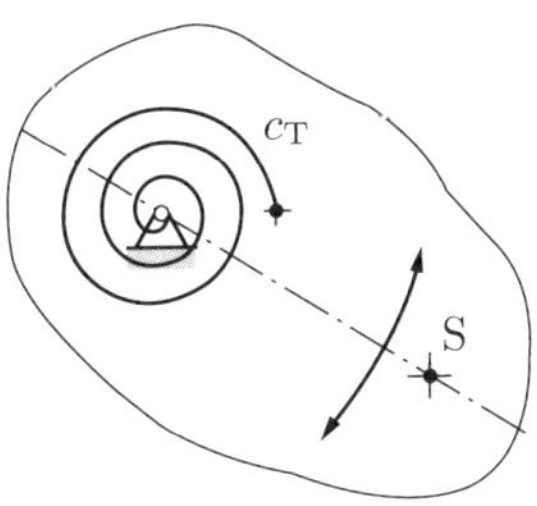

Abb. 9-19: Drehschwinger

Um die Schwingungsgleichung aufstellen zu können, ist es notwendig, das System im ausgelenkten Zustand freizumachen. Nach Abb. 9-20 werden im Schwerpunkt die D'ALEMBERTschen Reaktionen eingeführt, wobei zu beachten ist, daß das Moment der Gewichtskraft in der statischen Ruhelage von der Federvorspannung aufgenommen wird.

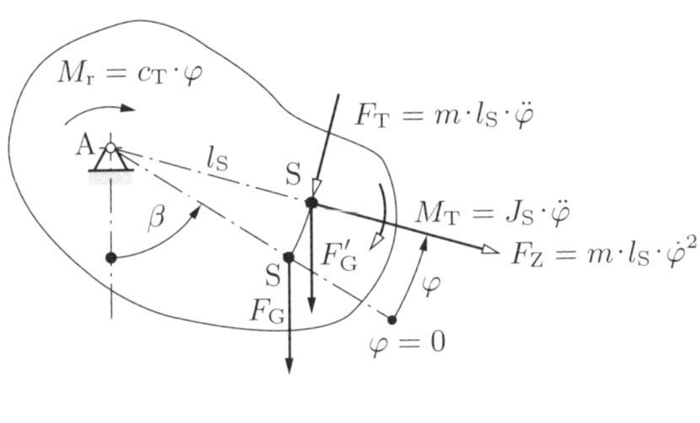

Abb. 9-20: Freigemachter Drehschwinger

In der ausgelenkten Position verändert sich das Moment entsprechend Abb. 9-20; d.h.

$$M_G = F_G \cdot l_S \cdot \sin(\beta + \varphi) - F_G \cdot l_S \cdot \sin\beta$$

bzw.

$$M_G = F_G \cdot l_S \cdot [\sin(\beta + \varphi) - \sin\beta].$$

Mit dem Additionstheorem für $\sin(\beta + \varphi)$ wird

$$M_G = F_G \cdot l_S \cdot (\sin\beta \cdot \cos\varphi + \cos\beta \cdot \sin\varphi - \sin\beta).$$

Für kleine Ausschläge gilt $\sin\varphi \approx \varphi$ und $\cos\varphi \approx 1$.

Mit diesen Bedingungen wird das Moment der Gewichtskraft

$$M_G = F_G \cdot l_S \cdot \cos\beta \cdot \varphi.$$

Das Momentengleichgewicht um A ergibt

$$m \cdot l_S^2 \cdot \ddot{\varphi} + J_S \cdot \ddot{\varphi} + c_T \cdot \varphi + F_G \cdot l_S \cdot \cos\beta \cdot \varphi = 0,$$
$$(J_S + m \cdot l_S^2)\ddot{\varphi} + c_T \cdot \varphi + F_G \cdot l_S \cdot \cos\beta \cdot \varphi = 0.$$

Der Ausdruck in der Klammer ist nach dem STEINERschen Satz gleich dem Massenträgheitsmoment bezogen auf A.

$$J_A \cdot \ddot{\varphi} + c_T \cdot \varphi + F_G \cdot l_S \cdot \cos\beta \cdot \varphi = 0,$$

$$\ddot{\varphi} + \frac{c_T + F_G \cdot l_S \cdot \cos\beta}{J_A} \cdot \varphi = 0. \tag{9-18}$$

Liegt der Massenmittelpunkt auf der Drehachse des Körpers, vereinfacht sich wegen $l_S = 0$ die Gleichung (9-18) zu

$$\ddot{\varphi} + \frac{c_T}{J_A} \cdot \varphi = 0. \tag{9-19}$$

Diese Beziehung entspricht der Gleichung (9-3) und bestätigt nochmals die vielfach zitierte Analogie der einzelnen Größen von Schiebung und Drehung. Sie zeigt weiter, daß *die Momentengleichung für das Kräftesystem einschließlich der* D'ALEMBERT*schen Reaktionen bezogen auf die Drehachse die Differentialgleichung der Schwingung ist.* Es muß gelten

$$\omega_0 = \sqrt{\frac{c_T}{J_A}} \tag{9-20}$$

oder

$$f_0 = \frac{\omega_0}{2\pi} = \frac{1}{2\pi} \cdot \sqrt{\frac{c_T}{J_A}} = \frac{1}{T} \tag{9-21}$$

und damit

$$T = \frac{2\pi}{\omega_0} = 2\pi \cdot \sqrt{\frac{J_A}{c_T}}. \tag{9-22}$$

Analog läßt sich mit Gl. (9-18) zur Ermittlung der Eigenfrequenz

$$\omega_0 = \sqrt{\frac{c_T + F_G \cdot l_S \cdot \cos\beta}{J_A}}, \tag{9-23}$$

für den Drehschwinger nach Bild 9-19 verfahren.

Für viele Anwendungen ist die Gl. (9-20) hinreichend genau, auch wenn die Gewichtskraft nicht im Drehpunkt angreift (so auch Beispiel 2, Abb. 9-26). Dies gilt allerdings nicht bei einem Winkel $\beta \approx 0°$ bzw. $180°$ (siehe Abb. 9-20) in Verbindung mit größeren Abständen zwischen Dreh- und Schwerpunkt und größeren Gewichtskräften. Im Beispiel 1 (Abb. 9-16), das auch nach Gl. (9-23) gerechnet werden kann, ist der Anteil der Gewichtskraft – wie dort schon kommentiert – nicht vernachlässigbar.

Um die Gl. (9-23) auf ein Problem gemäß Abb. 9-21 anwenden zu können, muß nur die Drehfederkonstante nach Gl. (9-17)

$$c_T = \frac{M_r}{\varphi} = \frac{F_F \cdot r}{\varphi} = \frac{c \cdot r \cdot \varphi \cdot r}{\varphi} = c \cdot r^2$$

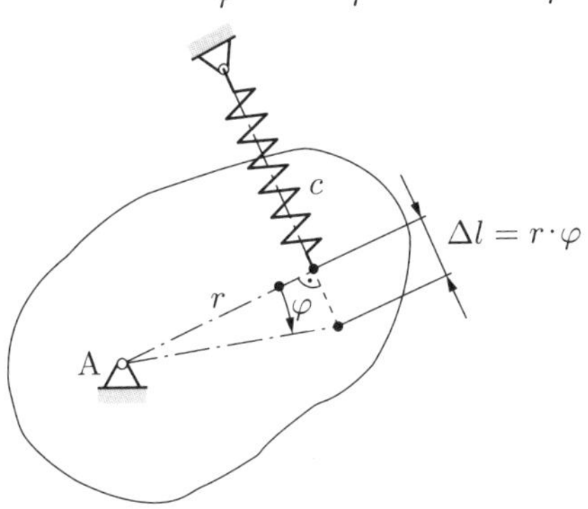

Abb. 9-21: Federgefesselter Drehschwinger

an die entsprechende Federanordnung angepaßt werden. Für zwei schräge Federn entsprechend Abb. 9-16 gilt dann

$$c_T = 2 \cdot c \cdot r^2 \cdot \cos^2\gamma.$$

Mit $r = l_S = l; F_G = m \cdot g$ und $J_A = m \cdot l^2$ wird

$$\omega_0 = \sqrt{\frac{2 \cdot c \cdot l^2 \cdot \cos^2\gamma + m \cdot g \cdot l \cdot \cos\beta}{m \cdot l^2}}$$

und mit $\beta = 180°$ schließlich

$$\omega_0 = \sqrt{\frac{2 \cdot c}{m} \cdot \cos^2\gamma - \frac{g}{l}}.$$

Dies ist die Gleichung für die Eigenfrequenz des Schwingungsmeßgerätes nach Abb. 9-16. Aufgrund der geometrischen Vereinfachungen ist auch sie nur für kleine Ausschläge und für lange Federn anwendbar.

Die maximale Winkelgeschwindigkeit des Schwingers beim Null-Durchgang ist analog zur Gleichung (9-8)

$$\omega_{\max} = \dot{\varphi}_{\max} = \varphi_{\max} \cdot \omega_0 \,. \tag{9-24}$$

Die maximale Winkelbeschleunigung ist

$$\alpha_{\max} = \ddot{\varphi}_{\max} = -\varphi_{\max} \cdot \omega_0^2 \,. \tag{9-25}$$

Die in den Abbildungen 9-19/9-21 exemplarisch gezeigte Anordnung – bestehend aus drehbar gelagerter Masse, gehalten durch die unterschiedlichsten Federanordnungen (oft auch Dämpfer) bezeichnet man auch als *federgefesselten Drehschwinger*. Ein Großteil der beweglichen Teile einer Maschine sind federgefesselte Drehschwinger. Damit sind für den Konstrukteur die Möglichkeiten Resonanzschwingungen im System zu „erzeugen" sehr groß und meist nur durch Neukonstruktion des betreffenden Bauteils zu beheben.

Werden die Rückstellkräfte durch die elastische Verdrehung (Torsion) von Wellen hervorgerufen, spricht man im allgemeinen von *Torsionsschwingungen*. Diese stellen einen Schwingungseffekt dar, der durch die sich überlagernde Drehbewegung in der Regel nicht wahrgenommen werden kann. Die dadurch verursachten Schäden an Lagern und Wellen werden häufig erst bei Revisionen oder auch erst im Versagensfall erkannt.

Bei der Modellbildung zur Beschreibung der Torsionsschwinger unterscheidet man *gefesselte* Modelle (Abb. 9-22) und *freie* Modelle (Abb. 9-23). Da Massenträgheitsmomente und Federkonstanten der Welle existieren, gibt es auch eine

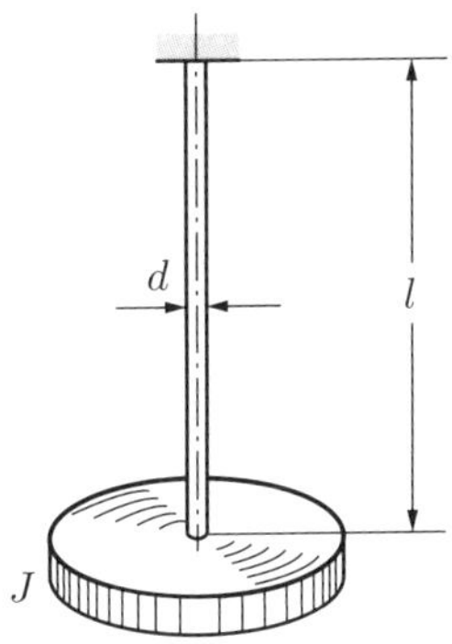

Abb. 9-22: Torsionsschwinger

Eigenfrequenz. Für den Torsionsschwinger nach Abb. 9-22 berechnet man die Federkonstante aus der Verdrehungsgleichung (Band 2, Kapitel 6)

$$\varphi = \frac{M_t \cdot l}{G \cdot I_t} \quad \Longrightarrow \quad c_T = \frac{M_t}{\varphi} = \frac{G \cdot I_t}{l}$$

und mit der Gl. (9-20) die Eigenkreisfrequenz

$$\omega_0 = \sqrt{\frac{G \cdot I_t}{l \cdot J}}. \tag{9-26}$$

G ist der *Gleitmodul* (Stahl: $G = 8 \cdot 10^4\,\mathrm{N/mm^2}$). Für den Kreisquerschnitt ist der *Verdrehwiderstand* I_t gleich dem polaren Flächenmoment I_P. I_t hat für andere Querschnitte keinen Zusammenhang mit dem Flächenmoment. Für die wichtigsten Anwendungsfälle ist diese Größe im Band 2; Tabelle 13 gegeben. Für hintereinander angeordnete Torsionsfedern (z.B. abgesetzte Wellen) gilt die Gleichung (9-11).

Das Grundmodell einer Zahnradwelle zeigt die Abb. 9-23. Eine Torsionsschwingung kann dadurch eingeleitet werden, daß beide Enden gegenseitig verdreht und losgelassen werden. Vor Schwingungsbeginn war der Drall null. Da kein Moment von außen einwirkt, gilt der Drallerhaltungssatz $\sum J \cdot \omega = \text{konst.}$ Diese Überlegung führt auf

$$J_A \cdot \dot{\varphi}_A - J_B \cdot \dot{\varphi}_B = 0, \quad \Longrightarrow \quad J_A \cdot \dot{\varphi}_A = J_B \cdot \dot{\varphi}_B.$$

Bei der gegenseitigen Verdrehung der Massen während der Schwingung wird ein Querschnitt des Stabes nicht verdreht. Diesen Schnitt nennt man *Knoten*. Aus geometrischen Beziehungen erhält man nach Abb. 9-23a

$$\frac{\varphi_A}{\varphi_B} = \frac{l_A}{l_B}$$

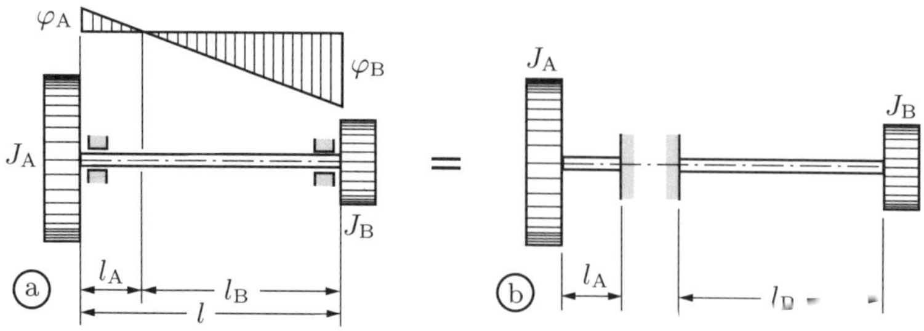

Abb. 9-23: Torsionsschwinger mit zwei Massen

und damit nach der Differentation der Winkel nach der Zeit

$$\frac{\dot{\varphi}_A}{\dot{\varphi}_B} = \frac{l_A}{l_B} = \frac{J_B}{J_A}.$$

Der Knoten teilt den Stab in zwei Abschnitte ein, deren Längen sich umgekehrt wie die dazugehörigen Massenträgheitsmomente verhalten. Der Knoten liegt näher an dem Schwinger mit dem größeren Trägheitsmoment.

Da der Knoten in Ruhe ist, kann man ihn als Einspannung eines Teilsystems nach Abb. 9-23b auffassen. Aus

$$\omega_{0A} = \sqrt{\frac{c_T}{J_A}} = \sqrt{\frac{G \cdot I_t}{l_A \cdot J_A}} \quad \text{und} \quad \omega_{0B} = \sqrt{\frac{c_T}{J_B}} = \sqrt{\frac{G \cdot I_t}{l_B \cdot J_B}}$$

erhält man mit der obigen Proportion das einleuchtende Ergebnis

$$\omega_{0A} = \omega_{0B} = \omega_0.$$

Beide Massen schwingen jeweils entgegengesetzt mit gleicher Frequenz. Führt man in $l_A + l_B = l$ die Beziehung $l_A = l_B \cdot J_B / J_A$ ein und setzt l_B in die Gleichung für $\omega_{0B} = \omega_0$ ein, dann erhält man für das System

$$\omega_0 = \sqrt{c_T \left(\frac{1}{J_A} + \frac{1}{J_B} \right)}. \tag{9-27}$$

Mit $J_B \to \infty$ wird aus dem *freien Zweimassenschwinger ein gefesselter Einmassenschwinger* nach Abb. 9-22 mit der Eigenkreisfrequenz nach Gl. (9-20).

Es existiert also für dieses Modell *zweier* ungefesselter Massen nur *eine* Eigenfrequenz. Das erlaubt die Berechnung analog dem gefesselten Einmassenschwinger. Theoretisch existieren aber für diesen *ungefesselten Zweimassenschwinger* auch zwei Eigenfrequenzen, von denen die erste immer Null ist. Das ist typisch für ungefesselte Systeme, für die eine Starrkörperbewegung möglich ist. Damit ist eine Drehung der Welle ohne elastische Verformung gemeint, bei der sich beide Scheiben um den gleichen Winkel drehen. Das ist aber keine Schwingung bzw. eine „Schwingung mit der Eigenfrequenz Null".

Allgemein gilt, daß sich für jeden Schwinger so viele Eigenfrequenzen berechnen lassen, wie Massen im Modell zugrunde gelegt werden.

Beispiel 1 (Abb. 9-24)

Skizziert ist ein System, das ein vereinfachtes Modell eines auf vier Schwingachsen gelagerten Wagens sein könnte. Dabei sollen die starr angenommenen Räder auf einer glatten Unterlage ruhen. Zu bestimmen sind in allgemeiner Form:

a) Die Eigenfrequenz für eine translatorische Schwingung der homogenen Masse m_W in vertikaler Richtung (ein Freiheitsgrad; kleine Amplituden). Die Massen von Rad und Achse m_R sind zu berücksichtigen.
b) Die durch die Schwingung verursachte Kraft F_A im Gelenk A beim Nulldurchgang und im Totpunkt.

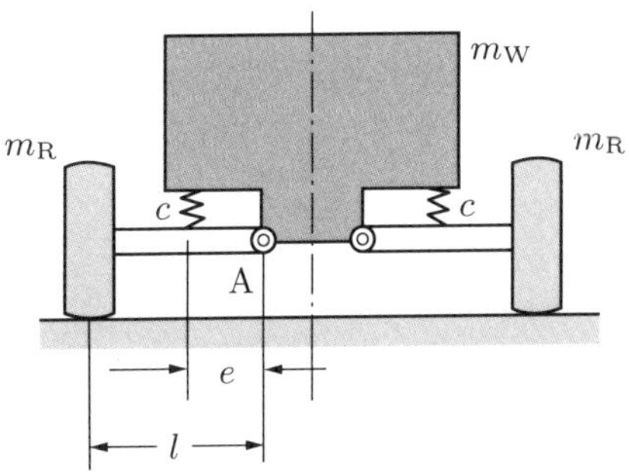

Abb. 9-24: Modell Wagen/Schwingachse

Lösung

In diesem Beispiel soll ein aus Massen zusammengesetztes System mit innenliegender Feder grundsätzlich behandelt werden. Im vorliegenden Fall führt eine Masse eine Drehschwingung aus.

Der Wagen wird nach Abb. 9-25b im nach unten durchschwingenden Zustand freigemacht. Dabei ist es notwendig, die Teile getrennt darzustellen. Die Richtung der im Gelenk A wirkenden Kraft F_A kann angenommen werden. Lediglich „actio = reactio" muß beachtet werden. Es handelt sich hier um den Anteil der Kraft, der durch die Schwingung verursacht wird. Das gleiche gilt für die Bodenkraft F_B. Die statischen Kräfte heben sich gegenseitig auf. Sie bewirken eine Vorspannung der Federn, die die Eigenfrequenz nicht beeinflußt.

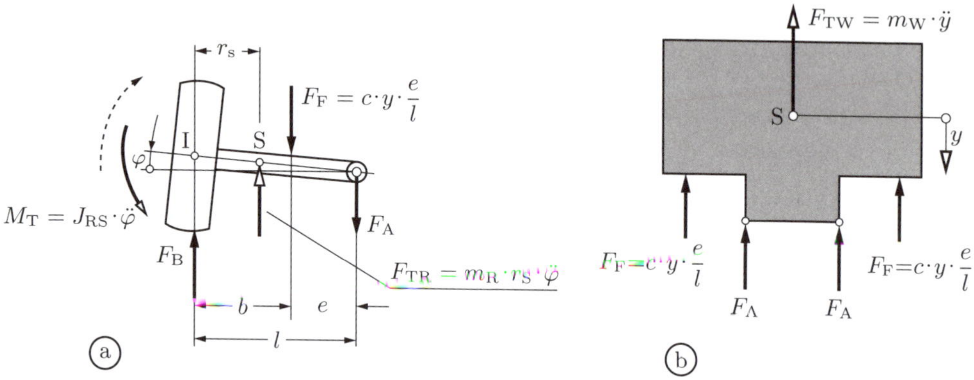

Abb. 9-25: Freigemachtes Modell Wagen/Schwingachse

Die freigemachte Masse m_W (Abb. 9-25b) liefert die Gleichung

$$\sum F_y = 0: \quad m_W \cdot \ddot{y} + 4 \cdot c \cdot y \cdot \frac{e}{l} + 4 \cdot F_A = 0. \tag{1}$$

Da aus dem System Rad/Achse (Abb. 9-25a) eine Kraft zu bestimmen ist, wird beim Freimachen von den Schwerpunktreaktionen ausgegangen (siehe dazu Abschnitte 6.4.4 und 7.3.3). Die Berechnung von F_A erfolgt am einfachsten mit einer Momentengleichung für Pol I.

$$\sum M_I = 0: \quad J_{RS} \cdot \ddot{\varphi} + m_R \cdot r_S^2 \cdot \ddot{\varphi} - c \cdot y \cdot \frac{e}{l} \cdot b - F_A \cdot l = 0.$$

Mit $\ddot{\varphi} = \ddot{y}/l$ erhält man

$$F_A = (J_{RS} + m_R \cdot r_S^2) \cdot \frac{\ddot{y}}{l^2} - \frac{e \cdot b}{l^2} \cdot c \cdot y$$

und mit dem STEINER-Satz

$$F_A = \frac{1}{l^2} \cdot (J_{RI} \cdot \ddot{y} - e \cdot b \cdot c \cdot y) \tag{2}$$

Diese Beziehung wird in (1) eingesetzt

$$m_W \cdot \ddot{y} + 4 \cdot c \cdot y \cdot \frac{e}{l} + \frac{4}{l^2} \cdot (J_{RI} \cdot \ddot{y} - e \cdot b \cdot c \cdot y) = 0.$$

Eine Umwandlung und Einführung $b = l - e$ liefert

$$(4 \cdot J_{RI} + m_W \cdot l^2) \cdot \ddot{y} + 4 \cdot e^2 \cdot c \cdot y = 0$$
$$\ddot{y} + \frac{4 \cdot e^2 \cdot c}{4 \cdot J_{RI} + m_W \cdot l^2} \cdot y = 0.$$

Der Faktor von y ist das Quadrat der Eigenkreisfrequenz

$$\underline{\omega_0 = \sqrt{\frac{4 \cdot e^2 \cdot c}{4 \cdot J_{\text{RI}} + m_{\text{W}} \cdot l^2}}}$$

Für $e = 0$ erhält man als Kontrolle $\omega_0 = 0$.

Die Gelenkkraft F_{A} kann für jede Lage aus Gleichung (2) berechnet werden.

Nulldurchgang: $y = 0; \quad \ddot{y} = 0 \quad \Longrightarrow \quad \underline{F_{\text{A}} = 0.}$

Es wirken nur die statischen Kräfte, die insgesamt Null ergeben.

Totpunkt: $y = A; \quad \ddot{y} = -A \cdot \omega_0^2 \quad \Longrightarrow \quad \underline{F_{\text{A}} = -\frac{A}{l^2} \cdot (J_{\text{RI}} \cdot \omega_0^2 + e \cdot b \cdot c).}$

Die Kraft muß linear mit der Amplitude A zunehmen, was hier auch zum Ausdruck kommt.

Beispiel 2 (Abb. 9-26)

Für den abgebildeten Ventiltrieb sind alle Daten bekannt. Zu bestimmen sind

a) die Eigenfrequenz des Systems,
b) die maximal zulässige Beschleunigung am Nockentrieb bei einsetzender Schließbewegung des Ventils (Stößel voll angehoben) so, daß der Stößel nicht von Nocken abhebt,
c) für den Grenzfall (b) die Gelenkkräfte in A ohne Berücksichtigung von Reibungskräften.

Massen	Ventil	$m_{\text{V}} = 130\,\text{g}$
	Feder	$m_{\text{F}} = 63\,\text{g}$
	Kipphebel	$m_{\text{K}} = 115\,\text{g}$
	Stößel	$m_{\text{St}} = 65\,\text{g}$
Trägheitsmoment Kipphebel (bezogen auf Schwerpunkt)		$J_{\text{S}} = 5{,}50 \cdot 10^{-5}\,\text{kg}\,\text{m}^2$
Federkonstante		$c = 30{,}0\,\text{N/mm}$
Geometrie nach Abb. 9-27/9-28		$r_{\text{V}} = 40\,\text{mm}$; $r_{\text{St}} = 28\,\text{mm}$
Abstand Schwerpunkt-Drehachse		$r_{\text{S}} = 6{,}0\,\text{mm}$
Winkel		$\gamma = 17°$
Zusammendrückung der Feder bei angehobenem Stößel (Ventil voll geöffnet)		$\Delta l = 25\,\text{mm}$.

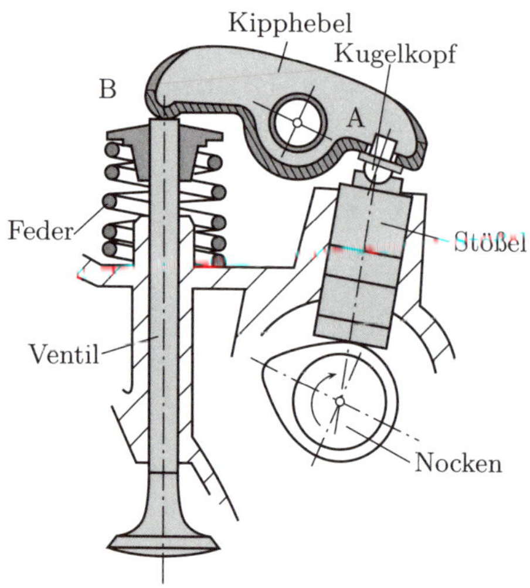

Abb. 9-26: Nockentrieb

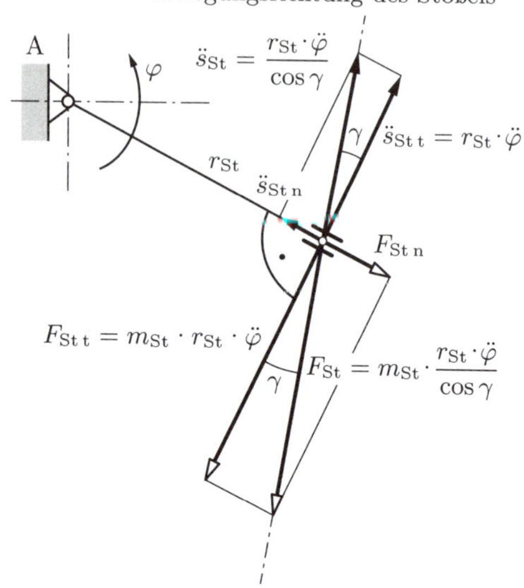

Abb. 9-27: Kinematik des Nockentriebs

Lösung

Zunächst wird die Schrägstellung von Stößel und Kipphebel untersucht (Abbildung 9-27). Die kinematischen Zusammenhänge mache man sich anhand des Kapitels 4 klar. Der Kugelkopf ist im Kipphebel radial verschieblich. Wegen der Schrägstellung der Stößelbahn unterliegt der Stößel einer Beschleunigung $\ddot{s}_{\mathrm{St}} = r_{\mathrm{St}} \cdot \ddot{\varphi}/\cos\gamma$ und einer entsprechenden Trägheitskraft F_{St}. Wegen der längsverschieblichen Führung kann nur die senkrecht zum Radius wirkende Komponente $F_{\mathrm{St\,t}} = m_{\mathrm{St}} \cdot r_{\mathrm{St}} \cdot \ddot{\varphi}$ auf den Kipphebel übertragen werden. Mit dieser Überlegung wird das System nach Abb. 9-28 freigemacht.

Dabei wird auf die Berücksichtigung der Gewichtskraft des Hebels nach Gl. (9-23) wegen des vernachlässigbar kleinen Einflusses verzichtet. Die Momentengleichung für die Drehachse A liefert für solche Systeme die Differentialgleichung der Schwingung. Die Federmasse wird zu einem Drittel als voll mitschwingend angenommen (s. Abschnitt 9.3.1 Abb. 9-7). Zur Vorzeichenfrage wird auf die Abb. 9-1 und die dazugehörige Diskussion verwiesen.

$$\left(m_{\mathrm{V}} + \frac{m_{\mathrm{F}}}{3}\right) r_{\mathrm{V}}^2 \cdot \ddot{\varphi} + m_{\mathrm{K}} \cdot r_{\mathrm{S}}^2 \cdot \ddot{\varphi} + J_{\mathrm{S}} \cdot \ddot{\varphi} + m_{\mathrm{St}} \cdot r_{\mathrm{St}}^2 \cdot \ddot{\varphi} + c \cdot r_{\mathrm{V}}^2 \cdot \varphi = 0.$$

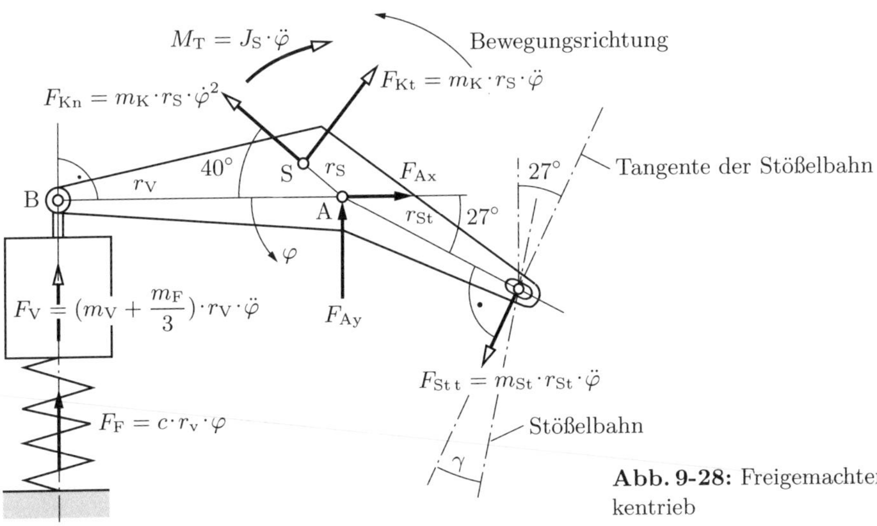

Abb. 9-28: Freigemachter Nokkentrieb

Um die in dieser Gleichung enthaltene Eigenkreisfrequenz zu eliminieren, muß man die Beziehung in die Normalform Gl. (9-3) bzw. (9-19)/(9-20) bringen.

$$\ddot{\varphi}\left[\left(m_v + \frac{m_F}{3}\right) r_v^2 + m_K \cdot r_S^2 + J_S + m_{St} \cdot r_{St}^2\right] + c \cdot r_v^2 \cdot \varphi = 0,$$

$$\ddot{\varphi} + \frac{c \cdot r_v^2}{\left(m_v + \frac{m_F}{3}\right) r_v^2 + m_K \cdot r_S^2 + J_S + m_{St} \cdot r_{St}^2} \cdot \varphi = 0.$$

Der Quotient ist das Quadrat der Eigenkreisfrequenz

$$\omega_0^2 = \frac{c}{m_v + \frac{m_F}{3} + m_K \cdot \left(\frac{r_S}{r_v}\right)^2 + \frac{J_S}{r_v^2} + m_{St} \cdot \left(\frac{r_{St}}{r_v}\right)^2}.$$

Man erkennt, daß im Nenner die auf den Pol B reduzierten Massen stehen. Man hätte auch von $\omega_0^2 = c/m$ ausgehen und nach Gl. (6-11) die Massen reduzieren können. Jedoch sollen hier zusätzlich die während der Schwingung auftretenden Kräfte berechnet werden. Dafür ist ein freigemachtes System notwendig.

Mit den oben gegebenen Werten erhält man

$$\underline{\omega_0 = 369{,}4\,\mathrm{s}^{-1}} \quad \text{und} \quad \underline{f_0} = \frac{\omega_0}{2\pi} = \underline{58{,}8\,\mathrm{s}^{-1}}.$$

Im Grenzfall „keine Berührung Stößel/Nocken“ ist das System ein freier Schwinger mit einer Amplitude Δl am Ventil, denn um diesen Beitrag ist die Feder insgesamt bei voll geöffnetem Ventil zusammengedrückt. Aus dieser Überlegung kann man die Beschleunigung ausrechnen, mit der die Feder den Schließvorgang einleitet. Nach Gl. (9-25) ist

$$\ddot{\varphi}_{\max} = -\omega_0^2 \cdot \varphi_A; \quad \varphi_A = \text{Amplitudenwinkel}$$

$$\ddot{\varphi}_{\max} = -\omega_0^2 \cdot \frac{\Delta l}{r_v} = -369{,}4^2\,\text{s}^{-2} \cdot \frac{25\,\text{mm}}{40\,\text{mm}} = -8{,}53 \cdot 10^4\,\text{s}^{-2}.$$

Damit erhält man eine maximale Beschleunigung des Stößels, mit der dieser der wegdrehenden Nocke nachfolgen könnte (s. Abb. 9-27).

$$\underline{\ddot{s}_{\text{maxSt}}} = \frac{r_{\text{St}} \cdot \ddot{\varphi}_{\max}}{\cos\gamma} = \frac{0{,}028\,\text{m} \cdot 8{,}53 \cdot 10^4\,\text{s}^{-2}}{\cos 17°} = \underline{2497\,\text{m/s}^2}.$$

Dieser Wert gilt nur für die hier untersuchte Position.

Für die Berechnung der Kräfte im Gelenk A werden die noch verfügbaren Gleichgewichtsbedingungen für das System Abb. 9-28 aufgestellt. Da sich der Kipphebel im Umkehrpunkt befindet, ist $\dot{\varphi} = 0$.

$$\sum F_x = 0$$

$$F_{Ax} + m_K \cdot r_S \cdot \ddot{\varphi}_{\max} \cdot \sin 40° - m_{\text{St}} \cdot r_{\text{St}} \cdot \ddot{\varphi}_{\max} \cdot \sin 27° = 0$$

$$F_{Ax} = -\ddot{\varphi}_{\max}(m_K \cdot r_S \cdot \sin 40° - m_{\text{St}} \cdot r_{\text{St}} \cdot \sin 27°).$$

$$F_{Ax} = +8{,}53 \cdot 10^4\,\text{s}^{-2}(0{,}115 \cdot 0{,}006 \cdot \sin 40° - 0{,}065 \cdot 0{,}028 \cdot \sin 27°)\,\text{kg m}$$

$$\underline{F_{Ax} = -32{,}6\,\text{N} \leftarrow}.$$

$$\sum F_y = 0$$

$$F_{Ay} + c \cdot \Delta l + \left(m_v + \frac{m_F}{3}\right) r_v \cdot \ddot{\varphi}_{\max} + m_K \cdot r_S \cdot \ddot{\varphi}_{\max} \cdot \cos 40° - m_{\text{St}} \cdot r_{\text{St}} \cdot \ddot{\varphi}_{\max} \cdot \cos 27° = 0.$$

$$F_{Ay} = -c \cdot \Delta l - \ddot{\varphi}_{\max}\left[\left(m_v + \frac{m_F}{3}\right) r_v + m_K \cdot r_S \cdot \cos 40° - m_{\text{St}} \cdot r_{\text{St}} \cdot \cos 27°\right].$$

$$\underline{F_{Ay} = -328{,}0\,\text{N} \downarrow}$$

Die gegebenen Zahlenwerte führen auf eine Gelenkkraft

$$\underline{F_A = 330\,\text{N}}.$$

Dieser Wert gilt nur für die untersuchte Position und den Grenzfall des Abhebens des Stößels vom Nocken. Es ging bei diesem Beispiel darum, modellhaft die dynamischen Lagerbelastungen bei einer Schwingung zu berechnen.

Beispiel 3 (Abb. 9-29)

Das skizzierte System besteht aus den beiden Massen J_A und J_C, die über eine spielfreie Zahnradübersetzung miteinander verbunden sind. Die Massenträgheitsmomente der Zahnräder sind vernachlässigbar klein. Für dieses System ist die Eigenkreisfrequenz der Torsionsschwingung zu berechnen. Dazu soll es in einen kinetisch gleichwertigen Schwinger nach Abb. 9-23a umgewandelt werden. Diesen nennt man *Ersatzsystem* oder *Bildwelle*. Die Lösung soll allgemein erfolgen und dann für

$$\begin{array}{lll} J_A = 0{,}50\,\text{kg}\,\text{m}^2 & J_C = 0{,}80\,\text{kg}\,\text{m}^2 & r_C/r_A = 2{,}0 \\ l_A = 300\,\text{mm} & l_C = 400\,\text{mm} & \\ d_A = 40\,\text{mm} & d_C = 50\,\text{mm} & \end{array}$$

ausgewertet werden.

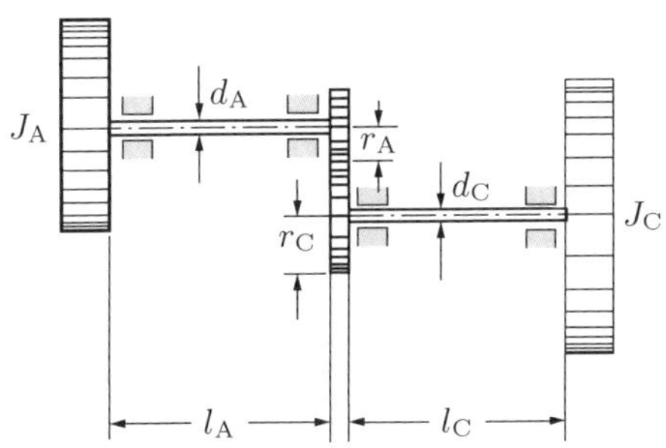

Abb. 9-29: Torsionsschwinger mit Zahnradübersetzung

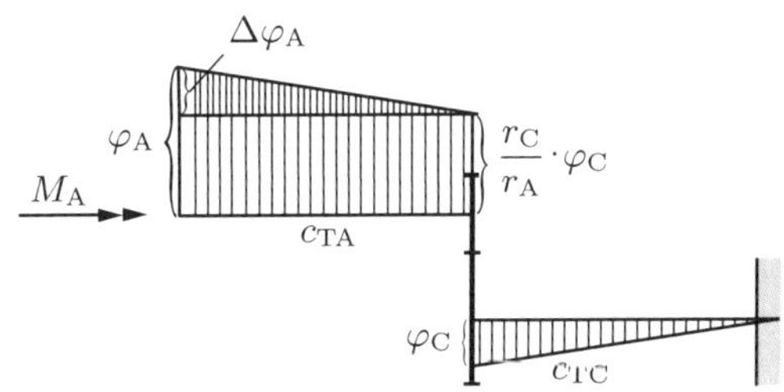

Abb. 9-30: Zur Ableitung der Federkonstanten der Bildwelle

Lösung (Abb. 9-30)

Für das Ersatzsystem wird die Eigenkreisfrequenz nach der Gleichung (9-27) bestimmt. Deshalb muß eine Welle kinetisch gleichwertig auf die andere umgerechnet werden. Von welcher auf welche das geschieht ist dabei gleich. Hier soll das System C auf das System A verlagert werden. Dazu sind die Federkonstante (Ersatzfederkonstante) und das Massenträgheitsmoment des Ersatzsystems zu berechnen. Man denkt sich die Masse C eingespannt und leitet an der Masse A ein Moment M_A ein. In der Abb. 9-30 sind die dabei entstehenden Verdrehwinkel über der Wellenachse aufgetragen. Die Gesamtverdrehung der Welle C ist φ_C. Durch den Zahnradeingriff wird φ_C im Verhältnis der Übersetzung geändert auf die Welle A übertragen. Die Verdrehung der Welle A ($\Delta\varphi_A$) baut sich auf diesem Wert auf. So ergibt sich

$$\varphi_A = \Delta\varphi_A + \frac{r_C}{r_A} \cdot \varphi_C.$$

Das Ersatzsystem hat das gleiche elastische Verhalten, wenn sich bei Belastung durch M_A der gleiche Verdrehwinkel φ_A ergibt. Dabei ist zu beachten, daß in der Welle C infolge der Übersetzung das Moment $M_A \cdot r_C/r_A$ wirkt

$$\frac{M_A}{c_{Ters}} = \frac{M_A}{c_{TA}} + \frac{r_C}{r_A} \cdot \frac{M_A \cdot r_C/r_A}{c_{TC}}.$$

Somit erhält man für die Ersatzfederkonstante

$$\underline{\frac{1}{c_{Ters}} = \frac{1}{c_{TA}} + \left(\frac{r_C}{r_A}\right)^2 \cdot \frac{1}{c_{TC}}}.$$

Für die gestellte Aufgabe ist mit

$$c_{TA} = \frac{G \cdot I_{pA}}{l_A} = \frac{8 \cdot 10^4\,\mathrm{N/mm^2} \cdot \pi \cdot 40^4\,\mathrm{mm^4}}{300\,\mathrm{mm} \cdot 32} \cdot \frac{1\,\mathrm{m}}{10^3\,\mathrm{mm}} = 6{,}70 \cdot 10^4\,\mathrm{N\,m}\,,$$

$$c_{TC} = \frac{G \cdot I_{pC}}{l_C} = \frac{8 \cdot 10^4\,\mathrm{N/mm^2} \cdot \pi \cdot 50^4\,\mathrm{mm^4}}{400\,\mathrm{mm} \cdot 32} \cdot \frac{1\,\mathrm{m}}{10^3\,\mathrm{mm}} = 1{,}23 \cdot 10^5\,\mathrm{N\,m}\,,$$

$$\frac{1}{c_{Ters}} = \left(\frac{1}{6{,}70 \cdot 10^4} + \frac{4}{1{,}23 \cdot 10^5}\right)\frac{1}{\mathrm{N\,m}}\,,$$

$$c_{Ters} = 2{,}10 \cdot 10^4\,\mathrm{N\,m}.$$

Die Umrechnung des Massenträgheitsmoments J_C auf die Welle A erfolgt nach Gleichung (6-24)

$$\underline{J_B = J_C \cdot \left(\frac{r_A}{r_C}\right)^2}.$$

Mit den gegebenen Werten erhält man

$$J_B = 0{,}80\,\mathrm{kg\,m^2} \cdot \frac{1}{4} = 0{,}20\,\mathrm{kg\,m^2}.$$

Die Eigenkreisfrequenz des Ersatzsystems Abb. 9-23 errechnet man aus der Gl. (9-27)

$$\omega_0 = \sqrt{c_T\left(\frac{1}{J_A} + \frac{1}{J_B}\right)} = \sqrt{2{,}10 \cdot 10^4\,\mathrm{N\,m}\left(\frac{1}{0{,}50} + \frac{1}{0{,}20}\right)\frac{1}{\mathrm{kg\,m^2}}}$$

$$\underline{\omega_0 = 384\,\mathrm{s^{-1}}}.$$

Hinweis: Würde man auch die Massenträgheitsmomente der Zahnräder berücksichtigen, wäre die Bildwelle ein ungefesseltes Drei-Massenmodell mit zwei Eigenfrequenzen ungleich Null. Die Berechnung von Mehrmassenmodellen erfolgt zweckmäßig auf der Grundlage der Matrizenrechnung mit entsprechenden Rechenprogrammen. An dieser Stelle sei auf die entsprechende Spezialliteratur zur Maschinendynamik oder der Rotordynamik (siehe Weiterführende Literatur) verwiesen.

9.4 Die geschwindigkeitsproportional gedämpfte Schwingung

Eine Schwingung verläuft dann *gedämpft*, wenn dem Schwingungssystem *Energie entzogen* wird. Das kann gewollt durch den Einbau eines Schwingungsdämpfers geschehen, oder ungewollt durch die unvermeidbaren Reibungskräfte außen am Schwinger und im Werkstoff der Feder. Die im vorigen Abschnitt abgeleiteten Beziehungen für den ungedämpften Schwinger gelten demnach nicht exakt für ein wirkliches System, sondern mit guter Näherung für geringe Dämpfung und für eine Zeitdauer, in der der Energieentzug noch nicht zu groß ist. Der Energieentzug kann durch trockene Reibung, durch Luft- bzw. Flüssigkeitsreibung und durch innere Reibung im Federwerkstoff erfolgen. In den meisten Fällen werden diese Einflüsse gemeinsam auftreten und nur schwierig oder gar nicht zu trennen sein. Gemeinsam ist aber allen Dämpfungsarten: Die Dämpfungskraft ist stets der Bewegungsrichtung entgegengesetzt.

Bei trockener Reibung ist im Gültigkeitsbereich des COULOMBschen Reibungsgesetzes die Dämpfungskraft konstant. Dabei muß allerdings für die meist trockenen Reibflächen die Haftungskraft überwunden werden. Die Flüssigkeitsreibung ist im laminaren Bereich (z.B. Ölfilm in Führung) linear von der Geschwindigkeit und im turbulenten Bereich (z.B. umgebende Luft) vom Quadrat der Geschwindigkeit abhängig. Die innere Reibung des Werkstoffes ist in erster Linie vom Werkstoff und der Spannungsamplitude abhängig und im wesentlichen unabhängig von der Frequenz. Aber auch die Schwingungsform (Längs-, Biege-, Torsionsschwingung), die Bauteilform- und -größe, Temperatur sowie die Vorgeschichte (Lastspielzahl) beeinflussen das Dämpfungsverhalten. Es ist für die praktische Anwendung der Schwingungsberechnung unmöglich alle Einflüsse gleichzeitig und in den richtigen Verhältnissen zu berücksichtigen. Aus diesem Grunde ist es notwendig, einen Ansatz zu suchen, der für die meisten Anwendungsfälle den Haupteinfluß richtig wiedergibt. Die in diesem Abschnitt behandelte *geschwindigkeitsproportionale Dämpfung* tut das weitgehend. Sie hat den weiteren Vorteil, eine Gleichung zu liefern, die lösbar ist.

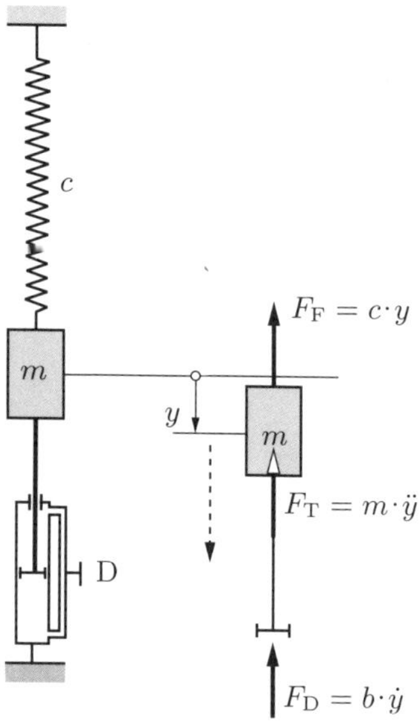

Abb. 9-31: Geschwindigkeitsproportional gedämpfter Schwinger

Die Abb. 9-31 zeigt einen Schwinger, der geschwindigkeitsproportional gedämpft ist. Das geschieht durch den in der Flüssigkeit eintauchenden Kolben. Mit dem Drosselventil D kann die Größe der Dämpfungskraft eingestellt werden. Nach der Voraussetzung „geschwindigkeitsproportional" ist die Dämpfungskraft

$$F_D \sim \dot{y}, \quad F_D = b \cdot \dot{y}.$$

Der Proportionalitätsfaktor b wird *Dämpfungskoeffizient* oder *Dämpfungskonstante* genannt; er ist abhängig von der dynamischen Zähigkeit des Dämpferöls und ist somit i.A. stark temperaturabhängig. Die Maßeinheit der Dämpfungskonstante ist mit $b = F_D/\dot{y}$ (Kraft durch Geschwindigkeit) gleich $\mathrm{N/(m/s)} = \mathrm{N \cdot s/m}$. Diese läßt sich für praktische Berechnungen mit $1\,\mathrm{N} = 1\,\mathrm{kg \cdot m/s^2}$ auch in kg/s umrechnen. Für das mit der Trägheitskraft freigemachte System nach Abb. 9-31 wird die Gleichgewichtsbedingung $\sum F_y = 0$ aufgestellt

$$m \cdot \ddot{y} + b \cdot \dot{y} + c \cdot y = 0. \tag{9-28}$$

Das ist eine homogene, lineare Differentialgleichung, die durch folgenden Ansatz gelöst wird

$$y = C \cdot e^{\lambda t}.$$

Mit

$$\dot{y} = C \cdot \lambda \cdot e^{\lambda\,\mathrm{t}} \quad \text{und} \quad \ddot{y} = C \cdot \lambda^2 \cdot e^{\lambda\,\mathrm{t}}$$

in die Ausgangsgleichung eingesetzt, ergibt sich

$$m \cdot C \cdot \lambda^2 \cdot e^{\lambda\,\mathrm{t}} + \mathrm{b} \cdot \mathrm{C} \cdot \lambda \cdot e^{\lambda\,\mathrm{t}} + \mathrm{c} \cdot \mathrm{C} \cdot e^{\lambda\,\mathrm{t}} = 0$$

oder

$$(m \cdot \lambda^2 + \mathrm{b} \cdot \lambda + \mathrm{c}) \cdot \mathrm{C} \cdot e^{\lambda\,\mathrm{t}} = 0.$$

Da $\mathrm{C} \cdot e^{\lambda t}$ mit Ausnahme der Triviallösung $C = 0$ für alle Werte von t von Null verschieden ist, muß der Klammerausdruck Null werden, um die Differentialgleichung zu erfüllen. Die Gleichung

$$m \cdot \lambda^2 + \mathrm{b} \cdot \lambda + \mathrm{c} = 0$$

bzw.

$$\lambda^2 + \frac{b}{m}\lambda + \frac{c}{m} = 0$$

wird als charakteristische Gleichung bezeichnet.

Das ist eine quadratische Gleichung für λ, deren zwei Lösungen lauten

$$\lambda_{1/2} = -\frac{b}{2 \cdot m} \pm \sqrt{\left(\frac{b}{2 \cdot m}\right)^2 - \frac{c}{m}}.$$

Die Schwingung klingt um so schneller ab, je größer die Dämpfungskonstante b und je kleiner die Masse m ist. Man definiert deshalb als *Abklingkonstante*

$$\delta = \frac{b}{2 \cdot m}. \tag{9-29}$$

Diese Konstante hat die gleiche Maßeinheit wie die Kreisfrequenz ω (Zeit^{-1}). Weiterhin ist $c/m = \omega_0^2$ die Eigenkreisfrequenz des ungedämpften Systems. Damit erhält man als Lösung die Überlagerung der beiden Lösungsfunktionen

$$y = C_1 \cdot e^{\lambda_1\,\mathrm{t}} + C_2 \cdot e^{\lambda_2\,\mathrm{t}},$$

$$y = C_1 \cdot e^{(-\delta + \sqrt{\delta^2 - \omega_0^2})\,\mathrm{t}} + C_2 \cdot e^{(-\delta - \sqrt{\delta^2 - \omega_0^2})\,\mathrm{t}}.$$

Für die Lösung sind drei Fälle zu unterscheiden. Für das Verhältnis δ/ω_0 wird der Begriff *Dämpfungsgrad*, auch LEHRsches[1] Dämpfungsmaß, eingeführt,

$$\vartheta = \frac{\delta}{\omega_0}. \tag{9-30}$$

1. $\vartheta > 1$; $\delta > \omega_0$: Die Wurzeln sind reell. Die Dämpfung ist so stark, daß eine *Schwingung nicht entsteht*. Die ausgelenkte Masse kriecht nach der e-Funktion langsam zur statischen Gleichgewichtslage und nähert sich ihr asymptotisch (aperiodischer Fall).

2. $\vartheta = 1$; $\delta = \omega_0$: Für λ erhält man eine Doppelwurzel. Ein solches System nennt man *kritisch gedämpft*. Es erreicht die statische Ruhelage nach höchstens einem Null-Durchgang (möglich bei hoher Anfangsgeschwindigkeit in Richtung der Gleichgewichtslage) in der kürzesten Zeit, ohne jedoch eine Schwingung auszuführen. Diese Dämpfung ist z.B. für analoge Meßgeräte besonders günstig, da der Zeiger ohne zu schwingen in der kürzesten Zeit sich auf den Anzeigewert einstellt (aperiodischer Grenzfall).

3. $\vartheta < 1$; $\delta < \omega_0$: Die Wurzeln sind konjugiert komplex,

$$\lambda_{1/2} = -\delta \pm \sqrt{(\omega_0^2 - \delta^2)\cdot(-1)} = -\delta \pm i \cdot \sqrt{(\omega_0^2 - \delta^2)}\,,$$
$$y = C_1 \cdot e^{(-\delta + i\sqrt{\omega_0^2-\delta^2})\mathrm{t}} + C_2 \cdot e^{(-\delta - i\sqrt{\omega_0^2-\delta^2})\mathrm{t}}.$$

Über die EULERschen[2] Formeln

$$e^{\mathrm{ix}} = \cos x + i \cdot \sin x; \quad e^{-\mathrm{ix}} = \cos x - i \cdot \sin x$$

kann man diese Gleichung in die reelle Form

$$y = e^{-\delta t}[A_\mathrm{I} \cdot \cos(\sqrt{\omega_0^2 - \delta^2} \cdot t) + A_\mathrm{II} \cdot \sin(\sqrt{\omega_0^2 - \delta^2} \cdot t)] \tag{9-31}$$

bringen. Die Amplitude nimmt, wie in der Abbildung 9-32 dargestellt, mit der e-Funktion ab. Die Eigenkreisfrequenz des gedämpften Systems ist

$$\omega_\mathrm{d} = \sqrt{\omega_0^2 - \delta^2} = \omega_0\sqrt{1 - \vartheta^2}. \tag{9-32}$$

[1] LEHR, Ernst (1896–1945), deutscher Ingenieur
[2] EULER, Leonhard (1707–1783), schweizer Mathematiker.

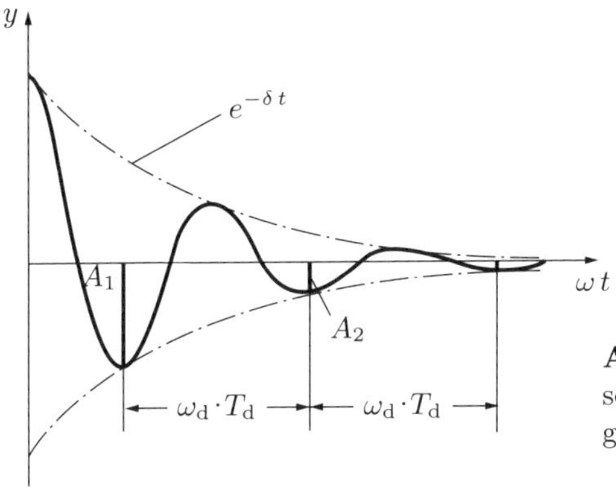

Abb. 9-32: Schwingungsdiagramm einer geschwindigkeitsproportional gedämpften Schwingung

Aus den Gleichungen (9-31)/(9-32) ersieht man:

1. *Die Eigenfrequenz des gedämpften Systems ist von der Amplitude unabhängig,*
2. *Die Dämpfung setzt die Eigenkreisfrequenz immer herab, jedoch ist für kleine Dämpfungsgrade der Einfluß verschwindend ($\omega_d \approx \omega_0$).*

Das Verhältnis von zwei Ausschlägen A nach der Schwingungszeit T_d ist

$$\frac{A_1}{A_2} = \frac{e^{-\delta t}}{e^{-\delta(t+T_d)}} = \frac{e^{\delta t} \cdot e^{\delta T_d}}{e^{\delta t}} = e^{\delta T_d};$$

mit $T_d = \dfrac{2 \cdot \pi}{\omega_d}$ ist $\dfrac{A_1}{A_2} = e^{(2\pi\delta)/\omega_d}$.

Wegen $\dfrac{A_1}{A_2} = e^{\delta T_d} \neq 1$ d.h. $y(t) \neq y(t + T_d)$ ist die gedämpfte Schwingung nicht mehr periodisch.

Das Verhältnis von zwei aufeinanderfolgenden Amplituden ist konstant

$$\frac{A_1}{A_2} = \frac{A_2}{A_3} = \frac{A_3}{A_4} \cdots = \frac{A_n}{A_{n+1}}.$$

Damit ist dieser Quotient eine *Kenngröße für das Abklingen der Schwingung.* Zur Eliminierung der e-Funktion wird logarithmiert

$$\ln \frac{A_1}{A_2} = \frac{2 \cdot \pi \cdot \delta}{\omega_d} = \Lambda. \tag{9-33}$$

Λ nennt man das *logarithmische Dekrement*[3]. Nach Weiterentwicklung erhält

[3]Dekrement (lat.): Abnahme, Abklingen.

man mit Gl. (9-30)/(9-32)

$$\Lambda = \frac{2 \cdot \vartheta \cdot \omega_0 \cdot \pi}{\omega_\mathrm{d}} = \frac{2 \cdot \vartheta \cdot \omega_0 \cdot \pi}{\omega_0 \sqrt{1 - \vartheta^2}}$$

$$\Lambda = \frac{2 \cdot \pi \cdot \vartheta}{\sqrt{1 - \vartheta^2}} \tag{9-34}$$

$$\text{für } \vartheta^2 \ll 1: \quad \Lambda = 2 \cdot \pi \cdot \vartheta.$$

Die Klassifizierung der Dämpfungseigenschaften erfolgt in der DIN 1311-2 auf der Basis des Dämpfungsgrades ϑ. In der aktuellen Fassung vom August 2002 werden die bisherigen Bezeichnungen der Fassung von 1974 neu formuliert:

$\vartheta > 1$: sehr stark gedämpft (alt: stark gedämpft)
$\vartheta < 1$: stark gedämpft (alt: schwach gedämpft)
$\vartheta \ll 1$: schwach gedämpft.

Wegen der herausgehobenen Bedeutung des Dämpfungsgrades bietet es sich an, die Ausgangsgleichung (9-28) durch m dividiert

$$\ddot{y} + \frac{b}{m} \cdot \dot{y} + \frac{c}{m} \cdot y = 0 \quad \text{bzw.} \quad \ddot{y} + 2 \cdot \delta \cdot \dot{y} + \omega_0^2 \cdot y = 0$$

in eine Form zu bringen, die den Dämpfungsgrad enthält. Mit den Gleichungen (9-2)/(9-29)/(9-30) wird dann

$$\ddot{y} + 2 \cdot \vartheta \cdot \omega_0 \cdot \dot{y} + \omega_0^2 \cdot y = 0. \tag{9-35}$$

Das ist die Grundgleichung einer harmonischen, geschwindigkeitsproportional gedämpften Schwingung.

Alle hier abgeleiteten Beziehungen gelten auch für Verdrehschwingungen (φ anstatt y).

Beispiel 1 (Abb. 9-33)

Eine kreisförmige, homogene Prallplatte ist federnd und mit einem Schwingungsdämpfer gestützt, nach Skizze gelagert. Zu bestimmen sind für kleine Amplituden:

a) die Eigenfrequenz, der Dämpfungsgrad, das logarithmische Dekrement,
b) die Schwingungsamplitude nach zwei Vollschwingungen, wenn das Ende der Platte durch einen Stoß um A_0 ausgelenkt wurde.

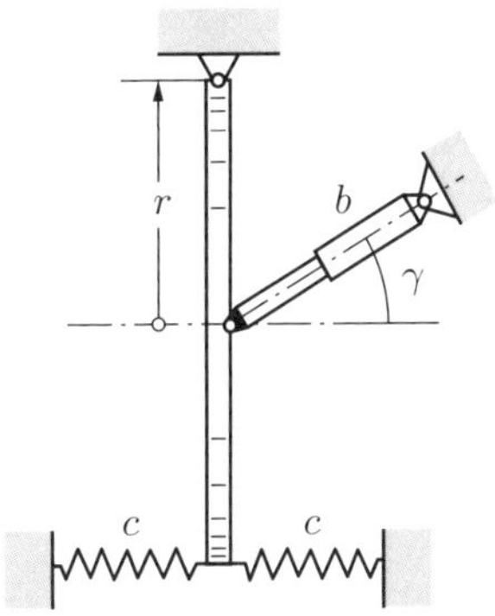

Abb. 9-33: Hängende Platte mit Federn und Dämpfer

Die Lösung soll allgemein erfolgen und für folgende Daten ausgewertet werden

Platte	$m = 100\,\text{kg}$	$r = 200\,\text{mm}$
Konstante für Einzelfeder		$c = 25\,\text{N/cm}$
Dämpfungskonstante des Schwingungsdämpfers		$b = 1000\,\text{N/(m/s)}$
Anfangsamplitude		$A_0 = 5{,}0\,\text{mm}$
Winkel		$\gamma = 30°$

Lösung (Abb. 9-34/9-35)

Nachdem im Beispiel 1 des Abschnittes 9.3.2 die schräge Feder behandelt wurde, soll hier ein schräg eingebauter Schwingungsdämpfer in seiner Wirkung berechnet werden. Nach Abbildung 9-34 beträgt bei einer Winkelgeschwindigkeit $\dot{\varphi}$ der

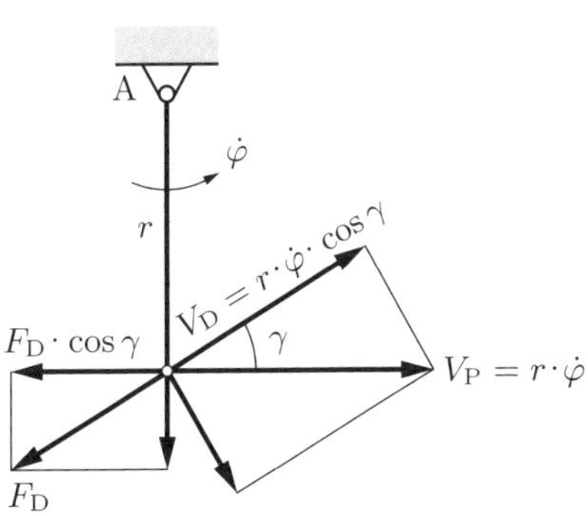

Abb. 9-34: Dämpfungskraft an hängender Platte

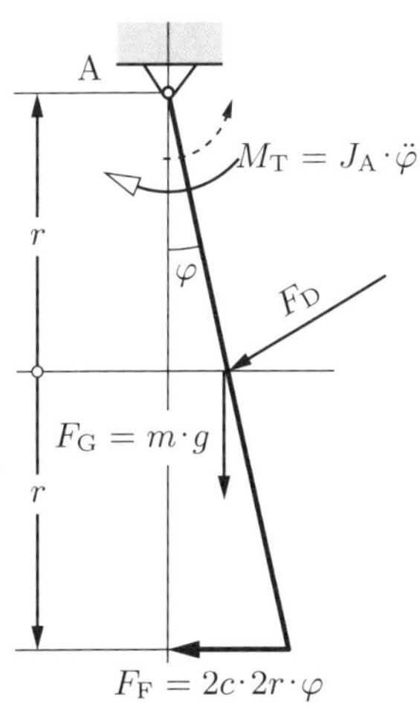

Abb. 9-35: Freigemachte Platte

Platte die Geschwindigkeit in Richtung des Schwingungsdämpfers

$$v_{\mathrm{D}} = \dot{\varphi} \cdot r \cdot \cos\gamma.$$

Damit ist die Dämpferkraft

$$F_{\mathrm{D}} = b \cdot \dot{\varphi} \cdot r \cdot \cos\gamma,$$

und das durch die Kraft um den Aufhängepunkt verursachte Moment

$$M_{\mathrm{D}} = F_{\mathrm{D}} \cdot \cos\gamma \cdot r$$
$$M_{\mathrm{D}} = b \cdot r^2 \cdot \cos^2\gamma \cdot \dot{\varphi}.$$

Das System wird im ausschwingendem Zustand freigemacht (Abb. 9-35). Die Momentengleichung für die Gelenkachse liefert die Differentialgleichung der Schwingung

$$J_{\mathrm{A}} \cdot \ddot{\varphi} + b \cdot r^2 \cdot \cos^2\gamma \cdot \dot{\varphi} + 2 \cdot c \cdot (2 \cdot r)^2 \cdot \varphi + m \cdot g \cdot r \cdot \varphi = 0.$$

Dabei ist (STEINER-Satz, siehe Tabelle am Buchende)

$$J_{\mathrm{A}} = m \cdot \frac{r^2}{4} + m \cdot r^2 = \frac{5}{4} \cdot m \cdot r^2.$$

Die Division der Ausgangsgleichung durch J_{A} führt auf

$$\ddot{\varphi} + \frac{4 \cdot b \cdot \cos^2\gamma}{5 \cdot m}\dot{\varphi} + \left(\frac{32 \cdot c}{5 \cdot m} + \frac{4 \cdot g}{5 \cdot r}\right)\varphi = 0.$$

Der Vergleich dieser Beziehung mit der Grundgleichung (9-35) liefert

$$\underline{\omega_0 = \sqrt{\frac{4}{5}\left(\frac{8 \cdot c}{m} + \frac{g}{r}\right)}}$$

$$2 \cdot \vartheta \cdot \omega_0 = \frac{4 \cdot b \cdot \cos^2\gamma}{5 \cdot m}$$

$$\underline{\vartheta = \frac{2 \cdot b \cdot \cos^2\gamma}{5 \cdot m \cdot \sqrt{\frac{4}{5}\left(\frac{8 \cdot c}{m} + \frac{g}{r}\right)}}}.$$

Für den vorliegenden Fall ausgewertet erhält man

$$\underline{\omega_0} = \sqrt{\frac{4}{5}\left(\frac{8 \cdot 2500\,\mathrm{N/m}}{100\,\mathrm{kg}} + \frac{9{,}81\,\mathrm{m/s^2}}{0{,}20\,\mathrm{m}}\right)} = \underline{14{,}12\,\mathrm{s}^{-1}},$$

$$\underline{\vartheta} = \frac{2 \cdot 10^3\,\mathrm{N/(m/s)} \cdot \cos^2 30^\circ}{5 \cdot 100\,\mathrm{kg} \cdot 14{,}12\,\mathrm{s}^{-1}} = \underline{0{,}213}.$$

Mit Gleichung (9-32) ist

$$\underline{\omega_\mathrm{d}} = \omega_0\sqrt{1-\vartheta^2} = 14{,}12\,\mathrm{s}^{-1}\sqrt{1-0{,}213^2} = \underline{13{,}80\,\mathrm{s}^{-1}} \quad \Longrightarrow \underline{f_\mathrm{d} = \frac{\omega_\mathrm{d}}{2\pi} = 2{,}20\,\mathrm{s}^{-1}}.$$

Das logarithmische Dekrement (Gleichung (9-34)) ist

$$\underline{\Lambda} = \frac{2 \cdot \pi \cdot \vartheta}{\sqrt{1-\vartheta^2}} = \frac{2 \cdot \pi \cdot 0{,}213}{\sqrt{1-0{,}213^2}} = \underline{1{,}370}.$$

Der Ansatz für die Berechnung der Amplitude nach zwei Vollschwingungen lautet (vergl. Ansatz für Gl. (9-33))

$$\frac{A_0}{A_2} = e^{2\,\delta\,\mathrm{T_d}}.$$

Das führt nach einfachen Umwandlungen (Gl. (9-30)/(9-32)/(9-34)) auf

$$\frac{A_0}{A_2} = e^{2\,\Lambda} \Longrightarrow \underline{A_2 = A_0 \cdot e^{-2\,\Lambda}},$$

mit der Auswertung

$$\underline{A_2} = 5{,}0\,\mathrm{mm} \cdot e^{-2\,\cdot\,1{,}370} = \underline{0{,}32\,\mathrm{mm}}.$$

Die Platte kommt nach diesem Stoß nach zwei Schwingungen praktisch zur Ruhe.

Beispiel 2 (Abb. 9-36)

Für den Schwinger nach Abb. 9-36, der das Modell eines Versuchsstandes zur Ermittlung des Dämpfungsverhaltens von Stoßdämpfern darstellt, soll aus den Anstoßbedingungen $y(t=0) = y_0$ und $\dot{y}(t=0) = v_0$ der maximale Schwingungsausschlag berechnet werden.

Auch hier soll die Lösung zuerst allgemein erfolgen und dann für die folgenden Daten ausgewertet werden:

$$y_0 = 1{,}5\,\mathrm{mm};\quad v_0 = 10\,\mathrm{mm/s};\quad m = 1{,}5\,\mathrm{kg};\quad c = 150\,\mathrm{N/m};\quad b = 1{,}8\,\mathrm{kg/s}.$$

Die Federmasse wird vernachlässigt.

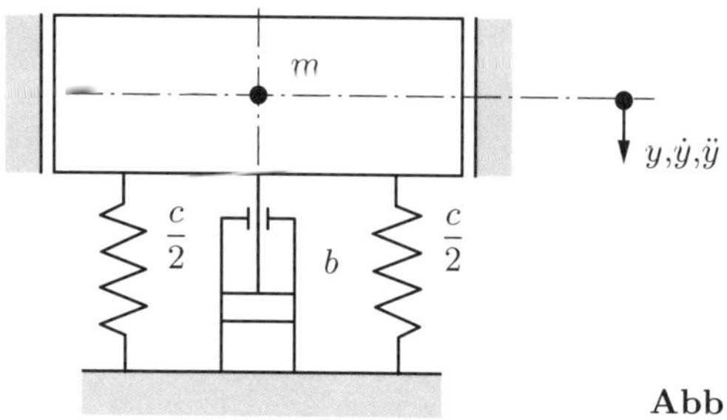

Abb. 9-36: Schwingungsmodell

Lösung

Die Gleichung (9-32) wird in (9-31) eingesetzt:

$$y = c^{-\delta\,\mathrm{t}}[A_\mathrm{I} \cdot \cos(\omega_\mathrm{d} \cdot t) + A_\mathrm{II} \cdot \sin(\omega_\mathrm{d} \cdot t)].$$

Die unbekannten Konstanten A_I und A_II lassen sich aus den bekannten Anstoßbedingungen bestimmen. Da neben dem Ausschlag auch die Geschwindigkeit bekannt ist, muß die Bewegungsgleichung noch nach der Zeit abgeleitet werden (Kettenregel):

$$\begin{aligned}\dot{y} = -\delta \cdot e^{-\delta\,\mathrm{t}}&[A_\mathrm{I} \cdot \cos(\omega_\mathrm{d} \cdot t) + A_\mathrm{II} \cdot \sin(\omega_\mathrm{d} \cdot \mathrm{t})]\\ +e^{-\delta\,\mathrm{t}}&[A_\mathrm{I} \cdot \omega_\mathrm{d} \cdot \sin(\omega_\mathrm{d} \cdot \mathrm{t}) - A_\mathrm{II} \cdot \omega_\mathrm{d} \cdot \cos(\omega_\mathrm{d} \cdot t)].\end{aligned}$$

Die Anfangsbedingungen $y(t = 0) = y_0$, $\dot{y}(t = 0) = v_0$ eingesetzt, ergeben

$$y_0 = 1 \cdot [A_\mathrm{I} \cdot 1 + A_\mathrm{II} \cdot 0] \Longrightarrow A_\mathrm{I} = y_0. \tag{1}$$

$$v_0 = -\delta \cdot 1 \cdot [y_0 \cdot 1 + A_\mathrm{II} \cdot 0] + 1 \cdot [y_0 \cdot \omega_\mathrm{d} \cdot 0 - A_\mathrm{II} \cdot \omega_\mathrm{d} \cdot 1] \Longrightarrow A_\mathrm{II} = \frac{v_0 + y_0 \cdot \delta}{\omega_\mathrm{d}}. \tag{2}$$

Damit wird die Bewegungsgleichung

$$y(t) = e^{-\delta\,t}\left[y_0 \cdot \cos(\omega_\mathrm{d} \cdot t) + \frac{v_0 + y_0 \cdot \delta}{\omega_\mathrm{d}} \cdot \sin(\omega_\mathrm{d} \cdot t)\right]. \tag{3}$$

Zur Berechnung der Amplitude werden die Zusammenhänge aus Abb. 9-5 herangezogen.

Der Ausschlag y erreicht seinen Maximalwert, wenn die Geschwindigkeit Null wird. Damit läßt sich aus der folgenden Gleichung für $\dot{y} = 0$ die Zeit für den Maximalausschlag eliminieren, wenn man $e^{-\delta t}$ ausklammert:

$$\begin{aligned}\dot{y} = e^{-\delta t}\Big[&(-A_{\mathrm{I}} \cdot \delta + A_{\mathrm{II}} \cdot \omega_{\mathrm{d}}) \cdot \cos(\omega_{\mathrm{d}} \cdot t)\\ &- (A_{\mathrm{II}} \cdot \delta + A_{\mathrm{I}} \cdot \omega_{\mathrm{d}}) \cdot \sin(\omega_{\mathrm{d}} \cdot t)\Big] = 0\,.\end{aligned}$$

Da $e^{-\delta t}$ für alle Werte t von Null verschieden ist, muß der Klammerausdruck Null werden. Damit wird dann:

$$\frac{\sin(\omega_{\mathrm{d}} \cdot t)}{\cos(\omega_{\mathrm{d}} \cdot t)} = \tan(\omega_{\mathrm{d}} \cdot t) = \frac{A_{\mathrm{II}} \cdot \omega_{\mathrm{d}} - A_{\mathrm{I}} \cdot \delta}{A_{\mathrm{II}} \cdot \delta + A_{\mathrm{I}} \cdot \omega_{\mathrm{d}}}. \tag{4}$$

Daraus läßt sich die Gleichung für die Zeit formulieren:

$$t(y = y_{\mathrm{max}}) = \frac{1}{\omega_{\mathrm{d}}} \cdot \arctan\left(\frac{A_{\mathrm{II}} \cdot \omega_{\mathrm{d}} - A_{\mathrm{I}} \cdot \delta}{A_{\mathrm{II}} \cdot \delta + A_{\mathrm{I}} \cdot \omega_{\mathrm{d}}}\right). \tag{5}$$

Für die vorgegebenen Daten ausgewertet, erhält man:

$$\begin{aligned}\omega_0 &= \sqrt{\frac{c}{m}} = \sqrt{\frac{150\,\mathrm{N/m}}{1{,}5\,\mathrm{kg}} \cdot \frac{\mathrm{kg} \cdot \mathrm{m}}{\mathrm{N} \cdot \mathrm{s}^2}} = 10{,}00\,\mathrm{s}^{-1}\,,\\ \delta &= \frac{b}{2 \cdot m} = \frac{1{,}8\,\mathrm{kg}}{2 \cdot 1{,}5\,\mathrm{kg} \cdot \mathrm{s}} = 0{,}6\,\mathrm{s}^{-1}\\ \omega_{\mathrm{d}} &= \sqrt{\omega_0^2 - \delta^2} = \sqrt{(10{,}00\,\mathrm{s}^{-1})^2 - (0{,}60\,\mathrm{s}^{-1})^2} = 9{,}98\,\mathrm{s}^{-1}.\end{aligned}$$

Mit $A_{\mathrm{I}} = 1{,}5 \cdot 10^{-3}\,\mathrm{m} = 1{,}5\,\mathrm{mm}$ und (2)

$$A_{\mathrm{II}} = \frac{1{,}0 \cdot 10^{-2}\,\mathrm{m} \cdot \mathrm{s}^{-1} + 1{,}5 \cdot 10^{-3}\,\mathrm{m} \cdot 6{,}0 \cdot 10^{-1}\,\mathrm{s}^{-1}}{9{,}98\,\mathrm{s}^{-1}} = 1{,}09 \cdot 10^{-3}\,\mathrm{m}$$

$$A_{\mathrm{II}} = 1{,}09\,\mathrm{mm}$$

ist mit (5) die Zeit, bei der der Ausschlag maximal wird

$$t = \frac{1 \cdot \mathrm{s}}{9{,}98} \cdot \arctan\left(\frac{1{,}09 \cdot 10^{-3}\mathrm{m} \cdot 9{,}98\mathrm{s}^{-1} - 1{,}5 \cdot 10^{-3}\mathrm{m} \cdot 6{,}0 \cdot 10^{-1}\mathrm{s}^{-1}}{1{,}09 \cdot 10^{-3}\mathrm{m} \cdot 6{,}0 \cdot 10^{-1}\mathrm{s}^{-1} + 1{,}5 \cdot 10^{-3}\mathrm{m} \cdot 9{,}98\mathrm{s}^{-1}}\right) \cdot \frac{\pi}{180^\circ}$$

$$t = 0{,}057\mathrm{s}.$$

Mit (4)

$$\omega_\mathrm{d} \cdot t \cdot \frac{180°}{\pi} = \arctan\left(\frac{A_\mathrm{II} \cdot \omega_\mathrm{d} - A_\mathrm{I} \cdot \delta}{A_\mathrm{II} \cdot \delta + A_\mathrm{I} \cdot \omega_\mathrm{d}}\right) = 32{,}6°$$

läßt sich die Amplitude nach Gl. (9-31) berechnen.

$$y(t = 0{,}057s) = e^{-0{,}6s^{-1} \cdot 0{,}057s} \cdot (1{,}09 \cdot 10^{-3}\,\mathrm{m} \cdot \sin 32{,}6° + 1{,}5 \cdot 10^{-3}\,\mathrm{m} \cdot \cos 32{,}6°)$$

$$\underline{y_\mathrm{max} \approx A = 1{,}75 \cdot 10^{-3}\,\mathrm{m} = 1{,}75\,\mathrm{mm}.}$$

9.5 Die erzwungene Schwingung

9.5.1 Problembeschreibung

Eine freie gedämpfte Schwingung kommt zur Ruhe, wenn die am Anfang im System vorhandene Energie durch die Dämpfung aufgezehrt ist. Wird dem Schwingungssystem in geeigneter Weise Energie zugeführt, dann bleibt ein Schwingungsvorgang erhalten, der jedoch weitgehend von der Art der Energiezufuhr abhängt.

Bei der Beschreibung dieser Schwingungen wird wieder vom Modell bestehend aus Masse, Feder und Dämpfer, dem diskreten Einmassenschwinger, ausgegangen (siehe dazu Abschnitt 9.2). Die *Schwingungsanregung* wird an diskreten Punkten eingeleitet. Eine schematische Übersicht über die wichtigsten Fälle gibt die Abb. 9-37. Bei der *Wegerregung* wird der Punkt A in dieser Abbildung nach einer Funktion $y = \mathrm{f}(t)$ verschoben. Die *Krafterregung* wirkt auf die Masse. In diesen Bereich fällt die in der Technik oft auftretende Massenkrafterregung, die durch eine rotierende Unwucht verursacht wird (Fall e). Analog gilt für Drehschwingungen eine Verdrehung an diskreten Punkten bzw. anstelle der Krafteine Momentenanregung.

Im Rahmen dieses Lehrbuches erfolgt eine Beschränkung auf die harmonische Anregung, d.h. die Erregergröße ändert sich nach einem sin- bzw. cos-Zeitgesetz. Für nichtperiodische, transiente (instationäre) oder stoßartige Anregungen sei auf die weiterführende Literatur (z.B. [36]) verwiesen.

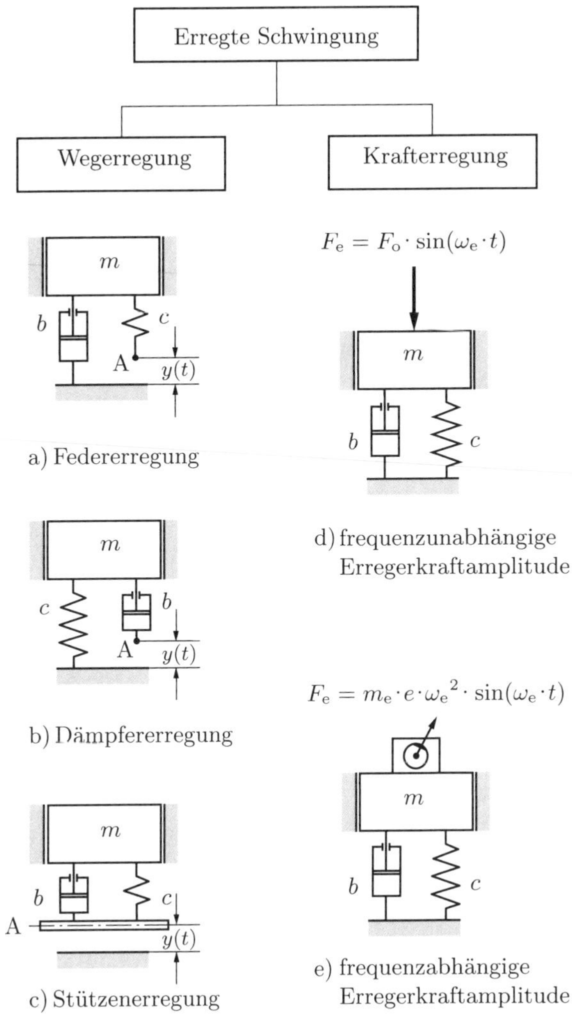

Abb. 9-37: Schwingungsanregung

9.5.2 Aufstellen und Lösen der Bewegungsgleichung

Die mathematische Beschreibung des erzwungenen Schwingungsvorganges soll die Fragestellungen nach dem Eigenschwingverhalten und der Schwingungsantwort bei harmonischer Anregung und geschwindigkeitsproportionaler Dämpfung beantworten. Das Aufstellen und Lösen der Bewegungsgleichung soll am Beispiel der *Weg- oder Federkrafterregung*, Abb. 9-37a erfolgen.

Die Wegerregung kann mit einer Kreuzschleife nach Abb. 9-38 eingeleitet werden. Die Kurbel der Kreuzschleife dreht sich mit der Winkelgeschwindigkeit ω_e (*Erregerkreisfrequenz*). Die Nullinie der Schwingung entspricht der statischen

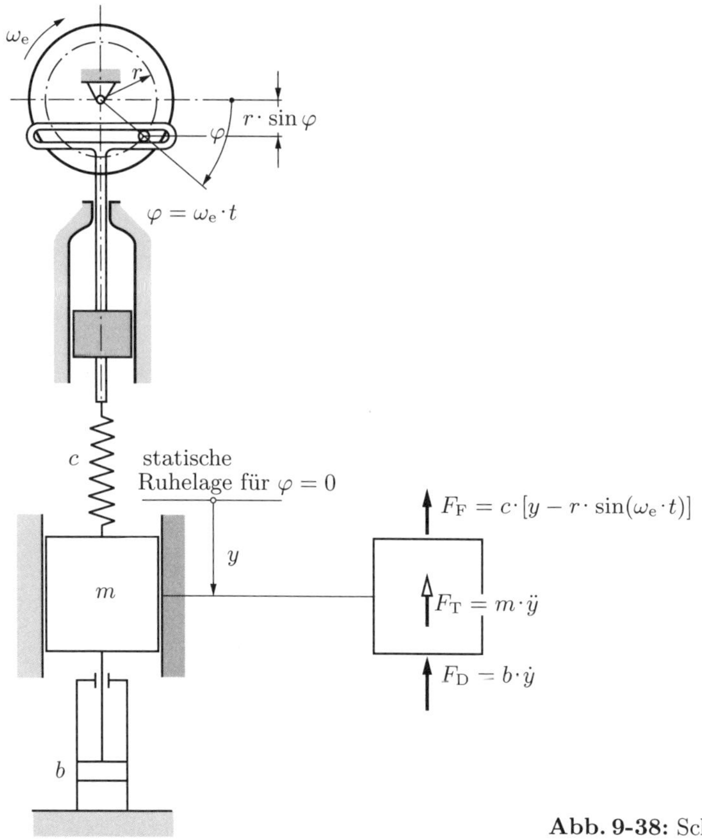

Abb. 9-38: Schwinger mit Federerregung

Ruhelage der Masse für $\varphi = 0$. Zur Aufstellung der Gleichgewichtsbedingungen wird die Masse nach unten durchschwingend betrachtet, wobei die Kreuzschleife um den Betrag $\varphi = \omega_e \cdot t$ gedreht ist. Die Verlängerung der Feder beträgt jetzt, da der Aufhängepunkt der Feder um $r \cdot \sin(\omega_e \cdot t)$ nach unten gewandert ist, $\Delta l = y - r \cdot \sin(\omega_e \cdot t)$. Man erhält aus $\sum F_y = 0$

$$m \cdot \ddot{y} + b \cdot \dot{y} + c \cdot [y - r \cdot \sin(\omega_e \cdot t)] = 0,$$
$$m \cdot \ddot{y} + b \cdot \dot{y} + c \cdot y = c \cdot r \cdot \sin(\omega_e \cdot t).$$

Hält man die Masse in der Nullage fest und dreht von $\varphi = 0$ aus die Kurbel um 90°, dann wird die Feder um den Betrag r deformiert. Der Kurbelradius r entspricht der Erregeramplitude der Feder. Es entsteht dabei die maximale Federkraft $F_F = F_0 = c \cdot r$. Man kann somit die rechte Seite der Gleichung als *Erregerkraft* F_e deuten, die sich harmonisch mit $\sin(\omega_e \cdot t)$ ändert,

$$m \cdot \ddot{y} + b \cdot \dot{y} + c \cdot y = F_0 \cdot \sin(\omega_e \cdot t). \qquad (9\text{-}36)$$

Der Maximalwert der Kraft F_0 (Kraftamplitude) ist von der Erregerfrequenz *unabhängig*. Ausgehend von der Grundüberlegung zur Gl. (9-1) beschreibt die Gl. (9-36) den folgenden physikalischen Sachverhalt:

Trägheitskraft + Dämpfungskraft + Federkraft = harmonische Erregerkraft.

Damit ist diese Gleichung auch für den Fall d nach Abb. 9-37 der harmonischen Kraftanregung gültig.

Gleichung (9-36) ist eine inhomogene, lineare Differentialgleichung. Die rechte Seite $F_0 \cdot \sin(\omega_e \cdot t)$ nennt man *Störfunktion*. Die allgemeine Lösung enthält auch die Lösung der *homogenen Gleichung* (vergleiche Abschnitt 9.4),

$$m \cdot \ddot{y} + b \cdot \dot{y} + c \cdot y = 0,$$

denn die allgemeine Lösung muß auch für den Spezialfall $F_0 = 0$ gelten. Die homogene Gleichung wurde im vorigen Abschnitt behandelt. Als Lösung erhielt man die mit $e^{-\delta t}$ abklingende Schwingung, deren Amplituden nach relativ kurzer Einschwingzeit praktisch verschwinden. *Es verbleibt eine Schwingung, die den Anteil der freien Schwingung nicht mehr enthält und nur von der Störfunktion $F_0 \cdot \sin(\omega_e \cdot t)$ bestimmt wird (eingeschwungener Zustand).* Dieser Vorgang wird von der *partikularen Lösung* der Gleichung dargestellt. Bei harmonischer Erregung des Federendes mit der Störkreisfrequenz ω_e muß auch die Masse m im gleichen Rhythmus – allerdings infolge der Trägheit um einen Phasenverschiebungswinkel φ nacheilend – schwingen. Basierend auf dieser Überlegung wird der folgende Lösungsansatz eingeführt.

$$y = A \cdot \sin(\omega_e \cdot t - \varphi).$$

Dieser Ansatz wird in die Ausgangsgleichung eingesetzt. Dazu ist es notwendig, $\dot{y}$ und $\ddot{y}$ zu bilden

$$\dot{y} = \omega_e \cdot A \cdot \cos(\omega_e \cdot t - \varphi), \quad \ddot{y} = -{\omega_e}^2 \cdot A \cdot \sin(\omega_e \cdot t - \varphi).$$

Diese Werte werden in Gl. (9-36) eingesetzt

$$\begin{aligned} &- m \cdot {\omega_e}^2 \cdot A \cdot \sin(\omega_e \cdot t - \varphi) + b \cdot \omega_e \cdot A \cdot \cos(\omega_e \cdot t - \varphi) \\ &+ c \cdot A \cdot \sin(\omega_e \cdot t - \varphi) = F_0 \cdot \sin(\omega_e \cdot t)\,. \end{aligned}$$

Aus dieser Beziehung sollen die im Ansatz enthaltene unbekannte Amplitude A und der Phasenwinkel φ der schwingenden Masse berechnet werden. Das bedeutet, daß zwei Randbedingungen formuliert werden müssen. Die Gleichung muß für beliebige Werte gelten. Es werden gewählt

1. $\omega_\mathrm{e} \cdot t - \varphi = 0; \quad \omega_\mathrm{e} \cdot t = \varphi$:

$$b \cdot \omega_\mathrm{e} \cdot A = F_0 \cdot \sin\varphi\,, \tag{1}$$

2. $\omega_\mathrm{e} \cdot t - \varphi = \dfrac{\pi}{2}; \quad \omega_\mathrm{e} \cdot t = \varphi + \dfrac{\pi}{2}; \quad \sin(\omega_\mathrm{e} \cdot t) = \cos\varphi$:

$$-m \cdot \omega_\mathrm{e}^2 \cdot A + c \cdot A = F_0 \cdot \cos\varphi\,. \tag{2}$$

Die Gleichungen (1) und (2) werden quadriert und anschließend addiert

$$b^2 \cdot \omega_\mathrm{e}^2 \cdot A^2 + (c \cdot A - m \cdot \omega_\mathrm{e}^2 \cdot A)^2 = F_0^2 \cdot (\sin^2\varphi + \cos^2\varphi) = F_0^2$$

und nach der Amplitude aufgelöst

$$A = \frac{F_0}{\sqrt{(c - m \cdot \omega_\mathrm{e}^2)^2 + b^2 \cdot \omega_\mathrm{e}^2}}.$$

Den Phasenwinkel φ erhält man aus der Division der Gleichungen (1) und (2),

$$\tan\varphi = \frac{b \cdot \omega_\mathrm{e}}{c - m \cdot \omega_\mathrm{e}^2}.$$

In die Beziehungen für A und φ soll der Dämpfungsgrad ϑ eingeführt werden. Die Gleichung für A wird im Zähler und Nenner durch c dividiert.

$$A = \frac{\dfrac{F_0}{c}}{\sqrt{\left(1 - \dfrac{m}{c} \cdot \omega_\mathrm{e}^2\right)^2 + \dfrac{b^2 \cdot \omega_\mathrm{e}^2}{c^2}}}.$$

Das 2. Glied unter der Wurzel wird mit $4 \cdot m^2$ erweitert. Mit den Gleichungen (9-2)/(9-29)/(9-30)

$$\omega_0^2 = \frac{c}{m}, \quad \delta = \frac{b}{2 \cdot m}, \quad \vartheta = \frac{\delta}{\omega_0}$$

und dem sog. Abstimmungsverhältnis

$$\eta = \frac{\omega_\mathrm{e}}{\omega_0} \tag{9-37}$$

erhält man

$$A = \frac{\frac{F_0}{c}}{\sqrt{(1-\eta^2)^2 + 4 \cdot \vartheta^2 \cdot \eta^2}} \qquad (9\text{-}38)$$

und mit $\tan\varphi = \sin\varphi / \cos\varphi$ aus den GLeichungen (1) und (2) für die von der Erregerkreisfrequenz ω_e bzw. dem Abstimmungsverhältnis η abhängige Phasenverschiebung zwischen Erregung und Antwort (auch *Phasenfrequenzgang oder Phasengang*)

$$\tan\varphi = \frac{2 \cdot \vartheta \cdot \eta}{1-\eta^2}. \qquad (9\text{-}39)$$

Setzt man schließlich die Lösung nach Gleichung (9-36) in den Ansatz für die partikuläre Lösung ein, ergibt sich die Bewegungsgleichung für den eingeschwungenen Zustand zu

$$y = \frac{\frac{F_0}{c}}{\sqrt{(1-\eta^2)^2 + 4 \cdot \vartheta^2 \cdot \eta^2}} \cdot \sin(\omega_e \cdot t - \varphi). \qquad (9\text{-}40)$$

Das System schwingt unabhängig von der Eigenkreisfrequenz ω_0 mit der Erregerkreisfrequenz ω_e.

Für die Schwingungsbeurteilung definiert man ein Verhältnis der Antwortamplitude A (dynamischer Ausschlag) zur Amplitude der Anregung (was ein statischer Wert ist). Dieser Quotient gibt an, um wieviel die Schwingungsamplitude gegenüber der Anregung vergrößert (oder auch verkleinert) ist. Man nennt daher diesen Faktor *Vergrößerungsfaktor V*

$$V_1 = \frac{A}{r} = \frac{A}{\frac{F_0}{c}} = \frac{1}{\sqrt{(1-\eta^2)^2 + 4 \cdot \vartheta^2 \cdot \eta^2}}. \qquad (9\text{-}41)$$

Für sehr kleine Dämpfungen ($\vartheta \approx 0$) vereinfacht sich die Gleichung zu

$$V_1 = \frac{1}{\pm(1-\eta^2)}.$$

Mit Gl. (9-41) läßt sich dann auch die Amplitude nach Gl. (9-38) wie folgt schreiben:

$$A = r \cdot V_1 = \frac{F_0}{c} \cdot V_1. \qquad (9\text{-}42)$$

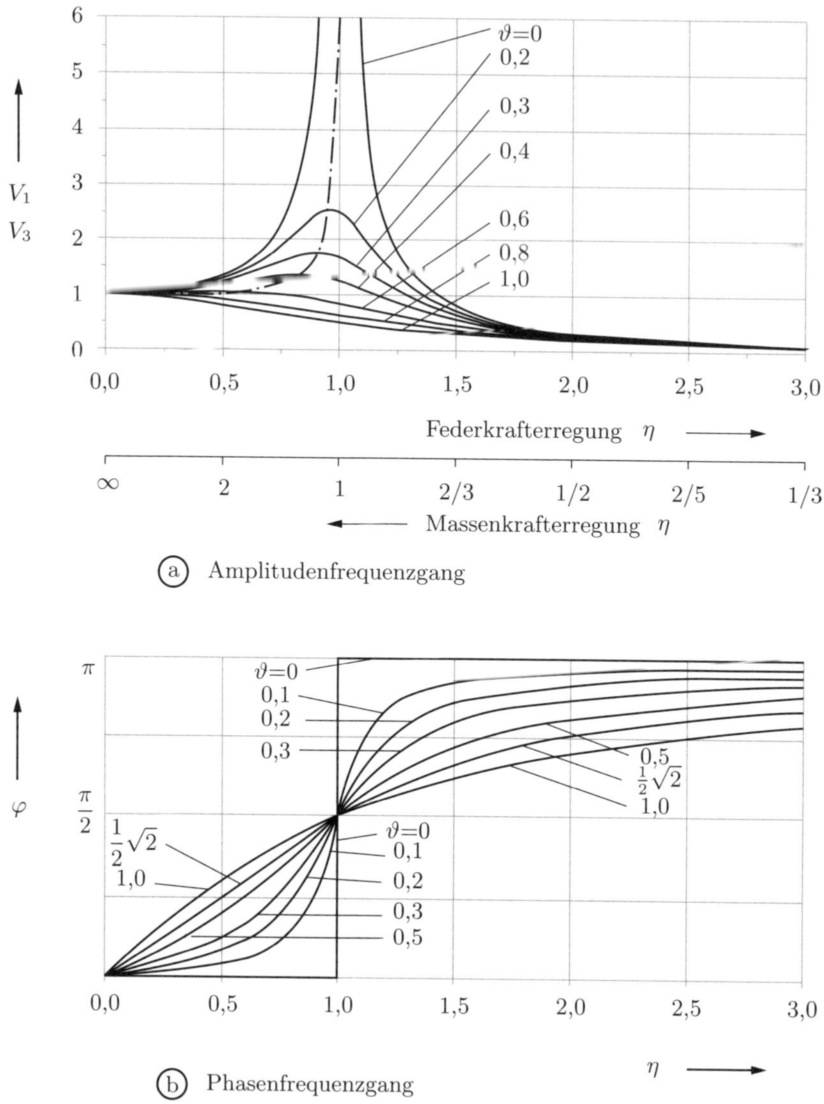

Abb. 9-39: Amplitudenfrequenzgang und Phasenfrequenzgang bei Kraft/Wegerregung

Wie aus Gleichung (9-41) ersichtlich, ist der Vergrößerungsfaktor, wie übrigens auch der Phasenwinkel (Gl. (9-39)), abhängig vom Abstimmungsverhältnis (und damit von der Erregerkreisfrequenz ω_e) und läßt sich somit auch als Funktion von η darstellen. In Abb. 9-39 wird der Vergrößerungsfaktor V und der Phasenwinkel φ über dem Abstimmungsverhältnis $\eta = \omega_e/\omega_0$ aufgetragen. Die Funktion $\varphi = f(\eta)$ wird dabei als *Frequenzgang der Phasenverschiebung* oder kürzer als

Phasenfrequenzgang bzw. Phasengang bezeichnet. Der Kennwert für die Amplitude $V = f(\eta)$ wird Vergrößerungsfunktion oder *Frequenzgang der Amplitude* (Amplitudengang) genannt. Das Diagramm kann man sich folgendermaßen entstanden denken:

Ein Schwinger wird mit langsam zunehmender Frequenz erregt. Die sich jeweils einstellende Amplitude wird über der Erregerfrequenz aufgetragen. Für ein schwach gedämpftes System ($\vartheta \approx 0$), wie z.B. ein Pendel, sind einige charakteristische Zustände in der Abb. 9-40 gezeigt.

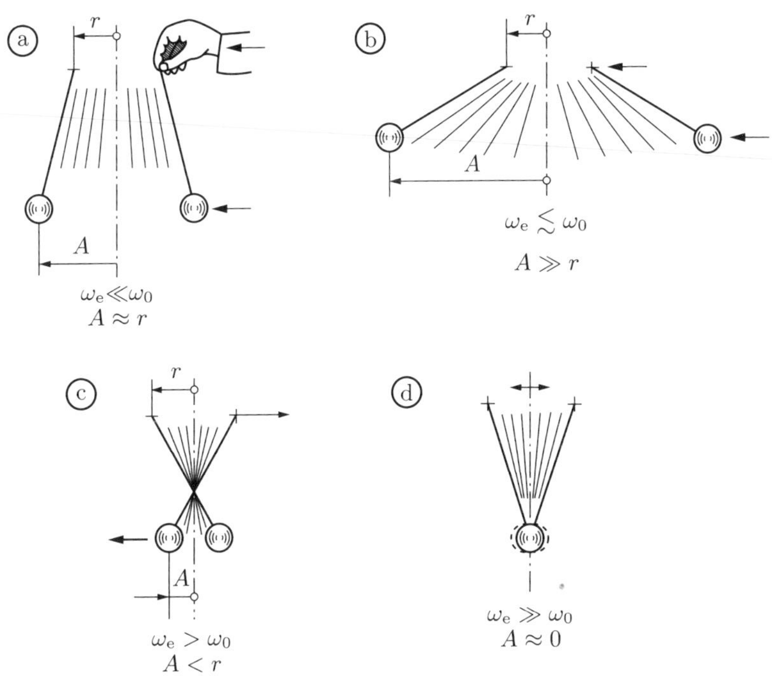

Abb. 9-40: Typische Schwingungszustände eines erregt schwingenden Pendels

Abb. a) Die Erregerfrequenz ist sehr niedrig ($\eta \approx 0$). Die Amplitude A ist nur unwesentlich größer als der Erregerweg r ($V_1 \approx 1$). Die Bewegung des Aufhängepunktes und der Masse sind jeweils gleichgerichtet. Die Schwingung ist in Phase mit der Erregung ($\varphi = 0$).

Abb. b) Die Erregung erfolgt etwa mit der Eigenfrequenz ($\eta \approx 1$), ist jedoch kleiner als diese. Die Amplitude ist wesentlich größer als der Erregerweg ($V_1 > 1$). Aufhängepunkt und Masse bewegen sich immer noch jeweils in gleicher Richtung. Den Zustand $\eta = 1$, ($\omega_e = \omega_0$) nennt man *Resonanz*[4]. Für den ungedämpf-

[4]Resonanz (lat.): Widerhall, Mittönen (Mitschwingen)

ten Zustand $\vartheta = 0$ ergeben die Gleichungen unendlich große Amplituden.

Abb. c) Bei Durchgang durch die Resonanz fällt besonders der Umschlag von einer gleichgerichteten in eine umgekehrte Bewegungsrichtung von Masse und Aufhängepunkt auf. Der Phasenwinkel ist im Bereich $\eta > 1$ gleich π. Die Amplitude nimmt bei Zunahme von η stark ab und wird schließlich kleiner als der Erregerweg ($A < r$; $V_1 < 1$).

Abb. d) Bei Erregung mit einer Frequenz, die deutlich höher ist als die Eigenfrequenz, kann die Masse der Bewegung nicht mehr folgen. Die Amplituden werden viel kleiner als der Erregerweg ($A \ll r$; $V_1 \ll 1$).

Die Maxima der Übertragungsfunktionen – und damit auch der Amplituden – ergeben sich bei der Resonanzkreisfrequenz ω_{eR}.

Die Übertragungsfunktion (Gl. (9-41)) hat ein Maximum, wenn der Radikant im Nenner ein Minimum wird

$$R(\eta) = (1 - \eta^2)^2 + 4 \cdot \vartheta^2 \cdot \eta^2 = \text{Min.}$$

Die Ableitung $\dfrac{dR}{d\eta} = 0$ liefert die quadratische Gleichung

$$\eta_{\mathrm{ext}}^2 - 1 + 2 \cdot \vartheta^2 = 0$$

und damit

$$\eta_{\mathrm{ext}} = \eta_{\mathrm{R}} = \frac{\omega_{\mathrm{eR}}}{\omega_0} = \sqrt{1 - 2 \cdot \vartheta^2} \tag{9-43}$$

zur Berechnung der Resonanzfrequenz. Die Gleichung macht deutlich, daß die Dämpfung den Resonanzpunkt von $\eta = 1$ zu *niedrigeren* Werten verschiebt (strichpunktierte Kurve in der Abb. 9-39). Aus diesen Beziehungen folgt, daß für $\vartheta \geq \sqrt{2}/2$ ein Aufschaukeln der Schwingung nicht erfolgt. Für elastische Systeme ohne zusätzlich eingebaute Dämpfer ist die Verschiebung des Resonanzpunktes vernachlässigbar. Den maximalen Ausschlag für *schwache Dämpfung im Resonanzfall* $\eta_{\mathrm{R}} = 1$ erhält man aus Gleichung (9-38)

$$A_{\mathrm{R}} = \frac{\dfrac{F_{\mathrm{e}}}{c}}{2 \cdot \vartheta} = \frac{r}{2 \cdot \vartheta}. \tag{9-44}$$

Setzt man in die Gl. (9-38) anstelle $\eta = 1$ die Gl. (9-43) für die Berechnung der Resonanzfrequenz ein, ergibt sich nach kurzer Umformung

$$A_{\mathrm{R}} = \frac{r}{2 \cdot \vartheta \cdot \sqrt{1 - \vartheta^2}}.$$

Abweichungen (kleinere Resonanzamplituden) über 1 % ergeben sich damit aber erst ab Dämpfungsgraden $\vartheta \approx 0{,}15$.

Aus den vorstehend aufgeführten Gleichungen läßt sich experimentell durch Erregung im Resonanzfall der Dämpfungsgrad bestimmen. Da in Resonanznähe die Amplituden sich sehr stark mit η ändern, ist die Durchführung schwierig.

9.5.3 Übertragung der Lösung auf wichtige Anwendungsfälle

Die im vorhergehenden Abschnitt gefundene Lösung für die Weg- bzw. Krafterregung soll auf die Massenkrafterregung (Unwuchterregung), Abb. 9-37e und die Stützenerregung Abb. 9-37c übertragen werden.

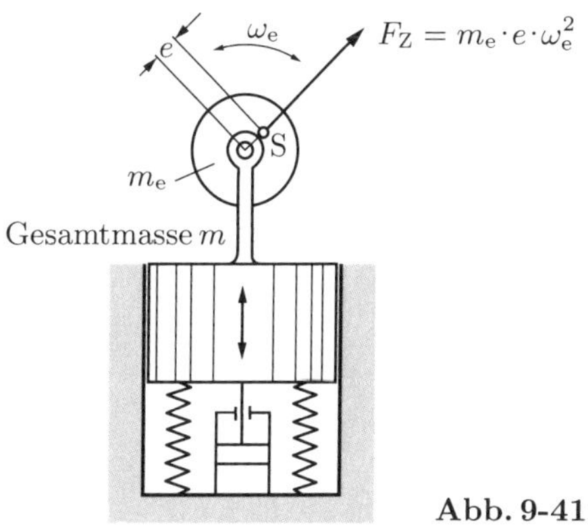

Abb. 9-41: Schwinger mit Massenkrafterregung

Das Grundmodell für die Massenkrafterregung zeigt die Abb. 9-41. Betrachtet wird nur die vertikale Verschiebung (die Horizontalkräfte werden von der Führung „reibungsfrei" aufgenommen); das System hat somit nur einen Freiheitsgrad. Die mit ω_e umlaufende Fliehkraft $F_Z = m_e \cdot e \cdot \omega_e^2$, die quadratisch mit der Erregerdrehzahl zunimmt, ist die Kraftamplitude der Erregerkraft

$$F_e = m_e \cdot e \cdot \omega_e^2 \cdot \sin(\omega_e \cdot t).$$

Mit den zur Gl. (9-36) führenden Überlegungen läßt sich die Bewegungsgleichung für die Unwuchterregung (*frequenzabhängige* Erregerkraftamplitude) bei geschwindigkeitsproportionaler Dämpfung analog schreiben

$$m \cdot \ddot{y} + b \cdot \dot{y} + c \cdot y = F_Z \cdot \sin(\omega_e \cdot t) = m_e \cdot e \cdot \omega_e^2 \cdot \sin(\omega_e \cdot t).$$

Somit läßt sich auch die Lösung übertragen. Zur Ermittlung von Amplitude und Phasenverschiebung (Lösung der Differentialgleichung) muß nur die Kraftamplitude der Erregerkraft an die Gleichung (9-38) angepaßt werden.

Nach Division durch c und Erweiterung mit m, erhält man unter Beachtung von $\omega_0^2 = \mathrm{c/m}$

$$\frac{F_Z}{c} = \frac{m_e}{m} \cdot e \cdot \left(\frac{\omega_e}{\omega_0}\right)^2 .$$

Für eine durch *Massenunwucht* verursachte Schwingung beträgt die Amplitude nach diesen Überlegungen

$$A = \frac{\frac{m_e}{m} \cdot e \cdot \eta^2}{\sqrt{(1-\eta^2)^2 + 4 \cdot \vartheta^2 \cdot \eta^2}} . \tag{9-45}$$

Entsprechend Gl. (9-40) gilt dann für die Bewegungsgleichung im eingeschwungenen (stationären) Zustand

$$y = \frac{\frac{m_e}{m} \cdot e \cdot \eta}{\sqrt{(1-\eta^2)^2 + 4 \cdot \vartheta^2 \cdot \eta^2}} \cdot \sin(\omega_e \cdot t - \varphi) . \tag{9-46}$$

Die Vergrößerungsfunktion ergibt sich analog zu Gl. (9-41)

$$V_3 = \frac{A}{\frac{m_e}{m} \cdot e} = \frac{A}{s} = \frac{\eta^2}{\sqrt{(1-\eta^2)^2 + 4 \cdot \vartheta^2 \cdot \eta^2}} = V_1 \cdot \eta^2 \tag{9-47}$$

Dabei bezeichnet man $s = m_e \cdot e/m$ auch als reduzierte Exzentrität.

Bei sehr kleiner Dämpfung ($\vartheta \approx 0$) ist

$$V_3 = \frac{\eta^2}{\pm(1-\eta^2)} .$$

Damit kann dann auch für die Amplitude mit den Gleichungen (9-45) und (9-47)

$$A = \frac{m_e}{m} \cdot e \cdot V_3 W \tag{9-48}$$

geschrieben werden.

Das Diagramm Abb. 9-39a gilt auch für die Massenkrafterregung, wenn an der Abszisse eine Reziprokskala angebracht wird. Im allgemeinen wird die Vergrößerungsfunktion V_3 jedoch in einem gesonderten Diagramm dargestellt (Abb. 9-42).

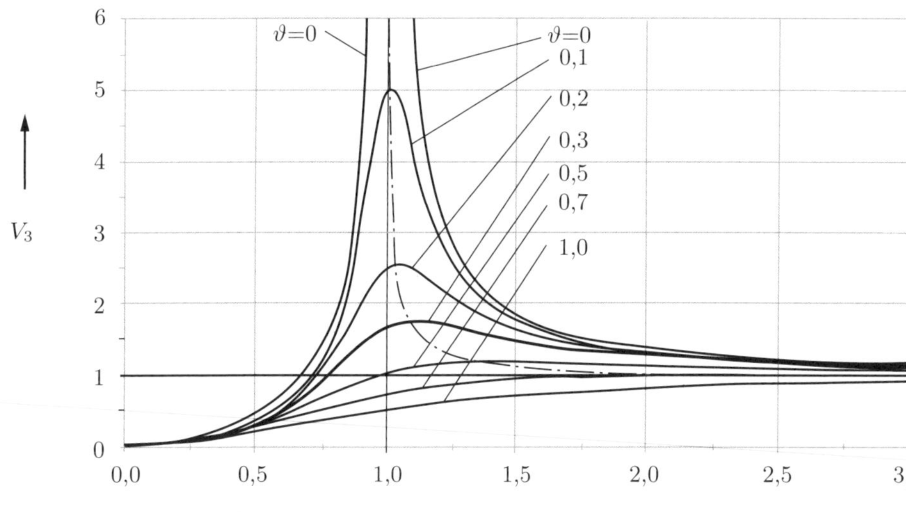

(a) Amplitudenfrequenzgang

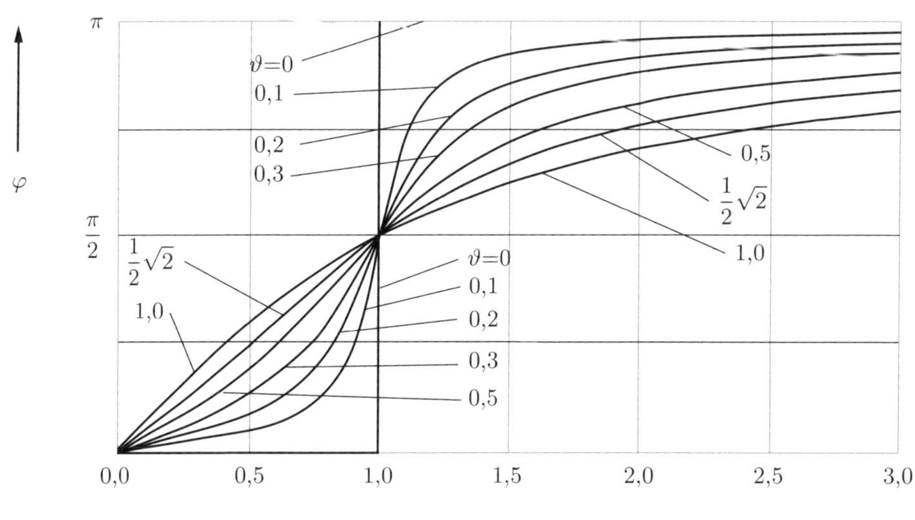

(b) Phasenfrequenzgang

Abb. 9-42: Amplitudenfrequenzgang und Phasenfrequenzgang bei Massenkrafterregung

Für den Phasen-Frequenzgang ist die Gl. (9-39) uneingeschränkt gültig. Damit werden auch die Aussagen zur Resonanz übertragbar. Das Resonanz-Abstimmungsverhältnis

$$\eta_{\text{ext}} = \eta_{\text{R}} = \frac{\omega_{\text{eR}}}{\omega_0} = \sqrt{\frac{1}{1 - 2 \cdot \vartheta^2}} \tag{9-49}$$

macht deutlich, daß die Dämpfung den Resonanzpunkt von $\eta = 1$ zu *höheren* Werten verschiebt (strichpunktierte Kurve in Abb. 9-42a).

Den Maximalausschlag im Resonanzfall $\eta_{\text{R}} = 1$ für schwache Dämpfung ($\vartheta \approx 0$) erhält man aus der Gleichung (9-45)

$$A_{\text{R}} = \frac{\frac{m_{\text{e}}}{m} \cdot e}{2 \cdot \vartheta} = \frac{s}{2 \cdot \vartheta}. \tag{9-50}$$

Werden Feder- und Dämpferfußpunkt gleichzeitig angeregt (Abb. 9-37c), spricht man von *Stützenerregung* bzw. *Fußpunkterregung.* Diese Form der Anregung ist z.B. typisch für fahrbahnerregte Fahrzeugschwingungen. Wird von einer harmonischen Anregung

$$y = y_0 \cdot \sin(\omega_{\text{e}} \cdot t)$$

ausgegangen, führt die Lösung der Differentialgleichung nach etwas mühsamer Rechnung auf die Bewegungsgleichung

$$y = y_0 \cdot \sqrt{\frac{1 + 4 \cdot \vartheta^2 \cdot \eta^2}{(1 - \eta^2)^2 + 4 \cdot \vartheta^2 \cdot \eta^2}} \cdot \sin(\omega_{\text{e}} \cdot t - \varphi). \tag{9-51}$$

Damit wird die Vergrößerungsfunktion (siehe auch Abb. 9-43a)

$$V_2 = \frac{A}{y_0} = \sqrt{\frac{1 + 4 \cdot \vartheta^2 \cdot \eta^2}{(1 - \eta^2)^2 + 4 \cdot \vartheta^2 \cdot \eta^2}} = \sqrt{1 + 4 \cdot \vartheta^2 \cdot \eta^2} \cdot V_1. \tag{9-52}$$

Für sehr kleine Dämpfung ($\vartheta \approx 0$) vereinfacht sich Gl. (9-52) zu

$$V_2 = \frac{1}{\pm(1 - \eta^2)} = V_1.$$

Der Phasenwinkel weicht, wie aus Abb. 9-43b ersichtlich, von den übrigen Fällen ab

$$\tan \varphi = \frac{2 \cdot \vartheta \cdot \eta^3}{1 - \eta^2 + 4 \cdot \vartheta^2 \cdot \eta^2}. \tag{9-53}$$

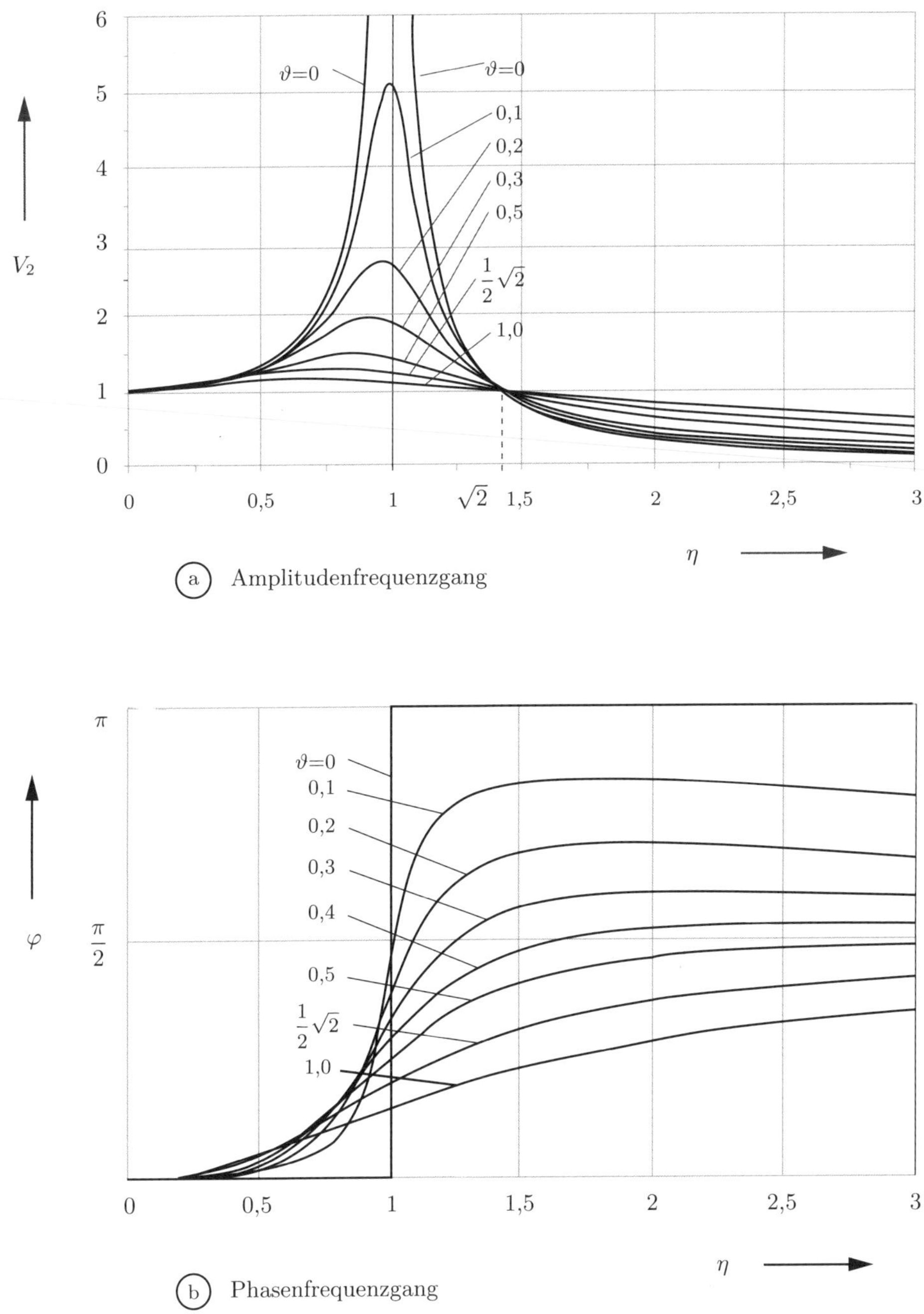

Abb. 9-43: Amplitudenfrequenzgang und Phasenfrequenzgang bei Stützenerregung

Die Resonanzamplitude für $\eta = 1$ $(\vartheta \ll 1)$ ist

$$A_{\mathrm{R}} = \frac{y_0 \cdot \sqrt{1 + 4 \cdot \vartheta^2}}{2 \cdot \vartheta}. \tag{9-54}$$

Das Modell der Stützenerregung ist auch ein geeignetes Modell, um die Wirkung von *Schwingungsisolierungen* zu analysieren.

Auf dieses Problem wie auch auf die Fragen der Übertragung der Schwingungskräfte auf den Aufstellungsort wird im Abschnitt 9.9 ausführlich eingegangen.

Die Diagramme für den Amplitudenfrequenzgang bzw. Phasenfrequenzgang sind ein unentbehrliches Hilfsmittel für die Beurteilung von Schwingungen. Sie geben Auskunft über Resonanzstellen, Dämpfungsverhalten und Phasenlage und erleichtern die Auswertung von Bauparametervarianten hinsichtlich Lage und Amplituden von Resonanzen. Dies trifft auch in besonderem Maße für die in diesem Lehrbuch nicht behandelten Schwingungen mit mehreren Freiheitsgraden zu (siehe hierzu die weiterführende Literatur). Zusammenfassend lassen sich die folgenden Schlußfolgerungen ziehen:

1. Wird ein System hoher Eigenfrequenz mit kleiner Frequenz erregt $(\eta \ll 1)$, dann können die auftretenden Deformationen aus der Beziehung (Elastostatik)

   $$\Delta l = \frac{F_0}{c}$$

   berechnet werden, da $V_1 \approx 1$; $V_3 \approx 0$ ist.

2. Bei Erregung in *Resonanznähe* verursachen bei fehlender oder ungenügender Dämpfung schon *kleine erregende Kräfte sehr große Amplituden*. Dieser Zustand muß in Maschinen vermieden werden, weil schwere Erschütterungen und hohe Beanspruchungen der einzelnen Teile auftreten. Man macht sich jedoch diesen Effekt bei Antrieb von Schwingförderern, Vibrationsverdichtern usw. zu Nutze. In diesen Maschinen werden Feder-Masse-Systeme durch Unwuchten in der Nähe der Resonanz angeregt, wobei schon kleine Unwuchten und damit Antriebsleistungen genügen. Wie man den Diagrammen Abb. 9-39/9-42/9-43 entnehmen kann, wird *im Resonanzbereich die Amplitude durch die Dämpfung sehr wirksam herabgesetzt.*

3. Überkritische Erregung führt bei der Federkraft- und Massenkraftanregung zu einer starken Reduzierung der Amplitude und damit der wirkenden Federkräfte. Dämpfer verringern in diesem Bereich die Federwege

kaum. Man erkennt das daran, daß alle Kurven in diesem Bereich zusammenlaufen. Infolge der kleinen Ausschläge ist die Reibungskraft im Dämpfer gering.

4. Bei Stützenerregung ist eine Verkleinerung der Amplitude (und damit eine Schwingungsisolierung) erst ab $\eta > \sqrt{2}$ möglich. In diesem Bereich führen Dämpfer zu größeren Amplituden!

5. Eine rotierende Unwucht muß möglichst weich, d.h. mit niedriger Eigenkreisfrequenz ω_0 gelagert werden. So werden hohe Fundamentbelastungen vermieden. Das folgt aus dem Amplitudenfrequenzgang $V_3 = f(\eta)$, Abb. 9-42a. Für $\omega_0 \ll \omega_e$ $(\eta \gg 1)$ ist $V_3 \approx 1$. Damit hängt die Federkraft $F_F = c \cdot A = c \cdot e \cdot m_e/m = \omega_0^2 \cdot m_e \cdot e$ nur von ω_0 ab, da alle anderen Größen Konstanten des Systems sind. Ein schweres, weich gelagertes Fundament „schluckt" die Unwuchtkräfte am besten.

Aus den Schlußfolgerungen wird deutlich, daß die Antwortamplitude bei vorgegebener Erregung durch konstruktive Maßnahmen beeinflußbar ist. Dabei ist, wie aus den Diagrammen zu den Frequenzgängen für die Weg-Amplituden (Abb. 9-39/9-42/9-43) ersichtlich, (neben der Dämpfung im Resonanzbereich) das Abstimmungsverhältnis $\eta = \omega_e/\omega_0$ von maßgebender Bedeutung. Für die Abstimmungsverhältnisse im über- bzw. unterkritischen Bereich sind auch die Begriffe *hohe* (unterkritische) und *tiefe* (überkritische) *Abstimmung* gebräuchlich. Der Einfluß der Abstimmung soll anhand der folgenden Beispiele verdeutlicht werden.

Beispiel 1 (Abb. 9-44)

In diesem Beispiel soll die von einem unrunden Rad verursachte Schwingung eines gedämpften Feder-Masse-Systems untersucht werden. Die Formabweichung

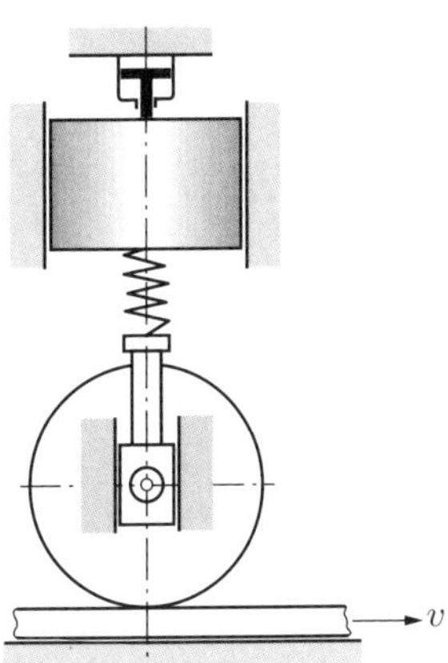

Abb. 9-44: Wegerregte Schwingung

des Rades beträgt Δr: Max. Radius $r + \Delta r$, min. Radius $r - \Delta r$. Unter dem vertikal verschieblich gelagerten Rad wird schlupffrei eine Schiene mit der Geschwindigkeit v durchgezogen. Die Vertikalbewegung des Radmittelpunktes sei ausreichend mit einer sin-Funktion beschreibbar. Für die unten gegebenen Daten sind zu bestimmen

a) für die Dämpfungsgrade $\vartheta = 0{,}01; 0{,}10; 0{,}50; \sqrt{2}/2; 1{,}0$, die Geschwindigkeit v_K, die zum maximalen Ausschlag (Amplitude) der Masse führt,

b) die Diagramme $A = f(\vartheta)$ (Amplitude in Abhängigkeit vom Dämpfungsgrad) für $v = 2{,}0\,\text{m/s}$; $v_K(\eta = 1)$; $v = 8{,}0\,\text{m/s}$,

c) die Phasenverschiebung der Bewegung der Masse und des Radmittelpunktes für $v = 2{,}0\,\text{m/s}$ und $8{,}0\,\text{m/s}$ bei einem Dämpfungsgrad $\vartheta = 0{,}10$.

Masse $m = 200\,\text{kg}$; Federkonstante $c = 100\,\text{N/mm}$;

Raddurchmesser $d = 2r = 400\,\text{mm}$; Abweichung $\Delta r = \pm 1{,}0\,\text{mm}$.

Die Ergebnisse sind zu diskutieren.

Lösung

Zu a) Es handelt sich um eine wegerregte Schwingung. Die Eigenkreisfrequenz des Feder-Masse-Systems beträgt nach Gl. (9-2)

$$\omega_0 = \sqrt{\frac{c}{m}} = \sqrt{\frac{100\,\text{N/mm} \cdot 10^3\,\text{mm/m}}{200\,\text{kg}}} = 22{,}36\,\text{s}^{-1}.$$

Das Rad läuft mit der Erregerkreisfrequenz um, was zu

$$v = r \cdot \omega_e \quad \Longrightarrow \quad \omega_e = \frac{v}{r} \tag{1}$$

führt. Für die schwache Dämpfung $\vartheta = 0{,}01$ ist die größte Amplitude bei

$$\eta = \frac{\omega_e}{\omega_o} = 1 \quad \Longrightarrow \quad \omega_e = \omega_o = \frac{v_k}{r}.$$

Damit ist für $\vartheta = 0{,}01$

$$v_k = r \cdot \omega_o = 0{,}20\,\text{m} \cdot 22{,}36\,\text{s}^{-1} = 4{,}47\,\text{m/s}.$$

Für stärkere Dämpfung muß die Gl. (9-43) ausgewertet werden

$$\eta_{ext} = \sqrt{1 - 2 \cdot \vartheta^2}.$$

Als Beispiel soll das für $\vartheta = 0{,}50$ erfolgen

$$\eta_{\text{ext}} = \sqrt{1 - 2 \cdot 0{,}5^2} = 0{,}707$$
$$\omega_{\text{ext}} = \eta_{\text{ext}} \cdot \omega_{\text{o}} = 15{,}81\,\text{s}^{-1} \quad \Rightarrow \quad v_{\text{k}} = r \cdot \omega_{\text{ext}} = 3{,}16\,\text{m/s}.$$

Zusammenfassung der Ergebnisse:

ϑ	0,01	0,10	0,50	$\sqrt{2}/2$	1,0
$\frac{v_{\text{k}}}{\text{m/s}}$	4,47	4,23	3,16	0	–

Wie bereits diskutiert, werden bei einem Dämpfungsgrad $\vartheta \geq \sqrt{2}/2$ die Schwingungen nicht aufgeschaukelt.

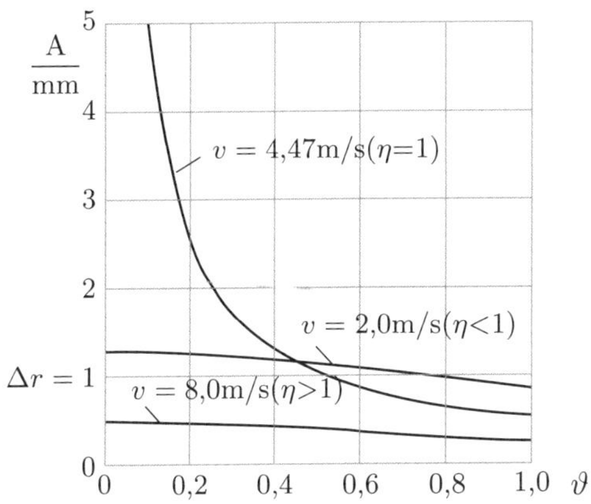

Abb. 9-45: Amplitude in Abhängigkeit vom Dämpfungsgrad

Zu b) Die Lösungsdiagramme zeigt die Abb. 9-45. Beispielhaft soll für jede Funktion ein Punkt gerechnet werden.

Funktion für $v = 2{,}0\,\text{m/s}; \quad \vartheta = 0{,}50$

Die Erregerkreisfrequenz ist nach der obigen Gleichung (1)

$$\omega_{\text{e}} = \frac{v}{r} = \frac{2{,}0\,\text{m/s}}{0{,}20\,\text{m}} = 10{,}0\,\text{s}^{-1}.$$

Damit gilt

$$\eta = \frac{\omega_{\text{e}}}{\omega_{\text{o}}} = \frac{10{,}0\,\text{s}^{-1}}{22{,}36\,\text{s}^{-1}} = 0{,}447.$$

Die Gl. (9-41)

$$V_1 = \frac{1}{\sqrt{(1-\eta^2)^2 + 4 \cdot \vartheta^2 \cdot \eta^2}}$$

führt mit den oben ausgewählten Werten auf

$$V_1 = \frac{1}{\sqrt{(1-0{,}2)^2 + 4 \cdot 0{,}50^2 \cdot 0{,}2}} = 1{,}091.$$

Mit der Erregeramplitude Δr erhält man mit Gl. (9-42)

$$A = V_1 \cdot \Delta r = 1{,}091 \cdot 1{,}0\,\text{mm} = 1{,}09\,\text{mm}.$$

Funktion für $v = 4{,}47\,\text{m/s}$ ($\eta = 1$; s. Teil a); $\vartheta = 0{,}10$

Für $\eta = 1$ liefert die oben ausgewertete Gl. (9-41)

$$V_1 = \frac{1}{2 \cdot \vartheta}$$

was der Gl. (9-44) entspricht.

$$V_1 = \frac{1}{2 \cdot 0{,}1} = 5{,}0; \qquad A = V_1 \cdot \Delta r = 5{,}0\,\text{mm}.$$

Funktion für $v = 8{,}0\,\text{m/s}$; $\vartheta = \sqrt{2}/2$

Auf gleichem Wege wie für $v = 2{,}0\,\text{m/s}$ erhält man

$$\omega_e = \frac{v}{r} = 40{,}0\,\text{s}^{-1}; \quad \eta = 1{,}789;$$

$$V_1 = \frac{1}{\sqrt{(1-3{,}2)^2 + 4 \cdot 0{,}707^2 \cdot 3{,}2}} = 0{,}298; \quad A = V_1 \cdot \Delta r = 0{,}30\,\text{mm}.$$

Die Diagramme bestätigen die Schlußfolgerungen, die aus der Vergrößerungsfunktion nach Abb. 9-39 gezogen wurden.

- Eine merkliche Reduzierung der Schwingungsamplitude durch Dämpfung ist nur im Bereich der Resonanz ($\eta \approx 1$) möglich. Dabei nehmen bei kleinen Dämpfungsgraden die Amplituden mit steigenden Werten für ϑ besonders stark ab. Bei starker Dämpfung hat ihre weitere Zunahme nur noch eine geringe Wirkung. Der Grund dafür ist: Die großen Amplituden bei Resonanz ergeben lange Wege des Dämpfungskolbens und damit einen großen Energieentzug aus dem Schwinger.

- Außerhalb des Resonanzbereichs sind die Schwingungsamplituden fast unabhängig vom Dämpfungsgrad.
- Die Schienengeschwindigkeit $v = 2{,}0\,\mathrm{m/s}$ verursacht eine unterkritische Schwingung $\eta < 1$. Die Amplituden sind für $\vartheta > \sqrt{2}/2$ größer als Δr, für $\vartheta > \sqrt{2}/2$ kleiner als Δr.
- Die Schienengeschwindigkeit $v = 8{,}0\,\mathrm{m/s}$ führt zu einer überkritischen Schwingung $\eta > 1$. Wie man der Abb. 9-39 oder der Gl. (9-41) entnehmen kann, sind für $\eta > \sqrt{2}$ selbst ohne Dämpfung die Schwingungsamplituden kleiner als die Erregeramplituden ($V_1 < 1$). Das ist hier der Fall. Es zeigt sich, daß in bezug auf unerwünschte Schwingungen der überkritische Zustand $\eta > \sqrt{2}$, der auch als „weiche Lagerung" bezeichnet wird, günstig ist.

Zu c) Die Phasenverschiebung wird aus der Gl. (9-39) berechnet.

$$\tan\varphi = \frac{2\cdot\vartheta\cdot\eta}{1-\eta^2}, \qquad \vartheta = 0{,}10$$

$v = 2{,}0\,\mathrm{m/s}$; $\eta = 0{,}447$ (s. Teil b)

$$\tan\varphi = \frac{2\cdot 0{,}10\cdot 0{,}447}{1-0{,}447^2} = 0{,}112; \qquad \varphi^\circ = 6{,}4^\circ; \qquad \varphi = 0{,}11.$$

Auf gleichem Wege für $v = 8{,}0\,\mathrm{m/s}$:

$$\tan\varphi = \frac{2\cdot 0{,}10\cdot 1{,}789}{1-1{,}789^2} = -0{,}163; \qquad \varphi^\circ = -9{,}24^\circ; \qquad +170{,}8^\circ; \qquad \varphi = +2{,}98.$$

Deutung der Ergebnisse: Bei $v = 2{,}0\,\mathrm{m/s}$ bewegen sich Masse und Radmittelpunkt mit einer kleinen Phasenverschiebung (Zeigerdiagramm) jeweils gleichsinnig. Bei $v = 8{,}0\,\mathrm{m/s}$ erfolgen die Bewegungen auch mit kleiner Phasenverschiebung jeweils entgegengesetzt.

Beispiel 2 (Abb. 9-46)

Für die in der Abbildung gezeigte, mit ihrem Fundament starr verbundene Maschine (Gesamtmasse von Fundament und Maschine sei m) mit einer Unwucht $U = m_e \cdot e$ ist der Einfluß der Unwuchtkraft auf die Aufstellung im unter- und überkritischen Bereich zu untersuchen. Es soll ein ungedämpftes Einmassenmodell zugrunde gelegt werden. Die Gesamtmasse ist in senkrechter Richtung geführt und federnd gelagert; das System kann nur Schwingungen in dieser Richtung ausführen.

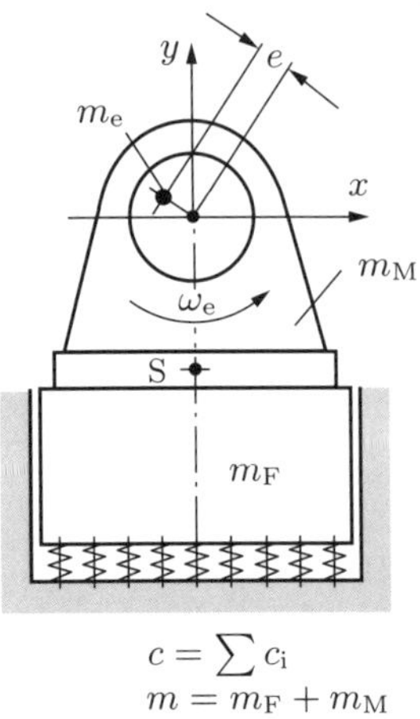

Abb. 9-46: Unwuchterregung

Die Lösung soll allgemein erfolgen und kommentiert werden. Zum besseren Verständnis der Ergebnisse sind diese in geeigneter Form graphisch darzustellen. Hierzu bietet sich ein Diagramm, das den Einfluß der Kräfte bei verschiedenen Drehzahlen (Abstimmungsverhältnissen) veranschaulicht, an. Dafür werden die folgenden Werte zugrunde gelegt:

$$U = m_e \cdot e = 1{,}50\,\text{kg m}, \quad m = 2000\,\text{kg}, \quad c = 90\,\text{kN/m}$$

Lösung

1. unterkritischer Drehzahlbereich, hohe Abstimmung, $\eta < 1$ (Abb. 9-47a)

Nach dem Phasenfrequenzgang, Abb. 9-42b, verläuft die Gesamtbewegung von Maschine mit Fundament gleichphasig mit der Unwuchterregung ($\varphi = 0°$). Im Totpunkt der Unwuchtmasse sind der Schwingungsausschlag und die Beschleu-

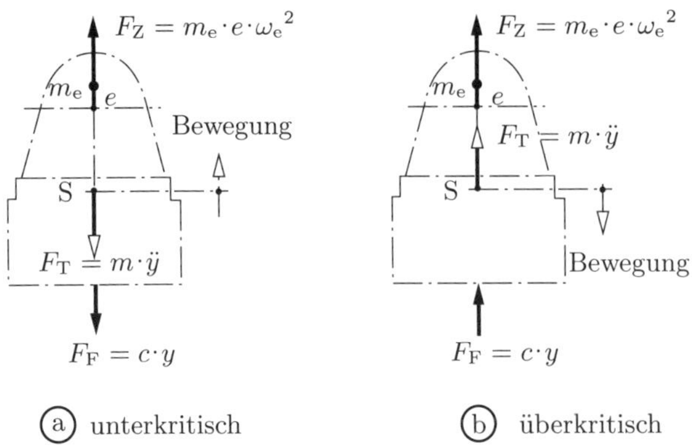

Abb. 9-47: Freigeschnittenes System Maschine/Fundament

nigung maximal (die Geschwindigkeit ist Null). Für die Bewegung von Unwuchtmasse und Gesamtmasse nach oben werden unmittelbar vor dem oberen Totpunkt die erregende Fliehkraft (Erregerkraft) F_Z und – entgegengesetzt zur Bewegungsrichtung – die Federkraft (Rückstellkraft) F_F und die D'ALEMBERTsche Trägheitskraft F_T angetragen und das Gleichgewicht in senkrechter Richtung formuliert:

$$F_Z - F_T - F_F = 0. \tag{1}$$

Bei harmonischer Erregung durch die umlaufende Unwucht ist

$$y = A \cdot \sin(\omega_e \cdot t).$$

Die Beschleunigung wird dann mit

$$\dot{y} = A \cdot \omega_e \cdot \cos(\omega_e \cdot t) \tag{2}$$
$$\ddot{y} = -A \cdot \omega_e^2 \cdot \sin(\omega_e \cdot t). \tag{3}$$

Damit wird die Federkraft

$$F_F = c \cdot y = c \cdot A \cdot \sin(\omega_e \cdot t) \tag{4}$$

und die D'ALEMBERTsche Trägheitskraft

$$F_T = m \cdot \ddot{y} = -m \cdot A \cdot \omega_e^2 \cdot \sin(\omega_e \cdot t). \tag{5}$$

Die Gleichungen (4) und (5) beschreiben den schon im Abschnitt 9.3.1, Abb. 9-5 und 9-6 ausführlich erklärten Sachverhalt, daß die Federkraft (abhängig vom Federweg) und die Trägheitskraft (abhängig von der Beschleunigung) entgegengesetzt gerichtet sind. Für die beiden Totlagen werden sie wegen $\sin(\omega_e \cdot t) = |1|$ maximal. Damit läßt sich Gleichung (1) schreiben

$$m_e \cdot e \cdot \omega_e^2 + m \cdot A \cdot \omega_e^2 - c \cdot A = 0.$$

Das bedeutet, daß sich im unterkritischen Bereich die Fliehkraft und die Trägheitskraft addieren. Die Federkraft

$$F_F = c \cdot A = \omega_e^2 \cdot (m \cdot A + m_e \cdot e) \tag{6}$$

ist quadratisch von der Erregerdrehzahl und linear von der Amplitude abhängig. Die Amplitude in diesem Bereich erhält man durch Umstellen der oben gefundenen Gleichgewichtsbedingung.

Mit $\omega_0^2 = c/m$ bzw. $c = \omega_0^2 \cdot m$ wird

$$m_\mathrm{e} \cdot e \cdot \omega_\mathrm{e}^2 + m \cdot A \cdot \omega_\mathrm{e}^2 - \omega_0^2 \cdot m \cdot A = 0,$$

$$m_\mathrm{e} \cdot e \cdot \omega_\mathrm{e}^2 = m \cdot A \cdot (\omega_0^2 - \omega_\mathrm{e}^2),$$

$$A = \frac{\frac{m_\mathrm{e}}{m} \cdot e \cdot \omega_\mathrm{e}^2}{\omega_0^2 - \omega_\mathrm{e}^2}.$$

Erweitert man den Bruch mit $1/\omega_0^2$ und verwendet $\eta = \omega_\mathrm{e}/\omega_0$, läßt sich die Amplitude auch in Abhängigkeit vom Abstimmungsverhältnis ausdrücken

$$A = \frac{\frac{m_\mathrm{e}}{m} \cdot e \cdot \eta^2}{1 - \eta^2}. \tag{7}$$

2. *überkritischer Drehzahlbereich, tiefe Abstimmung*, $\eta > 1$ (Abb. 9-47b)

Hier verläuft nun die Gesamtbewegung zur Erregung um 180° phasenverschoben; d.h. die Bewegung erfolgt entgegengesetzt zur Erregerkraft. Während sich die Unwuchtmasse nach oben bewegt, geht die Bewegungsrichtung des Gesamtsystems nach unten. Für diesen Zustand, unmittelbar vor dem oberen Totpunkt der Unwuchtmasse liefert das Gleichgewicht der Kräfte in senkrechter Richtung

$$F_\mathrm{Z} + F_\mathrm{T} + F_\mathrm{F} = 0 \tag{8}$$

und mit den oben diskutierten Zusammenhängen zwischen der Feder -und Trägheitskraft

$$m_\mathrm{e} \cdot e \cdot \omega_\mathrm{e}^2 - m \cdot A \cdot \omega_\mathrm{e}^2 + c \cdot A = 0.$$

Damit wird die Federkraft bei tiefer Abstimmung

$$F_\mathrm{F} = c \cdot A = \omega_\mathrm{e}^2 \cdot (m \cdot A - m_\mathrm{e} \cdot e). \tag{9}$$

Das bedeutet, daß die Federkraft die Differenz der Fliehkraft und Trägheitskraft ist.

Die Amplitude in Abhängigkeit vom Abstimmungsverhältnis η ist

$$|A| = \frac{\frac{m_\mathrm{e}}{m} \cdot e \cdot \eta^2}{\eta^2 - 1}. \tag{10}$$

3. Auswertung

Die Einschätzung der auf den Aufstellgrund übertragenen Federkräfte in verschiedenen Drehzahlbereichen anhand der Gleichungen (6) und (9) ist wegen der in den Gleichungen drehzahlabhängigen Amplituden nicht ganz so einfach. In solchen Fällen ist es ratsam sich die Zusammenhänge in einem Diagramm klarzumachen. Dies läßt sich leicht mit einem entsprechenden Programm, wie sie z.T. schon in Taschenrechnern installiert sind oder ganz einfach mit einer Wertetabelle realisieren.

Für die vorgegebenen Werte sind in der Abb. 9-48 die Erregerkraft F_Z und die auf die Aufstellung wirkende Federkraft F_F in Abhängigkeit vom Abstimmungsverhältnis η aufgetragen. In diesem Diagramm beschreibt die strichpunktierte Kurve die durch die Unwucht mit dem Quadrat der Winkelgeschwindigkeit zunehmende Erregerkraft.

Es wird deutlich, daß im Bereich $\eta < \sqrt{2}$ die Federkräfte immer größer als die Erregerkräfte sind. Der Bereich zwischen den Kurven für die Federkraft und Erregerkraft ist die zusätzlich bei hoher Abstimmung vom Fundament aufzunehmende Belastung.

Im überkritischen Bereich nehmen ab $\eta > \sqrt{2}$ mit zunehmender Drehzahl die Federkräfte gegen einen Grenzwert $(m_e \cdot e \cdot c)/m$, der den statischen, von der Erregerdrehzahl *unabhängigen* Anteil der Fliehkraft darstellt, ab. Dieser statische Wert läßt sich finden, wenn man in die Fliehkraftgleichung $F_Z = m_e \cdot e \cdot \omega_e^2$ das Abstimmungsverhältnis einführt. Der Bereich zwischen den beiden Kurven (Feder -und Fliehkraft) entspricht der *Entlastung* des Fundamentes bei hohen

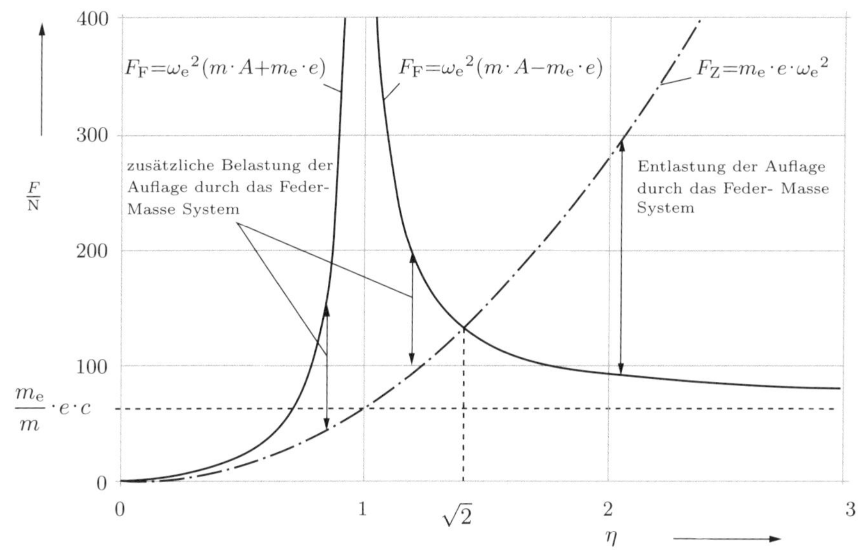

Abb. 9-48: Erregerkraft und Federkraft bei Unwuchterregung

Drehzahlen. Das bedeutet, daß eine tiefe Abstimmung anzustreben ist. Das erreicht man wegen $\eta = \omega_e/\omega_0$ durch eine niedrige Eigenfrequenz $\omega_0 = \sqrt{c/m}$ mit schweren Fundamenten und weicher Federung (siehe auch Punkt 5 der Schlußfolgerungen aus den Diagrammen der Vergrößerungsfunktionen).

Grundsätzlich ist zur Abb. 9-48 anzumerken:
Für $\eta = 1$ ist die Funktion für die Federkräfte, wie man aus den Gleichungen (7) und (10) sehen kann, nicht definiert. Sie geht im linken Teil ($\eta < 1$) gegen $+\infty$, kommt im rechten Teil ($\eta > 1$) von $-\infty$ zurück und nähert sich dem Grenzwert. Damit ist auch die Amplitude nach Gleichung (10) ein negativer Wert und die dynamischen Federkräfte im unter- und überkritischen Bereich somit entgegengesetzt gerichtet. Aus Gründen der Anschaulichkeit wird in der Regel bei Diagrammen dieser Art die rechte Kurve, wie in der Abbildung zu sehen, „nach oben geklappt“.

9.6 Erfassung von Schwingungsparametern

Für die Beurteilung des Schwingungsverhaltens ist die Messung der Schwingwege, -geschwindigkeiten und -beschleunigungen im Versuch eine wichtige Voraussetzung.

Von den zahlreichen Möglichkeiten zum Messen d.h. zum Registrieren und Anzeigen dieser Größen (siehe hierzu [53]) soll hier nur auf die Erfassung mit *seismischem Bewegungsaufnehmer* eingegangen werden, weil dies auch eine Anwendung der vorangehend dargestellten Problematik ist. Bei dieser Art des Aufnehmers wird die Massenträgheit zur Schwingungsmessung ausgenutzt. Der prinzipielle Aufbau des Meßaufnehmers beruht, wie aus Abb. 9-49a ersichtlich, auf dem bekannten Feder-Masse-Dämpfer-System, das sich in einem fest mit dem Meßobjekt verbundenen Gehäuse befindet (Fußpunkterregung). Da tatsächlich ein raumfester Bezugspunkt meßtechnisch nicht zur Verfügung steht, kann der Absolutausschlag y der schwingenden Masse nicht unmittelbar bestimmt werden. Es wird die Relativbewegung y_{rel} der Masse m gegenüber dem Gehäuse/Meßobjekt

$$y_{\text{rel}} = y - y_S$$

mit Dehnmeßstreifen, Piezokristallen oder Spulen als Meßgeber gemessen.

Die schwingende Masse im Aufnehmer wird in gewohnter Weise freigeschnitten (Abb. 9-49b) und das Gleichgewicht der Kräfte in senkrechter Richtung formu-

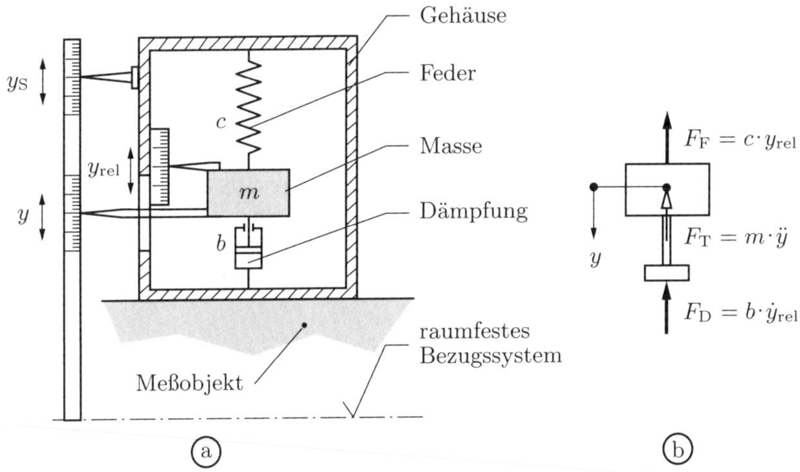

Abb. 9-49: Bewegungsaufnehmer

liert

$$F_T + F_D + F_F = 0.$$

Während die Dämpfungs- und Federkraft proportional zur Relativgeschwindigkeit bzw. Relativbewegung zwischen Masse und Gehäuse sind, ist die D'ALEMBERTsche Trägheitskraft proportional zur absoluten Beschleunigung gegenüber dem raumfesten Bezugssystem. Damit wird

$$m \cdot \ddot{y} + b \cdot \dot{y}_{rel} + c \cdot y_{rel} = 0.$$

Mit

$$y = y_{rel} + y_S \quad \text{bzw.} \quad \ddot{y} = \ddot{y}_{rel} + \ddot{y}_S$$

wird

$$m(\ddot{y}_{rel} + \ddot{y}_S) + b \cdot \dot{y}_{rel} + c \cdot y_{rel} = 0,$$

oder umgestellt

$$m \cdot \ddot{y}_{rel} + b \cdot \dot{y}_{rel} + c \cdot y_{rel} = -m \cdot \ddot{y}_S.$$

Wird von einer harmonischen Wegerregung des Meßobjektes

$$y_S = s_0 \cdot \sin(\omega_e \cdot t) \quad \text{mit} \quad \ddot{y}_S = -s_0 \cdot \omega_e^2 \cdot \sin(\omega_e \cdot t)$$

ausgegangen, wird die Differentialgleichung für die Masse im Bewegungsaufnehmer

$$m \cdot \ddot{y}_{\text{rel}} + b \cdot \dot{y}_{\text{rel}} + c \cdot y_{\text{rel}} = m \cdot s_0 \cdot \omega_{\text{e}}^2 \cdot \sin(\omega_{\text{e}} \cdot t).$$

Das ist die Differentialgleichung mit frequenzabhängiger Erregeramplitude, wie sie etwa auch für die Unwuchterregung (siehe Abschnitt 9.5.3) gültig ist. Mit $\delta = b/2m$ und $\omega_0^2 = c/m$ läßt sich die Differentialgleichung auch

$$\ddot{y}_{\text{rel}} + 2 \cdot \delta \cdot \dot{y}_{\text{rel}} + \omega_0^2 \cdot y_{\text{rel}} = s_0 \cdot \omega_{\text{e}}^2 \cdot \sin(\omega_{\text{e}} \cdot t)$$

schreiben. Dabei ist $s_0 \cdot \omega_{\text{e}}^2$ der *frequenzabhängige* Maximalwert der Beschleunigung des Meßobjektes (Amplitude der Beschleunigung).

Die partikuläre Lösung der inhomogenen Differentialgleichung

$$y_{\text{rel}} = A \cdot \sin(\omega_{\text{e}} \cdot t - \varphi)$$

führt in bekannter Weise (siehe Abschnitt 9.5.2) zu

$$V_3 = \frac{A}{s_0} = \frac{\eta^2}{\sqrt{(1-\eta^2)^2 + 4 \cdot \vartheta^2 \cdot \eta^2}}.$$

Da der Schwingweg s_0 der Gehäuseschwingung gemessen werden soll, muß der angezeigte Schwingweg $y_{\text{rel}} = y_{\text{S}}$ sein. Das ist nach Abb. 9-50a für $\eta \gg 1$, bei dem $V_3 \to 1$ geht, der Fall. Deshalb liegt der Arbeitsbereich für Wegaufnehmer (mit Dämpfungen von $\vartheta = 0{,}5 \ldots 1/\sqrt{2}$) bei Abstimmungsverhältnissen $\eta > 3{,}5$. Bei $\eta > 1$ sind allerdings Anzeige und Gehäuseschwingung frequenzabhängig nicht phasengleich (siehe Abb. 9-42b).

Für die Messung der *Schwingbeschleunigung* wird vom gleichen Grundmodell wie für die Messung des Schwingweges ausgegangen. Nach Gleichung (9-47) gilt

$$V_3 = V_1 \cdot \eta^2.$$

Damit läßt sich das Verhältnis von Relativbewegung der Masse zur Absolutbewegung des Meßgerätes auch

$$V_1 \cdot \eta^2 = \frac{A}{s_0}$$

schreiben. Dies bedeutet für ein sehr kleines Abstimmungsverhältnis ($\eta \to 0$) nach Abbildung 9-50b $V_1 \approx 1$. Mit der Umformung $\eta^2 = \omega_{\text{e}}^2/\omega_0^2$ wird

$$1 \cdot \frac{\omega_{\text{e}}^2}{\omega_0^2} = \frac{A}{s_0} \quad \text{bzw.} \quad A = \frac{1}{\omega_0^2} \cdot s_0 \cdot \omega_{\text{e}}^2.$$

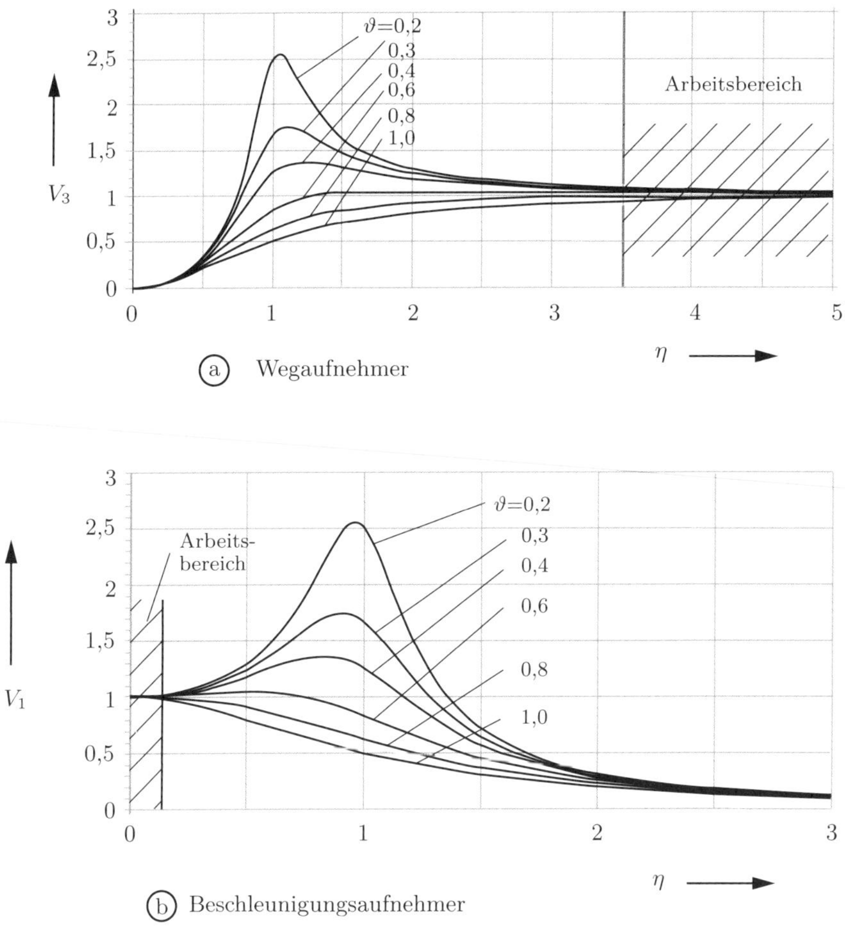

Abb. 9-50: Arbeitsbereich der Bewegungsaufnehmer

Es wird deutlich, daß für ein genügend kleines Abstimmungsverhältnis η die Amplitude der Meßanzeige A der Amplitude der Meßgehäusebeschleunigung $s_0 \cdot \omega_e^2$ (mit dem Proportionalitätsfaktor $1/\omega_0^2$, der eine Gerätekonstante ist) direkt proportional ist.

Somit ist das in Abb. 9-49 dargestellte Meßprinzip auch für Beschleunigungsmessung geeignet, was die häufigere Anwendung ist. Dazu müssen die Daten des Meßaufnehmers so abgestimmt sein, daß das Abstimmungsverhältnis gegen Null geht. Das bedeutet eine hohe Eigenfrequenz des Aufnehmers, die sich durch eine harte Feder bei kleiner Masse erreichen läßt. Die Masse führt somit etwa die gleiche Absolutbewegung aus wie die Unterlage. Durch die hohe Abstimmung des

Aufnehmers ist im gesamten Meßbereich eine phasengetreue Abbildung wegen $\varphi \approx 0°$ gewährleistet.

Seismische Bewegungsaufnehmer können auch zur Geschwindigkeitsmessung eingesetzt werden. Dazu wird der Aufnehmer in Resonanznähe $\eta \approx 1$ mit extrem hoher Dämpfung $\vartheta \gg 1$ ausgelegt.

Hinweis: Im allgemeinen führt das Meßobjekt nicht-harmonische Schwingungen aus, die sich aber bei periodischer Anregung in harmonische Bestandteile zerlegen lassen (siehe hierzu die Spezialliteratur), so daß die oben vorgenommene Annahme einer harmonischen Wegerregung einem breiten Anwendungsspektrum gerecht wird.

9.7 Die biegekritische Drehzahl

9.7.1 Das Einmassensystem

Die in Abb. 9-51 dargestellte Welle mit einer Masse stellt einen einfachen mechanischen Schwinger dar. Das vereinfachte Modell dieses Schwingers (Welle masselos, Rotor mittig) wird auch als LAVAL[5]-Welle bezeichnet. Da die Drehachse und Schwerpunktachse nie exakt zusammenfallen, entsteht eine mit der Welle umlaufende Kraft $F_z = m \cdot e \cdot \omega_e^2$, die mit dem Quadrat der Drehzahl ansteigt und von den Lagern aufgenommen werden muß (siehe Abbildung 9-48). Vom raumfesten Standpunkt aus erzeugen die umlaufenden Fliehkräfte eine harmonische Schwingung

$$y(t) = y_F \cdot \sin(\omega_e \cdot t)$$

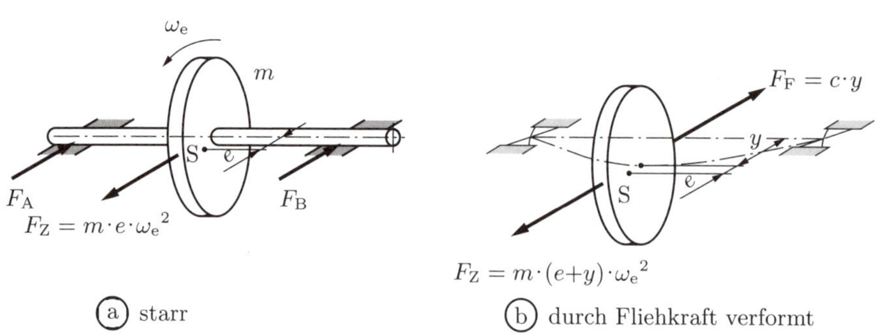

Abb. 9-51: Elastische Welle mit Masse (LAVAL-Welle)

[5]de LAVAL, Carl Gustav Patrik (1845–1913), schwedischer Ingenieur.

mit der Umlauffrequenz des Rotors. Es liegt demnach der Fall einer *massenkrafterregten Schwingung* vor. Im Resonanzbereich werden die Amplituden wegen der geringen Dämpfung sehr groß und können durch Anstreifen des Rotors am Gehäuse, Wellenbruch oder Lagerschäden zur Betriebsunfähigkeit von Maschinen führen. Die Drehzahl, die dem Resonanzfall entspricht, wird *kritische Drehzahl* genannt. Im allgemeinen meint man mit dieser Bezeichnung die *biegekritische* Drehzahl. Zur *verdrehkritischen* Drehzahl, die aus der Eigenfrequenz der Torsionsschwingung, Gl. (9-26)/(9-27), resultiert, sei auf die Ausführungen zum Drehschwinger (Abschnitt 9.3.4) mit dem Beispiel 3, Abb. 9-29 verwiesen.

Mit der Eigenkreisfrequenz nach Gl. (9-2)

$$\omega_{\mathrm{K}} = \omega_0 = \sqrt{\frac{c}{m}}$$

wird die biegekritische Drehzahl

$$n_{\mathrm{K}} = \frac{1}{2\pi} \cdot \sqrt{\frac{c}{m}}. \tag{9-55}$$

Der Bereich um diese Drehzahl ist immer zu vermeiden. Die Gl. (9-55) gilt für $m_{\mathrm{Welle}} \ll m$. Ist diese Voraussetzung nicht erfüllt, muß auf ein Mehrmassensystem übergegangen werden. Darauf wird im folgenden Abschnitt eingegangen.

Die Bestimmung der Federkonstante c zur Berechnung der Eigenfrequenz wurde im Abschnitt 9.3.2 beschrieben. Dazu muß die Durchbiegung y_{F} der Welle an der Stelle der Massenanbindung unter einer Querkraft beliebiger Größe ermittelt werden. Die Federkonstante ist dann $c = F/y_{\mathrm{F}}$. Für Wellen mit verschiedenen Querschnitten kommen in der Regel Berechnungsprogramme zum Einsatz. Für die Handrechnung ist mit relativ geringem Aufwand das Verfahren nach MOHR[6]/FÖPPL[7] (siehe Band 2, Kapitel 4) anwendbar.

Bestimmt man die Durchbiegung y_{F} unter der Einwirkung der Gewichtskraft, dann gilt für die Federkonstante

$$c = \frac{m \cdot g}{y_{\mathrm{F}}}$$

und damit

$$n_{\mathrm{K}} = \frac{1}{2\pi}\sqrt{\frac{g}{y_{\mathrm{F}}}}.$$

[6]MOHR, Otto (1835–1918), deutscher Ingenieur
[7]FÖPPL, August (1854–1924), deutscher Ingenieur

Für $g = 981\,\text{cm/s}^2$ erhält man für n_K als Näherung folgende zugeschnittene Formel:

$$n_K \approx \frac{300}{\sqrt{y_F}}$$

n_K	y_F
min^{-1}	cm

Es soll nochmals betont werden, daß es nur auf die Federkonstante und die rotierende Masse ankommt und nicht auf die an der Welle tatsächlich auftretende Durchbiegung. Daraus folgt:

1. *Die kritische Drehzahl wird von den auf die Welle übertragenen Kräften (Zahnkräfte; Riemenkräfte) nicht beeinflußt. Die durch diese verursachten Durchbiegungen dürfen nicht in die Berechnungsgleichung für die kritische Drehzahl einbezogen werden.*

2. *Die Exzentrität e und damit die Größe der statischen Unwucht $U_S = m_e \cdot e$ haben keinen Einfluß auf die biegekritische Drehzahl, wohl aber auf die Breite der Gefahrenzone.*

3. *Die kritische Drehzahl ist von der Lage der Welle unabhängig. Sie ist z.B. für horizontalen und vertikalen Einbau gleich.*

Aufgeschrumpfte Ringe, Buchsen und Naben haben für die Welle eine versteifende Wirkung, die die Federkonstante vergrößern und die kritische Drehzahl erhöhen. Man kann diesen Einfluß näherungsweise dadurch erfassen, daß man die aufgeschrumpften Teile als zur Welle gehörig betrachtet.

Bei einer Reihe von tiefen Eindrehungen nach Abb. 9-52 entsteht der umgekehrte Effekt. Die äußeren Werkstoffteile haben kaum Anteil an der Übertragung des Biegemomentes. Eine solche Welle verhält sich in bezug auf die Durchbiegung etwa wie eine glatte Welle mit dem Durchmesser d.

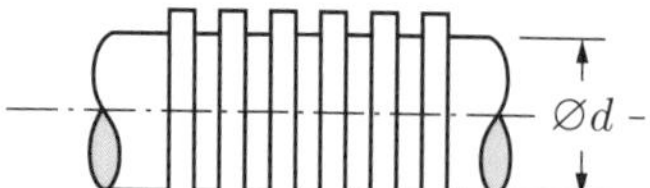

Abb. 9-52: Welle mit Nuten

Die kritische Drehzahl wird durch eine elastische Lagerung immer herabgesetzt. Die Eigenelastizität der verschiedenen Lagerkonstruktionen mit Berücksichtigung der Ölfilmelastizität in den Lagern ist selbst mit Einbeziehung von Computern sehr aufwendig. Sitzen die Lager auf elastischen Unterlagen, dann bestimmt man entweder die Gesamtdurchbiegung oder die Ersatzfederkonstante (vgl. Abschnitt 9.3.2).

Zum Durchfahren der kritischen Drehzahl ist ein rasch anwachsendes Drehmoment erforderlich, weil in der sich ausbiegenden Welle ein Teil der Antriebsenergie als Verformungsenergie gespeichert wird. Dabei wächst die Auslenkung der Welle umso schneller, je größer die Unwucht und je steifer die Welle ist.

Alle oben angestellten Überlegungen gelten für eine Punktmasse. Es ist zu klären, ob sich eine Scheibe wie eine Punktmasse verhält. In Abb. 9-53 ist eine Welle mit einer Scheibe am Ende in zwei Bewegungsphasen skizziert. Die Scheibe muß eine taumelnde Bewegung ausführen, ihre Drehachse im Raum ist nicht in Ruhe. Bei genügend hoher Drehzahl kann man die Scheibe mit einem Kreisel vergleichen, der versucht, seine Lage im Raum beizubehalten. Es entsteht ein Moment (Kreiselmoment Abschnitt 6.4.7), das dieser Taumelbewegung entgegenwirkt und damit die Durchbiegungen verkleinert. Durch diesen Einfluß wird die kritische Drehzahl erhöht.

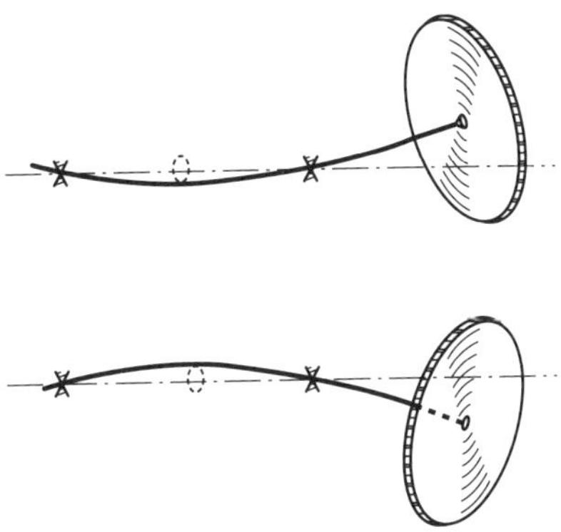

Abb. 9-53: Zum Einfluß des Kreiselmoments auf die kritische Drehzahl

Für Rotoren, die mit modernen Mitteln ausgewuchtet, praktisch keine Restunwucht aufweisen und in Gleitlagern mit hoher Dämpfung gelagert sind, dürften eigentlich keine Probleme mit der kritischen Drehzahl auftreten, weil die Wellendurchbiegungen in zulässigen Grenzen bleiben. Leider ändert sich dieser Idealzustand aber während des Betriebes hin zu größeren Unwuchten. Verantwortlich sind dafür zahlreiche Ursachen wie Materialablagerungen, Materialabtrag, Wärmeverzug und andere. Daher gehört die Berechnung der biegekritischen Drehzahlen beim Entwurf von Strömungsmaschinen z.B. zu den wichtigsten Aufgaben. Die verdrehkritischen Drehzahlen sind bei der Auslegung von Kolbenmaschinen von größerer Bedeutung.

Zur Untersuchung der Schwingungsamplituden einer rotierenden Welle in verschiedenen Drehzahlbereichen wird von dem *ungedämpften* Modell nach Abb. 9-51 ausgegangen. Im ausgelenkten Zustand (Abb. 9-51b) müssen Federkraft und Fliehkraft im Gleichgewicht sein

$$c \cdot y = m \cdot (e + y) \cdot \omega_{\mathrm{e}}^2$$
$$c \cdot y - m \cdot e \cdot \omega_{\mathrm{e}}^2 - m \cdot y \cdot \omega_{\mathrm{e}}^2 = 0$$
$$y = \frac{m \cdot e \cdot \omega_{\mathrm{e}}^2}{c - m \cdot \omega_{\mathrm{e}}^2} = \frac{e \cdot \omega_{\mathrm{e}}^2}{\frac{c}{m} - \omega_{\mathrm{e}}^2} = \frac{e \cdot \omega_{\mathrm{e}}^2}{\omega_0^2 - \omega_{\mathrm{e}}^2}.$$

Mit $(\omega_{\mathrm{e}}/\omega_0)^2 = \eta^2$ erhält man

$$y = \frac{\eta^2}{1 - \eta^2} \cdot e. \tag{9-56}$$

Für den Resonanzfall $\omega_{\mathrm{e}} = \omega_0 \Rightarrow \eta = 1$, geht $y \to \infty$ und das *unabhängig* von der Exzentrität e !

Bildet man den Quotienten aus Amplitude (Wellenauslenkung) und Anregung (Exzentrität)

$$\frac{y}{e} = \frac{\eta^2}{1 - \eta^2} = V_3,$$

erhält man auch auf diesem Wege die Vergrößerungsfunktion für die Massenkrafterregung des ungedämpften Schwingers $\vartheta = 0$. Das heißt, die *relative* Durchbiegung ist gleich der Vergrößerung der ungedämpften Massenerregung.

Trägt man die relative Durchbiegung y/e über dem Abstimmungsverhältnis η auf, so erhält man die in Abb. 9-54 gezeigte Funktion. Bei von Null ausgehender, zunehmender Drehzahl wird infolge der umlaufenden, quadratisch mit der Drehzahl zunehmenden Erregerkraft die Durchbiegung größer. Mit der Durchbiegung wächst wiederum die Fliehkraft. Dieser Vorgang steigert sich durch den gegenseitigen Verstärkereffekt so, daß für $\eta = 1$ ein Kräftegleichgewicht nicht mehr möglich ist. Nach Gl. (9-56) befindet sich die Welle auch für $e = 0$ (ideal ausgewuchteter Rotor) in einem indifferenten Gleichgewichtszustand ($y = 0/0$), in dem schon eine kleine Störkraft genügt, um die Durchbiegung der Welle beliebig anwachsen zu lassen. Die Funktion $y = f(\eta)$ ist für diesen Bereich nicht definiert; sie geht gegen $+\infty$ und kommt für $\eta > 1$ von $-\infty$ zurück und nähert sich dem Grenzwert $-e$ (bzw. $y/e = -1$). Auch hier wird – wie schon in der Abb. 9-48 – der negative Kurvenast „nach oben geklappt“. Die Phasenverschiebung von π, die in diesem Bereich nach Abb. 9-42b eintritt, äußert sich durch eine Drehung der Scheibe um 180°. Dadurch verschiebt sich der Schwerpunkt in

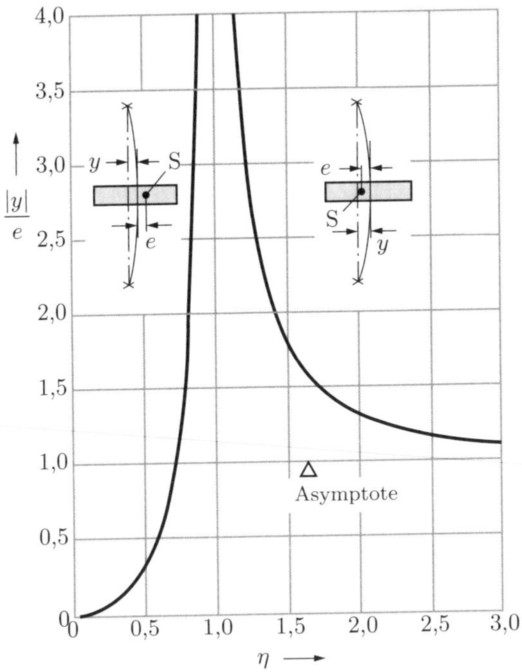

Abb. 9-54: Relative Durchbiegung einer rotierenden Welle

Richtung der Drehachse. Durch den verminderten Schwerpunktabstand verringert sich die Erregerkraft. Dadurch wird bei weiter zunehmender Drehzahl die Amplitude wieder kleiner. Für sehr hohe Drehzahlen wird $\eta \gg 1$. Damit nähert sich nach Gl. (9-56) die Amplitude y der Exzentrität $-e$. Das bedeutet, daß der Schwerpunkt praktisch in der Drehachse liegt. Diesen Vorgang nennt man *Selbstzentrierung*.

Wegen der Selbstzentrierung der Massen laufen Wellen überkritisch immer ruhiger (weiche Welle). Die auf die Lager übertragenen Kräfte sind verglichen mit einer steifen Welle im Verhältnis η^2 verkleinert. Das erkennt man aus der Abb. 9-48. Die *Resonanzbereiche* müssen möglichst *schnell durchfahren* werden, um ein Aufschaukeln auf große Amplituden zu verhindern.

Große, unvermeidbare Unwuchten erfordern eine besonders „weiche“ Lagerung. Das System hat dann eine sehr niedrige kritische Drehzahl und das Verhältnis η wird sehr groß (tiefe Abstimmung). Der Schwerpunkt liegt fast genau in der Drehachse. Obwohl das System dem Ansehen nach stark schlägt, läuft es, da die Erregerkräfte fast verschwinden, ruhig. Die Fliehkraftmomente drehen die Masse so, daß die Drehung um die Hauptachse erfolgt und damit auch keine umlaufenden Momente auftreten. Ein Beispiel für eine solche Lagerung ist eine Wäscheschleuder.

Diese, für uns selbstverständlichen Erkenntnisse zum *überkritischen Betrieb*, wie auch die Frage, ob ein solcher Zustand überhaupt stabil sein kann (und wenn ja, warum), hat zur Wende ins 20. Jahrhundert die Ingenieure und Wissenschaftler ein halbes Jahrhundert lang beschäftigt. Das ist nachvollziehbar, wenn man sich die Aussage der Gl. (9-56) für $\omega_e > \omega_0$ vor Augen führt: Für $\eta > 1$ wird y negativ, d.h. die Welle biegt sich elastisch entgegen der Richtung der Exentrität e nach „innen“ aus (siehe Bild 9-54)!

Gelöst wurde diese Frage zuerst experimentell 1883 von Gustav de LAVAL, der in einer Turbine bewußt eine sehr dünne Welle, die mit ca. 30 000 U/min ($\eta \approx 7$) extrem ruhig und stabil lief, einbaute. Der theoretische Nachweis dafür konnte erst viele Jahre später von FÖPPL (1895), STODOLA[8] (1904) und anderen geführt werden.

Beispiel (Abb. 9-55)

Für die abgebildete Welle ist die kritische Drehzahl zu bestimmen. Das Schwungrad hat eine Masse von $m = 1000\,\text{kg}$.

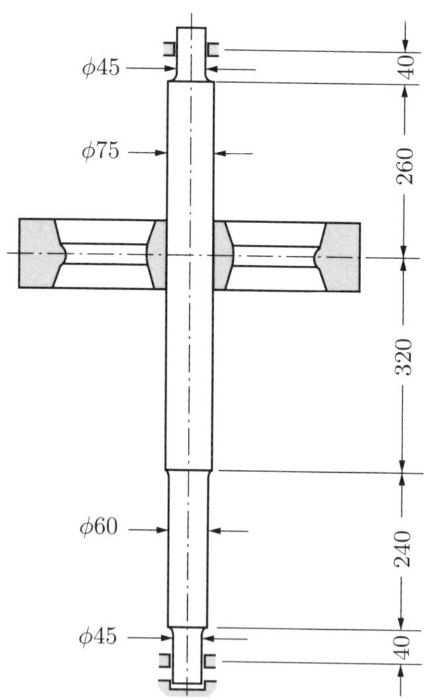

Abb. 9-55: Schwungrad

[8]STODOLA, Aurel (1859-1942), deutscher Ingenieur

Lösung

Gegenüber der Schwungradmasse kann die Wellenmasse vernachlässigt werden. Die Durchbiegung dieser Welle wurde im Band 2; Kapitel 4 als Beispiel für das Verfahren nach MOHR/FÖPPL ermittelt. Für eine Kraft von 15,0 kN beträgt die Durchbiegung $y_F = 0{,}61\,\text{mm}$. Die Federkonstante ist demnach

$$c = \frac{F}{y_F} = \frac{15 \cdot 10^3\,\text{N}}{0{,}61 \cdot 10^{-3}\,\text{m}} = 24{,}6 \cdot 10^6\,\text{N/m}.$$

Die Eigenkreisfrequenz beträgt

$$\omega_0 = \sqrt{\frac{c}{m}} = \sqrt{\frac{24{,}6 \cdot 10^6\,\text{N}\,\text{m}}{10^3\,\text{kg}}} = 157\,\text{s}^{-1}.$$

Damit ist

$$n_K = \frac{\omega_0}{2\pi} = \frac{157\,\text{s}^{-1}}{2\pi} = 25{,}0\,\text{s}^{-1}; \quad \underline{n_K \approx 1500\,\text{min}^{-1}}.$$

9.7.2 Das Mehrmassensystem

Ein schwingender Balken ist ein Kontinuumsschwinger. Das bedeutet, daß seine Masse und Elastizität kontinuierlich über den Träger verteilt sind. Er schwingt in ∞ vielen Eigenformen und hat auch so viele Eigenfrequenzen. Für viele Anwendungen benötigt man jedoch nur die Kenntnis einer sehr begrenzten Zahl von Eigenfrequenzen. Dies führt auf die Überlegung, den Balken als diskreten Schwinger zu idealisieren. Das Modell besteht dann aus mehreren starren Körpern (Punktmassen), durch Federn verbunden, mit einer endlichen Anzahl von Freiheitsgraden.

Ein mit n Punktmassen besetzter Balken kann in n Formen Biegeschwingungen ausführen. Nach der Anzahl der Eigenfrequenzen und Schwingungsformen, die für die Lösung einer technischen Aufgabenstellung bekannt sein müssen, wird man ein diskretes Modell mit einer entsprechenden Anzahl von Punktmassen aufstellen.

Für Mehrmassenschwinger, wie z.B. Turbinenläufer, sind die Eigenfrequenzen, die in der Nähe des Betriebsbereiches liegen, wichtig. Sie sind die kritischen Drehzahlen, in denen die Welle nicht betrieben werden darf, da sonst die Durchbiegungen unkontrollierbar groß werden.

Als Beispiel ist in Abb. 9-56 ein Träger mit vier Massen gezeigt. Zunächst bewegen sich alle Massen jeweils in eine Richtung. Dieser Zustand entspricht der

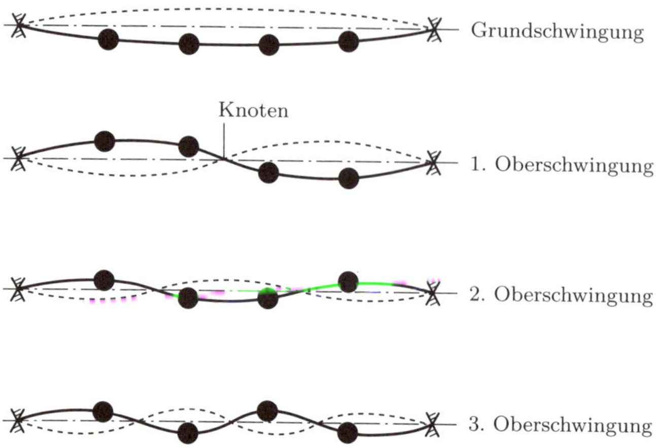

Abb. 9-56: Eigenformen des Mehrmassenschwinger

tiefsten Eigenfrequenz (*Grundschwingung*). Die erste Oberschwingung tritt auf, wenn ein Punkt der Trägerachse in Ruhe bleibt (*Knoten*). Die Anzahl der Knoten entspricht der Anzahl der Oberschwingungen. Die jeweilige Form des Trägers im Zustand der Eigenfrequenzen bezeichnet man als *Eigenform*. Am wichtigsten für die Beurteilung des Schwingungsverhaltens einer Welle ist häufig die Grundschwingung, die sich auch am einfachsten berechnen läßt.

Dieser Abschnitt befaßt sich mit der Ermittlung der Frequenz der Grundschwingung. Es wird auf die Energiebetrachtung des Abschnittes 9.3.1 zurückgegriffen. Die elastische Energie der Welle im durchgeschwungenen Zustand muß gleich sein der kinetischen Energie beim Null-Durchgang. Diese Überlegung wird auf die Welle nach Abb. 9-57 angewendet.

$$\sum E_{\text{el}} = \sum E_{\text{kin}}.$$

Dabei sind nach Gleichung (8-12)

$$E_{\text{el}} = \frac{c}{2} \cdot y^2,$$

und Gleichungen (8-11)/(9-8)

$$E_{\text{kin}} = \frac{m}{2}(y \cdot \omega_0)^2.$$

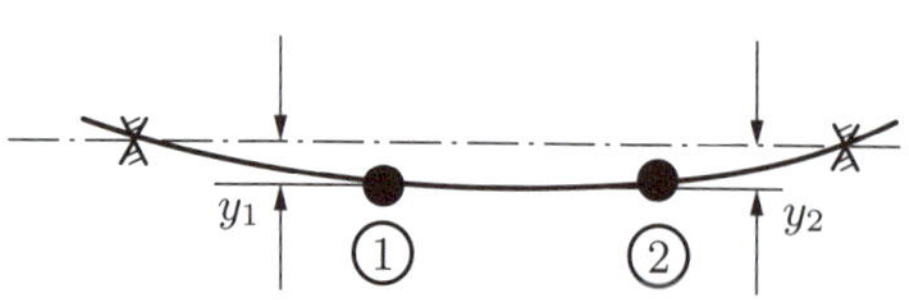

Abb. 9-57: Deformation des Mehrmassensystems (Grundschwingung, 1. Eigenform)

Da die Massen an verschiedenen Stellen sitzen, sind auch die Federkonstanten verschieden,

$$\frac{c_1}{2} \cdot y_1^2 + \frac{c_2}{2} \cdot y_2^2 + \cdots = \frac{m_1}{2} \cdot \omega_0^2 \cdot y_1^2 + \frac{m_2}{2} \cdot \omega_0^2 \cdot y_2^2 + \ldots$$

Die Federkonstanten werden mit der Gewichtskraft bestimmt

$$c = \frac{m \cdot g}{y}, \quad c \cdot y = m \cdot g.$$

Damit ist

$$m_1 \cdot y_1 + m_2 \cdot y_2 + \ldots = \frac{\omega_0^2}{g}(m_1 \cdot y_1^2 + m_2 \cdot y_2^2 + \ldots).$$

Für n Massen

$$\sum_{i=1}^{\mathrm{n}} m_{\mathrm{i}} \cdot y_{\mathrm{i}} = \frac{\omega_0^2}{g} \cdot \sum_{i=1}^{\mathrm{n}} m_{\mathrm{i}} \cdot y_{\mathrm{i}}^2,$$

$$\omega_0 = \sqrt{\frac{g \cdot \sum\limits_{i=1}^{n} m_{\mathrm{i}} \cdot y_{\mathrm{i}}}{\sum\limits_{i=1}^{n} m_{\mathrm{i}} \cdot y_{\mathrm{i}}^2}} \tag{9-57}$$

Für eine Masse erhält man $\omega_0 = \sqrt{g/y}$. Mit $c = m \cdot g/y$ wird $\omega_0 = \sqrt{c/m}$ (siehe Abschnitt 9.7.1).

Die bei der Schwingung entstehende Biegelinie entspricht genügend genau der Biegelinie der Welle im Ruhezustand. Da die Federkonstanten durch die Gewichtskräfte ausgedrückt wurden, muß die elastische Linie bei Belastung durch Gewichtskräfte ermittelt werden. $m_{\mathrm{i}} \cdot y_{\mathrm{i}}$ sind dann jeweils zugeordnete Werte.

Die Gleichung (9-57) ermöglicht die Berücksichtigung der Wellenmasse beim Einmassensystem. Das ist vor allem notwendig, wenn beide von gleicher Größenordnung sind. Dazu denkt man sich einzelne Wellenabschnitte als Massenpunkte zusammengefaßt. Ergibt die Berechnung eine kritische Drehzahl, die über der Betriebsdrehzahl liegt, dann interessieren die Oberschwingungen nicht. Diese liegen immer erheblich über der Grundschwingung. Selbst, wenn diese Bedingung nicht erfüllt ist, kann man in vielen Fällen abschätzen, ob eine Oberschwingung gefährlich werden könnte.

Bei Anwendung dieses Verfahrens für eine fliegende Lagerung nach Abb. 9-58 ist folgendes zu beachten. Bei Rotation eines solchen Systems wirken die Fliehkräfte F_{Z} entgegengesetzt, verstärken sich demnach gegenseitig in ihrer Wirkung.

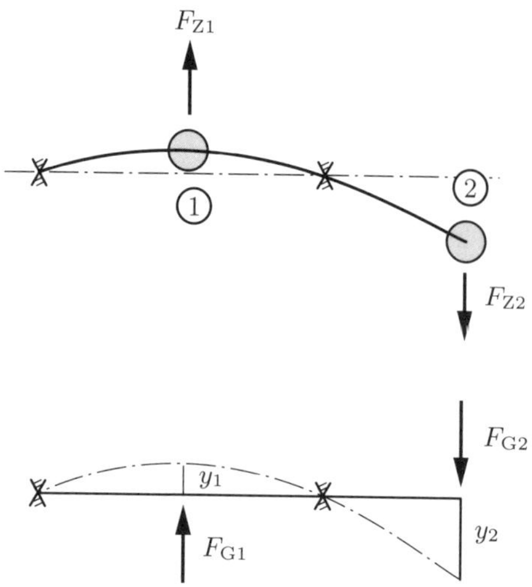

Abb. 9-58: Fliegende Lagerung einer Welle

Aus diesem Grunde ist es notwendig, die elastische Linie mit entgegengesetzt gerichteten Gewichtskräften zu ermitteln.

Für das Mehrmassensystem gilt grundsätzlich alles, was im vorigen Abschnitt über die kritische Drehzahl gesagt wurde. Die größere Zahl der Freiheitsgrade der Mehrmassenschwinger (Mehrscheibenrotoren) macht das Geschehen zwar komplex, aber neue Sachverhalte treten nicht auf. Die grundsätzliche Problematik ist durch die LAVAL-Welle hinreichend geklärt.

Beispiel (Abb. 9-59)

Für die skizzierte Welle ist die niedrigste kritische Drehzahl zu bestimmen. Die angegebenen Gewichtskräfte enthalten die einzelnen Teilabschnitte der Welle. Die mittlere Biegesteifigkeit $E \cdot I = 10^{12}\,\mathrm{Ncm}^2$; $m_1 = 1000\,\mathrm{kg}$; $m_2 = 2000\,\mathrm{kg}$; $l = 1000\,\mathrm{mm}$.

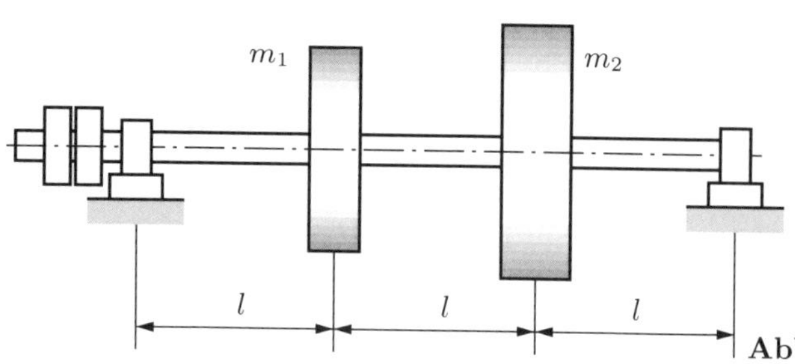

Abb. 9-59: Welle mit zwei Massen

Lösung

Zunächst müssen die Durchbiegungen der Welle an den Stellen der Massebelegung bestimmt werden. Das kann nach einem der in Band 2, Kapitel 4 erklärten Verfahren erfolgen. Hier bietet sich das Überlagerungsprinzip (Superpositionsverfahren) an. Dabei werden die Durchbiegungen an einer definierten Stelle durch die verschiedenen Lasten mit den Gleichungen der Tabelle 11 (Band 2) getrennt berechnet und anschließend zur Gesamtdurchbiegung addiert.

Man erhält:

$$y_1 = 0{,}122\,\text{mm}, \qquad y_2 = 0{,}128\,\text{mm}.$$

Damit ist

$$\omega_0 = \sqrt{\frac{g \cdot \sum(m_\text{i} \cdot y_\text{i})}{\sum(m_\text{i} \cdot y_\text{i}^2)}}$$

$$= \sqrt{\frac{9{,}81\,\text{m/s}^2(10^3 \cdot 0{,}122 + 2 \cdot 10^3 \cdot 0{,}128)\,\text{kg mm}}{(10^3 \cdot 0{,}122^2 + 2 \cdot 10^3 \cdot 0{,}128^2)\,\text{kg mm}^2} \cdot \frac{10^3\,\text{mm}}{\text{m}}}$$

$$\omega_0 = 279\,\text{s}^{-1} \quad \Longrightarrow \quad n_\text{K} = \frac{\omega_0}{2\pi} = 44{,}4\,\text{s}^{-1}; \quad \underline{n_\text{K} = 2664\,\text{min}^{-1}}.$$

Es empfiehlt sich, durch eine Überschlagsrechnung mit der Näherungsgleichung das Ergebnis zu kontrollieren. Für eine mittlere Durchbiegung von $y \approx 0{,}125\,\text{mm}$ erhält man

$$n_\text{K} \approx \frac{300}{\sqrt{y/\text{cm}}}\text{min}^{-1} \approx \frac{300}{\sqrt{0{,}0125}}\text{min}^{-1} \approx 2680\,\text{min}^{-1}.$$

Die sehr gute Übereinstimmung im vorliegenden Fall darf jedoch nicht zu dem Schluß führen, daß diese Gleichung grundsätzlich für Mehrmassensysteme anwendbar ist.

9.8 Schwingungsprobleme durch freie Massenkräfte

9.8.1 Allgemeine Problemstellung

Bei Maschinen mit rotierenden oder oszillierenden Teilen treten (periodische) Massenkräfte auf. Das wurde in den Kapiteln 6 und 7 ausführlich begründet. Diese freien Massenkräfte werden auf die Umgebung, den Aufstellungsort, die Menschen in Verkehrsmitteln oder Geräte mit meist unerwünschten Folgen übertragen. Aufgabe des Ingenieurs ist es, durch geschickte Anordnung der Massen, Formenleichtbau oder Verwendung leichter Werkstoffe diese Massenkräfte klein zu halten. Im technischen Sprachgebrauch sind für den Ausgleich der Massenkräfte die Begriffe *Auswuchten* bei Rotoren und *Massenausgleich* bei Mechanismen (z.B. Kurbeltrieb) üblich.

Zu beachten ist, daß Maßnahmen zum Ausgleich der Massenkräfte lediglich das Fundament entlasten. Die dynamischen Lagerbelastungen einzelner Gelenke oder die Kräfte auf die Antriebswelle können sich als Folge der Maßnahmen auch verschlechtern. Ebenso sind die Auswirkungen aller Maßnahmen auf die Eigenfrequenzen zu berücksichtigen.

9.8.2 Das Auswuchten

Wenn bei Drehung eines starren Körpers *Drehachse und Hauptachse nicht zusammenfallen, entstehen zusätzliche Belastungen der Lager* durch umlaufende Kräfte und Kräftepaare. (siehe auch Abschnitt 7.3.5). Als Beispiel sei hier der Läufer nach Abb. 9-60 betrachtet. Der Schwerpunkt S liegt zunächst um den Betrag e außerhalb der Drehachse. Bei Drehung entsteht eine umlaufende Kraft, die mit dem Quadrat der Drehzahl ansteigt und so bei hohen Drehzahlen große zusätzliche Belastungen verursachen kann. Diesen Fehler könnte man bei genügend hoher Empfindlichkeit der Lager durch Auspendeln und Anbringen von Gegengewichten beseitigen. Diesen Vorgang nennt man *statisches Auswuchten.* Selbst wenn es mit dieser Methode gelänge, den Schwerpunkt genau in die Drehachse zu verschieben, so sind damit noch nicht alle zusätzlichen Belastungen der Lager ausgeschlossen. Das folgt aus der einfachen Überlegung, daß nicht alle Schwerpunktachsen Hauptachsen sind. Man kann sich den Körper in zwei Teilkörper zerlegt denken, von denen die Teilschwerpunkte wie angedeutet liegen. Bei der Drehung entstehen zwei verschieden große Kräfte, die man im Schwerpunkt zu einer Kraft und einem Moment zusammenfassen kann. *Den Kraftanteil nennt man statische, den Momentenanteil dynamische Unwucht.* Der Ausgleich beider erfolgt in zwei konstruktiv vorgesehenen Ebenen, z.B. Stirnseiten. Dort müssen zwei Ausgleichsmassen so angebracht werden, daß für einen beliebigen Punkt

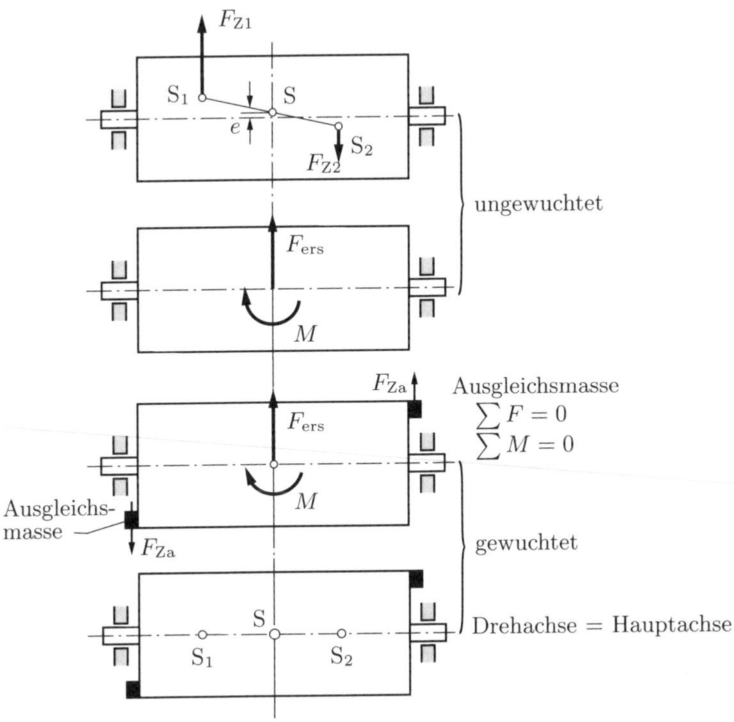

Abb. 9-60: Dynamisches Auswuchten eines Rotors

Kräfte und Momente verschwinden – d.h. eine indifferente Gleichgewichtslage erreicht ist. In diesem Zustand *fallen Haupt- und Drehachse zusammen.* Die beiden Teilschwerpunkte liegen jetzt auch in der Drehachse.

Die Aufgabe der dynamischen Wuchtung ist es, Haupt- und Drehachse zur Deckung zu bringen. Die gebräuchlichen Auswuchtmaschinen arbeiten nach folgendem Prinzip. Der Rotor wird, wie es z.B. Abb. 9-61 zeigt, auf Rollen gelagert. Je nach Art der Maschine wird die im Rotor vorhandene Unwucht die Lager zum Schwingen bringen.

Mit empfindlichen und sehr genau anzeigenden Schwingungsmeßgeräten wird die Schwingung der Auflager des Rotors außerhalb der Resonanz gemessen. Man umgeht damit die Schwierigkeit der sehr starken Änderung der Phasenverschiebung im Resonanzbereich. Ist man genügend weit unterhalb des Resonanzgebietes (harte Lagerung), dann liegen Ausschlag (Amplitude) und Unwucht (Erregerkraft) gleich, d.h. in Phase (Abb. 9-42). Es wird z.B. piezoelektrisch die Fliehkraft $F_Z = m \cdot e \cdot \omega^2$ gemessen. Ein Phasengeber, der synchron mit dem Wuchtkörper umläuft, gibt die Lage der Unwucht an. Bei weicher Lagerung

Abb. 9-61: Auswuchtmaschine für Rotoren bis 12 500 kg, max. Rotordurchmesser 2100 mm, max. Lagerabstand 3150 mm mit Tragrollenlagerung und Antrieb des Rotors über eine Gelenkwelle (alternativ Bandantrieb). Photo: Fa. Schenck RoTec GmbH/Darmstadt

läuft der Rotor überkritisch. Es wird nicht die Kraft, sondern die Amplitude der schwingenden Lager gemessen. Diese nähert sich dem Wert der Exzentrizität des Schwerpunktes (Selbstzentrierung). Maximaler Ausschlag und Lage der Unwucht sind um 180° verschoben. Die Lage wird von einem Phasengeber angezeigt.

Beim Auswuchten wird kein „vollkommen ausgewuchteter Rotor" angestrebt. Entsprechend der technischen Aufgabenstellung und der Betriebsdrehzahl werden auf der Basis von Gütestufen zulässige Restunwuchten nach DIN ISO 1940-1 definiert, die aus wirtschaftlichen Gründen nicht unterschritten werden sollten.

Eine ausführliche Darstellung der Problematik und die Zusammenstellung der Normen hierzu ist in [48] zu finden.

9.8.3 Die Massenkräfte am Kurbeltrieb

Zur Bestimmung der Massenkräfte am Kurbeltrieb ist es notwendig, die Beschleunigung des Kolbens zu berechnen. In Abb. 9-62 ist ein Kurbeltrieb skizziert. Der Kolbenweg x wird vom linken Totpunkt aus gemessen,

$$x = l + r - r \cdot \cos\varphi - l \cdot \cos\beta.$$

Nach dem sin-Satz ist das Schubstangenverhältnis λ

$$\lambda = \frac{r}{l} = \frac{\sin\beta}{\sin\varphi}; \quad \sin\beta = \lambda \cdot \sin\varphi.$$

Mit $\cos\beta = \sqrt{1 - \sin^2\beta}$ ergibt sich $\cos\beta = \sqrt{1 - \lambda^2 \cdot \sin^2\varphi}.$

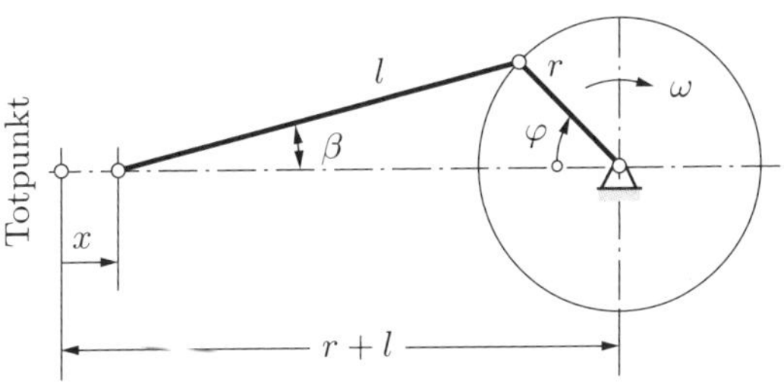

Abb. 9-62: Kurbeltrieb

Für den Wurzelwert wird näherungsweise geschrieben (Reihenentwicklung)

$$\sqrt{1 - \lambda^2 \cdot \sin^2\varphi} \approx 1 - \frac{1}{2}\lambda^2 \cdot \sin^2\varphi.$$

Nach dem Einsetzen in die Ausgangsgleichung erhält man

$$\begin{aligned} x &= l + r - r \cdot \cos\varphi - l\left(1 - \frac{1}{2}\lambda^2 \cdot \sin^2\varphi\right) \\ &= r - r \cdot \cos\varphi + \frac{1}{2} l \cdot \lambda^2 \cdot \sin^2\varphi. \end{aligned}$$

Mit $l \cdot \lambda = r$ ist

$$x = r\left(1 - \cos\varphi + \frac{\lambda}{2}\sin^2\varphi\right).$$

Die Kolbengeschwindigkeit erhält man durch Differentiation nach der Zeit

$$v = \dot{x} = r\left(\frac{\mathrm{d}\varphi}{\mathrm{d}t} \cdot \sin\varphi + \frac{\lambda}{2} \cdot 2 \cdot \sin\varphi \cdot \cos\varphi \cdot \frac{\mathrm{d}\varphi}{\mathrm{d}t}\right).$$

Unter Beachtung von $2 \cdot \sin\varphi \cdot \cos\varphi = \sin 2\varphi$ und $\frac{d\varphi}{dt} = \omega$ ergibt sich

$$v = r \cdot \omega \left(\sin\varphi + \frac{\lambda}{2} \cdot \sin 2\varphi \right). \tag{9-58}$$

Auf gleichem Wege erhält man die Beschleunigung

$$a = \ddot{x} = r \cdot \omega \left(\cos\varphi \cdot \frac{d\varphi}{dt} + \frac{\lambda}{2} \cos 2\varphi \cdot 2\frac{d\varphi}{dt} \right)$$

$$a = r \cdot \omega^2 (\cos\varphi + \lambda \cdot \cos 2\varphi). \tag{9-59}$$

Das ist die Beschleunigung des Kolbens in Abhängigkeit vom Schubstangenverhältnis und vom Winkel φ.

Zunächst soll angenommen werden, daß die Massen des Kurbeltriebs einmal im Abstand r an der Kurbelwelle (m_R), zum zweiten im Kolben (m_H) vereinigt sind (Abb. 9-63). Der Index R steht für die rotierende Masse, der Index H für die hin und her bewegte Masse. Das Pleuel ist anteilmäßig an beiden beteiligt. Die an der Kurbel umlaufende Massenkraft $F_{ZR} = m_R \cdot r \cdot \omega^2$ kann sehr einfach durch eine entsprechende Gegenmasse m_{A1} aufgehoben werden.

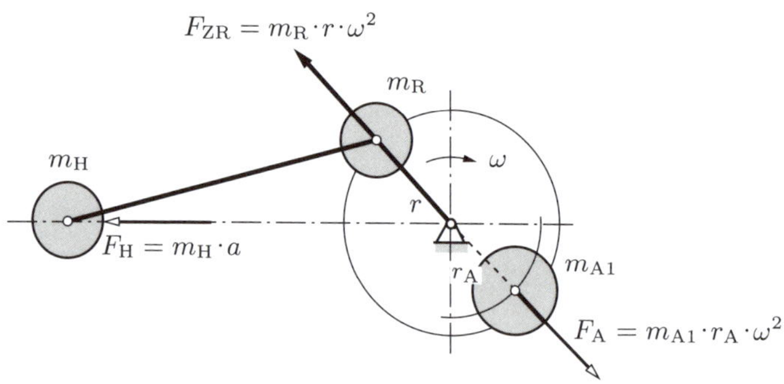

Abb. 9-63: Ausgleich der rotierenden Massenkraft

Diese muß die gleiche Fliehkraft erzeugen. Es gilt deshalb

$$m_R \cdot r \cdot \omega^2 = m_{A1} \cdot r_A \cdot \omega^2 \quad \Longrightarrow \quad m_{A1} = \frac{r}{r_A} \cdot m_R.$$

Wesentlich schwieriger ist hier der Ausgleich der oszillierenden Massenkraft $F_H = m_H \cdot a$, deren Gegenkraft am Gehäuse Erschütterungen verursacht. Ihre Größe ist mit der Gl. (9-59)

$$F_H = m_H \cdot a = m_H \cdot r \cdot \omega^2 \cdot \cos\varphi + m_H \cdot r \cdot \omega^2 \cdot \lambda \cdot \cos 2\varphi,$$

$$F_H = F_I \cdot \cos\varphi + F_{II} \cdot \cos 2\varphi.$$

Die Kraft F_{I} wirkt als hin- und hergehende Kraft im Takt der Drehung *(Massenkraft I. Ordnung)*. Die Kraft F_{II} wirkt wie F_{I}, jedoch mit halber Periode, d.h. sie wechselt doppelt so schnell ihre Richtung (*Massenkraft II. Ordnung*).

Es gibt Konstruktionen, die sowohl die Kräfte I. als auch II. Ordnung ausgleichen (siehe hierzu [43] und [57]). Sie sind verhältnismäßig aufwendig.

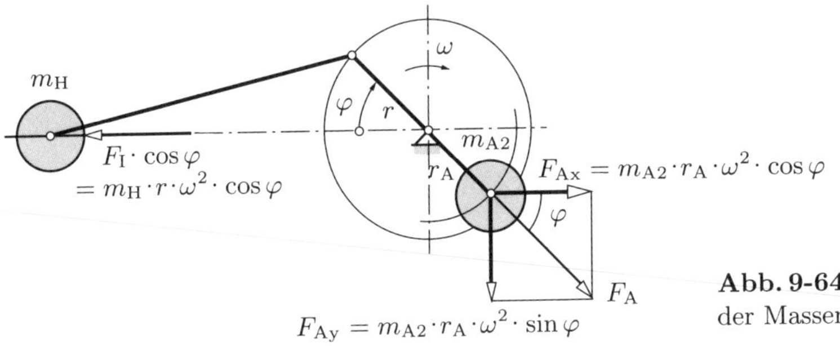

Abb. 9-64: Teilweiser Ausgleich der Massenkraft I. Ordnung

Einen teilweisen Ausgleich der Kräfte I. Ordnung erhält man durch Vergrößerung der oben beschriebenen Ausgleichsmasse m_{A1}. Es wird zusätzlich nach Abb. 9-64 eine Masse m_{A2} angebracht, deren Fliehkraftkomponente in x-Richtung immer der Massenkraft $F_{\mathrm{I}} \cdot \cos\varphi$ entgegenwirkt und sie so z.T. aufhebt. In x-Richtung verbleibt eine Kraft

$$F_{\mathrm{x}} = m_{\mathrm{H}} \cdot r \cdot \omega^2 \cdot \cos\varphi - m_{\mathrm{A2}} \cdot r_{\mathrm{A}} \cdot \omega^2 \cdot \cos\varphi,$$
$$F_{\mathrm{x}} = \omega^2 \cdot \cos\varphi(m_{\mathrm{H}} \cdot r - m_{\mathrm{A2}} \cdot r_{\mathrm{A}}).$$

Die Ausgleichsmasse erzeugt eine zusätzliche Kraft in y-Richtung,

$$F_{\mathrm{Ay}} = m_{\mathrm{A2}} \cdot r_{\mathrm{A}} \cdot \omega^2 \cdot \sin\varphi.$$

Man erhält den besten Ausgleich, wenn die resultierende Kraft F_{R} konstant ist und nicht von der Lage des Kurbeltriebes, d.h. von φ abhängt,

$$F_{\mathrm{x}}^2 + F_{\mathrm{Ay}}^2 = F_{\mathrm{R}}^2,$$
$$(m_{\mathrm{H}} \cdot r - m_{\mathrm{A2}} \cdot r_{\mathrm{A}})^2 \cdot \omega^4 \cdot \cos^2\varphi + m_{\mathrm{A2}}^2 \cdot r_{\mathrm{A}}^2 \cdot \omega^4 \cdot \sin^2\varphi = F_{\mathrm{R}}^2,$$
$$(m_{\mathrm{H}}^2 \cdot r^2 - 2 \cdot m_{\mathrm{H}} \cdot m_{\mathrm{A2}} \cdot r \cdot r_{\mathrm{A}} + m_{\mathrm{A2}}^2 \cdot r_{\mathrm{A}}^2)\cos^2\varphi + m_{\mathrm{A2}}^2 \cdot r_{\mathrm{A}}^2 \cdot \sin^2\varphi = \frac{F_{\mathrm{R}}^2}{\omega^4}.$$

Mit $\sin^2\varphi + cos^2\varphi = 1$ erhält man

$$(m_{\mathrm{H}}^2 \cdot r^2 - 2 \cdot m_{\mathrm{H}} \cdot m_{\mathrm{A2}} \cdot r \cdot r_{\mathrm{A}})\cos^2\varphi + m_{\mathrm{A2}}^2 \cdot r_{\mathrm{A}}^2 = \frac{F_{\mathrm{R}}^2}{\omega^4}.$$

Soll F_{R} von φ unabhängig sein, dann muß die Klammer null sein,

$$m_{\mathrm{H}}^2 \cdot r^2 - 2 \cdot m_{\mathrm{H}} \cdot m_{\mathrm{A2}} \cdot r \cdot r_{\mathrm{A}} = 0 \quad \Longrightarrow \quad m_{\mathrm{A2}} = \frac{1}{2}\frac{r}{r_{\mathrm{A}}} \cdot m_{\mathrm{H}}.$$

Die Ausgleichsmasse (beide Kurbelhälften) hat die Größe

$$m_{\mathrm{A}} = m_{\mathrm{A1}} + m_{\mathrm{A2}} \quad \Longrightarrow \quad m_{\mathrm{A}} = \frac{r}{r_{\mathrm{A}}}\left(m_{\mathrm{R}} + \frac{1}{2}m_{\mathrm{H}}\right)$$

Es ist jetzt zu klären, welche Massen in m_{R} und m_{H} enthalten sind. Die rotierende Masse m_{R} setzt sich zusammen aus

1. der auf den Radius r reduzierten Kurbelmasse $m_{\mathrm{Kurbel}} \cdot \frac{r_{\mathrm{S}}}{r}$ (r_{S} Schwerpunktlage der Kurbel),
2. der Masse des Pleuelkopfes an der Kurbel,
3. aus 2/3 der Masse der Pleuelstange.

Die Masse m_{H} besteht aus

1. der Kolbenmasse (mit Kolbenbolzen),
2. der Masse des Pleuelkopfes am Kolben,
3. aus 1/3 der Masse der Pleuelstange.

Zur Berücksichtigung der Pleuelmasse gibt es genauere Verfahren. Hierzu, wie insgesamt zur Problematik des Massenausgleichs sei auf die lebendigen Schilderungen von Zima [57], wie auch auf [43] und [56] verwiesen.

9.9 Schwingungsisolierung

Ein wichtiges Anliegen der Schwingungstechnik ist die weitgehende Verhinderung der schädlichen Auswirkungen von Schwingungen auf die Umgebung.

Die Isolierung wird durch Zwischenschaltung von Feder-und Dämpfungselementen zwischen Schwingungsquelle und dem zu schützenden Objekt realisiert. Dabei werden zwei Arten der Schwingungsisolierung unterschieden:

Geht es darum, umgebende Gebäude, Maschinen, Geräte und Menschen vor den Erregerkräften, die z.B. von Fertigungsmaschinen, Kompressoren, Pumpen, Motoren mit Unwucht erzeugt werden, durch Minimierung dieser Störungen zu schützen, so spricht man von *aktiver Entstörung* bzw. von *aktiver Isolierung* (Abb. 9-65a).

Bei der *passiven Entstörung* bzw. *Isolierung* (Abb. 9-65b) geht es darum, z.B. Mikroskope, empfindliche Meßgeräte, Feinstbearbeitungsmaschinen u.ä. so auf-

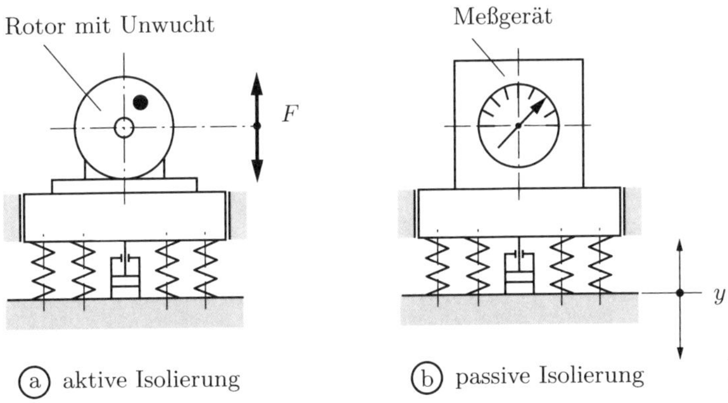

Abb. 9-65: Schwingungsisolierung

zustellen, daß sie weitestgehend von den schädigenden Erschütterungen abgeschirmt werden.

Für die Klärung der prinzipiellen Fragen der Schwingungsisolierung bei harmonischer Erregung genügt ein Modell mit einem Freiheitsgrad.

Bei der Aktivisolierung, dem Schutz der Umgebung vor den Maschinenstörungen, müssen die Kräfte auf den Aufstellungsort untersucht werden.

Für eine harmonische Erregung wird von einem Modell mit *frequenzunabhängiger* Erregeramplitude nach Abb. 9-66 ausgegangen. Die Masse schwingt im eingeschwungenen Zustand mit der gleichen Frequenz wie die Erregung, jedoch um den Nullphasenwinkel φ zeitlich verschoben (partikuläre Lösung der Differentialgleichung)

$$y = A \cdot \sin(\omega_e \cdot t - \varphi).$$

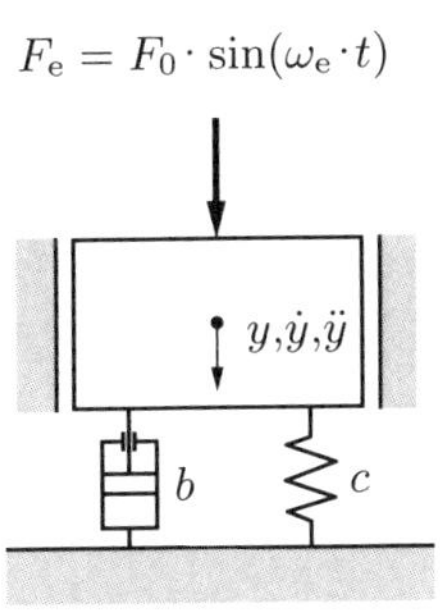

Abb. 9-66: Einmassen-Schwingungsmodell

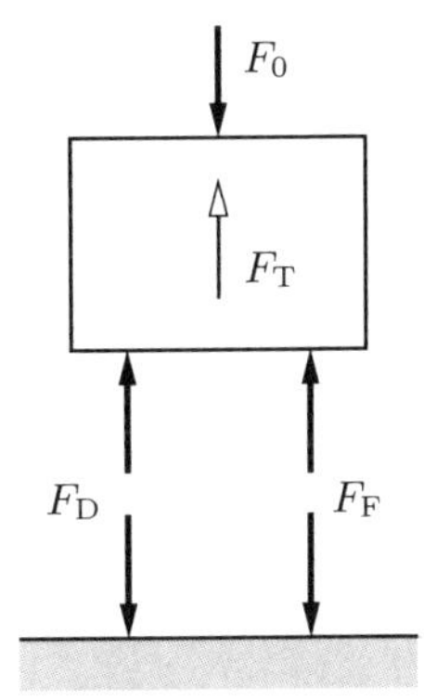

Abb. 9-67: Freigemachtes Schwingungsmodell

Im diskreten Einmassen-Schwingungsmodell ist zwischen starrer Maschine und Boden eine Feder c und ein Dämpfer b geschaltet. Die daraus resultierende Kraft F_B überträgt die Erregerkraft mit der Erregerfrequenz ω_e, jedoch um einen anderen Nullphasenwinkel ψ versetzt in den Boden (Abb. 9-67).

$$F_B = F_{max} \cdot \sin(\omega_e \cdot t - \psi).$$

Diese auf den Aufstellungsort übertragene Kraft F_B ist die geometrische Summe von Federkraft und Dämpferkraft

$$\begin{aligned} \vec{F}_B &= \vec{F}_F + \vec{F}_D = c \cdot \vec{y} + b \cdot \dot{\vec{y}} \\ &= c \cdot A \cdot \sin(\omega_e \cdot t - \varphi) + b \cdot A \cdot \omega_e \cdot \cos(\omega_e \cdot t - \varphi). \end{aligned}$$

Wegen der Abhängigkeiten vom Federweg y (Federkraft) und von der Geschwindigkeit $\dot{y}$ (Dämpferkraft) sind diese aber nicht gleichphasig. Wie im Abschnitt 9.3, Abb. 9-5 erläutert, eilt die Dämpferkraft der Federkraft um 90° voraus.

Maßgeblich für die schädigende Wirkung sind die Maximalwerte (Amplituden) der Kräfte $F_F = c \cdot A$ und $F_D = b \cdot A \cdot \omega_e$. Damit wird aus der geometrischen Addition der rechtwinklig zueinander stehenden Kräfte

$$F_B = \sqrt{F_F^2 + F_D^2} = \sqrt{(c \cdot A)^2 + (b \cdot A \cdot \omega_e)^2} = c \cdot A \cdot \sqrt{1 + \left(\frac{b}{c} \cdot \omega_e\right)^2}.$$

Mit $\eta = \omega_e/\omega_0$, $c = \omega_0^2 \cdot m$, $\delta = b/(2 \cdot m)$ und $\vartheta = \delta/\omega_0$ (Gleichungen (9-37)/(9-2)/(9-29)/(9-30)) wird

$$F_B = c \cdot A \cdot \sqrt{1 + 4 \cdot \vartheta^2 \cdot \eta^2}.$$

Nach Gl. (9-41) ist $c \cdot A = F_0 \cdot V_1$. Somit läßt sich die auf die Aufstellung zu übertragende Kraft

$$F_B = \frac{F_0}{\sqrt{(1-\eta^2)^2 + 4 \cdot \vartheta^2 \cdot \eta^2}} \cdot \sqrt{1 + 4 \cdot \vartheta^2 \cdot \eta^2},$$

$$F_B = F_0 \cdot \sqrt{\frac{1 + 4 \cdot \vartheta^2 \cdot \eta^2}{(1-\eta^2)^2 + 4 \cdot \vartheta^2 \cdot \eta^2}}$$

schreiben. In dieser Gleichung ist F_0 die *frequenzunabhängige* Kraftamplitude der Erregung.

Definiert man den Quotienten

$$V_\mathrm{D} = \frac{\textit{Ausgangssignal}}{\textit{Eingangssignal}} = \frac{\textit{Antwortamplitude}}{\textit{Erregeramplitude}},$$

so beschreibt dieser Quotient V_D, genannt *Durchlässigkeit*, die Güte der Isoliermaßnahme. Ein anzustrebender kleiner Wert für die Durchlässigkeit bedeutet, daß ein (möglichst großer) Teil der Erregung „absorbiert“ wurde.

Für das Verhältnis der Kraftamplituden bedeutet dies

$$V_\mathrm{D} = \frac{F_\mathrm{B}}{F_0} = \sqrt{\frac{1 + 4 \cdot \vartheta^2 \cdot \eta^2}{(1-\eta^2)^2 + 4 \cdot \vartheta^2 \cdot \eta^2}}. \tag{9-60}$$

Die rechte Seite der Gleichung ist identisch mit der Gl. (9-52), die für die Beschreibung des Amplitudenverhältnisses der Schwingwege bei der Stützenerregung gültig ist. Somit sind auch die Aussagen zur Phasenverschiebung zwischen der Erregerkraft und der Bodenkraft nach Gl. (9-53) und auch die für die Vergrößerungsfunktion (siehe Abb. 9-43) sinngemäß übertragbar:

1. ungefederte Maschinenaufstellung:

$$c \to \infty \Rightarrow \omega_0 = \sqrt{c/m} \to \infty \Rightarrow \eta = \omega_\mathrm{e}/\omega_0 \to 0 \Rightarrow V_\mathrm{D} \approx 1 \Rightarrow F_\mathrm{B} \approx F_0.$$

Das heißt, die Erregerkraft wird vollständig auf den Boden übertragen.

2. Elastische Aufstellung: $0 \leq \eta \leq \sqrt{2}$

$V_\mathrm{D} > 1 \Rightarrow F_\mathrm{B} > F_0$! Keine Isolierwirkung; die Bodenkräfte werden im Gegenteil größer als die Erregerkraftamplitude. Dieser Sachverhalt wurde im Beispiel 2 (Abb. 9-46) untersucht und anhand Abb. 9-48 ausführlich erläutert.

3. Elastische Aufstellung: $\eta > \sqrt{2}$

$V_\mathrm{D} < 1 \Rightarrow F_\mathrm{B} < F_0$. Mit zunehmendem Abstimmungsverhältnis (tiefe Abstimmung) nimmt auch die Isolierwirkung zu. Dies ist, wie schon für die ungedämpfte Aufstellung mehrfach erläutert, durch große Fundamentmassen mit weichen Federn zu erreichen. Dabei ist, wie Abb. 9-43 zeigt, ein kleiner Dämpfungsgrad günstiger.

Mit der Durchlässigkeit bzw. dem Vergrößerungsfaktor $V_D = V_2$ lassen sich die auf den Boden bzw. den Anlenkpunkt der Feder übertragenen Kräfte wie folgt berechnen

Federkrafterregung/ Wegerregung $$F_\mathrm{B} = V_\mathrm{D} \cdot F_0\,, \quad \text{bzw.} \quad F_\mathrm{B} = V_\mathrm{D} \cdot c \cdot r$$

Massenkrafterregung (Unwuchterregung) $$F_\mathrm{B} = V_\mathrm{D} \cdot \frac{m_\mathrm{e}}{m} \cdot e \cdot c \cdot \eta^2 = V_\mathrm{D} \cdot m_\mathrm{e} \cdot c \cdot \omega_0^2 \cdot \eta^2\,.$$

Auch bei *frequenzabhängiger* Erregerkraftamplitude (Unwuchterregung) gilt die Gl. (9-60), wenn als Eingangssignal mit

$$F_\mathrm{Z} = m_\mathrm{e} \cdot e \cdot \omega_\mathrm{e}^2$$

die bei einer bestimmten Drehzahl n_e wirkende Erregerkraft (Fliehkraft) eingesetzt wird. Damit beschreibt die Durchlässigkeit in diesem Fall nur die für diese konkrete Drehzahl zutreffende Abschirmung.

Eine allgemeine, für den Drehzahlbereich geltende Aussage läßt sich auch für die Unwuchterregung gewinnen, wenn man in das Verhältnis der Kraftamplituden für die Erregeramplitude im Nenner auch einen statischen, von der Drehzahl unabhängigen Wert, wie in Gl. (9-60), einsetzt.

Mit $\omega_\mathrm{e}^2 = \eta^2/\omega_0^2$ bzw. $\omega_\mathrm{e}^2 = \eta^2 \cdot c/m$ läßt sich die Erregerkraft

$$F_\mathrm{Z} = \frac{m_\mathrm{e}}{m} \cdot e \cdot c \cdot \eta^2$$

schreiben. In dieser Gleichung ist

$$\frac{m_\mathrm{e}}{m} \cdot e \cdot c = F_\mathrm{stat}$$

ein statischer, frequenzunabhängiger Kraftanteil. Formuliert man analog dem oben praktizierten Vorgehen ein Verhältnis Ausgangssignal F_B/Eingangssignal $F_\mathrm{Z} = F_\mathrm{stat} \cdot \eta^2$, wird

$$\frac{F_\mathrm{B}}{F_\mathrm{stat}} = V_\mathrm{D} \cdot \eta^2.$$

Das ist die Vergrößerungsfunktion zur Beschreibung der Kräfte bei Unwuchterregung

$$V_4 = V_\mathrm{D} \cdot \eta^2 = \eta^2 \cdot \sqrt{\frac{1 + 4 \cdot \vartheta^2 \cdot \eta^2}{(1-\eta^2)^2 + 4 \cdot \vartheta^2 \cdot \eta^2}} \qquad (9\text{-}61)$$

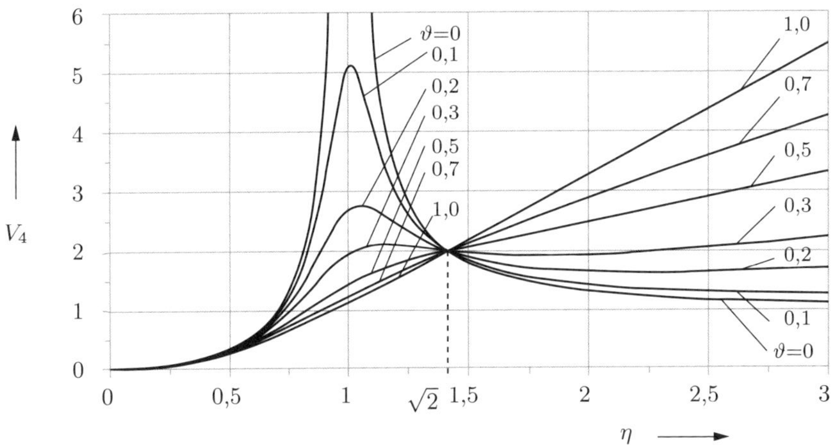

Abb. 9-68: Vergrößerungsfunktion der Kräfte bei Massenkrafterregung

Diese Funktion ist in Abb. 9-68 dargestellt. Aus diesem Diagramm lassen sich die folgenden Schlußfolgerungen ziehen:

1. Für $\eta \ll 1$ und $\eta \approx \sqrt{2}$ ist die Dämpfung ohne Einfluß; im Resonanzbereich $\eta \approx 1$ sollte sie dagegen möglichst groß sein.

2. Mit der Abstimmung $\eta > 1{,}5$ zunehmend ist die Isolierwirkung in starkem Maße von der Dämpfung der Zwischenfedern abhängig. Da Federn nicht dämpfungsfrei sind, wird man stets mit wachsendem Abstimmungsverhältnis eine Verschlechterung der Isolierwirkung finden (der Geräuschpegel des Motoranteils im Kraftfahrzeug steigt mit der Drehzahl an).

Die Passivisolierung, der Schutz von Maschinen, Geräten und auch Menschen vor den Schwingungseinwirkungen der Umgebung ist mit dem Modell der Stützenerregung nach Abbildung 9-37c zu beschreiben. Dabei ist das System so abzustimmen, daß bei Erschütterungen des Untergrundes die Schwingungsamplituden am Objekt möglichst klein bleiben. Werden Feder und Dämpferfußpunkt nach Abb. 9-69 gleichzeitig durch Schwingungen der Aufstandsfläche mit

$$y_{\mathrm{A}} = y_0 \cdot \sin(\omega_{\mathrm{e}} \cdot t)$$

harmonisch angeregt, kommt es auch am Gerät zu phasenverzögerten gleichfrequenten Schwingungen

$$y = A \cdot \sin(\omega_{\mathrm{e}} \cdot t - \varphi).$$

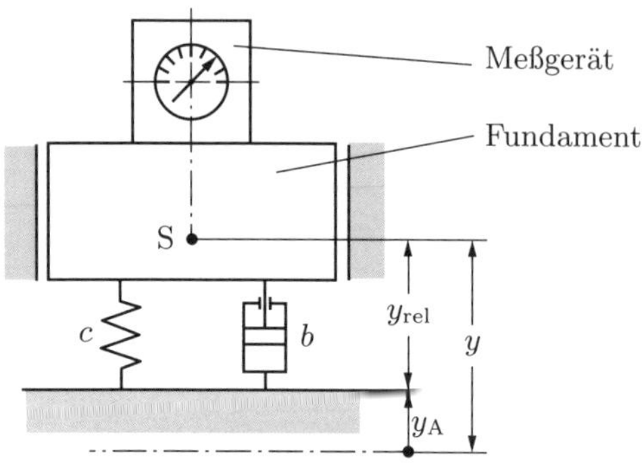

Abb. 9-69: Einmassenmodell Passivisolierung

Das System wird analog Abb. 9-67 freigemacht. Dabei ist zu beachten, daß die Beschleunigung zur Bestimmung der D'ALEMBERTschen Trägheitskraft im Gegensatz zu Schwingweg und Schwinggeschwindigkeit vom raumfesten Bezugssystem aus gemessen werden muß. Mit dem Gleichgewicht der Kräfte in senkrechter Richtung wird

$$F_T + F_D + F_F = m \cdot \ddot{y} + b \cdot \dot{y}_{rel} + c \cdot y_{rel} = 0.$$

Mit $y = y_{rel} + y_A, \quad \dot{y} = \dot{y}_{rel} + \dot{y_A}$ wird

$$m \cdot \ddot{y} + b \cdot (\dot{y} - \dot{y}_A) + c \cdot (y - y_A) = 0,$$

umgestellt

$$m \cdot \ddot{y} + b \cdot \dot{y} + c \cdot y = b \cdot \dot{y}_A + c \cdot y_A.$$

Wird der Schwingungsansatz des Fußpunktes (für die Dämpfung nach der Zeit abgeleitet) eingesetzt, wird

$$m \cdot \ddot{y} + b \cdot \dot{y} + c \cdot y = b \cdot y_0 \cdot \omega_e \cdot \cos(\omega_e \cdot t) + c \cdot y_0 \cdot \sin(\omega_e \cdot t).$$

In dieser inhomogenen Differentialgleichung ist $b \cdot y_0 \cdot \omega_e$ die Dämpferkraftamplitude und $c \cdot y_0$ die Federkraftamplitude, die senkrecht aufeinander stehen (siehe Abb. 9-5). Da für das Isolierungsproblem nicht das Zeitverhalten, sondern die Maximalwerte im eingeschwungenen Zustand untersucht werden sollen, werden die Maximalwerte der Kräfte geometrisch addiert

$$F_0 = \sqrt{F_F^2 + F_D^2} = \sqrt{(c \cdot y_0)^2 + (b \cdot y_0 \cdot \omega_e)^2}.$$

Wie bei der oben beschriebenen Aktivisolierung läßt sich daraus die Kraftamplitude der Erregung zu

$$F_0 = c \cdot y_0 \cdot \sqrt{1 + 4 \cdot \vartheta^2 \cdot \eta^2}$$

formulieren.

Die Amplitude des Ausschlages des zu isolierenden Objektes bei frequenzunabhängiger Erregeramplitude wird mit Gl. (9-41)

$$A = \frac{F_0}{c} \cdot V_1 = \frac{c \cdot y_0}{c} \cdot \sqrt{1 + 4 \cdot \vartheta^2 \cdot \eta^2} \cdot \frac{1}{\sqrt{(1-\eta^2)^2 + 4 \cdot \vartheta^2 \cdot \eta^2}} \,,$$

$$A = y_0 \cdot \sqrt{\frac{1 + 4 \cdot \vartheta^2 \cdot \eta^2}{(1-\eta^2)^2 + 4 \cdot \vartheta^2 \cdot \eta^2}} \,.$$

Mit der Definition für die Durchlässigkeit V_D = Ausgangssignal/Eingangssignal erhält man

$$V_\mathrm{D} = \frac{A}{y_0} = \sqrt{\frac{1 + 4 \cdot \vartheta^2 \cdot \eta^2}{(1-\eta^2)^2 + 4 \cdot \vartheta^2 \cdot \eta^2}} \,.$$

Das ist die Gleichung (9-52) (Abschnitt 9.5.3).

Die Durchlässigkeit bei passiver Entstörung ist im Unterschied zur aktiven Isolierung das Verhältnis der Amplitude A des zu isolierenden Objektes zur Erregeramplitude y_0 der Fußpunkterregung.

Die Güte der Isolierung wird trotz der unterschiedlichen Annahmen als Verhältnis der Kräfte (Aktivisolierung) und der Strecken (Passivisolierung) mit der gleichen Beziehung beschrieben. Dies wird durch die folgende Überlegung nachvollziehbar: Wenn man das Modell der Stützenerregung (Passivisolierung) auf den Kopf stellt und in die Stützenanbindung eine Kraft einleitet, die über Feder und Dämpfer auf die Masse (Fundament) übertragen wird, erhält man damit das Modell für die aktive Schwingungsisolierung.

Um die Schwingungen von einem empfindlichen Gerät fernzuhalten, müssen nach Abbildung 9-43a im Bereich $\eta > \sqrt{2}$ die Eigenfrequenz ω_0 und der Dämpfungsgrad ϑ möglichst klein gewählt werden. Das soll auch im folgenden Beispiel gezeigt werden.

Beispiel (Abb. 9-70)

Ein Meßgerät mit der Masse $m = 12{,}0\,\text{kg}$ ist nach Abb. 9-70a über ein Gestell (Federsteifigkeit c_G) auf einer Maschine befestigt. Die Eigenfrequenz beträgt $f_0 = 72\,\text{Hz}$. Schwingungsmessungen am Meßgerät ergaben bei einer Erregerfrequenz $f_e = 55\,\text{Hz}$ eine Amplitude $A_1 = 24\,\mu\text{m}$. Es kann eine harmonische Anregung zugrunde gelegt werden. Die Amplitude soll durch Zwischenschalten von Federn, Abb. 9-70b, auf den Wert $A_2 = 0{,}5\,\mu\text{m}$ reduziert werden. Bei Annahme einer ungedämpften Schwingung ist die Federkonstante c_F zu ermitteln.

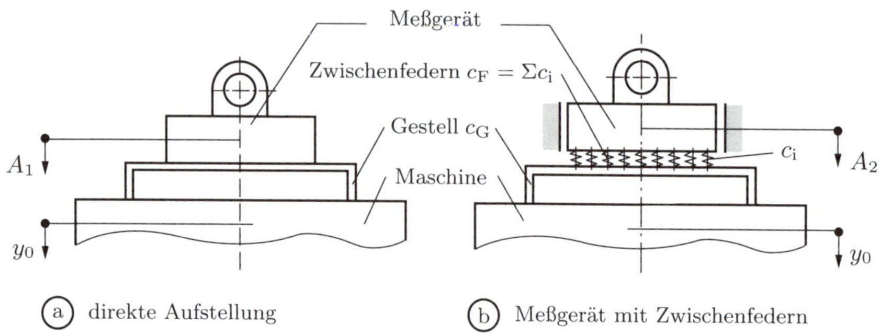

Abb. 9-70: Passivisolierung Meßgerät

Lösung

Die Federsteifigkeit des Gestells in senkrechter Richtung wird mit Gl. (9-2)

$$\begin{aligned} c_G &= \omega_0^2 \cdot m = (2 \cdot \pi \cdot f_0)^2 \cdot m \\ &= 4 \cdot \pi^2 \cdot 72^2 \cdot \text{s}^{-2} \cdot 12{,}0\,\text{kg} = 2{,}4559 \cdot 10^6\,\text{kg/s}^2 \end{aligned}$$

mit masselos angenommener Feder (Gestell) berechnet. Das System ist mit

$$\eta = \frac{f_e}{f_0} = \frac{55\,\text{Hz}}{72\,\text{Hz}} = 0{,}76$$

hoch abgestimmt. Das bedeutet, nach Abb. 9-43a, daß die Erregerschwingungsamplituden durch die vorhandene Aufstellung noch verstärkt werden. Aus dem Meßwert für A_1 läßt sich die Erregeramplitude y_0 aus Gleichung (9-52) für die ungedämpfte Schwingung berechnen. Mit

$$V_2 = \frac{A_1}{y_0} = \frac{1}{\pm(1 - \eta^2)}$$

wird

$$y_0 = A_1 \cdot (1 - \eta^2) = 24\mu\text{m} \cdot (1 - 0{,}76^2) = 10\,\mu\text{m}\,.$$

Das heißt, daß am Meßgerät die Erregeramplitude 2,4-fach verstärkt wirkt.

Durch die Zwischenschaltung von Stahlfedern (Federkonstante c_F) in Reihenschaltung zum elastischen Rahmen wird eine niedrigere Eigenfrequenz und damit eine tiefe Abstimmung $\eta > \sqrt{2}$ angestrebt (siehe hierzu Abb. 9-43). Zur Berechnung des dafür erforderlichen überkritischen Abstimmungsverhältnisses wird mit $A_2 = 0{,}5\,\mu m$

$$\left|1 - \eta^2\right| = \frac{y_0}{A_2},$$

nach η aufgelöst:

$$\eta = \sqrt{\frac{y_0}{A_2} + 1} = \sqrt{\frac{10\mu m}{0{,}5\mu m} + 1} = \sqrt{21} = 4{,}58.$$

Damit wird die zur Realisierung dieses Abstimmungsverhältnisses erforderliche Eigenkreisfrequenz

$$\omega_0 = \frac{\omega_e}{\eta} = \frac{2 \cdot \pi \cdot f_e}{\eta} = \frac{2 \cdot \pi \cdot 55\,s^{-1}}{4,58} = 75{,}4\,s^{-1}\,.$$

Die erforderliche Federkonstante des Gesamtsystems ist

$$c = \omega_0^2 \cdot m = 75{,}4^2\,s^{-2} \cdot 12{,}0\,kg = 6{,}83 \cdot 10^4\,kg/s^2.$$

Die Gesamtfederkonstante der zwischengeschalteten Federn läßt sich aus der Gleichung (9-11) für die Reihenschaltung von Federn berechnen

$$\frac{1}{c} = \frac{1}{c_G} + \frac{1}{c_F},$$

$$= \frac{c_G \cdot c}{c_G - c} = \frac{2{,}4559 \cdot 10^6\,kg/s^2 \cdot 6{,}83 \cdot 10^4\,kg/s^2}{2{,}4559 \cdot 10^6\,kg/s^2 - 6{,}83 \cdot 10^4\,kg/s^2}$$

$$\underline{c_F} = 7{,}02 \cdot 10^4\,kg/s^2 = \underline{700\,N/cm}.$$

9.10 Zusammenfassung

Eine mechanische Schwingung ist eine sich mehr oder weniger regelmäßig (häufig periodisch) wiederholende Schwankung von Zustandsgrößen (Bewegungen, Kräfte, ...). Harmonische Schwingungen sind periodische Zustandsänderungen nach einem Sinus- oder Cosinus-Zeitgesetz.

Die Differentialgleichung der *harmonischen Schwingung mit einem Freiheitsgrad* ist

Translatorische Schwingung	$\ddot{y} + \omega_0^2 \cdot y = 0;$	(9-3)
Drehschwingung	$\ddot{\varphi} + \omega_0^2 \cdot \varphi = 0;$	(9-12)

Aus der Differentialgleichung kann die Eigenfrequenz abgelesen werden. Dazu muß der Schwinger im ausschwingenden Zustand mit den D'ALEMBERTschen Trägheitsreaktionen freigemacht werden. Die Gleichgewichtsbedingungen werden in die Grundform Gl. (9-1)/(9-19) gebracht. Der Vergleich mit dieser liefert die Eigenkreisfrequenz ω_0.

Translationsschwingung	$\omega_0 = \sqrt{\frac{c}{m}}$	(9-2)
Drehschwingung	$\omega_0 = \sqrt{\frac{c_T}{J_A}}$	(9-20)
Eigenfrequenz	$f_0 = \frac{1}{T} = \frac{\omega_0}{2\pi}$	(9-7)
Schwingungszeit	$T = \frac{1}{f_0} = \frac{2\pi}{\omega_0}$	(9-6)

Das Zeitverhalten des Schwingers wird aus der Lösung der Differentialgleichung ermittelt.

$$y = y_A \cdot \cos(\omega_0 \cdot t) + \frac{v_A}{\omega_0} \cdot \sin(\omega_0 \cdot t) = A \cdot \sin(\omega_0 \cdot t + \varphi)\,. \qquad (9\text{-}5)/(9\text{-}4)$$

Die Amplitude

$$A = \sqrt{y_A^2 + \left(\frac{v_A}{\omega_0}\right)^2}$$

und der Phasenwinkel

$$\varphi = \arctan\left(\frac{y_A \cdot \omega_0}{v_A}\right)$$

lassen sich aus den Randbedingungen errechnen.

Für die Maximalwerte gilt

Maximale Geschwindigkeit im Null-Durchgang	$v_{\max} = A \cdot \omega_0$	(9-8)
	$\omega_{\max} = \varphi_A \cdot \omega_0$	(9-24)
Maximale Beschleunigung im Umkehrpunkt	$a_{\max} = -A \cdot \omega_0^2$	(9-9)
	$\alpha_{\max} = -\varphi_A \cdot \omega_0^2$	(9-25)

Die Differentialgleichung der *geschwindigkeitsproportional gedämpften, freien Schwingung ist*

$$\ddot{y} + 2 \cdot \delta \cdot \dot{y} + \omega_0^2 \cdot y = 0$$

bzw.

$$\ddot{y} + 2 \cdot \vartheta \cdot \omega_0 \cdot \dot{y} + \omega_0^2 \cdot y = 0 \tag{9-35}$$

Drehschwingung: φ anstatt y.

Dämpfungsgrad $\vartheta = \dfrac{\delta}{\omega_0}$ (9-30)

$\vartheta = 0$	ungedämpfte Schwingung,
$0 < \vartheta < 1$	gedämpfte Schwingung,
$\vartheta = 1$	kritische Dämpfung,
$\vartheta > 1$	aperiodischer Fall.

Dämpfungskonstante $b = \dfrac{F_D}{\dot{y}}$

Abklingkonstante $\delta = \dfrac{b}{2 \cdot m}$ (9-29)

Eigenkreisfrequenz $\omega_d = \sqrt{\omega_0^2 - \delta^2} = \omega_0 \sqrt{1 - \vartheta^2}\,.$ (9-32)

Die Amplituden der geschwindigkeitsproportional gedämpften Schwingung nehmen mit der Zeit nach einer e-Funktion ab. Dabei ist das Verhältnis von zwei aufeinanderfolgenden Amplituden für den gesamten Vorgang gleich. Das führt auf die Definition des logarithmischen Dekrements

$$\ln \frac{A_1}{A_2} = \Lambda = \frac{2 \cdot \pi \cdot \vartheta}{\sqrt{1 - \vartheta^2}}\,. \qquad \text{(9-33)/(9-34)}$$

Die Bestimmung der Eigenfrequenz eines gedämpften Schwingers erfolgt grundsätzlich genau so wie für einen ungedämpften Schwinger. Die aus der Gleichgewichtsbedingung gewonnene Gleichung wird mit der Gl. (9-35) verglichen. Über ω_0 und ϑ (δ) erhält man ω_d.

Eine *erzwungene Schwingung* erfolgt nach dem Abklingen der Eigenschwingung (eingeschwungener Zustand) bei harmonischer Anregung immer mit der Erregerkreisfrequenz ω_e.

Wegerregung

Amplitude $$A = V_1 \cdot r = V_1 \cdot \frac{F_\mathrm{e}}{c} \tag{9-42}$$

Vergrößerungsfaktor $$V_1 = \frac{1}{\sqrt{(1-\eta^2)^2 + 4 \cdot \vartheta^2 \cdot \eta^2}} \tag{9-41}$$

Phasenwinkel $$\tan\varphi = \frac{2 \cdot \vartheta \cdot \eta}{1-\eta^2} \tag{9-39}$$

Resonanzamplitude bei kleiner Dämpfung ($\eta = 1$)

$$A_\mathrm{R} = \frac{r}{2 \cdot \vartheta}\,. \tag{9-44}$$

Bei starker Dämpfung verschiebt sich der Zustand des maximalen Ausschlags zu niedrigeren Frequenzen nach Gl. (9-43)

Massenkrafterregung:

Amplitude $$A = V_3 \cdot \frac{m_\mathrm{e}}{m} \cdot e \tag{9-47}$$

Vergrößerungsfaktor $$V_3 = \eta^2 \cdot V_1 \tag{9-47}$$

Resonanzamplitude bei kleiner Dämpfung($\eta = 1$)

$$A_\mathrm{R} = \frac{e}{2 \cdot \vartheta} \cdot \frac{m_\mathrm{e}}{m}\,. \tag{9-50}$$

Bei starker Dämpfung verschiebt sich der Zustand des maximalen Ausschlags zu höheren Frequenzen (Gl. (9-49)).

Stützenerregung

Amplitude $$A = V_2 \cdot y_0 \tag{9-52}$$

Vergrößerungsfaktor $$V_2 = \sqrt{1 + 4 \cdot \vartheta^2 \cdot \eta^2} \cdot V_1 \tag{9-52}$$

Phasenwinkel $$\tan\varphi = \frac{2 \cdot \vartheta \cdot \eta^3}{1 - \eta^2 + 4 \cdot \vartheta^2 \cdot \eta^2} \tag{9-53}$$

Resonanzamplitude bei kleiner Dämpfung ($\eta = 1$)

$$A_{\mathrm{R}} = \frac{y_0 \cdot \sqrt{1 + 4 \cdot \vartheta^2}}{2 \cdot \vartheta}. \tag{9-54}$$

Aus dem *Frequenzgang* der Amplituden (Abb. 9-39a/9-42a/9-43a) kann man folgende Schlußfolgerungen ziehen:

1. Im Bereich der Resonanz $\eta \approx 1$ ist ein Schwingungsdämpfer sehr wirkungsvoll, außerhalb fast ohne Einfluß auf die Amplituden.
2. Die Amplituden eines weich gelagerten, wegerregten Schwingers ($\eta \gg 1$) werden bei hoher Erregerfrequenz sehr klein. Die durch die Schwingung verursachte Belastung der Befestigung ist gering.
3. Rotierende Unwuchten müssen auf schweren Fundamenten weich gelagert werden. Eine solche Lagerung „verschluckt" einen großen Teil der Erregerkraft.
4. Bei der Stützenerregung ist eine Amplitudenreduzierung (Schwingungsisolierung) erst ab $\eta > \sqrt{2}$ möglich.

Die *biegekritische Drehzahl* n_{K} entspricht dem Resonanzfall eines massenkrafterregten Schwingers bei geringer Dämpfung

$$n_{\mathrm{K}} = \frac{1}{2\pi}\sqrt{\frac{c}{m}}. \tag{9-55}$$

Diese Gleichung gilt exakt nur für eine masselose Welle mit einer Punktmasse als Schwinger auf unnachgiebigen Lagern. Wegen der Selbstzentrierung läuft eine Welle überkritisch ($n > n_{\mathrm{K}}$) ruhiger als unterkritisch. Der Resonanzbereich muß schnell durchfahren werden, um ein stärkeres Aufschwingen zu vermeiden.

Ein Mehrmassensystem hat so viele Resonanzstellen wie Massen. Die Eigenkreisfrequenz der Grundschwingung kann nach folgender Gleichung mit guter Näherung berechnet werden

$$\omega_0 = \sqrt{\frac{g \cdot \sum(m_{\mathrm{i}} \cdot y_{\mathrm{i}})}{\sum(m_{\mathrm{i}} \cdot y_{\mathrm{i}}^2)}}. \tag{9-57}$$

Die Deformationen y müssen aus den Belastungen durch die zugehörigen Gewichtskräfte $F_{\mathrm{G}} = m \cdot g$ bestimmt werden. Diese Gleichung gestattet die Berücksichtigung der Wellenmasse, die in vielen Fällen nicht vernachlässigbar ist.

Die Erfassung von Schwingweg und Schwingbeschleunigung (prinzipiell auch Schwinggeschwindigkeit) läßt sich mittels seismischer Bewegungsaufnehmer, die auf dem Prinzip der Massenträgheit beruhen, realisieren. Je nach Abstimmung von Masse und Feder des Meßaufnehmers lassen sich die Wege (tiefe Abstimmung) und die Beschleunigungen (hohe Abstimmung) erfassen. Die Dämpfungswerte solcher Aufnehmer liegen i.A. bei Werten von $\vartheta = 0{,}5 \ldots 1/\sqrt{2}$.

Bei der Schwingungsisolierung unterscheidet man zwischen der Aktivisolierung, der weitgehenden Reduzierung der vom Schwingungssystem ausgehenden Schwingungen, und der Passivisolierung, der Abschirmung von Objekten von schädlichen Schwingungen. Als Maß für die Isolierwirkung wird die Durchlässigkeit

$$V_\mathrm{D} = \frac{\mathit{Ausgangsignal}}{\mathit{Eingangssignal}} = \sqrt{\frac{1 + 4 \cdot \vartheta^2 \cdot \eta^2}{(1 - \eta^2)^2 + 4 \cdot \vartheta^2 \cdot \eta^2}} = V_2 \tag{9-60}$$

definiert.

Für die Aktivisolierung beschreibt die Durchlässigkeit das Verhältnis der Kraftamplituden, für die Passivisolierung das Verhältnis der Schwingwege. Dies gilt im Falle der Fundamentalkräfte für frequenzunabhängige Erregerkräfte aber auch für Unwuchtkräfte bei einer konkreten Erregerkreisfrequenz (Drehzahl).

Eine hohe Isolierwirkung wird durch einen niedrigen Wert für die Durchlässigkeit V_D ausgedrückt.

Für die Massenkrafterregung (Unwuchterregung), bei der sich die Erregerkraft quadratisch mit der Drehzahl ändert, wird das Verhältnis der Kraftamplituden durch die Funktion

$$V_4 = V_\mathrm{D} \cdot \eta^2 = \eta^2 \cdot \sqrt{\frac{1 + 4 \cdot \vartheta^2 \cdot \eta^2}{(1 - \eta^2)^2 + 4 \cdot \vartheta^2 \cdot \eta^2}} \tag{9-61}$$

beschrieben. Dabei verschlechtert sich bei tiefer Abstimmung mit wachsendem Abstimmungsverhältnis bei Zunahme der Dämpfung die Isolierwirkung.

Die auf den Aufstellungsort bzw. Anlenkpunkt der Feder übertragenen Kräfte F_B lassen sich mit der Durchlässigkeit (Vergrößerungsfunktion) V_D berechnen

Federkrafterregung/ Wegerregung	$F_\mathrm{B} = V_\mathrm{D} \cdot F_0$, bzw. $F_\mathrm{B} = V_\mathrm{D} \cdot c \cdot r$
Massenkrafterregung (Unwuchterregung)	$F_\mathrm{B} = V_\mathrm{D} \cdot \dfrac{m_\mathrm{e}}{m} \cdot e \cdot c \cdot \eta^2 = V_\mathrm{D} \cdot m_\mathrm{e} \cdot e \cdot \omega_0^2 \cdot \eta^2.$

Die in diesem Kapitel beschriebenen Schwingungsprobleme beschränken sich auf lineare Schwingungen mit einem Freiheitsgrad. Sie stellen damit nur einen kleinen Teil der komplexen Gesamtproblematik dar. Sie bilden aber die unerläßliche Grundvoraussetzung für das Verständnis auch komplizierter technischer Systeme mit vielen Freiheitsgraden.

Für eine Reihe von technischen Aufgabenstellungen führen die Linearisierungen der Gleichungen zu nicht vertretbaren Abweichungen von der Wirklichkeit. Hier sei auf die weiterführende Literatur zu den nichtlinearen Schwingern, speziell auf KLOTTER [40] verwiesen.

Abschließend sei darauf hingewiesen, daß sich alle hier geführten Betrachtungen auf stabile Systeme beschränken. Für dynamische, sprich zeitabhängige Systeme existieren für ihr Verhalten aber auch instabile Zustände, bei denen die Zustandsvariablen unkontrollierte Werte annehmen oder gegen unendlich gehen. Ein Beispiel hierfür ist die Resonanz. Zum Einstieg in diese interessante Problematik sind dem interessierten Leser aus der Vielzahl der Veröffentlichungen zum Stichwort Chaostheorie die gut verständliche Publikationen „Vom Calculus zum Chaos“ von David Acheson oder „Bedeutende Theorien des 20. Jahrhunderts“ von Werner Kinnebrock (beide im Oldenbourg Wissenschaftsverlag erschienen) zu empfehlen.

Anhang

Integration und Differentiation mit Hilfe des FÖPPL-Symbols

Ortskoordinate, Geschwindigkeit und Beschleunigung hängen über Integration bzw. Differentiation zusammen. Die praktische Auswertung wird sehr oft durch Unstetigkeitsstellen wesentlich erschwert. FÖPPL hat einen Rechenformalismus vorgeschlagen, der in einem solchen Falle das abschnittsweise Schreiben der Gleichungen vermeidet und der bei der Integration die Übergangsbedingungen erfüllt, ohne daß neue Integrationskonstanten bestimmt werden müssen.

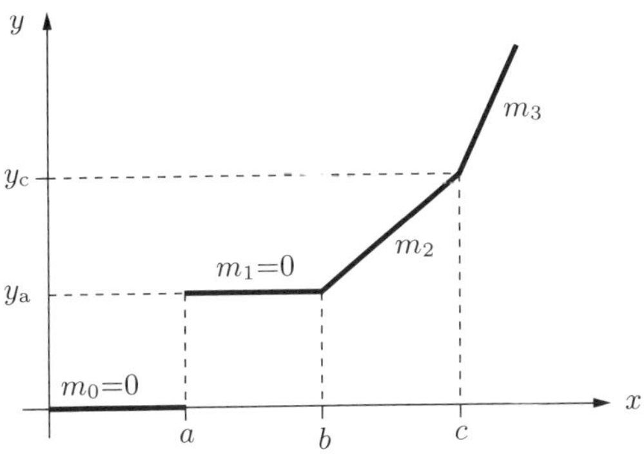

A-1: Unstetige Funktion $y(x)$

Eine Funktion nach Abb. A-1 wird nach dieser Methode folgendermaßen *in einer Gleichung* erfaßt. Dabei wird die Steigung der einzelnen Geradenteile mit m bezeichnet. Die spitze Klammer ist das FÖPPL-Symbol, der Exponent 0 stellt einen Sprung, der Exponent 1 einen Knick mit nachfolgendem linearen Verlauf dar.

$$y = \langle x - a\rangle^0 \cdot (y_a - 0) + \langle x - b\rangle^1 \cdot (m_2 - m_1) + \langle x - c\rangle^1 \cdot (m_3 - m_2)$$

$$y = \langle x - a\rangle^0 \cdot y_a + \langle x - b\rangle \cdot m_2 + \langle x - c\rangle(m_3 - m_2)$$

Sprung an der Stelle a	Knickung an der Stelle b	Knickung an der Stelle c

Der Gültigkeitsbereich für die verschiedenen Terme wird durch folgende Rechenregel erfüllt

$$\langle x-a\rangle^n \quad \begin{array}{ll} = 0 & \text{für } x \le a \\ = (x-a)^n & \text{für } x > a \end{array}$$

Für $n = 0$ folgt daraus

$$\langle x-a\rangle^0 \quad \begin{array}{ll} = 0 & \text{für } x \le a \\ = 1 & \text{für } x > a. \end{array}$$

Zusammenfassend kann man festhalten:

1. Für negativen Klammerinhalt ist die ⟨FÖPPL⟩-Klammer null,
2. für positiven Klammerinhalt geht die ⟨FÖPPL⟩-Klammer in eine algebraische Klammer ( ) über.

Wird z.B. in die obige Gleichung $x = c$ eingesetzt, ergibt sich

$$y_\mathrm{c} = 1 \cdot y_\mathrm{a} + (c-b) \cdot m_2 + 0,$$

was offensichtlich richtig ist.

Eine so aufgestellte Gleichung kann man „durchgehend" differenzieren und integrieren, wenn man die FÖPPL-*Klammer wie eine Größe (Buchstabe) geschlossen behandelt:*

$$\frac{\mathrm{d}}{\mathrm{d}x}\langle x-a\rangle^n = n\langle x-a\rangle^{n-1}$$
$$\int \langle x-a\rangle^n \cdot \mathrm{d}x = \frac{1}{n+1}\langle x-a\rangle^{n+1} + C.$$

Demnach gilt für den vorgegebenen Graph

$$y' = 0 + 1 \cdot \langle x-b\rangle^0 m_2 + 1 \cdot \langle x-c\rangle^0 (m_3 - m_2)$$
$$\int y \cdot \mathrm{d}x = \langle x-a\rangle y_\mathrm{a} + \langle x-b\rangle^2 \frac{m_2}{2} + \langle x-c\rangle^2 \frac{m_3-m_2}{2} + C.$$

Beispiel

Für die Funktion nach Abb. A-2 ist die Gleichung aufzustellen, zu integrieren und zu differenzieren. Die Gleichungen sind in Diagrammen darzustellen.

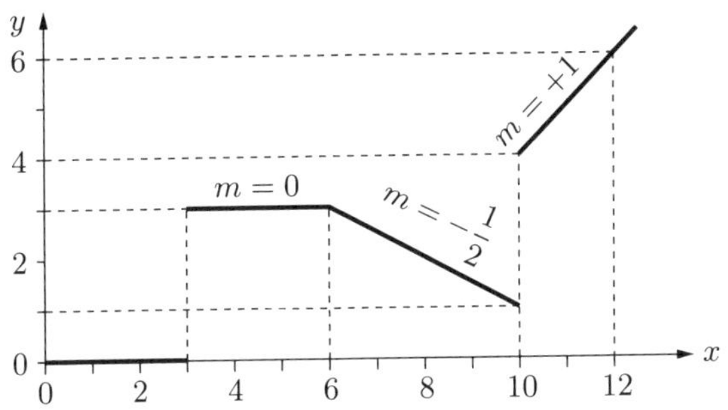

A-2: Unstetige Funktion $y(x)$ für Beispiel

Lösung

$$y = \langle x-3\rangle^0 \cdot 3 + \langle x-6\rangle\left(-\frac{1}{2}-0\right) + \langle x-10\rangle^0(4-1) + \langle x-10\rangle\left[1-\left(-\frac{1}{2}\right)\right]$$

Sprung bei $x=3$	Knick bei $x=6$	Sprung bei $x=10$	Knick bei $x=10$

$$y = \langle x-3\rangle^0 \cdot 3 - \langle x-6\rangle \cdot \frac{1}{2} + \langle x-10\rangle^0 \cdot 3 + \langle x-10\rangle \cdot \frac{3}{2}$$

$$y' = 0 - \langle x-6\rangle^0 \cdot \frac{1}{2} + 0 + \langle x-10\rangle^0 \cdot \frac{3}{2}$$

$$\int y \cdot \mathrm{d}x = \langle x-3\rangle \cdot 3 - \langle x-6\rangle^2 \cdot \frac{1}{4} + \langle x-10\rangle \cdot 3 + \langle x-10\rangle^2 \cdot \frac{3}{4} + C$$

Die Randbedingung $x=0$; $y=0$ ergibt $C=0$

Die Auswertung erfolgt tabellarisch, die Diagramme zeigt Abb. A-3.

x	0	3	6	8	10	11	12
$\langle x-3\rangle$	0	0	3	5	7	8	9
$\langle x-6\rangle$	0	0	0	2	4	5	6
$\langle x-10\rangle$	0	0	0	0	0	1	2
y'	0	0	$0 \mid -\frac{1}{2}$	$-\frac{1}{2}$	$-\frac{1}{2} \mid +1$	+1	+1
$\int y \cdot \mathrm{d}x$	0	0	9	14	17	21,5	27

Zu beachten ist, daß der Term $\langle x-a\rangle^0$ einen „Sprung" an der Stelle a darstellt. Aus diesem Grunde werden dort zwei Werte errechnet, einer für $x=a$ und einer für einen beliebig kleinen Zuwachs zu a. Das gilt hier z.B. für die y'-Funktion

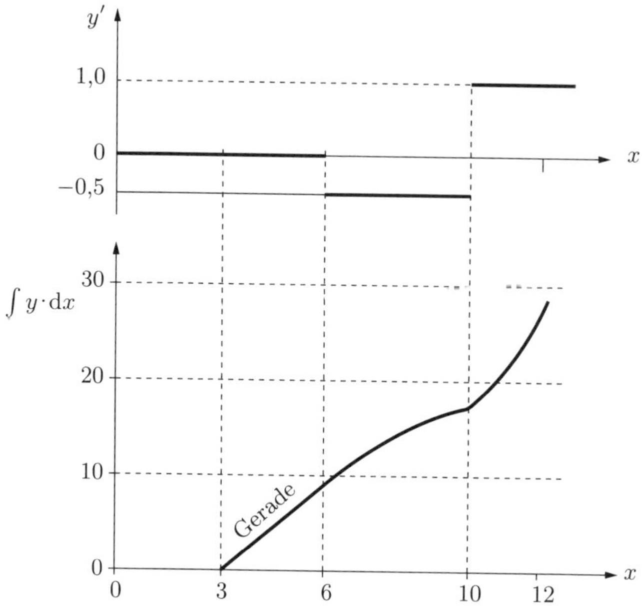

A-3: Ableitungs- und Integralkurve für die Funktion nach Abb. A-2

an der Stelle $x = 6$ und $x = 10$. Einmal ist die FÖPPL-Klammer gerade noch 0, einmal gleich 1.

Die Aufstellung der Gleichungen ist verblüffend einfach, genau wie die nachfolgende Differentiation und Integration. Der rechnerische Auswertungsaufwand ist kleiner als es die Gleichungen vermuten lassen, da die Terme bereichsweise null werden. Das FÖPPL-Symbol eignet sich auch sehr gut für eine Programmierung, wo es einer Verzweigungsstelle entspricht.

Literatur

1 BALKE, H.: „Einführung in die Technische Mechanik" Kinetik, Berlin, Heidelberg: Springer Verlag, 2006

2 BERGER, J.: „Technische Mechanik für Ingenieure" Band 3: Dynamik, Braunschweig/Wiesbaden: Friedr. Vieweg & Sohn Verlagsgesellschaft mbH, 1998

3 BROMMUNDT, E., SACHS, G.,SACHAU, D.: „Technische Mechanik", München/Wien: Oldenbourg Wissenschaftsverlag GmbH, 2006

4 BRUHNS, D., LEHMANN, T.: „Elemente der Mechanik" Band III: Kinetik, Braunschweig/Wiesbaden: Friedr. Vieweg & Sohn Verlagsgesellschaft mbH, 1994

5 DANKERT, H., DANKERT, J.: „Technische Mechanik", Wiesbaden: B.G. Teubner Verlag/GWV Fachbuchverlage GmbH, 2006

6 FISCHER, K., GÜNTHER, W.: „Technische Mechanik", Leipzig/Stuttgart: Deutscher Verlag für Grundstoffindustrie GmbH, 1994

7 GLOISTEHN, H.H.: „Lehr- und Übungsbuch der Technischen Mechanik" Band 3: Kinematik, Kinetik, Braunschweig/Wiesbaden: Friedr. Vieweg & Sohn Verlagsgesellschaft mbH, 1994

8 GÖLDNER, H., HOLZWEISSIG, F.: „Leitfaden der Technischen Mechanik", Leipzig/Köln: Fachbuchverlag Leipzig GmbH, 1989

9 GROSS, D., HAUGER, W., SCHRÖDER, J., WALL, W.: „Technische Mechanik", Band 3: Kinetik, Berlin, Heidelberg: Springer Verlag, 2007

10 GUMMERT, P., RECKLING, K.: „Mechanik", Braunschweig/Wiesbaden: Friedr. Vieweg & Sohn Verlagsgesellschaft mbH, 1987

11 HAGEDORN, P.: „Technische Mechanik" Band 3: Dynamik, Frankfurt/Main: Verlag Harri Deutsch, 2006

12 HARDTKE, H., HEIMANN, B., SOLLMANN, H.: „Lehr- und Übungsbuch der Technischen Mechanik" Band 2: Kinematik/Kinetik – Systemdynamik – Mechatronik, München/Wien: Fachbuchverlag Leipzig im Carl Hanser Verlag, 1997

13 HIBBELER, R.C.: „Technische Mechanik" Band 3: Dynamik, München, Boston: Pearson Education, 2006

14 HOLZMANN, G., MEYER, H., SCHUMPICH, G.: „Technische Mechanik" Kinematik und Kinetik, Wiesbaden: B.G. Teubner Verlag/GWV Fachbuchverlage GmbH, 2006

15 Klepp, H. Lehmann, T.: „Technische Mechanik“ Band II: Kinematik und Kinetik, Schwingungen, Stoßvorgänge,
Heidelberg: Dr. Alfred Hüthig Verlag GmbH, 1987

16 Knappstein, G.: „Kinematik und Kinetik“,
Frankfurt/Main: Wissenschaftlicher Verlag Harri Deutsch GmbH, 2004

17 Kühhorn, A., Silber, G.: „Technische Mechanik für Ingenieure“,
Heidelberg: Hüthig Verlag GmbH, 2000

18 Magnus, K., Müller, H.: „Grundlagen der Technischen Mechanik“,
Stuttgart: B.G. Teubner, 1990

19 Mayr, M.: „Technische Mechanik“,
München/Wien: Carl Hanser Verlag, 2001

20 Motz, H.D.: „Ingenieur-Mechanik“,
Düsseldorf: VDI Verlag GmbH, 1991

21 Müller, W., Ferber, F.: „Technische Mechanik für Ingenieure“,
München/Wien: Fachbuchverlag Leipzig im Carl Hanser Verlag, 2003

22 Pfeiffer, F.: „Einführung in die Dynamik“,
Stuttgart: B.G. Teubner, 1992

23 Richard, H.A., Sander, M.: „Technische Mechanik“ Dynamik,
Wiesbaden: Friedr. Vieweg & Sohn Verlag/GWV Fachbuchverlage GmbH, 2006

24 Sayir M.B., Kaufmann, S.: „Ingenieurmechanik 3“ Dynamik,
Stuttgart/Leipzig/Wiesbaden: B.G. Teubner Verlag/GWV Fachbuchverlage GmbH, 2005

25 Schiehlen, W., Eberhard, P.: „Technische Dynamik“,
Stuttgart/Leipzig/Wiesbaden: B.G. Teubner Verlag/GWV Fachbuchverlage GmbH, 2004

26 Wriggers, P., Nackenhorst, U., Beuermann, S. Löhnert, S.: „Technische Mechanik kompakt“,
Stuttgart/Leipzig/Wiesbaden: B.G. Teubner Verlag/GWV Fachbuchverlage GmbH, 2005

Weiterführende Literatur

27 Argyris, J., Mlejnek, H.-P.: „Die Methode der Finiten Elemente" Band III: Einführung in die Dynamik, Braunschweig/Wiesbaden: Friedr. Vieweg & Sohn Verlagsgesellschaft mbH, 1988

28 Cremer, L., Möser, M.: „Technische Akustik", Berlin, Heidelberg: Springer Verlag, 2003

29 Dresig, H., Holzweissig, F.: „Maschinendynamik", Berlin, Heidelberg: Springer Verlag, 2006

30 Dresig, H.: „Schwingungen mechanischer Antriebssysteme", Berlin, Heidelberg: Springer Verlag, 2006

31 Fischer, U., Stephan, W.: „Mechanische Schwingungen", Leipzig/Köln: Fachbuchverlag Leipzig GmbH, 1993

32 Gasch, R., Knothe, K.: „Strukturdynamik" Band 1: Diskrete Systeme, Band 2: Kontinua und ihre Diskretisierung, Berlin, Heidelberg: Springer Verlag, 1987/89

33 Gasch, R., Nordmann, R., Pfützner, H.: „Rotordynamik", Berlin, Heidelberg: Springer Verlag, 2002

34 Hagedorn, P., Otterbein, S.: „Technische Schwingungslehre", Berlin, Heidelberg: Springer Verlag, 1987

35 Henning, G., Jahr, A., Mrowka, U.: „Technische Mechanik mit Mathcad, Matlab und Maple", Wiesbaden: Friedr. Vieweg & Sohn Verlag/GWV Fachverlage GmbH, 2004

36 Hollburg, U.: „Maschinendynamik" München/Wien: Oldenbourg Wissenschaftsverlag GmbH, 2007

37 Irretier, H.: „Grundlagen der Schwingungstechnik" Band 1: Systeme mit einem Freiheitsgrad, Band 2: Systeme mit mehreren Freiheitsgraden, Braunschweig/Wiesbaden: Friedr. Vieweg & Sohn Verlagsgesellschaft mbH, 2000/2001

38 Irretier, H., Nordmann, R., Springer, H.: „Schwingungen in rotierenden Maschinen" Reihe über aktuelle Forschungsergebnisse der Rotordynamik, Braunschweig/Wiesbaden: Friedr. Vieweg & Sohn (Hrsg) Verlagsgesellschaft mbH, 1991, 1993, 1995, 1997

39 Jürgler, R.: „Allgemeine Maschinendynamik", Berlin, Heidelberg, Springer Verlag, 2004 (früher im Carl Hanser Verlag und im VDI-Verlag)

40 KLOTTER, K.: „Technische Schwingungslehre", Band 1: Einfache Schwinger, Band 2: Schwinger von mehreren Freiheitsgraden, Berlin, Heidelberg, Springer Verlag, 1980/1981

41 KNAEBEL, M., JÄGER, MASTEL, R.: „Technische Schwingungslehre", Wiesbaden: B.G. Teubner Verlag/GWV Fachbuchverlage GmbH, 2006

42 KOLERUS, J.: „Zustandsüberwachung von Maschinen", Renningen-Malmsheim: expert verlag, 1995

43 KÜTTNER, K.: „Kolbenmaschinen", Stuttgart: B.G. Teubner, 1993

44 LINK, M.: „Finite Elemente in der Statik und Dynamik", Stuttgart/Leipzig/Wiesbaden: B.G. Teubner Verlag/GWV Fachbuchverlage GmbH, 2002

45 MAGNUS; K.: „Kreisel", Berlin, Heidelberg, Springer Verlag, 1981

46 MAGNUS; K., POPP, K.: „Schwingungen", Stuttgart/Leipzig/Wiesbaden: B.G. Teubner Verlag/GWV Fachbuchverlage GmbH, 2005

47 SCHIRMER, W. (Hrsg.): „Technischer Lärmschutz", Berlin, Heidelberg: Springer Verlag, 2006

48 SCHNEIDER, H.: „Auswuchttechnik", Berlin, Heidelberg: Springer Verlag, 2001

49 STEINHILPER, W., HENNERICE, H., BRITZ, S.: „Kinematische Grundlagen ebener Mechanismen und Getriebe", Würzburg: Vogel Buchverlag, 1993

50 STELZMANN, U., GROTH, C., MÜLLER, G.: „FEM für Praktiker-Band 2 Strukturdynamik", Renningen-Malmsheim: expert verlag, 2000

51 VÖTH, S.: „Dynamik schwingungsfähiger Systeme", Wiesbaden: Friedr. Vieweg & Sohn Verlag/GWV Fachverlage GmbH, 2006

52 WALLER, H., SCHMIDT, R.: „Schwingungslehre für Ingenieure", Mannheim/Wien/Zürich: BI-Wissenschaftsverlag, 1989

53 WEICHERT, N., WÜLKER, M.: „Messtechnik und Messdatenerfassung", München/Wien: Oldenbourg Wissenschaftsverlag GmbH, 2000

54 WEIDEMANN, H.: „Schwingungsanalyse in der Antriebstechnik", Berlin, Heidelberg: Springer Verlag, 2003

55 WITTENBURG,J.: „Schwingungslehre", Berlin, Heidelberg: Springer Verlag, 1996

56 ZIEGLER, G.: „Maschinendynamik", Essen: Westarp-Verlag für Wissenschaft, 1990

57 ZIMA, S.: „Kurbeltriebe", Braunschweig/Wiesbaden: F. Vieweg & Sohn, 1999

Index